信息科学与工程系列专著

U0164972

无线通信网络超低功耗技术

柴远波　陈万里　主编

肜　瑶　代　沛　王志刚　李小亮　副主编

电子工业出版社

Publishing House of Electronics Industry

北京·BEIJING

内 容 简 介

本专著主要结合无线通信网络介绍了超低功耗的基本理论和技术、常用降低功耗的策略、超低功耗总线编码技术、微处理器超低功耗技术、嵌入式系统超低功耗技术、无线传感网络超低功耗技术、WMN网络超低功耗技术、扩频通信系统超低功耗技术和其他短距离无线通信超低功耗技术及性能/功耗评估策略。

本书既可以作为本科生的选修教材，也可以作为学术硕士或专业硕士的课程教材，还可以作为超低功耗设计的辅助参考书。

图书在版编目（CIP）数据

无线通信网络超低功耗技术 / 柴远波，陈万里主编. —北京：电子工业出版社，2015.5
（信息科学与工程系列专著）
ISBN 978-7-121-26005-6

Ⅰ.①无… Ⅱ.①柴… ②陈… Ⅲ.①无线电通信—通信网—研究 Ⅳ.①TN92

中国版本图书馆 CIP 数据核字（2015）第 097113 号

策划编辑：竺南直
责任编辑：张　京
印　　刷：涿州市京南印刷厂
装　　订：涿州市京南印刷厂
出版发行：电子工业出版社
　　　　　北京市海淀区万寿路 173 信箱　邮编　100036
开　　本：787×1 092　1/16　印张：27.75　字数：710.4 千字
版　　次：2015 年 5 月第 1 版
印　　次：2015 年 5 月第 1 次印刷
定　　价：68.00 元

前　言

随着无线网络的飞速发展及各种智能化、便携式通信设备的普及和应用，超低功耗技术逐渐成为制约无线通信网络及其设备普及和应用的关键技术之一，而目前业内尚没有超低功耗技术的具体标准。本书主要结合无线通信网络，介绍了超低功耗的基本理论和技术、目前常用的降低功耗的策略、超低功耗总线编码技术、微处理器超低功耗技术、嵌入式系统超低功耗技术、无线传感网络超低功耗技术、WMN 网络超低功耗技术、扩频通信系统超低功耗技术和其他短距离无线通信超低功耗技术及性能/功耗评估策略。

本书由黄河科技学院无线与移动通信技术创新团队老师和学生共同编写。全书由柴远波、陈万里主编，并负责全书统稿；陈万里负责编写第 1、2、7 章；肜瑶负责编写第 3、4 章；李小亮负责编写第 5、6、8 章；王志刚负责编写第 9、10 章；柴远波、代沛负责全书书稿的审校；代沛对部分章节做了仿真测试。另外，黄河科技学院 2011级普本通信班的四名学生：贾宇飞、周明亮、张真、范文豪分别负责书稿的前期资料收集、整理和文档编辑工作。

本专著可以作为本科生的课外选修教材，也可以作为学术硕士或专业硕士的课程教材，还可以作为超低功耗设计的辅助参考书。

由于时间仓促，作者水平有限，同时由于目前无线通信技术的迅猛发展及许多技术应用问题尚未解决，书中难免存在不妥之处，恳请广大读者批评指正。

编　者

无线与移动通信技术创新团队

2014 年 9 月 28 日于黄河科技学院

目　录

· · · · · · · · ·

第 1 章

超低功耗的基本理论

● ● ● ● ● ● ● ● ●

1.1 无线通信网络技术概况

1.1.1 无线通信网络技术的发展历程

古列尔默·马可尼在 1896 年发明了无线电报。他在 1901 年把长波无线电信号从康沃尔（Cornwall，位于英国的西南部）跨过大西洋传送到 3200 公里之外的圣约翰（St. John，位于加拿大）的纽芬兰岛（Newfoundland）。他的发明使双方可以通过彼此发送用模拟信号编码的字母数字符号来进行通信。一个世纪以来，无线技术的发展为人类带来了无线电、电视、移动电话和通信卫星。现在，几乎所有类型的信息都可以发送到世界的各个角落。近年来，更为引人关注的是卫星通信、无线网络和蜂窝技术。

通信卫星是在 20 世纪 60 年代首次发射的，那时它们仅能处理 240 路语音话路。今天的通信卫星承载了大约所有语音流量的 1/3，以及国家之间的所有电视信号[EVAN98]。现代通信卫星对所处理的信号一般都会有 1/4s 的传播延迟。新型的卫星是运行在低地球轨道上的，因而其固有的信号延迟较小，这类卫星已经发射，用于提供诸如 Internet 接入这样的数据服务。

无线网络技术使商业企业能够发展广域网（Wide Area Network，WAN）、城域网（Metropolitan Area Network，MAN）和局域网（Local Area Network，LAN）而无需电缆设备。电气和电子工程师协会（IEEE）开发了作为无线局域网标准的 802.11，蓝牙（Bluetooth）工业联盟也致力于提供一个无缝的无线网络技术。

蜂窝或移动电话是马可尼无线电报的现代对等技术，它提供了双方的、双向的通信。第一代无线电话使用的是模拟技术，这种设备笨重且覆盖范围不规则，然而它们成功地向人们展示了移动通信的固有便捷性。现在的无线设备已经采用了数字技术。与模拟网络相比，数字网络可以承载更大的信息量并提供更好的接收性和安全性。此外，数字技术带来可能的附加值服务，如呼叫者标识。更新的无线设备使用支持更高信息传输速率的频率范围连接到 Internet 上。

无线通信为人类社会带来了深刻的影响，而且这种影响还会继续。没有几个发明能够用这样的方式使整个世界"变小"。定义无线通信设备如何相互作用的标准很快就会有一致的结果，人们不久就可以构建全球无线网络，并利用它提供广泛的多种服务。

如图 1.1 所示是无线通信技术发展中的一些重要事件。由于较高的频率能够支持更高的数据传输速率和更大的吞吐量，因此无线通信技术也逐渐采用更高的通信频率。

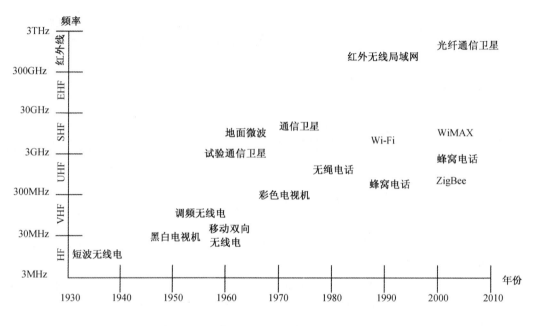

图 1.1　无线通信发展历程中的重要事件

1.1.2　蜂窝通信的革命

蜂窝通信技术的出现是具有划时代意义的，蜂窝通信革命直观地表现在移动电话市场罕见的增长速度上。在 1990 年，移动用户数大约是 1100 万户。截止到 2013 年 1 月份，全球移动用户数达到 68 亿户。根据国际电信联盟（International Telecommunications Union，ITU）的统计，全世界范围的移动用户数在 2002 年首次超过固定电话的用户数。更新一代的设备添加了具有可接入 Internet 和内置数码照相机这样的强大功能。出现移动电话显著增长的原因有很多：首先是移动电话的便捷性，它们可以随使用者移动；其次，其特性决定了它们是位置感知的；最后，移动电话是与处于固定位置的地区基站进行通信的。

技术的创新造就了移动电话的成功。手机变得越来越小、越来越轻便，电池的寿命也延长了，数字技术改进了接收的效果并使有限的频谱得到更好的利用。

随着越来越多数字设备的出现，与移动电话相关的成本也在下降。在一些竞争激烈的地区，价格自 1996 年以来有了明显的下降。

在很多地理环境特殊的地区，移动电话是为居民提供电话服务的唯一经济的方法。运营商可以很快地建立起基站，并且花费很少，这与在不规则地形上挖沟并敷设通信线路相比更便利、更经济。

移动电话仅是这场蜂窝革命中较为明显的一个方面。随着新型无线设备的引进，这些新型设备可以接入 Internet。它们除具有可对个人信息进行组织管理的功能及电话功能外，现在又有了 Web 接入、即时消息、E-mail 和其他在 Internet 上可获得的服务。汽车中的无线设备可以根据需要为用户下载地图和导向。不久的将来，无线设备能够在发生事故时呼唤帮助，可以提醒司机附近哪里的油价最低。其他的便利也可获得，如电冰箱也许将来某一天可以在 Internet 上订购食品以补充用完的食品。

无线技术带来的第一个高潮是语音方面，现在，人们的注意力在数据上。这一市场中比较大的一块是"无线"Internet。无线用户使用 Internet 的方式不同于固定用户，与典型的固定设备（如 PC）相比，无线设备受显示和输入能力方面的限制，采用事务处理和消息会话，而不是冗长的浏览会话。无线设备由于具有位置感知能力，因而可以根据用户的地理位置对信息做适当的剪裁。信息有能力找到用户，而不需要用户去搜索信息。

1.1.3　全球蜂窝网络

今天的蜂窝网不再是单一的。蜂窝系统或许是当今社会最重要的通信媒体。自 21 世纪初，在全球特别是在发展中国家，移动通信的渗透率不断增长，已超越了固定通信。新兴市场的服务提供商纷纷将焦点转向移动通信技术，加大了对蜂窝系统的投资。这些变革刺激了全球通信业投资的增长，全球每年用于蜂窝系统的投资额已升至 470 亿美元。

国际电信联盟正在开发下一代无线设备标准。新的标准会使用更高的频率以增加其容量，新的标准也致力于消除在过去 10 年中人们在开发和使用不同的第一代、第二代网络时产生的不兼容性。

在北美，使用较广泛的第一代数字无线网络是先进移动电话系统（Advanced Mobile Phone System，AMPS）。该网络使用蜂窝数字分组数据（Cellular Digital Packet Data，CDPD）覆盖网络提供数据服务，它提供 19.2Kb/s 的数据传输速率。CDPD 在规则的语音通道上使用空闲期提供数据服务。

主要的第二代无线系统有：全球移动通信系统（Global System for Mobile Communications，GSM）、个人通信服务（Personal Communication Service，PCS）IS-136 和 PCS IS-95。PCS 标准 IS-136 使用时分多点接入（Time Division Multiple Access，TDMA），IS-95 使用码分多址（Code Division Multiple Access，CDMA）。GSM 和 PCS IS-136 使用专用信道以 9.6Kb/s 的速率交付数据服务。

ITU 制定了新的 3G 标准（International Mobile Telecommunication-2000，IMT-2000）。该系列标准致力于提供无缝全球网，标准是围绕 2GHz 频带开发的。新的标准和频带提供的数据传输速率可达到 2Mb/s。

除定义频率使用、编码技术和传输以外，标准还需要定义移动设备如何与 Internet 交互。有几个标准工作组和工业联盟正在致力于实现这样的目标。无线应用协议（Wireless Application Protocol，WAP）论坛正在开发一个通用协议，该协议准许具有有限显示和输入能力的设备存取 Internet 信息。因特网工程任务组（Internet Engineering Task Force，IETF）正在开发一个移动 IP 标准，该标准可以使无处不在的 IP 协议在移动环境下工作。

2012 年 1 月 18 日下午 5 时，国际电信联盟在 2012 年无线电通信全体会议上正式审议通过将 LTE-Advanced 和 Wireless MAN-Advanced（802.16m）技术规范确立为 IMT-Advanced（俗称"4G"）国际标准，中国主导制定的 TD-LTE-Advanced 和 FDD-LTE-Advance 同时并列成为 4G 国际标准。

4G 国际标准工作历时三年。从 2009 年年初开始，ITU 在全世界范围内征集 IMT-Advanced 候选技术。2009 年 10 月，ITU 共计征集到了六个候选技术，分别是来自北美标准化组织 IEEE 的 802.16m、日本 3GPP 的 FDD-LTE-Advance、韩国（基于 802.16m）和中国的 TD-LTE-Advanced、欧洲标准化组织的 3GPP（FDD-LTE-Advance）。

4G 国际标准公布有两项标准，分别是 LTE-Advance 和 IEEE，一类是 LTE-Advance 的 FDD 部分和中国提交的 TD-LTE-Advanced 的 TDD 部分，基于 3GPP 的 LTE-Advance；另外一类是基于 IEEE 802.16m 的技术。

ITU 在收到候选技术以后，组织世界各国和国际组织进行了技术评估。2010 年 10 月，在中国重庆，ITU-R 下属的 WP5D 工作组最终确定了 IMT-Advanced 的两大关键技术，即 LTE-Advanced 和 802.16m。中国提交的候选技术作为 LTE-Advanced 的一个组成部分也包含在其中。在确定了关键技术以后，WP5D 工作组继续完成了电联建议的编写工作，以及各个标准化组织的确认工作。此后 WP5D 将文件提交上一级机构审核，SG5 审核通过以后，再提交给全会讨论通过。

在此次会议上，TD-LTE 正式被确定为 4G 国际标准，也标志着中国在移动通信标准制定领域再次走到了世界前列，为 TD-LTE 产业的后续发展及国际化奠定了重要基础。

日本软银、沙特阿拉伯 STC、Mobily、巴西 sky Brazil、波兰 Aero2 等众多国际运营商已经开始商用或预商用 TD-LTE 网络。印度的 Augere 预计 2012 年 2 月开始预商用。审议通过后，将有利于 TD-LTE 技术进一步在全球推广。同时，国际主流的电信设备制造商基本全部支持 TD-LTE，而在芯片领域，TD-LTE 已吸引了 17 家厂商加入，其中不乏高通等国际芯片市场的领导者。

1.1.4 宽带

Internet 上有越来越多的多媒体应用。在万维网（World Wide Web，WWW）的网页上有大量的图片、视频和音频信息，商业通信也呈现同样的趋势。例如，E-mail 常常包含了大量的多媒体附件。为了能够完全参与到通信中，要求无线网络具有与其进行通信的固定设备同样高的数据传输速率。通过宽带无线技术可以得到更高的数据传输速率。

宽带无线服务具有与所有无线服务同样的优点：便利和廉价。运营商的服务可以比固定服务更快地交付，且没有敷设线路设备的成本。这样的服务也是移动的，几乎能够在任何地方交付。

围绕着很多不同的应用，有许多开发宽带无线标准的尝试。这些标准几乎覆盖了从无线局域网到小型无线家庭网络的所有方面。数据传输速率范围也由 2Mb/s 提高到 100Mb/s 以上。这其中的很多技术现在就可获得，更多的技术在未来几年内也可获得。

无线局域网（WLAN）在架设固定网络很困难或太昂贵的地方提供网络服务。主要的 WLAN 标准是 IEEE 802.11，它提供高达 54Mb/s 的数据传输速率。

802.11 的一个潜在问题是与蓝牙技术的兼容性。蓝牙是一个无线网络的规范，它定义了诸如膝上型计算机（laptop）、个人数字助理（Personal Digital Assistant，PDA）和移动电话设备之间的无线通信。蓝牙和 802.11 的某些版本使用相同的频带。如果在同一个设备上配置，这两种技术很可能会相互干扰。

1.1.5　未来趋势

在新的无线网络技术上所做的很多开发都使用了在许多国家并不需要许可授权的频谱。在美国，有两个这样的频带：位于 2.4GHz 附近的工业、科学与医学（Industrial，Scientific，and Medical，ISM）频带，以及新近分配的不需要许可的无线电频带——不需要许可的国家信息基础设施（Unlicensed National Information Infrastructure，UNII）频带。由（美国）联邦通信委员会（Federal Communications Commission，FCC）分配的 UNII 准许一些生产厂商开发高速无线网。为了找到能满足需求的足够的带宽，UNII 的频带位于 5GHz，这使得它与 2.4GHz 的设备是不相容的。使用免费的无须许可的无线电频谱可以使生产厂商避免几十亿美元的许可证费用。

多年来，这些无线电频率被人们忽视，仅在无绳电话和微波炉中应用。然而，近年来在消费者需求和活跃的标准化组织的激励下，相当多的研究和开发工作在进行中。这些工作的第一个显著成果是 Wi-Fi（Wireless Fidelity，无线保真），这是基于 IEEE 802.11 标准的非常流行的无线局域网技术。实质上，Wi-Fi 是指经认证的可与 Wi-Fi 联盟（的产品）互操作的 802.11 兼容产品，Wi-Fi 联盟是建立这种认证的一个专门组织。Wi-Fi 不仅覆盖了基于办公室的局域网，也包括基于家庭的局域网和公开可获得的热点（hot spots）。热点是指中心天线周围的一些区域，人们使用适当配备的笔记本电脑可以无线共享信息或连接到 Internet。Wi-Fi 技术将在第 9 章详细讨论。

Wi-Fi 只是利用这些频带的主要技术之一，还有 4 个其他创新技术，它们是 WiMAX、Mobile-Fi、ZigBee 和 Ultra Wideband。以下简要概述这些技术。

WiMAX 类似于 Wi-Fi。二者均可建立热点，Wi-Fi 覆盖的范围是几百米，WiMAX 可以有 40～50 000m 的覆盖范围。因而，WiMAX 可以为用于最后一英里宽带接入的有线、DSL 和 T1/E1 方案提供一种无线的技术选择。它作为附赠技术可用于连接 802.11 热点和 Internet。WiMAX 最初部署在固定位置上，其移动版本正在开发中。WiMAX 是基于 IEEE 802.16 的一个互操作能力规范。

Mobile-Fi 在技术方面类似于 WiMAX 的移动版本。Mobile-Fi 的目标是以比今天家庭宽带链路可获得的更高的数据传输速率为移动用户提供 Internet 接入。在这里,移动确实意味着移动(mobile),不只是可活动的(movable)。这样,在一个移动的汽车或火车中旅行的 Mobile-Fi 用户就可以享受到宽带的 Internet 接入。Mobile-Fi 是基于 IEEE 802.20 规范的。

与 Wi-Fi 相比,ZigBee 在一个相对短的距离上提供相对低的数据传输速率。其目标是开发低成本的产品,具有非常低的功率消耗和低的数据传输速率。ZigBee 技术使得数千个微型传感器之间的通信能够协调进行,这些传感器可以散布在办公室、农场或工厂地区,用于收集有关温度、化学、水或运动方面的细微信息。它们使用非常少的电能,因为会放置 5 或 10 年且要持续供电。ZigBee 设备的通信效率非常高,它们通过无线电波传送数据的方式就像人们在救火现场排成长龙依次传递水桶那样。在这条长龙的末端,数据可以传递给计算机,用于分析,还可以通过 Wi-Fi 或 WiMAX 等无线技术接收数据。

Ultra Wideband 与在这一节所提到的其他技术相比则不同。Ultra Wideband 可以使人们在短距离内以高的数据传输速率移动大量文件。例如,在家庭中,Ultra Wideband 可使用户不需要任何凌乱的线缆就可将视频从一台 PC 传送到 TV 上。在行车途中,乘客可以将笔记本电脑放在行李箱内,通过 Mobile-Fi 接收数据,然后利用 Ultra Wideband 将这些数据拖到放在前座位的一台手持式计算机(Handheld Computer,也称掌上电脑)上。

1.1.6 无线技术中的问题

无线技术比固定服务更加便利且通常成本更低,但无线技术并不完美。在无线技术中还存在着局限性,存在着政治上的和技术上的困难,这些因素最终会导致无线技术不能充分发挥它的全部潜能。它存在着两个主要问题:不兼容的标准和设备的局限性。

前面已提到,在北美有两个数字蜂窝服务标准。国际上也有不止一个标准,采用 PCS IS-136 标准的设备无法在采用 PCS IS-95 标准的地区使用。在同一个设备上无法既使用蓝牙又使用 802.11。这只是由于缺乏行业范围内的标准而导致的问题中的两个例子。缺少一个全行业标准会阻止无线技术实现其真正理想之一:无所不在的数据存取。

设备的局限性也限制了数据的自由滚动。移动电话上小的 LCD(液晶显示屏)不足以显示更多的文本行。此外,大多数移动无线设备无法存取 Internet 上的绝大多数 WWW 站点,无线设备上的浏览器需要使用一种特定的语言——无线置标语言(Wireless Markup Language,WML)来代替实际上的标准——超文本置标语言 HTML。

1.2 无线通信网络超低功耗的基本概念

近几年来,无线与移动通信以前所未有的速度迅猛发展,成为当前信息技术研究的热点和焦点。随着各种便携式个人通信设备与家用电器设备的增加,人们在享受蜂窝移动通信系统带来的便利的同时，对短距离的无线与移动通信又提出了新的需求，使得短距离无线通信异军突起，无线局域网、蓝牙技术、移动 Ad hoc 网络、超宽带（UWB）及 ZigBee 技术等各种热点技术相继出现，均展现出各自巨大的应用潜力。其中无线传输的超低功耗技术长期以来都是制约无线网络应用和发展的核心技术之一，也是一直困扰无线网络的难题之一，导致了多数无线网络技术未能真正在实际中被广泛采用。

目前，大多数无线通信网络都是由大量低成本、低功耗的具有传感、计算与通信能力的微小传感器节点构成的网络系统，是能根据环境自主完成各种监测任务的智能系统。其在军事、汽车电子、工业控制、环境监测、医疗卫生、智能家居等领域有很好的应用前景，尤其适用于无人值守或恶劣环境下的事件监测和目标跟踪。但它又是一种资源受限网络，网络节点的能量、计算能力和存储量都非常有限，尤其是能量的受限，节点电源的耗尽会直接影响整个网络的实现，而网络节点的使用往往是一次性的，或者由于条件所限，节点的电池不可能经常更换，需要能使用若干年。同时，在无线通信网络中节点是嵌入在其他系统中的，要求节点体积小，因此电池大小受到限制，容量也受到限制，对低功耗的要求就更高。随着微电子工艺技术及 SoC 设计技术的快速发展，使得微功率无线通信网络在硬件设备上已经具备低能耗的条件，微功率无线通信网络绝大部分能量消耗都出现在无线通信模块上，如何最大限度地降低无线通信模块的功耗成为微功率无线自组织计量网络的重要研究内容，因此研究微功率无线通信网络的无线传输超低功耗技术具有极大的现实意义和实用价值。

当前，关于超低功耗仍然没有统一的标准。根据 1998 年 5 月颁布的《微功率（短距离）无线电设备管理暂行规定》，通常无线设备发射功率受到国家无线电管理的严格限制，通常发射功率不大于 50mW，即认为属于微功率无线设备。所以，很多厂家、研究机构和学者都普遍认为，只要无线通信设备发射功率小于 50mW 或设备发射功率是毫瓦甚至微是瓦。，级别的，就认为属于超低功耗的范畴。

1.3 功耗产生的原因

在无线传感器网络的研究与应用中，由于与传统无线网络及移动自组网络（Mobile Self-organizing Networks）的差异，在基础理论和工程技术层面出现了一系列挑战性问题。其中最核心的就是能耗问题。传统无线网络通常侧重于如何满足用户的 QoS 要求，虽然也要考虑能量消耗，但传统网络节点的能量可以补充，能量不是制约其应用的主要因素。而无线传感器网络中由于网络敷设环境及节点规模等特点，节点能量一般由电池供应，在很多场合下由于条件限制，维护人员难以接近，电池更换非常困难，甚至不可能更换，但是要求网络的生存时间长达数月甚至数年，节点能量受限成为其最大的制约因素。

节点的电池一旦耗尽，就会立即退出网络，这将会直接影响整个网络的生命周期和整体功能的实现，因此无线传感器网络的设计要求必须以提高系统的能量效率为首要目标。

然而电池技术与处理、存储和通信技术的飞速发展相比，发展的速度要慢得多，在过去的十多年里，电池的能量密度都没有明显提高，希望通过提高电池能量来提高网络生存时间是难以做到的。另外，在不同的应用类型、监测目标中，复杂性、制造工艺、电池自身的能耗等因素也会使传感器能量消耗差别很大。实时性要求不高的应用（对森林、农作物、房间温度等的监测）可以让节点定时监测目标，能量消耗较低；而实时性要求高的应用（对患者身体状况、精密仪器制造等的监测）则要求节点实时监测目标，能量消耗极大。传感器的类型、制造工艺等对能量消耗也有重要影响，电池本身也会持续产生较大的电流，在高温潮湿环境下电池容易发生漏电，这些都严重消耗了电池的有限能量。因此如何在不影响网络性能的前提下，尽可能降低无线传感器网络的能量消耗成为无线传感器网络软/硬件设计的核心问题。

可以通过两种途径解决上述问题：一是利用可以再生的环境能源，主要包括微波、光照、振动、热和气流等产生的能量，使传感节点实现自供电；二是采用低功耗电路设计方法和高效的电源管理方法，降低传感节点的功耗，通过网络级功耗管理技术、功率控制技术等多种技术相结合的方式实现网络能量效率的提高，从而降低网络的整体能耗。在实际的应用中，由于节点受成本的限制，往往只采用后者的技术途径去实现网络的能耗降低，延长网络生存期，后者也是解决问题的根本途径。

1.3.1　CMOS 电路的功耗

目前集成电路已渗透到社会的各个角落，获得了飞速发展。自 20 世纪 90 年代以来，随着 CMOS 集成电路技术的发展，功耗已经逐渐成为大规模集成电路设计中考虑的关键因素。

CMOS 电路是目前应用最广泛的数字电路，具有面积小、功耗低且易于集成等特点，其基本原理同样适用于其他形式的数字电路。CMOS 电路在理想状态下两管不同时导通，具有较好的功耗特性。但随着集成电路技术的进步，集成电路的集成度飞速增长，单位面积硅片上集成的器件数目以指数级的速度增加，虽然单个器件功耗得以降低，但是器件功耗降低速度低于集成度增长速度，因此芯片总体功耗急剧增加。在电路设计的不同层次分析功耗并采取相应措施以有效降低功耗的问题，成为 CMOS 电路发展亟待解决的问题。数字集成电路功耗主要分为两个部分：①由通过栅极氧化层的隧穿电流、反偏二极管的漏电流）、有比电路竞争电流和 MOS 晶体管的亚阈导通电流等产生的静态功耗；②由负载电容充放电引起的开关功耗和 PMOS 与 NMOS 网络同时导通时产生的短路电流功耗组成的动态功耗。动态功耗占据电路总功耗的主要部分，动态功耗主要由电路中的信号翻转引起，静态功耗主要是漏电流功耗，与信号跳变频率无关。随着集成电路规模和集成度的增加，器件尺寸减小，栅极氧化层厚度减小，器件总漏电流增大，静态功耗增加。CMOS 电路功耗主要有三种来源，下面分别介绍。

1．开关功耗

动态功耗是电路运行过程中信号翻转所引起的能量消耗，主要是指电容充放电引起的功耗，即开关功耗。同时，动态功耗还包括 PMOS 和 NMOS 网络同时导通时引起的短路功耗及由于延迟引起的竞争冒险功耗等。以 CMOS 反向电路为例来进行说明。CMOS 反相器电路的功率消耗来源如图 1.2 所示。

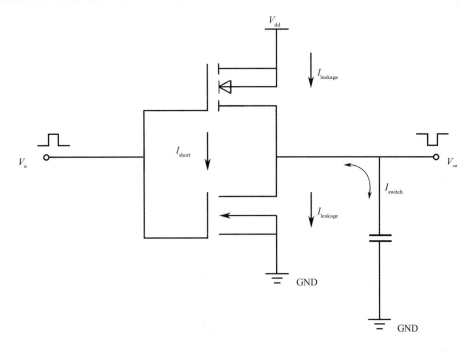

图 1.2　CMOS 反相器电路的功率消耗来源

CMOS 反相器电路由一个 P 沟道 MOS（Metal Oxide Semiconductor）管 PMOS（Positive Channel Metal Oxide Semiconductor）和一个 N 沟道 MOS 管 NMOS（Negative Channel-Metal-Oxide-Semiconductor）管组成。C_L 是自载电容（包括源漏结电容和栅极的覆盖电容）、栅电容和布线之间的逻辑门扇出电容、互容产生的寄生电容（Parasitic Capacitance，Stray Capacitance）的综合，包括下一级电路的输入门电容、互连电容和反相器源漏区的电容、逻辑门连线电容等。V_{in} 是输入信号，V_{out} 是输出信号，V_{dd} 是供电电压（Supply Voltage）。V_{in} 变化时，V_{out} 的变化会因为电容 C_L 的充电、放电存在两种变化。C_L 充电时，输出电压 V_{out}（电容两端充电电压）随之上升，直到升至接近电源电压 V_{dd} 为止。电容 C_L 放电时，电容存储电荷减少，电容两端电压减小，即输出电压 V_{out} 逐渐减少，直至接近 0。CMOS 反相器的电路功耗正比于电容 C_L，但是输出端与输入端信号翻转的频率不同。CMOS 反相器中，从低电平到高电平变化时所需要的能量分为相等的两部分，其中一半 $C_L V_{dd}^2$ 的能量存储在电容 C_L 之中（用于电容充放电），另一半 $C_L V_{dd}^2$ 的能量存储在 PMOS 管中。V_{out} 逻辑电平与 V_{in} 相反。V_{out} 从高电平到低电平的过程是 C_L 电容放电过程，NMOS 管下拉，放电过程消耗了电容 C_L 存储的 $C_L V_{dd}^2$ 的能量。若 CMOS 反相器变化频率与时钟信号变化频率一致，消耗的功率是 $C_L V_{dd}^2 f$，f 是目标频率（Target Frequency），也是工作频率。但是实际情况下，CMOS 电路的翻转频率不会与时钟信号翻转频率一致，也就是说，不是时钟信号每一次翻转都伴随输出的翻转，因此实际功耗还要加概率因子（电路活动因子）α，α 的是平均时间内单个节点在单位时钟周期之内翻转的概率。因此有：

$$P_{switch} = \alpha C_L V_{dd}^2 f \tag{1.1}$$

式中，P_{switch} 是 CMOS 电路充放电导致的功耗，P_{switch} 约占 CMOS 电路全部功耗的 70%～90%，从某种程度上来说，它决定着 CMOS 电路的功耗。因此，CMOS 电路的低功耗设计关键在于降低 CMOS 电路的充放电功耗 P_{switch}。由式（1.1）可知，P_{switch} 由负载电容 C_L、V_{dd} 电源电压、工作频率 f 及电路活动因子 α 共同决定。减小负载电容 C_L、工作电压 V_{dd}、工作频率 f 和电路活动因子 α 都可以减小 CMOS 电路的动态功耗 P_{switch}。

2. 短路功耗

对于理想的 CMOS 电路来说，晶体管工作状态瞬间翻转，没有延时，不存在从电源 V_{dd} 到 GND 之间的电流通路。现实中的 CMOS 电路输入信号的上升/下降时间大于 0，上拉网络和下拉网络在很短的时间内同时导通，存在从电源 V_{dd} 到 GND 之间的短路电流脉冲 I_{short}，产生短路功耗 P_{short}，短路电流与 CMOS 管的尺寸有关。

当 $V_{dd} < V_{tn} < |V_{tp}|$ 时，NMOS 管和 PMOS 管同时导通，产生短路电流。为了减小平均短路电流，应尽量避免 P 沟道 MOS 管和 N 沟道 MOS 管同时导通。NMOS 管的门限电压为 V_{tn}，PMOS 管的门限电压是 V_{tp}，则：

$$P_{short} = K(V_{dd} - 2V_{tn})^3 \delta N \tag{1.2}$$

式中，K 是与晶体管的工艺相关的常数，V_{tn} 是阈值电压，δ 是输入信号上升/下降时间，N 是 CMOS 反相器输出的平均晶体管个数，f 是工作频率。由式（1.2）可知，平均短路电流的变化存在以下情况：当 CMOS 电路输入门上升/下降时间 δ 增大，输入边缘速率降低时，则 P 沟道 MOS 管组成的下拉网络和 N 沟道 MOS 管组成的上拉网络导通时间增大，短路电流时间越长，导致平均短路电流 I_{short} 随之增大，短路功耗也就越大。但是在大负载电容电路中，输出信号在输入信号跳变时切换电平较少，使得每个晶体管上漏极与源极之间电压很小，短路功耗随之降低。一般来说，P_{short} 占总动态功耗 $P_{dynamic}$ 的 5%～10%。

V_{dd} 低于 PMOS 和 NMOS 晶体管的开启电压之和，即 $V_{dd} < V_{tn} < |V_{tp}|$ 时，PMOS 管与 NMOS 管不满足同时导通条件，不可能同时导通，没有短路电流，但与此同时，电路的处理速率降低：

$$P_{short} = (V - 2V_{th})3 \times F \times T \tag{1.3}$$

式中，B 为增益因素（Gain Factor），T 为输入信号的上升/下降时间，V_{th} 为阈值电压（Voltage Threshold）。内部短路功耗一般在 CMOS 集成电路的功耗中所占比例为 10%～30%。

3. 漏电流功耗

漏电流（$I_{leakage}$）功耗领域的研究较少，漏电流成因复杂，主要与器件工艺相关，CMOS 电路中的 MOS 晶体管中存在漏电流，漏电流一般由亚阈值（Subthreshold Leakage）漏电

流 I_{sub}、反偏置 PN 节能带间隧穿漏电流 I_D、栅电流 I_G、栅极感应漏电流 I_{GIDL}、沟道隧穿电流 I_{PT} 等组成,PMOS 管漏电流组成示意图如图 1.3 所示。

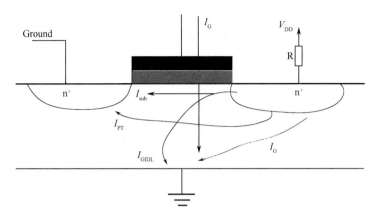

图 1.3　PMOS 管漏电流组成示意图

漏电流功耗 $P_{leakage}$ 指由 MOS 管中的漏电流(N 扩散区和衬底间的反向偏置电流)引起的功耗。漏电流功耗主要由电路的制造工艺决定。漏电流功耗也成为静态功耗(Static Power)。反向偏置电流 $I_{reverse}$ 为:

$$I_{reverse} = I_S(e^{V_{dd}/V_{th}} - 1) \tag{1.4}$$

式中,I_S 为反向的饱和电流:

$$I_S = qn_i^2 A\left(\frac{D_D}{N_d W_n} + \frac{D_n}{N_D W_p}\right) \tag{1.5}$$

在 CMOS 电路中,阈值电压非常重要。阈值电压是在衬底表面形成到点沟道(反型层)时所对应的栅极电压。阈值电压从以下几个方面影响 CMOS 电路性能和 CMOS 电路功耗。

(1)电路延时 t_d。电路延时 t_d 与阈值电压的大小正相关。

$$t_d \propto \frac{V_{dd}}{(V_{dd} - V_T)^2} \tag{1.6}$$

式中,t_d 为电路延时,V_{dd} 为工作电压,V_T 为阈值电压。为了减小电路延时,可以降低阈值电压。

(2)漏电功耗。对于等待状态的电路,漏电功耗不容忽视。当栅源之间电压小于阈值电压($V_{gs} < V_T$)时,MOS 管截止,截止的 MOS 管中存在式(1.7)所示的漏电流:

$$I_{sub} = I_Q e^{(V_{gs} - V_T)/(aV_{th})} \tag{1.7}$$

式中,V_{gs} 为栅压,I_Q 是当时的电流,a 为工艺决定的常数,$1.0 \leqslant a \leqslant 2.5$,$V_{th}$ 为热电压,$T=300K$ 时,$V_{th}=25.9mV$。

但是若减小阈值电压 V_T,将导致亚阈值电流 I_{sub} 的增大,引起漏电流功耗 $P_{teakage}$ 的增大。因此在低功耗 CMOS 电路设计时应充分考虑阈值电压的影响,合理选择工作电压和阈值电压。漏电流功耗在总的动态功耗中所占比重比较小。若选择工艺阈值电压高、栅极氧化层厚度大的晶体管，则静态功耗可以有效降低。

静态功耗主要是 CMOS 电路电源到地之间的泄露电流引起的功耗，静态功耗很小，一般在电路总功耗中所占比例不足 1%，远远小于 CMOS 电路动态功耗。因此，CMOS 电路的低功耗设计以降低 CMOS 电路动态功耗 $P_{dynamic}$ 为主。

1.3.2 集成电路中的问题

集成电路是二十世纪发展起来的新兴高技术产业之一，也是二十一世纪全面进入信息化社会必要的前提和基础。自 1958 年得克萨斯仪器公司制造出第一块集成电路以来，集成电路产业一直保持着惊人的发展速度，在数字化、信息化时代的今天，数字集成电路的发展及广泛应用显得尤为引人注目。从电子管、晶体管、中小规模集成电路、超大规模集成电路，发展到当今市场主流的专用集成电路（ASIC），乃至现处于飞速发展阶段的系统级芯片，数字集成电路始终沿着速度更快、集成度更高、规模更大的方向不断发展。目前，根据摩尔定律的规律，似乎数字集成电路的发展已经走到了变革的前夕。摩尔定律是由英特尔（Intel）创始人之一戈登·摩尔（Gordon Moore）提出来的，其内容为：当价格不变时，集成电路上可容纳的晶体管数目，约每隔 18 个月便会增加一倍，性能也将提升一倍。换言之，每一美元所能买到的计算机性能，将每隔 18 个月翻一倍以上。这一定律揭示了信息技术进步的速度。随着芯片规模的进一步扩大，功耗问题变得日益突出，并成为制约未来集成电路发展的关键因素之一。

一直以来，面积最小化和高速度是数字集成电路设计中最主要的问题。绝大多数 EDA 工具在设计时就是以达到这些要求为目标的。现在，由于新的 IC 工艺技术的引入，集成度越来越高，降低功耗逐渐成为至关重要的一项因素。在亚微米和深亚微米技术中，由于能量消耗而产生的热量使电路中固有的功能受到了影响。

功耗的上升意味着电迁移率的增加，当芯片温度上升到一定程度时，电路将无法正常工作。这将直接影响复杂系统的性能并进而损害整个系统的可靠性，尤其对于那些生命周期长和可靠性要求高的电子产品，功耗的挑战已经十分严重。从市场需求来看，近年来便携计算机、移动通信工具等应用广泛，这些产品都依靠电池供电，电池的体积和质量都与电容量有直接关系，为了适应产品更小、更轻、更耐用的趋势，迫切需要降低功耗。此外，封装成本、环保、生物电子等的发展都迫切需要使用低功耗技术，低功耗设计已经成为超大规模集成电路设计中要考虑的重要因素之一。

目前，低功耗技术已经广泛应用于集成电路设计中。集成电路的低功耗设计技术已逐渐被各设计企业广泛应用。例如，Alpha 在其芯片 AlphaZ1264 中最早采用了简单的门控时钟技术来降低功耗。Intel 酷睿系列芯片采用系统级的增强型 Speedstep 优化技术、AMD 公司采用 PowerNow!技术、Transmeta 公司 Cruso 系列笔记本采用 LongRun 变频节能技术等。目前，功耗的优化方法越来越多，也越来越具有针对性，但其思想都是通过降低工作电压、工作频率、减少计算量等方法实现集成电路的功耗优化。

数字集成电路低功耗设计的下一步研究方向是结合多个层次的功耗分析与优化方法，

在功率分析上寻求 EDA 工具执行速度与数据准确度的平衡点，提出多层次的功耗分析方法。

功耗的增大至少带来三方面的问题：能源消耗的费用将增加；依靠电池供电的各类便携式计算机及其通信设备将面临困境，电路的过热将引起系统性能不稳定。为此，在 1992 年，美国半导体工业联合会确认低功耗设计技术是集成电路设计的一个紧急技术需求。另外，封装费用也是促使人们从设计开始就重视功耗的原因，因增加散热片或从塑料封装改为陶瓷封装都会大幅度增加芯片的成本。

从节约能源的角度看，降低功耗也成为十分迫切的问题。随着计算机的广泛普及，装机量急剧上升，其总耗电量已不容忽视。如 Intel 公司开发的 Core Dual Duo 处理器，功能十分强大，但功耗高达 31W。据统计，美国每年有 5%～10% 的电能被计算机消耗掉。针对这种情况，在 1993 年，美国政府提出了以节能为主题的"能源之星"计划，大力提倡"绿色计算机"（Green PC）技术。各计算机厂商纷纷推出各种低功耗节能 CPU 产品。低功耗的 DSP 和单片机也不断涌现。低功耗已成为当前集成电路技术的一个重要研究方向，逐步形成了低功耗电子学的学科。1994 年 10 月专门召开了国际低功耗电子学的学术讨论会，可见人们对低功耗的重视。功耗成为 ASIC 设计中除速度、面积之外需要考虑的第三维度，面向低功耗设计（DFP design for power）存在巨大的商业机会。

此外，随着电子仪器的小型化，笔记本电脑、手提电话等各种便携式电子产品对电路功耗提出了新的要求，尤其是用电池供电的系统，更需考虑电路的功耗问题。移动通信、便携式计算机和移动式多媒体电子产品等已成为增长率最高的产品之一，形成了巨大的市场。它们的应用往往受到电池寿命的限制，而电池寿命/容量的改进极为有限（通过技术改进，每年大约只能提高10%～15%）。因此，功耗自然成为制约这些应用的关键指标。

1.4 与功耗有关的其他因素

目前，无线 Mesh 网络降低功耗的主要软件机制有拓扑控制、功率控制、数据融合和基于移动节点的节能机制。

1.4.1 拓扑控制

在 WMN 中，拓扑控制指网络拓扑随着一个或多个参数的变化而变化，这些参数包括节点的移动性、节点位置、信道、发射功率、天线方向等。通过拓扑控制能够在保证网络的覆盖率和连通性的前提下，降低通信所造成的干扰、提高 MAC 协议和路由协议的效率，为数据融合提供优化的拓扑结构，从而提高网络的吞吐容量、可靠性、可扩展性等其他性能。

拓扑的形成受各种因素的影响，其中包括可控制因素和非可控制因素。非可控制因素包括节点的移动性、天气、噪声等，而可控制因素包括节点的传输功率、天线方向、信道分配等。研究无线 Mesh 网络的拓扑控制问题，就是在维持拓扑的某些全局性质的前提下，通过删除或关闭某些产生冲突可能性比较大的边，或通过调整节点的发送功率来降低或避免通信时节点之间的冲突等问题，以降低网络干扰，进而提高网络吞吐量。Mesh 网络是一个动态性网络体系模型，其网络拓扑结构会因动态因素激发产生随机变化。因此研究无线 Mesh 网络的拓扑控制问题，需要重点考虑以下因素。

（1）环境因素或能量耗尽导致部分节点出现故障或失效。

（2）恶劣的外部环境条件将引发无线通信链路带宽发生变化并出现通信通断状态。

（3）自组织网络涉及节点实时进入和移出，其网络的扩展和收缩导致了网络的动态可重构性。目前对拓扑控制的研究可以分为两大类，一类是计算几何方法，以某些几何结构为基础构建网络的拓扑，以满足某些性质；另一类是概率分析方法，在节点按照某种概率密度分布的情况下，计算使拓扑以大概率满足某些性质时节点所需要的最小传输功率和最小邻近节点个数。无线 Mesh 网络现有拓扑控制策略有两种方式：基于位置驱动和基于连接驱动。以节点位置为依据的分簇算法（Geographical Adaptive Fidelity，GAF）是一种典型的基于位置驱动的拓扑控制方法。基于位置驱动的拓扑控制方法还有 GRF（Geographic Random Forwarding），利用节点位置和网络冗余来达到拓扑控制的目的。基于连接驱动的拓扑控制方式有 Span、ASCENT、Naps、DDEMA 四种。

近年来拓扑控制策略已经成为无线自组网的研究热点，但是目前在这个领域中尚存在着一些迫切需要解决的问题。首先，对于节点分布的假设过于理想化。目前很多研究都假定节点是均匀分布的。虽然在某些情况下这种假设是合理的，但是在大多数情况下这样的假设都是过于理想化的。其次，当前理论研究与仿真实验所基于的无线信道模型和能量衰减模型相对过于简单与理想化，往往与实际的 WMN 网络环境差异较大，从而导致理论研究结论在实际网络环境中并不适用。因此，为了获得更加符合实际的量化结果，理论研究需要在模型的精准度和复杂度之间选取恰当的折中点。最后，当前关于拓扑控制的理论研究与算法设计通常基于二维平面网络的前提假设，这样的假设也是过于理想化的。因为在网络中节点的部署有很强的随机性和地域限制，因此三维立体空间更贴切无线 Mesh 网络的实际部署环境。分析与研究 WMN 的拓扑性质，运用结论设计相应的拓扑控制算法，也必将成为未来拓扑控制技术研究领域的趋势之一。

1.4.2　功率控制

目前功率控制机制主要利用休眠唤醒协议和 MAC 协议来实现功率控制的目的（目前功率控制措施主要是在 MAC 层采用侦听/睡眠交替的无线信道侦听机制）。

1．休眠唤醒协议

休眠唤醒协议分为非层次型和层次型两种。非层次型的拓扑控制算法根据每个节点根据自己所能获得的信息，独立地控制自己在工作状态和睡眠状态之间的转换。层次型的拓扑控制算法通常采用周期性选择簇头节点的做法使网络中的节点能量消耗均衡。节点在不工作的时候，关掉通信模块，交替进行休眠和唤醒。睡眠唤醒机制可以运行在 MAC 层之上，也可以集成到 MAC 协议中。睡眠唤醒机制有三种方案：按需、预订回合和同步。按需的典型方法有：STEM（Sparse Topology Management）、STEM-T、STEM-B、PTW（Pipelined Tone Wakeup）。预订回合方案需要所有的邻近节点在同一时间唤醒。同步机制在保证邻近节点活跃状态有重叠的基础上，允许每个节点独立唤醒。此后在同步唤醒机制的基础上设计了异步唤醒机制。另外，很多 MAC 协议中都具有低占空比的特点。基于 TDMA 的 MAC 协议有 TRAMA、FLAMA（Flow-Ware Medium Access）和 LMAC（Light-weight Medium Access）。基于竞争的 MAC 协议有 B-MAC（Berkeley MAC）、S-MAC（Sensor-MAC）、T-MAC（Timeout MAC）、D-MAC，混合 MAC 协议最重要的是 Z-MAC。

2．MAC 协议

目前 MAC 层功率控制技术的主要目标是降低功耗，在降低功耗的同时提高信道的空间复用度。降低功耗是第一目标，MAC 层功率控制优化工作主要包括两个方面。

（1）改进冲突避免接入机制（冲突退避机制），更好地解决功率控制技术带来的链路不对称等问题。最初功率控制机制采用最大的发送功率发起 RTS、CTS 帧交互，而以较低的功率完成数据帧的传输和应答，从而降低数据帧的发送功率，节省节点的能耗。有文献将此类功率控制机制称为基本功率控制机制，该机制的实现较为简单，不需要引入新的控制帧，并能与现有的 DCF 协议兼容。但文献中的分析指出，该类功率控制机制不但会引起网络平均吞吐量下降，而且在某些情况下，还可能导致节点能耗的增加。因此在基本功率控制机制的基础上提出了 PCMA 协议，该协议在数据帧发送期间周期性地增大发送功率，从而避免冲突。PCMA 协议没能通过功率控制机制提高频率的空间复用度，因而无法提高网络的平均吞吐量。在 PCMA 协议引入了一种基于双信道的功率控制机制，该机制规定，接收节点在数据信道上接收数据帧的同时，还在忙音信道上发送忙音信号。忙音信号的功率等于该节点正确接收数据帧所允许的最大噪声功率，其他发送节点能通过监听忙音信号来调整发送功率，从而避免冲突。与 DCF 协议相比，PCMA 协议能获得更高的网络吞吐量，但监听忙音信号仅能避免节点在接收数据帧时发生冲突，无法保证发送节点正确接收 ACK 应答帧。在 PCDC 协议中，冲突避免信息被插入到 CTS 报文中并在 RTS/CTS 子控制信道以最大功率发送，此时的 CTS 的功能不是禁止覆盖范围内的节点进行发送，而是在保证不影响其数据报文的正确接收前提下，告知邻近节点可以一定的功率上限进行功率发送，因此增大了共享信道通信的并行数目，增大了信道利用率和网络吞吐量。冲突避免机制的设计关系到信道的空间复用问题，好的冲突避免机制有利于传输的并发，对全网性能的提高有非常重要的意义。

（2）通过一定策略选取最佳的发送功率。在选取发送功率级别的过程中，通常有几种方法。一是通过节点与周围节点的连接特性作为标准（如节点的度，连结集的定义）来确定发送的功率大小，如基于锥区域的方案来维持网络的连接性，即每个节点逐渐地增大传输功率，直到在每个方向的某个角度范围内至少能发现一个邻近节点。二是根据信道质量决定节点的发送功率（如设定接收端的信噪比、QoS 保证、丢包率、ACK 回应的阈值），如使用闭环的循环计算方法，迭代计算出理想的传输功率，其迭代的过程就是通过递减功率发送探测包，直至不能收到 ACK 为止，此时的功率为迭代阶段选定的功率；转入功率维护阶段，设定连续成功接收或连续失败接收 ACK 数量的阈值，当超过阈值时则提升或降低功率级别。三是根据路由层的反馈决定功率大小（如依次放大功率级别，直到路由成功），如在路由发现阶段设定两级功率，先用低能级进行路由发现，如果失败，则提高能级继续进行路由发现。四是根据博弈论、遗传算法等数学工具计算最优功率，如采用不合作的博弈论方法提出一种新的定价机制，此定价与信干比 SIR 呈线性关系，通过选定不同的比例常数可以达到不同的网络优化目标，如流量均衡、吞吐率优化等。发射功率的选取对于保持网络的连通性很重要，节点选取发送功率时，不但要考虑数据的可达性，还要考虑对邻近节点造成的干扰。

通常，网络层功率控制技术所关心的是如何通过改变发射功率来动态调整网络的拓扑结构（拓扑控制，Topology Control）和路由选择，使网络的性能达到最优。网络层确定了最大功率后，通过 MAC 层的功率控制在此最大发射功率前提下，根据下一跳节点的距离和信道质量等条件动态调整发射功率。网络层的功率控制依赖于 MAC 层的功率控制技术。和网络层的功率控制相比，MAC 层的功率控制是一种经常性的调整，每发送一个数据帧都可能要进行功率控制，而网络层的功率控制则在较长的时间内进行一次调整，调整频率较低。因此，MAC 层功率控制粒度更细，可更高效地调节功率以实现性能的优化。而独立节点级的功率控制技术根据获知的情况，为每次传输挑选独立的功率进行数据发送，避免网络级功率控制使用统一功率所引起的不必要的相互干扰和网络性能的下降，更具灵活性。传统的分层协议栈结构是网络设计中最基础、最有影响力的结构，协议栈中各层隐藏该层及其以下层次的复杂性，为上层提供服务，分层结构逻辑清晰、扩展性强、鲁棒性高，便于实现。然而，在严格分层协议栈网络中，整个网络系统被分割成若干个独立的层，相邻层与层之间的交互严格地通过层间的静态接口来实现，非相邻层之间不允许直接交互，因此，层与层之间的信息难以共享，增加了信息的冗余及对等层间的通信开销。合理利用跨层设计思想，联合 MAC 层和物理层，结合多速率和调度技术为 WMN 设计功率控制机制将会更加高效。

（3）数据融合。根据处理的事件不同，以减少传输给终端节点的数据量为目标，数据融合方式分为两类：①数据整合机制，主要是减少不必要的数据，通过网络内部处理、数据压缩、数据预测三种方式减少不必要的数据；②减少传感器模块的能量消耗，主要通过自适应采样、分层或分级采样和基于模型的主动采样三种方式。

（4）基于移动节点的节能机制。在静态的无线网络中，一般来说，越靠近终端节点的节点能耗越大。通过一些节点（包括终端节点）的移动，可以避免这种情况的发生，从而提高 WSN 整体的生命周期，使无线 Mesh 网络中的动态和静态实现最优的配置。这种最优配置主要依赖于两个节点的位置和数据量的发送，在数据密集型无线传感器网络中制定出最佳的移动路径，达到移动节点无线传输的总能量消耗最小的目的。

由于无线 Mesh 网络的能量供应主要以不可补充的电池为基础，在此基础上，为了有效延长网络生存时间，除了在节点设计时选用低功耗器件，在网络构建与控制协议设计中除了采用节点冗余技术、优化介质访问控制（MAC）技术、节能路由协议与数据融合技术、功率控制技术以外，还可以采用动态能耗管理（DPM）、动态电压调节（DVS）和动态频率调节技术（DFS）等节能策略，达到对有限能量资源的最大化利用，最大限度延长网络生存时间。

1.5　超低功耗设计的必要性

在传统设计中，由于器件集成度相对较低，所以功耗问题没那么突出。随着集成电路技术的发展，单芯片上已经能集成更多更快的晶体管，从而导致了功耗的逐渐增大。集成电路技术的发展对功耗设计提出了更高的要求，尤其是有些应用对数字电路低功耗设计方法研究功耗的增加特别敏感，如高性能计算机系统、便携式电子产品、移动通信产品等。功耗对电池的寿命、设计复杂度、封装和散热的费用及可靠性的影响已经使得所有的 IC 设计者都要认真面对功耗问题。

1．可靠性

随着设计复杂性的加大和 IC 性能的提高，单芯片集成封装的功耗呈逐年上升趋势，在高性能处理器中功耗问题尤其突出。尽管采用了各种制冷措施来维持系统的正常运行，但功耗转化的热量将对电路性能产生很大影响。功耗的上升意味着电迁移率的增加，当芯片温度上升到一定程度时，电路将无法正常工作。这将直接影响复杂系统的性能并进而损害整个系统的可靠性，尤其对那些生命周期长和可靠性要求高的电子产品，功耗的挑战已经十分严峻。除了改进封装方法以外，最直接的办法是在设计时把功耗作为第三维约束。

2．市场需求

驱动低功耗技术的一个重要因素是手持式电子消费产品的市场需求。近十年来，便携式计算机、移动通信工具等得到了蓬勃发展，这些产品均依靠电池供电，而电池寿命与功耗有直接的关系，因此功耗成为衡量产品性能的关键因素之一。在便携式电子产品中，电池往往成为最笨重的部件，一方面是因为电池的比容量是有限的；另一方面，从安全角度考虑，电池容量大幅度地提高容易引起爆炸。为了减轻电池的负担，设计出更小、更轻、更耐用的电子产品，迫切需要降低功耗。

3．封装成本

功耗对芯片的封装成本有直接影响。功耗小于 1W 时可以采用塑料封装，功耗大于 10W 时必须采用陶瓷封装，而功耗增加达到数十瓦时，必须设计相应的散热系统，如 CPU

风扇等。

4．环保

环境保护是低功耗设计的另一个目的。现代办公自动化需消耗大量的电能，而消耗电能的多少与电路有直接的关系。美国国会的一个能源小组调查表明，办公自动化消耗的电能比例从 1993 年的 5%增加到 2000 年的 10%，其中的重要原因是计算机数量成倍增长。由于电力生产会导致环境污染，因此如何有效提高计算机系统的能源利用率成为环境保护中需要考虑的一个方面。

1.6 超低功耗设计的特点

自顶向下（Top-Down）的 VLSI 电路设计从用户需求开始，到芯片的封装生产结束。在系统设计中根据系统功能、性能和物理尺寸要求，选择设计模式和制造工艺，确定芯片尺寸、工作速度、功耗等约束条件，并对顶层进行功能方框图的划分和结构设计。在方框图一级进行仿真、纠错，并用硬件描述语言对高层次的系统行为进行描述，并进行行为级验证。然后用综合优化工具生成具体门级电路的网表，其对应的物理实现级可以是印制电路板或专用集成电路。由于设计的主要仿真和调试过程是在高层次上完成的，这不但有利于在早期发现结构设计上的错误，避免设计工作的浪费，而且减少了逻辑功能仿真的工作量，提高了设计的一次成功率。逻辑设计的正确性是后续设计步骤的前提。逻辑设计完成后，就要根据元器件模型库完成电路设计。物理设计要把元器件的电路表示转换成几何表示（版图），因此物理设计也称为版图设计，在得到版图的物理参数后进行仿真。如果仿真结果不满足设计要求，就要重新回到前面的设计步骤去优化或重新进行设计。由于 VLSI 设计的复杂性，可能会在一个步骤或几个步骤之间反复交替进行重新设计和仿真。

自顶向下的 VLSI 低功耗设计的流程和传统设计相比，VLSI 低功耗设计的每个设计层次都需要增加两方面的工作：

（1）应用低功耗技术对功耗进行优化；

（2）对优化设计结果进行功耗评估，以确定是否达到设计要求；与面积和延时相比，功耗评估比较困难，必须设置适当的模型，使得功耗分析保证一定的精度和速度。关于功耗分析和优化将在以后各章做进一步论述。在自顶向下的 VLSI 低功耗设计中，每个设计阶段进行功耗优化的空间是不同的。早期的系统级、算法级和 RTL 结构级确定了系统的架构，因而也基本确定了功耗的框架。在这几个阶段，由于电路实施的具体细节还不太清楚，此时的主要任务是设计，因此要求功耗分析是快速的，而对精度要求相对较低。在后期的电路和版图设计阶段中，电路的主要架构已经确定，此时的主要工作是验证前面的高层次设计是否合理，因此要求功耗分析有比较高的精度。不同设计层次功耗优化的倍数如图 1.4 所示，从图 1.4 中可以看出，高层次设计对功耗有决定性的影响，因此低功耗设计必须着重于早期的高层次设计。不同设计时期功耗优化的空间如图 1.5 所示。

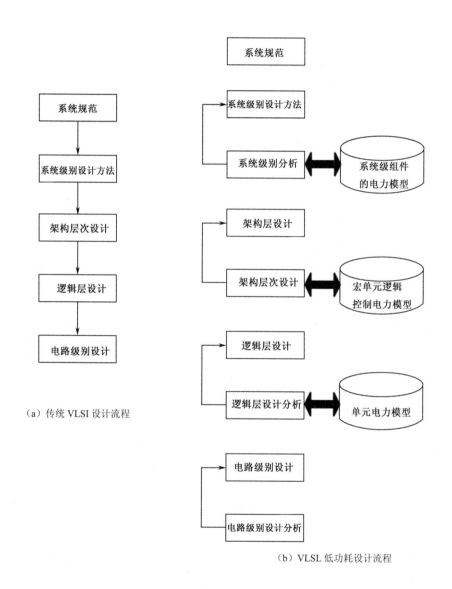

（a）传统 VLSI 设计流程

（b）VLSL 低功耗设计流程

图 1.4　不同设计层次功耗优化的倍数

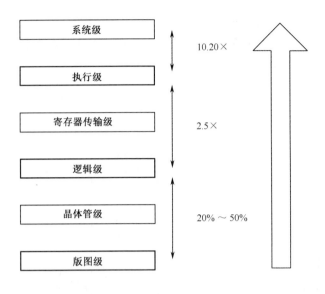

图 1.5　不同设计时期功耗优化的空间

1.7　元件工艺的低功耗

人们在 20 世纪 90 年代初开始注意并研究集成电路（Integrated Circuit，IC）设计中的功耗分析及低功耗设计。随着时间的推移，集成电路设计中功耗分析与低功耗技术快速发展并形成了较为完善的理论体系，主要表现在功耗分析建模、功耗估计、功耗优化、低功耗设计等方面。低功耗技术在工业方面也有了很多实际应用，Intel、AMD、IBM 等知名厂商都成立了独立的低功耗研究中心，不断将低功耗技术投入应用，芯片功耗也不断降低。国内低功耗技术研究起步较晚，但是发展很快，取得了长足的进步和发展。中国科学院计算所、清华大学等研究机构走在了国内研究的前列，成立了专门的集成电路低功耗技术研究课题组。但是低功耗技术在某些方面还有待进一步深入研究。CMOS 电路中的功耗可分为动态功耗（Dynamic Power）和静态功耗（Static Power）两大类，最开始主要侧重于动态功耗的估算及其优化方法的研究，目前的研究已相当成熟。随着集成电路集成度的飞速增加，芯片上器件尺寸不断减小，泄漏电流急剧增加，静态功耗迅速变为一个主要设计问题。近几年，静态功耗的研究及优化日益重要。尤其是对静态功耗快速、精确计算的方法研究较多。与此同时，低功耗测试技术及综合技术方面也取得了长足的进步与发展。在电路设计中，自顶向下分别为系统级（System-Level）、算法级（Algorithm-Level）、寄存器传输级（Register Transfer Level，RTL）、逻辑门级（Gate-Level）、版图级（Layout-level）、电路级（Circuit-Level）。在设计的各个层次上，都有了相应的功耗优化手段。RTL 和逻辑门级的功耗优化研究进展相对较大，系统级和算法级的研究进展不大。随着集成电路技术及工艺的发展，电路性能逐渐提高，芯片集成度快速增加，功耗的制约作用将越来

第 1 章　超低功耗的基本理论

越突出。

随着技术的进步，数字集成电路以指数级飞速发展，集成电路系统的复杂度、集成度随之进一步提高，尤其是便携及移动设备的广泛应用，功耗已经成为集成电路日趋重要的问题。功耗分析、优化及低功耗系统设计在集成电路的设计、工艺制造等层次发挥重要作用。在以往的集成电路设计过程中，集成电路集成度不高，功耗不是突出问题。随着技术的发展与进步，集成电路集成更多更快的晶体管，导致功耗显著增加，低功耗设计面临更多问题和更高的要求，尤其是手持设备、便携式电子产品等对功耗增加比较敏感。随着集成电路集成度的提高，互补金属氧化物半导体（Complementary Metal Oxide Semiconductor，CMOS，是组成 CMOS 数字集成电路的基本单元）电路发展到深亚微米（Deep Submicron）工艺和纳米（nm）工艺之后，功耗急剧增加（尤其是静态功耗，它已成为能与动态功耗相比较的电路功耗的重要组成部分），导致封装、散热、信号完整性分析等一系列问题的出现。

功耗问题已经成为大规模集成电路（Large Scale Integration，LSI）和芯片级系统（System on Chip，SoC）设计的突出问题。功耗的急剧增加导致电路温度升高，降低了集成电路可靠性，同时还导致芯片封装成本大幅度增加。随着技术的进步，集成电路已经发展到超大规模集成电路（Very Large Scale Integration，VLSI）和特大规模集成电路（Ultra Large-Scale Integration，ULSI），随着集成电路集成度的增加，电路的性能得到大幅提升，但与此同时，集成电路的功耗也在急剧增加，散热问题成为影响可靠性及封装成本的主要因素。功耗优化是现代 VLSI 和 ULSI 的关键技术与核心问题。功耗问题在便携及移动设备电池的使用寿命、封装和散热成本及电路可靠性等方面带来了不容忽视的影响。不断增加的功耗导致电子迁移的增加和集成电路温度上升，进一步影响电路系统性能及工作可靠性。

1.8　降低功耗的措施

1.8.1　硬件低功耗和软件低功耗技术

（1）硬件能耗

通过对无线通信网络体系或节点组成的分析可知，其中的能量消耗主要包括传感器、微处理器、无线通信模块等器件正常工作或待机所引起的硬件消耗和协议软件工作所引起的软件消耗两方面。无线通信模块在空闲状态和接收状态的能量消耗接近。无线通信模块成为节点能量消耗的核心。对于无线通信模块而言，尽管可通过选择低功耗器件来降低硬件待机消耗，但由于工作时所采用的控制协议不同，在实现状态切换时的策略不同，进而所消耗的能量也不同。对于硬件能量消耗而言，随着电子线路集成工艺的不断进步发展，电子器件的低功耗技术已日趋成熟，可以通过在节点设计中采用具有超低功耗特点的微处理器、传感器和无线收发器，在最大程度上降低硬件待机能量消耗。

软件消耗主要是由通信协议软件执行引起的能量消耗。由于各种不同的通信控制协议在实现网络自组织、数据传输与数据转发等方面的算法思想各不相同，使得节点各部件工作状态、工作时间、工作效率各不相同，相应的工作能耗各有差异。由此可知，影响无线通信网络能量消耗的主体因素是控制协议，而目前通信网络还没有统一的协议标准，尤其是超低功耗的通信协议，除此之外，网络的能量消耗还与网络构建中的诸多因素有关。

目前，无线通信网络降低功耗的主要软件机制有拓扑控制、功率控制、数据融合和基于移动节点的节能机制。

（2）拓扑控制

在无线网络中，拓扑控制指网络拓扑随着一个或多个参数的变化而变化，这些参数包括节点的移动性、节点位置、信道、发射功率、天线方向等。通过拓扑控制能够在保证网络的覆盖率和连通性的前提下，降低通信所造成的干扰、提高 MAC 协议和路由协议的效率，为数据融合提供优化的拓扑结构，从而提高网络的吞吐容量、可靠性、可扩展性等其他性能。

拓扑的形成受各种因素的影响，其中包括可控制因素和非可控制因素。非可控制因素包括节点的移动性、天气、噪声等，而可控制因素包括节点的传输功率、天线方向、信道分配等。研究无线网络的拓扑控制问题，就是在维持拓扑的某些全局性质的前提下，通过删除或关闭某些产生冲突可能性比较大的边，或通过调整节点的发送功率来降低或避免通信时节点之间的冲突等问题，以降低网络干扰，进而提高网络吞吐量。目前对拓扑控制的研究可以分为两大类：一类是计算几何方法，以某些几何结构为基础构建网络的拓扑，以满足某些性质；另一类是概率分析方法，在节点按照某种概率密度分布的情况下，计算使拓扑以大概率满足某些性质时节点所需要的最小传输功率和最小邻近节点个数。无线网络现有拓扑控制策略有两种方式：基于位置驱动和基于连接驱动。以节点位置为依据的分簇算法（Geographical Adaptive Fidelity，GAF）是一种典型的基于位置驱动的拓扑控制方法。基于位置驱动的拓扑控制方法还有 GRF（Geographic Random Forwarding），它利用节点位置和网络冗余来达到拓扑控制的目的。基于连接驱动的拓扑控制方式有 Span、ASCENT、Naps、DDEMA 四种。

近年来拓扑控制策略已经成为无线自组网的研究热点，但是目前在这个领域中尚存在着一些迫切需要解决的问题。首先，对于节点分布的假设过于理想化。目前很多研究都假定节点是均匀分布的。虽然在某些情况下这种假设是合理的，但是在大多数情况下这样的假设都是过于理想化的。其次，当前理论研究与仿真实验所基于的无线信道模型和能量衰减模型相对过于简单与理想化，往往与实际的无线网络环境差异较大，从而导致理论研究结论在实际网络环境中并不适用。因此，为了获得更加符合实际的量化结果，理论研究需要在模型的精准度和复杂度之间选取恰当的折中点。最后，当前关于拓扑控制的理论研究与算法设计通常基于二维平面网络的前提假设，这样的假设也是过于理想化的。因为在网络中节点的部署有很强的随机性和地域限制，因此三维立体空间更贴切无线通信网络的实际部署环境。分析与研究无线网络的拓扑性质，运用结论设计相应的拓扑控制算法，也必将成为未来拓扑控制技术研究领域的趋势之一。

1.8.2 功率控制

目前功率控制机制主要通过休眠唤醒协议和 MAC 协议来实现功率控制的目的。

（1）休眠唤醒协议

休眠唤醒协议分为非层次型和层次型两种。非层次型的拓扑控制算法根据每个节点自己所能获得的信息，独立地控制自己在工作状态和睡眠状态之间的转换。层次型的拓扑控制算法通常采用周期性选择簇头节点的做法使网络中的节点能量消耗均衡。节点在不工作的时候，关掉通信模块，交替地进行休眠和唤醒。睡眠唤醒机制可以运行在 MAC 层之上，也可以集成到 MAC 协议中。睡眠唤醒机制有三种方案：按需、预订回合和同步。按需的典型方法有：STEM（Sparse Topology Management）、STEM-T、STEM-B、PTW（Pipelined Tone Wakeup）。预订回合方案需要所有的邻近节点在同一时间唤醒。同步机制在保证邻近节点活跃状态有重叠的基础上，允许每个节点独立唤醒。此后在同步唤醒机制的基础上设计了异步唤醒机制。另外，很多 MAC 协议中都具有低占空比的特点。基于 TDMA 的 MAC 协议有 TRAMA、FLAMA（Flow-Ware Medium Access）和 LMAC（Light-weight Medium Access）。基于竞争的 MAC 协议有 B-MAC（Berkeley MAC）、S-MAC（Sensor-MAC）、T-MAC（Timeout MAC）、D-MAC。混合 MAC 协议最重要的是 Z-MAC。

（2）MAC 协议

目前 MAC 层功率控制技术的主要目标是降低能耗，在降低功耗的同时提高信道的空间复用度，降低功耗是第一目标，MAC 层功率控制优化工作主要有两个方面。

① 改进冲突避免接入机制，更好地解决功率控制技术带来的链路不对称等问题。最初功率控制机制，采用最大的发送功率发起 RTS、CTS 帧交互，而以较低的功率完成数据帧的传输和应答，从而降低数据帧的发送功率，节省节点的能耗。此类功率控制机制称为基本功率控制机制，该机制的实现较为简单，不需要引入新的控制帧，并能与现有的 DCF 协议兼容。但文献中的分析指出，该类功率控制机制不但会引起网络平均吞吐量下降，而且在某些情况下，还可能导致节点能耗的增加。在基本功率控制机制的基础上提出了 PCMA 协议，该协议在数据帧发送期间，周期性地增大发送功率，从而避免冲突。PCMA 协议没能通过功率控制机制提高频率的空间复用度，因而无法提高网络的平均吞吐量。在 PCMA 协议中引入了一种基于双信道的功率控制机制。该机制规定，接收节点在数据信道上接收数据帧的同时，还在忙音信道上发送忙音信号。忙音信号的功率等于该节点正确接收数据帧所允许的最大噪声功率，其他发送节点能通过监听忙音信号来调整发送功率，从而避免冲突。与 DCF 协议相比，PCMA 协议能获得更高的网络吞吐量，但监听忙音信号仅能避免节点在接收数据帧时发生冲突，无法保证发送节点正确接收 ACK 应答帧。在 PCDC 协议中，冲突避免信息被插入到 CTS 报文中并在 RTS/CTS 子控制信道以最大功率发送，此时的 CTS 的功能不是禁止覆盖范围内的节点进行发送，而是在保证不影响其数据报文的正确接收前提下，告知邻近节点可以一定的功率上限进行功率发送，因此增大了共享

信道通信的并行数目，增大了信道利用率和网络吞吐量。冲突避免机制的设计关系到信道的空间复用问题，好的冲突避免机制有利于传输的并发，对全网性能的提高有非常重要的意义。

② 通过一定策略选取最佳的发送功率。在选取发送功率级别的过程中，通常有几种方法。一是通过节点与周围节点的连接特性作为标准（如节点的度，连结集的定义）来确定发送的功率大小，如基于锥区域的方案来维持网络的连接性，即每个节点逐渐地增大传输功率直到在每个方向的某个角度范围内至少能发现一个邻近节点。二是根据信道质量决定节点的发送功率（如设定接收端的信噪比、QoS 保证、丢包率、ACK 回应的阈值），如使用闭环的循环计算方法，迭代计算出理想的传输功率，其迭代的过程就是通过递减功率发送探测包，直至不能收到 ACK 为止，此时的功率为迭代阶段选定的功率；转入功率维护阶段，设定连续成功接收或连续失败接收 ACK 数量的阈值，当超过阈值时则提升或降低功率级别。三是根据路由层的反馈决定功率大小（如依次放大功率级别，直到路由成功），如在路由发现阶段设定两级功率，先用低能级进行路由发现，如果失败，则提高能级继续进行路由发现。四是根据博弈论、遗传算法等数学工具计算最优功率，如采用不合作的博弈论方法提出一种新的定价机制，此定价与信干比 SIR 成线性比例，通过选定不同的比例常数可以达到不同的网络优化目标，如流量均衡、吞吐率优化等。发射功率的选取对于保持网络的连通性很重要，节点选取发送功率时，不但要考虑数据的可达性，还要考虑对邻近节点造成的干扰。

通常，网络层功率控制技术所关心的是如何通过改变发射功率来动态调整网络的拓扑结构（拓扑控制，Topology Control）和路由选择，使网络的性能达到最优。网络层确定了最大功率后，通过 MAC 层的功率控制在此最大发射功率前提下，根据下一跳节点的距离和信道质量等条件动态调整发射功率。网络层的功率控制依赖于 MAC 层的功率控制技术。和网络层的功率控制相比，MAC 层的功率控制是一种经常性的调整，每发送一个数据帧都可能要进行功率控制，而网络层的功率控制则是在较长的时间内进行一次调整，调整频率较低。因此，MAC 层功率控制粒度更细，可更高效地调节功率以实现性能的优化。而独立节点级的功率控制技术根据获知的情况为每次传输挑选独立的功率进行数据发送，避免了网络级功率控制使用统一功率所引起不必要的相互干扰和网络性能的下降，更具灵活性。传统的分层协议栈结构是网络设计中最基础、最有影响力的结构，协议栈中各层隐藏该层及其以下层次的复杂性，为上层提供服务，分层结构逻辑清晰、扩展性强、鲁棒性高，便于实现。然而，在严格分层协议栈网络中，整个网络系统被分割成若干个独立的层，相邻层与层之间的交互严格地通过层间的静态接口来实现，非相邻层之间不允许直接交互，因此，层与层之间的信息难以共享，增加了信息的冗余及对等层间的通信开销。合理利用跨层设计思想，联合 MAC 层和物理层，结合多速率和调度技术为 WMN 设计功率控制机制将会更加高效。

（3）数据融合

根据处理的事件不同，以减少传输给终端节点的数据量为目标，数据融合方式分为两类：①数据整合机制区，主要是减少不必要的数据，通过网络内部处理、数据压缩、数据预测三种方式减少不必要的数据；②减少传感器模块的能量消耗，主要有自适应采样、分层或分级采样和基于模型的主动采样三种方式。

（4）基于移动节点的节能机制

在静态的无线网络中，一般来说，越靠近终端节点的节点能耗越大。通过一些节点（包括终端节点）的移动，可以避免这种情况的发生，从而提高无线网络整体的生命周期，使无线通信网络中的动态和静态实现最优的配置。这种最优配置主要依赖于两个节点的位置和数据量的发送，在数据密集型无线传感器网络中制定出最佳的移动路径，达到移动节点无线传输的总能量消耗最小的目的。

1.9　小结

本章主要介绍了无线通信网络的发展历程、无线通信网络超低功耗的概念，分析了今后无线通信网络超低功耗设计的必要性，讨论了无线通信网络中功耗产生的原因和制约因素，简单介绍了降低功耗的方法和措施。

第 2 章

降低功耗的策略

• • • • • • • •

近几年来，新型可上网设备层出不穷，但是系统能耗不断加剧且新型能源技术没有取得实质性进展，如长续航电池技术等，因此低功耗技术就显得非常有必要了。不管是智能手机、平板电脑、电子阅读器，还是能连接网络的电冰箱，基础性能需求都在不断增加。不管是满足用户需求还是响应当今社会节能减排的号召，系统功耗都必须加以控制。但是降低系统功耗不仅是一种说法，还必须有切实可行的措施，下面就对降低功耗的策略进行比较深入的研究。

功耗问题是近几年来人们在各类通信系统设计中普遍关注的难点与热点，特别是对于电池供电系统，且大多数通信设备都有体积和质量的约束。降低系统的功耗具有以下意义。

（1）对于电池供电系统，延长电池的寿命，降低用户更换电池的周期，提高系统性能与降低系统开销，甚至能起到保护环境的作用。

（2）安全的需要，如工业现场总线设备的本安要求，实现本安要求的一个重要途径是降低系统的功耗。

（3）降低电磁干扰：系统的功耗越低，电磁辐射的能量越小，对其他设备造成的干扰越小，如果所有的电子产品都设计成低功耗的，那么电磁兼容性设计会变得容易。

（4）节能：对由电池供电的系统来说，节能特别重要。

2.1 系统节能的机制

在网络系统平台里有两种基本的节能方式：第一种是通过核心技术筛选，选择那些每瓦特能提供最优化性能的适当的原件，这能减小电源的尺寸，且能减小总体的功耗；第二种方法基于应用的效率，以及如何用最小的功耗实现最大的性能，这使得节能不仅体现在总体功率上，还体现在初始成本上。

在任何计算平台，最高的耗能元件之一都是处理器。在高性能的网络应用中，速度和吞吐量是至关重要的，并且使用多个处理器是司空见惯的事情，这使得节能的挑战更加严峻，增加时钟频率是提高处理器性能的传统方法。然而，功耗与时钟频率的平方成正比，这项技术不惜增加了功耗，是不实用的。

随着多核处理器架构的引入，处理器运行于更节能的时钟频率下，功耗问题得到改善。当某项应用可以逻辑地划分为相互独立的可管理的个体时，最重要的进步可以通过总体的系统吞吐量和功耗管理来取得。

理想的解决办法是不同工作模式下用不同的工作电压，但这又会造成太过复杂的情况，如需要考虑不同电压区域隔离、开关及电压恢复、触发器和存储器的日常存储恢复中的状态缺失等。简单来讲，可以根据高性能/高电压和低性能/低电压来划分读者的设计。接下来可以考虑系统时钟结构，这对减少动态功耗很有用。可以使用多个时钟域降低频率、调整相位等。一般处理器的软件接口控制都可做到这几点。

系统时钟对于功耗大小有非常明显的影响，所以除了着重于满足性能的需求外，还必须考虑如何动态地设置时钟来达到功率的最大程度节约。CPU 内部的各种频率都是通过外部晶振频率经由内部锁相环（Phase-Locked Loop，PLL）倍频式后产生的。于是，是否可以通过内部寄存器设置各种工作频率的高低成为控制功耗的一个关键因素。现在很多 CPU 都有多种工作模式，可以通过控制 CPU 进入不同的模式来达到省电的目的。例如，有些芯片可以提供四种工作模式：正常模式、空闲模式、休眠模式、关机模式。CPU 在全速运行的时候比在空闲或休眠的时候的功率大得多。省电的原则就是让正常运行模式远比空闲、休眠模式少占用时间。在类似 PDA 的设备中，系统在全速运行的时候远比空闲的时候少，所以可以通过设置使 CPU 尽可能工作在空闲状态，然后通过相应的中断唤醒CPU，恢复到正常工作模式，处理响应的事件，再进入空闲模式。

一般来讲，CPU 都提供各种各样的接口控制器，但这些控制器在一个设计里一般不会全部都用到，所以对于这些不用的控制器往往任其处于各种状态而不用花心思去管。但是，若想尽可能节省功耗，则必须关注它们的状态，因为如果不将其关闭，即使它们没有处于工作状态，仍然会消耗电能。通过设置寄存器可以有选择地关闭不需要的功能模块，以达到节省电能的目的。当然，也可以动态关闭一些仍然需要的外设控制器来进一步节省能量。如在空闲模式下，CPU 内核停止运行，还可以进一步关闭一些其他的外设控制器。

尽量减少 CPU 的运算量。减少 CPU 运算的工作可以从很多方面入手：将一些运算的结果预先算好，放在 Flash 中，用查表的方法替代实时的计算，减少 CPU 的运算工作量，可以有效地降低 CPU 的功耗（很多单片机都有快速有效的查表指令和寻址方式，用以优化查表算法）；不可避免的实时计算，算到精度够了就结束，避免"过度"计算；尽量使用短的数据类型，如尽量使用字符型的 8 位数据替代 16 位的整型数据，尽量使用分数运算而避免浮点数运算等。

2.1.1 SoC 不同层次的低功耗设计

影响系统功耗的参数调整主要从系统级到物理级来进行。下面将针对各种不同层次中较为有效的设计方法进行阐述与探讨，主要有以下三种方法。

（1）软/硬件划分

软/硬件划分是从系统功能的抽象描述着手，把系统功能分解为硬件和软件来实现。通过比较采用硬件方式和软件方式实现系统功能的功耗，得出一个比较合理的低功耗实现方案。由于软/硬件的划分处于设计的起始阶段，所以能为降低功耗带来更大的可能。

（2）功耗管理

功耗管理的核心思想是设计并区分不同的工作模式。其管理方式可分为动态功耗管理和静态功耗管理两种。动态功耗管理的思想就是有选择地将不被调用的模块挂起，从而降低功耗。静态功耗管理是对待机工作模式的功耗进行管理，它所要监测的是整个系统的工作状态，而不是只针对某个模块。如果系统在一段时间内一直处于空闲状态，则静态功耗管理就会把整个芯片挂起，系统进入睡眠状态，以减少功耗。

（3）软件代码优化

软件代码的功耗优化主要包括：①在确定算法时，对所需算法的复杂性、并发性进行分析，尽可能利用算法的规整性和可重用性，减少所需的运算操作和运算资源；②把算法转换为可执行代码时，尽可能针对特定的硬件体系结构进行优化，如由于访问寄存器比访问内存需要更少的功耗，所以，可以通过合理有效地利用寄存器来减少对内存的访问；③在操作系统中充分利用硬件提供的节电模式，随着动态电压缩放技术的出现，操作系统可以通过合理地设置工作状态来减少功耗。

2.1.2 低功耗设计的主要方法

（1）并行结构

并行结构是将一条数据通路的工作分解到两条通路上完成。并行结构降低功耗的主要原因是在其获得与参考结构相同的计算速度的前提下，其工作频率可以降低为原来的1/2，同时电源电压也可降低。并行电路结构是以牺牲芯片的面积来降低功耗。高性能处理器及高速应用的设计一般都要求在给定的时间内完成指定数量的计算操作。就架构来说，在大多数情况下，对于高吞吐量的芯片，并行结构一般是首选。

（2）流水结构

电路流水就是采用插入寄存器的办法降低组合路径的长度，达到降低功耗的目的。在先相加再比较的电路中间插入流水线寄存器的流水结构。加法器和选择器处在两条不同的组合路径上，电路的工作频率没有改变，但每一级的电路减少，使电源电压可以降低。流水结构是另外一种形式的并行操作方式，可以降低能量损耗。流水线不同于硬件复制，并行性是由流水线的寄存器插入，将一个处理器划分为 N 个流水线级。在这样的实现中，如果要保持相同的数据吞吐量，就要保持相同的时钟频率 f。忽略流水线造成的寄存器的开销，负载电容 C 还是会保持在原来的水平上。这种配置方式的优点在于大大减少了寄存器级之间计算电路的要求。流水结构与并行化处理获得了相同的功耗目标。与并行化处理相同的是，虽然不多，但是还是带来了一些设计开销。这些寄存器开销付出了功耗和面积的代价。首先，这些寄存器都需要时钟来驱动，增加了时钟网络的电容负载，随着流水线深度的增加，原先可以忽略的开销也不得不重视，因为这一点，流水线式的并行处理技术的吸引力也相对减小。但是，相对于硬件复制并行技术来说，该技术还是有相当大的优点的，使其成为功耗优化的有效方法之一。在实际的设计中，并不是所有的电路都适合采用流水线结构的电路。而对于流水结构电路来说，主要有两个需要注意的地方，即分支转移冒险和数据冒险。对于这些因素，设计者应该有一个全面的考虑。

（3）编码优化

一般可采用一位热码（One-Hot 码）、格雷码和总线反转码降低片上系统总线的功耗。One-Hot 码在一个二进制数中只允许 1 个数位不同于其他各数位的值；格雷码对于任何两个连续的数字其对应的二进制码中只有 1 位的数值不同。由于在访问相邻的两个地址的内容时，其跳变次数比较少，从而有效地降低了总线功耗。除了这几种编码外，还有一些更为复杂的低功耗编码，如窄总线编码、部分总线反转编码和自适应编码等，这些编码方式的最终目的就是通过改变编码来减少不同数据切换时的平均翻转次数。在采用这些编码时，设计者应该综合考虑它们带来的其他代价，如增加的编码解码电路等。

2.1.3　寄存器级低功耗设计的主要方法

（1）门控时钟

门控时钟有两种：门控到达逻辑模块的时钟和门控到达每个触发器的时钟。但不管是哪一种，都能起到降低功耗的作用。中心模块提供给模块 A 和模块 B 不同的门控时钟，当模块不工作时，可以关闭该模块，从而达到降低功耗的目的。门控时钟作为一个低功耗最基本的优化方法，其应用已经非常广泛。在非常复杂但功耗受限的系统中，将没有任何操作的系统部分的时钟关闭是最常见的使用形式。对于何时关闭时钟，是由设计者自己来决定的。一般来说，从时钟门控技术获益最多的大多是低吞吐量的数据通路。

（2）存储分区访问

存储分区访问就是将一个大的存储模块分成不同的小存储模块，通过译码器输出的高位地址来区分不同的存储模块。工作中，只有被访问的存储器才工作，其他存储器不工作。

（3）预计算

预计算就是提前进行位宽较小的计算工作，如果这些操作得到的信息可以代表实际的运算结果，就可以避免再进行位宽较大的计算工作，降低电路的有效翻转率，从而达到降低功耗的目的。

2.2 电路级

2.2.1 功耗产生的原因

半导体工艺有 CMOS（Complementary Metal Oxide Semiconductor）和逻辑门电路（Transistor-Transistor Logic，TTL）两种，其特点各异。传统上，TTL 工艺比 CMOS 工艺的运行速度快，但是随着工艺的发展，CMOS 工艺的运行速度不断提高，且具有低功耗、集成度高的特点，因此目前几乎所有的嵌入式处理器都使用 CMOS 工艺制作。CMOS 器件的简单门电路结构由两个 MOS 晶体管组成，一个是 N 型，一个是 P 型（这就是互补的意思）。N 型在上，P 型在下，它们像图腾柱一样堆叠在一起。两种晶体管的行为像个完美的开关，当输出是高电平（逻辑电平 1）时，P 型晶体管就会关闭，N 型晶体管连接到输出端以提供输出电压（5V 或 3.3V），门电路把电压输出到电路的其余部分；当逻辑电平是 0 时，情况正好相反。随着 N 型晶体管的关闭，P 型晶体管在下一阶段接地。晶体管上消耗的功率：

$$P=UI \tag{2.1}$$

如果电路是静态的（电路输出是 1 或 0，不改变状态），对于导通的 MOS 管，输出两端的电压低，输出电流大；对于截止的 MOS 管，输出两端的电压低，输出电流小（对 MOS 管而言可以忽略），消耗的功率不大。但是，MOS 管处于饱和导通和截止的转换期间，输出端的电压在 0～4V 或 4～3.6V 之间变化，输出电流也不小，导致消耗在 MOS 管上的功耗不可忽视。从分析可知，MOS 电路在静态时功耗很低，功耗主要体现在输出 0/1 的转换期间，且工作频率越高，状态转换越频繁，功耗越高。

当电路切换时，正如在 CPU 中无时无刻不在发生的一样，事情就有所不同了。当门电路切换逻辑电平时，N 型和 P 型晶体管具有同时打开的一段时间。在这段时间里，电流通过这两个晶体管从电源线流到地线。电流意味着电能消耗，也意味着发出热量。时钟频率越快，每秒发生的切换次数就越多，也就意味着更多的电能损失。例如 2.3GHz 的处理器，它们包含上千万个这样的互补 MOS 对管，这就是处理器的工作频率越高，消耗的功率越大，发出的热量越多，对散热器的要求越高的原因。

因此，那些把 CPU 超频，想从中榨出最后一丝计算能力的人都知道散热片与冷却系统是多么重要。

2.2.2 与系统功耗有关的因素

与功耗有关的因素很多，下面列举其中的一些。

系统的性能指标、负载大小、被处理信号的工作频率、电路的工作频率、电源的管理水平、零部件的性能、散热条件、接口的物理性能等对系统功耗起着重要的作用。在大多数电子系统中，产生功耗的主要部件是集成电路，其功耗取决于电路的基底技术、封装密度、供电电压、工作频率、外部环境、电路的性能指标、接口技术等。集成电路的功耗主要由 4 个方面组成：开关功耗、短路功耗、静态功耗、漏电流功耗。

（1）开关功耗是电路中的电容充放电形成的。其表达式为：

$$P=aCV_{dd}^2f \tag{2.2}$$

式中，V_{dd} 为电源电压；C 为充放电的电容；a 为活动因子，表示电容充放电的平均次数相对于开关频率的比值；f 为开关频率。

（2）短路功耗是在开关时由电源到地形成的通路造成的。其表达式为：

$$P_{SC} = xW\tau f \tag{2.3}$$

式中，x 是由工艺和电压决定的；W 为晶体管的宽度；τ 为输入信号上升/下降的时间；f 是工作频率。

（3）静态功耗指在电路稳定时由电源到地的电流所形成的功耗。

（4）漏电流功耗是由亚阈值电流和反向偏压电流造成的。

目前集成电路主要以静态 CMOS 为主，在这类电路中开关功耗是整个电路功耗的主要组成部分，其次是短路功耗，而静态功耗和漏电流功耗在大多数情况下可忽略。集成电路的设计是一个追求多设计目标（性能、面积和功耗）的过程，功耗的优化不是孤立的，功耗优化的技术和方法是与其他设计目标相互约束并有机结合的。

电阻上消耗的功率，通常为负载元器件和寄生元器件产生的功耗。不管采用何种技术，都或多或少地存在这方面的功耗。

有源器件的正常工作模式可用一条转移曲线和某些 I-V 特性曲线来描述，工作点电压与电流的乘积是功率的函数，对有源器件都适用。如上所述，有源开关器件在状态转换时，电流和电压比较大，将引起功率损耗。

在 CMOS 电路中，最大功耗来自于内部和外部电容的充放电。根据电路理论，可以计算后级门电路等效负载电容（包括电路封装和 PCB 导线形成的分布电容）充放电所需的功率。

2.2.3 降低功耗的措施

为了降低系统的功耗，要求在设计的每一部分及设计的每一阶段都要考虑功耗问题。首先描述一下系统设计依据的一个能量等式：

$$P = V^2\#f\#C + P_{static} \tag{2.4}$$

式中，$V^2\#f\#C$ 是动态功耗，它大体上是由设计者控制的；P_{static} 是静态功耗，与集成电路的静态电流有关，取决于电路的特性、温度及供给的电压。V 为工作电压；f 是工作频率；C 是电容负载；"#" 表示功耗虽然不与其中的因素成正比，但是这些因素越大，功耗越大。电路系统中，动态功耗占主要部分，静态功耗通常很低，可以忽略。

分析式（2.4），动态功耗与电路工作电压的平方有关系。因此，只需轻微降低电压即可显著地降低功耗。同样，动态功耗与工作频率成比例，当工作频率逐渐向 0 逼近时，功耗中的动态部分也向 0 逼近。正是由于这个原因，设计系统时使用的处理器的速度最好与应用需求相匹配，否则如果工作频率太高，将造成极大的浪费，系统功耗高，电池的寿命也将大大缩短。与此同时，处理器时钟频率的良好管理也能降低功耗。如果为了适应一个时间敏感性进程而把处理器时钟频率固定在一个很高的值上，当系统在执行另一个时间敏感性不强的进程时将损失大量的能量。最后，电容及其他元件的选择对功耗也有影响。

综上所述，可引入以下 4 条主要的优化措施：动态电源管理、动态电压缩放、低功耗硬件设计和低功耗软件设计。

1. 动态电源管理

动态电源管理（Dynamic Power Management，DPM）技术有选择地把闲置的系统模块置于低能耗状态，从而有效地利用电能。DPM 基于下面的假设：

（1）系统各个部分的工作负载不同；

（2）系统在每个工作时刻的负载不同；

（3）工作负载可以预测。

例如，台式计算机工作的时候，显示器、硬盘等消耗的能量较大，当不工作（用户很长时间没有使用或没有工作进程在运行）时，显示器、硬盘等就可以进入低功耗状态，整个计算机系统消耗的功率即可下降。

一个电源管理系统包含一个电源管理者，它能够基于对工作负载的观察来完成控制策略。例如，简单的策略可以是某一部分不工作时，关闭供电或置成省电状态。该策略可采用不同的方法来实现，如计时器、硬件控制或软件控制。

一个电源管理系统可以用一个电源状态机来模拟，电源状态机的每种状态都代表着电源消耗情况及相应的系统性能。状态之间的转换需要一定的能量及延迟。一般来说，如果在一种状态下耗能低，系统性能也较低，转换的延迟时间也较长。如硬盘系统可以表示为 3 种状态：活动态，此时硬盘可被读写；闲置态，可立即转换到活动态；睡眠态。

预测性策略利用以前的工作负载情况来预测将来的闲置周期。最简单的预测技术设定策略，其缺点在于当系统模块等待超时设定期满的过程也会消耗电能。有些预测性的停止策略对超时设定进行了改进，即当一个新闲置周期开始时就把系统模块转换到低耗能状态。为了处理非静态工作负载，一些适应性技术相继出现。这些技术主要通过启发式的方法来调整超时时间。预测性及适应性策略均是启发性的。基于随机性模型的策略可取得最佳结果，结果的质量取决于所做的假设。测量结果表明这种方法可大大降低电能的消耗量。

2. 动态电压缩放

动态电压缩放（Dynamic Voltage Scale，DVS）基于器件工作电压越高则功耗越高的原理，它允许电压调节例程在运行时改变 CPU 的工作电压。电压调节例程首先分析系统状态，然后决定最佳的工作电压。

另一种减少能耗的渠道是降低时钟频率。在降低电压的同时改变时钟频率可改变 CPU

的单操作耗能量，减少完成特定数量工作所需的能量。虽然这种方法可减少电源消耗，但并不能显著地改变能量消耗，因为能量消耗与执行时间成正比。

2.2.4　低耗能硬件设计

动态电源管理和动态电压缩放着眼于提高系统能量的利用率，使系统在工作的时候消耗能量，在不工作的时候处于节能状态。除此之外，还可以采用一些特定的方法来实现系统硬件和软件的节能设计。

1. 处理器的选择

在选择处理器时既要保证系统具有良好的性能，又能兼顾功耗问题，保证系统能够高效地运转，因此选择一款合适的处理器是非常有必要的。在处理器家族中，奔腾处理器耗能较低，它们为嵌入式系统设计提供了简化而低开销的功耗管理方案，因此选择这类处理器会取得比较好的低功耗效果。

2. 选择低功耗的外部器件

嵌入式系统的组成除了处理器外，还包括一些数字逻辑器件，用来将处理器与其他子系统组合在一起。现代 CMOS 器件拥有很低的动态功耗和几乎可以忽略的静态功耗。目前，有不少可选的数字逻辑器件，但它们往往是不可功耗与速度两全齐美的。74VHC 系列是个不错的选择，它不仅耗能小，且能满足一般的嵌入式应用。选择低功耗的电子器件可以从根本上降低整个硬件系统的功耗，目前的半导体工艺主要有 TTL 工艺和 CMOS 工艺，CMOS 工艺具有很低的功耗，在电路设计上尽量选用，使用 CMOS 系列电路时，其不用的输入端不要悬空，因为悬空的输入端可能存在感应信号，造成高低电平的转换，转换器件的功耗很大，尽量采用输出为高的原则。嵌入式处理器是嵌入式系统的硬件核心，消耗大量的功率，因此设计时选用低功耗的处理器。另外，选择低功耗的通信收发器（对于通信应用系统）、低功耗的外围电路，目前许多通信收发器也设计成节省功耗方式，这样的器件优先采用。

3. 选用低功耗的电路形式

选择低功耗电路的同时，还需要考虑保持高效率（通常情况下功耗的降低是以牺牲一定的效率为前提的）。对 MCS-51 系列单片机而言，目前低功耗系统使用的几乎全是HCMOS 集成电路。现在比较流行的技术是将多个集成电路和相关联的离散器件集成在一个封装内，即封装系统（System In a Package，SIP）技术。该技术可以减小总线电容，容纳更多的信号，减小开关噪声，能够优化集成电路，这些均可使系统的功耗降低。现在的集成技术与高密度、低电容相结合，功耗可大幅降低。晶振频率的降低也能有效地降低整机电流，因为工作电流与晶振频率呈线性关系。但降低晶振频率往往会使系统的运行速率降低，晶振频率的降低还要受到如串行通信频率、计数器测量频率、实时运算时间、外部电路时序等的限制，故需综合考虑各部件和整机信息处理的工作速率要求，以选择一个最佳晶振频率值。

完成同样的功能，电路的实现形式有多种。例如，可以利用分立元件、小规模集成电路、大规模集成电路，甚至单片实现。通常，使用的元器件数量越少，系统的功耗越低。因此，尽量使用集成度高的器件，减少电路中使用元件的个数，减少整机的功耗。

嵌入式系统的功耗主要由嵌入式处理器的功耗、存储器的功耗、外部接口电路的功耗组成。选择嵌入式处理器及各种外围器件时，尽可能选用低功耗的芯片。CMOS电路的固有特点便是功耗低，因此由CMOS电路构成的芯片格外受低功耗设计者的青睐。在设计低功耗系统时的一个基本原则是尽量设计出完全由CMOS器件构成的低功耗嵌入式系统。可用的CMOS器件有CD4000系列的低速CMOS数字集成电路、74HC系列高速CMOS数字集成电路及HCMOS的嵌入式处理器、存储器和一些外围电路。使用CMOS电路应注意以下几点。

（1）CMOS电路的逻辑电平。CMOS电路的电平与TTL电平有所区别，CMOS电路的驱动电压范围较宽，而TTL电路的驱动电压范围较窄。通常情况下，CMOS电路之间可以互相驱动，CMOS可以驱动TTL电路，而TTL并不能驱动所有的CMOS电路。

（2）未用引脚的处理。①未用引脚不能悬空。由于CMOS电路是电压控制器件，其输入阻抗很高，如果输入引脚悬空，会带来以下问题：在输入引脚上很容易积累电荷，产生较大的感应电动势；输入端电平不稳定，电路来回翻转而增大系统功耗。虽然CMOS器件有保护电路，不至于损坏器件，但未用引脚悬空会使输入引脚电位处于过渡区，使电路中的P沟道和N沟道都处于导通状态，致使功耗增大。例如，对与门、与非门等门电路，尽量不要让输入引脚悬空。②输出为高原则：为降低功耗，多余的门电路引脚应遵循使输出为高电平的使用原则。据此，多余非门、与非门的输入端应接低电平；多余与门、或门的输入端应接高电平，从而保证上述多余门电路的输出端为高电平。

（3）CMOS器件的带负载能力。CMOS电路因输入阻抗高，所以输入漏电流很小，只为微安级，在超低功耗单片机系统中，基本可以不考虑总线带负载的能力，接口芯片可以直接挂在总线上，不必加总线驱动电路；而TTL器件的漏电流较大，需要考虑芯片的扇出系数。

尽量选用高速低频工作方式。虽然COMS器件的静态功耗几乎为零，但在逻辑电平翻转时会有电流流过，器件的动态功耗和逻辑电平转换频率成正比，因此COMS器件应为高速低频工作方式。这里需要指出的是，选用高速低频器件会带来电磁兼容性方面的问题，因为高速器件会产生大量的谐波，产生电磁辐射。因此对于高速器件的选择和使用，低功耗和电磁兼容性是矛盾的，如何决定取决于用户设计的侧重点。目前的嵌入式处理器趋向低功耗方向发展，开发嵌入式系统使用的处理器一般包括两大类，即嵌入式微处理器和微控制器，微处理器和微控制器没有本质区别。大体上，微处理器的运算能力相对强一些，一般集成度比较高，适用于大型的嵌入式应用；微控制器一般适用于单片应用，片上集成了程序存储器和数据存储器及EEPROM，应用中一般不需要扩展外部器件。

4．采用低功耗的通信电路收发器

在此以常用的 RS-232C 接口为例，其通信距离可达 15.4m，其专用芯片 MC 1488 和 MC 1489 驱动能力强，但功耗大，需要电压为 12V，电流为 30mA，不适合低功耗系统应用。为了达到低功耗设计的目的，就需要采用改进的低功耗通信接口电路。

5．先进的电源管理方案

（1）单电源、低电压供电。模拟电路的工作电压范围宽，电路正常工作的动态范围大，在允许牺牲电路增益的条件下，降低电源电压，压缩电路动态范围，可大大减小电路的工作电流，从而降低设备的功耗。对于一些模拟电路（如运算放大器等），供电方式有正负电源和单电源两种。双电源供电可以提供对地输出的信号。高电源电压的优点是可以提供大的动态范围，缺点是功耗大。例如，低功耗集成运算放大器 LM324，单电源电压工作范围为 5V～30V，当电源电压为 15V 时，功耗约为 220mW；当电源电压为 10V 时，功耗约为 90mW；当电源电压为 5V 时，功耗约为 15mW。可见，低电压供电对于降低器件功耗的作用十分明显。因此，处理小信号的电路可以降低供电电压。低电压供电同样可以降低单片机的电流消耗。因此，为了降低系统的功耗，如果器件许可，应尽量降低器件的供电电源电压。对于模拟器件而言，电压的降低可能降低器件动态范围和线性（如模拟放大器）；对于数字器件而言，供电电压的降低，对器件特性的影响很小，甚至不会有什么影响。

（2）分区/分时供电技术。一个嵌入式系统的所有组成部分并非时刻在工作，基于此，可采用分时/分区供电技术。原理是利用"开关"控制电源供电单元，在某一部分电路处于休眠状态时，关闭其供电电源，仅保留工作部分电路的电源。

（3）电源管理单元设计。处理器全速工作时功耗最大；待机状态时功耗比较小。常见的待机方式有两种：空闲方式（Idle）和掉电方式（Shut Down）。其中空闲方式可以通过中断的发生退出，中断可以由外部事件供给。掉电方式指的是处理器停止，连中断也不响应，因此需要进入复位才能退出掉电方式。为了降低系统的功耗，一旦 CPU 处于"空转"，可以使之进入空闲状态，降低功耗；期间如果发生了外部事件，可以通过事件产生中断信号，使 CPU 进入运行状态。对于掉电状态，只能用复位信号唤醒 CPU。

（4）智能电源设计。既要保证系统具有良好的性能，又能兼顾功耗问题，一个最好的办法是采用智能电源。在系统中增加适当的智能预测、检测，根据需要对系统采取不同的供电方式，以求系统的功耗最低。许多膝上型计算机的电源管理采用了智能电源，以笔记本电脑为例，在电源管理方面，Intel 公司采取了 Speed Step 技术；AMD 公司采取了 Power Now 技术；Transmeta 公司采取了 Long Run 技术。虽然三种技术涉及的具体内容不同，但基本原理是一致的。以采用 Speed Step 技术的笔记本电脑为例，系统可以根据不同的使用环境对 CPU 的运行速率进行合理调整。如果系统使用外接电源，CPU 将按照正常的主频率及电压运行；当检测到系统为电池供电时，软件将自动切换 CPU 的主频率及电压至较低状态运行。

6．降低处理器的时钟频率

处理器的功耗与时钟频率密切相关，因此设计系统时，如果处理能力许可，尽量降低处理器的时钟频率，动态改变处理器的时钟频率。处理器的工作频率和功耗的关系很大，频率越高，功耗越大。例如，时钟频率为 32kHz、工作电压为 3V 时，PIC12CXXX、PIC16CXX 等系列单片机的典型工作电流只有 15μA。在许多低功耗的场合，采用低频率晶振实现低功耗非常有效。另外，可以动态改变处理器的时钟频率以降低系统的总功耗。CPU 空闲时降低时钟频率；处于工作状态时，提高时钟频率，全速运行以处理事务。

7．降低持续工作电流

在一些系统中，尽量使系统在状态转换时消耗电能，在维持工作时期不消耗电能。如 IC 卡水表、煤气表、静态电能表等，在打开和关闭开关时给相应的机构上电，开关的开、关状态通过机械机构或磁场机制保持开关的状态，而不通过电流保持，这样可以进一步降低电能的消耗。

2.2.5　在集成电路设计中采用低功耗电路结构

1．采用合适的电路结构

在电路组态结构方面，尽可能少用传统的互补式电路结构。因为 CMOS 输出电路几乎都采用一对互补的 PMOS、NMOS 管，形成较大的容性负载，CMOS 电路工作时对负载电容充放电的功耗占据整个系统功耗相当大的部分；在开关转换过程中，存在两个器件同时导通的瞬间，造成很大功耗。芯片引出端越多，电路频率越高，这一现象越严重。因此，集成电路应多选择低负载电容的电路结构组态，使运行速率和功耗得到较好的优化。

2．考虑低功耗设计

一个以数百兆甚至更高频率工作的系统不可能时时刻刻都以同样的频率工作，系统的各个端口不可能需要同样的驱动能力。在逻辑综合时将低功耗优化设计加进去，对于电路中那些速度不高或驱动能力不大的部位可采用低功耗的门电路，以降低系统功耗。在满足电路工作速度的前提下，尽可能采用低功耗的单元电路。例如，大多数嵌入式处理器具有多个时钟频率，分别供给相应的电路，系统的主时钟频率可以采用较高的频率，辅助时钟频率，如 UART（Universal Asynchronous Receiver/Transmitter）的时钟频率可以采用较低的频率，以降低系统的功耗。

3．电源的设计

从功耗的公式（2.2）可以看到，功耗与电源 V_{dd} 的平方成正比。降低电源电压是降低功耗的有效途径。例如，其他条件不变时，电压 V_{dd} 由 5V 降为 3.3 V，功耗将降低近 60%；电压 V_{dd} 若降低到 2V，则功耗将降低 80%以上。以上数据表明，降低电压可以大幅度降低功耗。工作电压降低后，功耗下降了，但也带来了延迟时间增加、驱动能力下降及低阈值电压的控制等新问题。因此，在设计电路时，不可能单纯依靠降低电源电压来满足降低功耗的需求。应综合考虑、合理选择电路结构，增加电源管理单元。电路中不同的功能模块可以采用不同的工作电压，尤其是把内部电路与 I/O 端口隔开，采用不同工作电压。这样可以兼顾省电、驱动能力和与外围系统的电平兼容问题。已有许多公司生产出这类产品，如 Atmel Core 公司的 AT1500 电路内核电压分为 2.7V、3.3V。工作电压的降低不是无限的，因为一个恢复逻辑电路必须消耗的能量至少与改变其一个开关器件的状态所需的能量一样多，最小工作电压由一个基本电路的增益超过 1 的必要条件建立。

（1）SRAM 的高速化与低功耗。随着微电子工艺技术水平的不断提高，嵌入式 SRAM 呈现出更高集成度、更高速及更低功耗的发展趋势。近年来，集成 SRAM 的各种系统芯片已屡见不鲜，人们在改善系统性能、提高芯片可靠性、降低成本与功耗等方面都取得了很大的进步。高速器件意味着高、低电平转换的时间短，消耗的功率低。ROM 与 SRAM 相比，ROM 的面积更小，因此速度更快，高、低电平的转换时间更短，对功耗和成本而言更为有利。因此，在便携式嵌入式设备中常采用 OEM 版本的嵌入式处理器（这种处理器采用 ROM 作为程序存储器）。高速的 ROM 一方面降低了功耗，另一方面也降低了成本，因为批量产品 ROM 的价格比 EPROM、Flash 要低得多，并且速度比 Flash 快得多。需要指出的是，虽然 Flash 有许多优点，但是其存取速度不够快。高速嵌入式系统设计时，程序通常存放在 Flash 中，运行时移动到 RAM 中。

（2）高集成度的完全单片化设计。将很多外围硬件集成到 CPU 芯片中，增大硬件冗余；内部以低功耗、低电压的原则设计，可为嵌入式处理器的低功耗设计提供很强的动力。在实际使用时，不用的硬件接口电路可以通过相关的指令关闭，以节省功耗。

4．内部电路可选择性工作

通过特殊功能寄存器选用不同的功能电路，即依靠软件选择其中不同的硬件；对于不使用的功能，使其停止工作，以减少无效功耗。

5．宽电源电压范围

先进的嵌入式处理器工艺特点决定了其在很宽的电源电压范围内都能正常工作。嵌入式处理器供电电压范围的放宽，可以进一步拓宽处理器的应用领域，尤其是便携式或掌上型仪器或装置，可以放心地使用电池作为电源，而不必关心电池放电过程中电压曲线是否平稳，是否会影响处理器正常工作，更不必因电池供电而专门增加稳压电路，从而可减少大约 1/3 的功率消耗。

6．具有高速和低速两套时钟

系统运行频率越高，其功耗越高。为有效地降低功耗，可在处理器内部集成两套独立的时钟系统——高速的主时钟和 32 768Hz 的副时钟。也可在满足功能需求的前提下按一定比例降低处理器的主时钟频率，以降低功耗。在不需要高速运行的情况下，可选用副时钟低速运行，进一步降低功耗。通过软件对特殊功能寄存器赋值可改变处理器的时钟频率，或进行主时钟和副时钟切换。

7．在线改变 CPU 的工作频率

可根据处理器处理任务的不同，在外部振荡器不变的情况下，通过程序改变处理器时钟频率控制寄存器（Programmable Computer Controller，PCC）的值，在线改变 CPU 的频率。在设计集成电路时，应考虑设计后备功能，如嵌入式处理器多种省电模式的设计、外部设备接口芯片掉电模式的设计，为用户设计低功耗应用系统提供可选择的手段。设计外部设备接口的省电模式一般有两种：一种是处理器控制方式，另一种是自动检测方式。处理器控制方式为设计一个引脚，由处理器通过此引脚控制接口芯片的电源模式、正常工作模式或省电模式。

8．自动检测方式

可以由芯片本身自动检测外部情况，如收发器接口，如果在一段时间内没有发送或接收，则自动进入省电模式。在省电模式下，自动侦听外界，如果检测到信号，则进入正常工作模式。例如，TI 公司推出的 MSP430 嵌入式控制器，该控制器有 3 种时钟，分别是 MCLK、ACLK 和 SMCLIC。分别供电给控制器上的相关模块，通过对不同的时钟允许和禁止工作，处理器有 5 种低功耗模式。

（1）CPU 停止，各种时钟活动，主时钟的锁频环活动，外围模块活动。

（2）CPU 停止，主时钟的锁相环停止，主时钟、副时钟活动，外围模块活动。

（3）CPU 停止，主时钟的锁相环停止，副时钟活动，外围模块活动。

（4）CPU 停止，主时钟的锁相环、主时钟停止，数控振荡器 DCO 关闭，副时钟活动，外围模块活动。

（5）CPU 停止，主时钟的锁相环、主时钟停止，数控振荡器 DCO 关闭，副时钟及晶振停止，外围模块活动。

用户可根据自己的实际工况选择相应的模式以降低功耗。选择单片机时，应根据不同厂家提供的各种功耗模式下的性能参数及自身应用的需求来选择相应的单片机。

2.3 逻辑级

2.3.1 功耗估计的原理

功耗作为设计的第三维度，对 ASIC 设计者提出了迫切的挑战。根据摩尔定律，VLSI 芯片功耗不断上升，同时日益增多的"移动处理"迫切需要电子器件低功耗技术。因此，功耗已经成为评价设计性能的重要指标。对芯片整体性能的评估已经由原来的面积和速度

的权衡变成面积、时序、可测性和功耗的综合考虑，并且功耗所占的权重越来越大，为使低功耗能融入设计，使得设计者在考虑延迟、面积等设计因素的同时，也能进行功耗方面的分析权衡，快速、精确的功耗估计方法在设计的各个层次上得到了大量深入的研究。这几个层次自下而上分别为电路级、逻辑级、寄存器传输级（Register-Transfer Level，RTL）、行为级、算法级和系统级。抽象层次越高，功耗估计就越不精确。本章详细介绍了数字CMOS 电路中几种具有代表性的逻辑级功耗估计的方法，阐明了它们的原理，并分析比较了各自的优缺点。

要进行功耗估计，首先要清楚功耗的来源。在数字 CMOS 电路中，功耗是由三部分构成的，即：

$$P = P_{dyn} + P_{SC} + P_{leakage} \tag{2.5}$$

式中，P_{dyn} 是电路翻转时产生的动态功耗，P_{SC} 是 P 管和 N 管同时导通时产生的短路功耗，$P_{leakage}$ 是由扩散区和衬底之间的反向偏置漏电流引起的功耗。动态功耗是其中最主要的部分。一般情况下，动态功耗占整个功耗的比例大约为 70%~80%。动态功耗是由电路中节点的充放电引起的。电路中节点 i 的动态功耗由下式计算：

$$P_{dyn,i} = \frac{1}{2} C_i V_{dd}^2 f E_i(SW) \tag{2.6}$$

其中，C_i 和 $E_i(SW)$ 分别是节点 i 的负载电容和开关率（一个时钟周期内晶体管平均开关的次数），f 和 V 分别是系统的时钟频率和电压。

1. 逻辑级功耗估计的原理分析

在式（2.5）中，假定电压和时钟频率已经确定，负载电容值将在布线完成之后得到。这样就可以通过计算每个节点的开关率 $E_i(SW)$ 得到节点 i 的功耗值。将这些功耗值累加就可以得到电路的总功耗。将电路映射到特定的工艺库之后，就可以得到更精确的估计值。在估算节点的开关率时，要考虑下述三个因素的影响。

（1）电路中信号的相关性。电路中信号的取值既取决于它的历史值，也取决于其他信号的值。这种关系表现为信号的时间相关性、空间相关性及时空相关性。当输入信号中存在上述相关性时，节点开关行为的计算将受到一定影响。

（2）电路的门结构。电路本身的结构，如重汇聚扇出区域（Reconvergent Fan Outarea，RFO）、反馈等，使得数据在电路内部高度相关，增大了问题的复杂度。忽略 RFO 的影响，两个信号将被假设为无关的，导致翻转概率的计算结果不精确。

（3）门延时模型。在设计中，门延时不为零将导致电路中产生额外的翻转，这些翻转称为伪翻转或毛刺。不同延迟模型的选择对功耗估计有很大的影响。经过以上分析，可以得到如下逻辑级功耗估计问题的描述：给定一个静态同步 CMOS 电路的布尔表达式或经过映射后的门级网表，考虑各种影响因素，通过计算电路中每个节点的开关率来估计电路的平均功耗。各种逻辑级功耗估计都是根据这个结论进行的。

2.3.2 功耗模型定义

数字信号 x 的行为被模型化为齐次的严格平稳马尔可夫随机过程。信号 x 在 t 时刻的逻辑值：(t) 是一个服从马尔可夫随机过程的随机变量，它的状态为 $s \in S = \{0,1\}$。在进行逻辑级功耗估计时会用到一些数学概念，以下给出它们的数学定义。

信号概率 $P_x = P(x=1)$ 定义为信号处于逻辑高电平时的平均时钟周期数。

翻转概率 P 定义为在连续两个时钟周期内信号 x 翻转的概率，记为：

$$P_x^{ij} = p(x(T) = j^x(T-1) = i) \quad i, j \in S \tag{2.7}$$

说明：

$$P_x^1 = P_x^{01} + P_x^{11}, \ P_x^0 = P_x^{10} + P_x^{00} \text{且} P_x^{10} = P_x^{01} \tag{2.8}$$

信号 x 的开关率 $E_x(SW)$ 定义为翻转概率，P_x^{01} 和 P_x^{10} 的和：

$$E_x(SW) = P_x^{10} + P_x^{01} \tag{2.9}$$

近年来，人们提出了许多有效的方法来估计 CMOS 电路的功耗。这些方法大致分为基于概率方法、仿真及组合电路等功耗估计方法。

1. 概率功耗估计方法

用概率方法进行功耗估计的基本思想是：考虑影响数字信号开关率的因素（信号相关性、门延时模型和结构独立性），建立一个近似的数学模型（大多数为基于马尔可夫的随机模型）。基于这个模型，从输入流中提取所需的概率特征，然后将这些概率特征在电路中传播，同时计算出每个电路节点的开关率，从而计算出功耗。概率方法进行功耗估计过程如图 2.1 所示。

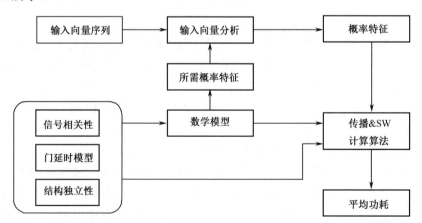

图 2.1 概率方法进行功耗估计过程

2. 组合电路零延时的功耗估计

用布尔函数传播概率特征假定电路中不存在时空相关性，那么节点 x 的开关率由下式计算：

$$E_x(\text{SW}) = 2P_x^1 P_x^0 = 2P_x^1(1 - Px^1) \tag{2.10}$$

这样，计算节点 x 的开关率 $E_x(\text{SW})$ 就简化为计算信号概率 P_x^1。将代数变量赋给电路的每个原始输入，指定它们的信号概率。在电路中根据门的函数功能及它的所有输入节点的布尔表达式，就可以得到它的输出节点的布尔表达式。由此可以得到电路内部节点的信号概率，进而计算出各个节点的功耗。尽管这种方法很简单，但是它的计算复杂度大。为了解决计算复杂度的问题，有人提出电路的内部节点仅用它的输入的形式表达，然而这忽略了结构相关性。这种方法在计算信号的翻转概率时忽略了信号的时空相关性，因此用它来进行功耗估计是不精确的。

由于有序二元决策图（Ordered Binary Decision Diagrams，OBDD）在表示和处理布尔函数方面有极大的优点，这样可以有效地解决结构相关性的问题。这种方法的主要缺点是：布尔函数的输入被假定为空间不相关的，并且在同一个时刻仅有一个输入发生翻转。为此，有人提出了一种改进的方法，该方法考虑到输入端同时发生翻转的情况。这种改进的方法引入多重布尔偏差分的概念来计算翻转密度。

3. 用相关系数估计功耗

用相关系数估计功耗能够最为精确地估计零延时模型下组合电路的开关率。它不仅考虑了输入端的一阶时空相关性、结构独立性，还考虑了同时有多个输入端发生翻转的情况。有延时的功耗估计有如下几种方法。

（1）概率仿真

概率仿真方法引入概率波形来估计有延时模型下的功耗。每个概率波形由随时间变化的信号概率波形和翻转概率波形组成。给定原始输入的概率波形之后，将它们在电路中传播并计算内部节点的概率波形。传播机制要求门的输入是概率独立的，忽略结构相关性。在概率波形中使用 OBDDs 来处理结构相关性。

（2）布尔变量多项式

电路的节点用布尔变量多项式来表示。对每个节点分配 4 个多项式 P_f^{00}、P_f^{01}、P_f^{10}、P_f^{11}。在 t 时刻，这 4 个多项式组成的多项式组表示为 $P_f(t)$。通过计算每个时刻的多项式组，并将相应的概率值加起来就可以得到节点 f 的开关率。

（3）Timed Boolean Function-OBDDs

Timed Boolean Function-OBDDs 同时考虑了时间相关性和结构独立性。这种方法计算特殊时刻的开关率，此时开关率的计算就简化为零延时下的开关率计算。为了解释这种方法，考虑如图 2.2 所示的简单电路。其中，门延时为单位时间 d。对于这个电路，节点 f 的行为可以用下述修正的逻辑函数来描述：

$$f = F(x_1, x_2, t) = x_1(t-2d)x_2(t-2d)x_2(t-2d) \tag{2.11}$$

将 $t_1^f = d$，$t_2^f = 2d$ 代入式（2.11）得：

$$f_1 = F(x_1, x_2, d) = x_1(-d)x_2(-d)x_2(0) \tag{2.12}$$

$$f_2 = F(x_1, x_2, 2d) = x_1(0)x_2(0)x_x(d)$$

（2.13）

逐步计算和累加函数 f_1 和 f_2 的开关率就可以得到节点 f 的开关率。

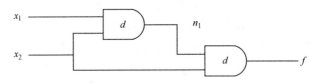

图 2.2　有延时的功耗估计

时序电路示意图如图 2.3 所示，时序电路的基本组成包括：基本输入信号 PI、基本输出信号 PO、组合逻辑部分及触发器单元。

在时序电路中，用符号仿真的方法来计算开关率。这种方法通过仿真两个连续的输入向量并计算每个节点的符号函数的概率来计算开关率。由图 2.4 可知，次态 N_s 是现态输入 $i(0)$ 和现态 P_s 的函数，即 $N_s=F(i(0), P_s)$。因此，为了计算输出的开关率，就要知道输入的翻转概率和现态的稳态概率。

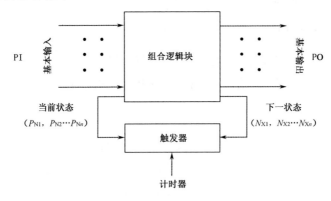

图 2.3　时序电路示意图

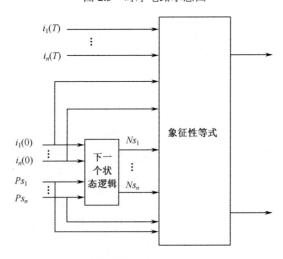

图 2.4　用符号仿真估计时序电路的功耗

4．基于仿真的功耗估计方法

基于仿真的功耗估计方法主要通过对电路施加输入流或典型输入流来仿真电路，根据所得的开关率计算功耗，仿真进行到功耗收敛于某一特定值时停止，其流程如图 2.5 所示。

基于仿真的功耗估计方法的主要优点在于它具有精确性和通用性，考虑了影响开关率和功耗估计的各种因素。因此，任何工艺、设计风格、功能及结构的电路都能用这种方法来进行功耗估计。这种方法的最大缺点是仿真时间较长，仿真结果依赖于输入信号。为了克服这一缺点，人们提出了各种减少输入向量的方法，其中典型的方法是蒙特卡罗法。

蒙特卡罗功耗估计方法的基本思想是：在电路的原始输入端输入随机产生的序列来仿真电路，在仿真中记录每个节点的开关率。仿真时用停止标准来决定节点的开关率何时收敛到稳定值。当所有节点都达到这一标准时停止仿真，此时可以计算出电路的平均功耗。

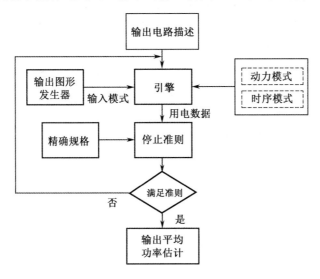

图 2.5　基于仿真的功耗估计方法流程

蒙特卡罗功耗估计方法的输入是原始输入序列的统计特性（如平均信号概率和翻转概率），采用选定的马尔可夫模型和随机数产生器来产生固定长度的输入序列。这些固定长度的输入序列叫样本，它们保持了原始输入序列的统计特性。仿真周期性进行，每个周期仿真一个样本。仿真得到的结果用来计算样本的平均数和标准方差。如果电路中存在一些节点的翻转率很低的情况，那么样本的标准方差将增大，导致所需样本的数量增大，仿真时间变长。为此提出修正的停止标准，它的思想是设置一个特殊的门限值 $\alpha_{\min}$，低于这个门限值的开关率被忽略。因此不需要等到所有节点都收敛到某个误差百分比范围内。在时序电路中这个方法需要修正，因为 FSM 包含一些近似封闭的状态集合，如果激励模式不足，仿真将可能锁定于这些状态之一，使得仿真错误地终止。解决这个问题的方法是通过预仿真识别出近似封闭的集合及它们之间的转移概率，然后依据概率对这些集合进行蒙特卡罗功耗估计。

尽管蒙特卡罗功耗估计的方法解决了仿真时间较长的问题，但它还存在着下述缺点：①由于仿真向量是在输入流的统计特性的基础上产生的，因此必须检验大量向量来提取出可靠的统计特性；②每个周期产生的样本都不考虑前一个样本，这样不能充分获得时空相关性；③样本分布要满足正态性假设。

5．基于向量压缩的功耗估计方法

向量压缩是一个克服仿真时间长的功耗估计方法，其基本思想是：给定 N 个输入向量序列，然后产生一个长为 $M(M \ll N)$ 的向量序列。在功耗方面，新的向量序列将是原始向量序列的近似，并且保持了原始向量序列的时空相关性。用压缩过的向量序列来仿真电路，从而计算出功耗。向量压缩技术主要有以下两种。

（1）用分级马尔可夫模型进行向量压缩

这种方法用分级的马尔可夫链来捕获输入向量序列复杂的时空相关性和动态变化。在分级的马尔可夫模型中，输入向量序列空间由分等级的宏状态和微状态组成。第一级是由宏状态组成的马尔可夫链，第二级中每个宏状态由构成它的微状态组成的马尔可夫链代替。在构成了分级的输入向量序列后，从某个宏状态开始采用特定的压缩比来压缩这个宏状态中的一系列微状态，然后控制权回到宏状态中，基于描述这一级的马尔可夫链的条件概率插入一个新的宏状态。这个状态重复进行就可以压缩输入向量序列。

（2）基于傅里叶变换的向量压缩方法

基于傅里叶变换的向量压缩方法的基本思想是：从原始输入向量集中得到输入开关函数 $x(n)$；然后对 $x(n)$ 进行快速傅里叶变换，得到频域函数 $X(k)$；接下来，选择出系数的子集，形成一个新的函数（$x(n)$ 的部分谱）；计算傅里叶逆变换；最后，考虑输入流的相关性，得到减小的输入流。

2.3.3　SoC 在逻辑级上的低功耗设计

SoC 低功耗设计包括系统设计、软件设计和可综合逻辑设计层次，在可综合逻辑层以上设计层次的设计方法与工艺无关。嵌入式处理器同时涉及软件设计层次和硬件设计层次，是 SoC 的核心。

IP 集成已经成为 SoC 的主要设计方法。不仅 IP 设计本身要实现低功耗设计，连接 IP 的总线结构也是低功耗设计的重点，集成在 SoC 内部的电源管理 IP 通过对系统功耗模式提供硬件支持来降低功耗。动态缩放技术进一步通过降低工作电压和时钟频率来减少大量功耗。SoC 面向的应用非常广泛，且有专用化的趋势，参数化设计方法可以在集成时根据应用来剪裁 IP，并利用该机制结合软/硬件仿真平台对参数进行邻域搜索优化。

2.4　体系结构级

在线路层、门层、体系结构层开发了很多方法来减少芯片内部的冗余能量消耗，包括选择大小适当的晶体管，选择低功耗的逻辑风格、多阈值电压、动态电压缩放技术（Dynamic Voltage Scale，DVS）、冗余部件关闭技术。动态电压缩放技术和冗余部件关闭技术是在系统的较高层次完成的节能技术，可以通过硬件方法来实现，同时通过软件来完成部件的管理。早期的软件低功耗管理主要由操作系统完成，操作系统负责将空转的CPU、内存、磁盘系统等关闭以达到节能的目的。随着硬件技术的发展，产生了一些细粒度的节能技术。部件完成这些细粒度的控制需要对程序本身的特点有更全面而具体的了解，所以编译指导的低功耗技术得以研究，如编译指导的动态电压缩放技术、编译指导的高速缓冲存储器（Cache）能量优化、编译指导的适应性处理节点策略、编译指导的内存系统管理策略。

2.4.1　体系结构层低功耗技术

系统中的动态能量消耗占能耗的主要部分，随着工艺的缩放，泄漏电流的比例逐渐增大，如果不使用任何泄漏控制机制，未来的工艺中动态能量消耗和静态能量消耗的比例基本相当。计算机系统是由软件和硬件组成，低功耗问题必须从软件和硬件两方面综合考虑。计算机系统包括中心处理器、内存和 I/O 设备，一般来说，磁盘设备的能量消耗要比内存和中心处理器的能量消耗大几个数量级，低功耗的系统往往不使用磁盘系统。内存系统DRAM 的能量消耗是处理器能量消耗的几十倍到几百倍。处理器内部的动态能量消耗由时钟系统、数据路径、存储系统和控制 I/O 等的能量消耗组成。

2.4.2　一些重要的体系结构层低功耗技术

1. 动态电压缩放（Dynamic Voltage Scale，DVS）

电压系统的动态功耗和电压成二次方关系，降低供应电压可以降低系统的动态功耗。动态电压缩放在系统运行时动态改变电压，一般可以设置几个离散电压值，软件可以根据需求在几个电压值之间进行动态调整。

2. 减小时钟门控（Clock Gating）的切换电容

时钟系统的能量消耗占 CPU 总功耗的很大一部分。减小时钟系统的切换电容对减少总功耗有很大的作用。一种实际有效的方法是划分时钟网络，在每个周期只允许必要的部分进行切换，这通过时钟门来实现。使用时钟门关闭的部件一般不能及时恢复正常状态，并且时钟系统可能产生小故障，这是使用时钟门存在的问题。如何有效地使用时钟门关闭功能部件、如何及时地将关闭的功能部件恢复到正常状态以降低性能损失是软件需要解决的问题。

3．减小存储系统的切换电容

CPU 内部的 Cache、TLB 分支缓存占能量消耗的很大部分，DRAM 的功耗又是 CPU 的几十倍。磁盘设备更是重要的能量消耗源，低功耗的存储系统对降低系统功耗有很大帮助。除了传统的多运行棋式磁盘、内存系统以外，很多新的硬件技术都设计成低功耗运行的。新的高速缓冲存储器（Cache）技术集成了越来越大的芯片内缓存，大的缓存造成了大量的能量消耗。在保持程序性能的前提下，功耗最优的缓存大小和结构随着负载的变化而变化，于是产生了可重配置的缓存和动态关闭缓存。这些缓存设计的主要目的是减小动态切换的电容，降低功耗。多块（Bank）的内存结构为了降低访问内存的切换电容，将存储结构划分为多个块，每次只访问部分块，不使用的内存块可以关闭。这些动态的存储系统部件为存储系统的能量优化提出了新问题，如动态缓存结构下，如何有效利用缓存，如何保证性能并提高能量效率，采用什么样的方法进行缓存数据的映射，基于分页的操作系统如何有效利用多块的内存系统，程序如何有效地局部化，如何利用多个内存块降低功耗。

4．减小编码和缓存的切换因子

实际应用中很多计算存在重复部分，可以在功能部件中增加缓存，将计算的结果保存，如果又有同样操作数的计算，则直接使用原来的值。这种方法减少了切换活动，降低了功耗。有些计算使用的操作数不需要很高的精度，低位部分就足够了。这样可以通过一些技术监测冗余的高位部分，避免高位部分的计算，以降低功耗。

5．减少泄漏能量技术

泄漏能量消耗是将来工艺发展面临的重要问题之一，泄漏控制的主要方式有如下几种：

（1）输入向量控制（Information Visualization Cyber Infrastructure，IVC）；

（2）增加阈值电压（Multi-Threshold Complementary Metal-Oxide-Semiconductor，MTCMOS）；

（3）关闭供应电压（Power Supply Gating，PSG）；

（4）动态电压缩放（Dynamic Voltage Scaling，DVS）。缩放内存单元的电压为 1.5 倍阈值电压，这样内存单元的内容可以保留。同时由于在高性能工艺中的短信道效果，泄漏能量会随着电压缩放而显著减少。对于 0.07μm 工艺，睡眠电压近似为 0.3V。动态电压缩放方法的能量状态转换很快，转换延迟 0.28ns。该方法被使用在 Drowsy Cache 中。减少泄漏能量的技术是未来低功耗研究的热点。上述各种泄漏能量控制方式适用于体系结构层，这为编译指导控制泄漏能量提供了可行的途径。ATB（Address Translation Buffer）是一个专用的高速缓冲器，用于存放近期经常使用的页表项，其内容是页表部分内容的一个副本。TLB 也常称为地址变换缓冲器。

2.4.3　部件使用的局部化

系统中的指令类型是多种多样的,每种指令使用的功能部件或设备都不同,以往的任务调度和指令调度策略很少考虑到设备类型的因素,在新的低功耗技术支持下的系统中,这些可能是关键的因素。程序执行期间对设备的使用是很复杂的,它可能随时都启动设备。如果这些设备被过于频繁地访问,考虑到节能策略的时间开销和能量损失,不是任何情况下使用节能方法都会减少能量消耗。尽量集中一类部件或一个部件的使用,最大化部件使用的间隔具有重要意义,这就是部件使用的局部化。典型的 PDA 系统各部件间的关系如图 2.6 所示。

根据这一概念,我们总结出一些用于低功耗编译优化的方法,这些方法可能是早有研究的,也可能是尚未考虑过的。

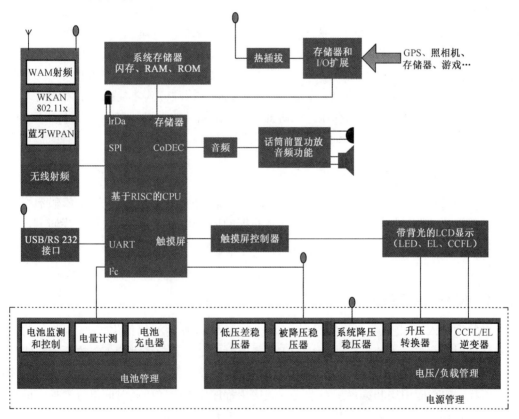

图 2.6　典型的 PDA 系统各部件间的关系

1. 处理器部件类型局部化和设置恰当的部件数量

处理器中存在多种类型的处理部件,程序运行期间可能使用不同类型的部件。如果在执行指令期间,把使用同种类型部件的指令尽量集中在一起,就可以更有效地使用节能策略。例如，区分使用整数部件和浮点部件的指令，假定有指令序列 i1、f2、i3、f4，其中 i 代表整数指令，f 代表浮点指令。如果直接使用上面的调度方法，浮点指令和整数指令相互间隔，在运行期间需要对整数部件和浮点部件各进行两次能量等级切换。如果指令不相关，可以调整指令序列为 i1、i3、f2、f4，这样，部件只需要各切换一次，并且增大了切换间隔的时间（指令数）。除了集中对部件的使用，还需要设置程序运行需要的恰当的部件数目，在程序运行期间，各种部件类型使用的数目是不同的。并不是总处于供需平衡状态才使用有效的方法平衡程序需求和部件数量，如系统中的取指队列、保留站队列等结构的数量并不总是适当的，可以采取一定的措施在程序运行期间关闭部分部件，以减少系统泄漏能量。

2．Cache 使用的局部化和设置适当的 Cache 行数目

Cache 是处理器中能量消耗比例很大的部分，Cache 使用的优化对优化系统能量消耗十分重要，需要对 Cache 的使用进行局部化。这不单纯是根据 Cache 的大小进行一些数据的局部性优化，而是假定在执行期间程序应当使用尽量少的 Cache 行数，然后将剩余的 Cache 行关闭。这与传统的基于 Cache 的局部性优化存在差别，一些原来基于循环的优化方法需要一定的修改才能得到更有效的优化效果。设置好 Cache 的使用数目后，还要考虑 Cache 行适时关闭和激活的策略，必须有恰当的 Cache 管理方式才能减少引入的时间和能量开销。对于 Cache 的优化也存在一些研究，如基于循环的粒度，在每个循环结束时用编译方法插入指令，关闭指令 Cache 行，减少泄漏能量。

3．内存使用的局部化

内存的功耗占系统功耗的很大比例，内存系统能量的优化在很大程度上依赖于程序使用的局部性，对于多带的内存系统和多芯片系统的局部性优化，还需要进一步研究，如对多运行模式、多带的内存系统进行分析，使用软件策略优化程序的内存布局，减少存储器的活动。

4．I/O 使用的局部化

对数据输入/输出依赖很强的程序可以考虑进行 I/O 使用的局部化。I/O 局部化的可能方式是采用缓存方法，将大量小规模的 I/O 集中起来，这延长了两组 I/O 的时间，然后可能使用更积极有效的 I/O 节能策略。但是这也可能造成内存需求的增加，必须考虑整体的能量消耗，如在应用层和编译层对非交互式应用程序中的 I/O 访问时间进行变换，最大限度地使用内存空间缓存将来使用的数据，通过延长 I/O 的访问间隔来提高磁盘设备进行能量管理的比例。

5．多任务多设备的调度

对于运行在多任务环境下、存在多种设备的系统，任务的调度需要考虑部件的使用情况。将集中使用某些部件的任务同时调度，这一般不会影响系统的吞吐量，并可以采取一

些更有效的节能技术。

综上所述，功耗优化要求编译和体系结构密切结合，当设计一种新的体系结构时要充分考虑到对编译功耗优化支持。对于一个已有的体系结构，编译要充分利用体系结构的各种硬件特点对应用程序进行尽可能的功耗优化。因此，结合目前的发展趋势，在开展体系结构及相应的低功耗和编译优化技术的研究工作中，首先要考虑以下几个问题。

（1）在设计一种新的体系结构时能否提出一种这样的结构模型，在提高性能的同时，应考虑如何有效地支持编译时的功耗优化，在设计技术上要做出哪些扩展和权衡。

（2）如何在这种新的体系结构模型上研究和实现充分综合开发体系结构并行性及降低功耗的模型和算法。

（3）这种模型对于实际应用程序的性能提高与降低功耗，权衡的关键是什么。

（4）提出充分发挥体系结构特征，并能达到降低功耗目的的相关编译优化的方法和技术。

（5）通过对特选应用实例（如 Benchmark）的模拟和分析，评价所提出的结构特征和相应的编译技术。

（6）研究和形式化对以上问题的求解策略，并提出有效实现方案。

（7）对以上方法进行实现，并展开验证结果的实验研究。很多降低功耗的设计可能导致编译方法由以性能为中心转移到以功耗或以功耗与性能的权衡为中心，因此需要重新研究。

2.5　软件低功耗

2.5.1　低功耗编译优化技术

1．使用汇编语言开发系统

编译技术降低系统功耗基于这样的事实：实现同样的功能，不同的软件算法消耗的时间不同，使用的指令不同，因而消耗的功率不同。目前的软件编译优化方式有多种，如基于代码长度优化、基于执行时间优化等。基于功耗的优化方法目前很少，仍处于研究中。但是，如果利用汇编语言开发系统（如对于小型的嵌入式系统开发），可以有意识地选择消耗时间短的指令和设计消耗功率小的算法，以降低系统的功耗。

2．硬件软件化与软件硬件化

通常硬件电路一定消耗功率，基于此，可以减少系统的硬件电路，把数据处理功能用软件实现，如许多仪表中用到的对数放大电路、抗干扰电路，测量系统中用软件滤波代替硬件滤波器等。需要考虑的是，软件处理需要时间，处理器也需要消耗功率，特别是处理大量的数据时，需要高性能的处理器，这可能会消耗大量的功率。因此，系统中某一功能用软件实现还是硬件实现，需要综合考虑。

3. 减少处理器的工作时间

如果可能，尽量减少 CPU 的全速运行时间以降低系统的功耗，使 CPU 较长时间地处于空闲状态或掉电状态，这是软件设计降低系统功耗的关键。在开机时靠中断唤醒 CPU，让 CPU 尽量在短时间内完成对信息或数据的处理，然后进入空闲或掉电状态，在关机状态下让 CPU 完全进入掉电状态，用定时中断、外部中断或系统复位将 CPU 唤醒。这种设计软件的方法即是所谓的事件驱动的程序设计方法。

4. 采用快速算法

数字信号处理中的运算，采用如 FFT 或快速卷积等，可以大量减少运算时间，从而降低功耗。在精度允许的情况下，使用简单函数代替复杂函数做近似运算，也是降低功耗的一种方法。

5. 通信中采用快速通信速率

在多机通信中，尽量提高传送的波特率。提高通信速率，意味着通信时间缩短，一旦通信完成，通信电路就进入低功耗状态。发送、接收均应采用外部中断处理方式，而不采用查询方式。

6. 数据采集系统中降低采集速率

在测量和控制系统中，数据采集部分的设计需根据实际情况而定，不要只顾提高采样率，因为模数转换时功耗较大，不但过大的采样速率会导致功耗大，而且为了传输、处理大量的冗余数据，还会使 CPU 额外消耗时间和功率。

7. 延时程序设计

延时程序的设计有软件延时和硬件定时器延时两种方法。为了降低功耗，尽量使用硬件定时器延时，这样可以提高程序的效率，降低功耗。原因如下：大多数嵌入式处理器在进入待机模式后，CPU 停止工作，定时器可正常工作，定时器的功耗可以很低，所以处理器调用延时程序时，进入待机模式，定时器开始计时，时间到则唤醒 CPU。CPU 间断性停止工作，一方面降低了功耗；另一方面提高了 CPU 的运行效率。

8. 静态/动态显示

嵌入式系统的显示方式有静态显示和动态显示两种。所谓静态显示，指显示的信息通过锁存器保存，然后接到数码管上，这样一旦把显示的信息传送到数码管上，在显示的过程中，处理器不需要干预，可以进入待机模式，只有数码管和锁存器在工作。

动态显示的原理是利用 CPU 控制显示的刷新，为了达到显示不闪烁，刷新的频率也有底限要求，可想而知，动态显示技术要消耗一定的 CPU 功率。如果动态显示需要 CPU 控制显示的刷新，那么会消耗一定的功率。静态显示的电路复杂，虽然电路消耗一定的功率，如果采用低功耗电路和高亮度显示器，可以得到很低的功耗。

系统设计时，采用静态显示还是动态显示，需要根据使用的电路进行计算以选择合适的方案。嵌入式系统的能量消耗既有硬件因素，又有软件因素。在嵌入式系统中，软件基于硬件平台运行，控制硬件平台的运作。也就是说，软件对系统的能量消耗有很大的影响。

在引起系统功耗的众多因素中，存储系统的设计对降低功耗有很大的影响。通常，存储器运行有两种状态，即读写状态和待机状态。其中，待机状态消耗的功率很小，读写状态消耗的功率较大。例如，待机状态的电流大约为几微安，读写时可以达到几十毫安。基于这一点，可以从下面几个方面降低系统的功耗。

（1）并行存储：把数据结构映射到多种内存条将影响多字并行装载的可能，其中并行装载在提高系统性能的同时，还会起到节能的作用。

（2）程序的存取模式：程序的存取模式对系统的缓存性能影响极大，不恰当的存取模式会导致缓存失败，对存储器的访问次数也会相应增加。

（3）代码压缩技术的采用：代码压缩可减少存取的指令数，降低缓存失败的可能性，也就减少了存储器的动作。这主要是由于访问缓存比存取主存耗能更低，且缓存要比主存小得多。在此引入代码压缩的概念，在进行指令压缩时，它为指令分配特定的代码，从而减少总线上的传输量，减少耗能量。在保证压缩性能和解码速率的前提下，算法尽量做到压缩率与总线耗能量之间的平衡，并指出高压缩率并不一定就会有最低的耗能量。采用这种方法，总线的耗能量将减少 35%，且不会带来任何额外的硬件开销。

2.5.2　传统编译优化技术对功耗的优化

传统的编译优化技术从过去的性能优化开始转向能量、性能的综合优化，提出了许多面向能量优化的编译优化技术。以软件流水调度方法为例，早期有大量相关研究，其中赵荣彩使用整数线性规划的形式化框架，提出了对给定循环进行合理有效的低功耗最优化软件流水调度方法，使其在运行时保持性能不变且消耗的功耗/能量最小。针对软件流水调度方法，使用整数线性规划方式形式化描述了功耗最小的软件流水调度方法，该方法建模了每一周期的功能部件功耗情况，通过对 NASA 核心代码的测试显示降低了大量的功耗。

通过研究发现，不同种类的源程序所产生的能量代价是不同的。机器代码的能量代价可能受到编译后端的影响，尤其受到操作类型、数量、顺序及存储数据的方式等因素的影响。已有的后端低功耗编译技术包括指令调度、代码生成等。针对高层优化的低功耗技术有循环转换等。Kandemi 等人评价了循环转换对能量的影响，他们使用 Simple Power 模拟器对处理器、Cache、总线和内存进行了能量评测。从他们的模拟实验观察到，内存系统消耗的能量大于处理器内核消耗的能量。循环转换增加了处理器内核的能量消耗，同时降低了内存系统的能量消耗。V. Delaluz 等人也十分关注循环转换技术对能量优化的作用。例如，V. Delaluz 在对数组到存储块的映射过程中，利用循环分裂（Loop Splitting）将一个循环拆分成多个循环，使得原先一个循环中的多个数组分到不同循环中去。当执行其中一个循环时，未访问的数组所分配的存储块被置于低功耗状态，从而降低能量消耗。

Val 和 John 分析了不同编译优化级别对能量消耗的影响。实验结果表明，那些通过降低工作负载来提高性能的优化同时也降低处理器的能量消耗，如子表达式消除、复制传播、函数内联及循环展开。而那些通过增加负载重叠的方式来提高性能的优化方法，极大地增加了处理器的功耗和能量消耗，如指令调度。他们的实验结果还表明，循环展开对于能量优化是有益的，但增大了功耗，即增加了单位时间内的能量消耗。函数内联对于功耗和能量消耗来说都是有益的。指令调度会极大地增大功耗，同时对能量消耗没有太大影响。Honchoing 等人也研究了编译优化对软件能量消耗降低的影响。他们的研究表明，循环展开和软件流水这两种优化方法由于有效地减少了程序执行时间，明显降低了能量消耗。对于功耗而言，由于指令级并行的加剧，功耗明显增大。

Sang 和 Tulsan 在 Pentium 4 处理器上使用物理测试的方法重复了类似的实验。他们使用 Intel C++编译器对 SPEC2000 测试程序进行了测试，发现被优化后的代码运行时间更短，平均消耗的功耗也更低。他们认为功耗的降低是因为优化后的代码具有更少的执行指令。同时他们还认为，循环展开对能量节约来说意义一般。

关于高性能编译和低功耗编译之间的关系至今仍不清楚。一般来说，认为面向高性能的编译优化和面向低功耗的编译优化是存在差异的。例如，循环分块时，在最小化能量目标下选择的最佳块大小和在最小化性能目标下选择的块大小是不同的。

必须注意到，在低功耗编译优化的研究中也存在很多互相矛盾的结论，其原因是多方面的。可能是因为实际测试的误差；也可能是因为能量模型本身并不十分准确和完整；再一个原因可能就是看问题的角度不同，有的是从处理器的角度看，有的则是从系统的角度看。例如，Kandemir 的研究指出，循环分块和数据转换可能会增加处理器的能量消耗，但同时也可能会降低存储器的能量消耗。可见，如果从整个系统的角度出发（包括处理器和存储器），就很难判定一种优化是降低了能量消耗还是增加了能量消耗。

2.5.3 动态电压调节算法

动态电压调节是一种有效降低处理器功耗的手段。根据功耗与电压的平方成正比的关系，通过调节处理器的电压可以有效降低处理器的功耗。对于不同的应用环境，动态电压调节的目的有所不同，但都是在处理器的能量消耗和性能之间进行权衡。无论什么问题都涉及确定什么时候调节电压（调节点）及调至什么水平的电压（调节大小）两个问题。其中，对系统负载的预测是个关键问题。

不同计算机系统上的电压调节算法均存在差异，大体可分为以下两类：一类是面向实时嵌入式系统的动态电压调节算法；另一类是面向通用计算机系统的动态电压调节算法。实时系统经常严重地受到能量资源的限制，并且在满足一定功耗和能量消耗约束条件下需要满足任务的实时性要求，因此实时系统中的能量优化问题十分迫切。而通用计算机系统上的应用没有显式的截止时间或其他时间约束，因此对处理器的需求预先未知。通常的研究采用启发式算法，估计 CPU 在任意一点截止时间下的需求情况。面向实时或嵌入式系统的功态电压调节算法在操作系统级和编译级都早有研究。Weiser 等人提出了最早的由操作系统指导的电压调节技术。Lorch 在他的博士论文中对操作系统级的低功耗技术进行了总结，并包括动态电压调节技术。对于嵌入式实时系统来说，动态地改变时钟频率和电压会影响任务的实时完成，因此必须考虑任务的截止完成时间和实时任务的周期性。Mosse 等人提出了编译指导的实时动态电压调节技术。该技术使用编译器在源代码中做临时标注，并在程序中插入功耗管理点。根据插入的功耗管理点，操作系统自适应地调节处理器操作电压及时钟频率。电压的降低使程序执行速率线性下降，但同时节约了平方级的能量。可变电压的调节机制已经得到广泛研究，其中使用最差时间估计方法来保证系统的实时性是通常使用的方法之一，该方法的缺点之一就是不能动态地利用未使用的计算时间。而实际上，带有实时性约束的应用程序在执行时间上具有很大的可变性。从 R. Emst 等人的报告来看，最好执行时间和最差执行时间的比例可能低于 0.1。因此，采用动态回收空闲时间的方法可以进一步有效节约能量。基于任务的离线动态电压调节算法通过求解整数线性规划问题（或非线性规划问题）为不同的任务分配不同的电压和频率。在研究中，也可以假定连续的电压值，并考虑实际的转换开销。

面向通用计算机系统的电压调节算法：一般通用处理器上的动态电压调节算法可以分为在线动态电压调节算法和离线动态电压调节算法。在线动态电压调节算法主要依靠系统的状态和观察到的历史记录来确定电压调节点的位置和电压调节大小。基于时间间隔的动态电压调节算法以固定长度的时间间隔设定调节点，并计算每个间隔的电压调节大小。Weise 等人首先提出了在通用操作系统上基于时间间隔的动态电压调节算法。Govil 等人和 Lorch 等人继续了这一工作并考虑了大量不同的工作负载预测及速率选择策略。后来的验证发现，负载的不规则可能会导致性能的下降。离线动态电压调节算法在程序执行之前就确定了电压调节点和对应的调节大小。前面介绍面向实时或嵌入式系统的基于任务的电压调节算法是一种特殊类型的离线动态电压调节算法。Hsa Putra 等人比较了静态电压调节算法和动态电压调节算法两种编译指导的能量优化算法。在静态电压调节算法中，由编译器来给整个程序确定唯一的电压值，使得在不增加程序执行时间的前提下降低能量消耗；在动态电压调节算法中，编译器根据整数线性规划方法为程序的不同部分选择合适的电压级别。他们的模拟结果显示，在相同的性能约束条件下，动态电压调节算法比静态电压调节算法多获得 15.3%的能量节约。Chung 和 HsingHsu 较早提出了编译指导的动态电压调节算法，给出了根据编译策略来识别电压调节的机会，同时保证没有很明显的性能损失。HsingHsu 而后提出的编译指导的动态电压调节算法一方面准确地预测了程序段在任意一个频率时的性能，另一方面有效地选择了合适的程序段进行电压降低的操作。基于检查点的算法综合了以上两种算法的优点，该算法采用离线方式确定电压调节点，同时采用在线方式对每个电压调节点计算相应的电压调节大小。在程序中设置多个检查点，可以更好地跟踪运行时系统的状态。然而，检查点也会产生额外的计算开销。一般来说，检查点放置在常被选择的分支入口处、循环和函数调用处，这样可以最小化额外计算开销。研究认为，在进行电压调节时可供选择的电压等级并不是越多越好。FenXie 等人研究了编译器指导的动态电压调节方法的好处与局限。通过分析模型确定了编译器指导的动态电压调节仅在包含少数电压等级时才有意义，也就是说，随着可供选择的电压级别数越来越多，可获得的能量节约将急剧下降。一个程序仅设置一个电压级别就能获得很好的节能效果。

2.5.4 软件低功耗设计

1. 编译方法

下面介绍几种降低程序运行功耗的方法。由于并非每种方法都可用于所有的处理器，因此必须对系统架构有一定的了解。此外，通过所研究的技术及待测的微处理器的特殊性能，还可引申出一些新的方法。

第一种方法是基于减少跳转的指令重排序。指令执行时的功耗与其前一条指令有关，因此，对程序中的指令进行适当的重新排序可降低功耗。但在 Intel486 处理器中应用该方法的结果却表明，尽管可降低指令跳转时的功耗，但整体功耗没有明显下降，降幅仅为2%。不过，在某些 DSP 处理器中，该方法却可将整体功耗降低 30%～65%。

Tiwari 等人提出了另一种方法，即通过模式匹配（Pattern Matching）产生编码。该方法修改了编译器的功耗计算函数（通常是执行周期数），由此得到一个以降低功耗为目标的代码生成器。结果表明，这样产生的代码与以减少时钟周期为目标所产生的代码类似，这是因为一种指令模式所产生的功耗实际上就是平均功耗与时钟周期数的乘积。

Vishal 等人成功地在 DSP 处理器中采用了一种循环展开（Loop Unrolling）方法，该方法中的主要功耗产生在算术/逻辑电路和存储电路中，目的是降低给定程序中总的比较次数。采用这种方法的结果表明，ALU 的使用量下降 20%，而代码量却增多了 10%。

Tiwari 等人提出了一种减少存储器操作数的方法，这种方法基于一种假设，即带存储器操作数的指令比带寄存器操作数的指令所产生的功耗要高很多。因此，减少存储器操作数可大幅度降低功耗，而有效的寄存器管理可最大限度地降低功耗。这就必须优化对临时变量的寄存器分配，将全局寄存器分配给最常用的变量。

对于这些技术，目前已经有一些程序可以证实其降低功耗的有效性。通过对代码进行人工调整来缩短运行时间，可降低 13.5%的功耗。此时仅将临时变量分配给寄存器，并用寄存器操作数取代部分存储器操作数，就可减小 5%的电流及减少 7%的运行时间，不过仍然存在一些冗余指令。最后将更多的变量分配给寄存器并去除所有的冗余指令，与原来的程序相比，此时的功耗降低了 40.6%。

2. 软件优化工具

在实现了以上步骤后，需要创建一个工具以实现在实际程序中直接运用上面的编译方法的目的。这一步的难点在于开发一种独特的软件工具来对所有程序和微处理器进行优化。但是这并不能产生适用于所有微处理器的通用规则，不过现有的研究成果为最终达到这一目标迈出了第一步。使用软件优化工具时，要对得到的结果不断地进行信息反馈，以检测功耗计算及编译方法中所有可能出现的错误。

3．建立指令功耗信息

为了获得可测量给定程序功耗的工具，必须首先建立每条指令相关的功耗信息。因此，需要一个可测量微处理器每条指令的功耗及程序执行时可能出现的特殊情况的功耗的系统。

目前主要有两种方法可实现这一目的。其中一种方法是反复地执行某一指令，并测量此时处理器消耗的电流，从而得到一些相关信息，并以此评估用于该处理器的某一程序的功耗。总的功耗还包括一些其他因素产生的功耗，根据测量结果可以估计出程序功耗。将一个分流电阻与微处理器的电源脚串联，便可用示波器测出处理器所消耗的电流。另一种方法是采用安培表直接测量，安培表必须能测量高频信号，这样才能在测量微处理器消耗的电流时保持稳定，这一点十分重要。

2.5.5　便携式产品通过软件降低功耗的方法

降低功耗是每个便携式产品开发人员的设计目标之一，但功耗不仅与硬件设计有关，控制软件也会对产品的功耗产生很大的影响。不管是操作系统、BIOS 控制程序还是外设驱动程序，这些软件编写的方式决定了最终产品的功耗水平，因此在开发时必须加以考虑。下面介绍四种通过软件降低功耗的方法，可供软件设计工程师们参考。

嵌入式软件工程师需要在质量与效率之间寻求平衡。为此，要优化软件性能，使之能在速度较慢、价格低廉的处理器上运行；要调整软件大小，这样就能使用更小且更便宜的存储器。随着为手持设备和无线装置编写的软件越来越多，还需要优化产品的功耗，以延长小型低成本电池的寿命。

好消息是，无论在开发操作系统、外设驱动程序还是在应用程序中，现在已有多种软件设计技术可以帮助降低功耗，下面重点讨论其中的四种方法。

1．智能等待

很多最新的嵌入式处理器都具有能降低功耗的电源工作模式，最常用的是空闲模式，此时处理器内核指令执行部分关闭，而所有外设和中断信号仍有电并起作用。空闲模式下的功耗比处理器执行指令时的功耗要小得多。

空闲模式的主要特点是其进入和退出基本上不需要额外开销，通常 1ms 可以反复很多次。任何时候只要操作系统检测到所有线程都处于阻塞状态，如等待中断、事件或定时时间，它都可以把处理器置于空闲模式以省电。由于任何中断都能把处理器从空闲模式中唤醒，所以采用这种模式可使软件智能等待系统事件，不过为了在最大程度上提高电源效率，该工具要求认真地设计软件。

软件工程师都编写过这样的代码，如记录状态寄存器内容并等待设定标记出现，也许是检查串口的 FIFO 状态标记，看是否收到数据；也许是监测一个双端口存储器，看系统中是否有其他的处理器写入一个变量，使工程师能控制共享资源。尽管从表面上看这样的代码没有什么问题，但在每个时钟周期里不断记录寄存器状态将无法有效延长手持装置的电池寿命。更好的解决办法是使用一个外部中断来表明状态何时改变。在单线程软件环境里，可以调用处理器空闲模式降低功耗，直到发生实际事件，出现中断时，处理器自动唤醒后继续执行后面的代码。空闲模式甚至能用于事件不能直接连接到外部中断的场合，在这种情况下，用一个系统定时器定期唤醒处理器是个很好的方法。例如，在等待一个事件，并且知道事件发生后在 1ms 内能检测到，都能迅速做出处理，那么可以启动 1ms 定时器并把处理器置于空闲模式，每次中断时检查事件状态，如果状态没有变化，就立刻回到空闲模式。这种等待机理应用很普遍，现今大多数智能手机都是由具有空闲模式功能的处理器和操作系统控制的。事实上，很多这些设备每秒会多次进出空闲模式，只要有触摸、按键或时间到就会被唤醒。

2．减少事件

另一种可以考虑的技术是减少事件。智能等待是使处理器尽可能高频率地进入空闲模式，减少事件则是尽可能长时间地将处理器置于空闲模式，它通过分析代码和系统要求决定是否能改变处理中断的方式来实现。例如，通过时隙安排线程的多任务操作系统，一般设定的定时中断通常在只有 1ms 的时隙间隔发生。假定代码很好地利用了智能等待技术，操作系统会频繁使处理器置于空闲模式，并一直维持直到被中断唤醒。当然，在这种情形下，最有可能唤醒处理器的中断是定时器中断本身。即使所有其他线程被阻塞，在其他中断、内部事件及长时间延迟之前，定时器中断也会以每秒 1 000 次的频率把处理器从空闲模式中唤醒，以运行调度安排程序。

但是就算调度安排程序确定所有线路都被阻塞，并很快将处理器恢复到空闲模式，这样频繁操作也会浪费大量的电能。在这样的情况下，进入空闲模式时应关闭时隙中断信号，只有再次出现中断信号时才被唤醒。当然，把时隙中断完全关闭通常不太合适。尽管多数阻塞的线程可以直接或间接等待外部中断，有些在特定时间还是服从操作系统。例如，驱动器会在等待外设时睡眠 500ms，这时在空闲模式下如果完全关闭系统定时器，可能意味着线路不能按时恢复工作。操作系统最好能为调度安排程序进行可变超时设定。操作系统知道每个线程是否无法确定等待的是外部还是内部事件，或者计划在某特定时间再次运行，操作系统可算出第一个线程预定何时运行，并相应地在处理器置于空闲模式之前设定定时器工作。可变超时设定不会对调度安排程序造成很大的负担，但能节省电量和延长工作时间。

可变计划超时限定只是减少事件的一种方法，存储器直接存取（Direct Memory Access，DMA）也可让处理器长时间处于空闲模式，即使数据正在发送到外设或从外设收取数据。所以只要可能，都应在外围驱动器中使用 DMA，这样做的省电效果相当令人满意。例如，英特尔公司 StrongARM 处理器串口接收 FIFO 时，大约每收到 8B 数据就发生一次中断，在 115 200b/s 速率下，发送到这个端口的 11KB 脉冲数据会引起处理器内核每秒中断 1 500 次，很可能使其从空闲模式中唤醒，但是如果不在这些小的 8B 设备中处理数据，浪费的电能是很惊人的。DMA 最好与大容量缓冲器一起使用，以使中断发生的水平更加容易管理，每秒发生中断 10 次或 100 次，让处理器在两次中断之间空闲。事实证明，在这些场合应用 DMA 能将使用率降低 20%，可降低 CPU 功耗并提高供其他线程使用的处理器带宽。

3. 性能控制

动态时钟和电压调节代表了微控制器在降低功耗方面的最新进展，电源管理的这种进展基于以下观察，即处理器消耗的能量与驱动处理器的时钟频率及内核上的电压平方成正比。

处理器允许动态降低时钟频率为节省电能迈出了第一步，降低一半时钟频率，功耗将成比例下降。但是采用这种技术有效实现节能需要一些技巧，因为执行的代码可能要两倍的时间才能完成，那样的话也不会省电。

动态降低电压是另一种做法。越来越多的处理器允许降低电压，以适应处理器时钟频率的下降，这样在降低时钟频率时也能省电。事实上，只要处理器不饱和，频率和电压就能不断减小，这样保证能在完成工作的同时使消耗的电能总体上更少。

考虑到并不是所有线程都消耗同样多的处理器带宽，所以这些方法还是可以改进的。有效应用处理器带宽的线程会随着处理器时钟频率下降而花更长的时间才能完成，这些线程使用分配给它们的每一个时钟周期。I/O 约束线程采用分配给它的所有处理器时钟周期，即便处理器时钟频率下降，也要用同样长的时间才能完成。

像很多 PDA 使用的 PC 卡（以前称为 PCMCIA 卡）接口，当数据写入快闪存储卡时，系统瓶颈不是处理器的速率，而是物理总线接口及 PC 卡的固件为擦掉和重新编程闪存所花的时间。理想情况下，上面讨论的智能等待技术可在这里应用，以最大程度地降低功耗，但是等待时间经常变化很大，远小于操作系统运行时间，所以智能等待会影响到性能。这些驱动程序常常检测状态寄存器，此时降低时钟频率将节省一部分电能，但会对数据写入的速率产生轻微影响（多数处理器循环用于查询）。

当然，问题是要知道何时才能降低时钟频率和电压而不会显著影响性能。作为软件开发商，考虑什么时候降低驱动器和应用代码的时钟频率比较难，该技术在多任务处理环境中更加富有技巧性。

4. 智能关机

上面只讨论设备在运行时能做什么，现在考虑关闭时会出现什么情况。很多人都希望打开 PDA 后它会处于上次使用结束时的状态，即假如正在输入一个新的联系信息时关机，那么一周或一月以后重新打开还将在这个地方。这可以采用智能关机程序实现，该程序能有效地"骗过"任何执行应用软件，使其以为设备根本就没有关闭。

在用户按下电源按钮关闭设备时，有一个中断给操作系统发出关机信号，然后的动作就是保存系统底层寄存器的内容。操作系统实际上没有关闭程序，只是把其内容（代码、栈、堆、静态数据）留在存储器里，然后把处理器置于睡眠模式，关闭处理器内核和外设，但继续给重要的内部电路供电，如实时时钟。此外，靠电池供电的 DRAM 在睡眠模式期间保持自刷新状态，以使其内容完整无缺。

再次按下电源按钮时，一个中断信号唤醒处理器。唤醒中断服务程序（ISR）采用求校验和程序来验证处理器内部状态恢复之前 DRAM 的内容是否仍然保持原样。由于 DRAM 应含有与关机时一样的数据,所以操作系统能直接回到设备关闭时运行的线程,就应用而言,它甚至根本不知道发生了什么。

说这个方法省电的主要原因是它避免了需要处理器大量计算且耗时的重启工作。复杂设备重新启动要花好几秒的时间,其间系统装载驱动程序。从用户的立场来看,这个时间是浪费的,因为用户在这段时间实际上不能用设备。考虑到需要多次开关的这种电池驱动装置,智能关机程序有很大意义,一是降低了功耗,二是提高了可用性。

智能关机的另一个重要特性是在睡眠模式期间可最大程度地降低功耗。由于电池驱动设备会长时间处于睡眠模式,需要刷新 DRAM 和部分处理器外设接口,所以电池实际上在睡眠期间也会损失一些能量,最大限度地减少睡眠模式下的功耗可以延长设备的工作时间。

减少睡眠模式下的功耗需要分析系统硬件,并确定如何将其设置为尽可能降低功耗的状态。大多数电池驱动系统在睡眠模式期间仍然要给通用 I/O 引出端供电。这些 I/O 引出端作为输入可用作中断以唤醒设备,作为输出则可对外接设备进行配置。认真考虑这些引出端如何配置将对睡眠模式下的功耗产生很大影响。

例如,把某个 I/O 引脚配置成输出,它将被上拉到 V_{cc},但如果在关机时把引出端设置为逻辑 0,将会导致电流穿过睡眠模式下的上拉电阻。另外,如果把引脚设置为输入而不与输出端连接,它将会漂浮而引起虚假的逻辑变换,从而增加功耗。所以,应分析这些情况并适当配置引脚。

2.5.6 软件能量模型

软件能量模型用于对程序的能量消耗进行估计,它是评价软件低功耗技术的基础。软件能量模型可以帮助编译器进行正确的能量优化,对嵌入式系统设计进行正确的优化系统配置。一般来说,软件的能量代价的计算是把所有系统活动的能量代价和其活动次数相乘,并累加得到。研究工作的差异主要集中在如何抽象不同的系统活动,如何统计这些活动,以及如何获取每种活动的能量代价。对系统活动的划分可以有多种方式,如可以将一条指令的执行看成一个系统活动,也可以把一个 CPU 时钟周期的时间阶段看成一个系统活动,还可以把一次对硬件的访问看成一个系统活动。而对系统活动的统计同样也可以采用多种方式,如模拟、采样等。如何计算每种活动的能量代价是一个十分重要的内容,一般的方式是通过从微程序的特征分析得出,或者通过分析模型得到。软件能量模型从实现层次上大体可以分为指令级能量模型、基于模拟的能量模型和基于采样的能量模型三类。

1. 指令级能量模型

Tiwari 等人是较早提出指令级能量模型的人。他们开发的指令级能量模型通过一个循环的反复执行来获得每条指令的能量代价,称为基本能量代价。每条给定指令的基本能量代价的差异主要来自于不同的指令操作码。最终整个程序的基本能量代价为所有执行指令的能量代价总和。在程序执行过程中，指令之间的相互作用对能量的影响也是不能忽视的。第一种指令之间的相互影响来自于电路状态的改变。在反复执行相同类型的指令时，通常会认为此时的电路状态将保持不变。而实际上两条相邻的指令可能并不完全属于相同的类型，因此可能出现电路状态的改变，并由此产生额外的能量开销。第二种指令之间的影响是和资源约束相关的，这种资源约束会导致流水停顿和 Cache 失效。该指令级能量模型被 Tiwari 等人应用到 L1486DX2、Fujitsus PAR Clite 934 及 Fujitsus P 处理器上。Tiwari 的方法对指令级能量模型的建立十分有意义，它可以屏蔽掉许多关于处理器体系结构的复杂内容，但也需要花费较长的时间去分析整个指令集体系结构和指令之间的能量特征。后来出现的方法可以部分地减少这些时间。例如，通过将指令进行分组的方式来减少时间开销，通过建立更高的功能级能量模型来缩短特征分析时间等。基于 Tiwari 的能量模型，已有一些比较成功的功耗分析案例。

2. 基于模拟的能量模型

基于模拟的能量模型主要依靠对目标系统的模拟来准确统计系统活动，具体关注每个周期内有哪些硬件部件被激活。根据硬件部件执行的周期数及执行一次所需的能量代价，来估计程序在执行过程中所消耗的能量。体系结构级的能量模型（或称为功耗模型）和能量估计已经成为一种常用的手段，并成为软件低功耗优化的基础。在体系结构层，能量建模的基本单位是基本的功能块，如加法器、乘法器、控制器、寄存器文件和 SRAM。体系结构层的能量模型一般在体系结构的性能模拟器的基础上扩展得到。

3. 基于采样的能量模型

基于采样的能量模型通常是和系统的物理测试结合在一起的，和前两种能量模型有些类似。基于采样的能量模型关注一段时间内整个系统的能量使用，它周期性地中断处理器的执行，记录执行过程及瞬时功耗，利用记录下的数据对各种处理情况下的能量使用状况创建能量预置文件 Profile。Flilm 和 Satyabarayanan 给出了一个基于采样的能量模型，它使用统计的采样技术，由计算机周期性地测量功耗及程序计数。这些信息被存储起来，随后被分析。尽管采样速率比 CPU 的时钟速率要慢，但足够多的采样被提供给每段代码，随后得出统计的平均值。该信息比基于状态或基于事件计数的技术更详细，并且所获得的结果可和模拟结果相比较。值得注意的是，由于时间驱动的原因，该方法可能会产生歪曲的能量预置文件 Profile。例如，当系统消耗的能量非常少时，仍然以同样的比例进行采样，此时采样和搜集的能量消耗相对增大，使得实际系统的能量预置文件被严重歪曲。此外，对于快速变化的功耗，该方法也难以统计。针对此情况，Chang 等人提出了一种能量驱动的统计采样方法来评价能量对软件设计决策的影响。该方法对于固定开销情况具有更高的准确性，并能提供更精确的能量估计。Chang 等人描述了该方法的原型实现，并给出了实验数据来验证其实现方法。他们通过对 13 个测试程序的能量进行测试发现，那些忽略系统/内核影响的能量测试工具可能会对能量的热点区做出不正确的判断，使用执行时间文件可能会给出错误的结论。

2.5.7　基于多核体系结构的软件能量优化方法

由于 CMOS 功耗急剧增加，微处理器冷却的难度越来越大，成本也越来越高，这最终导致在过去几年里，功耗成为微处理器设计和制造的首要问题。在这种情况下，处理器设计开始转向片上多处理器结构 CMP（Chip Multi Processor）上，也就是多核结构。赵荣彩从多线程低功耗编译优化技术角度出发，分别研究了基于 CMP 和 SMT 两种多线程体系结构的动态电压/频率调节的低功耗编译优化技术。针对 CMP 多线程体系结构，赵荣彩提出了基于频率动态调整，结合细粒度多线程划分的低功耗优化模型，旨在不影响程序指令级并行和线程级并行的同时，尽可能有效地减少处理器的运行功耗。针对 SMT 体系结构，赵荣彩提出了相应的多线程低功耗编译优化的理论模型，研究如何在编译时识别具有可使处理部件降低电压/频率执行的期望区间，在这些区间可获得显著的功耗节省而不明显降低程序的执行性能。

Grochowski 等人研究了微处理器速率和功耗受限环境下吞吐量之间的权衡问题。他们假定获得高标量性能和高吞吐性能的微处理器在软件可用并行性的指导下能够动态改变指令执行所产生的能量消耗。为了达到这个目标，他们研究了以下四种技术：动态电压调节、不对称处理器核、可变大小的处理器核及推断控制技术。他们得出的结论是，使用动态电压调节和不对称处理器核相结合的方式是最佳的选择。

Kadayif 等人提出了关闭空闲处理器核的方法，以此减少运行在 CMP 上的嵌套循环的能量消耗。他们同时还研究了基于编译分析的预激活策略，减少了重新激活处理器的开销。然而，他们的这种能量优化方法并没有利用动态电压调节技术。在 Kadayif 等人的另一项研究中提出了使用动态电压调节方法来降低轻负载线程处理器核的电压，以此来改善程序的负载不平衡程度，减小功耗和节约能量。同时，他们还比较了当使用较少的处理器（而不是全部数量的处理器）时可获得的能量节约。但该篇文章只是对这两个低功耗手段进行了对比，并没有将两者很好地结合起来。而实际上，将这两个思想融合在一起可以获得比较好的功耗和性能权衡结果。

JianLi 等人的研究通过一个分析模型揭示了所使用的处理器数目、并行有效性和电压调节对并行程序性能和功耗产生的影响。他们研究了两个功耗优化问题：①在给定的性能目标下如何最优化功耗；②在给定的功耗预算下如何最优化性能。但是他们的研究不同于 Kadayif 等人的研究，并没有对给定的程序段求解出应使用的处理器核数目，也没有考虑对不同并行段如何进行动态电压调节。JianLi 引入了并行粒度的概念，研究了处理器数目、并行粒度和电压调节共同影响下的 CMP 性能和功耗情况，通过详细的分析发现不同处理器核变化情况下的规律。随后，JianLi 等人在进一步的研究中，明确提出了对多核结构上的并行程序进行两维空间优化：一维是改变活跃的处理器数目；另一维是对每个处理器核进行动态的电压调节。

2.5.8　利用软件降低 3G 手机功耗

由于混合模拟信号部分功耗在 3G 手机整个系统的功耗中占有越来越大的比例，因而低功耗设计在 3G 移动通信领域中变得越来越重要。由于三极管元器件的变化或低供电电压时对混合信号的实现有不良影响，且变频技术不能应用在没有时钟信号的单纯模拟电路中，因此系统的低功耗设计需要寻求新的方法来实现。

1．单位功耗管理

移动手机系统中扬声器是大功率器件，扬声器中使用的震膜和小磁铁通常会使系统的效率降低。在不增加扬声器的体积、质量及投入的情况下，很难解决功耗问题。然而，音频解码器及扬声器的驱动器为低功耗设计提供了很大的空间。手机系统中的听筒、扬声器和耳机这三个输出变换器通常由三个不同的驱动部分来驱动，在给定的时间里只有一个处于工作状态。为避免产生不必要的电流回路，智能手机音频卡增加了对单位功耗的管理，每个输出驱动、输入前置放大、数/模转换、模/数转换及模拟混合器都有独立的控制单元。软件设计时以低功耗为目标，充分利用这种控制方法的优势使目前不用的功能处于关闭状态。

采样频率变换经常出现的问题是需要录制或回放在不同的采样频率下录制的音频文件。尽管数字采样频率转换方法可以实现上述操作，但这种做法是非常复杂的，而且是以降低 CPU 工作效率及增加 CPU 功耗为代价的。

以下两种方法可以避免这种问题的产生。首先，使带有数/模转换和模/数转换的 DSP（Digital Signal Processor）芯片根据采样频率工作在不同的频率下。

锁相环使频率与采样频率相同的取样时准乘积，并将乘积作为一种产生必要频率的有效方法，通常取样时采取固定的常数 256。

另一个方法是采用基于 AC 97 音频编码技术的可变频率音频技术。这种方法是当主频固定在 24.576MHz 时，支持所有频率标准的采样，还可以通过数字部分以 48kHz 的频率来进行数据的传输，而不去考虑采样频率的大小。当采样频率在 48kHz 以下播放或录制音频信号时，如工作频率为 44.1kHz，编码器在编码时每 12 个数据包就要产生一次空格，在 11 个数据包中则及时补充空格。利用可变频率音频技术设置，可以实现在两个不同频率下进行同步的音频记录。

VRA（可变比率发生器）应用中，额外增加的数字逻辑电路功耗相当于一个或两个锁相环的功耗，但远远低于采用 CPU 进行转换所需的功耗。

单 DSP 芯片提供的双频信号在数字化编码芯片中也可以实现低功耗设计，介于传统移动电话和 PDA 之间的智能手机能充分证明这个问题。现在典型的音频子系统通常包括单声道解码器、立体声及 Hi-Fi（High-Fidelity）解码器。尽管它们的模拟部分之间存在联系，但是每个解码器都有自己独立的数字芯片和音频范围，工作于不同的频率。其中，音频时钟与通信微处理器时钟一致，Hi-Fi 时钟与软件微处理器时钟一致。当手机处于通话或通话录音过程中时，若有音乐、MP3 铃声或其他信号音响起的情况，除了在设计时增加芯片的大小外，单 DSP 提供的时钟工艺也可以使两个芯片同步工作。当采样频率转换中混有数字信息时，这两种音频数据流就可以通过一个解码器进行处理，这种处理方式所需要的功耗远远超过了通过减少一种解码器而节省的功耗。

另外一种解决途径是仅仅需要单个保留有独立数/模转换及模拟信号通道的 DSP 芯片，由于 VRA 机制使其主频固定在 24.576MHz 上，所以 AC 97 编码非常适合这种方法。当 Hi-Fi 频率固定在一个频率时，音频频率通过对主频的 6 分频得到 4.096MHz 的频率。将产生的这些工作频率作为音频介质的主频，音频子系统在应用过程中就可以减少采样丢失及音频信号失真等情况的发生，提高音频信号的质量。

状态表述在处理音频数据时，通过单核工艺实现了低功耗功能。当 DSP 芯片工作在 24 576 MHz 时可以实现音频回放，但是由于双核工艺会需要一个工作在频率为 4.096 MHz 的芯片，会产生附加的功耗。当手机进行音频记录时，AC 97 介质的工作速率降低到它平常工作速率的 1/6，以便与音频介质同步工作。而其中的一个数/模转换器就可以将手机信号进行数字化处理并传送到主芯片中，另一个模/数转换器在同样的频率下工作。在系统微处理器控制下，双方通话的模拟信息通过 AC 97 介质进行记录。双解码工艺需要为另一个模/数转换器提供一个单独的 DSP 芯片，它的工作频率则受系统微处理器的控制。单核工艺的使用既减少了半导体元器件的使用数量，同样也降低了系统的功耗。除了减少一个 DSP 芯片及与芯片相应的外围器件外，另一个模/数转换器同样也可以不用。立体声音频信号的记录通过另外两个模/数转换器来实现。为使声音达到 Hi-Fi 效果，两个模/数转换器工作在更高的频率上。当音频或手机记录时，其中一个模/数转换器停止工作，另一个则低速工作。唯一存在的问题是通话过程中很难实现立体声存储。

2. 锁相环替代晶振

通常利用晶振芯片提供音频解码器的主频。智能手机需要一种更高效的功率利用途径，而在其他一些功率电路中则不必考虑效率问题。从系统频率（在 3G 和 GSM 中为 13MHz 或 26MHz）得到音频解码器的工作频率，节省板上空间并降低功耗。尽管单一的频率需要低通模拟锁相环来实现，但功耗的降低效果是很明显的。如果音频时钟是从 Hi-Fi 时钟得到的，则整个系统仅需要一个晶振就可以满足要求。

3. 数字化触摸屏需解决的问题

许多 3G 手机为了更方便用户而使用触摸屏。触摸屏上信号的识别只需要一个相对较慢、转换速度较低的模/数转换器来实现，但是它的一些识别过程会明显地影响到整个系统的功耗。

为了对触摸屏的触摸部位进行定位，分布在触摸屏上的触摸按键形成的闭合回路就会有电流流过，这个电流的大小不能超过模/数转换所能提供的电流。影响这个电流大小的因素有两个：检测部分的工作频率及检测触摸屏按键的时间延时。这两个因素都会对检测的准确性产生影响，因此就要采用足够的按键接收用户时间响应。手写识别方式与鼠标输入识别相比需要更高的采样频率。信息的接收准确率与触摸屏的大小有关，最大误差不超过半个像素。在接收响应处理过程中，所有的因素都要根据具体的需要进行调整。

另一个要考虑的问题是笔写输入方式识别。许多触摸屏根据 CPU 定时循环检测方法来判断屏幕是否有信息，这样即使没有输入，CPU 也要进行扫描，需要一定的功耗。如果触摸屏具有独立检测能力，当屏幕有响应时才开始检测并向主机发送中断信号，同时控制检测、模/数转换器工作，主机在其他的时间就可以处在待机状态，从根本上降低系统的功耗。

2.5.9　利用数字电源系统管理降低数据中心的功耗

具有数字管理功能的 DC/DC 转换器将使得设计人员能够开发出"绿色"电源系统，此类电源系统可满足目标性能，且能够通过重新编排工作流程，并将某些任务转移至那些工作量不足的服务器（从而可将其他服务器关断）来确定何时降低总功耗。

近几年来，许多公司都对数字电源进行了大量的宣传，有的公司认为，数字电源包括数字功能和一个带电源的通信链路。另有一些公司则表示，数字电源是一种具有一颗采用数字脉宽调制（PWM）内置芯片的状态机。还有一些厂家指出，数字电源包括一个运行某种算法（该算法用于补偿控制环路）的通用型数字信号处理器（DSP），且仅依靠一根串行总线并不能提供数字电源解决方案。甚至还有公司认为，数字电源是具有一个带状态机或 DSP 的数字 PWM 环路。所有这些描述都可以说是令人大惑不解，无所适从，且部分此类方法并不能产生优良的性能。但是，在数字电源设计合理的情况下，它就能够降低数据中心的功耗，缩短产品的面市时间，使产品拥有卓越的稳定性和瞬态响应性能，并提高总体系统的可靠性（如在网络设备中）。

网络设备的系统设计师正面临着提升其系统的数据吞吐量和性能并增加功能及特点的压力。与此同时，如何减少系统的总功耗也是其必须应对的难题。在数据中心里，人们所面对的挑战是需要通过重新编排工作流程，并将某些任务转移至那些工作量不足的服务器（从而可将其他服务器关断）来降低总功耗。为了满足这些需求，了解终端用户设备的功耗是非常重要的。正确设计的数字电源管理系统能够为用户提供功耗数据，这样就可以做出灵活的能量管理决策。

在当今的新式电子系统中，稳压器的状态或许是所剩的最后一个"盲点"，因为一般情况下它们不具备对关键的操作参数进行直接配置或远程监视的能力。对于可靠运作而言，检测稳压器输出电压的时间漂移或过热状况并据此采取相应的行动可以说是至关紧要的。设计精良的数字电源系统管理（Dynamic Power Saving Mechanism，DPSM）方案能够监视稳压器的性能并汇报其运行状况，以在其超出规格范围甚至发生故障之前采取纠正措施。

如欲把 DPSM 用于稳压器和电源设计，则要求工程师仔细查看一条学习曲线，以了解怎样通过计算机上的图形用户界面（Graphical User Interface，GUI）来完成此类器件的编程和连接。这包括学习新的程序设计软件，每家提供数字电源器件的公司都有其独特的软件包。因此，应选择一家拥有经过缜密思考和用户友好型软件包及 GUI 的公司，这一点很重要。此外，这些公司还应拥有一支信誉卓著的技术支持队伍，这支队伍具备在此类电源的设计过程中为客户提供帮助所需的各种能力。

2.5.10　多轨板级电源系统

大多数嵌入式系统均通过一块 48V 背板来供电。一般将该电压降压至一个较低的中间总线电压（通常为 12～3.3V），为系统内部的电路板支架供电。然而，这些电路板上的子电路或 IC 需要在低于 1～3.3V 的电压范围及数十毫安至数百安的电流范围内运作。因此，为了将中间总线电压降压至子电路或 IC 所需的期望电压，负载点（POL）DC/DC 转换器是必不可少的。

在数据通信、电信或存储系统中有可能存在多达 20 个 POL 电压轨，系统设计师需要一种按照其输出电压、断电排序和最大可容许电流来管理这些电压轨的简单方法。某些处理器要求其 I/O 电压在其内核电压之前上升，而有些 DSP 则要求其内核电压先于其 I/O 电压上升。断电排序也是不可或缺的。设计人员需要一种简便易行的调整方法以优化系统性能，并存储用于每个 DC/DC 转换器的特定配置，从而达到简化设计工作的目的。

为了避免昂贵的 ASIC 遭受过压情况的可能性，高速比较器必须监视每个电源轨的电压，并在某个电源轨超出其规定的安全操作限值范围时立即采取保护措施。在数字电源系统中，可以在发生故障时通过 PMBus 报警线路通知主机，并可将有关的电源轨关断，以对诸如 ASIC 等受电器件实施保护。实现这种保护水平需要比较好的准确度及大约数十毫秒的响应时间。凌力尔特公司推出的 LTC3880/-1 提供了高度准确的数字电源系统管理，并利用其高分辨率可编程性及快速遥测回读实现了实时控制及关键负载点转换器功能的监视。该器件是一款双通道输出、高效率同步降压型 DC/DC 控制器,具有基于 IC 的 PMBus 接口及 100 多条命令和板载 EEPROM。LTC3880/-1 兼有同类产品最佳的模拟开关稳压控制性能和精准混合信号数据转换,可极其方便地实现电源系统的设计和管理,该器件得到了具有易用型图形用户界面（GUI）的 LTpowerPlay^{TM} 软件开发系统支持。LTC3880/-1 可调节两个独立的输出，或配置为两相单输出。多达 6 相可以交错和并联，以在多个 IC 之间实现准确的均流，从而最大限度地为大电流或多输出应用降低输入和输出滤波要求。板载差分放大器提供了真正的远端输出电压采样。集成型栅极驱动器可从范围为 4.5～24V 的输入电压来驱动全 N 沟道功率 MOSFET，且在整个工作温度范围内，在输出电流高达每相 30A 时，该器件可产生准确度为 ±0.50% 并高达 5.5V 的输出电压。

LTC3880/-1 还可与电源模组和 DRMOS 器件一起使用。跨多个芯片的准确定时和基于事件的排序允许优化复杂和多轨系统的上电和断电。LTC3880 具有一个用于控制器和栅极驱动电源的内置低压差线性稳压器（Low Dropout Regulator，LDO），而 LTC3880/-1 则允许用外部偏置电压实现最高效率。这两款器件都采用耐热性能增强型 6mm×6mm QFN-40 封装。

2.5.11 用于数字电源系统管理的控制接口

电源管理总线（Power Management Bus，PMBus）专为满足大型多轨系统的需求而开发，是一种采用完全定义的命令语言的开放标准电源管理协议，可简化与功率转换器、电源管理器件及系统主处理器的通信。除了一组精确定义的标准命令之外，符合 PMBus 标准的器件还能够执行其特有的专用命令，以提供一种对 POL DC/DC 转换器进行编程和监视的创新方法。该协议通过业界标准的系统管理总线（System Management Bus，SMBus）串行接口来执行，并实现了功率转换产品的编程、控制和实时监视。命令语言和数据格式标准化可实现简易的固件开发，从而加快了产品的面市进程。LTC3880/-1 可编程控制参数包括输出电压、裕度调节、电流限值、输入和输出监控限值、上电排序和跟踪、开关频率、识别及可追溯性数据。片内精准数据转换器和 EEPROM 允许收集稳压器配置设定值和遥测变量值，包括输入和输出电压及电流、占空比、温度及故障记录，并对这些设定值和变量进行非易失性存储。第二种方法是通过对微处理器及微处理器中指令集的仿真进行测量。Mehta 等人指出，通过底层的仿真可得到消耗电流的估计值，从而计算每条指令的功耗。Chakrabarti 等人针对 HC11 处理器的每个基础模块采用硬件描述语言（Hardware Description Language，HDL）构建了一个模型，不过，也可以采用黑箱模型或其他可进行电流和功耗测量的模型。在确定了每条指令所对应的激活处理模块后，通过累加某一给定指令中所有被激活模块的功耗便可计算出相应的指令功耗。这种方法的缺点是必须知道 CPU 的详细情况。通过这种方法估计出的功耗与实际值的误差为 1%～10%。

2.6 小结

本章主要从宏观上讨论了降低功耗的策略，分别从系统硬件和软件的角度详细讨论了系统级、电路级、逻辑级、体系结构级及软件低功耗编译技术。

第 3 章

超低功耗总线编码技术

· · · · · · · ·

3.1 总线低功耗技术概述

3.1.1 总线低功耗技术

1. 传统总线动态能耗模型

总线数据带宽是衡量总线效率的重要指标,提高总线的工作频率是保证总线数据带宽的必要方法。为此,在物理设计过程中,会根据总线互连线寄生的电阻及电容参数,将总线互连合理分割成多段,插入中继器,以减少总线互连的传播延迟时间。全局互连线之一的总线具有互连线长、负载重和工作频率高等特点,是决定芯片动态功耗的关键因素。因此,降低总线动态功耗成为低功耗设计的关键技术之一。为了分析总线功耗大的根源,先排除频率影响,可以获得总线信号单次翻转(由低电平到高电平)的能量消耗。

总线单段驱动结构示意图如图 3.1 所示,由 CMOS 反相器驱动的多条并行互连线负载为下级中继器(或接收器)的输入电容。令驱动器、接收器及中继器的物理结构相同,各级互连线长度及宽度相同。考虑到微米及亚微米集成电路工艺中,同层互连线间耦合电容小,仅考虑与衬底之间的耦合电容。综上所述,得到 N 位总线的能耗解析模型,如式(3.1)所示:

$$E = \sum_{n=1}^{N} V^2 (C_O^n + C_{IN}^n + C_L^n) \tag{3.1}$$

式中,驱动级输出电容 C_O^n、接收级输入电容 C_{IN}^n 均可通过 MOS 管等效模型和设计尺寸计算得出。互连线寄生电容 C_L^n 仅与互连线所在金属层、金属宽度及长度有关。在获得中继器数量和互连线参数的情况下,可根据式(3.1)近似计算总线动态能耗。

由于忽略了线间耦合电容,传统总线能耗解析模型不适用于深亚微米(DSM)及纳米级 SoC 的总线能耗计算。

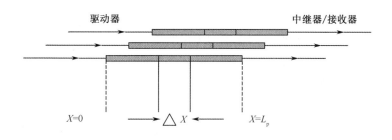

图 3.1 总线单段驱动结构示意图

2. DSM 总线动态能耗模型

多层互连结构耦合电容形式如图 3.2 所示，图 3.2 给出了多层互连工艺下互连线寄生电容种类及随特征尺寸变化的趋势。随着特征尺寸的减小，多层互连结构各种寄生电容的比重发生明显变化，互连线对地及不同层互连线间的寄生电容在减小，而同层互连线之间的导线间电容则迅速增大。

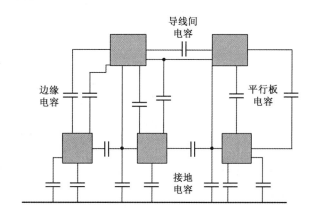

图 3.2 多层互连结构耦合电容形式

随着互连线宽度的减小，单位长度互连线的平板面积在减小，使不同金属层间互连线形成的平行板电容及互连线对地电容也相应减小。为减小互连线电阻而增加金属层厚度的方法增加了互连线侧边面积，加上同层金属的间距在减小，使同层金属线间的导线间电容急剧增大。这些因素使导线间电容成为互连线寄生电容的主要组成部分。

随着特征尺寸的减小，同层金属线间的耦合电容成为主要的互连线寄生电容。因此，深亚微米总线的功耗计算应重点考虑导线间电容的影响。关于深亚微米总线互连结构的分析及动态功耗解析模型的获取方法已有一些研究成果。

（1）DSM 总线寄生参数

DSM 总线物理结构提出的总线等效模型包含了互连线的寄生电阻、电容和电感。假设总线互连线沿 x 轴方向布线，物理长度为 L_p，$r_i(x)$ 表示第 i 条线的串联电阻密度；$c_i,i(x)$ 表示第 i 条线的接地电容密度；$c_i,j(x)$ 表示第 i 条和第 j 条线的线间电容密度；$u_i,i(x)$ 表示第 i 条线的自感密度，$u_i,i(x)$ 表示第 i 和第 j 条线的互感密度。

（2）DSM 总线时域分析

总线数据通常要求在一个时钟周期 T 内完成在总线上的传输。不丧失一般性考虑$[0,T]$时间间隔内总线上的情况。在 $t=0$ 时，一个新的数据驱动总线；在 $t=T$ 时，该数据在另一端被采样。分别定义每条线 i 的初始和终止电压为

$$V^i = [V_1^i, V_2^i, \cdots, V_n^i]$$
$$V^f = [V_1^f, V_2^f, \cdots, V_n^f] \tag{3.2}$$

所以对于所有 $x \in [0, L_p]$，可得到下面的结果

$$V(x, 0) = V^i$$
$$V(x, T) = V^f \tag{3.3}$$

（3）驱动器和负载

定义互连线驱动器输出端寄生电容矩阵为

$$C^d = \text{diag}[C_1^d, C_2^d, \cdots, C_n^d] \tag{3.4}$$

式中，C_i^d 是第 i 个驱动器输出端的寄生电容。

互连线负载（接收电路的输入）电容矩阵为

$$C^r = \text{diag}[C_1^d, C_2^d, \cdots, C_n^r] \tag{3.5}$$

式中，C_i^r 是第 i 个负载电容。

（4）能量损耗情况

在翻转周期$[0,T]$内，第 i 个驱动器从 V_{dd} 得到的能量是

$$E_i = \int_0^T V_{dd} I_i^d(t) = (V^f)^T C^i (V^f - V^i) \tag{3.6}$$

其中，矩阵 C^i 为总电容矩阵。

定义 $\tilde{c}_{i,j}$（$i \neq j$）为 i 和 j 线之间的总电容（$\tilde{c}_{i,i} = \tilde{c}_{j,i}$），$\tilde{c}_{i,i}$ 为 i 线和地之间的总电容（包括驱动器和接收器的电容），即

$$\tilde{c}_{i,j} = \int_0^{L_p} C_{i,j}^L dx \tag{3.7}$$

$$\tilde{c}_{i,i} = C_i^d + C_i^r + \int_0^{L_p} C_{i,i}^L dx \tag{3.8}$$

通过展开式（3.6）就能得到信号翻转过程中 V_{dd} 得到的能量

$$
\begin{aligned}
E_i &= (V^f)^T C^T (V^f - V^i) \\
&= V_i^f (V_i^f - V_i^i) c_{i,i}^t + \sum_{j, j \neq i} V_i^f (V_j^f - V_j^i) c_{i,j}^t \\
&= V_i^f (V_i^f - V_i^i) \sum_{j=1} \tilde{c}_{i,j} - \sum_{j, j \neq i} V_i^f (V_j^f - V_j^i) \tilde{c}_{i,j}
\end{aligned} \tag{3.9}
$$

3．总线低功耗的布线方法

总线动态功耗来自于总线信号自身的翻转及与相邻信号的相对翻转，总线编码技术可以有效降低这两种翻转概率，却需要增加额外的编码电路和解码电路，并需要冗余信号线

来表示编码状态或编码信息，这些因素会增加芯片面积并增大总线信号的传播延迟时间。而低功耗布线方法可在不增加布线面积的情况下，达到降低总线功耗的目的。

（1）总线动态功耗的表征

1）C_i 与 C_L 比值的变化趋势

随着集成电路工艺的发展，互连线间的距离不断减小，同层互连线间耦合电容不断增大并逐渐成为总线寄生电容的主体。表 3.1 为 0.25μm CMOS 工艺下不同导电层导线相对其他导电层的耦合电容，包括平行板电容及边缘电容两部分，阴影部分为边缘电容值。表 3.2 为 0.25μm CMOS 工艺同层金属线的导线间耦合电容（边缘电容与平行板电容之和）。表 3.3 为 λ 值与工艺特征尺寸对照表。根据表 3.1、表 3.2 可知，0.25μm CMOS 工艺下，同层导线间的线间耦合电容已大于导线与不同导电层之间的耦合电容。

表 3.1　0.25μm CMOS 工艺不同导电层导线的平行板电容和边缘电容

	场氧	有源区	多晶	A11	A12	A13	A14
多晶	88						
	54						
A11	30	41	57				
	40	47	54				
A12	12	15	17	36			
	25	27	29	45			
A13	8.9	9.4	10	15	41		
	18	19	20	27	49		
A14	6.5	6.8	7	8.9	15	35	
	14	15	15	18	27	45	
A15	5.2	5.4	5.4	6.6	9.1	14	38
	12	12	12	14	19	27	52

注：未带阴影的为平行板电容，单位为 AF/μm²；带阴影的为边缘电容，单位为 AF/μm²。

表 3.2　0.25μm CMOS 工艺同导电层导线的线间耦合电容

（单位 AF/μm²）

工艺层	多晶	A11	A12	A13	A14	A15
单位长度电容	40	95	85	85	85	115

表 3.3　λ 值与工艺特征尺寸对照表

特征尺寸	0.25μm	0.18μm	0.13μm	90nm	65nm
λ	1.6	2.2	2.9	4	5.2

根据上节所述，总线对其他导电层电容为 C，总线的相邻位线耦合电容为 C_I，λ 为 C_I 与 C_L 之比。选择第一层金属，根据不同工艺的 Spice 参数，得到如表 3.3 所示不同工艺的 λ 值。0.25μm CMOS 工艺的 λ 值已大于 1.5，C_L 成为总线寄生电容的主体；90nm 情况下，C_I 为 C_L 的 4 倍；65nm 情况下，λ 更是超过 5。可见，深亚微米工艺中，总线信号线间的

耦合电容成为总线寄生电容的主体，并随着特征尺寸的减小，比重更高，因此总线动态功耗主要由相邻耦合动态功耗的大小决定。

2）总线动态能耗表征

考虑到同步电路的特点，首先分析单周期总线动态能耗的表征方法。定义并行总线位宽为 n，为获得单个周期内（假设第 t 个时钟周期）总线能耗的表征方法，定义第 i 条信号线在第 t 个时钟周期上的动态能耗为 E_i^t，而总线在第 t 个时钟周期上的动态能耗为 E_n^t；定义 V_i^t 为第 i 条信号线在第 t 个时钟周期起始时刻电位，V_i^{t+1} 为 t 时钟周期 i 信号线的终止时刻电位，它也是 $t+1$ 时钟周期的起始时刻电位。n 位总线 t 时钟周期上对应能耗 E_n^t 可表示为

$$E_n^t = \sum_{i=1}^{n}[V_i^{t+1}C_L(V_i^{t+1}-V_i^t)] + \sum_{i=1}^{n-1}\{(V_i^{t+1}-V_{i+1}^{t+1})C_I[(V_i^{t+1}-V_{i+1}^{t+1})-(V_i^t-V_{i+1}^t)]\} \tag{3.10}$$

将 λ（C_I 与 C_L 之比）代入上式，并定义 i^t 为 t 时钟周期起始时刻 i 信号的逻辑值，t 时钟周期 i 信号线的终止时刻逻辑值也是 $t+1$ 时钟周期的起始时刻逻辑值，公式（3.10）可表示为

$$\begin{aligned} E_n^t &= \sum_{i=1}^{n}[V_i^t C_L(V_i^{t+1}-V_i^t)] + \sum_{i=1}^{n-1}\{(V_i^{t+1}-V_{i+1}^{t+1})C_I[(V_i^{t+1}-V_{i+1}^{t+1})-(V_i^t-V_{i+1}^t)]\} \\ &= \sum_{i=1}^{n}V_{dd}^2 C_L \text{ENL}(i^t,i^{t+1}) + \sum_{i=1}^{n-1}V_{dd}^2 \lambda C_L \text{ENL}[i^t,i^{t+1},(i+1)^t,(i+1)^{t+1}] \end{aligned} \tag{3.11}$$

式中，$\text{ENL}(i^t,i^{t+1})$ 为信号线 i 对地电容产生的动态能耗函数；$\text{ENL}[i^t,i^{t+1},(i+1)^t,(i+1)^{t+1}]$ 为相邻信号线间耦合电容所引起的动态能耗函数，简写为 $\text{ENL}(i,t)$，简称为相邻信号线动态能耗函数。

在已知 λ 及 C_L 的情况下，仅需计算出 $\sum_{i=1}^{n}\text{ENL}(i^t,i^{t+1})$ 及 $\sum_{i=1}^{n}\text{ENL}(i,t)$ 即可统计出 n 位总线 t 时钟周期上对应的能耗 E_n^t。

（2）总线动态能耗计算方法

1）C_L 能耗分析与计算方法

信号线对地电容 C_L 的下极板为固定电位的导电层，仅在充电时消耗能量，放电时不消耗能量。因此，在计算功耗时，仅需统计出充电次数即可。信号线 i 在 t 时钟周期对地电容 C_L 产生的动态能耗函数为 $\text{ENL}(i^t,i^{t+1})$，根据电容两端的充放电过程可以得到，当 i 信号发生由低到高翻转时，函数值为 1，否则为 0。将 $\text{ENL}(i^t,i^{t+1})$ 简写为 $q_{i,t}$，有

$$q_{i,t}=\text{ENL}(i^t,i^{t+1})=\overline{i}^t \times i^{t+1} \tag{3.12}$$

将 N 个连续时钟周期的对地耦合能耗动态功耗函数求和，除以 N 后，得到信号线 i 的对地耦合活动因子为 q_i，表示该线平均每个周期对 C_L 的充电概率，即

$$q_i = \frac{\sum_{t=0}^{N-1}q_{i,t}}{N}\times 100\% \tag{3.13}$$

对于 n 位总线，将各线的对地耦合活动因子求和，得到总线的对地耦合活动因子 q，表示为

$$q = \sum_{i=0}^{n-1} q_i \qquad (3.14)$$

对地电容 C_L 消耗的能量与信号源数据有关，通过改变信号线的排布顺序不能改变总线对地的充电概率，因此无法降低对地电容 C_L 引起的总线动态功耗。

2）C_I 能耗分析与计算方法

线间耦合电容的能耗来自于相邻信号线的相对变化。根据相邻两信号线的电平变化，可确定动态能耗函数 $\text{ENL}(i,t)$ 的取值，归类为以下三种情况：

① 两线信号均不变化时，函数值为 0；

② 两线中仅有一个信号发生跳转时，若为充电过程（电容极板压差由 0 变化为 V_{dd} 或由 0 变化为 $-V_{dd}$），对应的函数值为 1；若为放电过程（极板压差由 V_{dd} 变化为 0 或由 $-V_{dd}$ 变化为 0），对应函数值为 0；

③ 相邻两根信号线同时跳转时，若同相跳转，对应的函数值为 0（线间电容无充放电）；若反相跳转，对应的函数值为 2（线间电容充放电过程，电容极板压差由 $-V_{dd}$ 变化为 V_{dd}，因此对应的函数值为 2）。

将上述三种情况整理为表 3.4。可见，线间耦合电容动态功耗的大小与相邻信号有关，对各信号线的 $\text{ENI}(i,t)$ 求和就可得到单周期内总线相邻耦合动态能耗的相对值。

表 3.4　相邻信号线动态函数功耗简表

ENI(i,t)值		翻转后逻辑值			
		00	01	10	11
翻转前逻辑值	00	0	1	1	0
	01	0	0	2	0
	10	0	2	0	0
	11	0	1	1	0

将 N 个连续周期的相邻耦合动态能耗函数求和，除以 N 后，得到 i 位信号线与 $i+1$ 位信号线的相邻耦合活动因子 p_i（定义为信号线 i 平均每个周期上相邻耦合动态功耗的相对值），即：

$$p_i = \frac{\sum_{t=0}^{N-1} p_{i,t}}{N} \times 100\% \qquad (3.15)$$

对于 n 位总线，将各线相邻耦合活动因子求和，就可以得到总线的相邻耦合活动因子 p：

$$p = \sum_{i=0}^{n-2} p_i \qquad (3.16)$$

依据公式（3.16），可以有效统计总线的相邻耦合动态能耗，并可以对不同的低功耗方案进行比较。

由于 C_I 消耗的能量与相邻信号的相对变化有关，故其必然与相邻信号线的排布方式有关。因此，通过改变总线信号线的排布方式，可以改变总线的动态能耗。下面讨论最优总线信号线排布形式的获取方法。

3.1.2 简化的总线能耗模型

一般情况下，总线互连线是并行、共面的。在这种情况下，大多数电学效应主要限制在相邻导线和地之间。这表明相对于相邻线间的电容或导线与地之间的电容，非相邻导线间的电容可以忽略不计。因此，可以构建一个忽略了非相邻导线之间寄生效应的简化模型。在此基础上，如果假设所有的接地电容都相等（除了位于边界的接地电容，考虑到边缘效应），线间电容也相等，那么该总线模型可以进一步简化，简化的 DSM 总线模型如图 3.3 所示。若设 $\tilde{c}_{2,2}=\tilde{c}_{3,3}=\cdots=\tilde{c}_{n-1,n-1}=C_L$（下标 L 表示线对地），$\tilde{c}_{1,2}=\tilde{c}_{2,3}=\cdots=\tilde{c}_{n-1,n}=C_I$（下标 I 表示线间），$\tilde{c}_{1,1}=\tilde{c}_{n,n}=C_L+C_F$（下标 F 表示边缘效应）。此时 C^t 简化成一个三对角矩阵 C^{ta}，如式（3.17）所示。

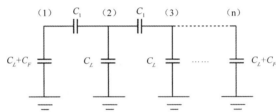

图 3.3　简化的 DSM 总线模型

$$C^{ta}=\begin{bmatrix} 1+\lambda & -\lambda & 0 & \dots & 0 & 0 \\ -\lambda & 1+2\lambda & -\lambda & \dots & 0 & 0 \\ 0 & -\lambda & 1+2\lambda & \dots & 0 & 0 \\ \dots & \dots & \dots & \dots & \dots & \dots \\ 0 & 0 & 0 & \dots & 1+2\lambda & -\lambda \\ 0 & 0 & 0 & \dots & -\lambda & 1+\lambda \end{bmatrix}C_L \tag{3.17}$$

单时钟周期总线能耗简化解析模型如式（3.18）所示：

$$\begin{aligned} E &= (V^f)^T C^{ta}(V^f-V^i) \\ &= \sum_{i=1}^{n} V_i^f C_L(V_i^f-V_i^i)+\sum_{i=1}^{n-1} C_I[V_i^f(V_i^f-V_i^i)-V_i^f(V_{i+1}^f-V_{i+1}^i) \\ &\quad -V_{i+1}^f(V_i^f-V_i^i)+V_{i+1}^f(V_{i+1}^f-V_{i+1}^i)] \\ &= \sum_{i=1}^{n} V_i^f C_L(V_i^f-V_i^i)+\sum_{i=1}^{n-1}(V_i^f-V_{i+1}^f)C_I[(V_i^f-V_{i+1}^f)-(V_i^i-V_{i+1}^i)] \end{aligned} \tag{3.18}$$

式（3.18）中，最后一行的第一项可以看作由对地电容 C_L 充放电引起的能耗 E_L，称为自翻转能耗；第二项可以看作由线间耦合电容 C_I 充放电引起的能耗 E_I，称为耦合翻转能耗。所以有：

$$E_L=\sum_{i=1}^{n} V_i^f C_L(V_i^f-V_i^I) \tag{3.19}$$

$$E_I=\sum_{i=1}^{n-1}(V_i^f-V_{i+1}^f)C_I[(V_i^f-V_{i+1}^f)-(V_i^i-V_{i+1}^i)] \tag{3.20}$$

式（3.18）、（3.19）和（3.20）就是根据简化的 DSM 总线模型得到的能量消耗表达式。

简化模型在保证精度的情况下，有效降低了计算复杂度。

两位数据矢量 V^f 的翻转关系及相应的能耗总结见表 3.5。总线上的能耗也可用寄生电容充放电来模拟，包括以下两部分。

第一部分称为自翻转能耗 E_L，其来源于对地电容 C_L 的充电。由式（3.19）可知，当第一条线发生 0 到 1 的翻转时，E_L 等于 $C_L V_{dd}^2$，否则为 0。

第二部分称为耦合翻转功耗 E_I，其来源于对线间电容 C_I 的充电。由式（3.20）可知：①两相邻线均不变化时，E_I 为 0；②两相邻线中仅有一个信号发生跳转时，若为充电过程（电容极板压差由 0 变为 V_{dd} 或由 0 变为 $-V_{dd}$），E_I 为 $\lambda C_L V_{dd}^2$，若为放电过程（电容极板压差由 V_{dd} 变为 0 或由 $-V_{dd}$ 变为 0），E_I 为 0；③相邻两信号同时跳转时，若同向翻转，E_I 为 0（线间无充电过程），若反向翻转，E_I 为 $2\lambda C_L V_{dd}^2$（线间电容充电，电容极板压差由 $-V_{dd}$ 变为 V_{dd}）。

表 3.5　两位数据矢量的翻转关系及相应的能耗

翻转能耗 $E_L + E_I$ ($C_L V_{dd}^2$)		V^f			
		00	01	10	11
V^i	00	0	$1+\lambda$	$1+\lambda$	2
	01	0	0	$1+2\lambda$	1
	10	0	$1+2\lambda$	0	1
	11	0	λ	λ	0

利用上表可以对总线上的数据进行能耗统计，能耗值是对 $C_L V_{dd}^2$ 归一化得到的。对比编码前后的数据流所消耗的能量，可得到能耗节省率，有效地降低了计算复杂度。

3.2　常用的总线低功耗技术

3.2.1　如何降低总线功耗

数字系统中包含相当数量的总线，总线会带来大负载、长连线、大电阻效应等。总线的功耗要占到整个芯片总功耗的 15%～20%。在之前的集成电路设计中，面积与运行速率往往是设计者们所主要关注的芯片性能，其次才是功耗。到了深亚微米阶段，功耗设计在芯片设计中所占的比重越来越大，开始上升到了与面积和运行速率同等重要的地位，设计者们必须在成本、性能和功耗之间进行折中。

总线由于电容较大、数据传输密度高，因此功耗较大。总线的低功耗设计主要是减小总线上信号的电压摆幅（通常为几百毫伏），这对降低具有较大电容的总线系统的功耗非常有效。它的代价是总线和功能模块之间的信号电平的变换电路对内部总线进行分段控制；总线的低电压摆幅需要良好的电路和布局布线设计来减小外部噪声的影响。根据总线和功能模块连接的物理结构，在信号传输时，切断总线的无关部分，从而减小总线的实际电容，以达到降低功耗的作用；通过对总线数据进行编码（如格雷码），减少总线的电平翻转（减小了活动因子）次数，也能降低总线功耗。

通过以上分析，可知总线的能耗是与其工作电压、对地电容、相邻线间电容、总线的翻转率和总线之间的耦合电容等因素有关的，因此可以从以下几个方面来降低总线的功耗。

第一，降低电源电压。由以上分析可得出电源电压 V_{dd} 对总线能耗的影响成二次方关系，这也正是较低的电源电压越来越吸引设计人员的原因之一，因为它不仅可以减小总线上的功耗，而且随着它的降低，逻辑门电路的功耗也会减小。但是，当降低电源电压以降低芯片功耗时，必须考虑电源电压的下限值。在工艺尺寸发展到深亚微米的今天，电压已经降低到 1.2～1.8V 之间。

第二，减小总线上信号的摆幅。总线上信号的能耗与其摆幅成正比关系，因此可以在总线两端加上低摆幅收发器，如 LVDS、CML 电路等。

第三，减小电容。总线的能耗与其对地电容 C_L 和线间电容 C_I 成正比，减小电容可以有效降低功耗。C_L、C_I 与工艺有关，为了减小电容，物理设计时减小连线长度，加大总线间距，但是这样又会引起走线复杂度提高和增大面积。

第四，降低总线活动性。通过式（3.21）可得出，若总线活动性为 0，即使电容砜、C 或电源电压 V_{dd} 很大，它也不消耗能量，因此降低总线活动性是低功耗技术中遵循的重要原则。

$$E = \sum_{i=1}^{n} V_i^f C_L (V_i^f - V_i^i) + \sum_{i=1}^{n-1} (V_i^f - V_{i+1}^f) C_I [(V_i^f - V_{i+1}^f) - (V_i^i - V_{i+1}^i)] \tag{3.21}$$

第五，避免相邻线间信号发生相对变化。两位数据矢量的翻转关系及相应的能耗如表 3.6 所示，从表 3.6 中可以看出，相邻线间耦合电容产生的能耗与其信号相对翻转情况有很大关系。当相邻线之间发生相反方向的跳变时，耦合电容的能耗会显著增加，因此避免这种情况发生也可改善能耗状况。

表 3.6 两位数据矢量的翻转关系及相应的能耗

翻转能耗 $E_L + E_I(C_L V_{dd}^2/2)$		$V_i^f V_{i+1}^f$			
		00	01	10	11
$V_i^i V_{i+1}^i$	00	0	$1+\lambda_1$	$1+\lambda_1$	2
	01	$1+\lambda_1$	0	$2+4\lambda_1$	$1+\lambda_1$
	10	$1+\lambda_1$	$2+4\lambda_1$	0	$1+\lambda_1$
	11	2	$1+\lambda$	$1+\lambda_1$	0

3.2.2 降低总线功耗的方法

1. 增大总线布线间距降低总线功耗

通过增大总线间的间距，减小总线间的寄生电容，从而降低功耗。但会导致总线所占据的面积过大，因此很少采用。

2．通过 Place&Route（P&R）工具减小总线间边到边的相对面积

对于采用多重总线结构和多核技术的 SoC 芯片，其互连线的复杂性导致复杂的布线问题，使得此方法很难得到令人满意的结果。

3．改变总线的几何形状

改变总线几何形状方法典型的应用是使总线线条高度大于总线的宽度，从而减小整体总线的布线宽度，这样可以缩短总线长度，以达到减小内连线寄生电容的目的。但总线间侧面相对面积的增大会增大寄生电容，使总寄生电容的减小十分有限。

4．总线编码技术

根据总线数据的具体特征，采用相应编解码方式，缩短相邻数据的汉明距离（Hamming Distance），从而减小总线的动态功耗。

总线编码设计位于低功耗设计的顶层，即系统级优化，可以有效降低功耗。同时，其硬件实现简单，不影响系统的原本结构和功能，对于芯片系统结构已经确定的情况下的低功耗设计尤为适用。

总线低功耗编码也有其缺陷和不足。首先，因为对数据进行了编码，所以需要额外的标志位参与数据传输。也就是说传输 n 位的数据需要 $n+k$ 位的总线，这样降低了信道利用率。其次，标志位引入了额外的功耗，如果在编码时同时考虑标志位，则会大大加大算法的复杂度，这在设计中需要根据具体情况取舍。最后一点就是后端设计时的可行性，由于总线低功耗编码的前提是总线并行相邻分布在芯片上，但是在较为复杂的芯片设计中，后端布线很难实现这一点。

在集成电路设计前端就开始考虑低功耗设计，降低总线的跳变频率，就要对总线数据传输进行分析，减少相邻两个数据传输状态间总线上电压的改变次数，也就是减少总线在相邻两个传输状态下需要改变值的位数。基于这一思想，形成了低功耗总线编码这一研究领域。国际上在这一领域的研究已有 10 年左右的时间，面对不同的优化对象，包括内部数据总线、内部地址总线、外部存储器接口总线及特定的应用程序，产生了许多算法，并且其中一些算法已经在 RISC 芯片设计中得到了验证。

自从 1995 年 Stan 和 Burleson 提出 BI（Bus Invert）编码以来，针对总线低功耗编码的研究成果极其丰富，发展也十分迅速。BI 编码通过判断总线上新输入的数据与总线上当前数据之间的汉明距离（Hamming Distance）是否大于数据位宽的一半来决定传送反码还是原码。该方法增加一个冗余位标志编码结果，编码后总线翻转位数不超过总线位宽的一半。该方法对随机数据有较好的编码效果，一般用于降低数据总线的功耗，是一种至今仍为人们所引用和改进的经典算法。

一般来说，地址总线上的数据相对于数据总线往往更具有规律性，因此，随着总线编码技术的发展，研究人员逐渐将目光转向地址总线编码，且取得了显著的成果。1997 年，Benini 等人提出了 T0 编码，该编码在地址数据连续时只传输首地址，在地址数据不连续时传送原数据，且增加一位冗余线来判断数据是否连续。此后，W. Fornaciari 等人在 2000

年提出的 T0-Xor 编码和 T0-Offset 编码，Aghaghiri 等人在 2002 年提出的 ALBORZ 编码，都推进了总线编码技术的进一步发展。通常对地址总线编码的效果会比对数据总线编码的效果要好，因为在数据总线上数据本身随机性比较强，对其进行编码很难达到像对地址总线编码那样的功耗节省效果。同时，很多专门针对存储器接口总线编码的研究也层出不穷。

随着深亚微米时代的到来，耦合翻转带来的功耗越来越占据主要地位，人们开始研究线间耦合的数据总线低功耗编码。Naveen K. Samala、Damu Radhakrishnan 于 2004 年提出的 Even/Odd Bus Invert 编码，Sainarayanan 等人于 2006 年提出的一种耦合驱动低功耗编码，都是致力于减小耦合翻转带来的功耗。与耦合翻转相关的低功耗编码方法在不断发展中。

3.3 超低功耗总线编码

3.3.1 深亚微米总线模型

传统模型将总线构造成集总 RC 网络。根据 ITRS 统计数据看到，在深亚微米工艺下中层互连线的高度与宽度的比值已经超过 2.0，这表明总线传输数据时耦合电容引起的功耗所占的比重越来越大，耦合电容已经接近并超过对地电容。集总 RC 模型不能体现耦合电容的影响，因此不能适用于深亚微米工艺，必须采用分布式总线模型。总线通常指中间插入缓冲器的一组平行线。为了方便，可以将总线简化为如图 3.4 所示，总线的驱动源为 CMOS 反相器，负载为下一个反相器的输入电容。互连线沿 x 轴方向，L_p 为互连线的长度。

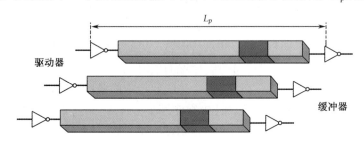

图 3.4　总线简化模型

总线的分布式等效电路如图 3.5 所示。

总线功耗来源于电源对电容的充放电，功耗与对地电容和耦合电容有关，而耦合电容消耗的功耗与总线的数据传输模式有关，因此研究互连线的功耗是计算总线整体功耗的基础。

为了分析互连线电容对功耗的影响，通过图 3.6 计算互连线在不同传输模式下的功耗。如式（3.22）所示，C_L 为互连线对地电容，C_I 为相邻互连线耦合电容。互连线在不同的跳变方向下相应的对地功耗 E_L 为：

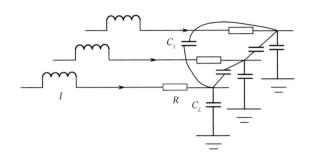

图 3.5　总线分布式等效电路

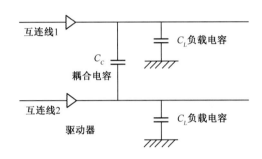

图 3.6　互连线耦合电容模型

$$E_L = \begin{cases} 0 & (\{0\} \to \{0\}或\{1\} \to \{*\}) \\ C_L V_{dd}^2 & (\{0\} \to \{1\}) \end{cases} \tag{3.22}$$

式中，$\{a\} \to \{b\}$ 为互连线由 a 变为 b；$\{*\}$ 为 0 或 1。

对地功耗只与互连线本身的电平变化有关，与相邻互连线的变化方式无关。耦合电容充放电产生的功耗由当前互连线和相邻互连线的变化共同决定。当互连线 1 及互连线 2 同时由低电平变为高电平时，耦合电容两端没有电压差，因此耦合功耗为 0；当互连线 1 由低电平变为高电平，而相邻互连线 2 保持不变时，只对耦合电容充电一次；相反，当互连线 1 由低电平变为高电平，而相邻互连线 2 由高电平变为低电平时，耦合电容 C_I 先放电，然后再充电，相当于对耦合电容充电两次。因此，互连线 1 和互连线 2 之间的耦合电容 C_I 消耗的功耗为：

$$E_I = \begin{cases} 0 & (\{0,0\} \to \{1,1\}) \\ C_I V_{dd}^2 & (\{0,0\} \to \{1,0\}或\{0,1\} \to 1,1)) \\ 2C_I V_{dd}^2 & (\{0,1\} \to \{1,0\}) \end{cases} \tag{3.23}$$

式中，$\{a,b\} \to \{c,d\}$ 表示互连线 1 的电平由 a 变为 c，互连线 2 的电平由 b 变为 d。由式（3.22）和式（3.23）可以得到不同传输模式下互连线 1 的总功耗为

$$E_{T1} = \begin{cases} 0 & (\{0,*\} \to \{0,*\} \text{或} (1,*) \to \{*,*\}) \\ C_L V_{dd}^2 & (\{0,0\} \to \{1,1\}) \\ (C_L + C_L) V_{dd}^2 & (\{0,0\} \to \{1,0\}) \text{或} (\{0,1\} \to \{1,1\}) \\ (C_L + 2C_L) V_{dd}^2 & (\{0,1\} \to \{1,0\}) \end{cases} \tag{3.24}$$

互连线 i 的分布式 RC 等效模型如图 3.7 所示。驱动源（CMOS 反相器）等效为通过电阻连接到电源或地的开关。$R_i^H(t)$ 和 $R_i^L(t)$ 分别为反相器内 NMOS 和 PMOS 晶体管的电阻。

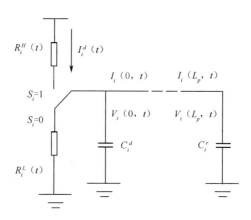

图 3.7　互连线分布式 RC 等效模型

开关 S_i 由互连线传输的二进制信号决定，当互连线传输 1 时，S_i 通过 $R_i^H(t)$ 与电源接通；互连线传输 0 时，S_i 通过电阻 $R_i^L(t)$ 将互连线接到地。由于最终电压 $V_i^f = 0$ 或 $V_i^f = V_{dd}$，因此互连线 i 的电流为：

$$I_i^d(t) = \frac{V_i^f}{V_{dd}} \left\{ I_i(0,t) + C_i^d \frac{\partial V_i(0,t)}{\partial t} \right\} \tag{3.25}$$

在一个时钟周期 $[0,T]$ 内，互连线消耗的总功耗为：

$$E_i = \int_0^T V_{dd} I_i^d(t) \mathrm{d}t \tag{3.26}$$

将电流公式带入功耗公式，可得互连线 i 的一次数据传输时的功耗表达式为

$$E_i = V_i^f C_t (V_i^f - V_i^i) \tag{3.27}$$

式中，V_i^i 为互连线 i 的初始电压矢量，V_i^f 为互连线 i 稳定之后的电压矢量，C_t 为全电容传导矩阵。

全电容传导矩阵 C^t 为表征对地电容、耦合电容、驱动源输出电容及负载输入电容的物理量，其表达式为：

$$C^t = C_d + C_r + \int_0^{L_p} C(x) \mathrm{d}x \tag{3.28}$$

式中，C_d 为驱动电源的输出电容矩阵；C_r 为负载端输入电容矩阵；$C(x)$ 为互连线的电容密度矩阵。

式（3.29）为单根互连线的功耗表达式，可以得到 n 位总线在一个周期内消耗的总能量为

$$E = (V^f)^T C^t (V^f - V^i) \tag{3.29}$$

式中，V^i 为 t 时刻总线反转之前电压矢量；V^f 为 $t+1$ 时刻总线反转之后的矢量；C^t 为 $n×n$ 维全电容矩阵，表征 n 位互连线的电容信息，n 为总线位宽。

式（3.29）为总线功耗表达式，包括对地电容和耦合电容对功耗的影响，同时考虑总线的不同翻转情况对功耗的影响，因此能够用于总线数据传输时总线整体功耗计算。

深亚微米总线能耗解析模型是总线功耗和延时计算的理论依据，同时也是总线编码理论的来源。通过介绍深亚微米总线等效模型，为后续章节的新型总线编码的提出奠定基础。

3.3.2　降低功耗方面的编码技术

根据总线的数据特征，Panda 和 Dutt 采用内存阵列映射原理减少地址总线功耗。Mehta 等人发现地址总线具有很高的连续性，并在地址总线上引入格雷码（Gray Codes）编码技术。为了进一步减少地址总线的功耗，Benini 等人根据地址总线上的高规则性数据提出了基于预测原理的 T0 编码技术，使顺序变化的程序地址经过编码后保持不变，通过译码电路还原为顺序变化的地址，从而减小地址总线动态功耗。Aghaghiri 提出的 T0 编码对 T0 编码做了进一步的改进，在省去同步信号线的前提下，对于程序发生循环指令跳转情况，通过前一时刻输入地址加 1 的处理方式解决了误码问题。由于应用程序多集中于各自地址中的一小部分工作段，Musoll 等人提出工作段编码技术（Working-Zone，WZE），通过建立工作段的基址表，就可以通过偏移量来确定正确的地址数据，而偏移量的大小可以根据程序及功耗的具体要求来设定。随后，Lang 等人将 WZE 理论扩展到数据总线。Benini 等人提出了系统的自适应总线编码技术，它可对总线数据构造低转换代码。Acquaviva 和 Scarsi 开发了一种用于空间自适应总线接口的综合理论，该理论利用了数据的空间相关性而无须对数据作先验了解。Zhang 等人提出了使用分段总线来减小功耗的编码技术。Abinesh 等人提出应用于串行通信的低功耗编码方法。这些方法应用，使地址总线的功耗降低了 70%～90%，数据总线功耗降低了 20%～30%。这些方法主要针对亚微米及深亚微米集成电路设计，未涉及串扰的抑制方法。

芯片的集成度随着特征尺寸的减小而急剧增大，芯片产生的平均功耗已经达到 50～70W/cm，因此低功耗总线编码最先得到重视。低功耗总线编码最初通过降低总线数据的翻转率，减小对地电容的充放电次数实现降低总线功耗的目的。进入深亚微米工艺之后，耦合电容对功耗的影响已经不容忽视，因此，减小恶性串扰的产生也是当前减小功耗的热点方法之一。按照总线的类型，低功耗总线编码主要分为地址总线低功耗编码和数据总线低功耗编码。采用低功耗编码技术降低功耗的同时也会带来相应的负面影响，如编解码器自身的面积、功耗和对电路运行速率的影响。因此，需要权衡编码技术带来的利弊，选择最合适的编码技术。

1. 地址总线低功耗编码

由于处理器经常会对程序存储器的一段连续空间进行访问，这个过程地址总线上的高位数据在一段连续访问中基本保持不变，而低位数据活动性较大。地址总线在工作时通常规律性较强，当 AMBA 总线在进行长突发传输时，若为连续型传输则说明当前地址是与上一个周期有关的，即相差每一次传输的字节大小。这样在使用地址总线低功耗编码技术时效果比较明显，通常可以将地址总线的功耗降低 70%~80%。下面介绍几种常用的地址总线编码技术。

（1）格雷编码

由于指令存储具有连续性，因此处理器对程序存储器的访问一般是连续进行的，即地址总线上低位数据以固定步长增大，而高位数据保持不变，其活动的规律性较强。针对地址总线的这种特点，Mehendale 等人于 1997 年提出了格雷编码（Gray Codes）。因为格雷码的相邻数之间有且只有一位发生变化，避免了相邻位发生同时变化引起的恶性串扰问题。又因为不存在进位翻转的情况，格雷编码使总线上的动态功耗大大减小。格雷码也得到了广泛的实际应用，如在异步 FIFO 中，格雷码通常用来产生读/写指针，因为其相邻数之间只变化一位，不会发生多位同时跳变的情形，不仅降低了功耗和减少恶性串扰的发生，还使得在异步采样时减小错误发生概率。

DSP 系统分支指令很少，指令通常按顺序执行，因此地址总线数据一般连续变化。地址总线数据传输的这种特点也是格雷编码被提出的原因之一。格雷编码在数据连续变化时汉明距离为 1，因此通过格雷编码能够减小总线数据翻转率，最终降低总线功耗。

将二进制相邻数据进行异或运算，可以将二进制数据转化为格雷编码。二进制数据与格雷码之间的相互转化关系如下：

$$b_n = 0, g_i = b_{i+1} \otimes b_i (i = n-1, n-2, \cdots, 0)$$
$$b_n = 0, b_i = b_{i+1} \otimes g_i (i = n-1, n-2, \cdots, 0)$$

（3.30）

式中：b_i——二进制数据第 i 位；

g_i——格雷编码数据第 i 位；

n——二进制数据位宽。

为了计算方便，此处假设 b_n 为 0。二进制变为格雷编码方法如图 3.8 所示，将相邻两位二进制数据异或即可得到相应位宽的格雷编码。

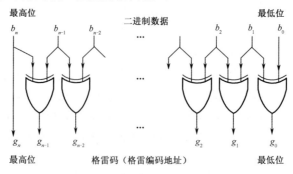

图 3.8 二进制变化为格雷码方法

（2）T0 编码

格雷编码也有其自身的缺点，因为其相邻数的改变幅值只能为 1，且还是会发生一位跳变，为了扩大编码的应用范畴和进一步降低地址连续变化时的功耗，Benini L.等人于提出格雷编码的同年提出了 T0 编码。T0 编码的思想是，当地址总线数据以固定幅值变化时，将地址总线冻结，即保持不变，增加一条标志线，将工 NC 置高，当解码器检测到该信号时只需在上一周期解码数据上加上固定幅值即可。若地址是非连续变化，则标志线为低，采用原码传输。

T0 编码利用地址数据连续变化的特点降低总线翻转率。当地址连续变化时，总线接收端将上一周期数据加上固定步长，得到实际数据，此时不需要传输实际数据，避免了总线数据的翻转。

假设 b_t 为 t 时刻未编码的初始数据；B_t 为 t 时刻编码后总线传输的数据；inc_t 表示地址数据连续标志位；S 为地址递增步长。T0 编码原理为式（3.31）：

$$(B_t, \mathrm{inc}_t) = \begin{cases} (B_{t-1},\ 1) & b_t = b_{t-1} + S \\ (b_t,\ 0) & b_t \neq b_{t-1} + S \end{cases} \tag{3.31}$$

解码器根据冗余线 inc_t 进行解码。当 $\mathrm{inc}_t = 1$ 时，地址总线数据连续，实际接收数据为在 $t-1$ 时刻基础上加上固定步长之后的结果；当 $\mathrm{inc}_t = 0$ 时，总线数据即为所要传送的实际数据，解码器接收总线数据。T0 解码原理为式（3.32）：

$$J^t = \begin{cases} (b_{t-1} + S) & \mathrm{inc}_t = 1 \\ B_t & \mathrm{inc}_t = 0 \end{cases} \tag{3.32}$$

T0 编码在地址数据连续时，通过冗余线 inc_t 指示解码器，并且总数据保持 $t-1$ 时刻数据。T0 编码避免了数据连续时的翻转，平均节省大约 60% 的功耗。但是 T0 编码增加了一根冗余线，会抵消一部分总线节省的功耗。

T0 编码的编码器和解码器的原理框图如图 3.9 所示。编码器的工作原理为：t 时刻输入数据及 $t-1$ 时刻总线数据加上固定步长 S 后通过比较器比较，当两数据相等时，将标志位 inc_t 置为 1，总线数据保持不变；当两数据不等时，标志位 inc_t 置为 0，同时将输入数据发送到总线上。解码器的工作原理为：通过标志位 inc_t 对总线数据进行不同操作，当 inc_t 为 1 时，在 $t-1$ 时刻数据基础上加上固定步长，得到 t 时刻数据；当 inc_t 为 0 时，表示输入数据不连续，总线传输的数据为真实数据。

T0 编码需要一位冗余线 inc_t 指示总线数据是否连续，这降低了总线的翻转率，但总线面积有所增加。为了弥补 T0 编码的不足，后期出现了很多不含冗余线的编码，如 T0-Xor 和 T0-Offset 编码。

（3）T0-C 编码技术

T0 编码技术是通过比较传输中前后数据是否与步长 S 一致，若一致则编码降低总线变化位数，减小功耗。但是 T0 编码技术的不足之处是在编码的同时增加了一位冗余的同步信号线 inc，信号线 inc 有一定的功耗，在某些嵌入式系统中是不允许增加这样的冗余信号线的，且去掉冗余线可以节省一部分功耗。但是如果简单去除 inc 线，显然在编码阶段可能发生错误。去掉 inc 后 T0 编码出现的问题如表 3.7（a）所示，当数据跳转到开始连续的那个首地址时，编码器就可能发生错误，解决方案见表 3.7（b）。

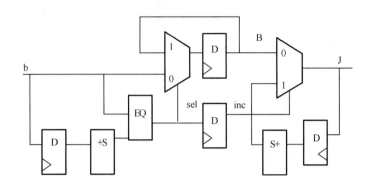

图 3.9 T0 编码原理框图

表 3.7 去掉 inc 后 T0 编码出现的问题和解决方案

（a）出现的问题				（b）解决方案	
b_t	B_t			b_t	B_t
41	39			41	39
42	39			42	39
43	39			43	39
41	?			41	44

对于这个问题，假设是发生在 t 时刻，那么可以通过在 b_t 的基础上加 1 来编码就可以解决。由此就可以看到 TO-C 编码的基本原理：首先计算当前程序地址 b 与原程序地址 b_{t-1} 的差值，若与步长 S 相等，则输出地址 B 等于原输出地址 B_{t-1}，否则比较当前程序地址 b_t 是否等于 B_{t-1}，若相等，输出地址 B_t 等于 b_{t+1}，若不等，输出地址 B_t 等于 b_t。算法如式（3.33）、式（3.34）所示：

$$
\begin{aligned}
&\text{if} \quad\quad b_t - b_{t-1} = S; \quad\quad B_t = B_{t-1} \\
&\text{elseif} \quad b_t \neq B_{t-1}; \quad\quad\quad B_t = b_t \\
&\text{else} \quad\quad\quad\quad\quad\quad\quad\quad B_t = b_t + 1
\end{aligned}
\tag{3.33}
$$

$$
\begin{aligned}
&\text{if} \quad\quad B_t = B_{t-1}; \quad\quad J_t = J_{t-1} + S \\
&\text{elseif} \quad B_t = B_{t-1} + 1; \quad J_t = J_{t-1} \\
&\text{else} \quad\quad\quad\quad\quad\quad\quad\quad J_t = B_t
\end{aligned}
\tag{3.34}
$$

式（3.33）中，b_t 表示 t 时刻编码器的输入地址，b_{t-1} 表示 $t-1$ 时刻编码器的输入地址，B_t 表示 t 时刻编码器的输出地址，B_{t-1} 表示 $t-1$ 时刻编码器的输出地址。式（3.34）中，J_t 是 t 时刻解码器的输出地址，J_{t-1} 是 $t-1$ 时刻解码器的输出地址。

（4）ABLORZ 编码

与 T0 编码类似，ABLORZ 编码也考虑总线上传输的前后数据与步长的关系，如果符合一定的关系，那么就对数据进行编码，否则传输原数据。所不同的是，ABLORZ 编码的步长不是一个确定的值，而是一组值，如果前后数据的步长在这一定的范围内，那么就对其进行编码，否则传输原数据。由于步长不再确定，就定义它为偏移量（Offset）。很明显，当 Offset 为 1 时，即为 T0 编码的中心思想。包括所有偏移量的单元定义其为编码表（Codebook）。若数据落入编码表中，为了降低功耗，就需要用一些更节省功耗的码值来代替原码，否则就不能达到降低功耗的目的。定义用来代替原码的编码为有限权重码。如果落入编码表中，即为"hit"，并且采用 LWC 码来代替原来的码值；否则就"miss"了，并传输原码。有了这些定义，下边就可以开始分析 ABLORZ 编码。

冒余 ABLORZ 编码的编码原理如图 3.10 所示。首先需要计算前后两个原数据的步长 Offset=$b_t - b_{t-1}$（可正可负），查找 Codebook，若命中，那么 Codebook 中对应的 LWC 码就与原有数据进行异或运算，得到被传输的数据，并置标志位为 1；否则传输原有的数据。在接收端，根据接收到的数据和标志位还原数据。具体的编解码形式如式（3.35）、式（3.36）所示：

$$
\begin{aligned}
&\text{if} &&b_t - b_{t-1} = \text{Offset}; &&B_t = B_{t-1} \\
&\text{elseif} &&b_t - b_{t-1} \in \text{Codebook}; &&B_t = B_{t-1} \wedge \text{Code} &&\text{(3.35)}\\
&\text{else} &&&&B_t = b_t
\end{aligned}
$$

$$
\begin{aligned}
&\text{if} &&B_t = B_{t-1}; &&J_t = J_{t-1} + S \\
&\text{elseif} &&B_t \wedge B_{t-1} \in \text{Code}; &&J_t = J_{t-1} + S_t &&\text{(3.36)}\\
&\text{else} &&&&J_t = B_t
\end{aligned}
$$

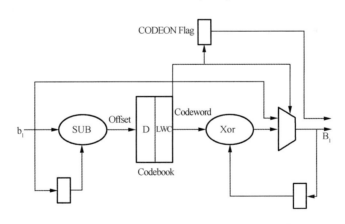

图 3.10　ABLORZ 编码原理示意图

其中冒余 ABLORZ 编码的编码表（Codebook）的形式如表 3.8 所示。

式（3.35）中 b_t 表示编码器的当前输入地址，b_{t-1} 表示上一时刻编码器的输入地址，B_t 表示编码器的输出地址，在 Codebook 中，一个 LWC 对应一个步长 S；J_t 是 t 时刻解码器的输出地址，J_{t-1} 是 $t-1$ 时刻解码器的输出地址。编码器首先计算 $S=(b_t - b_{t-1})$，判断地址是否顺序变化，若是，编码器的输出地址不变，解码器收到该信号后，将上一条地址加 1 后输出到存储器的地址线上；若不是，判断 S 是否属于 Codebook，若是，编码器将 B_{t-1} 与

Codebook 中的编码做与或运算输出，若不是，编码器输出当前地址。这样当地址顺序变化时，地址线保持不变，当地址在 Codebook 范围内跳变时，地址线只有一条发生变化，从而降低了总线上的功耗。

表 3.8　冗余 ABLORZ 编码的 Codebook

Offset	LWC
1	00000000h
2	00000001h
⋮	⋮
17	00008000h
−1	00010000h
⋮	⋮
−17	80000000h

2. 数据总线低功耗编码

总线编码的基本原则是以最小的代价（面积、延时、周期）实现最大的功耗降低量。数据总线由于其数据的随机性，编码效果不如地址总线编码明显，一般情况下，总线编码能够降低 20%～30%的功耗，特殊条件下能够达到 50%。在降低总线对地电容充放电的基础上考虑耦合电容对功耗的影响。

（1）BI 编码

1995 年，Mircea R.Stan 等人提出了针对数据总线的第一个编码——BI 编码。BI 编码的基本原理为：比较 t 时刻总线数据与 $t+1$ 时刻初始数据的汉明距离，如果汉明距离大于总线位宽的一半，将初始数据按位取反之后发送到总线上，置标志位 inv^t 为 1；否则，将初始数据直接发送到总线上，置标志位 inv^t 为 0。编码器算法为：

$$(B^t,\text{inv}^t)=\begin{cases}(b^t,0) & H\leqslant n/2\\(\overline{b^t},0) & H>N/2\end{cases} \tag{3.37}$$

式中，b_t——t 时刻初始数据；

$\qquad B_t$——t 时刻总线数据；

$\qquad \text{inv}^t$——取反标志位；

$\qquad H$——汉明距离；

$\qquad n$——总线位宽。

解码器根据标志位 inv^t 解码总线数据。当 $\text{inv}^t=1$ 时，总线数据取反得到最终数据；当 $\text{inv}^t=0$ 时，总线数据直接输出。解码器算法为：

$$J^t=\begin{cases}B^t & \text{inv}^t=0\\\overline{B^t} & \text{inv}^t=1\end{cases} \tag{3.38}$$

表 3.9 为 BI 编码实际例子。第二列为输入数据，第三列为总线传输的数据，第四列为 $t+1$ 时刻输入数据与 t 时刻总线数据之间的汉明距离，由汉明距离得到 $t+1$ 时刻发送到总线上的数据。

表 3.9　BI 编码数据流

	b	B	H	b'	inv
$t-1$		1001_0110			
t	0101_1001	1010_0110	7	1010_0110	1
$t+1$	1101_1101	0010_0010	6	0010_0010	2
$t+2$	0001_0110	1101_0110	3	1101_0110	0
$t+3$	0110_1110	0110_1110	4	0110_1110	0
$t+4$	0101_0101	1010_1010		1010_1010	1

由表 3.9 可以看出，未编码数据直接在总线传输时，总线的最大翻转位数为 n；经过 BI 编码之后，最大翻转位数降低了一半，减少了一半的翻转，因此能够有效降低总线功耗。

BI 编码通过减少总线对地翻转的次数降低总线功耗。但是随着总线位宽增大，BI 编码效果逐渐变差，这是由于汉明距离随着总线位宽增大而集中分布于 $n/2$ 位置，此时 BI 编码对降低功耗并没有实际作用；此外，进入深亚微米工艺之后，互连线之间的耦合电容已经接近或超过对地电容。因此，通常使用 BI 编码的改进形式，如（Segmental Bus-Invert，SBI）编码或 OE-BI（Odd/Even Bus-Invert）编码。

（2）分组 BI 编码

2009 年，JiG 等人针对指令存储器数据总线的工作特点提出了分组 BI 编码，其基本思想是采用搜索算法将总线分成多个子总线，求得一个较优的分组方法，再对各自总线进行 BI 编码。

分组 BI 编码是针对指令寄存器数据总线的编码方法。由于指令数据没有时间相关性，因此通用的编码效果并不理想。而分组 BI 编码采用最简单的编码方式将总线分成若干部分，能够最大限度地降低总线功耗。

分组 BI 编码的关键在于找出对输入数据敏感的分组方法。对于 40 位总线数据，分组 BI 编码能够降低 5%的功耗；总线均匀分为 4 组，子总线分别使用分组 BI 编码时最多能够降低 20%的功耗；按照指令字段分组，再使用分组 BI 编码时，各分组降低的功耗都大于 20%，特殊字段的分组能降低 60%的功耗。因此，通过指令字段对总线数据分组的分组 BI 编码对于降低指令数据总线的功耗十分有效。

分组 BI 编码的控制逻辑如图 3.11 所示。其中 w 为分组 BI 编码的位宽，n 为数据总位宽，b 为初始数据，INV 为反相器，Mux 为二选一选择器。电路主要完成 w 位数据的汉明距离计算并选择输出数据类型。其中，INV 将 w 位的输入数据反相；w 位 D 触发器保持前一周期总线数据；异或逻辑（⊕）判断数据是否翻转；通过加法器（+）得到最终的汉明距离；比较器（>）判断汉明距离与 $w/2$ 的关系，选择相应的数据类型，$n-w$ 位未编码数据保持不变。

分组 BI 编码利用新型的搜索算法将总线分组，然后再利用 BI 编码。分组 BI 编码能够降低 30%的功耗，同时编码器和解码器的面积较小。然而，分组 BI 编码主要针对指令寄存器数据总线，针对性比较强，对于总线数据完全随机的情况，分组 BI 编码实际效果并不显著。

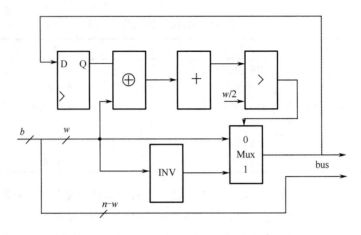

图 3.11　分组 BI 编码控制逻辑

针对数据总线的低功耗编码还有很多,如 MBI 编码、Transition Signaling 编码、WCM 编码等。

3. 耦合反向编码

耦合反向编码技术是在工艺发展到深亚微米下的情况下提出的。在深亚微米工艺下,耦合反向电容上消耗的功耗已经成为主要的功耗来源(相对原来只考虑对地电容来说),所以对耦合反向电容进行编码对总线的功耗节省有很大的实际意义。

耦合反向编码的编码原理:在对总线编码之前,首先要考虑耦合反向的情况,具体的耦合取值如表 3.10 所示,其中 $b_i(t-1)$、$b_{i+1}(t-1)$ 分别是 $t-1$ 时刻第 i 和第 $i+1$ 条位线的数据。而 $b_i(t)$、$b_{i+1}(t)$ 分别是 t 时刻第 i 和第 $i+1$ 条位线的数据。以 32 位总线为例,比较其 $t-1$ 时刻和 t 时刻的数据耦合值。如果位线的耦合值大于 18,就对总线上 t 时刻的数据进行编码,否则传输原数据。

表 3.10　耦合取值

耦合取值	$b_i(t)b_{i+1}(t)$			
	00	01	10	11
$b_i(t-1)b_{i+1}(t-1)$　00	0	1	1	0
01	0	0	2	0
10	0	2	0	0
11	0	1	1	0

编码电路原理:

$$
\begin{aligned}
&\text{if(cp\_num>17)}\\
&B_t = b_t{}^\wedge 0101010101010101010101010101010101\\
&\text{flag=1}\\
&\text{else}\\
&B_t = b_t\\
&\text{flag=0}
\end{aligned}
\qquad (3.39)
$$

解码电路原理：

$$
\begin{aligned}
&\text{if=(flag)}\\
&J_t = B_t \text{^}01010101010101010101010101010101\\
&\text{else}\\
&J_t = B_t
\end{aligned}
\tag{3.40}
$$

式（3.39）中，b_t 表示 t 时刻编码器的输入地址；cp_num 表示 t-1 时刻变化到 t 时刻时，数据耦合取值的总和，计算参数见表 3.9；B_t 表示 t 时刻编码器的输出地址；flag 是已编码的标志信号。式（3.40）中，J_t 是 t 时刻解码器的输出地址。当 cp_num 大于一定值时，耦合反向编码器就对数据进行编码，这点类似于反向编码。但是 cp_num 为线间（32 位线）耦合取值的总和，它的取值范围为[0,62]，经过测试，取值在 17、18 时降低功耗的效果最好。编码的效果可以根据式（3.40）知道，对第 $2 \times i$ 位的数据取反，使得线间耦合电容的两端电压值也随数据而改变。

3.3.3　降低串扰影响方面的低功耗编码技术

总线低功耗编码技术只考虑对地和电源的负载电容，不考虑线间耦合（串扰）电容。这类编码技术主要适用于工艺特征尺寸较大的情况，同时也适用于片外总线的低功耗编码。在这两种情况下，线间耦合电容的影响可以忽略。但是随着工艺尺寸的不断缩小，相邻线间距及导线宽高比不断减小，导致总线间耦合电容 C_I 已经接近甚至远大于总线对地负载电容 C_L，成为整个互连电容的重要组成部分。不断增大的耦合电容使相邻互连线发生相对翻转时产生严重的串扰。

针对不同的翻转方式，总线上的串扰延迟分为 6 种类型，即 0、1、1+λ、1+2λ、1+3λ 和 1+4λ，其中 λ 为工艺参数，$\lambda = C_I / C_L$。在最坏的情况下，串扰已成为影响信号时序及时钟周期的主要因素，并导致集成电路性能下降及功能出错；同时串扰还会增加互连线的功耗和噪声。因此，消除串扰（尤其是最坏情况下的串扰）对全局互连线延迟、功耗及噪声的影响成为提高集成电路芯片性能的关键。

串扰抑制总线编码技术可以有效地消除互连线间最坏情况下的串扰，目前可分为空间编码、时间编码和空间-时间编码三大类。空间编码通过扩展总线位宽，使得扩展后的编码字之间的翻转不会引起最坏情况的串扰；时间编码采用多周期传送数据来实现最坏情况串扰的消除；空间-时间编码通过结合两者的优缺点来实现最坏情况串扰的消除。

总线串扰抑制编码技术的基本思想是避免最坏的翻转情况发生，以减小串扰对电路功耗、延时及可靠性的影响。按其消耗的资源类型，可将总线串扰抑制编码技术简单分为空间编码、时间编码和时间-空间编码三种类型。空间编码通过拉大总线间距或拓展总线位宽，使得编码后数据不会引起最坏的翻转情况发生；时间编码主要是将单一原始数据通过多周期传来避免恶性串扰发生，这种方法使用时要谨慎，因为虽然这种方法解决了恶性串扰的问题，但是降低了有效的数据传输速率；时间-空间编码结合了前两者的优点来消除恶性串扰。下面将分别介绍三类总线串扰抑制编码，分析其优缺点和发展方向。

1. 空间总线编码

电源线的排列方式为…VSGSVSGSVS…，其中 S 表示信号线，G 表示地线，V 表示电源线。任意的信号线两侧均为静态线（V/G），因此，每根信号线的翻转方式为（-↕-），这消除了最坏情况的串扰。另一种结构为分别复制每根信号线，线的排列方式为 $S_0 S_0 S_1 S_1 \cdots S_{n-2} S_{n-2} S_{n-1} S_{n-1}S$，其中 n 表示总线的位宽。此时，信号线的翻转方式为（↓↓↕）（↑↑↕），这消除了最坏情况的串扰。但是这两种结构都需要较大的面积。

以上都属于被动屏蔽消除最坏情况串扰。相反，主动屏蔽需要采用信号主动消除串扰，比被动屏蔽技术更优越，它能减小 75% 以上的总线延迟，但是也存在相应的面积开销。主动屏蔽包括无记忆编码和有记忆编码两类，其中无记忆编码指编码字的输出只与当前的输入数据有关；而有记忆编码指编码字的输出既与当前的输入数据有关，又与上一个周期的输出编码字有关。

（1）FTF 串扰抵制编码（Forbidden Transition Free Codes）

FTF 串扰抑制编码是 Victorian 和 Keutzer 在 2001 年提出的，其基本思想是禁止两根相邻线相对翻转，即禁戒翻转（Forbidden Transition），使得 01→10 或 10→01 是不允许的。这样消除了相邻线间的相对翻转，保证了总线间翻转引起的最大耦合电容为 $2C_I$，即消除了最坏情况的串扰，最大归一化延迟为 $1+2\lambda$。FTF 编码将待传送的数据集合映射为某些编码集合，编码后，数据在任意两根相邻线间都不会产生禁戒翻转，从而减少串扰的影响。

通过观察得知，为了保证任意两个编码字相邻线 d_jd_{j+1} 之间的翻转不存在禁戒翻转，01 和 10 不能同时存在于相邻线上，即这两根相邻线的编码只能为{00,01,11}或{00,10,11}。

FTF 编码字的最大集合是一个翻转到 Class 1 码字（含交替的 0 和 1）而不产生禁戒翻转的码字集合。对于任意给定位宽的总线，存在两个 Class 1 码字，即 1010… 和 0101…，由此得知存在两个最大的编码字集合。集合 A 中，相邻线 $d_{2j+1}d_{2j}$ 中不存在 01，相邻线 $d_{2j+1}d_{2j}$ 中不存在 10。集合 B 中，相邻线 $d_{2j+1}d_{2j}$ 中不存在 10，相邻线 $d_{2j+1}d_{2j}$，中不存在 01。

2、3、4、5 位总线集合 A 中的 FTF 编码。以 5 位总线为例，可以看出，在 d_2d_1 和 d_4d_3 中不存在 10，在 d_3d_2 和 d_5d_4 中不存在 01。若两个集合中的一个集合已知，那么另一个集合通过已知集合的互补即可得到。

为了生成 m 位 FTF 编码字，最简单的方法是从 2^m 个二进制码中去掉不满足禁戒翻转条件的编码字。但是，随着位数的增加，这种穷尽的寻找方法不太实际，需要编码算法来产生编码字。

FTF 编码的产生算法如下所述。

设 S_m 是 m 位 FPF 编码字的集合，m 位向量 $V_m=d_md_{m-1}\cdots d_1$ 是一个编码字。任意一个编码字 $V_m\in S_m$ 可以看作是 $V_{m-1} = d_{m-1}d_{m-2}\cdots d_1$ 与 d_1 的拼接，其中 $V_{m-1}\in S_{m-1}$，"."表示拼接运算符。则有：

$S_2 = \{00,01,11\}$

for　$m>2$ do

　　if　m is odd then

　for　$\forall V_{m-1} \in S_{m-1}$　do

　add $1 \times V_{m-1}$　to　S_m;

　　end if

　end for

else

　for　$\forall V_{m-1} \in S_{m-1}$ do

　add $0 \times V_{m-1}$　to　S_m;

　if $d_{m-1}=1$　then

　add $1 \times V_{m-1}$　to　S_m;

　end if

　　　end for

end if

end for

表 3.11　2、3、4、5 位总线集体 A 中的 FTF 编码

2 位	3 位	4 位	5 位
00	000	0000	00000
01	001	0001	10100
11	100	0100	00001
	101	0101	10101
	111	0111	00100
		1100	101111
		1101	00101
		1111	11100
			00111
			11101
			10000
			11111
			10001

n 位总线有 2^n 个不同的数据向量。对于 $m=n+r$ 位编码字，满足禁戒翻转条件的编码字有 $T_t(m) \geqslant 2^n$ 个，若要实现 n 位总线数据向 m 位 FTF 编码字的映射，则必须有 $\{m\} > G_n$。满足禁戒翻转条件的 m 位 FTF 编码字数目 $T_t(m)$ 的关系为：

$$T_t(m) = F_{m+2} \tag{3.41}$$

式中，F_m 为斐波纳契数列（Fibonacci Sequence），它满足 $F_m = F_{m-1} + F_{m+2}$，初始条件为 $F_1 = F_2 = 1$。m 位 FTF 编码字所能表示的数据宽度为 $m - [\log_2 T_t(m)]$（"[]" 表示取整运算符）。由此可知，额外增加的线数为 $m - [\log_2 T_t(m)]$。实验表明，随着总线位宽的增大，进行 FTF 编码后增加的额外线数目幅度越来越大。

FTF 编码方法需要增加额外的总线。对于位宽较大的总线，直接进行编码是不切实际的，因为编解码器的设计和实现过于复杂。一种改进的方法是将总线分为更小宽度的子总线，然后分别对子总线进行编码，在相邻子总线间插入屏蔽线。这种方法虽然可能使线数增加，但编解码器的实现代价小得多。

上述编码方法为无记忆编码，下面介绍一种有记忆编码方法。采用有记忆编码可以降低额外冗余线的数目，但是编码过程稍微复杂。

（2）GASIE 编码（Grouped Adjacent Switching Invert Encoding）

GASIE 编码是一种空间编码方法，通过采用前一周期数据的翻转信息来减小相对翻转。与码本（Codebook）编码方法不同，GASIE 编码不需要任何数据统计信息，其适用范围广。

GASIE 编码原理：首先将总线分成若干子总线，分别对各子总线进行编码。第 i 个子总线采用 4 根线（$b_{i,0}$、$b_{i,1}$、$b_{i,2}$、$b_{i,3}$）来传送数据，1 根冗余线 BI_i 用来编码控制信号，1 根线用来与相邻子总线屏蔽。编码的目的是观察上一状态传送的数据，以减少相邻翻转。

GASIE 编码的优点是实现简单，降低了相邻翻转和两根线相互干扰的情况；缺点是需要冗余线和屏蔽线。屏蔽线可以由 V_{dd} 线和 V_{ss} 线组成，在实际应用中，为了提供更好的电源分布，电源线和地线同时也充当屏蔽线，从而减小开销。

2. 时间总线编码

时间总线编码提出了一种简单方法，即可变周期传送数据，用来提高总线时钟频率。该方法的基本原理是，通过串扰分析器对两个连续数据的翻转进行串扰类型判断，然后针对不同的串扰类型采用不同的传送周期，即周期是可变的。可变周期传送数据方法并没有消除串扰，而是通过变化的周期缓解了串扰延迟的不利影响。下面介绍两种抑制串扰的时间编码方法。

（1）DUCE 编码（Dual Cycle Encoding）

DUCE 编码意为双周期编码，即两个周期传送一个输入数据。DUCE 编码首先将总线分为若干个子总线，再对每个子总线分别进行编码。总线的位宽为 3，其中两条线用于传送编码字，另一条线为固定信号线，固定为 0 或 1，可看作隔离相邻子总线的屏蔽线。此编码通过观察前一个周期信号的状态来消除邻位翻转。

DUCE 编码方法对各总线位线独立编码，不需要额外线开销，可消除所有的相邻翻转模式，显著降低串扰延迟效应，使平均发送延迟时间减小，但每发送一个数据都需要两个时钟周期，数据传送效率低。DUCE 编码方法适用于较大位宽总线，并且与总线位宽无关。

（2）TCUNL 编码（Temporal Coding Using Narrow Links）

TCUNL 编码是一种时间编码方法，通过在一根信号线上的电平维持时间来编码原始数据。该编码方法通过一维的物理媒介（单根信号线）表示二维的数据信息，改善了数据传送方式。

3．时间−空间总线编码

空间编码方法虽然使总线工作频率提高约一倍，但其布线开销（额外增加的线数占原始线数的比例）一般在 30%以上，这增大了布线难度和芯片面积；时间编码方法（如双周期传送）虽然没有额外布线开销，但是至少需要两个周期传送数据，数据传输效率提高有限。此外，这两种编码技术都会增加编码后数据的翻转次数（耦合翻转和自翻转），从而导致能耗增加。空间−时间编码技术结合了空间编码和时间编码各自的优点，在性能和面积权衡中获取最优的解决方案。

（1）STAE 编码（Spatio-Temporal Adaptive Encoding）

为了寻求性能和可靠性之间的平衡，STAE 编码方法将 DUCE 编码与 GASIE 编码相结合。基于数据传送类型，STAE 编码方法在 DUCE 编码与 GASIE 编码之间动态切换。

当解码器接收到编码后的数据流时，头解码器（Header Decoder）可以识别出当前的编码方法是 DUCE 编码还是 GASIE 编码。由于翻转模式 01100(-↕--)不可能出现在 GASIE 编码中，所以，头编码中若出现该翻转模式，则表示当前为 DUCE 编码。

干扰检测器（Aggressor Monitor）作为 STAE 选择器，它用来对原始数据中的两根干扰线（翻转模式为↑L↑或↓H↓）进行检测和计数。如果干扰的数目超过了阈值，选择器选用 DUCE 编码来增强可靠性。否则，选用 GASIE 编码来提高性能。采用合适的阈值来实现 STAE 中两种编码的切换。实验结果显示，当阈值为 1 时，即当两根干扰线的数目超过 1 时，选用 DUCE 编码，否则选用 GASIE 编码。在这种情况下可以达到性能和可靠性的最优化。

STAE 编码方法根据数据类型选择进行空间编码或时间编码。也有一些空间−时间编码方法为空间编码方法和时间编码方法提供有机组合的条件。

（2）DPM 时空编码（Delay and Power Minimization with Spatio-Temporal Encoding）

DPM 时空编码方法通过时间、空间的冗余减小互连线上的延迟和功耗，串扰延迟减小为 $1+\lambda$。

设变量 d 和 E 分别为总线上未编码的数据和编码后的数据。各变量的下标和上标分别表示时刻和位置，如 $E_x^{(i-1,i,i+1)}$ 表示编码后在 x 时刻 $i-1$、i、$i+1$ 位的数据，下标 x、y 分别表示编码后和编码前的时刻。总线编码前后的数据序列如图 3.12 所示，图 3.12 表明数据 d_y 被编码为 E_x、E_{x+1} 需要两个时钟周期传送，即时间冗余。

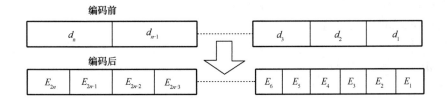

图 3.12　总线编码前后的数据序列

改变码算法的伪代码如下：

Encoding：d_y，E_{x-1}，Output：E，E_{x+1}；Let：$k=([n/4]-1)$;

   for（$i=2$，$j=2$，$x=1$，$y=1$；$i\leqslant(n-\text{mod}(n/4))$;

     $i=i+4$，$j=j+6$， $k=k-1$，$x=x+2$； $y=y+1$

{At time instance （$t+y-1$）:

   If（CC（$d_y^{(i-1,i,i+1)}$,$E_{x-1}^{(j-1,j,j+1)}$）>1)

          {

             $E_x^{(j-1,j,j+1)}=\sim d_y^{(i-1,i,i+1)}$;

             $E_{x+1}^{(j-1,j,j+1)}=\{d_y^{i+2},\sim d_y^i,1\}$;

          }

else{ $E_x^{(j-1,j,j+1)}=d_y^{i-1,i,i+1}$;

     $E_{x+1}^{(j-1,j,j+1)}=\{d_y^{i+2},d_y^i,0\}$;

        }

      if（$k\neq0$）{ $E_x^{(j+2,j+3,j+4)}=\{E_x^{j+1},0\}$;

             $E_{x+1}^{(j+2,j+3,j+4)}=\{E_{x+1}^{j+1},0\}$;

              }

     If（$i>0$）{ $E_x^{(j-2)}=E_x^{j-1}$;

            $E_{x+1}^{j-2}=E_{x+1}^{j-2}$;

            }

   }

编码原理：原始数据 d_y 分为 4 位一组，前 3 位在第一个周期传送（E_x），第 4 位在第二个周期传送（E_{x+1}）。输入数据 d_y 被编码为 E_x、E_{x+1}。CC 代表串扰等级，前 3 位与 E_{x-1} 比较，若归一化串扰延迟大于 1，则 E_x 传送这 3 位的反码，否则传送原码。下一周期的第 3 位用来标志是否反转（1 或 0）。输入数据 d_y 的第 4 位为下一周期 E_{x+1} 的第 1 位数据，而第 2 位是屏蔽位，保持不变。简言之，E_{x+1} 包含 d_y 的第 4 位、屏蔽位和反转标志位。为避免相邻组边界的相对翻转，对边界信号进行复制，且插入屏蔽线，致使空间冗余。若输入数据 d_y 为 8 位，则进行编码后为 9 位。

DPM 解码算法的伪代码如下：

Dccoding：Input：E_x，E_{x+1}，Output：d_y;

For（$i=2$，$j=2$，$x=1$，$y=1$；$i\leqslant(n-\text{mod}(n/4))$;

   $I=i+4$，$j=j+6$，$k=k-1$，$x=x+2$；$y=y+1$)

{At time instance （$t+y-1$）:

   If（$E_{x+1}^{i+1}==0$)

     $d_y^{(i-1,i,i+1)}=E_x^{(i-1,i,i+1)}$;

else

     $d_y^{(i-1,i,i+1)}=\sim E_x^{(i-1,i,i+1)}$;

$d_y^{i+2}=E_{x+1}^{i-1,}$;

   }

解码原理：根据反转标志位（E_{x+1} 的第 3 位），原始数据的前 3 位通过 E_x 恢复，第 4 位数据通过 E_{x+1} 的第 1 位重构。

DPM 时空编码方法能最大限度地消除串扰的影响，但每个数据采用两个时钟周期传送，降低了数据传送效率。同时引入了大量的冗余线，功耗较大。

3.3.4 差错控制编码技术

低功耗编码技术主要解决 DSM 总线的功耗问题和延迟问题。但是，由于存在电源网络的电压波动、其他互连线的串扰及电磁干扰等产生的 DSM 噪声，使得总线传输容易产生错误。而且低摆幅信号传送方式的应用使可靠性问题更为严重。因此，差错编码控制技术被提出，以提高总线的可靠性。

差错控制编码（Error Control Codes）技术包括检错编码（Error Detecting Codes）和纠错编码（Error Correcting Codes）。检错编码只能检测到错误的存在，不能纠正错误，容易实现且硬件开销较小，在发现错误时需要重新传送原始数据；纠错编码提供在线纠错，无需重传数据机制，但是难以实现且硬件开销较大。对于总线编码技术，考虑到其硬件开销，一般情况下采用检错编码（后跟数据重发系统）居多。下面介绍几种典型的差错控制编码方法。

1．检错编码方法

一般检错编码机制如图 3.13 所示。在总线的接收端，编码字（Code Word）经差错检测逻辑（Error Detecting Logic）运算，若产生错误（Error），则启用数据重发（Retransmission）机制，重新传送该数据，从而保证总线接收数据的正确性。

（1）奇偶校验（Parity）

奇偶校验是常采用的检错机制，算法简单易实现，一般通过异或电路实现。对于 k 位的总线数据（$d_0 \cdots d_{k-1}$），设 c_k 为奇偶校验位。校验位逻辑运算为：$c_k = d_0 \oplus d_1 \oplus \cdots \oplus d_{k-1}$。在总线的接收端，差错检测逻辑重新计算接收到数据（$d_0' \cdots d_{k-1}'$）的奇偶校验位，并与通过总线传送的校验位进行比较，若不同，则表示有错误产生，此时启用数据重发机制。

（2）禁戒模式/翻转检测（Forbidden Pattern/Transition Detecting）

禁戒模式/翻转检测检错编码的基本原理是：如果接收到的数据类型是编码后不可能存在的数据类型，则表明有错误发生。该检测方法针对具体的总线编码方法设计差错检测逻辑，根据预先定义的数据翻转类型，对于禁止存在的编码类型/翻转进行检测。

对于 GASIE 编码，编码字的相邻位 $C_{i,1}$、$C_{i,2}$、$C_{i,3}$ 不存在（↕↕）和（↕↕↕）翻转类型。基于 GASIE 编码原理，设计了其差错检测逻辑电路如图 3.14 所示，该电路包括一个或门和两个与门，将该检测电路应用于各子总线，用来进行错误检测。若发现错误出现，则启用数据重发机制，重新传送原始数据。

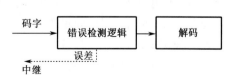

图 3.13　一般检错编码机制

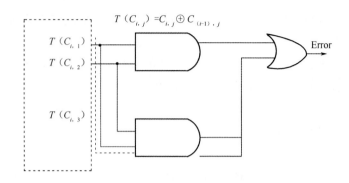

$$T(C_{i,j}) = C_{i,j} \oplus C_{(i-1),j}$$

图 3.14　GASIE 的差错检测逻辑设计

2. 纠错编码方法

对于容错总线（Fault-Tolerant Bus），一般的纠错编码机制如图 3.15 所示。在总线发送端，k 个信息位（$d_0 \cdots d_{k-1}$）输入到编码器（Encoder, E）中，生成 m 位校验位（$c_0 \cdots c_{m-1}$）。该 $n=k+m$ 位数据称为一个编码字，被传送至总线。该编码字属于最小汉明距离（两编码字间，对应数据位，不同的位数）为 d_{min} 的编码空间。根据 d_{min} 的大小可以得到相应程度的纠错能力。例如，$d_{min}=3$ 可以实现 1 位纠错功能。

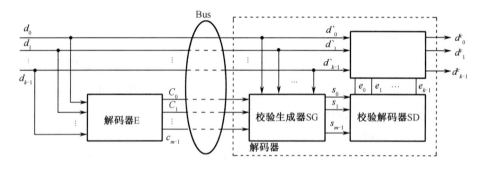

图 3.15　一般的纠错码机制

在总线的接收端，解码器（Decoder, D）检测并纠正总线上可能存在的错误。其中 D 由校验生成器（Syndrome Generator, SG）和校验解码器（Syndrome Decoder, SD）直接相连构成。SG 重新计算接收到的数据（$d'_0 \cdots d'_{k-1}$）的校验位，并与通过总线传送的校验位进行比较，生成一个 m 位的向量 $S=(s_0 \cdots s_{m-1})$，S 称为错误校正子（Error Syndrome）。SD 解码该错误校正子，并产生 k 位纠错向量 $E=(e_0 \cdots e_{k-1})$，驱动纠错模块（Corrector, C）。如果错误校正子是一个全零向量，则表明操作无错误发生，总线上的数据无须纠错调整（E 也为全零）。否则，纠错向量 E 包含 1 的位置即为错误信息位。通过 C 进行纠错，逻辑操作为 $d_i^c = d'_i \oplus e_i (i=1,\cdots,k-1)$。

根据以上纠错编码原理，可以设计出一个（n,k）纠错编码系统。

（1）汉明码（Hamming Code）。

汉明码是一种能够纠正 1 位错码的线性分组码，编码效率较高。对于码长为 n，信息

位为 k 的编码系统，校验位数为 $m=n-k$，可表示 2^m 个状态。若其中一个表示无错，那么剩余的 2^m-1 个可表示有错，且能指示一位错误码的位置，要求 $2^m-1 \geq n$ 或 $2^m \geq k+m+1$。设分组码 (n,k) 中 $k=4$，为了纠正 1 位错码，则要求 $2^m-m \geq 5$，即 $m \geq 3$，此时 $n=7$。

（7,4）汉明码的标准编码/解码电路如图 3.16 所示。数据 $d_0,\cdots,d_3$ 输入到由异或构成的编码器，计算出校验位 $c_0,\cdots,c_2$。在接收端，根据接收的数据重新计算校验位，并与总线传送来的校验位比较，从而计算出错误校正因子 $s_0,\cdots,s_2$。对校正因子解码，确定错误产生的具体位置，然后翻转该错误位实现纠错。

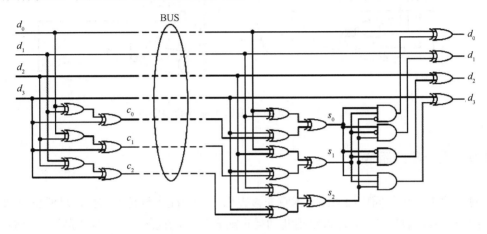

图 3.16 （7,4）汉明码的标准编码/解码电路

（2）DR 编码（Dual Rail Code）和 MDR 编码（Modified Dual Rail）。

DR 编码通过对各位线进行复制，两个数据字间的汉明距离至少为 2，增加一个校验位可以将 DR 编码的汉明距离增加到 3。在 DR 编码中，对于 k 位的总线数据 $(d_0\cdots d_{k-1})$，经差错控制编码后，编码字为 $(d_0,c_0,\cdots, d_1,c_1,\cdots, d_{k-1},c_{k-1},c_k)$，其中 c_k 为奇偶校验位。DR 编码需要增加 $k+1$ 位校验位，因此编码后的编码字的位宽为 $n=2k+1$。$k+1$ 位的校验位如下

$$\begin{cases} c_i = d_i (i = 0,1,\cdots,k-1) \\ c_k = d_0 \oplus d_1 \oplus \cdots \oplus d_{k-1} \end{cases} \tag{3.42}$$

（9,4）DR 编码的编码/解码电路如图 3.17 所示。其中 $c_0,\cdots,c_3$ 为对应数据位的复制，只有 c_4 进行了异或运算。类似地，校验因子只包含一位 s_0，无须通过解码操作来确定错误发生的位置。纠错电路采用一系列二输入选择器实现，输入分别为 d_i,c_i。在无错误时，这两组数据是完全相同的。信号 s 作为选择信号，若无错误，则选择恢复校验位的那一组数据作为输出，否则选择另一组数据输出。

MDR 编码在 DR 编码的基础上进行了简单的改进，即将校验位 c_k 复制，以减小总线的串扰，其编码字为 $(d_0,c_0,\cdots,d_i,c_i,\cdots,d_{k-1},c_{k-1},c_k,c_k')$，其中 $c_k'=c_k$。

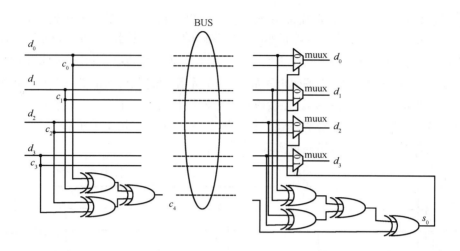

图 3.17　（9,4）DR 编码的编码/解码电路

3.3.5　统一总线编码

对于片上总线，低功耗编码技术首先被提出，用于减小翻转活动性以降低总线功耗。但是随着耦合电容的增加，总线延迟和功耗也随之增加，形成了同时减小自翻转和耦合翻转的低功耗编码技术。对于未解决的延迟问题，串扰抑制编码（Crosstalk Avoidance Coding，CAC）技术通过禁止特定的翻转类型减小了总线延迟。此外，由于存在电压波动、串扰及电磁干扰产生的噪声，使得总线对错误很敏感，且低摆幅信号的应用更恶化了可靠性问题。错误控制编码（Error Control Coding，ECC）逐渐应用于片上总线。因此，如何在统一的编码框架下同时解决总线的延时、功耗和可靠性问题，已成为目前研究的热点。

1. 统一总线编码技术框架

Srinivasa R. Sridhara 和 Naresh R. Shabbhag 在 2005 年提出了一个统一的编码框架，它是将通信理论的观点应用于 DSM 总线获得的，基于该框架可构造出各种实用的编码算法，以同时解决延迟、功耗和可靠性问题。

一般的通信系统如图 3.18 所示，通过带有噪声的信道实现数据的传输。信源编码器将输入的数据进行压缩以减小发送数据的比特数。信道编码器通过增加冗余信息来抑制信道噪声引起的差错。在实际的通信系统中，信道编码用来降低传输信号所需的功耗，同时保证所需的可靠性。

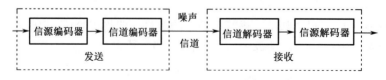

图 3.18　一般的通信系统

DSM 总线可以看作一个有噪声的通信信道。一般的 DSM 总线编码系统如图 3.19 所示。对于串扰严重的 DSM 总线,信源编码器用于减小自身翻转活动性和减少平均或峰值耦合翻转。平均耦合翻转的减少可降低功耗,峰值耦合翻转的减少可降低延迟。此外,差错控制编码可以抑制 DSM 噪声引起的错误。正如在一般通信系统中一样,差错控制编码实现了电源电压(功耗)和可靠性之间的折中。

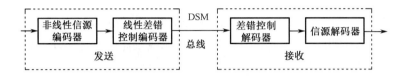

图 3.19　一般的 DSM 总线编码系统

将低功耗编码(LPC、串扰抑制编码)和差错控制编码(ECC)有机组合成统一的系统,必须满足如下的条件。

(1)串扰抑制编码必须为最外层编码,因为串扰抑制编码一般通过非线性映射,将原始数据映射到编码字;

(2)如果低功耗编码不破坏串扰抑制编码的峰值耦合翻转约束,可将其置于串扰抑制编码之后;

(3)低功耗编码产生的标志信息位必须通过线性串扰抑制编码,以确保其不受串扰延迟的影响;

(4)差错控制编码必须是系统化的,以保证在降低翻转活动性的同时满足峰值耦合翻转约束;

(5)由差错控制编码产生的奇偶校验位必须通过线性串扰抑制编码,以确保其不受串扰延迟的影响。

满足上述条件的一个统一总线编码框架如图 3.20 所示。LXC1 和 LXC2 为基于屏蔽和复制的线性串扰抑制编码。该处不能采用非线性串扰抑制编码,因为在接收端,差错纠正必须先于任何其他的解码。在图 3.20 中,k 位的输入数据通过串扰抑制编码获得 n 位的编码字,再通过低功耗编码降低平均翻转活动性,同时产生 p 位低功耗标识信号位。差错控制编码为 $n+p$ 位的编码位产生 m 位校验位。此 m 位校验位和 p 位低功耗标识信号位再分别经过串扰抑制编码,得到 m_c 位和 p_c 位的编码字,它们和 n 位的编码字一同发送到总线。对 k 位的总线进行编码后所需的互连线总数为 $n+m_c+p_c$。

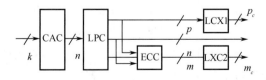

图 3.20　统一总线编码框架

基于以上的统一编码框架，可以设计各种编码方法来实现延迟、功耗、面积和可靠性之间的折中。由此产生的组合方式分别为：①低功耗编码和串扰抑制编码相结合；②低功耗编码和差错控制编码相结合；③串扰抑制编码和差错控制编码相结合；④低功耗编码、串扰抑制编码和差错控制编码相结合。组合编码后编解码器的硬件开销更大，且更加复杂。

2．统一总线编码方法

应用统一总线编码框架可以对现有的各种总线编码方法进行分析，同时，根据上述统一总线编码框架可构造出各种新的编码算法，实现总线设计在延时、功耗和可靠性间的折中。下面将介绍两种典型的统一总线编码方法。

（1）AUTA 编码（A Unified Transformational Approach）

Ayoub 于 2005 年提出了一种统一总线编码方法，即 AUTA 编码。AUTA 编码方法采用 FTF 编码和检错相结合，降低了总线功耗、减小了串扰延迟和噪声，同时具有实时错误检测功能。在 AUTA 编码方法中，FTF 编码的禁戒翻转模式为（↑↑↑）。

根据 AUTA 编码原理的特点，不存在三个编码字同时发生翻转的情况。该编码设计了差错检测逻辑电路。

AUTA 编码方法仅消除了（↑↑↑）翻转模式，但是相对翻转（↑↓ 或 ↓↑）、3 线干扰（↓↓H↓ 或 ↓↓L↑）及两线干扰（↓H↓ 或 ↑L↑）仍然存在，有可能导致串扰延迟和错误，且不能完全消除串扰噪声。因此，AUTA 编码方法在降低总线延迟，抑制串扰噪声方面性能较差。

（2）TSC 编码（Temporal Skewing Coding）

TSC 编码是一种高速抗干扰时空编码方法，同时解决了总线功耗、串扰和噪声问题。TSC 编码方法通过信号时间偏斜（Temporal Skewing）来减小串扰，且同时采用两种检错技术。在提高总线抗干扰能力的同时提高了总线的数据传送效率，其硬件实现简单、面积较小。抗噪声能力的提高使得降低电源电压进而降低总线功耗成为可能。

为了提高总线的抗噪声能力，采用两种检错技术，即时间冗余和奇偶校验。TSC 编码电路如图 3.21 所示，在接收端对数据进行两次采样，数据字 2 的翻转点发生在数据字 1 的两次采样之间。因此，在解码器处通过比较每位数据的两个采样值来检测错误。注意发送时钟与接收时钟间相位不能大于半个发送周期，以确保对同一个数据字进行过采样。奇偶校验位将两个数据字分别进行奇偶校验，并随相应数据字传送。TSC 编码也可采用其他检错/纠错编码，因为其串扰抑制技术与抗噪声技术是相互独立的。

TSC 编码方法的编码电路如图 3.21 所示。奇偶校验位采用异或计算，信号偏斜通过交替使用正沿触发器和负沿触发器（图 3.21 中用箭头表示触发沿）实现。奇偶校验位的计算及奇偶总线间的切换需要一个发送时钟的两倍频率的时钟。

TSC 编码方法的解码电路如图 3.22 所示。解码电路稍微复杂些，因为它必须对接收信号进行过采样，以比较该位信号在相邻信号线发生翻转前后的状况。若两次采样值相同，则通过异或计算校验位并将其与接收的校验位对比。如果这两步中任何一步检测到错误，则进行总线数据的重发。

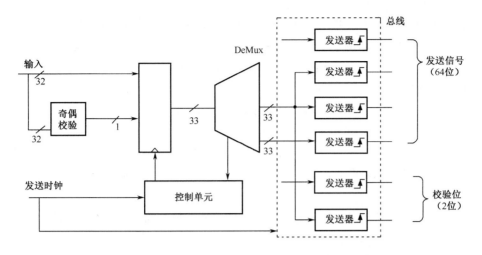

图 3.21　TSC 编码电路

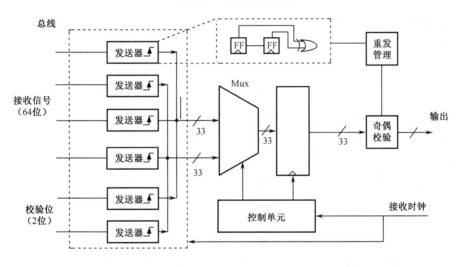

图 3.22　TSC 解码电路

3.4　总线的编码效果

3.4.1　传统 E/O BI 编码应用

1. 现有 E/O BI 编码方案的局限性

根据总线低功耗编码方法，在深亚微米工艺下针对随机数据的总线编码方式中，E/O BI 编码方法能够有效降低由耦合翻转带来的动态功耗，同时其硬件实现简单，编解码电路占用面积小，带来的额外功耗也很小。因此本文基于 E/O BI 编码方法提出了一种改进的 E/O BI 编码方法，致力于减少总线上的耦合翻转，从而降低总线的动态功耗。对于 E/O BI 编码方法，考虑下面的例子。假设总线上的当前数据（10b）为式（3.43）

$$L(k-1)=10'\ b01\_1001\_1100 \tag{3.43}$$

下一个到达总线的数据为式（3.44）：

$$D(k)=10'\ b10\_1101\_0100 \tag{3.44}$$

经过编码后的数据为式（3.45）：

$$L(k)=10'\ b01\_0010\_1011 \tag{3.45}$$

此时，可以计算得到 $L(k)$ 与 $L(k-1)$ 之间的耦合翻转数为 8，比起编码前的耦合翻转数目 6 来说有所增加。

由上面的例子可以看出，编码时翻转奇数位或偶数位，或者全部翻转，都有可能减少耦合翻转数目，但是并不总是会起作用。甚至有可能出现不翻转时耦合翻转数目最少的情况。因此，本文对 E/O BI 编码方法做出一些改进。

2. 改进的 E/O BI 编码

假设 $L(k-1)$ 为总线上 $k-1$ 时刻的数据，$D(k)$ 是总线上新到达的 k 时刻的数据，$D\_Eves(k)$ 是将新到达的数据 $D(k)$ 偶数位进行翻转后得到的数据，$D\_Odd(k)$ 是将 $D(k)$ 奇数位进行翻转后得到的数据，$D\_Inv(k)$ 是将 $D(k)$ 全部翻转后得到的数据，$L(k)$ 是对 $D(k)$ 编码后真正放到总线上进行传输的数据。改进的 E/O BI 编码方法的基本思想：分别计算 $L(k-1)$ 与 $D(k)$、$D\_Even(k)$、$D\_Odd(k)$、$D\_Inv(k)$ 之间的耦合翻转数目，然后将耦合翻转数目最少的数据放到总线上传输。

假设 m 比特位宽的总线上，k 时刻新到达的数据为式（3.46）：

$$D(k)=\{d_1(k), d_2(k),\cdots,d_m(k)\} \tag{3.46}$$

k 时刻总线当前数据为式（3.47）：

$$L(k)=\{l_1(k), l_2(k),\cdots,l_m(k)\} \tag{3.47}$$

那么对于相邻的两根总线 $\{l_i(k-1), l_{i+1}(k-1)\}$ 和 $\{d_i(k), d_{i+1}(k)\}$，可以由耦合翻转卡诺图 3.23（a）表示，对应于 2λ 的翻转可以由卡诺图 3.23（b）来表示。

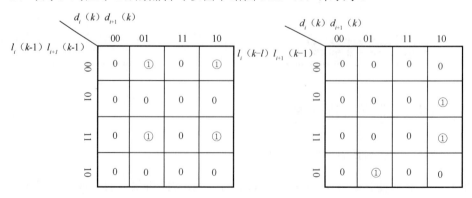

（a）对应 λ 的耦合翻转卡诺图　　　　　　　　（b）对应 2λ 的耦合翻转卡诺图

图 3.23　耦合翻转卡诺图

由卡诺图可以得到对应 2λ 的翻转的布尔表达式：

$$s_i(k) = \overline{l_i(k-1) \cdot l_{i+1}(k-1)} \cdot \overline{d_i(k)} \cdot d_{i+1}(k) + \overline{l_i(k-1) \cdot l_{i+1}(k-1)} \cdot d_i(k) \cdot \overline{d_{i+1}(k)} + \\ l_i(k-1) \cdot l_{i+1}(k-1) \cdot \overline{d_i(k)} \cdot d_{i+1}(k) + l_i(k-1) \cdot l_{i+1}(k-1) \cdot d_i(k) \cdot \overline{d_{i+1}(k)} \quad (3.48)$$

整个总线（m 比特）对应 2λ 的耦合翻转数为：

$$S(k) = \sum_{i=1}^{m-1} s_i(k) \quad (3.49)$$

同样地，由卡诺图见图 3.23（b）可以得到对应 2λ 的翻转的布尔表达式

$$r_i(k) = l_i(k-1) \cdot \overline{l_{i+1}(k-1)} \cdot \overline{d_i(k)} \cdot d_{i+1}(k) + \overline{l_i(k-1)} \cdot l_{i+1}(k-1) \cdot d_i(k) \cdot \overline{d_{i+1}(k)} \quad (3.50)$$

整个总线（m 比特）对应于 2λ 的耦合翻转数为：

$$R(k) = \sum_{i=1}^{m-1} r_i(k) \quad (3.51)$$

因此，整个总线的耦合翻转数目（λ 的数目）为：

$$Q(k) = S(k) + 2R(k) \quad (3.52)$$

与原 E/O BI 编码一样，改进的 E/O BI 编码也需要 2b 额外标志位来指示编码状态，如表 3.12 所示。在解码时，解码器通过这两位标志位来判断编码后数据与原始数据之间的关系。

表 3.12　2b 标志位

{EV,OD}	编码状态
00	没有翻转
01	奇线翻转
10	偶线翻转
00	全部翻转

3.4.2　针对 AHB 总线的混合型低功耗总线编码方案及硬件实现

1. 针对 AHB 总线的混合型低功耗总线编码方案

AHB 总线包括地址总线和数据总线，数据总线上的数据一般是没有特征的，但是其地址总线则有较明显的特征。

AHB 总线支持猝发传输（Burst），包括递增（Incrementing）猝发传输和回环（Wrapping）猝发传输。递增猝发传输访问连续地址空间，猝发中每个传输（Transfer）的地址都是上一个地址加上一个固定步长（Stride）。回环猝发传输中每个传输的地址也是递增的，但是当到达边界时地址会回环。一次猝发传输中，第一个传输的状态是 NONSEQ（Non-Sequential）。

由此可见，AHB 地址总线上传输的数据都是由连续、递增的数据流和非连续、无特征的数据流组成的。根据第 3 章分析，T0 编码方案是针对连续数据有较好编码效果的总线编码方法。而本文提出的改进的 E/O BI 编码方法则是针对无特征数据减小耦合翻转的

总线编码方法。因此针对 AHB 地址总线，混合型低功耗总线编码将利用 T0 编码方法来处理地址总线数据中连续的部分，用改进的 E/O BI 编码方法来处理地址总线数据中非连续的部分。

2．硬件实现

AHB 混合型总线编码方法的编码器分成选择器、改进的 E/O BI 编码器和 T0 编码器三个部分。编码器的输入为新到达总线的地址数据 HADDR 和来自 AHB 总线的控制信号，包括 HTRANS、HBURST、HSIZE、HREADY 信号。编码器的输出信号为编码后的地址数据及两根额外的标志信号 EV 和 OD。

选择器模块（MUX）根据 AHB 控制信号来判断选择 T0 编码还是改进的 E/O BI 编码，并生成一个选择信号 SEL。当地址总线上数据为连续数据时，SEL 设为 1。MUX 通过 AHB 的传输状态类型信号 HTRANS 来判断 AHB 地址总线上的数据是否是连续数据，即当前为 SEQ 状态，如式（3.53）所示：

$$SEL=\begin{cases} 1 & \text{if HTRANS=BUSY}|\text{SEQ} \\ 0 & \text{if others} \end{cases} \quad (3.53)$$

如果 SEL 信号被置为 1，那么将选择 T0 编码器来处理地址总线数据，否则用改进的 E/O BI 编码器。没有被选中的编码器将会停止工作，以此来节省编码器带来的额外功耗。经过编码处理的数据将会再连接到 MUX，判断哪一个数据会最终被输出到总线上进行传输。

改进的 E/O BI 编码器分为翻转器（Inverter）、耦合翻转计算器（Coupling Transition Estimator）和比较器（Comparator）三个小部分。首先，新到达的地址数据经过翻转器的处理，得到三种翻转数据：奇数位翻转数据、偶数位翻转数据、全部比特翻转数据。然后，耦合翻转计算器根据式（3.53）分别计算总线当前数据与新到达的地址原数据，以及总线当前数据与三种翻转数据之间的数目。最后，比较器比较耦合翻转计算器的计算结果，将对应数目最少的翻转数据作为编码数据输出，同时生成标志信号 EV 和 OD。

T0 编码器用来处理 AHB 猝发传输中连续的地址数据。T0 编码器需要的控制信号为 AHB 自身的信号 HTRANS、HSIZE 和 HREADY 信号，输出仅仅是该连续地址数据的第一个地址数据。其中，利用 HTRANS 信号来指示 T0 编码的编码状态，这样就可以省去添加额外信号线 INC。当 HTRANS 为 SEQ 或 BUSY 时，表示 AHB 当前传输为一个猝发传输，地址数据是连续的。

E/O BI 解码器根据编码器生成的标志信号 EV 和 OD，对编码数据进行适当的翻转后得到原始数据。T0 解码器在 HTRANS、HREADY、HBURST 和 HSIZE 的控制下，将首地址加上固定步长后得到一个猝发传输其余的连续地址数据。

具体控制方法如下。

（1）加上固定步长操作由 HTRANS 和 HREADY 控制。根据 AHB 猝发传输协议，只有当下面两个条件都满足时，才进行加上固定步长操作：第一，HTRANS 信号为 BUSY，或者 HTRANS 信号为 SEQ 且前一个 HTRANS 信号不为 BUSY；第二，HREADY 信号为高。

（2）固定步长值取决于 HSIZE，如表 3.13 所示。

表 3.13　固定步长取值

HSIZE	8	16	32	64	128	256	512	2014
Stride	1	2	4	8	16	32	64	128

（3）HBURST 信号控制加固定步长操作的模式，对于递增猝发传输则只需要递增地加上步长，对于回环猝发传输则需要在地址加到边界处时回环，边界地址必须和传输大小对齐。

3.4.3　针对 AXI 总线的低功耗总线编码方案及硬件实现

1. 低功耗编码（LPC）、串扰抑制编码（CAC）和差错控制编码（ECC）针对 AXI 总线的低功耗总线编码方案

与 AHB 不同，AXI 总线有五个通道。由于 AXI 的传输都是猝发类型（Burst），其读写地址通道上都只传输猝发的首地址，而不像 AHB 传输的是整个连续地址。同时，AXI 支持乱序操作，因此读写数据通道和地址通道上传输的数据都没有很明显的特征。但是考虑到目前很多应用都是针对图像或视频处理，而图像或视频数据都是具有一定关联性的。因此，有理由认为，针对图像或视频应用，AXI 读写数据通道上的数据是有一定关联性的。读写数据通道的数据特征类似，下面以写数据通道为例，进行低功耗总线编码方法的阐述。

在 AXI 的乱序操作中，写数据交叉操作（Write Interleaving）是比较特殊的操作，写数据交叉操作如图 3.24 所示。当多个主设备（Master）发起对同一个从设备（Slave）的写操作时，由于各个主设备的处理速度不一样，发出写数据的顺序也不固定，因此如果从设备支持写交叉操作，那么图 3.24 中地址 A11、A21、A31 对应的数据可以穿插传输，只需保证猝发各自内部的传输（Transfer）顺序是不变的。

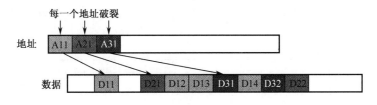

图 3.24　写数据交叉操作

对于图像或视频数据，写数据通道上的数据是有规律可循的。可以认为对应于一个地址的猝发传输数据是关联的，也就是说总线上前后两个数据之间的耦合翻转会较小，所以针对 AXI 写数据通道，本文对之前提出的改进的 E/O BI 编码进行进一步的改进，以适合写数据通道的数据特征。针对 AXI 写数据通道的改进 E/O BI 编码，以写数据通道的 WID 信号作为指示信号来判断数据是否属于同一个猝发传输。这个 WID 信号指从设备收到的

WID 信号，即已经过互连处理，加上了区分不同主设备的比特位，否则来自不同的主设备可能有相同的 WID 信号。WID 信号相同表示是同一个猝发传输，WID 信号不同表示是不同的猝发传输。

编码的基本思想是：如果前后两个数据属于同一个猝发传输，则后一个数据与前一个数据保持相同的编码，而不需再进行一次复杂的耦合翻转数目的计算与比较过程。如果后一个数据与前一个数据不属于同一个猝发传输，那么就用改进的 E/O BI 编码进行处理。从理论上讲，由于有一部分数据没有做任何编码，会导致在这样的改进之后，在编码效果上会比改进的 E/O BI 编码效果略差，但是由于省略了多次的加法运算及比较操作，其本身的功耗却可以相应地有所减少。

2. 硬件实现

AXI 写数据通道的编码器也可以分为改进 E/O BI 编码器、翻转器和选择器（MUX）三个部分，如图 3.25 所示。编码器的输入为新到达总线的数据和 AXI 写数据通道 WID 信号。改进的 E/O BI 编码器与 AHB 地址总线编码器是相同的，下面对其他两个模块进行说明。

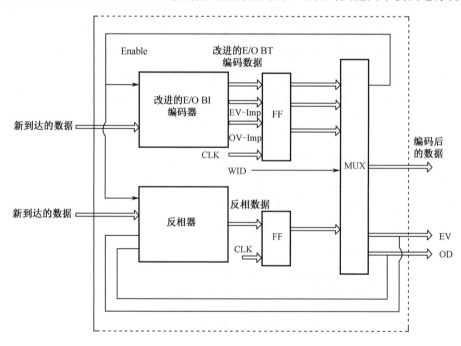

图 3.25　AXI 写数据通道编码器

选择器模块（MUX）根据 WID 信号来判断是否需要对新到达的数据做改进的 E/O BI 编码。在选择器模块中，对 WID 寄存一级得到上一个时钟周期的 WID 数值，用 WIDReg 表示。当 WID 与 WIDReg 相同时，当前数据沿用上一个周期数据的编码状态，MUX 选择 Inverter 模块的输出数据作为最终输出，其标志位取值也与上一个周期相同，如上一周期的数据只翻转了偶数位，那么当前数据也将翻转偶数位。当 WID 不等于 WIDReg 时，用改进的 E/O BI 编码进行处理，MUX 选择改进的 E/O BI 编码器的输出数据作为最终输出。同时，选择器模块生成 Enable 信号来控制改进的 E/O BI 模块的工作，如式（3.54）所示。当 Enable 为 1 时，改进的 E/O BI 模块正常工作。

$$Enable = \begin{cases} 1 & if\ WID \neq WID\ Reg \\ 0 & if\ WID = WID\ Reg \end{cases} \qquad (3.54)$$

翻转器模块（Inverter）根据当前数据的标志位（EV，OD）对下一个数据进行翻转，并将翻转数据送到 MUX 模块，由 MUX 模块选择输出。

3.5 小结

本章从总线低功耗的概念和总线能耗模型入手，详细介绍了常用总线低功耗技术、总线低功耗编码技术和总线低功耗编码硬件的实现方法等。

第 4 章

微处理器超低功耗技术

●●●●●●●●

4.1 微处理器超低功耗的基本理论

4.1.1 微处理器超低功耗设计的背景和意义

自集成电路问世以来，设计人员集成在单个芯片上的晶体管数量就呈现出令人惊讶的增长速度。早在 1965 年，Intel 公司创始人之一 Gorden Moore 便预测，集成在单个硅芯片上的晶体管数量每 18 个月将会翻一番，同时芯片的成本也将相应下降，这就是著名的摩尔定律。50 余年过去了，集成电路一直遵循着摩尔定律，获得了惊人的发展。

半导体工业进入了亚微米和深亚微米时代后，CMOS 工艺水平不断提高，1994 年达到 0.50μm，1997 年为 0.35μm，1998 年则是 0.25μm。相应地，芯片规模也越来越大。这些工艺水平所对应的单芯片集成度分别为 150 万门、350 万门和超过 1000 万门。

随着芯片面积呈几何指数的增大，芯片内部的电场效应将越发明显，为了避免微小器件内的这种电场效应，同时也为了防止芯片过热，芯片的工作电压会进一步下降。

半导体工艺的飞速发展带来了芯片中晶体管密度的增大、电路工作速度的提高，但这些因素都使得集成电路的功耗明显增加，因此芯片的散热措施也不断更新，从改变封装形式到添加散热装置，明显增加了芯片的成本。芯片的封装形式从塑料变成陶瓷时，封装价格将增加 4 倍；当芯片的功耗大于 40W 时，芯片需要添加散热风扇。

对于代表集成电路最高水平的处理器产品，它的发展趋势和集成电路整体一样，也是晶体管数目越来越多、运行速度越来越快，同时功耗也越来越大。

在半导体工艺不断进步的同时，以电池为供电形式的手持式设备和膝上电脑也迅速普及，系统的功耗有时已经成为这些系统设计首要考虑的因素，如果在这些移动系统中使用上述主流芯片，巨大的功耗将使这些系统无法使用，因此处理器低功耗化成为发展移动系统必然要解决的问题。

尽管电池技术一直在发展，但与半导体和通信产业的飞速发展相比，电池的供电能力和重量一直是手机等移动设备广泛使用的瓶颈。

使用在手机或 PDA 等设备上的处理器对功耗有严格的要求，如在这些系统中最常使用的 ARM 处理器，最大功耗不超过 300mW，因此这些处理器的设计要求很高。

中国的处理器设计刚刚起步，大多数采用的方式都是仿制主流处理器的体系结构，设计水平和对体系结构的研究都相当落后，而对于低功耗处理的设计更是刚刚起步。西北工业大学航空微电子中心是中国最早开展微处理器设计的单位之一，该研究单位对处理器体系结构进行了大量的研究，目前已经设计成功了多款 8 位、16 位和 32 位的 CISC、RISC 和 DSP 处理器，具备了对微处理器系统结构进一步研究的能力，在此基础上开展了微处理器低功耗体系结构和设计方法的研究。正是在这样的背景下，我们要研究微处理器的低功耗技术。

4.1.2　超低功耗设计的必要性

由于功耗问题越来越严重，低功耗设计也就变得非常重要，采用低功耗设计会带来很多好处，这也是低功耗设计成为热点研究问题的原因。

1. 功耗问题的严重性

随着计算机在全世界的普及，其消耗的能量也越来越巨大。下面从全世界计算机中的 CPLT 功耗，揭示这一趋势。据统计，在 1992 年全世界大约有 87M 个 CPLT，功率约为 160MW，而到了 2001 年，就有 500M 个 CPU，功率大约为 9000MW，而中国的三门峡水利枢纽工程装机容量也就 1160MW。服务器对能量的需求更大，如占地面积 2500 平方英尺，由 8000 个服务器组成的巨型机功率可达 2MW，功耗费用占管理此设备总费用的 25%。

通过对比 Alpha 系列处理器的功耗情况，也可以看出功耗问题的严重性。Alpha 处理器的发展过程和趋势如表 4.1 所示。由于处理器内部结构复杂程度迅速增大，单个处理器的功率已经超过了 100W。需要注意的是，Pentium 系列处理器从设计的一开始就在各个阶段进行了低功耗设计，这更说明了功耗问题的严峻性。

表 4.1　Alpha 处理器的发展过程和功耗趋势

Alpha 型号	峰值功耗（W）	频率（MHz）	Die 大小（mm^2）	供应电压（V）
21064	30	200	234	3.3
21164	50	300	299	3.3
21264	72	667	302	2.0
21364	100	1 000	350	1.5

在微处理器设计中，功耗和性能常常是不能两者兼顾的。在 PC 和工作站领域，性能的提升是受冷却能力限制的，通常采用封装、风扇和水槽等方法来解决散热问题。而在便携电子产品中，关键因素是电池寿命，所以挑战就是被给定的电源限制后，最大化微处理

器的性能。这就确定了微处理器的发展方向是在功耗和性能之间找到平衡点，且这个平衡点必须满足广阔的应用范围。

2．超低功耗设计的好处

（1）节省能源

超低功耗设计带来的最直接的好处就是节省电能。由上一节的介绍可以知道，处理器对电能的消耗是巨大的，而低功耗设计恰恰能降低电能的消耗，节省电能对环境和资源的保护大有裨益。

另外，对于移动和便携设备，主要的电能供应是电池，而电池的蓄电能力是有限的，应用低功耗技术，减少电能消耗，延长电池供电时间，无疑可以增强移动设备的便携能力，扩大设备的应用范围。

（2）降低成本

使用低功耗设计可以降低芯片的制造成本和系统的集成成本。首先，在芯片设计的时候，如果功耗高，就要考虑增加电源网络，并避免热点的出现，这无疑提高了设计的复杂度，增加了设计的成本。其次，在芯片制造时，功耗高就会增加封装的成本，不同的封装形式，价格相差很大。最后，在系统集成的时候，若使用功耗较高的芯片，就要采用较好的散热方法，无论采用什么形式，都会提高系统的成本。

（3）提高系统稳定性

进行低功耗设计可以提高系统的稳定性。由于功耗增加会导致芯片温度升高，温度升高后会导致信号完整性不足和电迁移等电学问题，并会进一步加大漏电功耗，从而影响芯片的正常工作。由于湿度过高导致系统死机的情况在当今随处可见。

（4）提高系统性能

功耗是制约性能的一个重要因素，由于顾及到功耗的严重性，很多高性能芯片的设计都被迫放弃研究计划，或者精简设计方案。如在 2004 年，Intel 公司就是因为功耗过高而被迫放弃了其性能最优的 Tejas 和 Jayhawk 处理器的研发计划，其中 Tejas 样片的功耗超过了 150W。在系统集成过程中，常常为了避免功耗增加带来的系统不稳定性，以及为了延长电池的使用时间，不得不以牺牲系统的性能为代价，使系统工作在相对低频的情况，以控制功耗。

4.1.3 超低功耗设计的发展趋势

随着制造工艺水平的进一步提高，低功耗设计呈现出新的发展趋势，本节分三部分描述这种趋势。首先根据 CMOS 电路功耗的分类，介绍在动态功耗和静态功耗两个方向低功耗设计技术的发展趋势，然后综合这两个方向，再从处理器体系结构的角度分析技术发展趋势，从体系结构角度进行超低功耗设计是本章讨论的重点内容。

1．降低动态功耗技术趋势

在以降低动态功耗为目标的低功耗设计技术上，减少处理器内部逻辑的跳变活动，降低处理器的工作电压和工作频率依然是低功耗设计的最主要内容。对动态功耗来源的量化分析可以从本文下面详细论述中看出，动态功耗同跳变活动、工作电压及工作频率之间的关系决定了动态功耗控制技术的着力点。所以减少处理器内部逻辑的跳变活动，降低处理器的工作电压和工作频率依然是最主要的低功耗设计的内容。但是由于工艺水平提高以后，供电电压已经降得很低，电压的可变范围逐渐缩小，所以同动态调整工作电压相关的技术将越来越受到限制，但根据任务负载调整工作频率和控制空闲部件的跳变依然会持续有效。由于工艺技术的提高，动态功耗在处理器整体功耗中的比重已经下降，但从中可以看出，动态功耗依然占据着相当重要的地位。所以在未来的低功耗研究工作中，动态功耗会继续成为研究的对象，而动态功耗控制技术也必将在处理器设计中得到广泛应用。

2．降低静态功耗技术趋势

随着工艺水平的提高，静态功耗成指数级增加，从如图 4.1 所示的漏电功耗和动态功耗的比例，以及 Intel 公司系列处理器中漏电功耗占总功耗的比例，都可以明显看出这个趋势。所以对静态功耗控制技术的研究成为了新的研究热点。在静态功耗控制技术中，最主要的有三个技术，一是以调整阈值电压来控制漏电功耗，如使用多阈值电压 GMO 器件，以及使用在运行时改变阈值电压的技术；二是通过切断空闲部件的电源来降低功耗的门控供电电源技术，这样在没有电源供应的情况下，就不会有漏电功耗的产生；三是利用电路的级联效应，对空闲部件使用输入向量控制技术，由于输入向量会对电路的漏电状态产生影响，选择好的输入向量会使与输入相连的电路处于低漏电状态。

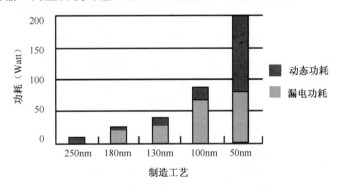

图 4.1　漏电功耗和动态功耗的比例

在降低漏电功耗方面，还需要做很多研究工作来完善这些技术，并使其实用化。由于只要与电源相连，电路就会有漏电流产生，在微结构级低功耗设计的研究中，几乎没有有效的控制漏电功耗的技术，对漏电的控制技术主要集中在电路级。然而在低功耗设计领域，越是高层的低功耗设计越能更大程度地降低功耗，而底层技术的功耗控制能力则较弱，所以还是要深入研究微结构级的设计方法，找出可以有效控制漏电功耗的技术。

3．处理器微结构设计的趋势

功耗的挑战已经对微处理器设计者提出了新的要求，需要将功耗作为一个重要指标，重新对原来的设计思想进行评估。对低功耗的设计可以包含在设计的所有层次中，包括在系统级的电源管理、体系结构的选择及更底层的逻辑级和物理级的低功耗实现技术。

当前主流的处理器仍采用越来越夸张的超标量方法来实现，尽管生产工艺不断提高，但功耗增加的速度仍然是惊人的。处理器性能的提升呈亚线性增长，而能量的消耗却呈超线性增长，这就清楚地说明了为什么传统的超标量结构设计方法会导致设计出的处理器的能效越来越低。

4.1.4 超低功耗微处理器的发展

自集成电路问世以来，其处理速度、规模、特征尺寸均以令人惊异的速度向前发展。早在 1965 年，Intel 创始人之一的 Gordon Moore 博士就预测，当价格不变时，集成电路上可容纳的晶体管数目约每隔 18 个月便会增加一倍，性能也将提升一倍。换言之，每一美元所能买到的计算机性能，将每隔 18 个月翻一倍以上，这就是著名的摩尔定律。近几十年，集成电路遵循着摩尔定律取得了惊人的发展。集成电路的迅猛发展，导致集成电路的功耗显著增加，因此低功耗设计应运而生。事实上，集成电路的低功耗设计主要受以下四方面因素的推动。

第一是手持设备的出现极大地推动了低功耗设计的发展。手提电脑、掌上电脑、手提电话及掌上游戏机等均为手持设备，这些手持设备在过去的几年中发展迅速。根据 DataQuest 公司统计的数据，从 1995 年到 2000 年，手提电脑及掌上电脑的年增长率达到了 18.9%。手持设备均由电池供电，因此电池使用寿命是评估这类产品很重要的一个指标，实际上，这类产品成功的商业范例正是依赖于该产品的质量、价格及电池使用寿命。但是，电池技术的发展无法跟上各种应用系统的能耗需求，这意味着提供给 20 W 的系统工作 10 小时需要 8.7 磅重的电池，对于功率更大的设备则所需的电池会更重。因此，电池的价格与重量成为降低系统价格与重量的瓶颈，只有采用低功耗技术降低系统的功耗才是解决该问题的有效途径。

第二是散热问题。集成电路消耗的电能绝大部分以热量形式散发出来，因此必须采用有效的散热技术来保证芯片正常的工作温度。如果无法有效散热，则会导致电路性能下降。研究表明，工作温度每升高 10℃，电路的失效率将会翻一番。为了有效散热，需要改进封装技术。可以看出，随着功耗增大，集成电路的封装和散热成本显著提高，如以陶瓷封装代替塑料封装，其封装价格增大了 4 倍。当功率达到 40W 时，则需要增加风扇散热，其成本会进一步增大。因此采用低功耗技术可以有效降低封装和散热成本。

第三是可靠性问题。影响集成电路工作的可靠性和信号完整性问题都是与集成电路的峰值/平均功耗有关。例如，当功耗较大时，在高层互连金属上有电迁移现象，它会导致电子线路的短路或断路。电源线问题同样会影响电路的可靠性，它降低电路性能、减小噪声容限、增大时钟偏移。前述问题严重影响了电路的可靠性，而降低峰值/平均功耗则可以解决这些问题，提高电路的可靠性。

第四是环境保护问题。功耗问题会直接或间接地影响环境，根据美国环境保护机构估计，办公室电子设备所消耗的电能中，80%是被计算机所使用，因此该机构提出了 EnegryStar 计划，该计划要求计算机，尤其是个人计算机必须高效地利用电能。这就要求集成电路设计时采用低功耗技术，以使芯片能够有效地利用电能。

集成电路特征尺寸的不断减小和集成度、工作频率的不断提高，导致了芯片功耗的迅速增加。低功耗设计已经成为芯片设计中一个关键问题。然而不同应用领域的集成电路设计产品对低功耗的要求重点是不尽相同的。因此，一个好的低功耗设计，必须是有针对性地根据不同应用的低功耗需求来进行电路设计。

通常，集成电路产品的两类典型的供电方式为：由电池供电的便携式电子产品；由外界电源供电的电子产品。不同的供电机制决定了必须采用不同的策略来降低它们的功耗。

1．由电池供电的便携式电子产品

笔记本电脑、手机、数码相机、MP3 等时尚消费和商务类电子产品具有的特点是：电子产品芯片的工作电能完全由电池提供。而对于一般的储能电池而言，其存储的电能是一定的、有限的，如笔记本电脑电池只能支持工作几个小时，手机的电池只能支持工作几天。因此，该类产品可以获得的电能是有限的——电池的储能一定，但却可以获得相对较大的瞬时功率。因而，该类产品的低功耗设计主要是侧重于降低芯片对电能（电量）的消耗，从而延长电池寿命。设计时可根据实际需要采用不同的工作模式来尽可能地节省能耗，如工作时采用激活模式，不工作时则进入休眠模式等。本质上，该类芯片低功耗设计的重点是低能耗的设计。

2．由外界电源供电及高性能的电子产品

RFID 系统中的无源电子标签的芯片工作的电能来源于电磁载波，只要处在有效电磁场域中，电子标签就能通过射频电磁载波源源不断地获取能量。然而电磁载波能够提供的瞬时功率是有限的——电磁波瞬时传播的能量有限，瞬时功率限制了芯片的工作距离。因此，该类产品在低功耗设计时，更侧重于降低瞬时功率，尤其是最大瞬时功率。在低功耗设计过程中，应尽量采用低电压技术、门控时钟及多时钟域技术、流水线结构等来尽可能减小功耗。本质上，该类芯片低功耗设计的重点是低功率的设计，该理念同样适用于电视、个人 PC 等由电源直接供电的非便携式电子产品的设计。

4.2　集成电路功耗的来源

功耗是由电源到地之间流过的电流决定的。计算功耗的时候必须加上所有从 V_{dd} 到 GND 流过的电流，并将其乘以这两个电根之间的电压。通常的功耗由下式给出：

$$P=IV_{dd} \tag{4.1}$$

在 CMOS 集成电路中，功耗由三部分组成，如式（4.4）所示：

$$P_{total}=P_{dyn}+P_{short}+P_{leak} \tag{4.2}$$

式中，P_{total} 为总体功耗，P_{dyn} 为动态功耗，P_{short} 为短路功耗，P_{leak} 为漏电流功耗。下面详细介绍这些功耗产生的原因。

1. 动态功耗

在 CMOS 集成电路中，动态功耗占总体功耗的比例达到 90%以上。动态功耗是由于电路等效节点上的充放电而产生的。将电路的翻转等效为对线上电容的充放电，如式（4.3）所示：

$$P_{dyn} = \sum_{i=1}^{N} \alpha_i C_i \Delta V_i^2 f_i = V^2 f \sum_{i=1}^{N} \alpha_i C_i \tag{4.3}$$

式中，α_i 为节点 i 的反转概率，C_i 为节点 i 的等效电容，V 为电源电压，f 为系统时钟频率。

从式（4.3）可以看到，CMOS 集成电路的动态功耗与电路工作时间采样点、电路等效电阻等参数无关，只和式（4.3）中的参数有关，包括节点的翻转率、节点的等效电容、电源电压和系统时钟频率，其中系统时钟频率和电源电压在同一工艺尺寸下成正比。因为动态功耗占据 CMOS 集成电路功耗的绝大部分，因此降低芯片动态功耗及芯片的总体功耗，必须从这些方面入手。

2. 短路电流功耗

以最简单的 CMOS 反相器为例进行短路功耗分析，CMOS 反相器的传输曲线如图 4.2 所示。CMOS 反相器工作在 V_{dd} 电压下。N-mos 的阈值为 V_m，而 P-mos 的阈值为 V_{tp}。如图 4.2 的传输曲线所示，当输入电平高于 V_{tn} 时，N-mos 打开；当输入电平低于 V_{tp} 时，P-mos 打开。当输入电平 V_{in} 改变时，有一段很短暂的时间 P-mos 和 N-mos 均打开，此时 V_{dd} 和地之间有一个短路电流，电能以热能形式在 P-mos 和 N-mos 上消耗掉。

根据反相器的工作特性进行进一步分析，可以得到如图 4.3 所示的输入电压与短路电流的关系。当输入电压低于 V_{tn} 或高于 V_{tp} 时，电流为 0；当电压高于 V_m 时，电流逐渐增大，当电压接近 V_{tp} 时电流减小。由于电源电压恒定，将短路电流与电源电压相乘即得短路电流功耗。短路电流波形与下述几个因素有关。

（1）输入信号斜率和持续时间；

（2）P-mos 和 N-mos 的 I–V 特性曲线，这与它们的尺寸、工艺参数、温度等有关；

（3）输出负载电容。

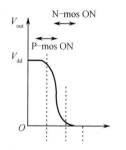

图 4.2　COMS 反相器传输曲线

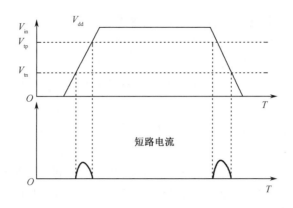

图 4.3　输入电压与短路电流

3．漏电流功耗

漏电流功耗主要由制造工艺决定，一部分是 MOS 晶体管中源漏扩散区和体区间形成的 PN 结的反向偏置电流；另一部分是次开启电压下存在的反型电荷形成的次开启电流。方向偏置电流如式（4.4）所示，亚阈值电流如式（4.5）所示。

$$I_{\text{reverse}} = I_s (\text{e}^{V_{\text{dd}}/V_{\text{th}}} - 1) \tag{4.4}$$

式中，I_s 为方向饱和电流，V_{th} 为热电压。

$$I_{\text{sub}} = I_0 \text{e}^{(V_{\text{gs}} - V_{\text{T}})/\alpha V_{\text{th}}} \tag{4.5}$$

式中，I_0 是 $V_{\text{gs}} = V_t$ 时的电流，α 是栅极电压，V_{th} 是 P-mos 和 N-mos 的阈值电压。α 是由工艺决定的参数，一般为 $1.0 \leqslant \alpha \leqslant 2.5$。

4．静态电流功耗

严格地讲，理想数字电路中并不存在静态的电流功耗，在 CMOS 电路中，非漏电流的电流应该仅发生在电路状态切换时。然而，有些时候不可避免地要使用一些特殊形式的逻辑。

如伪 NMOS 逻辑电路，它不需要 P 型晶体管网络，因此与标准 CMOS 相比可减少一半晶体管数。但 NMOS 逻辑电路存在电源到地的固定通路，它将消耗一定的电能，即称为静态电流功耗。可以看到，该方法是通过牺牲功耗来减小面积的。

4.3　如何降低功耗

一块电路的功耗可以用 $p_{(t)} = i(t) \times v(t)$ 来定义，其中 $i(t)$ 为电源提供的瞬时电流，$v(t)$ 为电源的瞬时电压。功耗最小化主要针对最大瞬时功耗或平均功耗进行优化。$i(t)$ 主要影响便携式设备供电系统的电池寿命及系统散热装置的成本。$v(t)$ 主要和电源网格结构及供电电路有关。低功耗不是电路设计的唯一目标，它要建立在不牺牲电路性能的前提上。当然，大多数情况下，可以牺牲部分电路性能来降低功耗。

在进行低功耗电路设计时，可以努力达到同时减少以上介绍的三种功耗。设计和工艺涉及不同种类的功耗降低优化，在设计过程中，可以有效减少线网的开关次数，以此来降低动态（开关）功耗；在工艺设计时，优化的组合逻辑单元及时序逻辑单元可以同时减少上述的三种功耗。

传统上，减小系统的供电电压可以显著地降低系统功耗，由于开关功耗与电源电压的二次方成正比，如果电源电压可以减小一半，则功耗变为原来的四分之一。当然，降低电源电压，必须同时减小阈值电压 V_T 来使电路速度不受影响。在不影响电路性能的前提下，减小开关电容（负载电容与翻转率的乘积）是有效降低功耗的方法。面积优化可以减小负载电容，而发现并利用信号相关性（时间、空间或时空相关性）可以降低翻转率。因此，所有低功耗设计的基本实现方法都是为以下几个方面：

（1）降低系统主频；

（2）降低系统工作电压；

（3）减小线网负载；

（4）降低线网的有效翻转率。

功耗优化可以在设计的不同阶段实现。事实上，在设计之初就着手解决功耗问题是最好的，高层次的功耗优化会带来更小的功耗。于是，现在需要采用低功耗设计流程，这就要求在设计过程的每一阶段，评估设计的优劣程度，大体估算出系统的功耗，并有相应的 EDA 软件支持。

自顶向下（Top-Down）的 VLSI 电路设计从用户要求开始，到芯片的封装生产结束。在系统设计中根据系统功能、性能和物理尺寸要求，选择设计模式和制造工艺，确定芯片尺寸、工作速度、功耗等约束条件，并在顶层进行功能模块的划分和结构设计。在模块图一级进行仿真、验证，并用硬件描述语言对高层次的系统行为进行描述，并进行行为验证。然后用综合优化工具生成具体门级电路网表，其对应的物理实现可以是可编程器件或专用集成电路。由于设计的主要仿真和调试过程是在高层次上完成的，这不仅有利于在早期发现结构设计上的错误，避免设计工作的浪费，而且也减少了逻辑功能仿真的工作量，提高了设计的一次成功率。逻辑设计的正确性是后续设计步骤的前提。逻辑设计完成后，就要根据元件模型库完成电路设计。物理设计要把元件的电路表示转换成几何表示（版图），因此物理设计也称为版图设计，在得到版图的物理参数以后进行仿真。如果仿真结果不满足设计要求，就要重新回到前面的设计步骤去优化或重新进行设计。各个层次低功耗优化的优化效率如图 4.4 所示；低功耗设计中用到的几种技术如图 4.5 所示。

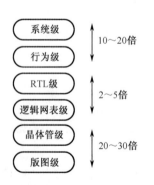

图 4.4　各个层次低功耗优化的优化概率

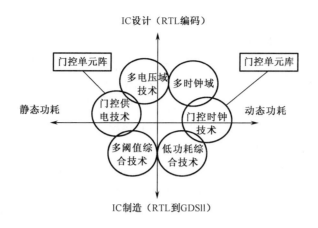

图 4.5　几种低功耗设计技术

下面各节要从底向上介绍设计各个阶段的低功耗优化手段及策略。

1．工艺级和电路级优化

（1）工艺级优化

近三十年来，VLSI 工艺技术不断前进，直至现在的深亚微米阶段。最小特征尺寸一直按 k-0.7 的尺度缩小。采用较高工艺水平可以降低功耗，因为较高的工艺带来特征尺寸的减小，使得电容和电源电压都相应下降，不过用更高工艺会适当增加芯片成本。最基本的按比例缩小理论就是恒定电场按比例缩小理论。该理论要求几何尺寸与掺杂浓度同时按比例缩小来保持 MOS 晶体管栅氧化层电场为恒定值。采用该理论缩小后的晶体管，功率缩小为原来的二分之一，功率密度（每单位面积功耗）不变，速度变为原来的 $1/k$。

对于恒定电场按比例缩小理论，工艺特征尺寸的缩小可以显著降低功耗且不影响速度。造成这种结果的原因是：芯片集成的晶体管数目呈几何级数增加，造成了芯片平均功耗的增大；芯片的电源电压并没有按照理论所要求的那样减小，减小的比例要远远小于器件缩小的比例。其一是因为电源电压均为标准值（5V、3.3V 等）；其二是适当增大电源电压可以提高器件的运行速度（晶体管过驱动）。

目前的电源电压均采用标准电压形式，5～3.3V，目前还在逐渐降低。由于电源电压在一个时期内维持不变，一种新的按比例缩小理论在恒定电场理论的基础上被提出来，也就是恒定电压按比例缩小理论。在 0.8μm 工艺之前，该理论一直占主导地位。

恒定电压按比例缩小（Constant Voltage，CV）理论是对恒定电场（Constant Electrical Field，CE）理论的一种修正，它的主要特点是保持电源电压不变，解决了 CE 理论所带来的问题，如阈值电压过低所造成的漏电流过大。但是器件中电场强度又带来许多与高电场相关的新问题。

按比例缩小使功耗得到有效降低，但要求新的制造工艺，同时它要求新的支持电路，如电平转换器和 DC/DC 变换器，还得重新考虑一些细节，如信号的噪声容限。器件尺寸缩小是实现高性能超大规模集成电路的必经之路，各种缩小尺寸的理论均有各自的特点及存在的局限性。因此，它们只能作为缩小器件尺寸的指导性理论，设计人员必须根据具体的应用和工艺的可能性，实现设计的最佳化。

封装技术对芯片的功耗有巨大的影响，芯片级的 I/O 单元功耗大约占整个系统功耗的 1/4～1/2。因此，在多芯片系统中，优先考虑的是减少 I/O 功耗。通常芯片间的接口单元占据了相当一部分功耗，这是因为芯片之间接口电容的大小在皮法级，而片上电容仅仅为 μF 数量级（以 0.35μm 工艺为例）。对于传统的封装技术，每个封装引脚的电容大约为 13～14pF。由于动态功耗与电容呈线性关系，芯片间的 I/O 接口电容功耗可以占到整个芯片组功耗的 25%～50%，对于具有多芯片的系统，减小 I/O 电容对于降低系统的功耗具有积极的意义。

多芯片封装（MCM）相对于印制电路板（PCB）可以大量地减小芯片间通信的功耗。在 MCM 多芯片封装中，所有芯片都被封装在一个基板上，此时，芯片间的 I/O 接口电容可以下降到片内 I/O 接口电容的水平，从而降低了芯片间的 I/O 功耗。解决了接口问题后，就可以把目标转向片内的低功耗设计。

采用 MCM 封装还可以缩短芯片间连接线的线长和减小电容，使得延时减小，提高电路的性能，从而为低电压低功耗设计打下基础。此外，和其他封装方式比较，MCM 封装大大提高了系统的集成度。

在版图设计时，合理地规划版图以缩短器件间互连线的长度，减小其寄生电容。版图设计中最简单的低功耗方法是对具有较高翻转率的信号选择上层金属布线。上层金属与衬底被一层较厚的二氧化硅隔开，且宽度较大，寄生电阻较小。由于布线的寄生平板电容随氧化层厚度的增加而减小，因而把翻转率高的信号用上层金属布线是相当有利的。

2. 电路级优化

电路级优化的根本就是降低各种基本电路单元的功耗，这时可以牺牲一部分面积。低功耗触发器由于其特殊的重要性，目前人们研究得比较深入。

电路级低功耗设计技术主要涉及多电压域设计、多阈值设计及低功耗数字逻辑单元设计。这几项技术均要求有相应的工艺库支持，目前部分半导体制造厂商已经提供了这种标准库。

在当前工艺水平下，动态功耗占功耗的主要部分，降低电源供电电压可以减小动态功耗。这就是集成电路由原来的 5V 供电电压降为 3.3V，又降为今天的 1.5V 甚至更低的原因。但降低供电电压会面临一些问题。降低电源电压，如果阈值电压不变，那么噪声容限会减小，抗干扰能力减弱，信号传送准确性就会降低。为保持足够的噪声容限，阈值电压要随供电电压的减小而相应地减小。然而，阈值电压的减小，会导致静态漏电功耗呈指数级增长，从而可使动态功耗的减小无法弥补静态功耗的增长，结果可能得不偿失，要根据工艺水平来具体分析。供电电压降低，功耗虽然降低，但是延迟会增长，导致系统性能下降。因此用降低电压的方法来降低功耗，必须用其他方法补偿相应的延迟损失，以保证系统性能没有下降，当前一个可行的办法是多电压域技术。根据系统各部分的工作速度来划分电压域，对于同一个设计中的不同模块，给处理速度较高的模块提供高电压；对于处理速度较低的模块，则供给较小的电压，这样可以降低总体的功耗。系统的多个电压值必须由不同的电压管脚提供，或者可以把模拟多电压供电装置集成到芯片中去。对于一个多电压域设计，它需要额外的电平转换装置来实现不同模块之间的信号传递。

除了减小电源电压外，也可以采取动态调整电压的策略。但是这种策略要求一个器件工作在几种不同的电压下，给器件的设计带来了一定的困难。

此外，集成度很高的 SoC 可以在某个时段关闭一个模块的电压源，以彻底减少其漏电功耗及动态功耗。可以采用简单的与门充当功耗门控单元，也可以采用单个晶体管以形成虚拟地和虚拟电源。已经关断电源模块的输出不能悬空，这就要求 SoC 中集成输出保持单元来存储被关断模块之前的输出值。对于时序电路，还需要额外的状态保持单元来存储寄存器中的当前状态值，以便在该模块恢复供电时，可以重新读取当前状态，这种机制类似于断点保护。

多阈值 CMOS 电路在电路中应用了多个阈值电压来控制亚阈值电流，也就是电路中管子的阈值电压有不同的值。目前应用得比较多的是双阈值电压，即在关键路径采用低阈值 MOS 管，这样可以得到好的性能，而在一般通路采用高阈值 MOS 管，以减小其阈值漏电流。多阈值电路不能应用在电源电压很低的电路中，因为电源电压过低可以导致高阈值管不能导通。

由于目前大部分电路系统均为同步系统，所有的触发器均随时钟同步工作，这样会浪费很多功耗。采用异步电路可以避免这种问题发生，但是这种方法不是很常用，且设计风险较大。

异步逻辑不采用全局时钟，而是用握手信号电路协调模块间的运作，因此异步电路本质上是数据驱动的，能最大限度地利用功耗。同步电路采用统一的时钟驱动，而异步逻辑通过握手电路驱动，异步逻辑示意图如图 4.6 所示，它的主要优点是避免电能浪费。因为时钟信号不带任何信息，仅仅是为了驱动，庞大的时钟驱动网络造成了功耗的严重浪费。异步电路还可以避免误翻转。另外，因为没有时钟驱动，异步电路是任务驱动的，在没有任务时便自动关闭。

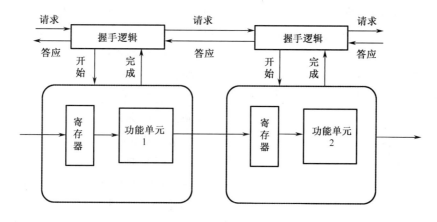

图 4.6　异步逻辑示意图

3. 逻辑级优化

逻辑优化一直是近年来研究的热点。由于目前数字电路的复杂度很高，进行逻辑电路的手工优化是很费时费力的。因此，有必要采用结构化的逻辑设计方法，并有相应的 EDA

软件支持。目前，几家主流的 EDA 公司，如 Synopsys 等均有低功耗优化综合工具面世，其代表产品是 Power Compiler。

（1）路径长度相等优化

在进行逻辑优化时，主要的技术参数，如电源电压等均已确定。可以自由地选择电路逻辑及尺寸来完成功能映射。对于工艺和电路级优化，应该注意到功耗并不是唯一的衡量标准，性能也很关键。在大多数情况下，对性能的要求是很苛刻的。因此，一般的优化环境都是受限功耗优化，也就是说，逻辑网络要在满足关键路径长度不增加的情况下，达到最小功耗。在这种假设下，一种有效的策略就是路径长度相等化。

路径长度相等化使得逻辑网络信号的输入到输出路径长度均相等。当这些逻辑路径基本等长时，大多数门的输入跳变沿都是对齐的，这样就可以避免误翻转。这种优化方法对算术逻辑单元非常有效，包括乘法器、加法器等。

英特尔（Intel）StrongARM 系列处理器中的乘加单元（MAC）由一个华莱士树乘法器及一个提前进位加法器组成。该华莱士树乘法器是一种基于部分和优化的高速乘法器，此外，它的进位储存加法器树的动态功耗很低。这全仰仗路径长度相等优化通过路径平衡对误翻转的有效抑制。与阵列乘法器相比，通过上述优化手段，华莱士树乘法器的功耗降低了 23%，速度提升了 25%。

（2）尺寸缩放优化

复杂组合逻辑及控制器相对于算术单元而言，它的结构很不规则，这时等路径优化就不再适用。可以采用器件尺寸优化来达到功耗优化的目的。尺寸优化主要针对高速组合路径。处在高速关键路径上门的尺寸被缩小，以减小其栅电容。这样还可以增大它的延时，通过减慢高速路径的处理速度，可以均衡各个路径的传播延时，减少误翻转。因为同时还缩小了门尺寸。这样可以有效地降低功耗。当然，调整门的尺寸并不只是缩小，还有可能放大。当一个门的负载非常大时，它的输出沿特性非常差，这样会造成短路功耗增大。通过给门添加缓冲器或增大门的尺寸，可以增加它的驱动能力，改善其输出沿特性，减小扇出门的短路功耗。随着门尺寸的增大，它的输入栅电容也增大。因此，设计人员经常要在输出动态功耗与内部短路功耗之间进行权衡，以达到最佳门尺寸，使得功耗最优化。

（3）树形结构

在门级设计中，减少误翻转可以避免功耗浪费。树形优化示意图如图 4.7 所示，图 4.7 表示两种实现布尔逻辑的方法，假定门延时和信号到达时间均相同，在输出到达稳态以前，层叠式结构信号翻转次数高于树形结构，这是因为在层叠式结构中每一次输入翻转都将诱发输出翻转，这些

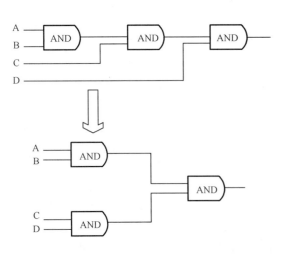

图 4.7 树形优化示意图

翻转又向它的下一级传播。而在树形网络中，由于结构是对称的，逻辑深度比层叠式结构小，因而可以避免多余的误翻转，这种结构可以节省 15%～20%的功耗。

（4）其他逻辑级优化方式

其他几种逻辑级优化方法包括：逻辑重映射、相位分配及管脚换位，统称为局部变换。这些技术主要用于优化门级网表中的大负载线网，它们主要是将大负载线网周围的门单元替换、重组而形成新的逻辑。与尺寸缩放优化相同，进行局部变换时，一样要权衡短路功耗及动态功耗。逻辑重映射示例如图 4.8 所示，相位分配示例如图 4.9 所示，管脚换位实例如图 4.10 所示。

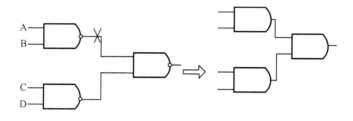

图 4.8　逻辑重映射示例

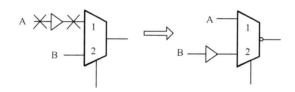

图 4.9　相位分配示例

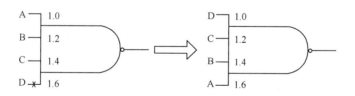

图 4.10　管脚换位示例

以上不同的三个例子分别说明了三种功耗优化方法的适用范围。三个示例分别表示用不同手段降低大负载线网的动态电容负载。

需要特别说明的是，前面所讲的所有逻辑级优化均是局部化的。如果想在系统范围内降低功耗，就必须做大量的优化工作，以达到目的。该过程非常费时费力，且具有一定的由于功耗估计不精确造成的不确定性。有时，局部优化所减少的功耗会被功耗估计引擎忽略掉，于是，逻辑优化就不可能带来很大程度的功耗降低，经常在 10%～20%的范围内。若想获得更大程度的优化，则必须在设计的更高层实现。

4．寄存器传输级优化

专用集成电路设计从功能定义开始，就要适当地考虑系统的功耗情况，但是这个时候由于系统的具体功能划分还没有确定，因此很难对功耗有一个准确的估计。目前 EDA 软件也没有提供这方面的支持。在系统功能块划分确定及行为功能验证之后，就要进行模块架构的确定及各模块 RTL 可综合代码的编写。RTL 级优化可以降低 1/2～1/5 的系统功耗。

5．门控时钟技术

复杂的 SoC 在工作时会有很多时序单元（器件）处于闲置状态，它们并不输出有效的计算结果。于是可以关断这些单元来降低系统功耗。最有效的办法是关断这些单元的时钟来彻底减少其动态功耗，最基本的手段是采用逻辑门控制时钟。

当采用门控时钟时，时序单元的时钟输入受到一个控制信号的控制，当使能信号有效时时钟翻转，否则时钟保持固定电平（一般是低电平）不变，因此门控时钟使能可以使芯片中的部分电路处于停止状态，达到节省功耗的目的。

门控时钟单元通常分为两类：组合逻辑的门控时钟单元和基于锁存器的门控时钟单元。前者本质上讲就是使能信号和时钟 CLK 进行与（或者或）运算，产生需要的正沿（AND）或负沿（OR）门控时钟，组合 CGC 门控时钟如图 4.11 所示，含锁存器 CGC 门控时钟如图 4.12 所示，具有锁存器的门控时钟单元在处理毛刺时比组合逻辑门控时钟单元效果要好。

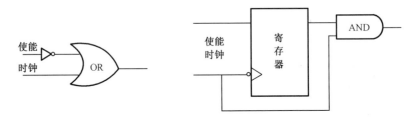

图 4.11　组合 CGC　　　　图 4.12　含锁存器 CGC

一般的低功耗工艺标准库均提供各种集成门控时钟单元，这样有利于时钟树的生成，并避免了驱动锁存器的时钟和门控逻辑的时钟路径长度不同所造成的较大时钟偏移。设计者可以使用 pc_shell 中的命令来指定自动添加的门控时钟单元类型，手工添加时可以在 RTL 文件中例化门控时钟单元。

在系统增加了门控时钟单元之后，芯片的可测性会降低，因此要对门控单元进行可测性设计改造。因为有了门控时钟，DFT 测试程序就不能将需要的值存入触发器。解决这个问题的办法是给门控时钟单元 CGC 增加一个管脚，当这个管脚为高电平时，CGC 不再有效，时钟不再受其控制，具体实现如图 4.13 所示。

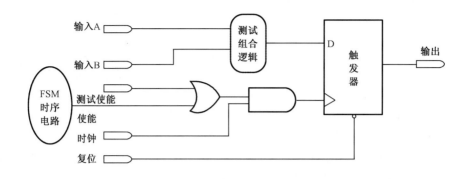

图 4.13　增加了测试使能的门控时钟单元

6.存储器分块访问技术

SoC 系统一般都集成了存储器（ROM、RAM 等），存储器功耗占整个系统功耗的比例不可忽视。因而降低存储器的功耗，对于整个芯片系统的功耗优化起很大作用。存储器分块访问的方法可以降低存储器的功耗，它类似于门控时钟技术，不同的是，存储器的操作不需要时钟，只是在最后将数据取出、存入时用时钟同步一下。将系统的存储器分成容量相等的两块（或更多），然后用高位地址线进行片选。

存储器分块访问示意图如图 4.14 所示，如果一个系统需要 256KB RAM，那么可以选用两块 128KB RAM。CPU 给出 18 位地址线，其中低 17 位地址线供给两个 RAM 作为地址，最高位地址线接到一个 RAM 的片选端，而这根地址线经过一个反相器接到另一个RAM 的片选端。通过这种分块技术，CPU 每次只会选中一个 128KB RAM。如果使用单块 256KB RAM，则每次都要选中一块 256KB RAM。一般情况下，128KB RAM 的功耗要远小于 256KB RAM 的功耗。这样从存储器这一方面，系统功耗有了减少，且存储器分块还能增加数据的访问带宽。

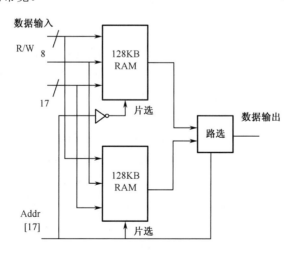

图 4.14　存储器分块访问示意图

7. 操作数隔离技术

操作数隔离技术主要对系统中的算术、逻辑运算单元进行低功耗优化，旨在减少模块的无用操作，降低其动态功耗，其主要思想是：在不进行算术、逻辑运算时，使这些模块的输入保持不变，不让操作数变化，则输出结果不会变化。

操作数隔离技术低功耗设计方法常常被人们忽略。基本乘法器如图 4.15 所示，乘法器的两个输入没有经过任何逻辑，直接进入乘法器，系统不管是否需要乘法运算，乘法器都一直工作，输出不断地翻转，这对系统的动态功耗来说是很大的浪费，且数据总线越宽，浪费的功耗越多。采用操作数隔离的乘法器如图 4.16 所示，当系统不需要乘法运算时，使能信号为低电平，则乘法器的两个输入端都保持低电平，其输出不会发生任何翻转，不会产生动态功耗；当需要进行乘法运算时，使能变成高电平，乘法器正常工作。若对系统里所有的算术运算、逻辑运算单元都用上这种方法，必然会对系统的动态功耗有很大的优化作用。在芯片附加逻辑方面，操作数的隔离也可以采用锁存器或触发器实现。将这种技术扩展到流水线结构，流水线集中进行关闭或开启，可使得动态功耗进一步降低，这需要使用三态触发器。

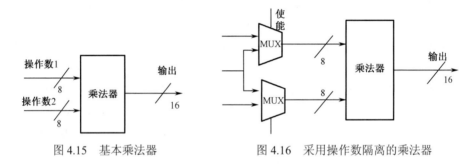

图 4.15　基本乘法器　　　　图 4.16　采用操作数隔离的乘法器

8. 总线编码风格问题

SoC 系统总线是系统数据交换的核心，所有的数据都要通过总线来传输。如 CPU 如果想获取数据，就要先向存储管理单元发出请求，然后存储单元根据目前存储器的工作请求做出回应。先把数据传到总线，再由总线传给 CPU。这只是总线操作的一小部分。总线的基本特点是负载较大、线网较长，因此总线通常都具有较大的电容，降低总线上的翻转频率是节省总线功耗的唯一办法。而在完成同样功能的前提下要降低总线上的有效翻转频率，只有改变总线上传输数据的编码。常见的总线编码形式有二进制原码、独热（One-Hot）编码、格雷（Gray）码、总线反转码和二进制补码。

二进制原码是一个数的二进制表示形式，这种表示形式简单、直观，和数值本身直接对应，没有冗余数据，但当总线上传输的数据相关性很高时，这种表示形式在两个相邻的数据之间变化时就会产生较多的翻转，某些情况下，n 位数据都会翻转，不但会产生较多功耗，还会在总线上引起毛刺。因此，二进制原码不适用于这种情况。

格雷码的表现形式是相邻的两个数字之间只有一位数据不同，因此对于数据高度相关的传输格式非常适用，每次数据改变时，n 位数据线上只有一次翻转，如取指令的地址总线采用格雷码就比采用二进制原码降低了地址总线上的数据翻转率。

独热编码是一种冗余度非常大的编码，每次 m 位数据线上只有一位有效，二进制原码或格雷码使用 n 位数据总线可以表示数据的范围，使用独热编码就必须用 $m-2n$ 位表示，这无形中会增大系统的总线负载，对动态功耗优化极为不利。所以通常情况下不能作为总线传输的编码格式。在使用独热编码传输数据时，任何两个不同的数据之间都会有两根信号线跳变。

二进制补码是为了方便加减法电路的实现而提出的，这种编码格式通常只用在 ALU 的数据总线上。对于采用这种编码的数据，ALU 可以增加一个选择信号，使用同一个电路完成加法和减法运算。这种编码采用总线的最高位来代表数据的符号位，如果具体运算的数据在正和负之间不断变化，那么总线的最高位就会不断取反，导致翻转率增大，此时可以考虑采用原码表示。

设计者可以根据具体的情况选择合适的编码以降低总线翻转频率。还有其他一些更为复杂的低功耗编码，如总线编码和部分总线反转编码等，这些编码方式的最终目的就是通过改变编码来降低不同数据变换时的平均翻转次数。在采用这些编码时，设计者应该综合考虑实现它们带来的额外硬件开销，如增加的编码解码电路等。

9. 行为结构级优化

行为结构级的低功耗设计方法是在确定电路实现基本结构时就要考虑电路的功耗问题，在电路的面积、处理速度、功耗三个方面同时进行考虑，因此设计出的电路会牺牲掉一部分处理速度和面积来满足低功耗设计的要求。由于这种优化所处的层次较高，系统的功耗往往会有较大的下降。行为结构级低功耗设计方法主要是从电路的体系结构入手，基本不涉及电路最后的实现方法，如采用什么工艺、什么单元库、采不采用门控时钟等。和 EDA 工具优化没有太大的关系，主要是凭设计者的经验和系统观念进行考虑。

（1）预计算结构

预计算就是提前进行数据高位的运算或较小数据带宽的运算。如果这些操作得到的信息可以代表实际的运算结果，就可以避免进行余下位的计算工作，这降低了电路的有效翻转率，从而达到降低功耗的目的。如两个 8 位操作数进行比较，当两个操作数的最高位不同时，那么这两位的比较结果就可以代表实际的结果，而不需要再进行余下 7 位操作数的比较。两个操作数的最高位进行异或之后，形成余下 7 位的使能端，这就可以有效降低比较器输入的翻转，从而降低功耗。从概率学的角度分析，两个操作数最高位不同的概率是 0.5，那么余下的 7 位不翻转的概率也是 0.5，于是电路的功耗变为原来的 56.25%。

由上面的分析可以看出，预计算结构只是将寄存器分块化，并保持余下位寄存器的输出不变。增加的硬件逻辑只是异或门，基本上没有额外的功耗，会很大程度降低电路的平均功耗。它的不足是只适用于特殊的逻辑，如上面提到的比较器，或者其他具有优先选择特性的逻辑。需要说明的是，使能端的作用是令寄存器接收数据或保持原输出不变，可以采用带反馈的路选逻辑实现，也可以用前面提到的门控时钟实现，从而进一步降低功耗。

（2）并行结构

降低电路的工作电压可以有效地降低电路的功耗，但这不是降低功耗的唯一途径。设计者可以在降低电路工作电压的同时，同时降低系统的工作频率。目前最常采用的方法就是采用并行结构。并行是将一条数据通路的工作分解到两条通路上完成，这样每条数据通路的工作频率都为原来的一半。电路结构并行化的本质是在保持电路运算量的基础上增加电路的面积来达到降低功耗的目的。如果电路中的某条数据通路工作在频率 f，那么可以使用两条工作频率为 $f/2$ 的通路来实现它的功能。最终整个数据通路的有效翻转频率会有大幅度的下降。虽然增加的电路和由它引起的连线增加会导致负载电容的增加，且输出端口增加的二选一电路也会导致部分功耗，但是这些附加逻辑增加的功耗与降低的系统功耗相比，是可以忽略不计的。

10. 软件与系统级优化

电子系统与子系统由硬件平台与软件组成。许多系统特性，如性能与功耗，需要软硬件协同实现。虽然软件系统本身并不消耗电能，但是由它控制的硬件会在后台工作，释放热量。软件在执行命令时，芯片会根据该指令进行处理，然后去调度 CPU，读取存储器，进而完成操作。因此软件在实际执行过程中会因为硬件的计算、存储和通信而消耗电能。除了这部分工作电能消耗外，用于存储程序的存储体（如 DRAM 等）也会消耗电能，DRAM 消耗刷新电能，SRAM 消耗静态能量。

在决定了储存程序的存储器种类之后，用于存储程序的功耗预算可以做得很准确，通过编译器减少程序的存储空间可以有效降低程序存储功耗。在这里将这部分的功耗优化省略，不做介绍，只把注意力集中在软件执行过程中的功耗优化上。用于执行程序而消耗的电能由程序的机器码和硬件架构的各种参数决定。机器码可以通过编译器由软件程序得出。一般说来，编译器的优化与否直接关系到机器码的质量，从而对系统功耗有很大的影响。当然，一些与编译器无关的优化，如选择性开环策略及软件流水，也会显著地降低功耗。

软件指令可以通过它的执行周期数及每周期消耗的电能来标识，指令消耗的电能一般与处理器所处的状态无关，而是与指令读取寄存器数据、存储区数据或进行其他操作有关。传统的编译器优化目标是使代码量最小化，假设每一条指令消耗的电能相同，那么使得代码量最小化的同时，还可以使总的电能消耗最小化，但是这种假设经常是不成立的。目前的低功耗编译在机器码低功耗优化方面下了很多工夫，它通过平衡每一条指令消耗的电能来降低程序的总功耗。

此外，软件代码的编码风格也会影响到将来该代码消耗的电能。一种极为有效的低功耗手段是代码变换，目前已经有自动化的代码转换程序面世，这种软件可以用于机器码编译之前的预编译过程。IBM 的 XL 编译器可以将软件源代码编译为它可以识别的 W-code 内码，然后工具 TPO 对 W-code 进行功耗优化。TPO 通过发现具有相同值的变量之间的相关性，经过优化降低信号的翻转率。

通过把调度相同系统资源的指令安排在一起执行，低功耗指令排序可以增加系统使用门控时钟的概率。除了代码的低功耗编译之外，还可以编写专用的低功耗操作系统来降低系统的功耗，当然这是以操作系统的性能及扩展性为代价的。对于嵌入式电子系统而言，它的性能不需要很多扩展，因此，可以专门为它编写一套操作系统。而这种扩展性低的系统就不适用于个人计算机。可以在操作系统中集成一个叫作低功耗任务调度器的单元，它可以根据系统的功耗要求调整每一条指令开始执行的时间。通过指令顺序的重排，系统的功耗会有一定程度的降低。

操作系统级最有效的低功耗策略是动态功耗管理。动态功耗管理会根据系统的要求来实现不同级别的硬件开启，它可以关闭某一级别不需要的单元，或者降低某一单元的工作频率或电压，从而实现系统平均功耗的降低。

英特尔的 StrongARM SA-1100 处理器有不同的指令来控制系统的功耗状态，以此用最少的硬件来完成系统任务，该处理器的功耗状态及各状态之间的切换时间如图 4.17 所示。

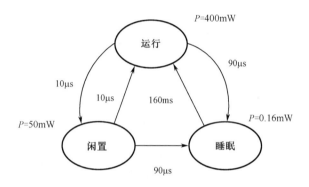

图 4.17　英特尔 StrongARM SA-1100 处理器的功耗状态及各状态之间的切换时间

4.4　目前常用的低功耗元器件

4.4.1　嵌入式处理器 TLB 部件的低功耗设计

本节以 TLB （Ttranslation Look-aside Buffer）部件为讨论对象，以龙芯 1 号处理器的原始设计为处理器的模型，深入探讨嵌入式处理器中 TLB 的设计方法，为嵌入式处理器设计提供一种研究思路和一个使用示例。

1．TLB 部件的初始设计方案

龙芯 1 号处理器 TLB 部件的初始设计方案如图 4.18 所示，ITLB 和 DTLB 是内容完全相同的存储体，当发生 TLB 不命中而需要对 TLB 表项重填时，对两个 TLB 同时写入，这样设计简单，且可以支持取指和数据访存并行向 TLB 发出访问请求。但这样设计的缺点是 TLB 表项不能充分被利用，使用的面积和消耗的功耗都较大。在龙芯 2 号中对 TLB

重新设计，使 ITLB 成为 DTLB 的一个子集，当 ITLB 不命中时，再去查询 DTLB，进行重填,这样的设计比较适合高性能处理器的设计需求。嵌入式处理器要求进一步节省面积，降低功耗，且嵌入式处理器处理的应用程序有其特殊性，需要有针对性地设计龙芯 1 号的初始结构设计的细节。

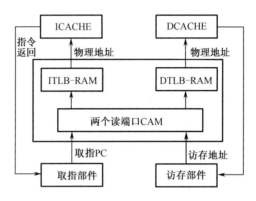

图 4.18　龙芯 1 号处理器 TLB 部件的初始设计方案

3. 关键路径分析

在处理器设计中，访存部件总是关键路径所在，龙芯 1 号处理器也是这样，其数据访存中的一条路径就是整个处理器中时序关系最重要的路径。从数据访存地址的 TAG 位经过 TLB 的虚实地址变换后，从 TLB 的 RAM 出来的物理地址，同多路数据 Cache 中每一路的 TAG 进行判等比较后，生成判等信号 d_tag_match，由此得到此次访存是否 Cache 命中的信息。如果命中，那么新的访存操作允许进来，而当前的访存操作也要在下一级接收部件允许的情况下立即结束，并将结果传给下一级。如果不命中，则要向接口发出访问内存的请求，并阻止新的访问请求访问 TLB 和 Cache 部件。由于访问大 RAM 的时间本来就很长，再加上一些判等操作和控制操作，此条路径最终成为了整个处理器的关键路径。

由于指令取指和数据访存都要经过 TLB 进行虚实地址变换，所以在处理器里，TLB 部件要能够同时处理两个不同访问才能不发生由竞争读写端口导致的冲突，因此许多处理器在设计时都会设计两个 TLB 部件，一个用于取指，另一个用于数据访问，两个 TLB 使用的项数可以相同也可以不同。龙芯 1 号处理器的 TLB 部件的设计方案如下：TLB 分为两部分，即负责转换取指地址的 ITLB 和负责转换数据访存地址的 DTLB，如图 4.18 所示，每块 RAM 有一个读端口，CAM 有两个读端口，可以同时接收两个地址变换请求，在经过逐项的内容比较后，对应每个访存产生一个索引，按索引访问各自完全相同的存储体，即 ITLB-RAM 和 DTLB-RAM，这样就可以分别得到取指 PC 的物理地址和数据访存的物理地址，互相不会干扰，不会有端口竞争冲突。

TLB 的功耗和面积在处理器中是不可忽视,特别是在对功耗和面积要求较高的嵌入式处理器设计中，更应该选择好的 TLB 设计方案，有效地降低处理器的功耗和减小面积。同时，处理器设计者也必须考虑设计的时延和性能，往往这些因素是充满矛盾的，需要通盘考虑上面分析的每一个因素，对 TLB 部件进行深入剖析，最终设计出一个适合于嵌入式处理器应用的 TLB 设计方案。

4．改进方案分析

根据以上分析，可分三步提出改进方案，第一步是降低功耗，第二步是减小面积，第三步是降低延迟，最终将 TLB 设计得更符合嵌入式系统的需求。

（1）第一步改进：降低功耗

根据前面对原始设计的分析，TLB 在整个处理器里，无论面积还是功耗，都占很重的分量。第一步改进的目标是降低 TLB 的功耗，采用两种方法：第一种方法是保存访问 TLB 的虚拟地址，当下一个访问到来时，让新的访存地址与保存下来的历史地址相比较，如果 TAG 对应的高位地址相同，说明此次访问的地址同上次访问的地址在同一个页表项中，可以利用上次的 RAM 访问结果，而不需要再次访问 TLB 的 RAM 部分，这样就大大降低了动态功耗的产生，因为 RAM 部分的面积很大，由使能信号统一控制访问，减少对它的访问次数就可以使 RAM 更长时间地处于一种低功耗的状态；第二种方法是充分利用访存地址本身包含的信息，根据地址的最高三位判断该地址所访问的地址空间，如果是 Unmapped 访问空间，即直接映射的地址空间，就不再访问 TLB 的 RAM，只有必须要经过 TLB 表项映射的地址才允许访问 RAM，这样当处理器处理大量核心程序寻址操作时，大大减少了对 RAM 的访问量。

由于数据的局部性，连续访问 TLB 中一个特定页的情况很普遍，应该加以利用，且这两种方法同时适用于 ITLB 和 DTLB。这种通过与历史相比较来减少访问量，进而降低功耗的方法是处理器低功耗设计中常用的思想。

测试程序对 ITLB 和 DTLB 的访问情况，对比处理器在改进前后对 RAM 的访问次数。当同时使用方法一和方法二后，ITLB 的 RAM 被访问的次数为访问前的 0.2%～2.7%，而 DTLB 的 RAM 被访问的次数为访问前的 1.4%～22.7%，可见这两种方法是非常有效的。由于取指的连续性，对 ITLB 的访问处于同一页表内的情况更多。根据前面的分析，处理器的关键路径不在 TLB 访问前，且同历史地址的比较操作与对 CAM 的访问是并行进行的，所以并不会影响设计的时序要求。由于依然同时拥有 ITLB 的 RAM 和 DTLB 的 RAM，当指令和数据同时发出访问 TLB 的请求时，此方案也不会因产生冲突而影响处理器的性能，所以采用这两种方法可以明显降低功耗，而不会对处理器设计带来其他负面影响。ITLB 的 RAM 和 DTLB 的 RAM 访问次数减少情况如表 4.2 所示，从表 4.2 中可以看出功耗降低比例，TLB 的 RAM 部分的功耗大大降低，运行 LinuxKernal 程序时功耗降低了 98%，功耗降低最少的 Dhrystone 程序也降了 87.9%，效果是非常好的。而从整个 TLB 部件来看，由于 CAM 部分的功耗没有减小，导致 RAM 部分功耗的降低在整个 TLB 中表现为，TLB 整体功耗降低了 21.3%～36.9%。

表 4.2　ITLB 的 RAM 和 DTLB 的 RAM 访问次数减少情况

程　　序	LinuxKernal	Whetstone	Dhrtstone	Paranoia
ITLB 原始设计	3 459 885	22 378 257	37 709 705	14 700 174
ITLB：方法 1	56 333	412 972	978 801	429 428

续表

程　　序	LinuxKernal	Whetstone	Dhrtstone	Paranoia
ITLB：方法 12	932	227 410	693 290	33 838
ITLB 改进后/改进前	2.7%	1.0%	1.8%	0.2%
DTLB 原始设计	974 210	6 832 384	8 768 139	3 796 648
DTLB：方法 1	270 177	2 121 784	2 497 613	1 271 892
DTLB：方法 1 和 2	13 427	1 553 550	1 973 773	245 482
DTLB 改进前/改进后	1.4%	22.7%	22.5%	6.5%

（2）第二步改进：减小面积

从表 4.3 中可以看出，使用改进方法后，对 RAM 的访问次数大大减少，由于在原始设计中 ITLB 和 DTLB 的 RAM 中存放的内容完全相同，那么如果 ITLB 和 DTLB 都公用一个 RAM，同时访问 RAM 产生的冲突会不会很少呢？如果冲突很少，性能就不会受到太大影响，让 ITLB 和 DTLB 只公用一个 RAM 就可以大大节省面积。当然也可以使用一个具有两个读端口的 RAM，但多一个端口就会增加非常多的面积，基本上是单端口面积的两倍，并不可取。

表 4.3　第一步改进后，TLB 部件功耗降低情况

程序	LinuxKernal	Whetstone	Dhrtstone	Paranoia	平均减少
改进后 TLB 的 RAM 部件功耗降低	98.0%	88.2%	87.9%	96.7%	92.7%
改进后 TLB 部件功耗降低	21.3%	28.9%	36.5%	26.9%	28.5%

从表 4.2 中可以看出，对于没有改进的原始设计，由于访问 ITLB 和 DTLB 的次数都非常多，导致在一个周期内，对两者同时发出访问的情况非常普遍，此时必须用两个 RAM 分别供 ITLB 和 DTLB 查询才能满足需求，从而不影响性能。当使用第一步改进中的方法一时，由于同历史比较后，访问请求已经大为减少，所以相应地在同一周期内对 ITLB 和 DTLB 发出访问的情况就大大减少。从表 4.3 中可知，Dhrtstone 使用方法一后，同时发出请求的次数是改进前的 0.06%。而在同时使用方法一和方法二后，同时访问引起的冲突进一步减少，LinuxKernal 程序只发生了两次冲突，而 Dhrystone 的冲突情况也变为初始设计的 0.01%。这样就充分证明了，在第一步改进后，可以更进一步改进，使 ITLB 和 DTLB 共用一个单端口 RAM，对性能不会有很大影响，但功耗会极大程度地降低，面积极大地减小。

（3）第三步改进：降低时延

通过前两步改进，TLB 部件的面积有所减小和功耗有所降低，但如何解决由此引入的延迟增大的新问题，使新的设计能够优化处理器设计的各个指标，就是下面要考虑的主要问题。

下面仔细地分析一下与关键路径相关的设计。由于 ITLB 和 DTLB 公用一个 RAM，为了保持各自的数据，使其不因对方访问 RAM 而被破坏，以便根据历史比较和直接映射

地址空间的判别，减少对 RAM 的访问次数，从而增加了宽位的二选一电路，但是这导致关键路径时延有所增加。虽然 ITLB 和 DTLB 都采用这样的处理办法，但关键路径位于 DTLB 读出物理地址的 TAG 同 Dcache 的 TAG 比较，ITLB 部分并不是关键路径，所以下面重点考虑数据这一部分，而指令部分的设计可以维持使用第二步改进时使用的方法。

经过第三步改进，龙芯 1 号的 TLB 部件不但功耗和面积都大大减小，且时延并没有明显延长，提出的改进方案是非常有效的。当然，实际设计要比本章中描述的情况复杂得多，有很多具体细节问题需要考虑，本章是将方案在整个真实处理器上完全实现后，抽取其中的主要内容，简明地介绍改进思想和改进方案。

4.4.2　FPGA 的低功耗方法

1. FPGA 低功耗设计

结合采用低功耗元件和低功耗设计技术在目前比以往任何时候都更有价值。随着元件集成更多功能，并越来越小型化，系统对低功耗的要求持续增长。

当把可编程逻辑器件用于低功耗应用时，限制设计的功耗非常重要。以下讨论减小动态和静态功耗的一般方法。

功耗的三个主要来源是启动、待机和动态功耗。器件上电时产生的相关电流即是启动电流。待机功耗又称静态功耗，是电源开启但 I/O 上没有开关活动时器件的功耗。动态功耗是器件正常工作时的功耗。

启动电流因器件而异。例如，基于 SRAM 的 FPGA 具有大启动电流，因为这类器件刚上电时是没有配置的，需要从外部存储芯片下载数据来配置它们的可编程资源，如路由连接和查找表。相反地，反熔丝 FPGA 不需要上电配置，因而没有高启动电流。

跟启动电流一样，待机功耗主要依赖于器件的电子特性。由于 SRAM FPGA 互连中 SRAM 单元的数量相当大，它们甚至在待机时也要消耗数百毫安电流。反熔丝 FPGA 具有金属到金属互连，故不需要额外的晶体管来保持互连，因而也就不会产生额外的功耗。但是，对上述两种 FPGA 类型来说，漏电流将随着工艺几何尺寸的缩小而增加，这加剧了功耗问题。

另一个难题是动态功耗，其动辄比待机功耗大好几倍。动态功耗与 FPGA 内部单元（如寄存器和组合逻辑）寄生电容的充电和放电频率成比例，因而通常要针对设计进行优化。

大量的逻辑资源是由有限状态机的类型来定义的。One-Hot 状态机编码创建每个状态一个触发器的状态机，与 Gray 和二进制状态机相比减少了组合逻辑宽度。相比 Gray 和二进制状态机，较少利用 One-Hot 状态机可以获得功效更好的设计。一些综合器软件能自动对状态机进行编码，但最有效的方法是直接在 HDL 代码中定义状态值。

赋值保护的关键为若最终的输出不需要更新，则阻止输入信号向下传播到其他逻辑块。对输入信号的赋值保护可确保仅在适当时改变输出值，从而将不必要的输出开关减至最少。在大型组合逻辑（如宽总线复用器）的输入端增加锁存器，这能抑制无效的开关活动，因为仅当输出需要更新时输入才被锁存。类似地，可利用控制寄存器来打开或关闭低级别的模块（如子模块中的状态机）。使大总线和子模块保持在一个恒定状态有助于减少不相关输出开关的数量。

在不注意时，设计人员偶尔可能在 FPGA 设计中创建组合环。当一组相关的组合逻辑在特定条件下不断振荡时，就会形成这些组合环。振荡器将消耗 FPGA 中的许多电流。因此，最好是评估振荡器或确保在重新评估之前任何反馈逻辑都由一个寄存器来进行门控。

对于暂时不使用的模块，系统可以减小时钟频率或停止其时钟。在任一给定时间内，通过仅向设计的某一部分提供时钟可以节省功耗。门控时钟可以极大地节省功耗，因为有源时钟缓冲器数目减少，翻转触发器的次数将减少，因而那些触发器的输出端将极少可能反转。门控时钟要求仔细地规划和分割算法，从而节省的功耗相当可观。

2. 系统时钟频率

系统时钟频率对电路板的总功耗有显著影响，因为时钟信号的开关活动最多，电容性负载最大。不过，时钟频率又与带宽性能直接有关。为了在功耗和吞吐量之间取得一个最佳平衡，设计者可以向不需要大时钟频率的元件提供较小频率的时钟，而向那些对带宽很关键的元件提供大频率的时钟，或使用一个内建的锁相环来为需要高速性能的特定模块产生一个大频率的时钟。

3. 器件使能

有时即使器件的行为对目前功能而言不是必需的，输出端仍会被赋值。为了减少未使用的 I/O 产生的多余功耗，可以把一个系统控制器映射到 FPGA，以关闭暂时不用的器件。当一个器件与当前操作无关时，系统控制器可以解除其使能信号；若该器件将在长时间内不被访问，则可以把它置于睡眠模式。在低功耗 FPGA 中实现这样一个系统控制器可以减少系统的总开关活动，并智能地使一些暂不需要的器件保持在睡眠模式。器件使能类似于赋值保护，只不过器件使能是在系统级实现的，它控制的对象是电路板上的器件，而非 FPGA 中的模块。

4. 智能协处理器

一般来说，液晶显示屏和微处理器占用了设计中的大部分功耗预算，因此，常常通过降低液晶显示屏亮度或部分关闭屏幕来节省功耗。同样地，使微处理器保持在睡眠模式也可以延长电池寿命。

微处理器通常需要处理多个器件的中断服务程序，这使微处理器很难处于睡眠模式。鉴于此，把外围操作和中断控制等任务转移到一个低功耗 FPGA 上，这样可以大大降低功耗。在 FPGA 中实现的一个低功耗中断控制器或数据协处理器能够自己处理一些中断活动，所以可以避免为了低优先级活动而唤醒微处理器。

对于那些严格要求低功耗的系统而言，采用合适的低功耗可编程逻辑器件和可以节省功耗的设计技术有助于使系统功耗降至最小。

随着 FPGA 容量的增大，速度、面积、功耗等性能已经成为影响其应用的重要因素。

FPGA 使用可编程开关，由于开关比导线有更大的电阻和连接电容，这降低了电路速度，增加了面积，并消耗更多电能。

为了更好发挥 FPGA 的优势，需要不断地研究出处理速度更快、面积更小、功耗更低的电路。关于速度和面积方面，许多学者已经做了充分的研究，分别从系统级、开关级、门级等方面进行了深入的研究。然而随着个人无线通信和其他数字应用的迅速发展，功耗已经成为非常重要的设计要求，如何降低 FPGA 的功耗已经成为一个重要的问题。有学者提出了一种复杂的 FPGA 功耗模型，它研究结构参数并估计了不同的结构对功耗的影响。然而有一些因素并没有考虑进去，如脉冲干扰等。该模型同时介绍了在时间限制下使用双电压供电来达到门级功耗优化，进行了关于 dual-V_{dd} 和 dual-V_{th} 的 FPGA 研究。影响功耗的因素除了以上研究的电压以外，还有时钟频率、负载电容、开关传输密度等。

5. 功耗模型

FPGA 有静态功耗和动态功耗，动态功耗包括几个成分，主要由开关功耗和短路功耗组成。当门电路瞬变时，V_{dd} 与地之间短路连接，形成短路电流，消耗内部功率。开关功耗是由负载电容充电与放电造成的。作为静态功耗的漏电功耗是 CMOS 工艺普遍存在的寄生效应引起的，大多数的 CMOS 逻辑器件的功耗主要取决于动态功耗。对由电池供电的手持设备而言，静态功耗显得十分重要，尤其是设备处于通电而不工作状态时。当 FPGA 技术发展到 100nm 及 100nm 以下后，静态功耗已经变得和动态功耗同等重要。

动态功耗主要是由可编程芯片在激活状态下由芯片内部节点或输入、输出引脚上电平转换引起的。为了估计功耗，使用开关级模型的公式来提取参数，对于每个节点 i，动态功耗为：

$$0.5V_{dd}^2 f \sum_{i=1}^{n} C_i E_i \tag{4.6}$$

式中，f 是时钟频率，C_i 是负载电容，E_i 是开关行为。

减少开关行为可在设计流程中的各个环节加以控制。要全盘考虑时钟门控、总线时分复用、减少毛刺、使用功率低的数据通路元件、减少高频开关信号的逻辑电平等。开关行为 E_i 的计算及毛刺脉冲的分析如式（4.7）、式（4.8）、式（4.9）。

$$N_i(\text{rising}) = \frac{(V_1 - V_2)(V_1 + V_2 - 2V_{dd})}{V_{dd}^2} N_t \tag{4.7}$$

$$N_i(\text{falling}) = \frac{V_2^2 - V_1^2}{V_{dd}^2} N_t \tag{4.8}$$

$$E_i = N_i / \text{cycles} \tag{4.9}$$

式中，V_1、V_2 分别代表开关状态的低电压和高电压，N_i 代表节点 i 的状态变化及毛刺的数量，cycles 代表所有的仿真周期。

为了提取负载电容的值，使用关于电容的 FPGA 传输门级描述。FPGA 基元的等效电路如图 4.19 所示，图 4.19 显示了需要的模型信息，由此可以提取出电容值。其中三态缓冲器可看作是一个固定延时和电阻。

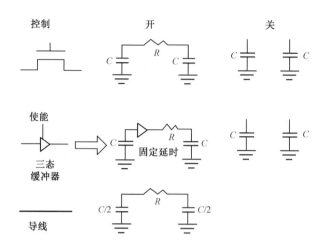

图 4.19　FPGA 基元的等效电路

FPGA 中，SRAM 单元可以看作由 6 个传输门构成，多路选择器可以由传输门的二叉树来实现，LUT 又是由 SRAM 单元、多路选择器、传输门和三态缓冲器构成。也就是说，FPGA 是由传输门、三态缓冲器和导线组成。只需要知道 FPGA 由多少个如图 4.19 所示的基本元素组成，就可以提取出 FPGA 的电容值。可以看到，不论传输门和三态缓冲器处于何种状态，都有寄生电容。所有电容都与地相连，即提取电容参数时所有电容相当于并联。电容参数的提取由 VPR 完成。

影响静态功耗的因素有很多，包括处于没有完全关断或接通状态下的 I/O 及内部晶体管的工作电流、内部连线的电阻、输入与三态门驱动器上拉或下拉电阻等。为了减小静态功耗，可以给驱动加载充分的电压，使得所有晶体管完全导通或关闭，尽量避免使用 I/O 线上的上拉或下拉电阻，少用驱动电阻或双极晶体管，将时钟引脚按参数表推荐条件连接至低电平，减少器件间 I/O 使用等。

4.4.3　SoC 低功耗的设计

SoC 的低功耗设计非常重要。低功耗设计贯穿于整个 SoC 设计过程，当前许多机构分别对门级、电路级、体系结构级、RTL 及版图级的各个设计层次进行低功耗的研究。如普林斯顿大学主要对低功耗综合技术进行了研究，斯坦福大学拥有特定的动态功耗管理技术（Dynamic Power Management，DPM）的研究机构，Colorado 大学和加州大学伯克莱分校通过动态变压技术（Dynamic Voltage Scaling，DVS）的研究使功耗降低，剑桥大学和 IBM 研究中心合作研究了应用于极低功耗产品的亚阈值低功耗技术等。

1. SoC 芯片低功耗设计流程及设计要点

SoC 设计技术为集成电路设计提供广阔的应用前景的同时，也为设计带来了意想不到的挑战，同时也对现有的 EDA 工具提出了巨大的挑战。如何实现低功耗物理设计已成为

SoC 设计的重大难点。本文将 SoC 低功耗设计方法应用到一款 SoC 导航芯片之中，它采用 ARM 软核与外部硬件电路相结合的方式，实现了软硬件的协同工作。设计规模为 200 万门左右的晶体管，芯片工作频率为 100MHz，运用 Cadence 公司的 Encounter 物理设计工具，采用 0.18μm 工艺，基于标准单元的设计模式进行物理设计。物理设计与生产工艺紧密相关，同时也受到设计方法和设计工具的约束。对于一个复杂的 SoC 设计，直接由人工完成从系统到版图的实现是几乎不可能的，它需要一个好的设计工具。而一个好的设计工具应该包含比较先进的布局和布线算法，以及精确的负载模型，可以较快地解决时序收敛和闭合等问题，本文运用的 Cadence 公司的 Encounter 物理设计工具就是一个很好的工具。SoC 低功耗设计主要流程包括数据准备、布局规划（Floorplan）、布局（Place）、布线（Route）、设计规则检查（DRC）和版图正确性检查（LUS）、参数提取等一些步骤，SoC 低功耗设计流程图如图 4.20 所示。

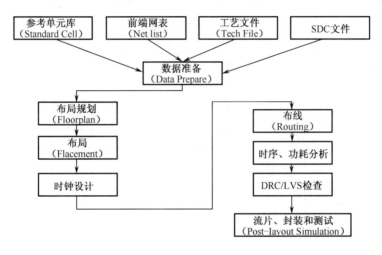

图 4.20　SoC 低功耗设计流程图

（1）数据准备。数据准备阶段为物理设计做准备，包括物理设计前必须要准备的相应库文件，包括 LEF 文件、LIB 文件、CapTable 文件及 I/O 文件。

（2）布局。根据综合工具产生的约束条件，对标准单元和宏模块进行物理映射，将标准单元或模块按照要求排列在版图的标准单元行（Row）或一定区域内，并去除重叠现象。

（3）布线。根据单元之间的逻辑关系，将单元使用互连线连接起来。布线包括全局布线和详细布线，以及时钟网络或高扇出网络等特殊网络的布线优化等。

（4）DRC/LVS 检查。使用 EDA 工具进行自动布线后，还需要对执行结果进行规则检查，检查版图信息是否符合设计规则。

（5）投片及封装测试。将物理设计的最终结果交给生产厂家进行样片生产，对投片得到的样片进行测试，并选择特定的封装模式进行封装。

芯片设计中的布局规划、门控时钟插入、时钟网络设计是降低 SoC 芯片功耗的重要手段，也是 SoC 低功耗物理实现中要考虑的主要设计要点和难点。

2．低功耗设计方法

低功耗设计已经成为 SoC 芯片设计的重大挑战之一，从系统级架构设计到物理版图设计，几乎每个设计层次都需要做低功耗的研究，因此整个 SoC 设计过程都需要低功耗设计。但是低功耗设计又与面积、性能等一些设计参数之间存在相互联系和约束的关系，这就需要在整个设计过程都要进行不断的迭代和重复设计，这些设计包括电路级、门级、RTL 级、体系结构及版图级等设计。低功耗设计的基本技术包括版图级低功耗技术、门控时钟技术、时钟网络低功耗设计技术、多阈值电压技术、多电源电压技术等。针对 SoC 芯片是由数字裸片与一片 Flash 存储器以堆叠形式封装而成的，采用 SMIC 六层金属工艺设计，版图结构比较复杂的特点，为了设计好芯片的版图结构，采用版图级低功耗技术；针对 SoC 芯片具有很多的 IP 硬核，且内部有大量的标准单元（约 200 万门）的特点，采用门控时钟技术；针对芯片由单一时钟控制，工作在 100MHz 的条件下，时钟网络结构比较复杂，时序要求较高的特点，专门对时钟网络做低功耗设计。对 SoC 芯片做功耗约束设计，功耗要求为小于 125mW，所以为了使 SoC 芯片达到低功耗的目的，根据芯片的特点，提出版图级低功耗技术、门控时钟技术、时钟网络低功耗设计技术三种低功耗设计方法。

（1）版图级低功耗技术

在版图设计阶段，主要是从布局规划入手进行低功耗设计。布局规划是从整体对芯片的结构做出规划，包括芯片的面积和形状、宏 IP 的位置、输入输出端口的放置、电源网络设计等。布局规划在芯片的整个物理设计中占有非常重要的地位，随着设计规模越来越大，布局规划对芯片的布图质量起到决定作用。它往往决定了芯片的面积，还直接影响整个电路的时序、功耗和拥塞度。

（2）面积确定

芯片通常分为两个区域，如图 4.21 所示，两个区域分别是 Pad Area 和 Core Area。通常标准单元位于芯片中间称为 Core Area 的地方。I/O Pad 绕芯片边界放置。

由于芯片面积决定其制造成本，且芯片面积增加，互连线增长，功耗在互连线上的消耗会增大。芯片面积如果增加到一定的程度，电路的性能反而会变得更差。电路性能和芯片面积的关系如图 4.22 所示。因此，布局规划的主要目标是设计出最佳模块摆放方式，从而尽可能地优化芯片的面积。

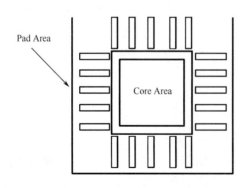

图 4.21　版图示意图

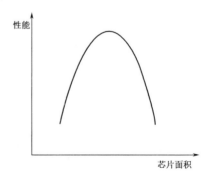

图 4.22　电路性能和芯片面积的关系

（3）供电 I/O 数目的估算

供电 I/O 包括为内核供电的电源/地 I/O、为 I/O 供电的 I/O。供电 I/O 的多少会直接影响芯片的供电能力。但限于芯片封装和面积的情况，I/O 数目要有一个适当的值。

（4）I/O 排布设计

芯片的布线情况及供电能力在一定程度上受 I/O 单元排布的影响，所以 I/O 单元的排布会对芯片的功耗产生影响。一般可以采用将 I/O 单元均匀摆放在四周的边缘 I/O 单元设计。另外，一般选择驱动能力合适的 I/O 单元，通过合理分布具有不同电流密度的和合理驱动能力的 I/O 单元，为芯片提供一个均匀的供电网络。

（5）硬核模块摆放

设计中的 IP 硬核和存储器模块一般都称为硬核模块。如果芯片中含多个硬核模块，可以根据 I/O 位置及其连接关系将模块就近摆放，也就是尽量将硬核模块摆放在芯片四周，从而避免布线拥挤。

（6）电源条线和电源环的设计

电源环是将外部供电 IO 提供的电源分配给标准单元和硬核模块，在设计中主要注意的是间距、宽度的设置，并根据电压降的结果和功耗分析的结果做动态的调整。电源条线一般是纵横交替的电源线网，它的主要参数是横/纵向的电源条线的宽度，横/横向之间、纵/纵向之间的距离，越小的距离表示越多的电源条线数量，也表示给芯片供电的能力越强，但也可能造成布线拥挤。

3. 门控时钟技术

在低功耗设计技术中应用较为普遍和成熟的就是门控时钟技术。电路中的时序单元会存在一些冗余的翻转状态，可以通过门控时钟来减少，一些暂时不处于工作状态的时序单元处于一种非触发状态，如果这些单元要处于工作状态，那么可以通过控制使能信号使其触发。所以可以通过门控时钟的插入技术使不必要的时钟信号不发生翻转，从而降低电路中的动态功耗。可以选择两种电路结构方案来设计门控时钟：一种是针对芯片中模块的时钟信号设计门控，另一种是针对设计中寄存器的时钟信号设计门控。下面是门控技术的类型和实现。

（1）门控时钟类型

最原始、最简单的门控时钟可以用一个与门实现，如图 4.23 所示。

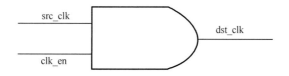

图 4.23　基于与门的门控时钟

如果 clk_en 为低，那么 dst_clk 就会被拉为低电平，所以时钟会在 clk_en 结束时立刻归零。这种结构是一切时钟控制的原型，但这种结构受外部干扰的影响很大。

（2）基于 D 触发器的门控时钟

基于 D 触发器的门控时钟如图 4.24 所示。

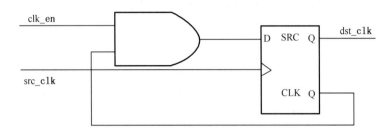

图 4.24　基于 D 触发器的门控时钟

如果 clk_en 信号为高电平，那么 dst_clk 信号会以 src_clk 频率的 1/2 的频率翻转；如果 clk_en 信号为低电平，那么 dst_clk 信号归零。但是该电路由于目标时钟只是按照源时钟频率的 1/2 运行，因此不太合适一些全速运行的模块。

（3）基于锁存器（Latch）的门控时钟

基于锁存器的门控时钟如图 4.25 所示。

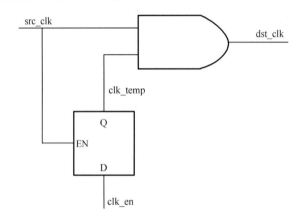

图 4.25　基于锁存器的门控时钟

clk_en 信号经过一级的锁存器后，再连接在与门上。若 clk_en 出现在时钟的上升沿，因为 src_clk 控制着锁存器的使能，所以 clk_temp 信号在没有使能时，锁存器将会打开，因为信号是变化的，此时将会保留完整的上升沿信号。

（4）门控时钟工作模式

电源门控电路有如下三种工作模式。

① 运行状态。此时电路在执行一系列操作的过程中消耗动态和静态功耗。

② 就绪状态。电路处于激活的状态，但并不动作，它要等待下一个输入，此时电路只是消耗静态功耗。

③ 关闭状态。因为门控的作用，这时候电路处于非激活的状态，因为门控管得堆栈效应，此时电路消耗仅仅是极小的漏电功耗。

为了实现电路的不同工作模式，可以将门控管加上不同的电压，使得能够通断电源和地。但是门控管如果设计得太大，不仅仅会增大面积，还会使延迟增大，影响性能；如果设计得太小，系统的抗噪声性能、可靠性将会受到影响，甚至使电路无法工作。

（5）时钟网络低功耗设计

时钟网络是电路中分布最大的网络，且由于需要驱动大负载和在高频率下工作，时钟网络已成为电路动态功耗的主要来源之一，其功耗在整个芯片的功耗中所占的比重很大。时钟分布网络的设计不仅对功耗非常重要，对系统性能也至关重要。时钟网络连线长、频率高、负载重，它对系统的性能具有决定性的作用。在时钟布线时，时钟偏差与连线总长是制约时钟网络性能与功耗的主要因素。对时钟网络做低功耗设计时，设计者主要关注的是应该采用什么样的设计方法，以及如何将这种方法合理地实现。所以时钟网络低功耗设计的难点就是时钟网络结构的选取并进行合理的设计。随着技术的不断发展，出现了多种不同的时钟网络结构。

4．树形结构

树形结构由多级缓冲器所驱动，它是一种最常用的时钟分布技术。树形结构根据其在芯片内部的分布特征，可以分为多种结构，主要有 H 树（H-tree）、X 树（X-tree）、平衡树（Balanced Tree）、RC 树等拓扑结构。各条缓冲器链路（从树的根节点到叶节点）的延迟可以通过时钟树来达到较好的平衡，这样可以减小时钟的偏斜。树形结构设计简单、延迟小、功耗低、布线通道占用少，目前已经在大部分 EDA 工具中得到良好支持。因此，树形结构在时钟分布网络设计中得到了广泛的应用。

但是时钟信号的爬坡时间及偏斜将会使时钟树的深度大大加深。由于尺寸不断缩小，缓冲器的延迟越来越受工艺参数变化及电源噪声的影响，这样将导致难于平衡时钟网络各路径的延迟，难于控制时钟的偏斜和抖动。

5．网格与树的混合结构

网格与树的混合结构是高性能时钟分布网络设计的一个趋势。这些年已经有采用这种混合结构的多款高性能微处理器推出，如 Intel 的 Pentium 4 处理器、IB1V1 的 Power 4 微处理器均采用了树与网格混合的结构。这种结构具有网格结构高功耗而低失配，树形结构低功耗而高失配的双重特点，并对功耗和不确定性两者做了较好的折中。但这类结构多以全定制方式设计，因为它在建模、分析和自动生成诸多方面还存在问题。

6．其他新颖的结构

上述的结构都是一些传统的设计方法，是基于缓冲器和 RC 互连线的，高频时，这些传统的设计方法将面临越来越多的困难。所以许多新颖的时钟结构纷纷出现。Floyd 等人提出了运用片内无线互连系统来做时钟的分布，Chung 等人利用 BGA 封装基板上的高速微带线来传输时钟信号，还有如光互连、片内传输线等方法进行高频时钟的传输。这些新颖的时钟分布技术都获得了较好的实验效果，但都还不够完善，需要进一步研究。

时钟网络设计的设计方法虽然也在不断地发展，但它基本的设计思路是一致的。在 SoC 芯片中，时钟网络可以通过降低时钟频率的方法来降低功耗，另一个显而易见的方法是减少时钟网络的电容负载，如缩短互连线长度，选取合适驱动能力的驱动元件，选择不同的材质，减小互连线之间的耦合电容等。而最常用减小电容负载的方法是改变时钟网络的拓扑结构，从而减少驱动元件数量和缩短互连线的长度。

时钟网络对芯片的面积、性能和功耗方面都存在较大影响，因此设计一个合理的时钟网络已经成为一个重要课题。时钟网络低功耗设计的关键在于选择合适于芯片的时钟网络结构，并合理进行设计。

4.4.4　VLSI 的低功耗技术研究

CMOS 逻辑电路在集成电路应用得很普遍，是现今最通用的大规模集成电路技术。其原因在于 CMOS 逻辑电路可以高度集成，并具有低功耗、输入电流小、连接方便和具有比例性等性质。所以，对于 VLSI 的低功耗技术研究要从 CMOS 电路的功耗组成分析。

1.　低功耗设计技术

功耗的优化设计方法自上而下分为系统级、行为功能级（或称算法级）、寄存器传输级、逻辑级、电路级等。目前，逻辑级和电路级上的功耗优化方法研究得比较成熟，但在具体实现上还有一些可以改进的地方。而系统级、算法级、传输级上的功耗优化技术还正处于研究的阶段。下面，主要对各级中的一些功耗优化设计方法进行分析和研究。

（1）系统级低功耗设计技术

系统级进行低功耗设计需要兼顾软件和硬件的行为，在此基础上确定系统实现中软件和硬件所占的比例，即在系统设计时在软件和硬件之间进行划分，因此需要对软件（指令）的执行功耗建立适当的模型。系统级的低功耗设计有两种途径：一种是先确定硬件，然后在硬件基础上确定使功耗最小的指令集；另一种是在给定的指令集上构造使功耗最低的硬件。在这方面的一些算法也与高层综合时用到的调度算法相近。系统级的功耗管理是低功耗设计的主要技术，其核心思想是设计并区分不同的工作模式，这可以很好地避免正常和待机工作模式下不必要的功耗浪费。功耗管理可以分为动态功耗管理和静态功耗管理两种。动态功耗管理是对正常工作模式的功耗进行管理，在执行一个特定的操作时，电路各个模块的活动级别不同，有的需要被调用，有的可能不会被调用。动态功耗管理的思想是有选择地将不被调用的模块挂起，从而降低功耗。如在进行整数运算时，浮点运算单元就不会被调用，仍处于空闲状态，可以将它挂起，以降低功耗。静态功耗管理是对待机工作模式的功耗进行管理，它所要监测的是整个系统的工作状态，而不是只针对某个模块。如果系统在一段时间内一直处于空闲状态，那么静态功耗管理就会把整个芯片挂起，系统进入睡眠状态。

（2）算法级低功耗设计技术

在算法级进行功耗优化主要是将数据控制流图（CDFG）转化为寄存器传输级描述，

即在高层综合的过程中应用一些低功耗的
变换技术，在资源调度和资源分配时减少
所用硬件资源数目，并且使资源在各个控
制步中分配均匀。虽然目前采用的一些提
高运行速度、减小面积的变换方法也都能
导致低功耗，但是有时也需要在资源使用和
功耗优化之间做一些折中。高层设计中的优
化如图 4.26 所示，实现图 4.26（a）的 CDFG
只需要一个加法单元，但是需要三个时钟周
期完成操作，图 4.26（b）的 CDFG 则只需
要两个时钟周期即可完成操作，但是它需要
两个加法器硬件单元。

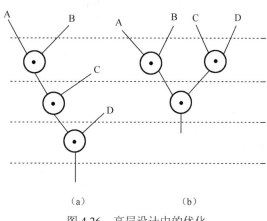

图 4.26　高层设计中的优化

　　在进行高层设计时必须根据具体的设计目标（时序、面积和功耗）进行取舍。如果单
纯为了减小面积，可以选择第一种调度方案；如果考虑处理速度，可以选择第二种调度方
案。所以说高层综合设计实际是一种折中设计技术。

　　在低功耗高层综合设计中也包含着时钟管理技术，即在某个模块不工作时使其处于休
眠状态（停止时钟，禁止输入变化或降低电源电压），这样也能有效地降低最终电路的功耗。
当今比较流行的功耗优化设计技术是加入动态电压缩放技术（DVS）和多阈值电压技术。
其中，DVS 指在不影响处理器性能的前提下，通过性能预测软件根据处理器的繁忙程度调
整处理器的工作电压和工作频率，达到降低芯片功耗的目的。多阈值电压技术指同一电路
里采用不同的阈值电压。如在电路的关键路径上采用较低的阈值电压，以提高电路的处理
速度，而其他的非关键路径仍然采用较高的阈值电压，以避免过大的漏电流所造成的损耗。

　　在高层设计中，通过降低翻转活动来降低功耗也是一个非常有效的方法，尤其是对于
节点电容很大的信号线，可以通过对总线使用合适的编码技术，使翻转活动最小化，从而
降低功耗。如 Gray 编码通过对二进制数进行编码，实现连续的两个二进制数之间只有一
位不同，显然，在连续变化时，Gray 编码只有一位发生变化，而二进制编码则可能有很
多位同时发生变化。通过将这两种编码方法应用到指令地址总线进行比较，结果是 Gray
编码可以将位变化降低，最大达 58%，而平均降低也达到 37%。除 Gray 编码外，还有其
他的一些总线编码技术，如 T0 编码、自适应编码、BI 编码等。各种编码实现的机理不
同，有的需要加标志位，有的需要对过去一段时间的数据进行特征统计，但目的都是尽量
降低总线上的位变化。

　　在高层综合设计中，还有一种设计的方法是基于减小翻转电容，其思路是充分考虑执
行算法所需要的操作个数和操作类型。不同类型的操作的功耗不同，如乘法器操作的功耗
要大于加法器操作的功耗，所以在减少算法的操作个数同时，也要考虑操作的类型，尽量
少用存储器读取和 ALU 等操作。

　　（3）RTL 结构级低功耗设计技术

　　在 RTL 结构级的设计中经常用到乘法器、加法器、存储器和寄存器堆等。结构级的

低功耗设计技术主要有并行结构、流水线结构等。

2. 并行结构

并行结构降低功耗的主要原因是其获得与参考结构相同的计算速度的前提下，其工作频率可以降低。并行结构如图 4.27 所示，图 4.27 示出了乘法器采用并行结构和参考结构的比较，可以看出并行结构降低功耗是以牺牲芯片面积为代价的。并行结构降低功耗的主要原因是其获得与参考结构相同的计算速度的前提下，其工作频率可以降低为原来的 1/2，同时电源电压也可降低。

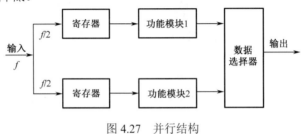

图 4.27　并行结构

3. 流水线结构

在流水结构中，电路的工作频率没有改变，但每一级的电路减少，可以减小电源电压来降低功耗。两级流水线结构如图 4.28 所示，它把一个 16×16 的乘法器分成两部分，中间插入流水线寄存器。这样在电路的工作频率没有改变，但每一级的电路减少，满足 20ns 延迟（50MHz）最坏情况的条件下，电源电压可以由 3.3V 降到 1.8V，减小为原来的 1/1.83。

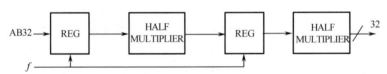

图 4.28　两级流水线结构

4. 逻辑级低功耗设计技术

逻辑级功耗优化技术种类繁多，形式多样。主要以逻辑门为基本器件来估算电路的功耗，所以它没有比晶体管级功耗的分析工具精确，但它所表示的电路更易懂。

5. 逻辑优化设计技术

逻辑优化设计的主要目的是减少信号的翻转活动，它通过将逻辑电路的逻辑功能尽可能地分解，使翻转活动最少。然后将翻转活动高的节点隐藏到复杂的门里，以此来减小这些节点的等效电容。逻辑优化设计在不影响电路性能的条件下可以将功耗减少 20%。

6. 预计算设计技术

预计算设计技术是在逻辑级实现的挂起方法基础上，通过加入预计算逻辑，在一定的输入条件下，使所有或部分输入寄存器的负载无效，从而降低功耗。如门控时钟技术，在电路中某些模块空闲时或做无效计算时，禁止通向这些模块的时钟，使其不工作。

7．多阈值电压技术

目前，随着芯片集成度的提高，电源电压不断降低，使得多阈值电压逻辑电路技术在低功耗设计中越来越体现重要的作用。各阈值电压技术一方面降低内部工作电压的逻辑摆幅，使功耗大大降低；另一方面有效地控制泄漏电流的增加，克服以往由于因工作电压减小、阈值电压降低而导致的漏电流的增加的情况。

8．电路级低功耗设计技术

在电路级设计中，优化功耗技术包括如下部分。

（1）绝缘体上硅（SOI）设计技术

SOI 技术在低压低功耗设计中应用广泛，主要是因为采用这种技术在较低的电压的条件下可以改善器件的性能和降低成本。薄膜 SOI CMOS 工艺由于在低电压条件下具有很好的性能而应用到深亚微米 VLSI。SOI 器件采用绝缘介质作为隔离，所以与普通的 CMOS 器件相比，具有比较好的性能，且没有自锁效应，具有高的集成度、小的寄生电容和理想的亚阈值漏电流。采用 SOI 器件，电路的电容可以减小约 30%，再加上较低的工作电压，可以大大降低电路的功耗。

（2）布局布线优化技术

随着功耗问题的日益突出，对版图的布局布线提出了更高的要求，在保证 100%布通率的前提下，还要考虑实现低功耗。布局布线优化设计主要集中在寄生电容与翻转活动这两个相关的因素，通过将连线合理地安排在不同的层面上，以达到降低功耗的目的。主要方法包括：

① 找出翻转活动比较频繁的节点，把这些节点安排在容性较小的层面上，如第二层金属布线层或更高的布线层；

② 翻转活动比较频繁的节点连线要尽量短；

③ 把高容性的节点和总线放在电容较小的层面上，对于大尺寸的器件可采用梳状和环形结构，减小漏节电容。

4.5　小结

本章从集成电路低功耗设计背景、发展趋势和集成电路设计中的低功耗技术分析入手，详细介绍了集成电路功耗产生的机理、如何降低其功耗和目前市场上常用集成电路降低功耗的方法等。

第 5 章

嵌入式系统超低功耗技术

● ● ● ● ● ● ● ●

进入 21 世纪以来，随着半导体工艺技术的发展，微处理器芯片的发展遇到了很多机遇和挑战。其中，功耗成为处理器设计的重要限制因素，特别是嵌入式处理器，由于体积、电池容量和便携性等因素，功耗问题尤为突出。另外，为了提高嵌入式系统的性能，需要提高处理器的处理速度，增加更多的外围设备，相应地增加了系统的功耗。因此，高性能与电池有限电量之间的矛盾越来越突出，功耗成为嵌入式系统重要的性能指标。为了解决上述矛盾，在满足用户性能要求的前提下，降低系统功耗、尽量延长系统的使用时间成为嵌入式系统设计目标之一。

5.1 功耗问题

近 50 年来，硅基集成电路技术一直遵循着摩尔定律高速发展。根据 2011 年国际半导体技术发展蓝图（ITRS）的预测，目前这种发展趋势至少可以持续到 2026 年，其器件的特征尺寸将缩小至 6nm。因此，在未来较长的一段时期内，硅基集成电路仍将是微电子技术的主流。传统集成电路设计，以更小的面积、更快的处理速度完成运算任务是不懈努力的目标。然而随着硅基集成电路技术发展到纳米尺度，面积与时间已经不再是集成电路设计中需要考虑的目标，功耗带来的挑战日益突出，已经成为制约集成电路发展的瓶颈问题。因此，微电子技术的发展已经进入了功耗限制的时代，功耗成为集成电路设计和制备中的核心问题。所以，在芯片设计过程中，功耗问题受到越来越广泛的关注。

5.1.1 限制芯片性能的改善

未来高性能微处理器的功耗会在很大程度上超过单芯片封装的功耗限制，微处理器性能的改善受到极大的影响。当前移动设备采用的逻辑门数目和处理的吞吐量以指数级增加，然而因为移动设备的特性要求，平均功能和待机功耗只能有微小的增长。

随着很多关键工艺参数的变化，泄漏功耗以指数级增加，这对工艺调整产生了巨大的挑战，是计算机技术长期发展必须解决的问题。因为功耗的限制，当前的微处理器设计不得不由追求主频提高的设计思路向体系结构技术的革新转变，如多核微处理器技术。

5.1.2　提高芯片制造成本

功耗增加提高了芯片制造的成本。首先是芯片的封装成本，功耗增加要求采用更好的封装材料和技术，如成本很低的塑料封装的散热能力只能达到 1W，稍好的塑料封装的散热能力能够达到 2W，陶瓷封装具有更强的散热能力，但是成本也会更高。

其次是芯片的散热成本，高功耗会导致较高的工作温度，将处理器保持在特定的温度下工作需要额外的散热装置和发热保护电路，随着功耗的进一步提高，风扇冷却很难保证处理器稳定工作，需要研究更复杂、成本更高的水冷、半导体散热，甚至液氮散热装置。

5.1.3　降低系统可靠性

微处理器的功耗密度在不断增大，功耗密度每 18～24 个月增加一倍，这称为功耗的摩尔定律。功耗密度增大使得热量对系统可靠性和性能的影响加剧。工艺改善往往采用更低的供电电压，这导致切换电流的噪声影响恶化。这些因素影响了系统部件的可靠性，进一步影响了系统的可靠性。一般来说，温度每升高 10℃，系统的失效率就会增大一倍。

5.1.4　增加系统执行成本

高性能计算机系统消耗大量电能，这直接导致系统执行成本的增加。

信息产业消耗了大量的电能，如 2001 的统计数据显示，美国的办公和网络设备的电能消耗约为 750 亿千瓦时，占美国总电力消耗的 2%。

5.1.5　影响电池供电时间

芯片未来的应用将不仅限于在办公室、实验室等固定的场所，移动计算和通信具有广泛的民用和军事价值，嵌入式的移动计算技术是芯片行业最活跃的领域。嵌入式的移动设备往往依靠电池供电，它们的重要参数之一是电池的供电时间。和系统的功耗需求相比，电池技术的发展慢很多，所以未来的移动设备必须在有限能源供应下发挥更大的效能，这对系统功耗控制有很高的要求。

根据上述分析可以看出，功耗问题阻碍了计算机系统性能的改善，浪费了可用的电能，影响了未来社会的生活。因此低功耗技术的研究受到越来越高的重视，从底层的硬件低功耗设计到高层的软件低功耗管理,低功耗优化技术是一个被广泛研究的课题。同时应当看到,低功耗技术的确能够带来大量的电能节省,如统计数据显示,美国的办公和网络设备的电能消耗经过简单的功耗管理后每年节电 230 亿千瓦时,完全恰当的功耗管理能够进一步节省电能 240 亿千瓦时,也就是说功耗管理带来了 60%以上的电力节省。

5.2 集成电路低功耗技术

5.2.1 集成电路功耗分析

CMOS 集成电路的功耗一般包括动态功耗、静态功耗和短路功耗三部分,如图 5.1 所示。总功耗可以表示为:

$$P = P_\text{D} + P_\text{SC} + P_\text{S} = \alpha C_\text{L} V_\text{dd}^2 f + I_\text{SC} V_\text{dd} + I_\text{leak} V_\text{dd} \tag{5.1}$$

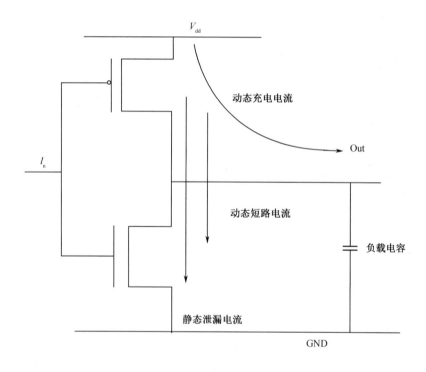

图 5.1 CMOS 集成电路功耗示意图

式中, P_D 是动态功耗,是电路在开关过程中对负载电容充放电所消耗的功耗,与电源电压 V_dd、负载电容 C_L、工作频率 f 和开关活动率 ∂ 相关。P_SC 是短路功耗,也叫直通功耗,由于电路的输入波形不是理想方波,存在上升沿和下降沿,因此在输入电平处于 V_TN 至 $V_\text{dd} + V_\text{TP}$ 这段范围内,会使 CMOS 电路中的 PMOS 和 NMOS 晶体管都导通,产生从电

源到地的短路电流 I_{SC}，从而引起开关过程中的附加短路功耗。短路功耗与 $V_{dd} - 2V_T$ 有强烈的依赖关系。对于一定的电源电压，增大阈值电压 V_T 有助于减小短路功耗。P_S 是静态功耗，也叫泄漏功耗。理想情况下 CMOS 电路的静态功耗是零，因为在稳态或 NMOS 晶体管截止，或者 PMOS 晶体管截止状态下，电路不存在直流导通电流。但是实际上 CMOS 电路的静态功耗不为零，因为处于截止状态的 MOS 晶体管存在泄漏电流 I_{leak}，形成电路在稳态下的直流电流，引起静态功耗。对于纳米尺度的 CMOS 器件，泄漏电流主要包括亚阈值电流 I_{ST}、源/漏区 pn 结反向电流 I_j、栅-漏覆盖区的氧化层隧道电流 I_g、栅感应的漏极泄漏电流 I_{GIDL} 及源-漏穿通电流 I_{PT} 等。

由式（5.1）可以看出，集成电路总的功耗涉及很多因素，如跳变因子、负载电容、电源电压、工作频率、阈值电压及器件尺寸等。低功耗设计就是从这些基本因素出发，在设计的各个阶段综合运用不同的策略以消除或降低这些因素对功耗的影响，以取得更好的低功耗效果。

5.2.2　集成电路低功耗设计技术

1. 多阈值 CMOS/功率门控技术

随着工艺进入深亚微米和纳米尺度，泄漏电流增加，静态功耗已经成为不可忽视的部分。降低静态功耗就是要降低泄漏电流，而亚阈值漏电流 I_{ST} 是主要的泄漏电流，其基本表达式如下：

$$I_{ST} = I_0 \exp \frac{V_{GS} - V_T}{\dfrac{S}{\ln 10}} \tag{5.2}$$

式中，V_{GS} 是 MOS 器件的栅源偏置电压，V_T 是器件的阈值电压，I_0 是 $V_{GS} = V_T$ 时器件的关态电流，S 是亚阈值斜率。从降低功耗考虑，器件的阈值电压 V_T 应该尽可能大，但从电路工作速度考虑，又希望尽量减小 V_T。为了解决工作速度和功耗的矛盾，基于多阈值 CMOS（MTCMOS）的功率门控（Power Gating）技术逐渐在集成电路设计中被广泛采用。MTCMOS 技术指在一个电路中用多个阈值电压来控制亚阈值电流，基本原理如图 5.2 所示。

对影响工作速度的关键路径器件采用低阈值电压（LVT）器件，称为低阈值模块。为了抑制低阈值模块的泄漏电流，在该模块和电源（或地）之间连接高阈值电压（HVT）器件，也称为休眠管（ST）。Sleep 信号是低阈值模块是否工作的控制信号，当 Sleep=0 时，ST 管导通，此时该模块就跟电源（V_{dd}）连接，ST 的漏极相当于一个虚的电源（V_{ddv}），低阈值模块处于工作状态。当 Sleep=1 时，ST 管断开，低阈值模块处于停止工作状态，此时该模块就跟 V_{dd} 断开，V_{ddv} 相当于悬空。由于 ST 的阈值电压较高，其泄漏电流较小，所以低阈值模块的泄漏电流被 ST 抑制，减小了电路的泄漏电流。功率门控技术正是基于 MTCMOS，当设计中一些模块没有使用时，通过 ST 临时将其关断，降低电路的静态功耗。功率门控技术按照 ST 管控制单元多少通常分为细粒度、中粒度和粗粒度 3 种。在细粒度功率门控中，设计者要在每个库单元和地之间放一个 ST 管。这种方法能精确实现对每个单元的控制，但消耗的面积太大，且为了避免真正电源/地和虚拟电源/地之间过大的 IR 压降，ST 管的尺寸都比较大。在粗粒度功率门控中，设计者要建立一个电源开关网络，它基本上是一组 ST 管，并行地将整个块打开或关闭。这一技术没有细粒度技术的面积问题，但很难在单元基础上作特性描述。中粒度功率门控技术则是一种折中，将整个芯片分为多个独立控制的分立电源域，功率门控单元将单独为各个域供电。

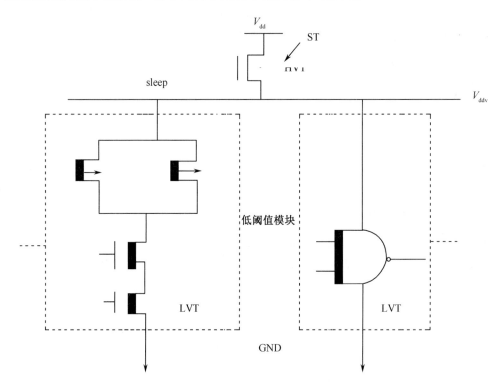

图 5.2　MTCMOS 技术基本原理示意图

2. 动态阈值技术

随着集成电路特征尺寸的减小，电路的电源电压会不断减小。为了保证器件和电路工作速度，降低电源电压的同时一般需要降低阈值电压，但阈值电压的降低又会带来器件泄漏电流的增大，且噪声容限也会受到影响。对于纳米尺度的器件而言，电源电压降低到 1V 以下，器件阈值电压的设计会变得很困难。动态阈值 MOS（DTMOS）器件和衬底调制技术可以保证器件在工作时具有较低的阈值电压，在关断时阈值电压较高，从而较好地折中工作速度和功耗的矛盾，可实现超低压工作电路，这类技术不改变 Foundry 工艺，兼容性好，已有不少电路在应用。动态阈值可以通过衬底偏压来实现。对于 NMOS 器件，其阈值电压的表达式如下：

$$V_T = V_{T0} + \gamma(\sqrt{2\phi_F - V_{BS}} - \sqrt{2\phi_F}) \tag{5.3}$$

式中，V_{BS} 是 MOS 器件的衬源偏置电压，V_{T0} 是衬底偏压为零时的阈值电压，γ 为体效应系数，φ_{F} 为半导体的费米势。

由式（5.3）可以得知，当衬底加负偏压（$V_{\text{BS}}<0$）时，阈值电压增大；当衬底加正偏压（$V_{\text{BS}}>0$）时，器件阈值电压减小。实现动态阈值的方法：可以通过衬底单独偏置，进行衬底动态调制，改变阈值电压；也可以直接采用栅体短接实现 DTMOS。将 MOS 管的体端和栅端连接在一起作为输入端，这样 DTMOS 中栅电压变化时，其阈值也发生变化。比起常规 MOS 器件，当 DTMOS MOS 管输入电压高时，不但阈值电压会在高栅压下降低，而且该器件中垂直于沟道方向的电场也会降低，可提高载流子迁移率，使得驱动电流大大提高。当输入电压低时，阈值电压相对较高，可保持较小的关态漏电流，且器件可以拥有接近理想的亚阈值斜率。

3. 超低工作电压技术

从式(5.1)可以看到，降低电源电压是降低功耗最直接的有效途径。理论上，理想 MOS 管允许的最小电源电压为：

$$V_{\text{dd,min}} = 2(\ln 2)kT / q = 36\text{mV}(300\text{K}) \tag{5.4}$$

超低的电源电压对电路的功耗是有益的，但如何在较低的电源电压下保证足够的电流驱动能力是设计者面临的难题。自举电路（Bootstrap）作为一种超低工作电压下提高电路工作速度的技术逐渐被采用。采用自举电路的 CMOS 反相器电路如图 5.3 所示，它分别包含了上拉和下拉自举控制模块驱动 PMOS 和 NMOS 的栅极。当电路不工作时，自举控制模块将 PMOS 和 NMOS 的栅压保持在 V_{dd} 和 0。当电路作驱动用时，控制模块将 PMOS

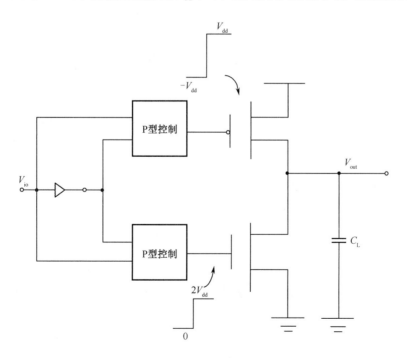

图 5.3　采用自举电路的 CMOS 反相器电路

和 NMOS 的栅压置为 V_{dd} 和 $2V_{dd}$，此时 $|V_{GS}| = 2V_{dd}$，有效地增大了驱动电流。自举控制电路不可避免地都会增加电容单元，电容单元的大小和最终自举获得的电压有直接关系，影响自举效率。如何在较小的面积下实现较高的自举效率是目前超低工作电压技术仍需研究解决的问题。

超低电压工作的另一个途径是采用亚阈值工作电压 CMOS 逻辑技术，虽然在通常的 CMOS 逻辑中栅压低于阈值被认为是关断，实际上处于亚阈值区的 MOS 器件其漏端电流 I_D 与有效栅压之间是指数关系，因此相比零栅压时的电流，在亚阈值区工作的 MOS 器件还是能提供足够大的电流保证足够大的开关态电流比的。将工作电压降为亚阈值范围，通过牺牲工作速度，获得极低的功耗。使用亚阈值工作器件的阈值电压可以设定为一个较高的阈值电压值，可以对纳米尺度工艺器件的涨落特性有更高的耐受度。亚阈值工作的另一个好处是单位器件宽度上 NMOS 和 PMOS 的开态电流是相同的，不需要通过加宽 PMOS 器件来实现 NMOS 和 PMOS 的匹配。

4．门控时钟技术

动态功率的 $1/3 \sim 1/2$ 消耗在了芯片的时钟分配系统上。RTL 级低功耗技术主要通过减少寄存器不希望的跳变（Glitch）来降低功耗。这种跳变虽然对电路的逻辑功能没有负面的影响，但会导致跳变因子 ∂ 的增大，从而导致功耗的增加。时钟门控技术可以说是当前最有效减少 Glitch 的方法，可以减少 30%～40%的功耗。时钟门控技术的基本原理是通过关闭芯片上暂时用不到的功能和它的时钟，从而实现节省电流消耗的目的。时钟门控技术可以作用于局部电路或一个模块，也可以作用于整个电路。作用范围越大，功耗减小越显著。为了进一步减小功耗，可以采用多级门控时钟。在多级门控时钟技术中，一个门控单元可以驱动其他一个或一组门控单元，通过分级减少了门控单元的数目。

5．能量回收技术

电路工作时，从电源获取电能。通常这些电能只能被使用一次。前面提到的动态阈值、超陡亚阈值斜率和门控时钟等技术，都只是针对如何降低电能单次使用的消耗。为了将电源中获取的能量充分利用，需引入循环措施，这就是能量回收（Energy Recovery）技术。采用能量回收技术的电路中利用交流电压时钟控制，在整个工作过程中交流电压源来回收存储在节点电容上的电能，达到减小功耗的目的。常用的电能回收电路结构有 ECRL、DSCRL、CAL、CTGAL、PAL-2n、Boost-Logic 等。

5.3 嵌入式系统低功耗技术

系统硬件的低功耗设计技术已经日趋成熟，特别是在低功耗器件逻辑、互连功耗优化、泄漏电流控制、布局封装等方面。尽管如此，单独在硬件设备层次进行低功耗优化很难满足计算机系统进一步发展的需求，功耗问题需要从系统设计的多个层次来解决。

　　嵌入式系统低功耗设计贯穿于系统级设计、软件设计、硬件 RT 级设计、逻辑级设计、电路级设计、器件/工艺级设计的整个数字系统设计流程。在系统设计的不同层次进行低功耗设计，系统功耗降低的幅度不一样，如图 5.4 所示。进行低功耗设计的抽象层次越高，则优化的空间越大，最终实现的节能效果越好。例如，对于电路的平均翻转率，通过软/硬件分工可能降低电路 30%的翻转次数，而通过逻辑的重新安排却只能降低 5%的翻转次数。在不同的低功耗设计层次，考虑的重点也不相同，系统级设计确定系统对性能、功耗的要求，进行低功耗的软硬件划分，根据最佳的性能/功耗比来确定硬件功能和软件需求；软件设计一方面选择合适的程序算法和具体的编译环境，以降低软件执行时的功耗，另一方面需要充分利用操作系统提供的节电模式减少系统空闲时的电能消耗，并且随着动态功耗管理（Dynamic Power Management，DPM）和动态电压缩放（Dynamic Voltage Scaling，DVS）技术的出现，操作系统也可以通过合理地设置工作状态来降低功耗。在嵌入式系统设计中，降低功耗的技术可以分为静态技术和动态技术。静态技术主要指在系统设计时进行低功耗系统综合和编译，而动态技术主要指在系统运行时使用相应的功耗管理策略暂时关闭当前空闲的设备或在满足系统时间性能要求的情况下降低系统部件的工作电压和频率。统计数据表明，在嵌入式系统设计中，包括软硬件划分在内的最初 10%的系统级设计过程对于最终的设计质量和成本有 80%的影响。

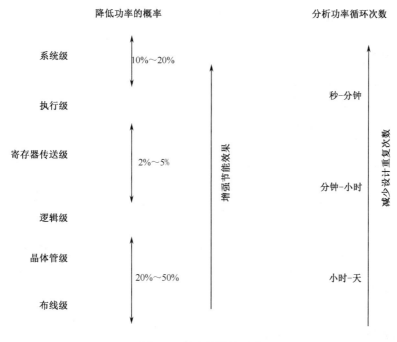

图 5.4　低功耗设计层次

　　低功耗嵌入式集成电路的实现是一项综合的工程，需要同时考虑器件、电路和系统的功耗优化，需要在性能和功耗之间进行折中。目前国际先进的芯片低功耗解决方案大多都基于硅基 CMOS 技术，从系统实现方法、体系架构设计、功耗管理技术、电路结构直至

CMOS 器件材料、结构与工艺进行多角度、多层次的综合优化和折中，其中多核技术和高K/金属栅结构等是当代低功耗集成电路解决方案的一些核心技术。但是随着集成电路进入纳米尺度，适用于低功耗应用的 CMOS 技术平台由于 MOSFET 泄漏导致的电流增大、寄生效应严重等问题愈发突出，目前的许多低功耗技术成为了 治标的解决方案，难以从根本上解决集成电路发展中遇到的功耗限制问题，一定程度上影响了纳米尺度集成电路的可持续发展。

5.3.1 低功耗硬件和体系结构技术

根据式（5.1）可以看出以下方式都能够减少系统的功耗：

（1）减小切换活动因子和切换电容；

（2）降低供电电压和执行频率；

（3）减小泄漏电流。

下面根据这三个方向介绍低功耗硬件和体系结构技术的相关研究工作。

1．减小切换活动因子和切换电容

应用中存在很多重复计算，在功能部件中增加缓存，保存和重用计算的结果，这种方法可以减少对外部存储器的访问。这种方法通过减少对高电容外存储器的访问次数，减小系统的功耗。

很多计算使用的操作数不需要很高的精度，这样可以通过使用较窄宽度的操作数避免高位部分的计算，以降低功耗。硬件的数据压缩技术能够起到同样减小功耗的效果。

总线可能产生很高的功耗损失，减少总线的切换活动能够有效地降低电能消耗。因为地址总线的活动经常是按顺序进行的，所以可以使用特殊的编码技术减少总线的切换活动，降低电能消耗。

处理器总功耗的很大一部分是时钟功耗，时钟门（Clock Gating）技术通过减小时钟系统的切换电容来减小总功耗。时钟门技术将时钟网络划分为多个模块，在每个周期只切换必要的模块，关闭不需要的模块。时钟门通过特殊的信号控制不同的时钟部件，面积和性能均代价很小。

处理器内部的寄存器文件、Cache、分支缓存等存储资源的功耗占了总功耗的很高比例，内存结构产生很高的功耗，磁盘设备更是重要的功耗源。存储系统的低功耗优化一般采用分体、动态控制、可配置等思想减小存储系统实际切换的电容，最终降低存储系统的电能消耗。

传统的处理器结构设计一般基于某些具体的应用进行功能和时钟频率的优化。但是固定的结构往往并不适合所有的应用，对某些应用的执行效率很高，而对其他应用的执行效率很低，结果产生了大量的电能消耗，却得不到需要的性能。适应性体系结构在处理器设计中提供系统动态配置的功能，用变化的系统结构执行变化的应用，能够获得高的电能利用效率。与适应性体系结构紧密相关的研究工作是可重构的体系结构，这也是另一个当前被广泛研究的领域。

2．降低供电电压和执行频率

计算机系统的动态功耗和供电电压的平方成正比，和执行频率成正比，降低电压和频率能够极大地减少系统的动态功耗。随着工艺水平的提高，供电电压逐渐下降，器件设备也具有更低的功耗。

除了采用固定的供电电压和执行频率以外，当前可以使用具有动态调节电压和频率能力的微处理器。不同应用对微处理器的性能需求是不同的，微处理器设计往往满足应用最高的性能需求。很多应用并不需要这样的最高性能，结果是固定频率和电压的微处理器产生了不必要的电能浪费。支持动态电压调节技术的微处理器可以根据应用需求在执行期间动态调整电压，用最小的电能消耗来完成任务。当前支持动态电压调节能力的处理器可以在几个离散的电压值运行，每个电压值对应相应的执行频率。调节电压和频率都具有时间开销和电能开销，表 5.1 总结了当前一些典型微处理器的调节时间开销。当前每次电压调节需要几十微秒，对于高性能微处理器，这就是几千甚至上万个周期，因此一般来说电压调节需要考虑时间开销。

表 5.1　微处理器的调节时间开销

处 理 器	频率（MHz）	电压（V）	开 销
Intel SA-1100	59～251	0.75～1.65	-/140μs
AMD K6-2+	200～550	1.4～2.0	42 μs/400 μs
ARM8	5～80	1.2～3.8	-/70 μs
Xscale	200～800	0.75～1.65	20 μs/-
PowerPC	153～380	1.0～1.8	-/80 μs
Crusoe	300～677	1.2～1.6	200 次/s
Intel Pentium M	600～400	0.956～1.420	10 μs/-
AMD Athlon-64	800～2 000	0.9～1.5	10 μs/-

对整个处理器进行动态电压调节可能需要过多的时间开销，多时钟域处理器技术是动态电压和动态频率调节的实现方法之一。多时钟域技术将整个处理器划分为多个功能块，每个功能块采用同步时钟执行，功能块之间采用异步方式交换数据。多时钟域技术采用一种全局异步，局部同步的时钟风格。多时钟域技术的采用使得每个功能块都可以单独完成动态电压调节，能够完成细粒度的电能管理。由于采用全局异步方式，功能块的设计要求有所降低，有利于提高处理器的性能。

并行处理是另外一种重要的低功耗体系结构技术。功耗问题的急剧恶化使得单纯通过提高处理器频率改善性能的路线变为不可行。为了保证处理器性能的不断提高，并行处理技术是当前最重要的手段之一。并行处理技术能够在较低电压和频率下保证处理器性能稳步提高，因此减小了对提高处理器主频的压力。当前传统的指令级并行技术几乎达到了极限，要发挥并行处理技术提高性能、改善能效的作用，必须充分挖掘线程级并行和数据级并行技术的潜力。

3. 减小泄漏电流

为了保证低电压的设备能够提供同样或更高的性能、处理器能够执行在更高的执行频率，降低电压的同时必须减小阈值电压，这样造成的结果是泄漏电流迅速增大，泄漏电流功耗占总功耗的比例迅速上升。当前在线路和体系结构层提出很多动态的泄漏电流控制技术，包括输入向量控制（IVC）、多阈值电压（MTCMOS）、功耗门（PSG）和动态电压调节（DVS）等技术。泄漏电流控制方法的相关特性如表 5.2 所示，包括每种方法降低泄漏功耗的效果、造成的性能损失和电能损失、使用每种方法后设备的状态是否能够保留。这些技术为体系结构和软件控制泄漏电流提供了重要手段。

表 5.2   泄露电流控制方法的相关特性

方 法	泄漏下降（%）	性 能 损 失	电 能 损 失	状 态 保 留
IVC	75.8	<1 个时钟周期	非常低	保留
MTCMOS	64.1	<150ns	低	保留
PSG	100	179.3	中	不保留
DVS	84	<1 个时钟周期	低	保留

5.3.2   嵌入式系统低功耗软件技术

软件控制着如何使用系统设备，低功耗硬件技术发挥效能依赖于系统上执行的软件。本节介绍与操作系统和编译器相关的功耗管理和低功耗优化技术。

1. 操作系统

桌面和嵌入式操作系统的功耗管理主要集中在控制系统的显示设备、磁盘设备、通信设备，从这些设备中减小整个系统的电能消耗。这些设备一般提供多种功耗模式，操作系统根据系统的运行特性在不同功耗模式间进行转换。为了有效管理系统的功耗，很多工作对系统的功耗特性进行了分析。电能感知的任务调度是一个重要的研究方向，研究工作集中在操作系统指导的动态电压调节技术。该方法通过操作系统的管理，使用降低电压和频率的手段，延迟进程执行，减少空转时间以达到提高电能利用率的目的。当前工业界正在完善的 ACPI 规范支持操作系统指导主板设备配置和功耗管理，主要的微处理器厂商提出了 LongRun、SpeedStep 等技术用于操作系统的功耗管理。

基于实时操作系统的动态电压调节是一个重要的低功耗研究领域。单机实时系统的电压调度一般基于静态特权的 RM 调度和动态特权的 EDF 调度，利用松弛时间降低电压和频率，减少电能消耗。相比单机系统上的电压调度而言，多处理器和分布系统上的并行实时电压调度更加困难，当前的主要工作仍然集中在改进传统的多机系统的调度算法。

数据中心和 Web 服务器消耗了大量电能，研究服务器机群的电能管理技术具有重要的意义。一种服务器机群的电能优化技术是尽量集中对机群资源的使用，将空转的节点运行在低功耗状态。另外一种技术是采用动态电压调节技术，协同管理系统负载，通过减小系统节点的电压和频率来降低系统功耗。

2．编译器

尽管低功耗编译优化技术的出现还不到十年时间，但是在该领域已经存在大量的研究工作。早期的编译低功耗优化技术集中在分析传统编译技术的功耗特性，如指令调度、寄存器分配等基本的编译技术。很多工作研究了传统的编译优化技术对电能消耗的影响，如循环展开、循环黏合和分解、存储优化、标量扩张、函数内嵌、数据预取等技术。

早期的低功耗编译优化方法具有以下特点。

（1）主要针对传统的没有电能感知能力的计算机体系结构。

（2）大量工作是面向内存系统的电能优化，包括有效利用寄存器、有效利用存储层次、利用存储系统的特殊特性（并行加载、指令打包）、传统变换技术（循环变换提高局部性和数据压缩）等，存储优化一般可以有效提高系统的性能，改善系统的功耗特性。

（3）指令选择使用低开销的运算指令，指令调度重排指令序列减少部件的切换，这方面的研究在某些体系结构（DSP）上取得了一定的优化效果。

（4）总结大量研究结果发现：传统体系结构下，优化性能和优化功耗是一致的。

电能感知的体系结构和丰富的电能管理接口对于低功耗编译优化技术有效发挥作用有重要的意义。近期的低功耗编译优化技术研究主要在基于电能感知的体系结构上进行功耗优化和电能优化。

动态电压调节技术是典型的电能感知技术之一，围绕动态电压调节，存在大量的编译优化研究。编译器指导的动态电压调节在实时系统中得到了广泛研究。与操作系统指导的电压调度不同，编译器一般进行任务内部的静态电压调度。程序执行过程中执行路径的差异引起程序执行时间的变化，于是产生了降低电压的机会，在单个任务的环境下，任务内部的电压调度可以有效降低应用的电能消耗。利用处理器和存储器性能的差异也能够找到降低电压的机会。一般来说，应用需求和系统性能的不平衡、系统多部件间性能的不平衡经常产生电压调度的机会。

为了提高性能，满足应用的需求，计算机系统往往提供丰富的资源用于计算。这些资源有时提高了性能，但是它们并不是总能够发挥作用。由于程序并行度的变化和使用部件的变更，很多资源得不到利用，但是仍然在消耗动态的时钟功耗和静态功耗。时钟门和泄漏控制等硬件适应性技术能够用来减少这些电能浪费。硬件适应性技术的难点在于这些技术的使用具有电能损失和时间开销，完全使用硬件实现往往导致性能下降，性能下降导致执行时间增加，这可能导致整体电能消耗增加。软件技术能够指导硬件适应应用的特性需求，在不损失性能的前提下降低功耗，或者在很少性能损失的前提下大幅度降低功耗。编译技术一般使用静态分析和 Profile 技术分析程序的执行特性，基于分析的结果动态分配系统的执行资源。

存储器仍然是重要的电能优化目标，与早期电能优化的不同之处在于编译优化和体系结构革新并存。一些革新的体系结构包括可配置大小的寄存器文件、可关闭 Cache 行的Cache、可独立控制每个存储体的功耗模式的存储器等。基于这些电能感知的存储结构，存在大量研究优化存储结构的动态功耗和静态功耗的工作。磁盘仍然是重要的存储设备，最近很多人研究使用代码变换方法延长磁盘的访问间隔，利用延长的间隔提高磁盘系统进入低功耗模式的时间。

编译器指导的低功耗优化技术在分布和并行领域也得到广泛应用。分布系统上的功耗优化主要体现在对网络设备的功耗管理和分布任务的划分，延长分布系统上关键设备的供电时间。并行系统上的功耗优化主要集中在任务的调度、负载平衡和功耗的权衡问题。

动态编译技术在程序执行时编译、更改、优化程序的执行序列，最近，动态编译技术用于改善科学计算和数据处理的电能消耗，获得了很好的电能节省效果。

近期的低功耗编译优化技术具有以下特点。

（1）与以往的研究不同，革新的硬件技术支持是低功耗编译优化的基础，动态电压调节技术、部件关闭功能（寄存器、Cache、内存）为低功耗编译优化提供了控制系统资源的手段，因此功耗优化的效果比较明显。

（2）编译器指导的电压调节技术是广泛研究的技术，但是获得一个实用的方法仍然需要进一步的工作。

（3）关闭空转部件，减少系统电能消耗是与动态电压调节技术正交的节能技术，部件关闭技术的低功耗编译优化需要在基本不降低性能的情况下局部化和集中化部件的使用。

（4）存储系统的能耗占系统总能耗的比例很大，存储系统的低功耗优化仍然是重要的研究课题。存储系统的优化除了采用局部化的使用方式外，减少对慢速设备访问的优化一般也能够降低系统功耗，编译技术消除冗余存储操作、增加数据重用的优化应该得到研究。

（5）低功耗编译技术需要更多革新的硬件特性。传统的处理器结构包含了紧耦合、集中的部件资源，并且计算部件比例低，管理资源比例高。这样的系统在可扩展性上存在很大的问题，且不利于软件技术实施功耗管理。需要发展松耦合和计算资源丰富的系统，体系结构暴露更多的部件给软件和编译层，这样系统整体功耗才能得到有效的管理。

5.3.3 嵌入式处理器低功耗设计

处理器是集成电路的典型代表，功耗的挑战已经对处理器设计者提出了新的要求，需要将功耗作为一个重要指标重新对原始设计思想进行评估。低功耗设计技术包含在处理器设计几乎所有层次中，包括动态功耗管理、低功耗体系结构设计、通路平衡及更底层的逻辑级和物理级的低功耗实现技术等。

处理器在专用设备和便携设备等嵌入式中应用时，功耗是极其关键的设计，其重要性往往超过性能等其他设计因素。设计者们必须面对电池使用时间和系统成本的限制，尽最大可能地利用特定的设计资源进行低功耗设计，以满足特定的应用需求。

CPU 随着生产工艺的改进、BUG 的解决或特性的增加而改变，如稳定性、核心电压、功耗、发热量、超频性能、支持的指令集等方面都在不断改进。

1．处理器功耗分析

根据国际固态集成电路会议（ISSCC）的有关数据，自 20 世纪 80 年代以来的近 30 年内，芯片功耗在前 10 年（1980 年～1990 年）以每 3 年增加 4 倍的速度上升，在随后 10 年以每三年增加 1.4 倍的速度上升。在微处理器发展的初期（如前 10 年），尽管随着性能的增加，由于当时的节能降耗技术作用有限，功耗和散热控制作用较弱，使其功耗和热量的增量较大，但绝对值较小，因为初期的微处理器功耗和散热较小，制造技术的冗余度较大，不影响微处理器按摩尔定律继续发展。在第二个 10 年，尽管节能降耗技术对微处理器的功耗和散热控制作用比微处理器发展的前 10 年有所增强，使其功耗和热量的增量较小，但仍然无法遏制功耗的上升，常规工艺技术制造的微处理器功耗越来越大。

微处理器的功耗分布如图 5.5 所示，图 5.5（a）、图 5.5（b）为两个不同的设计。从图 5.5 中可以看出，微处理器的主要功耗来源如下。

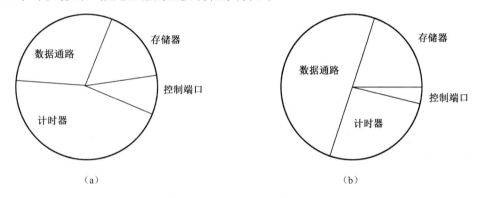

图 5.5　微处理器的功耗分布

（1）时钟，包括系统中的时钟产生单元、时钟驱动单元、时钟分布网络、锁存器及大量的时钟负载。时钟是系统中唯一一直在跳变的信号，产生大量的动态功耗。

（2）Datapath 数据通路，包括全部的功能单元、总线和寄存器堆。在高性能微处理器中，数据通路有严格的时序约束，如果采用高速的动态逻辑电路构成功能单元，则其功耗会更大。

（3）存储器单元，包括高速缓存 Cache、转换查找缓存 TLB、跳转预测缓存 BTB 等。存储器单元所导致的功耗和其在片上的容量成正比。

（4）控制 I/O，这部分的功耗是微处理器中最小的。

2．超标量 RISC 处理器

传统上，通用微处理器的工作负载以非数值、不规则标量应用为主（这种负载也是目前事务处理和 Web 服务类服务器的工作负载特征）。通用处理器把提高性能作为首要目标，以 Intel×86 系列的 CISC（复杂指令集计算机）体系结构为代表。这种架构会增加 CPU 结构的复杂性和对 CPU 工艺的要求。由于 CISC 体系结构的处理器包含有丰富的电路单元，因而面积大、功耗大。

嵌入式微处理器是由通用计算机中的 CPU 演变而来的，它的特征是具有 32 位以上的处理器，具有较高的性能。但与计算机处理器不同的是，在实际嵌入式应用中，只保留和嵌入式应用紧密相关的功能硬件，去除其他的冗余功能部分，这样就以最低的功耗和资源实现嵌入式应用的特殊要求。和工业控制计算机相比，嵌入式微处理器具有体积小、重量轻、成本低、可靠性高的优点。

嵌入式应用需求的广泛性决定了嵌入式处理器体系结构的多样性。例如，控制领域一般采用 RISC（精简指令集计算机）结构处理器，数字信号处理领域采用哈佛结构的 DSP，视频游戏控制需要有很高的图形处理能力，可以采用 VLIW+SIMD 的结构。

DSP 在数字信号处理领域以外的应用中，性能不是非常理想。VLIW 用软件的复杂性换取硬件的简单显式并行，从而简化了流水线的调度，可以节省功耗。VLIW 的主要问题是：一方面会增加软件（编译器）的复杂性；另一方面，有些相关（如访存地址相关）在编译时是无法确定的。此外，当指令宽度进一步加宽后如何维护兼容性也是一个问题。VLIW 的代码长度明显增大，可能以增大存储器为代价。

综合性能、功耗和面积各方面的因素，超标量 RISC 处理器在最近仍将会是应用最广泛的高性能嵌入式处理器。

3. 超标量 RISC 处理器低功耗特性

在 CMOS 工艺进入深亚微米阶段后，芯片的功耗问题已随着片上系统 SoC 集成度的不断提高而显得日益严重，设计者不能单纯通过增加硬件复杂度的方式来达到提高微处理器的性能、速度，减小面积等指标。高性能的微处理器需要复杂的硬件支持，这将导致过高的功耗，从而引起冷却、封装等问题，还可能影响系统的可靠性。

在超标量 RISC 核的设计中，低功耗设计体现在 RISC 的各个设计层次中——系统的工作电压和工作频率、时钟网络（Clock Tree）分布、指令集确定、微处理器结构、逻辑电路实现、布局布线等。RISC 的设计思想是通过实现简单的指令和规整的指令格式，通过流水线操作，使得处理器的硬件结构简单且利于调整。因此较之 CISC 所要实现复杂指令的复杂硬件结构，RISC 处理器的硬件利用率高，功耗低。RISC 芯片的时钟频率低，功率消耗少，温升也少，机器不易发生故障和老化，提高了系统的可靠性。RISC 处理器包含较少的单元电路，因而面积小，成本低。由于 RISC 指令系统的确定与特定的应用领域有关，所以 RISC 芯片更适合于面向特定应用的嵌入式系统领域。

4. 存储器高速缓存 Cache 的低功耗设计

高性能和低功耗是便携式计算机的必要要求。Cache 存储器在减小微处理器和主存之间的性能差距上起着关键作用，但同时它又是主要的耗能部件之一。在微处理器中引入片上高速缓存 Cache，把处理器经常使用的指令、数据存放在片上高速缓存中，充分利用指令、数据的空间局部性和时间局部性，能够大幅度地减少处理器和片外存储器的访问时间，使得存储器访问时间能够和 CPU 的处理速度相匹配，从而提高处理器性能。改进存储器系统性能最直接的方法是增加 Cache 的大小，但 Cache 大小的增加又增大了访问 Cache

的功率消耗，如 StrongARM SA110 片上 Cache 的功率消耗占整个芯片功耗的 43%。因此处理器若能采用高性能低功耗的 Cache 结构，则既能提高系统性能，又能降低功耗。

在高速缓存映像方式中，采用直接映像方式，存储器访问功耗是最低的，但是它的失配率也是最高的，这同样会增加系统功耗。研究表明，几乎所有降低失效率的方法都可以节省电能。采用组关联映像方式，失配率会随着关联度的增加而减小。近年来，低功耗微处理器倾向于通过增加关联度来减轻 Cache 尺寸小带来的负面影响。

针对高速缓存直写和回写来讲，直写每次对高速缓存中的数据行修改，都必须在下级存储器中进行；而回写方式只对最近修改的数据写入下级存储器一次，其中所节省的存储器访问时间、数据传送时间和功耗是非常可观的。因此回写方式是高性能、低功耗设计的最佳选择。

另外，工艺的发展使得芯片能够集成越来越大的片内 Cache，而大的 Cache 造成了大量的电能消耗。在保持程序性能的前提下，功耗最优的 Cache 大小和结构是随着负载的变化而变化的。于是产生了可重配置的 Cache 和动态关闭 Cache 行的 Cache，这些 Cache 设计的主要目的是减小动态切换的电容，降低功耗。

5. 门控时钟

时钟网络功耗是动态功耗的重要组成部分，低功耗的时钟网络是功耗优化的重要目标。对主流芯片功耗分析的结果表明，时钟网络的功耗在实际程序运行过程中通常占芯片总功耗的 40%以上，这是因为时钟密集地分布在系统中，每个时钟周期都会跳变。时钟网络包括两个部分：一部分是由时钟缓冲器组成的时钟树本身，另一部分是时钟树节点所驱动的为数众多的寄存器。

通过降低时钟工作频率的方法来降低时钟功耗不可行，因为降低时钟频率会降低系统的性能，而处理器完成工作任务的总功耗还是不变。可以利用门控时钟来切断一部分时钟网络，从而达到节省功耗的目的。

根据系统实时运行的情况，总是存在处于空闲状态的单元模块和冗余信号，从而为降低功耗提供了优化空间。

门控时钟是非常有效的低功耗时钟网络设计技术。通常，门控时钟的实现方式有基于与门、基于或门、基于触发器和基于 Latch 4 种。通过门控信号与时钟的逻辑与，当这个电路不工作的时候，门控单元将关闭该电路的时钟，避免电路不工作时的功耗损失。有效的门控时钟技术需要确定何时关闭时钟及关闭多长时间。

基于 Latch 的门控时钟如图 5.6 所示，以此为例，基于 Latch 的门控时钟的实现原理是：当 CLK 为高电平时 Latch 不会锁存数据，在 CLK 的上升沿捕获 EN 信号。特别需要注意的是，门控时钟的使用可能会带来时序上的问题。特别是当集成电路的设计已经进入深亚微米级时代后，线延时占据了总延时的 70%。以基于 Latch 的门控时钟为例，布局布线之后，对应的 Latch 和寄存器可能会距离很远，造成它们之间的连线延时过大，时序可能不满足要求。因此，采取的方法是将对应的 Latch 和寄存器整合在一起，作为一个标准单元来使用。这样，可以保证时序满足要求。

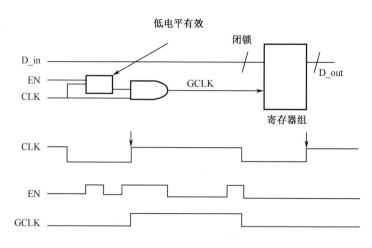

图 5.6　基于 Latch 的门控时钟

6．动态电压调节技术

因为 CMOS 集成电路的静态功耗远低于动态功耗，以前系统的电源管理主要利用进入静态模式的方式，如休眠和挂起，来节省系统的功耗。动态电压缩放技术（DVS）代表了降低功耗方面的最新进展。

短路电能消耗是当静态 CMOS 门转换时，在短时间内两个晶体管同时导电产生。这期间，电源和地之间会存在短时间的电流。随着工艺技术的发展，短路电流呈现下降趋势。

理想的 CMOS 线路的静态电能消耗为 0，实际上，在源极或漏极和基底之间总是存在泄漏电流的情况。一般来说，系统中的动态电能消耗占主要部分，随着工艺的缩放，泄漏电流的比例逐渐增大。如果不使用任何泄漏控制机制，未来的工艺中动态电能消耗和静态电能消耗的比例会基本相当。

随着集成电路工艺的进步，从 0.35μm、0.25 μm 到 0.13 μm 甚至到 0.10 μm，越来越先进的工艺可以使得工作电压越来越低，功耗显著下降。但是对确定的工艺而言，电压和性能相关，如果降低工作电压，则器件的翻转延迟增大，对性能是不利的。当然，CPU 并不需要一直工作在处理速度最快的状态，可以看到在大部分应用中，系统并不是满负荷运行的，很多时候 CPU 处于静态模式。由于功耗与电压的二次方成正比，在完成同样任务的情况下，如果处理器一直处于一个相同的处理速度，则可以更节约电能。虽然这是以牺牲性能为代价的，但是对于大部分系统来说，处理器的任务并不很饱满，在某一段时间内，处理器会处于空闲。这种情况下，如果先把处理器的运行速度调到最高，任务完成后，再把处理器调到最低功耗的休眠状态。这样做得到的结果是相同的，但是功耗却降低了。

在进行整个嵌入式系统设计时，要求针对不同的模块划分成不同的电压域，DVS 系统电压域划分如图 5.7 所示。所有支持 DVS 的电路的电源应该和系统其他部分隔离开来。如外部 I/O 及一些模拟功能块需要工作在稳定的电压下，一些休眠时仍需要工作的电路，如实时时钟、中断监测电路及状态备份存储器需要单独的电源。

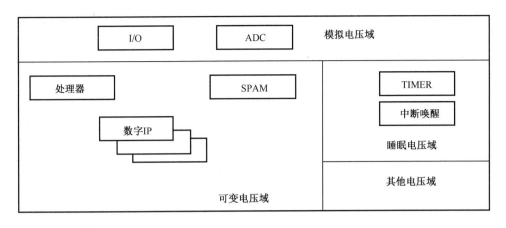

图 5.7　DVS 系统电压域划分

时钟域会影响电压域。由于电压影响器件的延迟特性，在较低的电压下只能以较低的工作频率工作。对于一些特殊频率的功能模块，如 UART，串行时钟是不能动态变化的，可以为它单独划分出一个电压域。当然，由于串行时钟比较慢，如果在最低的电压下，关键路径仍然能满足时序要求，那么与串行时钟相关的逻辑也可以划入 DVS 电压域。事实上，让这部分逻辑一直工作在最低电压下是最省功耗的，但是单独划分出一个电压域会增加设计的复杂度。

7. 多核处理器等新型处理器上的低功耗技术

由于单核处理器的性能难以继续提升，学术界和工业界转而发展多核处理器，如单芯片多核处理器（Chip Multi-Processor，CMP）。针对 CMP 处理器，也有学者提出了结构上的低功耗方法，主要集中在缓存和互联网络方面。

CMP 处理器给 DVFS 的应用带来了更广阔的空间。首先，在 CMP 处理器运行的程序更加多样化，除串行程序外，还有如 SPLASHZ 等并行程序；其次，在 CMP 上，DVFS 算法可以针对各个处理器核分别进行动态电压频率调节，另外进程在处理器核之间的调度和切换也变得复杂，这些因素导致性能/功耗的组合空间变大。目前 AMD 的四核处理器可以单独地关闭某个核。除 CMP 外，异构多核处理器也是多核的一种设计方案。在异构多核处理器中集成的处理器核可以有不同的结构和性能，相比同构多核，异构多核有两个优势：

（1）由于应用程序中存在不可并行的部分，因此根据 Amdahl 定律，利用更多的晶体管资源集成高性能的处理器核可以加快并行程序串行部分的执行，减少运行时间，降低功耗；

（2）在片上集成低性能低功耗的处理器核，在处理器负载很小时，关闭其他核，只打开性能小的核，这有利于节省功耗。Kumar et al（2003）采用 Alpha 的 EV4（21064）、EVS（21164）、EV6（21264）、EV8（21464）作为基本处理器核构造异构多核处理器，研究了各种组合下的功耗有效性及进程在多核之间的切换方法和调度策略，还探讨了在处理器核之间共享 FPU、Cache 的可行性和效果。

8．泄漏电流减小技术

泄漏电流控制是今后工艺发展面临的重要问题之一，现在泄漏电流控制的主要方法有以下几种。

（1）输入向量控制（IVC）

许多研究使用模型和算法估计电路的实际和最大泄漏电能，得到的结果表明，输入模式对线路的泄漏电流有很大影响，这是晶体管栈效应的结果。因为晶体管栈中设备的状态由对应的输入决定，这又对应于部件的输入信号。IVC 的目标是找到一种输入模式，该模式最大化栈中晶体管关闭的数目，最小化泄漏电流。

（2）多阈值电压（MTCMOS，BBC）

多阈值电压方案需要一些工艺支持，需要能够改变某些晶体管的阈值电压。当转入低功耗模式时，通过提高晶体管源极到地的电压，使得单元中的晶体管阈值电压动态增加。高阈值电压导致泄漏电流减小，同时保持内存单元的状态。尽管内存单元的泄漏电流已经减小，但是增加线路供应电压增加了功耗，转换开销很大。

（3）关闭供应电压（Power Supply Gating，PSG）

PSG 关闭电能供应，使空转的部件不存在泄漏电流。PSG 可以使用睡眠晶体管实现，一般可以使每个门有一个睡眠晶体管，也可以实现更大粒度的管理。PSG 对减少泄漏电流很有效，但会丢失存储单元中的内容。

（4）动态电压调节（DVS）

调节内存单元的电压为 1.5 倍的阈值电压，这样内存单元的内容可以保留，同时由于在高性能工艺中的短信道效果，泄漏电流会随着电压调节显著减小。对于 0.07μm 工艺，睡眠电压近似为 0.3V。DVS 方法的电能状态转换很快，转换延迟为 0.28ns，该方法被使用在 Drowsy Cache 中。减小泄漏电流的技术已经成为低功耗研究的热点，上述各种泄漏电流控制方法适用于体系结构层，这为编译器指导控制泄漏电流的电能消耗提供了可行的途径。

5.3.4 外围设备低功耗设计

外围电路有时是整个系统的功耗"大户"，如 ADC、背光、蜂鸣器、外部 Memory、各种传感器等。因此如何合理设计外围电路模块，合理使用和控制相关的外围电路模块将是系统设计的重点。

为了满足嵌入式应用的低功耗需求，CPU 外围设备大多都考虑低功耗特性，并提供了可编程控制的多种低功耗工作模式，如睡眠模式、设备内部时钟保持运行状态的设备掉电模式和设备内部时钟停止运行的设备掉电模式。也有许多外设硬件需要为功耗管理作特殊考虑。

1．存储器的低功耗设计技术

微处理器系统通常包含指令集、流水结构、数据通路、控制电路、存储器和时钟网络等主要模块。各模块的低功耗设计都有助于实现整个微处理器系统的电能有效利用。然而各个模块的功耗开销并不相同。StrongArmsA-110 是一款比较成功的低功耗微处理器，它的电能利用效率比当时其他类型的微处理器高出 5 倍左右。StrongArm SA-110 各个功能模块的功耗分布情况如表 5.3 所示，其中，Cache、DMMU 等存储模块占据了约 62%的功耗。因此，存储器的低功耗设计对低功耗微处理器的实现具有重要的意义。

表 5.3　Strong Arms A-110 微处理器功耗分布

ICache	27%	
DCache	16%	
INNU	9%	存储系统占总资源的 62%
DMMU	8%	
Write Buffer	2%	
IBOX	18%	
CLOCK	10%	
EBOX	8%	其他模块
Bus Interface Unit	2%	
PLL	<1%	

2．A/D 模块的低功耗设计技术

（1）A/D 模块的电源管理模型

① 正常电压模式：至少有一路 ADC 转换器上电工作；自动掉电和自动待机模式被关断；ADC 的时钟模块使能。在这种模式下，ADC 使用转换时钟作为激活态和休眠态的时钟源。强调没有启动延时（POWER 寄存器设定）。

② 自动掉电模式：至少有一路 ADC 转换器上电工作；自动掉电模式被使能；ADC 的时钟模块使能。只要 POWER 寄存器 APD 设为 1，自动掉电模式和自动关断模式就可以同时使用。双模式的转换如下：在激活状态，当 ADC 时钟为 100kHz 时使用待机电流模式；在休眠状态，关断 ADC 时钟，转换器掉电。在扫描启动时，系统忙于打开时钟和上电，以及待机电流模式的稳定性，所以会有时钟启动延迟。这使得 ADC 转换操作功耗最低。

③ 自动待机模式：至少有一个模数转换器上电；自动掉电被关断；自动待机被使能；模数转换器时钟使能；振荡器频率为 8MHz 或外部振荡器是 8MHz。在自动待机模式，模数转换器激活时用转换时钟，休眠时用 100kHz 的待机时钟。当模数转换器休眠时自动进入待机模式。在开始扫描时有启动延迟，允许模数转换器切换到转换时钟，从待机模式进入正常工作模式。推荐设置转换时钟为 8MHz，这样可以缩短激活时的转换反应时间。在这种模式下，激活时使用转换时钟，休眠时关闭转换时钟，转换器掉电。这种模式耗电比正常模式少，比自动待机模式多。当从休眠模式返回扫描时，需要的启动反应时间要大于进入自动待机的时间。

④ 掉电模式：两个转换器都掉电（在 POWER 寄存器里 PD0=PD1=1）；数模转换器时钟关断（SIM 模块 SIM-PCE 寄存器里 ADC=0）；模数转换器时钟和所有模拟元件都关

断，且掉电。

（2）A/D 模块的低功耗设计技术

在复位时，数模转换器的电压参考和转换器都掉电。当单个转换器不使用时可以手动掉电。当没有转换器使用时，电压参考会自动掉电；当没有转换器上电时，手动上电。当电压参考掉电，输出参考电压设置为低电平。

当 ADC 从休眠进入激活状态时，ADC 的时钟延迟被利用。在进程中，如果有转换器开始扫描，那么 ADC 在激活态。设备推荐使用两个延迟时间：一个用于全上电，一个用于从待机进入全上电。下面详述在开始数模转换或改变模式的情况下如何使用 PUDELAY。

在正常模式下启动，首先设置 PUDELAY 为最大上电值。接着 PD0 或 PD1 清零，从而对需要的转换器上电，直到所需的转换器都已上电，状态位重新设置。接下来开始扫描，在扫描开始之前有一段上电延迟时间，由于在扫描的初始阶段正常模式并不使用 PUDELAY，所以不存在延迟。

当使用自动待机模式启动时，首先使用正常模式启动程序。在开始扫描之前，先设置 PUDELAY 为最小值，设置 POWER 寄存器中的 ASB。自动待机模式会自动减小电流，直到激活状态。然后等待 PUDELAY 时间允许电流从待机状态上升到正常态。

当从自动掉电模式启动时，首先使用正常启动模式。在启动扫描操作之前，设置 PUDELAY 为大值。接着设置 POWER 寄存器中的 APD。最后，为了将要进行的转换，对 PD0 或 PD1 清零。转换器直到扫描开始才上电，在这段时间里，ADC 从掉电进入上电，开始扫描。在自动掉电模式里，当 ADC 从休眠到激活态时，如果扫描需要，可以仅给一个转换器上电。重新设置时钟和电源控制以避免采集错误样本，保证在上电或开始扫描时有合适的延时，建议两个转换器都掉电处理。在 PUDELAY 时间内试图开始扫描是不允许的，除非 POWER 寄存器里对应的 PSTSN 已清零。在上电或电压参考关断时进行转换将得到无效的结果。可以在掉电后通过查看 ADC 结果寄存器内容，得到掉电前计算的结果。然而，一个新的扫描顺序必须跟随 SYNCN 脉冲启动，或者在新的结果生效之前写 START 位。

3. 接口驱动电路低功耗设计

（1）上/下拉电阻的选择

通常设计者会很随意地选择上拉电阻阻值，然而若上拉电阻不够大，将会导致很大一部分电流消耗在该电阻上。因此应该考虑在能够正常驱动后级的情况下，尽可能选取更大阻值的电阻。现在很多应用设计中的上拉电阻值甚至高达几百千欧姆。此外，若一个信号在多数情况下都是低电平，也可以考虑用下拉电阻以节省功率。

（2）对于悬空脚的处理

因为 CMOS 器件悬空脚输入端的输入阻抗极高，很可能感应一些电荷，导致器件被高压击穿，且还会使输入端信号电平随机变化，导致 CPU 在休眠时不断地被唤醒，从而无法进入休眠状态或发生其他莫名其妙的故障，所以正确的方法是将未使用到的输入端接到 V_{cc} 或地。

（3）Buffer 的必要性

Buffer 有很多功能，如电平转换、增加驱动能力、数据传输的方向控制等，但如果仅仅基于驱动能力的考虑增加 Buffer 的话，就应该慎重考虑。因为过驱动会导致更多的电能被白白浪费掉。所以设计者应该仔细检查芯片的最大输出电流 I_{OH} 和 I_{OL} 是否足以驱动下级 IC，如果可以通过选取合适的前后级芯片来避免 Buffer 的使用，则将会节省很多电能。

5.3.5　嵌入式软件低功耗设计

功耗本身是一个系统的问题，要想有效地降低整体功耗，不但需要在硬件上要充分考虑，而且在软件的设计上更需要认真对待。一个真正高效的低功耗系统，软硬件的相互配合和优化极为关键。因此，有了硬件基础的支持，就需要低功耗软件来实现对部件的低功耗控制。

1．编译优化

编译器的作用是将由高级语言编写的程序，如 C、C++等，翻译成能够在目标机上执行的程序。编译器为高级语言程序员提供了一个抽象层，使得程序员能够通过编写与实际问题相近的高级语言代码（而不用汇编或机器语言），方便地解决实际问题；同时，也使得程序的可读性和可维护性得到保证，提高软件开发的效率。另外，将程序移植到新的目标机，也只要用相应的编译器对程序进行重新编译，而不必重新编写程序（某些情况下，这样的做法是以牺牲程序的执行性能为代价的）。

编译时，对功率和电能的优化技术可以基于整个应用程序的行为和资源需求。编译器具有能够分析整个应用程序行为的能力，它可以对应用程序的整体结构按照给定的优化目标进行重新构造。在每个应用的执行过程中，由于每一个功能部件的负载都是不均衡的，程序和数据的局部性也是可变的。因此，编译的操作控制粒度要比操作系统更为精细，利用编译器对应用程序进行降低电能消耗的优化和程序变换对降低系统电能消耗有重要的作用。

编译时进行电能优化的主要目标是在不降低或不明显降低程序执行效率的前提下做到最小化峰值功率、最小化总的电能消耗，以及支持功耗/性能权衡。编译器的优化主要有对应用程序的指令功能均衡优化、降低执行频率、减少数据传输和片外总线的驱动次数、提高执行速度、缩短执行时间等。

（1）减少冗余代码及 I/O 功耗优化技术

片内 Cache 的电能消耗约占处理器电能消耗的 30%，此外，代码和数据不命中 Cache 造成 Cache 内容交换时，由于要驱动外部总线，会引起更高的电能消耗。通过对 gcc-O3 编译结果进行分析发现，即使编译对应用程序进行了通常的性能优化，也仍然存在有 95.6%的 Load 指令和 42%的 Store 指令都是冗余的。编译时减少这种冗余也就减少了片内 Cache 的活动，因而就降低了功耗。

由于 CPU I/O 端口驱动的电能消耗是占据 CPU 整个电能消耗的重要部分，因此，减少 I/O 翻转次数的优化对降低电能消耗有着重要的作用。减少 I/O 翻转次数的另一技术是利用编码方法对 I/O 数据进行压缩优化来减少 I/O 频度，要求编译器对应用程序的存储访问局部性和地址总线的交换活动特性进行分析和优化，实现编译时编码，同时要求执行硬件能够进行解码配合。

由编译对应用程序分析，优化高频使用数据的局部性，减少访存操作，即可提高性能，降低功耗。

（2）指令排序

运行某一特定程序的处理器的功率 $P = I \times V_{dd}$（I 为平均电流，V_{dd} 为给定的电压），则程序的功耗 $E = P \times t$（t 为程序的执行时间）；同时，$t = N \times T$（T 为指令周期），即为主频的倒数，N 为程序执行的周期数。在嵌入式系统，尤其是在移动设备中，一般都通过电池供电，故系统的功耗是一个非常重要的指标。现在，V_{dd} 和 T 都是已知量，因此程序消耗的电能 E 与电流 I 和程序周期数 N 的乘积成正比。综上所述，可以利用嵌入式处理器中的多数据存储区域的特性，实现数据的并行处理，通过对指令的排序，减少指令的执行周期，从而达到降低功耗的目的。

5.4　动态功耗管理

计算机系统级的功耗优化主要是进行动态功耗管理，包括动态电压管理和动态频率管理，涉及变压变频电路的实现、调度策略、调度对象划分等。现代操作系统通过监测系统负载来调节处理器的电压和频率，这种调节并不频繁，时间粒度较大。对于整个计算机系统来说，调节的对象除了 CPU 外，还有硬盘、显示器等外设。由于系统级的方法对变压变频电路的要求（延时、等级数）不高，且功耗降低效果明显，因此得到了广泛的应用。如于 1997 年提出的 ACPI（Advanced Configuration and Power Interface）电源管理规范通过软硬件协作进行系统电源管理。Intel 的 Speedstep、Transmeta 的 LongRun（Fleischmann，2001）、AMD 的 Cool n Quiet 和 PowerNow 技术为系统级功耗管理提供硬件上的变压变频支持。在 pentiumM 1.6GHz 处理器上，Enhanced Intel Speedstep 技术可以支持六种工作状态，频率可以从最高 1.6GHz 降到最低 600MHz，相应地，电压可以从 1.484V 调节到 0.956V，而散热设计功耗（Thermal Design Power，TDP）可以从 24.5W 降到 6W。在 ACPI 规范中，以上六种状态被映射到 APCI 中的 P0～P5 六种 P-state（工作状态），软件可以选择处理器运行在其中的某个状态。对于 SoC 芯片，其内部的不同功能模块可以位于不同的电压域和频率域，这样可以针对各个模块分别进行电压/频率调节，或是关闭暂时不用的模块。

5.4.1　动态电源管理（DPM）

1. DPM 基本原理

嵌入式系统的一个重要特点就是工作负载具有不均匀性及动态变化性。既然嵌入式系统的工作负载在通常情况下会随着时间发生变化，那么就可以通过关闭设备（DPM 技术）

来取得系统性能和功耗之间的平衡。

　　DPM 技术的本质是根据系统工作负载的变化情况来有选择性地将系统资源设置为低功耗模式，从而达到降低系统能耗的目的。系统资源可利用工作状态抽象图来构建对应的模型，该模型中每个状态都是性能和功耗之间的折中。例如，一个系统资源可能包含 Normal、Sleep 两个工作模式，其中 Sleep 模式具有较低的功耗，但是也要花费一些时间和能耗代价才能返回到 Normal 模式。模式之间的切换行为由功耗管理（Power Management，PM）单元所发送的命令来控制，其通过对工作负载的观察来决定何时及如何进行工作模式的转换。性能限制条件下的功耗最小化（或功耗限制条件下的性能最大化）策略模型是一个受限的最优化问题。

　　DPM 的基本思想如图 5.8 所示。可以将工作负载看成是多个任务请求的集合体。如对硬盘来说，任务请求就是读和写的命令；对网卡来说，任务请求则包含数据包的收发两个部分。当有任务请求（Requests）时，设备处于工作（Busy）状态，否则就处于空闲状态（Idle）。从该概念出发，在图 5.8 中的 $T_1 \sim T_4$ 时间段内，设备处于 Idle 状态，而在 Idle 状态下则有可能进入到 Sleep 低功耗工作模式。该设备在 T_2 点被关闭，并在 T_4 点接受到任务请求而被唤醒；在这一状态转变过程中需要消耗一定的时间。图 5.8 中的 T_{sd} 和 T_{wu} 分别代表关闭和唤醒延时。对于硬盘或显示器而言，唤醒这些设备需要花费几秒钟的时间，且唤醒处于 Sleep 工作模式下的设备还需要花费额外的电能，也就是说，设备工作模式的转变会带来不可避免的额外开销。如果没有这些额外的开销（包括时间和电能），DPM 本身就没有任何必要：任何设备只要一进入 Idle 状态就立即将其关闭。因此，设备只有在所节省的电能能够抵消这些额外开销时才应该进入 Sleep 工作模式。决定设备是否值得关闭的规则叫作策略（Policy）。在功耗管理过程中，一般只考虑设备在 Idle 状态下的功耗，而不考虑处于 Busy 时的功耗。

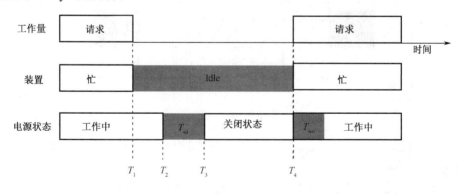

图 5.8　DPM 的基本思想

　　设备在状态转换过程中会产生额外的时间和电能消耗，从而给 DPM 理论带来了一个平衡时间的概念：$T_{BE,S}$。$T_{BE,S}$ 表示设备在 S 状态下的省电平衡时间点（Break-even Time）。在具体讨论之前，首先定义如下的变量（假设设备具有 Normal、Sleep 两个工作模式）：

　　$T_{on,off}$：设备从 Normal 工作模式切换到 Sleep 工作模式花费的时间；

　　$T_{off,on}$：设备从 Sleep 工作模式切换到 Normal 工作模式花费的时间；

$P_{on,off}$：设备从 Normal 工作模式切换到 Sleep 工作模式过程中的功耗；

$P_{off,on}$：设备从 Sleep 工作模式切换到 Normal 工作模式过程中的功耗；

P_{on}：设备在 Normal 工作模式下的功耗；

P_{off}：设备在 Sleep 工作模式下的功耗；

$T_{tarde-off}$：设备进入 Sleep 工作模式后不会带来电能浪费的所需最小时间。

从时域角度看，$T_{BE,S}$ 包括两个部分：一是状态转换时间，即 $T_{on,off} + T_{off,on}$；二是最小平衡时间 $T_{trade-off}$。$T_{BE,S}$ 直观图如图 5.9 所示，通过图 5.9 更能直观地理解 $T_{BE,S}$，从中可以看出，如果设备处于 Sleep 工作模式下的时间小于某个极限值，则该模式之间的转换除了带来性能的损失外，还会产生电能的额外消耗。图 5.9 中隐含了 DPM 策略的一个前提条件，即 $P_{on,off} > P_{on}$，$P_{off,on} > P_{on}$，$P_{off} < P_{on}$。假设系统在低功耗模式下的时间至少为 $T_{trade-off}$，则通过方程式（5.5）：

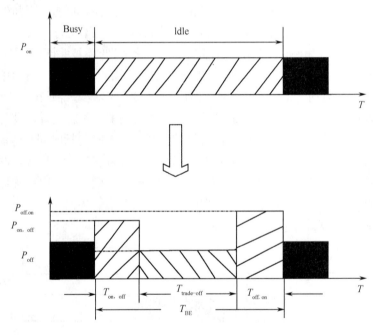

图 5.9　$T_{BE,S}$ 直观图

$$T_{on,off} \times P_{on,off} + T_{trade-off} \times P_{off} + T_{off,on} = P_{on} \times (T_{on,off} + T_{trade-off} + T_{off,on}) \qquad (5.5)$$

可以求出

$$T_{trade-off} = [T_{on,off} \times (P_{on,off} - P_{on}) + T_{off,on} \times (P_{off,on} - P_{on})]/(P_{on} - P_{off}) \qquad (5.6)$$

从而可以得到

$$T_{BE,S} = T_{on,off} + T_{off,on} + T_{trade-off} = [T_{on,off} \times (P_{on,off} - P_{off}) + T_{off,on} \times (P_{off,on} - P_{off})/(P_{on} - P_{off}) \qquad (5.7)$$

式（5.7）成立的前提条件是在 $T_{on,off} + T_{off,on}$ 时间段内所消耗的电能大于 Normal 工作模式下的电能消耗；反之，如果该前提条件不成立，就不会存在 $T_{trade-off}$，此时 $T_{BE,S} = T_{on,off} + T_{off,on}$。

假设设备处于 Idle 状态下的空闲时间为 $T_{Idle}(T_{Idle} > T_{BE,S})$，则进入 Sleep 工作模式后所能省的电能，记为 $E_S(T_{Idle})$，可表示成：

$$E_S(T_{Idle}) = T_{Idle} \times P_{on} - [T_{on,off} \times P_{on,off} + T_{off,on} \times P_{off,on} + (T_{Idle} - T_{on,off} - T_{off,on}) \times P_{off}] \quad (5.8)$$

若将设备进入及退出 Sleep 工作模式所需的时间记为 $T_{TR} = T_{on,off} + T_{off,on}$，并将设备在 T_{TR} 时间段内的平均功耗记为：

$$P_{TR} = (P_{on,off} \times T_{on,off} + P_{off,on} \times T_{off,on})/(T_{on,off} + T_{off,on})$$

则 $E_S(T_{Idle})$ 可简化为：

$$E_S(T_{Idle}) = (T_{Idle} - P_{TR})(P_{on} - P_{off}) + T_{TR}(P_{on} - P_{off})$$

$E_S(T_{Idle})$ 的平均值可表示为：

$$E_S^{avg} = \int_{T_{BE}}^{\infty} E_S(T_{Idle}) dT_{Idle} \quad (5.9)$$

式中 $f(T_{Idle})$ 表示 T_{Idle} 的概率密度。

平均功耗节省值 $P_{saved,S}$ 可表示为：

$$P_{saved,S} = \{\int_{T_{BE}}^{\infty} [(T_{Idle} - T_{TR})(P_{on} - P_{off}) + T_{TR}(P_{on} - P_{TR})] f(T_{Idle}) dT_{Idle}\}/T_{Idle}^{avg} \quad (5.10)$$

另外，$P_{saved,S}$ 还可以表示成三项的乘积：在 S 工作模式下的功耗节省量、超出 $T_{BE,S}$ 之外的 T_{Idle} 期望值及进入 Sleep 工作模式的概率。$P_{saved,S}$ 更新之后的表达式如下所示：

$$P_{saved,S} = (P_{on} - P_{off})[(T_{Idle>BE}^{avg} - T_{BE,S})/T_{Idle}^{avg}](1 - F(T_{BE})) \quad (5.11)$$

式中，F 代表 T_{Idle} 的概率分布，$T_{Idle>BE}^{avg}$ 表示大于 $T_{BE,S}$ 的空闲时段平均长度。通过式（5.7）可以看出，功耗节省值 $P_{saved,S}$ 与 $T_{BE,S}$ 一直成反比的关系；当 $T_{BE,S}=0$ 时，$P_{saved,S}$ 具有最大值；当 $T_{BE,S}$ 越来越大时，$P_{saved,S}$ 则趋于 0。

2．DPM 策略模型

在动态电源管理（Dynamic Power Management，DPM）策略范畴内，系统模型由两个部分组成：一组相互作用的功耗可管理器件（Power Manageable ComPonent，PMC）及功耗管理（Power Management，PM），其中 PMC 的工作模式由 PM 来控制。并不需要关心 PMC 的内部实现细节，而是将它们看作黑箱，这样就可以更专注于研究 PMC 和周围环境的相互关系，即为了实现高效的动态低功耗管理策略，PMC 与 PM 之间需要传递什么样的类型信息及信息量的大小。

（1）PMC 模型

在 DPM 中，PMC 定义为完整系统中的一个原子模块。该定义具有一般性及抽象性，设备可以简单到芯片内部的一个功能模块，或复杂到一个开发板。PMC 的基本特征是其具有多个工作模式，且这些工作模式都对应不同的功耗和性能水平。一般情况下，功耗不可管理，设备的性能和功耗在系统设计及应用过程中都是不变的。相对应的，基于 PMC 就可以在高性能、高功耗的工作模式与低功耗、低性能的工作模式之间进行动态切换。

PMC 的另外一个重要特点是工作模式之间的切换需要付出代价。在大多数情况下，代价指延迟或性能损失。如果工作模式切换是非瞬态的，且设备在切换过程中不能提供任何功能，那么无论何时开始一个模式切换都将会带来性能的损失。工作模式之间的切换过程还可能要付出功耗代价，其经常出现在切换过程非瞬态的情况下。这里需要强调的是，在设计 PMC 的过程中不能忽略切换代价。

在大多数应用实例中，可以利用功耗状态机（Powerstate Machine，PSM）来对 PMC 建模，其中状态指各种不同的工作模式。由 PMC 的特点可知，工作模式之间的切换过程将会产生功耗和延迟代价。一般来说，工作模式的功耗越低，性能将会越低，且切换延迟也将越长。这个简单的抽象模型适用于多个单芯片设备，如处理器、存储器、硬盘驱动、无线网络接口、显示器等设备。

本节通过 MC68VZ328 处理器来作为 PMC 的一个例子，该处理器具有三种工作模式：RUN、DOZE、SLEEP。RUN 是正常工作模式，其在正常上电及复位的情况下进入，在该状态下，所有的功能模块都处于有效状态。DOZE 模式使得该处理器在不使用的情况下能够通过软件控制来将其停止运行，但仍然会继续监听片上或片外的中断源，即在 DOZE 模式下，当产生某个中断时，CPU 能够快速返回到 RUN 模式。SLEEP 模式能够带来最大化的功耗节省，但同时具有最低层次的功能。从 RUN 模式切换到 DOZE 模式，MC68VZ328 处理器依次关闭片上功能。而从 SLEEP 切换到其他任何一种状态，则将会经历一个相当复杂的唤醒过程。

MC68VZ328 的 PSM 模型如图 5.10 所示。状态通过功耗和性能来体现，工作模式的切换时间通过边线表示。模式切换过程中的功耗接近于 RUN 模式。需要指出的是，虽然 DOZE 模式和 SLEEP 模式都不提供任何性能，但是退出 SLEEP 模式所需的时间（160ms）比 DOZE 模式的退出时间（10μs）长得多；芯片在 SLEEP 模式下的功耗（0.16mW）远远小于 DOZE 模式下的功耗（50mW）。

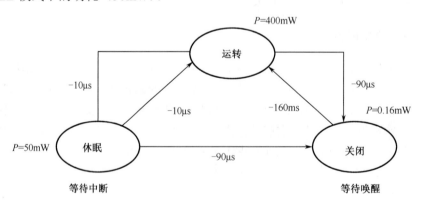

图 5.10 MC68VZ328 的 PSM 模型

（2）PM 模型

在 DPM 范畴内，系统指一组相互作用的设备，其中一些设备（至少有一个）是外部可控的 PMC。该定义具有一般性，并没有给系统带来任何大小和复杂性方面的限制条件。在该系统中，设备行为由系统控制器来协调。对于比较复杂的系统来说，通常基于软件来实现控制部分，如在计算机系统中，用操作系统（Operating System，OS）来实现全局的协调工作。

　　PM 根据系统设备的当前工作状态来进行实时控制，因此 PM 在本质上是一个系统控制器。一个功耗可管理的系统必须向 PM 提供完全抽象的设备信息；为了降低设计时间，PM 和系统之间的接口标准化也是一个重要特征。

　　DPM 策略的选择和实现需要同时对设备的功耗/性能特征及目标设备上的工作负载进行建模，其中前者可以通过功耗状态机很好地实现，而工作负载模型的复杂程度则可能相差很大。对所有高级的 PM 方法而言，都必须获得工作负载的信息。因此，在 PM 模型中需要系统监控模型，其能够实时收集工作负载的数据信息并为 PM 驱动提供相关信息。系统层 PM 的抽象结构如图 5.11 所示，其中观测器模块收集系统中所有 PMC 的工作负载信息，控制器负责发送工作模式切换的命令。

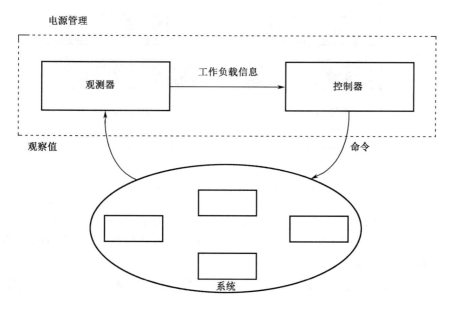

图 5.11　系统层 PM 的抽象结构图

　　在 PM 系统中，并不是所有的设备都必须为 PMC。所有非 PMC 器件的功耗构成了系统功耗的底线值，显然，PM 不可能降低该部分设备的功耗。另外，所有功耗能够自身管理的设备对 PM 来说也是不可控的。尽管 PM 的功能已经明确定义，但是并没有对其执行方式做出任何限制。在一些系统中，PM 是硬件模块；而在其他某些系统中，PM 则是软件；另外，PM 还有可能是软硬件的混合模型。

　　（3）主要算法

　　目前已经有很多的 DPM 策略被提出，通常采用的系统级动态电源管理策略分为三类：①超时策略；②预测式策略；③随机策略。

　　① 超时策略

　　超时策略（Time-Out）是一种原理最为简单，但同时也是应用最为广泛的技术。Time-out 可分为两种情况：具有固定超时时限的策略（Fixed Time-Out）和自适应超时策略（Adaptive Time-out）。前者在设备经过一段固定的空闲时间段后会关闭相应设备，而后者会根据设备的历史记录来动态调整超时限值。

Time-out 算法中关键的是确定 Time-out 值,Time-out 必须大于某一特定的 Idle 区间的长度,Idle 区间根据不同的设备特性而不同。简而言之,Time-out 电能状态切换所能节约的电能能够补偿电能状态切换所耗费的额外电能。采用 DPM 策略时的系统能耗图如图 5.12 所示。

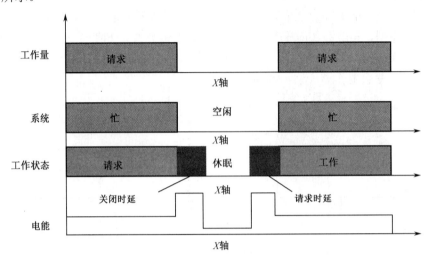

图 5.12 采用 DPM 策略时的系统能耗图

从图 5.12 可以看出,系统在工作/休眠状态进行切换时,系统会有一定额外电能的损耗。因此,只有当系统进入休眠状态后节省的电能大于在不同状态转换所损耗的电能时,电源管理策略才是有效的。

为了能准确地反应系统采用 DPM 策略时最小空闲时间段的大小,用式(5.12)来表示:

$$T_{tout} \geqslant E_s / P \qquad (5.12)$$

T_{tout} 表示最小的 Time out 值,E_S 表示状态切换所耗费的电能,P 表示在 Idle 状态的功率。等式的含义为:只有当设备的空闲时间超过 T_{tout} 时,系统的切换才能够达到降低能耗的目的。Time-Out 策略算法的思路为:当 Idle 时段到来后,启动计时器,如果新任务在 T_{tout} 时间之前到来,则不进行电能状态切换;否则如果系统经过 T_{tout} 时间后还处在 Idle 状态,则进行电能状态切换,将其置于节能模式,直到新的任务到达,再将其电能状态切换成原来的状态,以处理任务。算法的实现是比较简单的。

实验证明,Time out 值的大小直接决定了算法的节能效果。当 Time out 值过小时,系统频繁地在睡眠/运行模式下切换,任务在 T_{tout} 之前到达,系统不仅没能降低能耗,反而增加了能耗;如果 Time out 过大,前面等待的空闲时间便浪费了电能。

超时策略都有一个假设条件:如果系统处于空闲状态的时间已经超过了 Time-out 值,则系统在剩余空闲时间内进入低功耗模式,所节省的电能能够抵消模式转换所带来的额外消耗,即系统至少还可以继续保持几周期的空闲时间,从而在进入和退出睡眠状态时不会带来电能浪费。这个假设条件是不能完全成立的,因为未来的情况不能完全根据前面的情况来预测，且各个系统的任务到达的性质存在着一定的差别。所以这种固定的超时策略有一定的效果，但并不是最理想的。针对固定超时策略存在的缺点，即对系统的运行状况没有区别对待，专家们提出了自适应的超时策略，即自适应的动态调整算法。Douglis 等人提出了一种自适应算法，根据前一次切换结果的好坏按比例动态地调整时限值大小。这样的算法有一个优点，就是改变 Time out 值就能改变性能。然而其也有相应的缺点：在进入 Idle 区间开始计时直到 Time out 到达时，还是有大量的电能消耗掉，且在进行电能状态切换时有延迟，导致性能损失。因此一些对 Time out 算法进行改进的算法被提出，如预关断算法，即通过对系统过去 Idle 区间的观察，如果 Idle 区间大小满足某种要求，便在 Idle 区间的开始就进行电能状态切换，以减少在 Time out 等待过程中浪费的电能。

　　② 预测式策略

　　预测式策略一般都基于以前的系统负载情况记录来预测将来的状态，并根据预测值来控制目标设备的工作模式。一旦预测到设备进入空闲状态的时间能够弥补工作模式转换所带来的额外消耗时，就立即将设备转换到睡眠模式甚至关闭电源。因此，预测策略与 Time-out 策略相比，有个非常明显的优点：预测策略不需要等待 Time-out 便立即进行模式的切换，节省了在等待过程中浪费的能耗。

　　为了分析过去的负载情况，必须要保存过去的数据，而如果将过去的全部数据都保存，这会浪费磁盘空间，并且也是没有必要的，达到的效果与付出的代价相比也是不合算的。

　　为此，很多专家提出了高效而可行的预测算法。Srivastava 等人提出两种预测算法，一种算法的思想是基于特殊的系统负载情况：硬盘相邻服务和空闲的时间长度具有 L 形特征，即比较长的服务时间之后出现的空闲时间长度较短，而在比较短的服务时间之后出现的空闲时间比较长。算法检测到服务时间小于某个特定时限值时，则在下一空闲时间开始实施切换设备的工作状态。该算法仅仅适用于有 L 形特征的应用，并且服务时间时限值的确定非常关键。另一种算法是采用非线性递归模型，根据历史服务情况的记录和空闲的时间长度来预测将来的空闲时间长度。Hwang 等人提出了通过一个回归方程来预测 Idle 空闲时间的大小，方程如下：

$$T_{pred}(n) = aT_{Idle}(n-1) + (1-a)T_{pred}(n-1) \tag{5.13}$$

　　$T_{Idle}(n-1)$ 是上次的实际空闲时间，$T_{pred}(n-1)$ 是上次的预测时间。如果预测时间比较符合，则减少 a 的值，即增加 $T_{pred}(n-1)$ 的权重。如果预测的时间和实际时间的差距大，则增加 a 值，即提高 $T_{Idle}(n-1)$。通过这样的方法来动态调整 $T_{Idle}(n-1)$，$T_{pred}(n-1)$ 权重大小来预测值。

　　预测可能出现三种结果：刚好等于实际时间；预测不足；过度预测。过度预测就是预测的 Idle 区间长度大于实际值，在任务到达时，相关设备还没有启动，这样就会使系统的响应不及时，损害系统性能。预测不足使得预测的 Idle 区间小于实际值，这样在任务还没有到达时便切换设备的工作模式，使得设备提前进入正常工作模式，造成电能浪费。

　　显而易见，一般算法在预测过程当中会出现预测不足的现象，为了防止出现这种情况，Hwang 在 Time out 算法的基础上，提出了一个新方法，如果系统仍然处于 Idle 状态并且还没有关断的情况下，重新周期性地预测 $T_{pred}(n)$，以此来预防出现预测不足的情况。

预测算法通过预测来确定接下来的 Idle 区间的大小，在 Idle 达到之前采取行动，这样很好地消除了系统负载的不确定性。但是由于预测算法是启发性的，预测算法不能完全真实地反应系统未来的负载情况，所以算法的优劣只能通过系统仿真来评判。同时，考虑到算法的复杂程度，如果引入的参数过多的话，将影响算法的实用性。

除此之外，还有很多专家提出了许多具有独特思想的算法，如 Chung 等人提出了采用自学习树模型描述相邻空闲时间长度之间的规律，根据此模型对空闲时间长度进行预测，该算法的实际效果取决于系统负载的特性是否具有比较明显的规律。Gniad 等人提出了利用访问计数器跟踪应用的请求特性，采用基于路径的预测方法，估计空闲时间的大小，然后再决定是否重新设置设备的工作模式。

纵观大多数的算法，如果空闲时间具有比较明显的规律性，则算法可以保证较高的预测准确性，但在实际系统当中，系统负载一般很少具有这种规律性，而错误预测则带来较大的功耗和响应性能损失，所以不能保证实际效果。

③ 随机策略

随机策略将系统负载看成一个随机优化问题，再利用随机决策模型求解 DPM 控制算法。

算法一般利用受控的 Markov 过程来进行求解。其将系统负载和用户请求抽象为离散时间 Markov 决策过程模型，使得动态电源管理最优化问题在多项式时间内有解，且提供了灵活的方法来处理能耗降低与性能损失的权衡问题。

相应的 Markov 模型一般包括如下几个部分。

服务请求：Markov 链的状态集，用来模拟系统任务到来的各个时刻。

服务提供者：模拟系统的各个能耗状态，状态之间的切换由动态电源管理器来控制。

代价矩阵：用来表示各种行为的代价。

电源管理器：电源管理器通过观察系统与任务的状态，做出判断，发出命令来控制系统的能耗状态的设置。

随机决策一般的模型是排队模型。

排队模型将 PMC（功耗可管理部件）提供的服务抽象为一个排队系统。排队模型如图 5.13 所示，服务请求者向服务提供者提出服务请求，服务提供者则向系统提供服务。功耗管理器控制服务提供者的功耗模式。假设服务请求的间隔时间相互独立，并且服从负指数分布，等待队列为先来先服务队列。服务提供者从队列中提取出服务申请者的服务请求，按照电源管理器发出的命令，按照先到先服务原则为其提供服务。排队模型将排队系统映射成离散或连续的马尔可夫链，再通过马尔可夫模型进行求解。

传统的排队模型是假设系统负载满足指数分布，但是研究表明，指数分布的假设不适用于 DPM 策略的研究。原因是计算机系统负载具有自相似性。因此吴琦等人根据负载的自相似特性提出了当空闲时间长度服从 Pareto 分布时，基于截尾均值法小样本情况下 Pareto 分布形状参数的稳健有效估计算法和基于窗口大小自适应技术非平稳业务请求下的 DPM 控制算法。

基于 Markov 模型的随机控制算法相比较于预测算法有以下两个突出优点：Markov

模型的随机控制算法从全局出发求得最优解；Markov 模式使得最优动态电源管理策略在多项式时间内得到准确解。

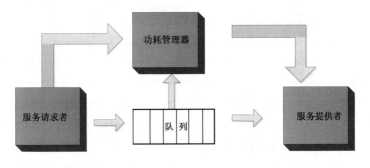

图 5.13　排队模型

5.4.2　动态电压调节（DVS）

1. DVS 基本原理

随着商用 CMOS 芯片电源供给技术的发展，使得处理器内核的工作电压在运行期间进行实时调节成为可能，而高效 DC/DC 电压转换器的出现也为处理器内核工作电压的动态调节提供了条件。在实时系统中，任务只需在规定的截止时间之前执行完毕就能达到系统的性能要求，而没有要求立即得到系统的响应。DVS 技术就是根据任务的紧迫程度来动态调节处理器的运行电压，以达到任务响应时间和系统低能耗之间的平衡。

DPM 技术对非实时系统而言，能够带来显著的电能节省，但是由于 DPM 内在的概率特性及非确定性，不能适用于实时系统。DVS 技术能够很好地解决嵌入式实时系统中的性能与功耗要求，其根据当前运行任务的性能需求来实时调节处理器工作电压。DVS 技术主要基于这样一个事实，即处理器的电能消耗与工作电压的平方成正比的关系。如果只对处理器的频率进行调节，则所能节省的电能将很有限，这是因为功耗与周期时间成反比，而电能消耗又与执行时间和功耗成正比。早期 DVS 的原理是基于处理器的利用率来设置其速度，并没有考虑到运行任务的不同需求。现在已经针对实时系统提出了一些电压调节策略。

2. DVS 策略模型

这里通过对一组任务的调度过程来阐述 DVS 策略模型。假设某个嵌入式处理器的工作电压能够在一定范围内连续调节，且内核程序需要处理五个相互独立的任务 T_a、T_b、T_c、T_d、T_e，其中 T_a、T_b 是周期性的任务，另外三个任务是间发性的，如表 5.4 所示。T_a、T_b 的 Deadline 与它们的周期有关。每个任务在到达后可以立即被执行或延迟执行，但是都必须在各自的 Deadline 到来之前执行完毕。

表 5.4 任务特征表

任 务	到 达 时 间	截 止 时 间	周 期	在 3.3V 下的执行时间
T_a	0	10	10	2
T_b	0	20	20	2
T_c	5	15	—	1
T_d	5	10	—	4
T_e	11	8	—	1

0.38W 只是在不知道间发性任务（T_c、T_d、T_e）到达时间的情况下所能达到的最小功耗。如果能够完全知道间发性任务的到达时间，则 DVS 最优策略就能够使处理器在所有的时间内都维持在一个最低的电压水平，同时保证所有任务都满足 Deadline 的要求。预测关闭技术和 DVS 策略应用效果如图 5.14 所示，如果系统能够预知 T_c、T_d、T_e 的到达时间，

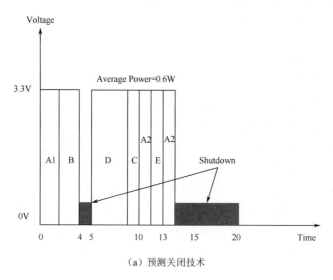

（a）预测关闭技术

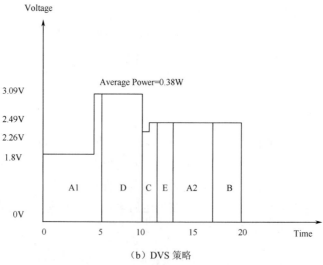

（b）DVS 策略

图 5.14 预测关闭技术和 DVS 策略应用效果

则[0，20]时间段内的最优电压为 2.48V，该电压所对应的处理器速度为最大速度的 60%，即[3.3/(3.3–0.8)×2]∶[2.48/(2.48–0.8)×2]，该运行速度也导致系统的平均功耗降为 0.34W。显然，这个功耗平均值也对应着在不知道间发性任务到达时间的情况下系统功耗所能达到的最小边界值。

5.4.3 DVS 与 DPM 的比较

通过对 DVS、DPM 的基本原理及策略模型的阐述可以看出，DVS 与 DPM 原理之间有着明显的区别，但两者也存在着一致性。

DVS 与 DPM 的区别如下。

（1）DVS 在运行过程中根据工作负载的应用需求（任务完成时间）来动态调节设备（以处理器为主）的工作电压，而 DPM 的原理是根据工作负载的有无来设置设备工作模式。

（2）在 DVS 中，设备的工作电压是可变的，因此需要稳定的 DC/DC 电压转换电路；在 DPM 中，设备的工作电压处于恒定状态。

（3）DVS 一般应用于对任务执行时间要求比较严格的实时应用系统中，其能够很好地解决嵌入式实时系统中性能与功耗的要求。而 DPM 由于内在的概率特性及非确定性，不适用于实时系统，一般将其应用于非实时系统。

DVS 与 DPM 之间的一致性体现在：如果将设备工作电压的连续变化（或离散变化）也看成是工作模式的变换，那么就可以将 DVS 包含在 DPM 的范畴之内。从该意义上来说，DVS 延伸了有效工作状态的定义，即包括多个连续或离散电压值，这样在运行期间就出现了若干个能够在性能和功耗之间取得平衡的工作状态。通过这种方法，DPM 在系统有负载时就可以使用 DVS，而系统处于空闲时则将器件转移到低功耗状态（DPM 应用），这样就能同时控制性能和功耗水平，从而得到更大的功耗节省。

通过上述比较分析可以看出，DPM 与 DVS 两者之间既存在着差异性，同时也保持着一致性，设计者应该根据系统特点来合理选择 DPM 与 DVS 的应用。但是，当 DPM 和 DVS 对某个系统都适用时，应优先考虑 DVS，因为其能够带来更多的能耗节省。

5.5 处理器功耗评估方法

研究人员在提出低功耗优化技术之后，需要对优化前后的处理器功耗进行评估，得到量化数据。除此之外，处理器的功耗问题日益严重，设计者们在设计时越来越关心处理器的功耗，并希望从开始设计到最终设计完成都能清楚地了解设计的功耗水平。基于以上两个原因，快速且精确的功耗评估方法对低功耗设计有至关重要的作用。

功耗评估技术研究中存在着精度和速度的矛盾，而这两者是研究人员最主要关心的问题。只有在保证一定精度的前提下，功耗评估的结果才有意义。在处理器描述中，通常存在体系结构级、RTL 代码级、门级网表级、晶体管级等不同的抽象描述层次，处理器的设计也相应地被划分为以下各个设计阶段：体系结构设计、RTL 代码设计、逻辑综合（生成门级网表）、版图设计（用晶体管搭建逻辑单元）。与每个设计阶段相对应，都存在着各自不同的功耗分析和评估方法，并且抽象层次越高，功耗评估速度越高，精度越差，所采用的功耗优化技术成效越明显；抽象层次越低，功耗评估速度越低，精度越高，所采用的功耗优化技术成效越差。对于处理器设计来说，其功耗评估方法根据芯片不同设计阶段可以分为以下几种。

（1）结构级的功耗评估方法：在处理器结构/性能模拟器上进行功耗评估。

（2）逻辑级（RTL）的功耗评估方法：在 RTL 代码设计完成之后采用 EDA 工具对 RTL 代码进行功耗评估。

（3）门级（网表级）的功耗评估方法：将设计阶段细化后，可以进一步分为以下两种，一是使用 EDA 工具和互连线延时模型对逻辑综合之后的门级网表进行功耗评估；二是使用 EDA 工具和版图寄生参数对布局布线完成之后的门级网表进行功耗评估。

（4）晶体管级的功耗评估方法。

功耗评估的层次越低，所拥有的电路信息越多，越接近最终的真实芯片，评估结果因此也更加准确。前两个阶段的功耗评估方法没有考虑到电路的实际信息，属于较高层次的功耗评估方式，一般在逻辑综合设计之前进行。由于仅仅依赖于处理器的结构信息，使得这两个阶段的功耗评估误差较大，但是由于设计人员在设计初期就需要知道芯片的功耗情况，因此需要一个高层次的且有一定准确性的功耗评估工具。门级和晶体管级的功耗评估方法由于处于物理设计阶段，可以获取接近于实际芯片的电路信息，评估结果比较准确。门级和晶体管级的功耗评估方法在芯片设计中已经非常成熟和完善，有现成的 EDA 工具来对芯片的功耗进行评估。相比较而言，高层次的功耗评估方法要更困难，这也是目前学术界的研究热点。在高层次的功耗评估方法中，最难评估的是随机逻辑。随机逻辑指除了 RAM、CAM 等全定制电路之外，由综合工具对 RTL 代码进行转换得到的逻辑。这部分逻辑由各种类型的寄存器、基本逻辑门等标准单元组成，其布局布线相比于全定制电路而言也不规则。EDA 工具在综合、布局、布线时也会有一定的不确定性。不规则性和不确定性给随机逻辑的功耗评估带来了较大的难度，因此如何快速准确地对随机逻辑的功耗进行评估是个难点，下面的内容对此会有详细的介绍。由于处理器设计逐渐采用基于 ASIC 的设计流程，处理器中的大部分逻辑由综合工具生成，因此随机逻辑的功耗评估也变得更加重要。

下面将重点介绍结构级的功耗评估方法，简要介绍指令集功耗评估方法、RTL 级和电路级功耗评估方法。

5.5.1　结构级的功耗评估方法

学术界在研究微处理器结构时，采用的研究平台通常是模拟器，如 Simple Scalar、GEMS，这些模拟器可以比较精确地模拟处理器的结构及时序行为，研究人员可以调节处理器的结构或参数，运行各类 Benchmark 测试程序，从而找到最合适的处理器结构和配置。

因为模拟器的广泛使用，处理器结构级的低功耗研究工作通常建立在模拟器基础上。研究人员在模拟器中加入功耗模型，对处理器结构或配置的修改也可以反映在功耗模型上。结构级功耗评估方法如图 5.15 所示，在性能模拟器上运行测试程序，得到性能数据的同时也可以得到处理器内部的统计信息（如模块访问次数），功耗模型在接收处理器配置信息之后可以得到每个模块的静态功耗信息，然后可以通过这些信息计算出处理器的功耗。不同的结构级功耗评估方法有不同的性能模拟器和功耗模型，两者之间没有必然的关联，也就是说一个功耗模型可以应用于不同的性能模拟器上。

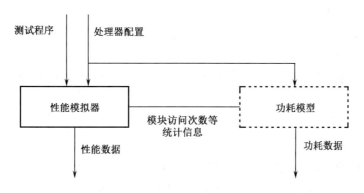

图 5.15　结构级功耗评估方法

目前使用最广泛的功耗建模工具是 Wattch。Wattch 将处理器分成转移猜测、重命名、发射、缓存等 10 个模块，每个模块可以通过处理器的工艺和电路参数得到每访问一次所消耗的电能。在功耗建模时，Wattch 将处理器单元的结构分为四类：ARRAY 结构，包括 Cache、寄存器堆等；CAM 结构，包括 TLB 等全相联查找逻辑；随机逻辑，包括功能部件、指令窗口选择逻辑等；时钟结构，包括时钟的 Buffer、时钟线、负载电容等。然后根据不同的结构建立不同的功耗模型来计算功耗。

其中 ARRAY 和 CAM 采用的是 Cacti 中的模型。Cacti 是 DEC 公司开发的专门用来评估 Cache 的延时、功耗、面积的工具。只要使用者输入 Cache 的大小、相联度、块大小等基本的结构信息和工艺参数，Cacti 就可以得出该 Cache 的动态功耗、静态功耗、所占面积、访问 Cache 的延迟等结构设计者所关心的物理信息。

对于功能部件等随机逻辑，Wattch 只是简单地使用了经验数据，认为每次加法或乘法等运算会有一个固定功耗值。对于时钟网络，Wattch 定义了四种门控模式来估计时钟网络的功耗。另外 Wattch 也支持根据工艺进行缩放，但是这会导致功耗评估结果不准确。

Simple Power 功耗模型并不只是考虑模块是否活动，还考虑到了模块输入信号的翻转。该模型对数据通路中的部件分别建立一个查找表（Look Up Table，LUT）。查找表在运行测试程序前构造生成，运行测试程序时采用部件上一拍的输入数据和当前拍的输入数据在 LUT 中查找，即可得到该功能部件在这个时钟周期消耗的电能。对于输入信号独立的模块，LUT 的规模会比较小；对于输入信号之间有关联的模块，查找表的规模与输入信号的数目成指数关系。如对于 32 位宽的加法器，其查找表将有 264 项，将模块进行划分可以减小 LUT 的大小。由于采用了查找表，相比 Wattch、Simple Power 对功能部件功耗的描述要更准确。

由于设计方法和工艺的变化，Wattch 等功耗评估模型逐渐不适合作为结构级的功耗模拟器，主要原因有如下几点。①处理器设计方法的变化。现代处理器更多地采用了 ASIC 综合的方法，如处理器中的各种队列通常是通过综合得到，而不是全定制，因此不能用 RAM 或 CAM 来描述。对于这些由随机逻辑组成的模块，一直就没有一个较好的功耗评估方法。②制造工艺的变化。在不同的制造工艺下简单地按照 Wattch 中的方法进行缩放会导致准确度变得更差。工艺的进步同时会使静态功耗变大，导致总功耗估计不准。③时钟网络的功耗估计不准确。

多核处理器的兴起使得片上互联变得越发重要，不少研究人员开始研究片上互联网络的功耗。和处理器核的功耗评估类似，也要将互联网络分解成各个模块，如 Buffer、Switch、Aibiter、互联线等，然后对这些模块进行功耗建模，其方法和 Wattch 等类似。

5.5.2 指令集功耗评估方法

指令集功耗模型以系统的指令集（Instruction Set Architecture，ISA）为切入点，描述程序执行时每条指令的功耗特征。在 ISA 这个层次，每条指令的执行涉及流水线上的每一个相关部件。指令的操作码、寻址方式、指令格式等确定了每条指令的基本功耗。在相关研究中通常采用统计平均值的方法来计算每条指令的功耗。

普林斯顿大学的 Tiwari 等人早在 1994 年就对处理器的软件功耗模型的建模方法进行了研究，并提出了指令级功耗分析模型（Instruction Level Power Analysis models，ILPA）的概念，用以优化软件的功耗。他们认为一条指令的功耗是指令本身执行时的功耗，加上指令之间相互影响所产生的功耗。他们根据功耗计算公式 $E=UINT$（U 为电压，I 为电流，N 为时钟周期数，T 为时钟周期），把处理器作为一个黑盒子来处理，通过编制含有不同指令的循环程序，用测试仪测量芯片的工作电流来计算每一条指令的功耗，研究人员虽然考虑了指令在不同执行环境下状态空间对功耗的影响问题（如 Cache 是否命中、流水线停顿），但是由于该方法的策略过于简单，所以精度不高。虽然如此，Tiwari 等人的工作依然具有里程碑的意义。

ILPA 指令集功耗模型对指令集内的每一条指令执行时消耗的电能进行描述，这样只需要知道每条指令的执行环境，就可以对测试程序进行功耗分析。指令集中的每一条指令都对应一组功耗数据，用以表示这条指令在不同操作数和不同执行环境下的功耗。研究人员需要考虑操作数的不同、处理器结构的设计和配置及指令之间的相互影响等各种因素，建立多维查找表来描述每条指令的功耗。每个影响因素可以作为查找表的一维变量。影响因素考虑得越多，则功耗数值越精确，同时查找表越复杂。

因为很难将一条指令的功耗与处理器每个模块的功耗直接关联起来，所以指令级功耗分析具有统计上的意义，理论依据薄弱。具体来说，模块的动态功耗与输入信号的翻转有关，而信号的翻转并不是由当前指令决定的，而是和前面的指令、处理器的状态、处理器的配置等有关。有些指令集功耗模型考虑了当前指令的功耗和前面一条指令之间的关系，但是对于超标量处理器来说，情况并没有这么简单。如对于一条浮点运算指令，它所引起的译码器、运算部件、操作队列、寄存器堆等部件的信号翻转和相应的功耗并不只是和前一条指令相关，而是和更前面的若干条指令相关，并且相关关系只有在运行时才能确定。为了得到一个准确的功耗模型，可以建立每个指令的功耗函数，该函数与当前指令、前几条指令、处理器结构等都有关系。但是这样的话，函数的复杂度会非常高，如对于一个指令数为 n 的 CPU，如果仅对当前指令建模，则复杂度为 n；如果考虑了前一条指令，则复杂度为 n^2。如果要进一步考虑指令的操作数、Cache 失效、分支预测错误等，其复杂度将会高到不可控制。

由于精度的原因，指令级功耗分析模型不适合于复杂的通用处理器，也不适合进行处理器动态功耗分析，而是比较适合于结构相对简单的嵌入式处理器的平均功耗分析。

钱贾敏等人在指令集功耗模型的基础上提出了基于复杂度的软件功耗模型。该模型以程序所使用的算法的复杂度为建模参数，根据输入规模即可计算出程序的功耗。如一个算法的复杂度为 $f(n)=O(n^2)$，则假设其功耗 $E=c_1+c_2n+c_3n_2$，即认为功耗和复杂度之间是线性关系，只需要知道输入规模 n 就可估算出功耗。在建模时，先选取算法复杂度函数的典型输入，并利用现有指令级模型分析方法获得该函数在这些典型输入情况下的功耗，然后利用线性回归法计算出该功耗模型的系数（c_1、c_2、c_3 等），从而获得该程序完整的功耗模型，并可以用于快速估算该函数在任何输入规模下的功耗。该方法相比指令集功耗模型要简单得多，由于是建立在指令集功耗模型的基础上，其准确性较差，不过可以在应用程序算法级对程序功耗进行粗略的评估。

5.5.3　RTL 级和电路级功耗评估方法

在寄存器传输级的功耗评估上，现有的工作比较少，且从已有的工具来看，功耗评估的精度也比较差，并且从寄存器传输级到门级通过逻辑综合即可实现，所以在寄存器传输级评估功耗的意义不大。

较精确的功耗分析方法是使用 EDA 工具对门级网表进行功耗评估。这种方法首先使用仿真工具对门级网表进行仿真，得到信号的翻转率信息（通常为 VCD 或 SAIF 文件），然后功耗分析程序根据翻转率、标准单元的功耗模型和线网寄生参数计算出整个网表电路的功耗。这种方法准确度很高，通常用于评估处理器的最大功耗，但是由于门级网表级的仿真速度很慢，故不可能对大型测试程序进行功耗评估。

上述基于功能模拟的方法也称为动态功耗分析方法。与此相对应，静态功耗分析方法没有功能模拟的过程，翻转率和电路的初始状态是静态设定的，而不是在功能模拟时统计得到。在功耗分析时，根据电路拓扑结构，通过逻辑状态传递的方法得到各个逻辑门输入信号的状态和翻转率，最终根据输入状态、翻转率和逻辑门的功耗模型计算出各个门的功耗，将这些门的开关功耗加起来可以得到整个芯片的功耗。这种分析方法速度快，扩展性好，但通常不够精确。之所以不够精确，原因在于翻转率和状态的设定采用的是估计值，而不是仿真得到的结果。静态功耗分析方法多用于估计平均功耗。

为了解决结构级功耗评估准确性不高的问题,黄琨提出了基于物理反标的功耗评估方法(见图 5.16)。该方法首先将模块划分为小的单元,每个小单元的功耗通过综合 RTL 得到门级网表,然后采用 Prime Power 得到功耗值。可以采用各种不同的工艺单元库,因此不存在根据工艺进行缩放带来误差的问题,而是可以直接得到相应工艺下的功耗数据。在实际使用过程中,事先对每个模块用不同的参数和不同的工艺单元库使用 EDA 工具进行综合,得到一个数据库,记录每个模块在不同参数、不同工艺下的功耗,模拟时可以直接查找数据库得到功耗。如对于加法器的建模,加法器的宽度、实现方式、工艺等因素都会考虑在内,作为数据库中表项的索引。由于该方法利用了 RTL 代码和物理库,所以对于随机逻辑得到的功耗数据会比较准确。由于现代微处理器中更多地采用基于综合的设计方法,随机逻辑越来越多,因此这对于准确评估处理器的功耗具有重要的意义。但是该方法仍然基于结构级模拟器,处理速度较慢,需要进一步改进。

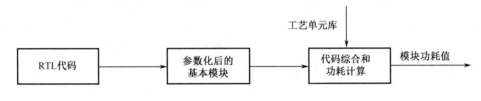

图 5.16 基于物理反标的功耗评估方法

5.6 小结

本章主要讨论了嵌入式系统的功耗问题。指出了影响嵌入式系统功耗的软/硬件因素,分析嵌入式系统低功耗硬件和软件体系结构,讨论了嵌入式系统动态功耗管理技术及其实现方法,最后介绍了嵌入式系统处理器功耗评估的方法。

第 6 章

无线传感器网络超低功耗技术

无线传感器网络由大量集成有处理器、存储单元、电能供应单元、传感器、执行器和通信系统的节点通过自组织方式构成。由于节点应用环境的特殊性、节点本身的体积限制及供电系统不易更换等特点,使得电能问题成为影响和制约无线传感器网络普及和发展的因素之一。

要解决电能问题,理论上可以有两种途径:一是利用新的电能收集方法改进节点供电单元;二是对网络电能进行有效管理,提高电能利用率。本章分别从这两方面对无线传感器网络的电能管理技术进行研究。

6.1 无线传感器网络概述

6.1.1 无线传感器网络的发展及应用前景

自 20 世纪 90 年代以来,随着嵌入式系统、无线通信、网络及微机电系统(Micro-Electro-Mechanical Systems,MEMS)等技术的快速发展,具有感知、计算和无线网络通信能力的传感器及由其构成的无线传感器网络(Wireless Sensor Network,WSN)开始在世界范围内出现,引起了人们的极大关注。WSN 由随机分布的集成有传感器、数据处理单元和通信模块的微小节点通过自组织的方式构成网络,借助于节点中形式多样的内置传感器,相互协作,实时感知和采集周边环境中众多人们感兴趣的物理现象,并对这些信息进行处理,可以使人们在任何时间、绝大多数地点和多种环境条件下获取大量翔实而可靠的信息。

与传统传感器技术相比,无线传感器网络是由低成本、密集型、随机分布的节点组成的,自组织性和容错能力使其不会因为某些节点损坏而导致整个系统的崩溃,无线连接使其部署几乎不受监测对象的影响,维护成本非常低。因此,这种网络系统可以被广泛地应用于国防军事、环境监测、医疗卫生、智能家居、制造业等领域。例如，在战场上，通过直接将传感器节点撒向敌方阵地，可以以隐蔽的方式近距离观察敌方的布防，为火控和制导系统提供准确的目标定位信息。也可以利用无线传感网络及时准确地侦察和探测核、生物和化学攻击，避免侦查人员直接暴露在危险的环境中，从而最大可能地减小伤亡。无线传感网络的易部署、自组织等特点及无线通信能力也为精确获取野外的研究数据提供了方便，如跟踪候鸟和昆虫的迁移，研究环境变化对农作物的影响，监测海洋、大气和土壤的成分等。加州大学伯克利分校英特尔实验室和大西洋学院的研究人员开展的大鸭岛项目，在研究人员的控制下，可以在需要的时间对海燕的栖息地进行不间断的监控，且对岛上的生态环境几乎没有影响。美国气象部门开发的 ALERT 系统采用数种传感器来监测降雨量、河水水位和天气情况，依此预测爆发山洪的可能性，并自动发布警告信息。无线传感器网络在医疗护理方面也有广泛的应用，如 SSIM（Smart Sensors and Integrated Microsystems）计划中，研究者把由 100 个微型传感器组成的人工视网膜植入人眼，希望失明者或视力较差者能恢复到一个可以接受的视力水平。类似的应用还包括心率、血压和血糖监测，医生可以通过这些数据随时了解患者的病情，而安装在人身上的微型传感器并不会给人的正常生活带来太多的不便。无线传感器网络在商业领域也有不少的应用机会。例如，嵌入家电中由传感器及执行机构组成的无线网络与 Internet 连接在一起，允许用户在远程方便地管理家庭设备，可以为人们提供更加舒适、方便和具有人性化的智能家居环境。在建筑物中埋设无线传感器，可以探测材料的疲劳状况、定位损坏位置，从而评估建筑物的安全状况，具有部署方便、易维护、空间监测精度高等优点。另外，在自动生产线控制、产品质量追踪、智能交通等方面也有很大的应用潜力。

无线传感器网络的巨大应用价值引起了世界许多国家的军事部门、工业界和学术界的极大关注。美国 2003 年 8 月 25 日出版的《商业周刊》在其"未来技术专版"中发表文章指出，无线传感器网络是全球未来的四大高技术产业之一，它们将掀起新的产业浪潮。在美国 DARPA（国防高级研究计划局）和 NSF（自然科学基金委员会）的推动下，加州大学伯克利分校、麻省理工学院、康奈尔大学、加州大学洛杉矶分校等大学研究了无线传感器网络的基础理论和关键技术。英特尔公司等信息产业界的巨头也开始了传感器网络方面的研究工作，纷纷设立或启动相应的研究计划。在 2004 年 1 月召开的欧洲第一届"无线传感器网络论坛"上，由欧洲的几个著名科研机构（如柏林工业大学、弗朗霍夫研究所及费迪南-布劳恩研究所）提出共同研制只有豌豆大小的无线传感器。日本、英国、意大利和巴西等国家也对传感器网络表现出了极大的兴趣，纷纷展开了传感器网络领域的研究工作。2004 年 3 月，日本总务省成立"泛在传感器网络（Ubiquitous Sensor Network）"调查研究会，成员除了家电厂商、通信运营商和大学成员之外，还包括 Skyleynetworks、世康和欧姆龙等成员。

中国政府非常重视无线传感器网络的研究。在中国《国家中长期科学和技术发展规划纲要（2006—2020 年）》中，传感器网络及智能信息处理被列为信息产业的优先主题，智能感知和自组织网络则被列为信息技术的前沿技术。2006 年，科技部将无线传感器网络的基础理论及关键技术研究列入国家重点基础研究发展计划（"973"计划）。在信息产业部公布的《（信息产业科技发展"十一五"规划和 2020 年中长期规划纲要》报告中，明确将无线传感器等技术列为中国"十一五"期间重点建设突破的领域，要形成一批具有自主知识产权的核心技术和创新产品，基本满足国内应用对技术与产品的需求，形成较为完整的产业链。

从 2002 年起，中国科学院、清华大学、哈尔滨工业大学、浙江大学、上海交通大学、北京邮电大学、重庆大学等开展了对无线传感器网络的研究。中国科学院上海微系统所凭借其在 Mems 技术方面良好的基础，已经通过系统集成的方式完成了一些终端节点和基站的研发。中国科学院电子所和沈阳自动化所也分别从传感器技术和控制技术角度入手开展研究工作，他们专注于传感或控制执行部分。宁波中科集成电路设计中心无线传感器网络事业部开发出了具有自主知识产权的无线传感器网络开发套件。哈尔滨工业大学和黑龙江大学在传感器数据管理系统方面开展了研究工作，提出了以数据为中心的传感器网络的数据模型、一系列有效的感知数据操作算法和感知数据查询处理技术，并研制了传感器网络数据管理系统。浙江大学现代控制工程研究所成立了无线传感器网络控制实验室，在传感器网络的分布自治系统关键技术及协调控制理论方面进行研究。北京邮电大学与北电网络携手在无线传感器网络的关键技术和智能办公/家庭的应用项目上正在开展深入研发。重庆大学光电工程学院从 2000 年以来，依托"973"项目《集成微光机电系统研究》，一直致力于无线传感网络基站模块、自组网理论及混沌加密技术的研究。在工业方面，一些大型的公司和研究所也注意到了传感器网络广阔的应用前景，并开发了相应的产品，如深圳天智系统技术公司等企业已经开发出无线传感器网络相关产品，总体而言，目前国内对无线传感器网络的研究主要还是集中在节点上，缺少对整个系统的创新性研究，无论是研究问题的深度和投入的科研力量，国内的水平都还较为落后，具有自主知识产权的创新成果还较少。

6.1.2　无线传感器网络面临的能耗问题

在无线传感器网络的研究与应用中，由于与传统无线网络及移动自组网络（Mobile Self-organizing Networks）的差异，在基础理论和工程技术层面出现了一系列挑战性问题，其中最核心的是能耗问题。传统无线网络通常侧重如何满足用户的 QoS 要求，虽然也要考虑电能消耗，但是传统网络节点的电能可以补充，电能不是制约其应用的主要问题。而无线传感器网络中由于网络布设环境及节点规模等特点，节点电能一般由电池供应，在很多场合下由于条件限制，维护人员难以接近，电池更换非常困难，甚至不可能更换，但是却要求网络的生存时间长达数月甚至数年，节点电能受限成为其最大制约因素。

节点的电池一旦耗尽，就会立即退出网络，这将会直接影响整个网络的生命周期和整体功能的实现，因此无线传感器网络的设计要求必须以提高系统的电能效率为首要目标。然而电池技术与处理、存储和通信技术的飞速进步相比，进步的速度要小得多，在过去的十多年里，电池的电能密度都没有明显提高，希望通过提高电池电能来提高网络生存时间是难以做到的。

在不同的应用类型、监测目标中，复杂性、制造工艺、电源自身的能耗等因素也会使传感器电能消耗差别很大。实时性要求不高的应用（对森林、农作物、房间温度等的监测）可以让节点定时监测目标，电能消耗较低。而实时性要求高的应用（对病人身体状况、精密仪器制造等的监测）则要求节点实时监测目标，电能消耗极大。传感器的类型、制造工艺等对电能消耗也有重要影响；电池本身还会持续产生较大的电流，在高温潮湿环境下电池容易发生漏电，这些都严重消耗了电池的有限电能。因此如何在不影响网络性能的前提下，尽可能节约无线传感器网络的电能消耗已成为无线传感器网络软硬件设计的核心问题。

可以通过两种途径去解决上述问题：一是利用可以再生的环境能源，主要包括微波、光照、振动、热和气流等产生的电能，使传感器节点实现自供电；二是采用低功耗电路设计方法和高效的电源管理方法，降低传感器节点的功耗，或通过网络级功耗管理技术、功率控制技术等多种技术相结合的方式实现网络电能利用率的提高，从而降低网络的整体能耗。在实际的应用中由于节点受成本的限制，往往较多采用后者的技术途径去实现网络的能耗降低，从而延长网络生存期。

6.1.3 无线传感器网络（WSN）结构

1. 无线传感器网络结构

无线传感器网络的体系结构包括传感器节点、汇聚节点（Sink Node）、外部网络和用户界面，如图 6.1 所示。大量传感器节点随机部署在监测区域（Sensoring Field）内部或附近，能够通过自组织方式构成网络。传感器节点将采集到的数据沿着其他传感器节点逐跳进行传输，在传输过程中所采集的数据可能被多个节点处理，经过多跳路由后到汇聚节点，再由汇聚节点通过外部网络把数据传送到处理中心进行集中处理。

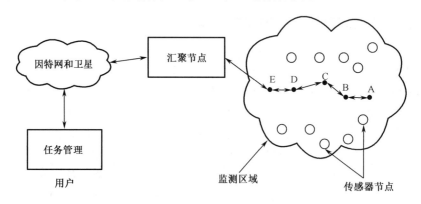

图 6.1 无线传感器网络体系结构

2. 传感器节点结构

WSN 节点是 WSN 的基本构成单位，与其组成的硬件平台和具体的应用要求密切相关，因此节点的设计将直接影响到整个 WSN 的性能。具体应用不同，WSN 节点的设计也不尽相同，但是其基本机构是相同的。一般都由数据采集（由传感器和模数转换功能模块组成)、数据处理(由嵌入式系统构成,包括处理器、存储器、嵌入式操作系统等)、数据传输(由无线通信模块组成)和电源这四个部分组成,如图 6.2 所示。根据具体应用需求,还可能会有定位系统以确定传感器节点的位置,有移动单元使得传感器可以在待监测地域中移动,或具有电能收集装置以从环境中获得必要的电能。此外,还必须有一些应用特定部分,如某些传感器节点有可能处在深海或海底,也有可能出现在化学污染或生物污染的地方,这就需要在传感器节点上采用一些特殊的防护措施。

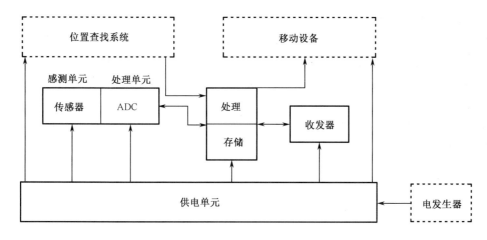

图 6.2　传感器网络节点组成

　　在传感器网络中,节点通过飞机布撒、人工布置等方式,大量部署在感知对象内部或附近。这些节点通过自组织方式构成网络,以协作的方式感知、采集和处理网络覆盖区域内特定的信息,可以实现在任意时间对任意地点信息的采集、处理和分析。节点再通过多跳中继方式将数据传给汇聚节点,借助 SINK 链路将整个区域内的数据传送到远程控制中心进行集中处理。

3．通信协议栈

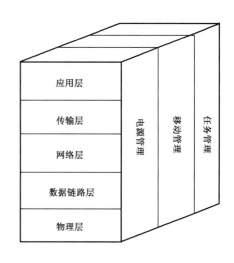

　　随着应用和体系结构的不同,无线传感器网络的通信协议栈也不尽相同,无线传感器网络通信协议栈模型如图 6.3 所示,该模型既参考了现有通用网络的 TCP/IP 和 OSI 模型的架构,同时又包含了传感器网络特有的电源管理、移动管理及任务管理。应用层为不同的应用提供一个相对统一的高层接口;如果需要,传输层可为传感网络保持数据流或保证与 Internet 连接;网络层主要关心数据的路由;数据链路层协调无线媒质的访问,尽量减少相邻节点广播时的冲突;物理层为系统提供一个简单、稳定的调制、传输和接收系统。除此而外,

图 6.3　无线传感器网络通信协议栈模型

电源管理、移动管理和任务管理负责传感器由节点能量、移动和任务分配的监测，帮助传感器节点协调感测任务，尽量减小整个系统的功耗。

6.1.4　无线传感器网络的特点

无线传感器网络与传统的无线网络（如移动自组织网络（MANET）、蜂窝网络和WLAN 等）有着不同的设计目标。传统无线网络在移动的环境中通过优化路由和资源管理策略提供高的服务质量（高吞吐量、低时延）和高带宽效率，网络的设计遵循着"端到端"的边缘论思想，强调将一切与功能相关的处理都放在网络的端系统上，中间节点仅仅负责数据分组的转发。且移动终端的电能一般可以得到补充，电能消耗并不是设计主要考虑的因素。

无线传感器网络除了具有传统无线网络的移动性、断接性等特征外，同时它还具有很多其他鲜明的特点，如下所述。

1．自组织网络，抗毁性强

无线传感器网络中没有严格的控制中心，网络的布设无须依赖于任何预设的基础设施。节点通过分布式算法协调各自的行为，开机后就可以快速、自动地组成一个独立的网络。任何节点失效或新节点加入都不会影响整个网络的运行，具有很强的可扩展性和抗毁性。

2．多跳路由模式

传感器节点通信距离有限，一般在几十到几百米范围内。要访问通信范围以外的节点，需要通过中间节点进行多跳路由。固定网络的多跳路由使用网关和路由器来实现，而无线传感器网络没有专门的路由设备，多跳路由是由传感器节点完成的，每个节点既是信息的发起者，也可以是信息的转发者。

3．传感节点数量大，分布密度高

为了获取精确信息，以及利用节点之间高度连接性来保证系统的容错性和抗毁性，传感器网络的节点数量和分布密度都要比一般无线网络高几个数量级，可能达到每平方米上百个节点的分布密度。这会带来一系列问题，如信号冲突、信息无法有效传送、路由选择困难、大量节点之间如何协同工作等。

4．网络动态性强

传感器网络工作在比较恶劣的环境中，经常有新节点加入或已有节点失效，且网络中的传感器、感知对象和观察者这三要素都可能具有移动性，网络的拓扑结构和数据传输路径也随之变化。因此传感器网络必须具有可重构和自调整性。

5．以数据为中心

对无线传感器网络的用户而言，传感器网络的核心是感知数据，而不是网络硬件。如在智能家居应用中，人们可能希望知道"现在客厅的温度是多少"，而不会关心"2 号节点感测到的温度是多少"。以数据为中心的特点要求传感器网络能够快速有效地组织起各个节点的信息，并提取出有用信息直接传送给用户。

6．与应用相关

无线传感器网络应用广泛，不同的应用对系统的要求必然会有很大差别，所以传感器网络不能像 Internet 和无线电话网那样有统一的通信协议平台。针对每一个具体应用来研究传感器网络技术，这是传感器网络不同于传统网络的显著特征。只有让系统更贴近应用，才能做出最高效的目标系统。

7．电池电能是网络寿命的关键

传感器节点一般由电池供电，电池电能极其有限，且传感器网络通常运行在人无法接近甚至危险的远程环境中，不能给电池充电或更换电池。一旦电池电能用完，这个节点也就失去了作用。因此节能是无线传感器网络设计要考虑的首要因素。

8．传感器节点体积小，计算和存储能力有限

无线传感器网络是在 MEMS 技术、数字电路技术基础上发展起来的，传感器节点各部分集成度很高，因此具有体积小的优点。同时由于体积、成本及电能的限制，嵌入式处理器的计算能力十分有限，存储器的容量也较小。传统网络上成熟的协议和算法对传感器网络而言开销太大，难以使用，必须重新设计简单有效的协议及算法。

9．通信半径小，带宽较低

无线通信能耗与距离的 n（$2<n<4$）次方成正比，随着通信距离的增加，能耗将急剧增加，因此无线传感器网络的通信半径一般较小。和传统无线网络不同，传感器网络中传输的数据大部分是经过节点处理过的数据，因此流量较小。根据目前观察到的现象特性来看，传感数据所需的带宽将会很低（10～250Kb/s）。

6.2　无线传感器网络节点能耗分析

无线传感器网络与其他无线网络的最大区别在于其电能非常有限，且由于工作环境恶劣或其他因素，往往无法通过更换电池来补充电能。降低能耗、延长网络寿命几乎是无线传感器网络所有研究工作的基础。无线传感器网络节能的主要方向是实现网络节点的超低功耗，实现有限电能条件下，最大限度地提高节点生存时间，以延长整个网络的寿命。

6.2.1　能耗影响因素

通用的无线传感器节点由四个子系统组成：微控制单元、无线通信系统、传感系统及电源系统。

1．微控制单元

微控制单元（MCU）负责控制传感器、执行通信协议及进行信号处理。电能消耗包括动态和静态两个部分，动态能耗指把集成电路上的寄生电容从 0 电压充到供电状态（数字 1）所需的电能，动态能耗用 CV_{dd}^2 来表示，其中 C 代表开关电容，V_{dd} 代表供电电压。静态能耗是由于电流不断地从正极向地泄漏，用 $I_0 e^{V_{dd}/V_{th}}$ 表示，其中 V_{th} 是晶体管的门槛电压，I_0 和 n 是与处理技术有关的常量。两者结合起来：

$$E = CV_{dd}^2 + (tV_{dd})I_0 e^{V_{dd}/V_{th}} \tag{6.1}$$

表示在时间 t 里为开关电容 C 的充电而消耗的电能。注意到对一个固定的供电电压 V_{dd}，对任何给定的计算来说，其开关能耗与时间无关，泄漏能耗与时间呈线性关系。如果一个微传感器长期空闲，泄漏能耗占有很大的比例。

减小泄漏电流的最简单方法是切断供电。出于电源管理的目的，MCU 通常有活跃、空闲和休眠等多种模式，每种模式有不同的电能消耗。例如，StrongARM 在空闲模式的功耗为 50mW，而在休眠模式时只有 0.16mW。在不同模式之间切换也有电能和延迟开销，因此，不同的模式之间的切换和 MCU 在每种模式的时长对整个节点的电能消耗有很大的影响。

2．无线通信系统

无线通信系统对 GHz 左右载波频率范围的无线传输来讲，通信子系统的功耗主要是收发电路（频率合成器和混频器）功耗。Shih 等人采用下式表示射频通信的平均能耗：

$$P_{radio} = N_{ts}[P_{ts}(T_{on\text{-}tx} + T_{st}) + P_{out}T_{on\text{-}tx}] + N_{rx}[P_{rx}(T_{on\text{-}rx} + T_{st})] \tag{6.2}$$

式中 N_{tx}/N_{rx} 是发送器/接收器每秒平均使用的时间（与应用层任务及 MAC 有关），P_{tx}/P_{rx} 是发送器/接收器的功率，P_{out} 是发射功率，$T_{on\text{-}tx}/T_{rs}$ 是发送/接收的时间，T_{st} 是收发电路启动时间。采用自由空间传播模型，P_{out} 能近似为 $\varepsilon_{amp} \cdot r \cdot d^2$，其中 $\varepsilon_{amp} \propto (2^b - 1)$（单位为 J/b/m^2）是在一个可接受的信噪比的前提下，在一个单位距离内传输一个信号所消耗的电能，r 是数据率，d 是传输距离。P_{tx}/P_{rx} 受选择的调制模式的影响。例如，多极调制 M-PSK/M-QAM 可获得更高的带宽效率，以 P_{tx} 和 P_{out} 的增长获得 $T_{on\text{-}rx}$ 和 T_{tx} 的降低。另外，从休眠状态转到活动状态的开启开销无论是时间还是能耗都不容忽视，典型的开启时间一般是 $100\mu s$，这就说明模式变换的间隔不能太小。

3．传感系统

传感器模块的能耗主要来源于变换器、前端处理及 A/D 转换等的操作，并且依据传感器的类型不同和感应时间长短不同，而不尽相同。换言之，不同类型的传感器在相同的检测条件下，由于内部结构的不同，其电能消耗存在差异。同样，对于同一类型的传感器，在干扰比较严重的环境下，传感器节点探测数据的误差因素会增加，为了获得精确数据，需要重复探测，能耗也会随之增加。

4．电源系统

与前面三项不同，电池属于提供电能的部分，在决定传感器节点的寿命上扮演着关键的角色。其工作受很多因素的影响，其中最关键的因素是放电率或电池的放电容量。如果采用超过额定值的大电流放电，可能导致电池很快衰竭。大放电率的影响可以通过关闭或减小放电电流来得到一定的减弱，此时活性物质的扩散速度可以跟上放电的损耗速度，这种现象叫作恢复，可以使电池恢复一部分损失的电量。因此如果系统能使电池的放电电流保持在较低的水平，就可以大大延长电池的使用寿命。

6.2.2　能耗分析

在 2002 召开的 MobiCom 会议（ACM SIGMobile，美国计算机协会举办的无线和移动通信领域的顶尖会议）上，Deborah Estrin（德博拉·埃斯特林，加州大学洛杉矶分校嵌入式网络传感中心主任）就无线传感器做了著名的特邀报告（Wireless Sensor Networks Part IV： Sensor Network Protocols），其中第四部分传感器网络的实验报告，关于节点各部分的电能消耗情况如图 6.4 所示。

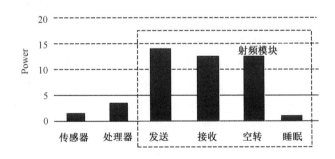

图 6.4　传感器节点子系统功耗情况

传感器节点的处理器模块、射频模块和传感器模块都需要消耗电能。随着集成电路工艺的进步，处理器和传感器模块功耗一般很低，绝大部分电能消耗在射频模块上。

大量学者对无线收发电路的四种状态（发送、接收、空闲和休眠）的能耗进行了深入研究。研究表明，"偷听"会消耗大量的电能。因为无线信号的广播特性，节点会收到大量与自己无关的数据包，尽管这些数据包被立即丢弃，但接收电路处理会消耗电能。对短距离传输来说，接收数据的功耗可能比发送数据的功耗更大，如 Mica2 系列的射频模块 CC2420。

不仅发送和接收需要电能，射频即使在空闲状态也具有很高的功耗，几乎与接收模式不相上下。Stemm 和 Katz 的测量表明，工作于 915MHz 的 Wavelan card 的空闲监听、接收、发送的功耗比为 1∶1.05∶1.4，表明相应的比例为 1∶1.2∶1.7。对 Mica2 节点而言，当射频工作在 433MHz，发射功率为 1mW 时，空闲监听、接收、发送三种状态的功耗比为 1∶1∶1.41。无线传感器网络应用的数据率一般较低，射频在很多时候处于空闲状态，此时空闲监听的能耗将占射频能耗的绝大部分。

与发送、接收状态相比，射频的休眠仅需要很少的电能。如 Mica2 的射频模块 CC2420 发送时的工作电流为 17mA（发射功率 1mW），接收时为 19mA，而休眠时仅为 0.001mA。

综上所述，降低射频能耗可以大大降低传感器节点的能耗，延长网络寿命。在射频处于空闲状态时，应该尽可能将其关闭（置于休眠状态）以减少空闲监听能耗。无线传感器网络通信协议直接控制着射频模块的工作，研究高效节能的通信协议，优化射频的工作状态，对延长传感器网络的寿命具有重要的意义。

6.3 超低功耗的策略

低功耗设计方法和技术各有侧重，涉及工艺、版图、电路、逻辑、结构、算法和系统等不同层次，不同设计抽象层次对电路功耗的影响不同。在实际设计中，根据具体应用环境，不同层次全面考虑功耗问题，这样可以明显降低系统功耗。

在工艺、版图、电路、逻辑、结构层次的低功耗设计中，均需要对现有技术进行革新，同时受使用规模的限制，并不能普遍推广。因此，在现有技术基础上，从实用性出发，要实现超低功耗策略，只能在系统层次和算法层次进行协调和改进。

从系统层次出发，采用合适的超低功耗策略，对 WSN 节点硬件系统各单元模块进行超低功耗设计，对软件系统进行数据处理算法优化、指令存储压缩及动态电源管理，实现 WSN 节点的软件系统的超低功耗优化，并进行面向超低功耗的软硬件系统协同设计，实现 WSN 节点系统级的超低功耗。这种系统级的应用研究是对现有技术的协调和改进，具有一定的可推广性及实用性。

6.3.1 硬件系统的超低功耗策略

硬件系统低功耗技术的研究及实现方法有很多。针对节点系统各组成模块的功耗情况、现有的降低平均功耗的基本途径及对超低功耗技术的定位，提出了硬件系统的超低功耗策略。

1. 低功耗器件的选择

基于实用性和通用性的原则，这里提出的超低功耗策略定位于系统层和算法层。因此，在满足节点性能的前提下，低功耗器件的选择是实现超低功耗策略的一个重要途径。

MCU 模块是 WSN 节点系统最核心的部分，要使系统的功耗尽可能低，能够达到系统的超低功耗评判依据，MCU 的选择是非常重要的。被认为是代表超低功耗技术的 MSP430 系列 MCU 能提供业界最低的功耗设计。同时由于节点并不是一直在工作，因此，低功耗模式也很重要。MSP430 系列微控制器能提供五种低功耗模式，其中 LPM3 的工作电流只有 0.8μA。在 MCU 的选择上，相比 MSP430 系列微控制器，51 系列没有明显的优势。因此，MSP430 系列 MCU 应成为节点设计的首选。同时 MSP430 高度集成的片上系统，有助于构造最小 MCU 模块单元，以确保模块的功耗降至尽可能低的程度。

在无线通信模块中，只有通过技术革新改善无线通信模块的性能参数，使降低其在发送状态、接收状态及空闲状态的瞬时功耗，但是短时间内可能无法得到改善。目前对于各类 MAC 层协议及路由层协议的研究尚不完善，在组网通信中只能应用一些功能较为简单的协议。而在点对点通信软件编程中，只能为工作模式和低功耗模式设定固定的时间，一旦定时器到点则发出中断信号，节点就将进行两个模式间的切换，达到降低能耗的目的。因此，器件的选择对实现节点的超低功耗策略很重要。以 Chipcon 的 CC2430 为例，尽管其集成了 CC2420 和 8051 核，功耗有所降低，但是相比于 CC2420 和 MSP430 系列 MCU 的独立组合，其接收、发送功耗却很大。TR1010 也是如此。本章综合分析提出的超低功耗的评判依据为百微瓦级别，考虑到节点设计中电压的典型值为 3V，典型节点通信的占空比为 1%，因此无线通信模块中芯片的瞬时功耗应受到限制，即发送和接收的瞬时电流应小于 33.3mA。WSN 节点的工作特点决定了其无线通信模块的接收状态的工作时间大于发送状态的工作时间（如 Mica2 节点通信时的接收/发送工作时间比为 3:1），在发送过程中通过数据压缩算法能大幅度降低数据的发送量，控制发送模式下的功耗。因此，在器件的选择上，通信模块接收状态的功耗应尽可能低。如 TR1000 的接收电流仅为 3mA，已经接近 Flash 芯片的读操作功耗。尽管低功耗器件成为首要选择，但是这种选择受到节点性能（如通信频率、通信方式、灵敏度等）的制约。因此，需要在具体情况下，在满足性能的前提下具体选取低功耗器件。

传感器种类繁多，其功耗差别很大。传感器的选择由节点的任务和性能条件决定。在传感器选择上，尽量采用的自源型低功耗传感器，减少激励功耗，有利于降低节点的功耗。传感器应在信号采集结束后立即进入关断模式。对于电阻桥等无法自动关断的器件，在休眠状态时通过动态电源管理关断电源，达到降低功耗的目的。Crossbow 公司开发了一系列传感器板，这种传感器板集成了几种常用的传感器。这种高集成度的传感器板相对于独立的传感器单元，其功耗更低。因此，在满足性能的前提下，集成的传感器是更合适的选择。其他元器件的选择也应该在满足性能的前提下，选择低功耗器件。

2. 支持宽泛工作电压范围的器件

不管采用何种电池技术，使用一段时间之后电压总会下降。比较支持 2.2V 电压和 2.7V 电压的节点的工作时间，对两节 AA 电池而言，两者相差一倍。低电压不仅能降低 CMOS 电路的动态功耗，同时低电压供电能有效延长节点电池的使用寿命。在 WSN 节点中，由于元器件比较多，采用多电压源工作又会增加额外的电压。对于可支持宽泛工作电压范围的不同器件而言，更容易确定一个共同的低工作电压，实现单一电源供电。同时稳定、低电压输出能有效延长电池使用寿命。

3．采用高效率、具有稳压功能的 DC/DC 电源调节器

由于电池电压不是固定的，如果由电池直接供电，电池电压高时浪费了电能，电压低时又不能满足有些模块的性能要求。因此需要对电池的输出进行稳压和电压变换。在节点设计中需要采用集成 DC/DC 电压调节器，使电源在满足模块工作性能的前提下保持稳定输出。

4．提供关断功能的器件或添加电源控制开关

通过合理分配，电源模块对系统各模块实行分时/分区供电，以及动态频率调整，能进一步降低节点系统的功耗。无论是动态电源管理还是动态频率调整，这些低功耗策略都需要硬件系统支持。例如，电源管理芯片 ADG821 为实现对控制模块的电源关断提供了可能。尽管提供关断器件意味着功耗的增加，但是结合超低功耗的其他应用策略，相比额外增加的功耗，降低的功耗更多。如 ADG821 的功耗为 $0.03\,\mu\text{W}$，其关断一个不需要工作的模块节省的功耗远远大于增加的功耗。

5．低占空比工作

使时钟信号有低占空比是实现低功耗的有效途径。由于 WSN 节点运行功耗远大于待机功耗，同时 WSN 是一个低占空比网络，节点（如 Mica2、TeloS 等）的大部分时间处于待机模式，故减小占空比成为降低系统功耗和提高电池寿命的有效途径。WSN 节点的平均功耗可以表示为：

$$P = \alpha P_0 + (1-\alpha)P_\text{S} \tag{6.3}$$

式中：P——平均功耗；

∂——节点占空比；

P_0——激活状态下的功耗；

P_S——待机状态下的功耗。

为了降低平均功耗，工作（激活状态下）功耗和待机功耗需要降低，因为待机功耗一般来说比较低，但是由于待机所处的占空比一般比较大，所以待机功耗也是需要注意的问题。这两者可以通过选择芯片的类型得到合理的兼顾。在给定的技术和网络应用需求下，工作功耗和待机功耗由于受到实际条件限制，对于大多数应用来讲，工作功耗要远远大于待机功耗。

通过降低占空比可以有效降低功耗，从而延长节点的寿命。但是低占空比需要以满足节点性能要求为前提，不应以单纯追求低占空比达到低功耗。对于常见的节点如 Mica2 和 Telos，占空比不同时节点寿命不同，节点的占空比与节点寿命关系如表 6.1 所示。

表 6.1 节点的占空比与节点寿命关系

节 点 平 台	占空比（%）	工作时间/（min/day）	节点寿命/月
Mica2	1	15	12
Telos	1.6	22	12
Mica2	0.2	3	24
Telos	0.8	11	24

6.3.2 软件设计中的超低功耗策略

如前文所述，超低功耗策略定位于系统层次及对算法的改进上。软件设计需要协同硬件系统进行低功耗优化，同时针对硬件特点对算法进行改进。根据前面分析，无线通信能耗占整个无线传感器网络能耗的主要部分，因此对射频的能耗管理非常重要。目前的节能机制研究也基本集中在与通信协议相关的各个层次，研究者针对无线传感器网络的节能提出了大量的解决方案，大体上分为三类：功率控制、低占空比休眠及数据融合。

1. 功率控制

功率控制指节点通过设置或动态调整节点的发射功率，在保证网络拓扑连通、双向连通或多连通的前提下，使得网络中节点的电能消耗最小。通过采用功率控制机制，能够让密集分布的传感节点在保证一定服务质量的前提下以较小的干扰共享无线信道，通过空分复用允许多个节点同时发送数据，降低了节点的发射功率及无谓的空闲侦听能耗，延长了网络的寿命，提高了整个网络的容量。

功率控制是一个十分复杂的问题，Kirousis 等人将其简化为发射范围分配（Range Assignment，RA）问题，并详细讨论了该问题的计算复杂性。设 $N=\{u_1, u_2,\cdots,u_n\}$ 是网络节点的集合，$r(u_i)$ 表示节点 u_i 的发射半径，$P(u_i)$ 表示节点 u_i 的发射功率。RA 问题就是在保证网络连通的前提下，使全网络的发射功率最小。其目标函数和约束条件可以表示为：

$$\begin{cases} \min \sum_{i=1}^{N} p(u_i) \\ p(u_i) \propto [r(u_i)]^{\alpha} \end{cases} \tag{6.4}$$

式中 α 是大于 2 的常数。在一维情况下，问题可以在多项式时间 $o(n^4)$ 内求解，然而在二维和三维情况下，RA 问题是一个 NP 难题，无法求得最优解。因此应该从实际出发，寻找功率控制问题的实用解。

（1）统一功率分配算法

节点统一功率分配算法是一种比较简单的功率控制算法，是在所有传感器节点上使用一个能够保证网络连通的最小发射功率。如 Narayanaswamy 等人提出的 COMPOW 功率控制方案，在 COMPOW 算法中，每个节点维护多张路由表，分别对应于不同的发射功率级别，节点间同级别的路由表交换控制消息。通过对比不同路由表中的表项，节点可以决定确保最多节点连通的最小通用功率级别，然后统一用该功率发射。这种功率分配方法的最大缺点是，如果节点的分布不均匀，一个相对孤立的节点会导致所有的节点使用很大的发射功率，那么全网通用的通信功率可能会很大。Kawadia 和 Kumar 提出的 CLUSTERPOW 算法是对 COMPOW 算法的改进。当转发一个包到目的节点 D 时，CLUSERPOW 选择出现 D 的最低层次的路由表，设为 $RT_{P_{min}}$，然后以功率 P_{min} 将其发送到下一跳节点。在 CLUSTERPOW 算法中，分簇是隐含的、动态的。分簇通过给定功率层的可达性来实现，分簇的层次由功率的层次数来决定，且不需要任何簇头节点。CLUSTERPOW 算法的主要缺陷是开销太大。

（2）基于节点度的算法

节点的度数指所有距离该节点一跳的邻近节点的数目。基于节点度算法的基本思想是：给定节点度的上限和下限，每个节点动态地调整自己的发射功率，使得节点的度数落在上限和下限之间。具有代表性的基于节点度的算法有 Kubisch 等人提出的本地平均算法（Local Mean Algorithm，LMN）和本地邻居平均算法（Local Mean of Neighbors Algorithm，LMA）等。它们之间的区别在于计算节点度的策略不同。在 LMN 算法中，节点定期检测邻近节点数量，并根据邻近节点数量来调节发射功率；LMA 算法是将该节点所有邻近节点的邻近节点数量平均值作为自己的邻近节点数。这类算法利用少量的局部信息达到一定程度的优化效果，它们不需要很强的时钟同步，但是算法中还存在一些明显的不足如需要进一步研究合理的邻近节点判断条件，对从邻近节点得到的信息是否需要根据信号的强弱给予不同的权重等。

（3）基于方向的算法

微软亚洲研究院的 Wattenhofer 和康奈尔大学的 Li 等人提出了一种能够保证网络连通性的基于方向的 CBTC 算法。CBTC 算法的基本思想是：节点 u 选择最小功率 $P_{u,\rho}$，使得在任何以 $u,w(u,v)$ 为中心，角度为 ρ 的锥形区域内至少有一个邻近节点。作者证明了当 $\rho \leq 5\pi/6$ 时，可以保证网络的连通性。麻省理工学院的 Bahramgiri 等人将 CBTC 算法推广到三维空间，提出了容错的 CBTC。基于方向的算法需要可靠的方向信息，因而需要很好地解决到达角度问题，节点需要配备多个有向天线，因而对传感器节点提出了较高的要求。

（4）基于邻近图的算法

基于邻近图的功率控制算法的基本思想是：设所有节点都使用最大发射功率发射时形成的拓扑图是 G，用 $G=(V,E)$ 的形式表示，V 代表图中顶点的集合，E 代表图中边的集合，E 中的元素可以表示为 (u,v)，其中 $u,v \in V$。按照一定的邻近节点判别条件求出该图的邻近图 G'，G' 中每个节点以与自己所相邻的最远通信节点来确定发射功率。经典的邻近图模型有 RNG（Relative Neighborhood Graph）、GG（Gabriel Graph）、DG（Delaunay Graph）、YG（Yao Graph）和 MST（Minimum Spanning Tree）等。DRNG（Directed Relative Neighborhood Graph）算法和 DLSS（Directed Local Spanning Subgraph）算法是两种以邻近图的观点考虑无线传感器网络拓扑问题的算法，它们针对节点发射功率不一致问题提出了拓扑解决方案。

DRNG 算法给出了确定邻近节点的标准。用 $d(u,v)$ 表示节点 u、v 之间的距离，$w(u,v)$ 表示由 u 和 v 构成边的权重，R_u 表示节点的通信半径。假设节点 u、v 满足条件

$d(u,v) \leqslant R_u$ ，且不存在另一节点 p 同时满足 $w(u,p) < w(u,v), w(p,v) < w(u,v)$ 且 $d(p,v) \leqslant R_P$ 时，节点 v 则被选为节点 u 的邻近节点。DRNG 算法如图 6.5 所示。

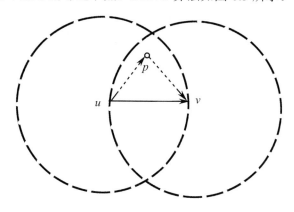

图 6.5　DRNG 算法

在 DLSS 算法中，假设已知节点 u、最大发射半径 R 及它的可达邻近节点子图 G^R，将 u 到所有可达邻近 $w(u,v)$ 节点的边以权重为标准按升序排列；依次取出这些边，直到 u 与所有可达邻近节点直接相连或通过其他节点相连；最后，与 u 直接相连的节点构成 u 的邻近节点集合。从图论的观点看，DLSS 算法等价于在 G^R 基础上进行本地最小生成树的计算。

经过执行 DRNG 或 DLSS 算法后，节点确定了自己的邻近节点集合，然后将发射半径调整为到最远邻近节点的距离。更进一步，通过对所形成的拓扑图进行边的增删，使网络达到双向连通。这类算法以原始的网络拓扑双向连通为前提，保证优化后的拓扑也是双向连通的。

2．休眠节能体制

在许多传感器网络应用中，节点长时间处于空闲状态。从前面的分析知道，射频即使在空闲状态也具有很高的功耗，几乎与发送、接收模式不相上下。因此在射频处于空闲状态时，应该尽可能将其关闭（置于休眠状态）以减少空闲监听能耗。休眠节能协议正是基于此理论提出来的，其基本思想如图 6.6 所示。每个节点周期性地休眠，然后醒来看是否有其他的节点想和它通信。在休眠期间，节点关闭自己的射频，并设置一个定时器在一段时间后唤醒。

目前休眠节能协议的研究大体上分为三个方面：休眠和唤醒机制、具有低占空比的 MAC 协议及通过拓扑控制实现休眠机制。

（1）休眠和唤醒机制

休眠和唤醒机制重点研究如何在两个处于休眠模式的节点间建立通信，这些方案与其他的协议（如 MAC 和拓扑控制）没有太多的联系。Piconet 就是一个实例，在 Piconet 中，每个节点随机地进入休眠模式，然后周期性地醒来一段时间。每当一个节点醒来时，它会广

图 6.6　休眠节能协议基本思想

播一个包括自己 ID 的信号。如果其他节点想和此节点通信，它们需要醒来并一直监听，直到接收到发出的信号。

另一个实例是 STEM。STEM 用双频无线电工作，一个频道用于数据传输，另一个用于唤醒节点。当没有数据传输时，节点完全关闭它们的数据频道，而把唤醒频道置于低占空比模式。与 Piconet 不同，在 STEM 中是由数据发送者负责唤醒接收者，它通过发送一个唤醒音调或信号来实现。因为所有传感器节点的醒来时间并不同步，唤醒音调或信号必须足够长以使目标接收者能收到它。PAMAS 与此类似，通过第二个信道来探测邻近节点的活动，当出现相应的活动时就关闭自己的主射频，从而降低"偷听"能耗。

（2）低占空比 MAC 协议

具有低占空比的 MAC 协议是一个广泛研究的领域，具体分为 TDMA 协议和竞争协议。

基于 TDMA 的协议在电能节省上有天然的优势，这是因为基于 TDMA 的协议没有竞争机制的碰撞重传问题，不会产生冲突，不需要过多的控制开销，最关键的在于节点只需要在自己的时隙里开启射频完成发送和接收。典型的例子包括 TRAMA、BMA、LMAC等。在 BMA 协议里，节点形成簇结构，TDMA 用于簇内通信。LMAC 协议通过让节点选择一个在两跳范围内无重用的时隙来调度帧结构，协议细节在后面详细描述。Sohrabi 和 Pottie 为无线传感器网络设计了一种自组织的协议。每个节点保持一种类 TDMA 的帧，节点计划不同的时隙与它已知的邻近节点通信，在没有计划的时隙里节点就处于休眠状态。TDMA 协议的主要缺点是可扩展性不强，如当节点数量发生变化时，很难改变帧的大小和时间片的数量；TDMA 需要基础结构承担信道控制及时间同步任务，对分布式控制且资源有限的传感器节点而言，实现较为困难。

基于竞争的 MAC 协议里，IEEE 802.11 分布式协调函数（DCF）被 Ad Hoc 网络广泛应用，它有一个节能模式来实现低占空比。在节能模式下，节点周期性地休眠和醒来，并在醒来时间上同步。802.11 假设所有的节点都是在一跳以内，在多跳工作中，节能模式在时间同步、邻近节点发现和网络分割上会有问题。Tseng 等人为了提高 802.11 节能模式，提出了三种休眠方式，这三种休眠方式都不需要节点同步，但代价是发送更多的信号和在广播前发送更多的唤醒包。

S-MAC 是一个支持多跳、具有低占空比功能的基于竞争的 MAC 协议。它通过休眠协调、虚拟载波侦听、自适应监听、长消息突发传递等机制实现射频的低占空比工作，较好地解决了分布式多跳网络的同步问题，有效降低了节点的能耗，成为传感器网络低占空比 MAC 协议研究的热点。

（3）拓扑控制

休眠节能协议的第三类是通过拓扑控制，这类协议探索较密的网络节点对节能的益处，可以看作一种空间休眠机制。其基本思想是仅仅打开能维持网络连通的节点，实例包括 GAF、SPAN 及 ASCENT。GAF 利用地理定位信息把网络分成固定的方格，在每一个方格里面，从路由的观点看，所有的节点都是平等的，因此在给定的时间内，仅需要有一个节点是活动的。在 SPAN 中，每个节点基于路由协议提供的链接信息来判断是休眠还是加入骨干网络。在 ASCENT 中，每个节点基于本地的丢包率和链路信息来决定休眠计划。

3．数据融合

为了确保健全的覆盖，散布的传感器经常是互相交叠的。因此一个事件可能触发多个传感器。所有的传感器都将向用户报告监测，如果这种数据能在返回给用户之前被融合到一个二元值（某个事件发生），一个区域（在某监测区域内事件的发生），则通信和电能消耗都能减少。

数据融合可以在网络协议栈的多个层次实现。目前的研究方法主要基于以下两种架构。

（1）用描述性的语言来说明数据的查询：描述性的语言能用来描述传感器网络的互动，因为它隐藏了传感器节点互动、路由及网内处理的安排的细节。

（2）支持网内局部数据处理：既然网络局部计算比无线通信的开销小得多，把计算的功能转移到网络能有效地节约电能。

TinyDB 是 TinyOS 的一个查询处理子系统。它将传感器网络看作一个分布式的数据库，以数据为中心进行编程，为用户提供简单的 Tiny-SQL 查询接口，并提供可扩展的框架模型。整个查询处理分为两个阶段：查询分发阶段和数据收集阶段。在查询分发阶段，使用一个直接连接到工作站或基站的传感器节点作为汇聚节点，汇聚节点将利用 Tiny-SQL 语句表示的查询请求分发到整个网络中，并在分发查询请求的过程中建立起用于传输数据的生成树。在数据收集阶段，每个节点将自己采集到的数据与从子节点中收到的数据合并起来，将合并后的结果通过生成树发送给汇聚节点。

Cougar 数据库系统建议在整个传感器网络中采用分布式数据库查询，而不是把所有的数据都集中到一个中心节点上。传感数据是用抽象数据类型（Abstract Data Type）属性表示的，其接口与特定的处理函数相对应，网络的数据融合由一个中心计算查询计划来实现。隐含的查询优化器决定网内局部数据处理的安排，网关节点了解网络内节点和链路的状态。如果节点状态经常变化，这种中心化的策略就不太有效。

尽管融合的细节是与应用相关的，共同的问题是涉及传感区域的传感器的数据传播路径。即为了确定在给定区域中哪个传感器存在，必须有绑定服务，在给定地理区域时，列出那个区域的传感器节点的标示符。一旦这些传感器具有任务，选择算法必须动态选择一个或多个网络节点来融合数据，并把结果返回给查询器。Directed Diffusion 采用机会主义的数据融合方法来解决这个问题，传感器的选择和任务分配通过用地理属性命名节点来实现。当数据从传感器发送到查询器时，返回路径上的传感器缓存相关的数据，并通过运行与应用相关的过滤器抑制副本数据实现压缩。

6.3.3　节能机制分析

从上面的论述可知，设法降低射频能耗是降低节点能耗、延长系统寿命的重要手段。在三种节能机制中，功率控制对提高系统的性能有很大的帮助，但是若想真正实现它，还要求硬件和软件必须提供相应的支持，从而增加了系统的复杂度。例如，基于方向的算法需要很好地解决到达角度问题，节点需要配备多个有向天线；基于邻近图的功率控制一般需要的邻近节点信息过多，且运算量较大。另外，功率控制会影响通信协议的 MAC 层和网络层的工作。

数据融合通过去除冗余信息、减少射频传输的数据量来节省电能。但数据融合的应用相关性较强，对目标跟踪、数据查询类应用的效果较好，而对持续监测的应用效果就不太明显。另外，基于属性的查询或过滤都需要底层通信协议提供支持，除非设计专门的路由协议（如 Directed Difussion），否则提供这种属性会增加通信协议的开销及复杂度，降低其效率和灵活。最后，数据融合的拓扑适应性较差，如果由于节点失效或移动造成拓扑变化，重新构造融合树的通信开销和延迟开销都不能忽略。

休眠节能机制通过尽量减少射频的空闲监听来降低节点能耗。其中休眠和唤醒机制对休眠节点的通信协调做了有益的探索；MAC 协议直接控制射频的工作，具有低占空比的 MAC 协议的节能效果最为显著，研究非常广泛；拓扑控制的休眠机制通过节点冗余达到"空间换时间"的节能效果，一般在网络层实现。与功率控制和数据融合相比，休眠节能机制对硬件依赖性较小，高层应用几乎不受限制，可以在通信协议中方便地实现。

6.3.4 典型休眠节能协议

1. 基于 TDMA 的低占空比 MAC 协议

（1）TRAMA 协议

TRAMA（Traffic Adaptive Medium Access）协议将时间划分为连续时隙，根据局部两跳内的邻近节点信息，采用分布式的选举算法在两跳范围内选择一个发送者，避免了隐藏终端问题，因此可以确保发送者的一跳邻近节点可以无冲突地接收到数据。同时，通过避免把时隙分配给无流量的节点，并让非发送和非接收节点处于休眠状态，以达到节省电能的目的。TRAMA 协议包括邻居协议（Neighbor Protocol，NP）、调度交换协议（Schedule Exchange Protocol，SEP）和自适应时隙选择算法（Adaptive Election Algorithm，AEA）。

TRAMA 对数据和控制信号的传输是在一个单信道中完成的。TRAMA 时隙组织如图6.7 所示。为了适应节点失败或节点增加等引起的网络拓扑结构变化，将时间划分为交替的随机访问周期和调度访问周期。随机访问周期和调度访问周期的时隙个数根据具体应用情况而定。随机访问周期主要用于网络维护，如新节点加入、已知节点失效等引起的网络拓扑变化等。

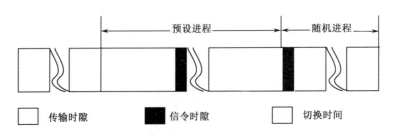

图 6.7 TRAMA 时隙组织

节点间通过 NP 协议获得一致的两跳内拓扑结构和节点流量信息，因此协议要求所有节点在随机访问周期内周期地通告自己的节点编号 ID，是否有数据需要发送及能够直接通信的邻近节点的相关信息等。节点根据编号和时隙号，利用 Hash 公式独立计算两跳内所有节点在每个时隙上的优先级。由于节点间获取的邻近节点信息是一致的，在每个时隙上各个节点的优先级也是一致的，因此，节点能够确定每个时隙上优先级最高的节点，从而知道自己在哪些时隙上优先级最高。节点优先级最高的时隙称为节点的赢时隙。

节点采用 SEP 来建立和维护调度信息。调度信息的产生过程如下：节点根据上层应用产生分组的速率，首先计算它的调度间隔 $T_{interval}$，$T_{interval}$ 代表一次调度对应的时隙个数；然后，节点计算在[t, $t+T_{interval}$]内具有最高优先级的时隙；最后，节点在赢时隙内发送数据，并通过调度消息告诉相应的接收者。如果节点没有足够多的数据需要发送，应及时通告放弃赢时隙，以便其他节点利用。在节点的每个调度间隔内，最后一个赢时隙预留给节点广播其下一个调度间隔的调度信息。节点在调度访问周期内利用调度分组周期性地广播它的调度信息。

在调度周期的每个时隙上，节点运行 AEA 算法。AEA 算法根据当前两跳邻近节点内的节点优先级和一跳邻近节点的调度信息，决定节点在当前时隙是发送、接收还是休眠。

与基于 CSMA 的竞争协议相比，TRAMA 通过分布式协商保证节点无冲突地发送数据；同时，避免把时隙分配给没有信息发送的节点，在降低能耗的同时提高了信道的利用率。但是节点必须周期性地交换拓扑信息和邻近节点调度信息，并在每个时隙基于这些信息计算两跳内邻近节点的优先级，对存储和计算能力都有限的传感器节点而言负担较重，协议开销较大。

（2）BMA 协议

BMA（Bit Map Assisted）的工作与 LEACH 相似，分为许多轮。BMA 单轮时隙组成如图 6.8 所示，每轮分为簇建立和稳定状态两个阶段。在簇建立阶段，节点根据剩余电能多少选举簇头。所有当选的簇头通过非持续 CSMA 方式，向其他节点广播当选通告；其余节点根据与簇头节点通信电能的多少，决定加入哪个簇。一旦簇建立，系统就进入稳定状态阶段。稳定状态阶段由若干定长会话组成，每个会话由竞争周期、数据传输周期和闲置周期组成。在竞争周期，所有节点打开射频模块，每个节点分配一个时隙，如果它有数据需要传送，就在自己的时隙中发送一个 lb 的控制信息。竞争周期之后，簇头就会完全知道哪个节点需要发送数据，它建立并向簇内节点广播数据发送调度策略，此后进入数据传输周期。节点只在自己的发送时间之内打开射频模块，向簇头发送数据，其余时间进入休眠状态。如果在一个会话内节点没有数据需要发送，那么它就直接进入休眠状态。BMA适用于节点少的网络，在负荷小时节能效果明显，此时时延较小。

（3）LMAC 协议

在 LMAC（Lightweight-MAC）协议中，时隙由业务控制段和长度固定的数据段组成，时隙再组成长度固定的帧。时隙调度机制非常简单，每个活动节点控制一个时隙，当节点需要发送一个数据包时，它会一直等待，直到属于自己的时隙到来。在时隙的控制时段内，节点首先广播消息头，消息头中详细描述了消息的目的地和消息长度，然后立即开始发送数据。监听到消息头的节点如果发现自己不是此消息的接收者，它会在数据时段将自己的无线发送装置关闭。

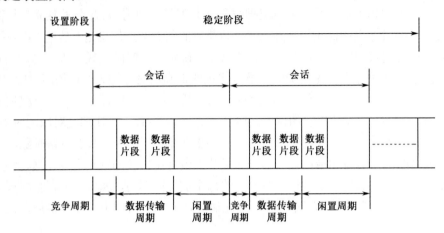

图 6.8　BMA 单轮时隙组成

LMAC 协议通过让节点选择一个在两跳范围内的无重用的时隙（类似于蜂窝移动通信中的频率复用）来调度帧结构，LMAC 协议时隙选择如图 6.9 所示。控制部分的广播信息包含详细描述时隙占用信息的比特组，欲加入网络的新节点先侦听整个帧结构的业务控制部分，通过或操作，新加入的节点能够计算出哪些时隙是空闲的，并随机在一个时隙内发送一控制信息来声明占用了此时隙，与其他新加入的节点竞争占用该时隙。如果在时隙内发生冲突，侦听到冲突的节点在控制部分广播涉及的时隙；如果要加入网络的新节点侦听到时隙被占用，就退回，并重新开始选择。

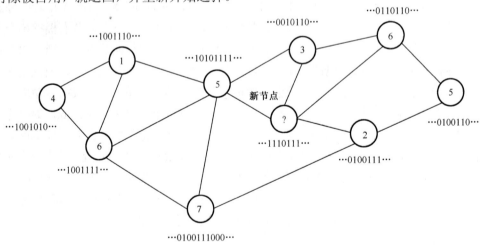

图 6.9　LMAC 协议时隙选择

LMAC 不足之处在于，节点必须监听整个帧结构中的所有控制时段，甚至包括没有被使用的时隙，因为新的节点随时会加入进来，可采用对未占用时隙的控制部分进行抽样判断的方法来减少空闲监听电能消耗，当检测到未占用时隙上有消息传递时将该时隙标记为占用，并在下一帧中的相应时隙进行监听。

2．基于竞争的低占空比 MAC 协议

（1）S-MAC 协议

从以下几个方面来减少射频的电能消耗：避免空闲监听、避免冲突及控制管理开销。通过低占空比操作和休眠协调，S-MAC 有效降低了空闲监听能耗。通过虚拟和物理的载波监听机制及 RTS/CTS 握手机制，有效地解决了由于空闲监听和冲突而导致的能耗。利用长信息传递来减少控制管理开销。与常规 MAC 协议相比，S-MAC 的最大特点在于利用分布式的机制实现了休眠协调。

1）休眠计划选择

周期性监听和休眠是避免空闲监听、节省电能的主要方法。在 S-MAC 中，节点在它们的休眠计划上进行同步而不是各自随机休眠。在每个节点开始周期性监听和休眠前，该节点需要选择一个计划并与它的邻近节点进行交换，每个节点维持一个计划表，此表保存它的所有已知邻近节点的休眠计划。节点遵循以下步骤来选择和建立自己的计划表，具体的同步算法流程如图 6.10 所示。

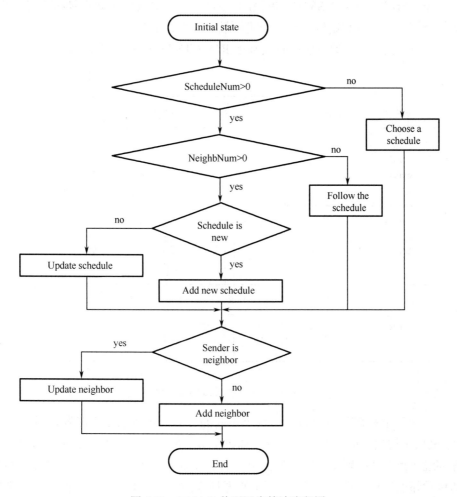

图 6.10　S-MAC 休眠同步算法流程图

① 节点首先监听一段固定的时间，这段时间至少等于同步周期。如果节点没有收到来自其他节点的休眠计划，它就会自己选择一个休眠计划并开始遵循这个计划。同时，此节点通过广播一个 SYNC 包来向它的邻近节点宣布这个计划。广播 SYNC 包必须遵循正常的载波监听过程，随机的载波监听时间减少了 SYNC 包的冲突。

② 如果节点在选择自己的计划前收到了来自邻近节点的计划，它就把自己的休眠计划设置为与邻近节点的休眠计划一致，然后该节点就会在它的下一个计划同步时间竭力向外广播此休眠计划。

③ 如果节点在选择和宣布了自己的计划后收到了另一个不同的休眠计划，会出现两种情况：如果此节点还没有其他的邻近节点，它就会取消自己的计划并遵循新收到的计划；如果节点有一个或更多的邻近节点，它就会在两个不同计划的监听周期醒来，从而遵循两个计划。

S-MAC 休眠同步时序图如图 6.11 所示，图 6.11 说明了节点同步到稳定状态时的低占空比操作。节点 A、节点 C 的休眠计划不同，B 是节点 A、节点 C 间的一个边界节点。为了与节点 A、节点 C 通信，节点 B 必须分别在节点 A、节点 C 的监听时间段进行同步监听。每个监听时间段包括 SYNC 和数据收发两部分，分别用于同步包和数据包的收发。在发送每个同步信号或数据包前有一个随机载波侦听竞争窗口，可以使竞争进一步减少。SYNC 包采用广播形式，数据包的收发基于 RTS-CTS-Data-ACK 机制。

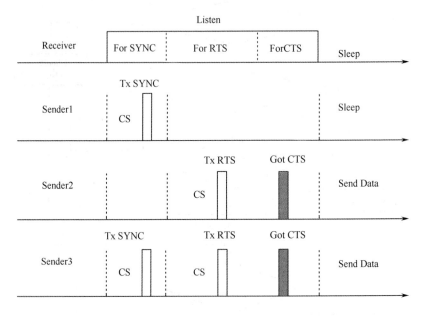

图 6.11　S-MAC 休眠同步时序图

为了防止两个相邻节点因为遵循两个不同的计划而导致永远不能发现对方的情况，S-MAC 采用了周期性地邻近节点发现，如每个节点周期性地监听整个同步周期。一个节点执行邻近节点发现的频率与它已有的邻居有关，如果一个节点没有任何邻近节点，它会更主动执行邻近节点发现。当然，邻近节点发现期间的能耗非常高，这种操作的执行频率不应该过高。在 S-MAC 的实现中，同步周期是 10s；如果至少有一个邻近节点，节点会每 2min 执行一次邻近节点发现。

2）休眠计划维持

既然周期性监听和休眠在相邻节点间进行协调，每个节点上的时钟漂移会导致同步错误。S-MAC 采用三种技术来避免这种错误。第一，所有交换的时间标签都是相对的，而不是绝对的，同步包中的时间戳并不是节点的绝对时间，而是距射频休眠剩余的时间。第二，监听周期与时钟偏移相比要长得多。例如，0.5s 的监听时间超过典型的时钟速率的 1 万倍。与时隙很短的 TDMA 相比，S-MAC 的同步要求显然更松散。第三，尽管长的监听时间能容忍较大的时钟偏移，相邻节点仍然周期性地更新它们的休眠计划，以防止长时间的时钟偏移。

如前所述，休眠同步计划更新是通过发送 SYNC 包来实现的。SYNC 包非常短，包括发送者的地址及距下一个休眠剩余的时间，此时间是相对于发送者发送 SYNC 包的那个时刻而言的。当接收者从 SYNC 包得到这个时间时，它会减去包传输所用的时间，并用新的值调整自己的定时器。

3）数据收发

S-MAC 发送者与接收者时序图如图 6.12 所示，图 6.12 表明了发送者传送信息到接收者时可能出现的三种时序。为了在一次监听中同时完成 SYNC 包和数据包的接收，S-MAC 把接收者的监听时间划分成两部分，第一部分用于接收 SYNC 包，第二部分用于接收 RTS 及 CTS 包。如果发送者想发送一个 SYNC 包，它会在接收者开始监听时随机选择一个时隙来完成它的载波监听。如果在此时隙结束时还没有发现任何传输，该发送节点就会占有信道并开始发送它的 SYNC 包。发送数据时遵循相同的过程。在图 6.12 中，Sender1 仅发送了一个 SYNC 包；Sender 2 只是想发送数据；Sender 3 发送了一个 SYNC 包和一个 RTS 包。

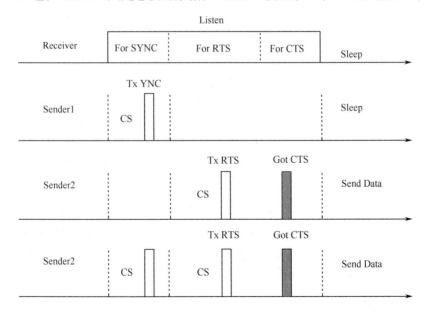

图 6.12 S-MAC 发送者与接收者时序图

（2）能量、延迟的平衡

S-MAC 协议对网络性能的影响主要体现在能耗和时延上。与持续监听的 MAC 协议相比，S-MAC 通过在休眠时间关闭射频器件，完成相同的任务需要少得多的电能。Wei Ye 等人在一个 10 跳线型拓扑的网络上进行测试发现，当网络负载较轻时（包发送时间间隔为 10s），S-MAC 协议（占空比为 10%）的能耗仅是不休眠协议能耗的 20%左右。参考文献 [33]中对树形多跳拓扑下 S-MAC 的性能进行了类似的仿真，发现即使在信道访问更为复杂的环境中，S-MAC 协议（占空比为 10%）的能耗仍然仅有不休眠协议能耗的 30%左右。

S-MAC 协议最大的弱点是休眠会增加多跳网络的延迟。在现有的同步机制中，每个数据周期仅能收/发一次数据，接收者收到数据后只有在下一跳节点处于监听状态时才能发送出去。如果下一跳节点处于休眠或忙于处理其他的通信，接收者就只有等到下一个监听周期才可能发送出去。因此，S-MAC 协议在负载较重时的多跳时延与不休眠协议相比要大得多。研究表明，当占空比为 10%时，一个线形拓扑上的包经过 10 跳后的平均时延达到 10s 左右，与之相比，非休眠 MAC 的时延在 1s 左右。在树形多跳拓扑下，由于节点的信道竞争加剧，S-MAC 的转发时延将大大延长，以至于到基站的时延急剧上升到几百秒，这样长的时延在实际应用中是不可想象的。非休眠协议的时延特性在这种复杂环境中则表现得相当稳定，仍然维持在 1s 左右。研究还发现，较重的网络负载不但造成时延急剧增大，而且这种不断增大的时延导致后面的数据由于缓存溢出而丢失，使网络吞吐量大大减低，几乎没有节能效果。

3. Adaptive S-MAC 协议

S-MAC 的同步实现对不同休眠计划的标识不够准确，引起了一系列的问题。另外，当周期性监听和休眠的节点严格遵照休眠计划时，每一跳上存在一个潜在的延迟。S-MAC 的开发者也注意到了其时延过大的缺点，他们开发了一种自适应监听（Adaptive Listen）机制以减少多跳传输中的延迟，并改进了休眠同步的算法。

为了唯一标识休眠计划，Adaptive S-MAC 的 SYNC 包采用发送者 ID 及 State 两个参数来表示。每个节点的 ID 是确定的，它广播给邻近节点的休眠计划的 State 却一直处于变动状态中。例如，节点在失效后重新加入网络时，广播的 0 号计划可能与失效前的 0 号计划完全不同；即使节点没有失效，它广播的计划仍然可能因为没有收到其他节点的应答而放弃。采用 ID 和 State 参数，发送者在广播 SYNC 包时可以向接收者表明此同步计划是否与原来收到的计划相同，从而确保计划的唯一性。

Adaptive S-MAC 对同步包的处理做了较大的改进，对收到的同步包，接收者需要判断发送者是否是邻近节点及是否是一个新的休眠计划，只有当收到邻近节点的同步包且其状态没有发生变化时才会更新同步信息，避免节点休眠计划频繁变动。对收到的新计划或新节点，接收者首先判断计划表或邻居表是否已满，然后才进行相应的操作。对邻近节点转向新计划或 State 发生了变化但转向一个旧计划的情形也做了相应的处理。另外，节点周期性检查计划，清除仅有一个活动节点的计划，减少虚拟簇的数量。与 S-MAC 同步机制相比，Adaptive S-MAC 更为合理，同时也非常复杂。与 S-MAC 一样，Adaptive S-MAC

仍然存在虚拟簇的问题，计划表和邻居表的开销仍然较大。

针对转发延迟问题，Adaptive S-MAC 的基本思路是让节点"偷听"邻近节点传输（理想情况下仅监听 RTS 或 CTS）。发送者和接收者的邻近节点将从 RTS 和 CTS 包的 Duration 域了解传输到底需要多久，因此它们能在传输结束时醒来一段时间。如果自己就是下一跳的节点，它的邻近节点就可以立即把数据传输给它，而不需要等到常规的监听时间到来才传输；如果节点在自适应监听期间没有收到任何信息，它就会休眠直到下一个监听周期到来。应该注意到，不是所有的下一跳节点都能从前面的传输中"偷听"得到，特别是当前面的传输本身是通过自适应的方式开始时，也就是说开始传输的时间不是计划的监听时间。因此，如果发送者在自适应监听期间通过发出一个 RTS 包开始传输，它也许不会得到一个 CTS 应答。

4．T-MAC 协议

T-MAC（Time-out MAC）是在 S-MAC 的基础上提出的另外一种低占空比 MAC 协议，它通过提前结束活动周期来减少空闲监听，从而更进一步减少节点的能耗，但是带来了早休眠问题（Early-Sleep Problem），同样存在休眠延迟。T-MAC 协议提出未来请求发送（Future Request to Send，FRTS）方法解决早休眠问题，如图 6.13 所示。当节点 C 收到节点 B 发送给节点 A 的 CTS 分组后，立刻向下一跳节点 D 发送 FRTS 分组。FRTS 分组包含节点 D 接收数据前需要等待的时间长度，节点 D 会在休眠相应长度的时间后醒来接收数据。由于节点 C 发送的 FRTS 分组可能干扰节点 A 发送的数据，所以节点 A 需要推迟发送数据的时间。节点 A 通过在接收到 CTS 分组后发送一个与 FRTS 分组长度相同的 DS 分组实现对信道的占用。DS 分组不包含有用信息。节点 A 在 DS 分组之后开始发送正常的数据信息。FRTS 分组方法可以提高吞吐率，但 DS 分组和 FRTS 分组带来了额外的通信开销。

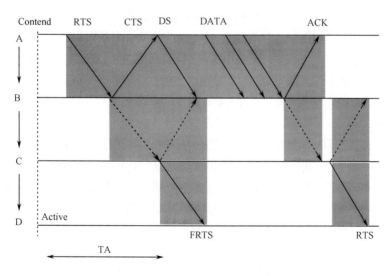

图 6.13　T-MAC 的未来请求发送

（4）全局计划算法及快速路径算法

如前所述，虚拟簇边缘上的节点比其他节点消耗更多的电能，会引起网络分割，导致节能效果被削弱。全局计划算法（Global Schedule Algorithm，GSA）可以使所有节点最终聚合到一个共同的休眠计划上。

聚合于单一休眠计划关键在于唯一地标识每种休眠计划。最简单的方法是采用产生休眠计划的节点的 ID。该方式的主要问题是，当节点使用相同 ID 重新启动时，可能引发一种新的休眠计划。改进方案是当节点每次重新启动时分配一个随机标识符。然而，随机标识符是由节点局部产生的，不能保证在网络中的唯一性。开发者采用了计划源节点 ID 和休眠计划年龄的组合方案。即使源节点断开网络或重新启动，此组合也能唯一地标识休眠计划。

休眠计划年龄表示休眠计划在网络中存在了多久。当节点产生一个新的休眠计划时，它记录休眠计划产生的时间。在节点广播休眠计划时，它会把休眠计划年龄放入数据包。当节点收到更新数据包时，它将相应地更新数据包的休眠计划年龄，并且记录当前时间为最近更新时间。然后与自己遵循的计划相比较，如果不同，并且比自己的休眠计划老，节点会选择新的休眠计划。如果两种不同的休眠计划具有相同的年龄，则采用较小 ID 的休眠计划。当节点转向一种新的休眠计划时，它将更新它的邻近节点，因此新的休眠计划将传播到该节点所在的虚拟簇。每当节点发送一个休眠计划更新时，它通过增加从最近更新以来的时间来增大休眠计划年龄（通过自己或邻近节点）。随着时间推移，所有的节点将遵循网络中最老的休眠计划作为全局休眠计划。

自适应监听和未来-请求-发送机制能在一定程度上减小多跳转发延迟，但它们只能影响下一跳或下两跳。快速路径算法（The Fast Path Algorithm）是一种新的机制，它精确地管理一条多跳路径上的休眠计划，可以避免错过监听。

已知发送方、接收方和在它们之间的路径，沿路径加入称为快速路径计划的额外侦听周期，当前一跳节点准备发送数据包时，会精确地产生休眠计划。举例来说，具有快速路径计划的快速数据传输如图 6.14 所示，当节点严格遵循休眠/侦听周期时，如果数据在常规监听时间 t_1 内从节点 1 转移到节点 2，在节点 2 转发给节点 3 之前，节点 2 必须等到时间 t_3。采用快速路径休眠计划（如图 6.14 中的虚线框），节点 3 能知道在 t_2 侦听，避免了延迟。

（5）DMAC 协议

前面提出的几种降低 S-MAC 休眠时延的方法通过附加控制信息，能在一定程度上实现连续传输，但是这些控制信息一方面使协议非常复杂，程序健壮性被削弱；另一方面增加了电能消耗，也干扰了数据包的传输，使竞争加剧。仔细分析就会发现，这是因为节点的同步关系中不包含拓扑信息，数据传输方向的目标不明确。传感器网络与普通网络的一个很大区别就是传感器网络的数据一般都流向槽节点（Sink 或基站），正是基于这一点，DMAC 协议提出了交错休眠机制，即让多跳路径上接收者的接收时间段与发送者的发送时间段重叠，每个节点的监听周期包括接收阶段和发送阶段，这样每个节点在收到数据以后就可以在发送阶段立即转发出去。DMAC 的交错休眠机制如图 6.15 所示。

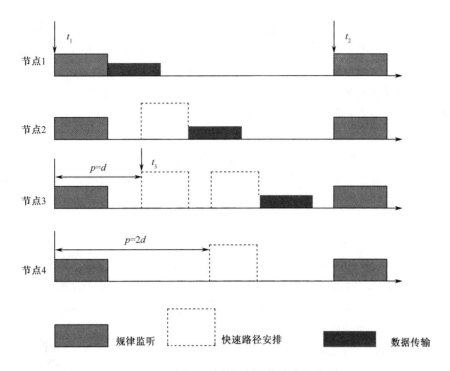

图 6.14　具有快速路径计划的快速数据传输

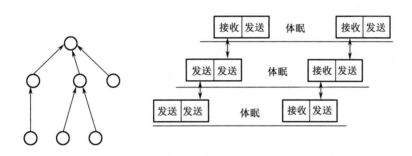

图 6.15　DMAC 的交错休眠机制

　　理论分析和试验仿真都已证明这种休眠机制可以有效减小节点到基站的时延,代价是节点的能耗有所增加。DMAC 的研究者虽然证明了交错休眠机制能减少时延,但并没有提供形成这种机制的同步方法,只是假设节点间可以形成这种关系。另外,DMAC 的数据流是单向的,即只能由节点向基站传送,无法实现反向的数据传输,导致很多路由协议无法在上面工作。

5. 基于拓扑控制的休眠协议

（1）GAF 算法

　　南加州大学的学者提出了以节点地理位置为分簇依据的 GAF（Geographical Adaptive Fidelity）算法。GAF 算法把监测区域划分成正方形虚拟单元格,将节点按照位置信息划入相应的单元格，相邻单元格的任意两个节点可直接通信。GAF 节点有三种状态：工作状态、睡眠状态和发现状态。每个单元格只有一个随机产生的簇头节点处于工作状态，其他节点周期性地进入睡眠和发现状态。发现状态的节点可以竞争簇头。GAF 算法需要精确的地理位置，对传感器节点提出了很高的要求。GAF 算法没有考虑实际网络中邻近节点之间并不一定可以直接通信的问题，也不能保证电能的均匀消耗。

（2）SPAN 算法

SPAN 算法的基本思想是：在不破坏网络原有连通性的前提下，根据节点的剩余电能、邻近节点的个数、节点的效用等多种因素，自适应地决定是成为骨干节点还是进入睡眠状态。睡眠节点周期性地苏醒，以判断自己是否应该成为骨干节点；骨干节点周期性地判断自己是否应该退出。

睡眠节点加入骨干网络的规则是：如果一个睡眠节点的任意两个邻近节点不能直接通信或通过一两个骨干节点间接通信，那么该节点就应该成为骨干节点。为了避免多个节点同时弥补一个空缺的骨干节点，SPAN 采用退避机制，节点在宣布成为骨干节点之前延迟一段时间（退避时间）。在延迟之后，如果该节点没有收到其他节点成为骨干节点的消息，它就宣布自己成为骨干节点；如果该节点收到其他节点成为骨干节点的消息，它就重新判断是否满足加入规则，当且仅当它仍然满足加入规则时宣布成为骨干节点。为了获得较为合理的退避机制，SPAN 按下面的公式计算退避时间 delay：

$$\text{delay} = \left(\left(1 - \frac{E_r}{E_m} \right) + (1 - U_i) + R \right) N_i T, \quad \text{其中} U_i = C_i / \binom{N_i}{2} \qquad (6.5)$$

式中，E_r 是节点的剩余电能，E_m 是该节点的最大电能（电池充满时的电能），U_i 为节点 i 的效用，R 是区间[0,1]上的随机数，N_i 是节点 i 的邻近节点的个数，T 是一个小数据包在一个无线链路上的往返延迟，C_i 是在节点 i 成为骨干节点时增加的连通的邻近节点对个数。可见，SPAN 退避时间的计算考虑到多种因素。

骨干节点退出骨干网络的规则是：如果一个骨干节点的任意两个邻近节点能够直接通信或通过其他工作节点间接地通信，那么它就应该退出（进入睡眠状态）。为了保证公平性，一个骨干节点在工作一段时间之后，如果它的任意两个邻近节点可以通过其他邻近节点通信，即使这些邻近节点不是骨干节点，它也应该退出。为了避免网络的连通性遭到临时性的破坏，节点在宣布退出之后，允许路由协议在新的骨干节点选出之前继续使用原来的骨干节点。

SPAN 对传感器节点没有特殊的要求。但是随着节点分布密度的增大，SPAN 的节能效果将减弱。这主要是因为 SPAN 采用了 802.11 的节能特性：睡眠节点必须周期性地苏醒并侦听。这种方式的代价是相当大的。

（3）ASCENT 算法

ASCENT（Adaptive Self-Configuring Sensor Networks Topologies）算法着重于均衡网络中骨干节点的数量，并保证数据链路的畅通。如果某个节点发现丢包严重，就向数据源方向的邻近节点发出求助消息；节点探测到周围的通信节点丢包率很高或收到邻近节点的求助消息，则主动由休眠状态变为活动状态，帮助邻近节点转发数据包。

运行 ASCENT 算法的网络包括触发、建立和稳定三个主要阶段。触发阶段：当汇聚节点与数据源节点不能正常通信时，汇聚节点向它的邻近节点发出求助信息。建立阶段：当节点收到邻近节点的求助消息时，通过一定的算法决定自己是否成为活动节点，如果成为活动节点，就向邻近节点发送通告消息，同时这个消息是邻近节点判断自身是否成为活动节点的因素之一。稳定阶段：数据源节点和汇聚节点间的通信恢复正常，网络中活动节点个数保持稳定，从而达到稳定状态。

利用 ASCENT 算法，节点只根据本地消息进行计算，动态地改变自身状态，从而达到休眠节能的目的。ASCENT 算法并不能保证网络的连通性，因为它只是通过丢包率来判断连通性的。事实上，当网络不连通时，它是无法检测和修复的，ASCENT 算法也不能保证电能的均匀消耗。

6. 休眠节能协议分析

休眠节能机制的核心在于仅在需要通信时让射频处于开启状态，而在其余时间让射频尽可能多地处于休眠状态。传感器网络的应用数据往往具有突发性，且需要多次转发才能到达基站，因此对单个节点而言很难预料什么时候需要收发数据。所以几乎不存在一种方式能保证射频在恰当的时刻醒来或休眠。

基于 TDMA 的低占空比 MAC 协议设法用时隙分配的方式实现信道使用和休眠协调。因为不存在基础节点来管理信道，因此时隙分配往往基于局部信息来决定。局部信息的传输和处理带来的开销不容忽视，且当网络的拓扑发生变化时，相应的信息必须进行更新，可扩展性较差。另外，时隙同步的精度要求较高，实现较为困难。

基于竞争的低占空比 MAC 协议一般采用虚拟帧的方式完成节点的休眠同步。帧一般由活动部分和休眠部分组成。活动部分常常被划分为更小的单元，如 S-MAC 划分为同步和数据传输两部分；D-MAC 划分为接收和发送两部分。当数据需要发送时，竞争使用信道。为了在休眠的节点间通信，不同节点的帧维持一种松散的同步关系。与 TDMA 的同步相比，帧的长度一般远远大于时隙的长度，因此较小的同步误差不会影响正常通信。从整体来看，这种虚拟帧既有固定分配信道易于节能的优点，又避免了严格同步的约束；在其基础上的竞争方式提高了信道访问的灵活性和系统的吞吐量。因此，对休眠节能协议的研究重点主要是基于竞争的低占空比 MAC 协议。当然，休眠会带来一定的延迟，具体解决思路在下一节详细讨论。

采用拓扑控制实现节点的休眠实际上是一种"空间换时间"的节能策略。通过仅仅打开维持网络连通的节点及状态转换，实现节点的轮换工作和休眠。协议的难点在于选择骨干节点及状态转换的条件。GAF、SPAN 和 ASCENT 的选择方式虽然不一样，但节点消息交换的通信开销及计算能耗需要考虑。另外，拓扑控制的前提是节点冗余，存在一定的局限性，且拓扑控制协议一般需要和通信协议配合才能工作。

6.4 典型 WSN 节点系统构成与分析

6.4.1 典型 WSN 节点介绍

目前实用化的传感器节点比较多,但其开发原型往往都是美国国家支持项目的附属产品。随着传感器技术的迅速发展,在中国也有多家科研所及企业开发出了一系列适用的 WSN 节点。在节点设计方案中,一类倾向于实现处理器模块和无线通信模块的高度集成化,如处理器和射频模块采用 Chipcon 公司的 CC1010 芯片,该芯片是一款内嵌 8 位 8051 单片机的单片可编程 UHF 收发器芯片。工作频带有 315MHz、433MHz、858MHz、915MHz;工作频率范围为 300MHz~1GHz,频率稳定性极好;接收灵敏度为-107dBm(典型);输出功率可以调整,最大为+10dBm;无线数据传输最大速度为 76.8Kb/s;采用低供电电压(2.3~3.6V);可以使用两节 AA 或 AAA 电池供电;较低的电流消耗;无线信号强度监测功能 RSSI;电磁兼容为 EN300 220/FCC CFR47;小型 TQFP 封装;工作温度范围为-40~85℃,适应任何恶劣环境。还有一类仍然沿用四模块的原则,如处理器采用 ATmega128 芯片。ATmega128 基于 AVR RISC 结构的低功耗 CMOS 8 位 AVR。射频模块 CC2520 基于 IEEE 802.15.4 协议的射频收发芯片;工作频带范围为 2.394~2.507GHz;数据速率达 250Kb/s;码片速率达 2M Chip/s;采用 O-QPSK 调制方式;超低电流消耗,接收灵敏度可以达到-99dBm;抗邻频道干扰能力强。此外,还有射频模块采用 nRF905、TR1000。以下简单介绍国内外在无线传感器网络研究中开发出来的部分典型 WSN 节点。

1. Mica 系列节点

Mica 系列节点是由 UC Berkeley 分校研制的主要用于 WSN 研究的基本平台和试验节点,主要包括 WeC、Renee、Mica、Mica2、Mica2Dot 及 Spec 等,其中 Mica2 和 Mica2Dot 节点已经由 Crossbox 公司正式量产。

Mica 系列节点使用的处理器均为 Atmel 公司的产品,且随着 Atmel 公司产品的不断升级,后续节点使用的处理器能够提供更多的系统资源,如片上 SRAM、外部 Flash 都得到扩展。

Mica 系列节点使用的无线模块在发展过程中曾经改变过一次,在 WeC、Renee、Mica 中采用 TR1000 芯片,而在其他两款节点中采用了 Chipcon 公司的 CC1000 芯片。从传输性能上讲,TR1000 芯片与 CC1000 芯片各有所长,CC1000 芯片本身支持多信道调频,扩展了 WSN 节点的通信能力,为应用系统设计提供新的处理手段。

Mica2Dot 是 Mica2 的一个微缩版,主要通过简化 Mica2 外部电路:LED 灯由 3 个减少至 1 个;外部接口由 51 个减少为 21 个,并以环形方式排布;使用 4MHz 的外部时钟,降低系统运行时的功耗。

2．Mote 系列节点

Mote 系列节点是由 Crossbow 公司基于 Mica 系列节点开发的一种 WSN 产品。最基本的 Mote 组件是 Mica 系列处理器/无线模块，完全符合 IEEE 802.15.4 标准。最新型的 Mica2 可以工作在 868/916MHz、433MHz 和 315MHz 三个频段，数据速率是 40Kb/s，通信范围可达 300m。其配备了 128KB 的编程用闪存、512KB 的测量用闪存和 4KB 的 EEPROM，串行通信接口为 UART 模式。

3．Telos 系列节点

Telos 系列节点是由美国国防部（DARPA）支持的 NEST 项目的附属品，主要是考虑到 Mica 系列节点能耗较大，采用了在待机时耗电较低的微处理器和无线收发 LSI 产品。微处理器和无线收发 LSI 分别采用美国德州仪器的 MSP430 和挪威 Chipeon 的 CC2420。Telos 节点在耗电量方面，待机时为 2μW，工作时为 0.5mW，发送无线信号时是 45mW。从待机模式恢复到工作模式的时间（Wakeup Time）平均为 270ns。UC Berkeley 分校的上一代无线模块，待机时耗电量为 30μW，工作时为 6mW，唤醒时间最快为 200μs。

通过以上措施，大幅延长了节点的驱动时间。使用两节 5 号干电池，在每隔 3 分钟与网络交换一次同步信号的情况下，最长驱动时间为 945 天。这时采用的网络拓扑为网眼形，工作模式和待机模式的占空比采用不足 1%的设定。Telos 节点的无线通信模块采用的 CC2420 是一种基于 IEEE 802.15.4 的无线收发 LSI，最大数据传输速度为 250Kb/s，利用 2.4GHz 频带。其中，MSP430 是一种 16 位的微控制器，内置有 12 位的 A/D 转换器。Telos 节点硬件的特点有：

（1）采用 TI 公司的超低功耗 MSP430 微处理器。MSP430 微控制器的主频为 8MHz，具有 10KB 的片上 RAM 和 48KB 的片上 Flash；

（2）通信模块采用 Chipcon 公司的 CC2400 芯片，通信频段为 2.4GHz，传输距离是 50～125 m，250Kb/s 的数据收发速率，快速休眠；

（3）集成 A/D 转化器、D/A 转换器、SVS 及 DMA 控制器；

（4）超低功耗；

（5）快速激活，激活时间小于 6μs；

（6）支持 TinyOS，便于应用层软件开发；

（7）独立调试板编程调试；

（8）采用 SMA 天线；

（9）提供多种接口（I^2C、SPI、UART、接收器、A/D 转换器、D/A 转换器）。

4．Gain 系列节点

Gain 系列节点是由中科院计算所开发的一种节点。中科院计算所是中国较早涉及 WSN 领域的几个单位之一，其开发了可配置的 WSN 节点及验证环境，包括主控模块、供电模块、通信模块、传感模块、FPGA 支持模块等部分，各个部分从功能上相互独立，共同形成一套完整的软硬件开发环境，为后面进行功能更强大的 WSN 节点及相应的应用系统的开发提供了有力的保障，可以支持 WSN 或其他嵌入式芯片的开发环境。Gain 节点目前已经推向市场，是中国第一款自主开发的 WSN 节点。

Gain 系列节点第一个版本的处理器芯片采用由中科院自行研发的微处理器，该芯片具有哈佛总线结构，兼容了 AVR 指令集，单发射，二级简单流水线结构，并根据 WSN 的特殊应用，设计了结合事件驱动的任务管理机制和资源管理机制的动态功耗管理策略，该处理器中除了算法、逻辑等计算资源外还包括 UART、SPI、I²C 等通用接口、硬件加密协处理器、模/数转换器、看门狗等外围设备。

Gain 系列节点最新的 GAINSJ 节点采用了 Jennic 公司 SoC 芯片 JN5121，此芯片集成了 MCU 和 RF 组件。节点板载温湿度传感器，与 PC 采用 RS232 接口相连，提供 JN5121 的 I/O 扩展端口，并将其节点的插排上，用户可以根据不同的应用需求进行设计开发。GAINSJ 节点提供了完整且兼容的 IEEE 802.15.4 标准和 ZigBee 规范的协议栈，可以实现多种网络拓扑（包括 Star、Cluster、Mesh）。在此基础上，用户可以根据协议栈提供的 API 设计自己的应用，组成更复杂的网络。GAINSJ 节点的特性有：

（1）可由用户指定节点数量；

（2）板载温湿度传感器，用于了解节点所处环境状况；

（3）提供 RS232 接口，用于 Flash 编程、在线调试；

（4）提供网络可视化后台软件；

（5）提供集成电路及其外围器件的参考设计；

（6）提供完整的 SDK 和网络协议栈，协议栈使用 C 语言开发，易于开发和移植；

（7）提供不受限制的软件开发环境、编译器、Flash 编程器等工具链；

（8）提供无线网络库、控制器和外围设备库，文档资源包括参考设计、数据手册、用户手册和应用程序注意事项；

（9）示例应用程序包括远程星形网络、家庭控制；

（10）拥有强大的研发团队，为用户提供及时的技术支持。

6.4.2 典型 WSN 节点硬件平台的组成

由于具体的应用背景不同，目前国内外出现了多种无线传感器网络节点的硬件平台。典型的平台包括 Mica 系列、Sensoria WINS、Toles 、uAMPS 系列、XYZnode、Zabranet 等。实际上各平台最主要的区别是采用了不同的处理器、无线通信协议和与应用相关的不同的传感器。常用的无线通信协议有 IEEE 802.11b、IEEE 802.15.4（ZigBee）、Bluetooth、UWB 和自定义协议。处理器从 4 位的微控制器到 32 位 ARM 内核的微处理器应有尽有。还有一类节点是用集成了无线模块的单片机，典型的是 WiseNet。

1. 处理器模块

目前，国内外研究人员已经开发出多种无线传感器网络节点，其应用背景不同，对节点性能的要求也不尽相同，因此所采用的硬件组件有很大差异。MCU 模块是 WSN 节点的核心，和其他模块一起完成数据的采集、处理和收发。典型无线传感器网络节点如表 6.2 所示。

表 6.2　典型无线传感器网络节点

节 点 名 称	处理器（公司）	无线芯片（技术）	电 池 类 型	发布日期
Mica	ATmega128L（Atmel）	TR1000（RF）	AA	2001
Mica2	ATmega128L（Atmel）	CC1000（RF）	AA	2002
Mica2 Dot	ATmega128L（Atmel）	CC1000（RF）	Lithium	2002
Mica3	ATmega128L（Atmel）	CC1020（RF）	AA	2003
Micaz	ATmega128L（Atmel）	CC2420（ZigBee）	AA	2003
Toles	MSP430F149（T1）	CC2420（ZigBee）	AA	2004
XYZnode	ML67Q500x（OK1）	CC2420（ZigBee）	NiMn	2005
Platform1	PICI6LF877（Microchip）	Bluetooth&RF	AA	2004
Platform2	TMS320C55xx（T1）	UWB	Lithium	2005
Platform3	ARM7TDM 核+Bluetooth 集成（Zeevo）		Battery	2005
Zabranet	MSP430F149（T1）	9Xsteram（RF）	Batteries	2004
Gains	ATmega128L（Atmel）	CC1000（RF）	AA	2005
Gainz	ATmega128L（Atmel）	CC2420	AA	2006

UC Berkerly 分校研制的 Mica 系列节点大多是采用 Atmel 公司的微控制器。其中，Mica2 节点采用 Atmel 增强型微控制器 ATmega128L。由于 Mica2 节点的影响，在实际的 WSN 设计中应用很多。PIC 系列微控制器也有低功耗的产品问世，Platform1 节点就是采用这种微控制器的。在某些数据量大的应用中，高端的处理器也有应用，如 uAMPS-1 节点采用 StrongARM 处理器 SA-1110，功耗为 27～976mW。该处理器支持 DVS（动态电压调节）节能，可以降低功耗 450mW 左右；关掉无线模块，功耗可以降低 300mW。uAMPS-2 采用的处理器是 DSP。XYZnode 采用的处理器是 OKI 公司的 ARMTDMI 内核 ML67Q5002，该处理器支持 DFS（动态频率调节），工作电流为 15～72mA，频率为 1.8～57.6MHz。但是从低功耗角度来讲，以上系列芯片并不是最佳选择。

各种常见微控制器性比较如表 6.3 所示，就低功耗而言，MSP430FIXX 系列 MCU 提供业界较低的电流消耗，工作电压为 1.8V 时，实时时钟待机电流仅为 1.1μA，运行模式电流低至 330μA（1MHz），从休眠至正常工作整个唤醒过程仅需 0.6μs。Toles 节点、ZebraNet 节点就是采用 MSP430 系列的微控制器，功耗非常低。

表 6.3　各种常见微控制器性能比较

厂　　商	芯 片 型 号	RAM 容量/KB	Flash 容量/KB	正常工作电流/mA	睡眠模式电流/μA
Atmel	Mega103	4	128	5.5	1
	Mega128	4	128	8	20
	Mega163/325/645	4	64	2.5	2
Microchip	PICI6F87x	0.36	8	2	1

续表

厂　　商	芯片型号	RAM 容量/KB	Flash 容量/KB	正常工作电流/mA	睡眠模式电流/ A
Intel	80518 位 Classic	0.5	32	30	5
	80516 位	1	16	45	10
Philips	80C516 位	2	60	15	3
Motorola	HC05	0.5	32	6.6	90
	HC08	2	32	8	100
	HCS08	4	60	6.5	1
TI	MSP430F14x16 位	2	60	0.22	1
	MSP430F16x16 位	10	48	0.22	1
Atmel	AT91ARM Thumb	256	1024	38	160
Intel	XScale PXA27X	256	N/A	39	574
Samsung	S3C24B0	8	N/A	60	5

从处理器的角度看，WSN 节点基本可以分为两类。一类采用以 ARM 处理器为代表的高端处理器。该类节点的电能消耗比采用微控制器大很多，多数支持 DVS 或 DFS 等节能策略，处理能力也很强大，适合图像等高数据量业务的应用。此外，采用高端处理器作为网关节点也是不错的选择。表 6.3 中最后 3 款处理器是 ARM 内核的处理器，功耗明显比低端微控制器高很多。另一类是以采用低端微控制器为代表的节点，该类节点的处理能力较弱，但是功耗也很小。因此，在处理器的选择问题上，系统的处理能力和系统功耗问题是两个重要的决定因素。

2. 传感器模块

传感器模块是硬件平台中真正与外部信号接触的模块，一般包括传感器探头和发送系统两部分，探头采集外部的温度、光照、压力、磁场等需要传感的信息，将其送入发送系统，发送系统将上述物理量转化为系统可以识别的原始电信号，并经过处理以后经过 A/D 转换为数字信号，供处理器处理。

传感器种类很多，可以检测温湿度、光照、噪声、振动、磁场、加速度等物理量。美国 Crossbow 公司基于 Mica 节点开发了一系列传感器板，采用的传感元件有光敏电阻 CL94L（Clairex）、温敏电阻 ERT-J1VR103）（松下电子）、加速度传感器 ADXL202（ADI）、磁传感器 HMC1002（Honeywell）等。温湿度传感器 SHT 系列能支持低功耗模式，采集完数据后自动转入休眠模式，休眠时电流为 0.3μA。

传感器的供电设计对传感器模块的能耗来说非常重要。对于小电流工作的传感器，可由处理器 I/O 口直接驱动；当不用该传感器时，将 I/O 口设置为输入方式。这样外部传感器没有电能输入，也就没有能耗，如温度传感器 DS18B20 可以采用这种方式。对于大电流工作的传感器模块，I/O 口不能直接驱动传感器，通常使用场效应管（如 Irlm16402）来控制后级电路电能输入。当有多个大电流传感器接入时，通常使用集成的模拟开关芯片来实现电源控制。

3．无线通信模块

可以利用的传输媒介有空气、红外、激光、超声波等，常用的无线通信技术有：IEEE 802.11b、IEEE 802.15.4（ZigBee）、Bluetooth、UWB、RFID、IrDA 等；还有很多芯片双方通信的协议由用户自己定义，这类芯片一般工作在 ISM 免费频段。应用于无线传感器网络的无线通信技术如表 6.4 所示。利用激光作为传输媒介，功耗比用电磁波低，更安全，缺点是只能直线传输，易受大气状况影响，传输具有方向性，这些缺点决定这不是一种理想的传输媒介。红外线的传输也具有方向性，距离短，不需要天线。芯片 83F88S 是一种符合 IrDA 标准的无线收发芯片。UWB 具有发射信号功率谱密度低、系统复杂度低、对信道衰落不敏感、安全性好、数据传输率高、能提供数厘米级的定位精度等优点；缺点是传输距离只有 10m 左右，隔墙穿透力不好。IEEE 802.11b 因为功耗高而应用不多。Bluetooth 工作在 2.4GHz 频段，传输速率可达 10Mb/s；缺点是传输距离只有 10m 左右，完整协议栈有 250KB，不适合使用低端处理器，多用于家庭个人无线局域网，在无线传感器网络中也有所应用。

表 6.4　应用于无线传感器网络的无线通信技术

无 线 技 术	频 率	距离（m）	功 耗	传输速率（Kb/s）
Bluetooth	2.4GHz	10	低	10 000
IEEE 802.11b	2.4GHz	00	高	11 000
RFID	50kHz～5.8GHz	<5	—	200
ZigBee	2.4GHz	10～75	低	250
IrDA	Infrared	1	低	16 000
UWB	3.1～10.6GHz	10	低	100 000
RF	300～1 000MHz	$10x～100x$（$x=1～9$）	低	$10x$

在无线传感器网络中应用最多的是 ZigBee 和普通射频芯片。ZigBee 是一种近距离、低复杂度、低功耗、低数据传输速率、低成本的双向无线通信技术，完整的协议栈只有 32KB，可以嵌入各种设备中，同时支持地理定位功能。以上特点决定 ZigBee 技术非常适合应用在无线传感器网络中。目前市场上常见的支持 ZigBee 协议的芯片制造商有 Chipcon 公司和 Freescale 半导体公司，Figures8 公司还专门开发了 ZigBee 协议栈。Chipcon 公司的 CC2420 芯片应用较多，Tols 节点和 XYZ 节点都是采用该芯片；Chipcon 公司提供包含 Figure8 公司开发的 ZigBee 协议的完整开发套件。Freescale 半导体公司提供 ZigBee 的 2.4GHz 无线传输芯片有 MC13191、MC13192、MC13193，该公司还提供配套的开发套件。

普通的射频芯片也是一种理想的选择，可以自定义通信协议，比较有代表性的 MAC 协议有 T-MAC、S-MA、Cwise-MAC、B-MAC、D-MAC 等。路由协议有 Gossi-ping、SPIN 协议、LEACH 协议、TEEN 协议等。从性能、成本、功耗方面考虑，RFM 公司的 TR1000 芯片和 Chipcon 公司的 CC1000 芯片是理想的选择。这两种芯片各有所长，TR1000 的功耗低一些，CC1000 的灵敏度高一些，传输距离更远。WeC、Renee 和 Mica 节点均采用 TR1000 芯片；Mica2 节点采用 CC1000 芯片；Miea3 节点采用 Chipcon 公司的 CC1020 芯片,传输速率可达153.6Kb/s,支持OOK、FSK和GFSK调制方式;Miea2节点采用CC2420 ZigBee芯片。还有一类无线芯片本身就集成了处理器,如CC2430芯片是在CC2420芯片的基础上集成了51内核的单片机;CC1010芯片是在CC1000芯片的基础上集成了51内核的单片机,使得芯片的集成度进一步提高。WiseNet节点采用的是CC1010芯片。常见的无线芯片还有Nordic公司的nRF905、nRF2401等系列芯片,功耗较高,接收灵敏度较低,开发难度较大,在实际的无线传感器网络中应用较少。常用无线芯片的主要参数比较如表6.5所示。

表6.5 常用无线芯片主要参数比较

芯　　片	频段/MHz	传输速率/Kb/s	电流 /mA	灵敏度/db	功　率/dBm	调　制
TR1000	916	115	3.0	-106	1.5	OOK
CC1000	300～1000	76.8	5.3	-110	-20～10	FSK
CC1000	402～904	153.6	19.9	-118	-20～10	GFSK
CC2420	2400	250	19.7	-94	-3	O-QPSK
nRF905	433～915	100	12.5	-100	10	GFSK
nRF2401	2400	1 000	15	-85	-20～0	GFSK
9Xstream	902～928	20	140	-110	16～20	FHSS

4. 电源模块

WSN节点的特性决定了其由电池驱动。电池种类很多,电池储能大小与形状、活动离子的扩散速度、电极材料等因素有关。WSN节点的电池一般不易更换,所以选择电池非常重要,DC/DC模块的效率也至关重要。另外,可以利用环境的能源来补充电池的电能。

按照能否充电,电池可分为可充电电池和不可充电电池;根据电极材料,电池可以分为镍铬电池、镍锌电池、银锌电池和锂电池、锂聚合物电池等。一般不可充电电池比可充电电池电能密度高,如果没有电能补给来源,则应选择不可充电电池。在可充电电池中,锂电池和锂聚合物电池的电能密度最高,但是成本也比较高;镍锰电池和锂聚合物电池是唯一没有毒性的可充电电池。常见电池的性能参数如表6.6所示。无线传感器网络节点一般工作在户外,可以利用自然能源来补充电池的电能。自然界可利用的能量有太阳能、电磁能、振动能、核能等。由于可充电电池的次数是有限的,且大多数可充电电池有记忆效应,因此自然界的能量不能频繁对电池充电,否则会大大缩短电池的使用寿命。

表6.6 常见电池的性能参数

电池类型	铅酸	镍铅	镍氢	锂离子	锂聚合物	锂锰	银锌
质量能量比/w.h.kg^{-1}	35	41	50～80	120～160	140～80	330	—
体积能量比/w.h.L^{-1}	80	120	100～200	200～280	>320	550	1150
循环寿命/次	300	500	800	1 000	1 000	1	1
工作温度/℃	-20～60	20～60	20～60	0～60	0～60	-20～60	20～60

续表

电池类型	铅酸	镍铅	镍氢	锂离子	锂聚合物	锂锰	银锌
记忆效应	无	有	小	很小	无	无	无
内阻/mΩ	30～80	7～19	18～35	80～100	80～100	—	—
毒性	有	有	轻毒	轻毒	无	无	无
价格	低	低	中	高	最高	高	中
可充电	是	是	是	是	是	无	无

6.4.3　节点性能与功耗的关系

处理器是功耗的重要来源，所以选择合适的 CPU 处理器对最后的系统功耗大小有很大的影响。选择合适的 CPU，需要在 CPU 的性能和功耗方面进行权衡和比较。CPU 的功耗分为两大部分：内核消耗功率 P_{core} 和外部接口控制器消耗功率 $P_{I/O}$。总功率等于两者之和，即 $P=P_{core}+P_{I/O}$。对于 P_{core}，关键在于其供电电压和时钟频率的高低。

在 CMOS 电路中，静态功耗很低，尽管与动态功耗相比基本可以忽略不计，但 WSN 节点的工作特点（大部分时间休眠）决定了静态功耗的比重很大，因此节点设计时在元器件的选择上需要考虑。CMOS 电路中的动态功耗与电路的开关频率呈线性关系，与供电电压呈二次方关系。所以在能够满足电路正常工作的前提下，尽可能选择低电压工作的 CPU，这样就能够在总体功耗方面得到较好的效果。

时钟系统是 MCU 功耗的关键，可以每秒多次或几百次进入与退出各种低功耗模式。进入或退出低功耗模式及快速处理数据的功能极为重要，因为 CPU 会在等待时钟稳定下来期间浪费电能。大多低功耗 MCU 都具有即时启动时钟，其可以在不到 10～20μs 时间内为 CPU 准备就绪。某些 MCU 具有双级时钟激活功能，该功能在高频时钟稳定化过程中提供一个低频时钟（通常为 32.768kHz），其稳定时间可以达到 1μs。CPU 在大约 15μs 时间内正常运行，但是运行频率较低，效率也较低。如果 CPU 只需要执行数量较少的指令的话，时间会很短，如 25 条指令需要 763μs。CPU 在低频比高频时消耗更少的电能，但是并不足以弥补处理时间的差异。相比而言，某些 MCU 在 6μs 时间内就可以为 CPU 提供高速时钟，处理相同的 25 条指令需要大约 9μs（6μs 激活+25 条指令×0.125μs 指令速率），且可以实现即时启动的高速串行通信。

无线传感器网络节点使用的处理器性能应该满足如下要求：

（1）功耗低且支持睡眠模式；

（2）运行速度要尽量快；

（3）要有足够的外部通用 I/O 端口和通信端口；

（4）集成度尽量高；

（5）成本要尽量低，有安全性保障。

6.5 超低功耗评判依据

目前低功耗技术的研究成果有很多,但对于超低功耗技术的期望值,目前国内外文献并没有一个明确的定义。但是一个毋庸置疑的事实是,TI(Texas Instruments)公司的MSP430 系列微控制器的超低功耗技术已被业界广泛认可。

因此,根据现有技术、一般观念及实际应用给出一个超低功耗的评判依据很有必要。本节将分别从超低功耗系列微控制器的功耗、环境电能补给技术现状及节点的实际使用寿命分析,给出一种超低功耗的评判依据。

6.5.1 超低功耗系列微控制器的功耗分析

基于业界对以 TI 公司的 MSP430 系列微控制器为代表的超低功耗技术的认可,可以对超低功耗评判依据进行定量分析。

MSP430 系列微控制器是美国 TI 公司于 1996 年开始推向市场的超低功耗微处理器。其最大的特点就是低功耗设计,主要体现以下四点。

(1)高度集成的完全单片化设计。将很多外围模块集成到了 MCU 芯片中,增大硬件冗余,内部以低功耗低电压的原则设计,这样系统不仅功能强、性能可靠、成本降低,而且便于进一步微型化和便携化。

(2)内部电路可选择性工作。MSP430 系列微控制器可以通过特殊功能寄存器(SFR)选择使用不同的功能电路,即依靠软件选择不同的外围功能模块。对于不使用的模块使其停止工作,以减小无效功耗。

(3)具有高速和低速两套时钟。系统运行频率越高,电源功耗就会相应增大。为更好地降低功耗,MSP430 微控制器采用三套独立的时钟源:高速的主时钟、低频时钟(如32.768kHz)及 DCO 片内时钟。根据需要,可随时切换 CPU 和外设的时钟频率。

(4)具有多种工作模式。MSP430 在各种工作模式下的功耗如图 6.16 所示,MSP430

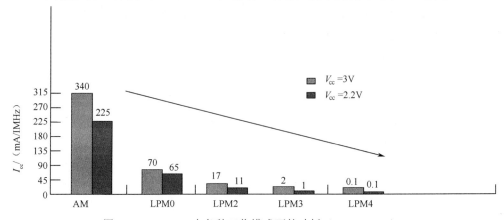

图 6.16 MSP430 在各种工作模式下的功耗(μA,1MHz)

系列微控制器具有五种低功耗模式：LPM0、LPM1、LPM2、LPM3、LPM4。这五种模式为其功耗管理提供了极好的性能保证。低功耗模式 LPM0 会关闭 CPU，但是保持其他功能正常运转；LPM1 模式与 LPM2 模式在禁用功能列表中增加了各种时钟功能；LPM3 模式是最常用的低功耗模式，只保持低频率时钟振荡器及采用该时钟的外设运行。LPM3 模式通常称为实时时钟模式，因为它允许定时器采用低功耗的 32.768kHz 时钟源运行，电流消耗低于 1μA，同时还能定期激活系统。在 LPM4 模式完全关闭器件上包括 RAM 存储在内的所有功能，电流消耗仅 0.1μA。

因此，基于 MSP430 系列微控制器在 2.2V 电压、1MHz 时钟频率的活动模式下电流为 160～280μA，功耗为数百微瓦，即功耗是在毫瓦级别以下。

6.5.2　环境能量补给技术现状

除了对超低功耗期望值进行定量分析以外，还可以进行定性分析。能被称为超低功耗的设计，往往意味着在整个系统设计中其功耗可以忽略不计或这种功耗能够得到外界环境能量的补给。

WSN 中的节点既要实现信息的采集、处理和收发，又要具有路由功能。受工作环境因素（恶劣、危险、远程等）、节点体积、成本因素的限制，节点难以进行电池更换或电能补充。考虑到环境能量采集技术的迅速发展，节点从所处环境获取能量来实现自供电是解决电能问题的有效途径。节点从所处环境中捕获其他形式的能量并转换为可用电能的过程称为能量采集补给。目前可用的环境采能技术比较多，主要的能量来源有太阳能、振动、温度、气流和压力变化等。部分环境采能技术的采能效率如表 6.7 所示。随着环境采能技术和传感器硬件技术的不断发展，具有能量补给的传感器节点将日益普及。具有环境采能单元的传感器节点由于电能得到了补充，其电量水平因补给而发生起伏变化，不再是单一降低。虽然传感器节点电能受限的状况将会得到一定的改善，研究正处于上升的势头，但传感器节点的环境能量采集补给技术依然停留在早期阶段。早期的研究方向是在磁场中获得能量补给，最流行及发展最好的是用太阳能电池从阳光获得能量补给，目前转换率只有 10%～30%，且需要很大的表面来获得足够的能量。外部环境能量补给获取电能的技术局限性大，且能量转换率低，不能满足节点高功耗不间断工作的需求。因此依靠这种技术提供电能的节点的系统功耗不可能太高。在目前的条件下，节点功耗只有在微瓦级别或以下时，才可通过采集环境能量补给。

表 6.7　部分环境采能技术采能效率

环境能量源	能　量　密　度
阳光（室外）	15mW/cm^2（晴天）
	0.15 mW/cm^2（多云）
阳光（室内）	0.006 mW/cm^2（远距离）
	0.57 mW/cm^2（近距离）
振动	0.001～0.1 mW/cm^3

续表

环境能量源	能量密度
噪声	3×10^{-6} mW/cm^2（dB）
	9.6×10^{-4} mW/cm^2（100dB）
人体运动	1.8mW
热转换	0.0018 mW 10℃温差

6.5.3　节点的使用寿命

WSN 节点一般由电池驱动，更换电池又不太现实。在实际应用中，驱动节点的普通电池寿命一般是 3～5 年。因此，电池的实际使用寿命通常意味着节点的最长寿命。WSN节点的普遍性及广泛分布性，也意味着驱动节点的电池是一般性的普通电池。以 Mica2节点为例，如果用 2 节 AA 型号 1.5V 的电池提供电能,节点功耗（且含收发状态）为 25mW时能持续工作 13.2 天，节点功耗为 1mW 时能持续工作 330 天，若想要节点工作 5 年，那么意味着功耗需要降低到 180μW 以下。根据电池寿命，若要实现节点继续工作时间达到1 年以上，那么节点的功耗必须降低到 1mW 以下。

6.5.4　通信模块功耗的特殊性

据研究表明，节点的瞬时功耗主要来源于无线通信模块。以国外已投入实验阶段的节点为例，MANTIS Nmphy 节点和 WiMoca 节点的瞬时能耗的 90%耗费在无线通信上。无线通信主要有四种工作模式：发送模式、接收模式、空闲模式和睡眠模式。功耗主要消耗在前三个模式中，另外还有启动功耗。无线通信功耗计算如下：

$$P_C = N_T[P_T(T_{ON}+T_{ST})+P_{out}T_{ON}]+N_R[P_R(R_{ON}+R_{ST})] \tag{6.6}$$

式中，P_C 为无线通信功耗，P_T 和 P_R 分别为发送和接收的器件功耗，P_{out} 为发送功耗，T_{ON}和 R_{ON} 分别为发送和接收的时长，T_{ST} 和 R_{ST} 分别为发送和接收的启动时长，N_T 和 N_R 为单位时间内接收和发送的次数。

WSN 节点处于发送状态、接收状态及空闲状态都要消耗大量的电能，典型的无线通信模块的工作电流如表 6.8 所示，典型处理器的工作电流如表 6.9 所示。

表 6.8　典型的无线通信模块工作电流

芯片型号	发射模式电流/mA	接收模式电流/mA
nRF905	11	12.5
CC1100	14.3	15.6
CC2420	17.4	19.7

表 6.9　典型处理器模块工作电流

处理器系列	工作模式电流
AVR 系列	2.3～5.5mA
MSP430 系列	220～560μA

目前处理器已成功进入低功耗阶段，在一个典型 WSN 节点中，相对于无线通信模块接收、发送的瞬时功耗，MCU 模块上的功耗要小得多。在 WSN 节点中，需要传输的数据是经过处理的，通信量往往不是很大，用于通信的平均功耗可限制到一定的低水平（也只能限制到一定的低水平）。所以在节点的功耗参数指标中，整体平均功耗往往比瞬时功耗更具有说服力和可信度。节点系统的整体平均功耗主要集中在 MCU 模块、传感器模块及电源管理模块。对于通信模块，最能有效降低模块功耗的方式是采用数据压缩技术，减少数据的发送量，尽量维持模块处于关闭模式。

6.5.5　超低功耗的评判准则

根据对 MSP430 超低功耗微控制器功耗的分析，结合目前环境能量补给方法的现状，从能耗现状的定量分析到电能补给技术的定性分析，即分别从正反两个关键原则分析超低功耗的期望值是具有说服力的。同时考虑到实际应用中电池的使用寿命（1～5 年），设定 WSN 节点超低功耗阈值为百微瓦级别（1mW 以下），并将此阈值作为 WSN 节点低功耗设计目标和作为度量、检验 WSN 节点能耗性能可行性及有效性评判依据。

因此，基于以上对 WSN 节点的超低功耗的期望值定量、定性及实际应用分析，可以这样认为：在正常的工作电压和时钟频率活动模式下，使系统的平均功耗维持在百微瓦级的设计技术称为超低功耗技术。

6.6　WSN 电能收集简介

WSN 的主要特点之一就是低成本和低功耗。由于 WSN 的节点体积小，应用环境可能在无人区，所以使用传统的电池供电方式将会存在两个方面的问题，一是电池电量有限会限制节点寿命的问题，二是更换电池的人力物力和成本高昂的问题，所以电源系统的设计就变得至关重要。在某些情况下，WSN 节点可以直接从外界的环境中来获取足够的电能。这种方法被称为电能收集或电能采集。

如何选择环境中能够为我所用的能量，又如何有效地收集和存储这些能量是电能收集技术中的两大要素。近年来，科学家们在大规模电能收集方面做了很多研究，并取得了一些进展，如基于太阳能和风能的独立电源系统和并网发电技术等，这些研究一部分已经走出实验室，进入了人们的生产生活之中，为解决全球能源危机做出了重要的贡献。而面向微小规模能量的微能量收集技术是近年来随着超低功耗技术（Ultra Low Power Technology，ULP）发展而提出的，它仍然是当今重要科学研究的热点之一，WSN 的发展正是微能量收集技术进步的重要推动力之一。

为 WSN 节点寻找可供收集的替代能源应满足如下三个必要条件：一是可再生性；二是清洁无污染；三是能够满足节点用电量的需求。目前关于微能量收集的研究主要集中在如下四种能源：动能（振动能量、热能（温差能量）、光能（太阳能量）和电磁能（电磁辐射能量）。其中，RF 电磁辐射能近年来受到了业界的极大关注，这是因为能量的获取直接来自于节点与外界收发信息的工作状态，但由于其能量密度很低而无法提供足够的电能供整个节点正常工作，目前也仅限于在 RFID 中应用。动能也可用于微能量收集，其能量来自于物体振荡运动，通常把源于电压转换单元或弹性物体而获得的静电能也归为此类。商用的动能微能量收集系统已可提供毫瓦级的功率。基于赛贝克效应而提出的热电转换器是一种对温差热能的能量收集装置，温差能量来自于热电堆，可获得的电能的多少取决于热电堆的规模。自然界赋予了人类一类赖以生存的自然能源就是太阳能，用于将光能转换为电能的器件是太阳能电池，它的基本工作原理是光生伏特效应，基于太阳能电池的微能量收集器也叫作太阳能收集器（Solar Energy Harvester）。上述各种微能量收集器尽管工作原理各不相同，但它们存在有如下三个共性。

（1）通过能量转换装置把环境中其他形式的能量转变为电能。

（2）能量转换后得到的电压一般都是不稳定的。节点中的电路模块一般需要一个稳定的供电电压，如 1V、1.8V 或 3.3V，通过能量收集而得到的电能不能直接为这些负载供电。因此，要考虑加入直流电压变换器（DC/DC Converter）来为负载提供稳定的工作电压。

（3）由于环境能源会随环境变化而变化，因此收集到的能量也是不稳定的，甚至是断断续续的，这样的能量是不能保证实时地满足负载电路需求的。因此在能量收集系统中要包含能量存储装置，以保证在任何环境下都可以为负载提供足够的电能。

一个具有实际应用价值的能量收集系统通常包括能量转换装置、能量存储装置和直流电压变换器。通过系统集成技术，可以把这些模块集成在一个芯片上，这样可以大大降低成本，提高稳定性，降低功耗，这对低成本、低功耗的无线传感器网络节点设计是很有意义的。

6.7　小结

本章主要讨论在无线传感器网络中，所采用的超低功耗技术和机制，包括无线传感器网络节点能耗的分析、节点软硬件节能机制、休眠机制和无线传感器网络功耗评判机制。

第 7 章

WMN 网络超低功耗技术

● ● ● ● ● ● ● ●

本章主要讨论在 WMN 网络中降低网络功耗的策略和技术。主要从 WMN 网络超低功耗策略、WMN 高性能超低功耗路由协议、WMN 网络功率控制技术和 WMN 网络休眠与激活等方面详细论述 WMN 网络超低功耗技术的现状和发展前景。

7.1 WMN 网络超低功耗概念

根据预测，到 2020 年左右，世界上将有超过 500 亿台设备实现连网。因此，一个超低功耗整体解决方案必不可少，因为它能将所有复杂的嵌入式和连接技术集成到一个封装中。田地里的传感器会根据蔬菜的需要自动浇水；环卫工人不用亲自查看就知道垃圾箱满了没有；辛苦工作了一天的白领回到家时洗澡的热水就已经放好了。易用的物联网解决方案系列包含嵌入式处理、连接和软件工具，可以让更多设计人员将他们的连网设备推向市场。各种物联网的解决方案其实都基于系统的四个层面来进行方案的优化，它们分别是感知识别层、网络构建层、管理服务层和综合应用层。在感知识别层，包括氧传感器、压力传感器、光线传感器、声音传感器等各种传感器都会被安装在设备内，形成一定规模的传感网。通过各式各样的传感器，设备便可以感知环境信息，现在比较流行的条形码技术、语音识别技术、射频识别技术等都是传感器的应用。要使这些信息得到利用，就必须用到网络构建层了。网络构建层在物联网四层模型中起连接感知识别层和管理服务层的纽带作用，它能在向上层传输感知信息的同时向下层传输命令，利用互联网、无线宽带网、无线低速网络、移动通信网络等各种网络形式传递海量的信息。感知识别层生成的大量信息经过网络层传输后会聚集到管理服务层，这一层主要解决数据如何存储、如何检索、如何使用、如何保护隐私等问题。把收集到的信息进行有效整合和利用，这就是物联网的精髓所在。综合应用层使物联网延展出丰富的外延应用。应用以"物"或物理世界为中心，涵盖了物品追踪、环境感知、智能物流、智能交通、智能电网等。由于这一套流程体系十分庞大，所以就更加需要将更多的超低功耗的无线通信模块、MCU、Wi-Fi 和 ZigBee 连接整合到一个封装中。

7.1.1 什么是 WMN

无线网状网是近来正在发展的技术。网状网是指由多个闭合路径的网（Mesh）构成的网络。用无线网状网技术建设的网状网中，每个节点都具有路由选择的功能，每个节点都只和相邻的节点进行通信。因此是一种"自组织"的网络，是一种临时性的、无中心的网络。这种网络的结构与传统的通信网络结构体系不同，原来的传统网络是以硬件设备为主的僵硬网络；而网状网是以软件为主的结合，能够为不可预测的业务提供灵活的服务。实际上这种服务更像互联网的一种无线版本。数据从一个路由传送到另一个路由，一直转送到目的地。

现在已经有多家通信公司准备采用无线网状网技术进行无线宽带网络接入，有些公司已经有产品提供商用。无线网状网技术可以用来建立以用户为中心的高速无线网络。WMN（Wireless Mesh Network）与 AP（Access Point）之间通过无线方式直达，无须有线中转，是 WMN 同传统无线网络方式之间最大的区别。从网络构成来看，WMN 不再是以往的星形网络连接，即一个中心点，而是 AP 以完全对等的方式连接。因此，这大大增加了网络部署中的延展性。如果说传统 WLAN 仅是一种适合室内应用、相对封闭式的网络，则 WMN 可以使其更加开放。WMN 因具有宽带无线汇聚连接功能、有效的路由及故障发现特性，无需有线局域网资源等独特的优势，正受到越来越多的关注。值得一提的是，由于具有自动发现拓扑及网络错误路径重路由等特性，使 WMN 更加适合大面积开放区域的覆盖，为那些临时场所及无法敷设有线局域网的地区找到一种有效的替代型技术。也许过不了多久，人们日常上网时将看不到那根传统的网线。

如果说第一代无线局域网是一种"单纯"的接入解决方案，那么，无线网状网的出现，将实现无线局域网由接入方案向通信网络基础构架的"升华"。在宽带成为热点之后，WMN 应用将不止于专网领域，在公网上，WMN 前景同样广阔。借助 WMN，公共无线局域网将能在低成本条件下提供即定覆盖范围内移动接入的功能，而"多跳"和"自组网"的特色功能决定了 WiMAX 不可能取代 WMN。即使 WiMAX 在来来的某一天成功实现商用，它与 WMN 之间更多的是一种互补关系。

传统的无线局域网在对有线网络的依赖上并没有本质改变——每个 AP 都需要通过有线的方式来连接到骨干网。而脱胎于军用网络的 WMN 将在这方面帮助无线局域网完成角色变革。同时，它还将赋予 802.11 标准上的无线局域网以一定的移动性。对于部署无线局域网的运营商而言，将无线局域网与有线网络连接的成本是运行公共无线局域网络的主要成本，这就决定了目前在运营的网络中，只有少量具备高业务流量的公共场所，如机场和会议中心的无限局域网络可以经济、高效地汇聚到有线网络。不难看出，对有线网络的"依赖"不仅决定了现有无线局域网的成本水平，也限制了无线局域网的部署范围。

如果说 WMN 的这种构架特点使无线局域网节省了大量布线成本，那么自组网的自动发现功能则让 WMN 具备了网络拓展的智能性，这将进一步提高 WMN 的组网灵活性。例如，在部署了 WMN 的校园中开发了新的校区，只需要在那里装上几个网源，WMN 自动识别添加功能就可以将这些网源纳入网络，很方便地实现新校区的覆盖。WMN 这种自动识别功能还能在一个路由出现错误的情况下自动寻找其他路由。WMN 的这种智能特性显然将彻底改变无线局域网的组网模式。

另外，由于终端在 AP 与 AP 之间能够自动接入，从而实现了 802.11 标准下的无线局域网具备一定的移动功能。目前，终端可以在 AP 之间进行 20 公里/小时的移动，而不影响通信质量。尽管对“跳数”还有一定的限制，但通过软件升级，未来的 WMN 有可能实现更自由的移动。而这一特性将保证 WMN 在 WiMAX 尚未实现商用的情况下占据更大的市场份额。在 WMN 开展商用的过程中，WiMAX 的组网方式和自组网的一系列功能特性仍然值得运营商继续应用，两者之间将是互补与竞争的关系。据悉，北电等厂商正在研发支持 WiMAX 的 WMN 方案。

在无线接入领域，WMN 不仅是一种技术方案，它还将成为一种组网构架思想而长期存在。而这种思想的发展、应用将在多大程度上推动无线通信变革。

7.1.2 无线网状网的现状与发展

无线网状网（WMN）由节点组成，节点分为网状路由器和网状客户机，每个节点都可以转发分组。

WMN 可以动态自组织和自配置，节点自动建立与维护其间的网状连接。其优点包括：先期投入低、渐进部署、易维护、健壮、可靠服务覆盖。配备无线网卡的节点可以直接连接，没有无线网卡的可以通过以太网等连接到无线网状路由器。WMN 有助于实现任何时间、任何地点、总在线的理想状态。网状路由器的网关/网桥功能支持 WMN 和各种不同无线网络（如蜂窝、无线传感器、Wi-Fi、WiMAX、WiMedia）的集成。WMN 对于很多应用来说是一项非常有前途的无线技术，如宽带家居网络、小区网络、企业网络和楼宇自动化等。

学术界已经开始从 WMN 的角度重新思考现有无线网络，特别是 IEEE 802.11 网络、移动自组织网络和无线传感器网络等的协议设计。标准化组织正在积极制定有关网状网的规范。

7.1.3 网状节点与 WMN 体系结构

网状路由器的主要功能如下：网关、网桥、重发器功能；支持网状连网（网状路由器通常安装多块无线接入技术网卡）；通过多跳通信可以用较低功率实现相同的覆盖区域；增强型 MAC 协议以支持在多跳网状环境下达到高可伸缩性。

网状客户机可以是笔记本、台式机、PDA、IP 电话机和 RFID 阅读器等。一般只安装一块无线网卡，具备必要的网状连网功能，硬/软件平台都比网状路由器简单，可以重发分组，但一般没有网关、网桥功能。

基于节点功能，可以把 WMN 体系结构分成三类。第一类是基础设施：主干 WMN。网状路由器之间形成自配置与自愈合链路网。网状路由器具备网关、网桥功能，可连接现有无线网络，可接入 Internet。网状路由器构成 WMN 基础设施：主干，供客户机连接。WMN 基础设施：主干可以采用多种不同类型的无线电技术构建。典型情况下，网状路由器使用两种无线电：一种用于主干通信，另一种用于用户通信。第二类是客户机WMN。客户机组成实际网络，支持客户机之间的 PSP（Play Station Portable）连网，执行路由和配置功能，不需要网状路由器。它的特点是分组可能需要通过多个中间节点转发才能到达目的节点。通常基于同一种无线电技术构成，同基础设施：主干 WMN 相比，对客户机的要求提高了。第三类是混合 WMN，它是前两者的结合，网状客户机可以通过网状路由器访问网络，也可以直接与其他网状客户机连网，尽管 WMN 主干提供对其他网络的连通性，如 Internet、Wi-Fi、WiMAX、蜂窝和传感器网络等，但是客户机的路由能力可以改善 WMN 内的连通性和覆盖能力，从这个角度来看，混合结构最有应用前景。

7.1.4　WMN 的主要特征

WMN 作为多跳无线网络可以增大现有无线网络的覆盖范围，同时不牺牲信道容量，可以在没有视线链路的用户之间提供非视线连通性。网状风格的多跳连通性必不可少，可以使用较短的链路距离实现更高的吞吐量而不牺牲有效无线电范围，同时节点间干扰更小，频率重用更有效。

支持自组织连网，具备自形成、自组织和自愈合能力。WMN 对网络性能的增强包括：灵活的网络体系结构、易于部署与配置、容错、网状连通、多点通信。而且 WMN 对前期投入要求低，可以按需渐进增长。

WMN 的移动性依赖于网状节点类型。通常，网状路由器具有最小的移动性，网状客户机可以是静止节点也可以是移动节点。

WMN 支持多种网络接入类型，支持访问 Internet 和 PSP 通信，支持 WMN 与其他无线网络的集成，而且可以通过 WMN 向这些无线网络的用户提供服务。

WMN 的功耗约束依赖于网状节点类型。网状路由器通常对功耗没有严格限制，网状客户机可能要求使用功耗节约型协议，对网状路由器优化的 MAC 或路由协议可能不适合网状客户机。

在与现有无线网络的兼容性和互操作性方面，基于 IEE 802.11 技术构建的 WMN 必须与 IEEE 802.11 标准兼容，以同时支持具备网状连网能力的客户机和 Wi-Fi 客户机，同时还需要和其他无线网络互操作，如 WiMAX、ZigBee 和蜂窝网络。

7.1.5　WMN 将为宽带应用带来重大变革

目前，无线网络技术越来越受到人们的重视，其中，一种新型的宽带无线网络结构——无线 Mesh 网络（WMN）正成为无线网络研究中的一个热点。WMN 是移动 Ad hoc 网络（MANET）的一种特殊形态，是一种新型的宽带无线网络结构，它被看成是无线局域网和 Ad hoc 网络的融合，并兼具两者的优势。有关无线 Mesh 网络的标准可参见 802.115、802.15.1/2/3/4、802.16d 等标准草案。目前国际标准化组织，特别是 IEEE，正致力于与学术界共同推动无线 Mesh 网络的标准化工作，考虑在 802.20、802.15.5 等标准中引入 Mesh 组网技术。

使用 WMN 技术构建的网络，其拓扑结构呈网状。在 WMN 中包括两种类型的节点：无线 Mesh 路由器和无线 Mesh 终端用户，其网络主干由呈网状结构分布的路由器连接而成。

WMN 有两种典型的实现模式：基础设施 Mesh 模式和终端用户 Mesh 模式。在基础设施 Mesh 模式中，在 Internet 接入点 AP 和终端用户之间可形成无线回路。在终端用户 Mesh 模式中，终端用户通过无线信道的连接形成一个点到点的网络。终端设备在不需要其他基础设施的条件下可独立运行，它可支持移动终端较高速地移动，快速形成宽带网络。WMN 与移动 Ad hoc 网络的区别主要表现在两方面。一是组网方式不同。移动 Ad hoc 网络是扁平结构的；而 WMN 是分层和等级结构的，在每层内部形成多个小 Ad hoc 网络，不同层之间通过无线互连起来，做到集中控制管理和自由动态组网有机结合。二是它们解决的问题不同。移动 Ad Hoc 网络设计的目的是实现用户移动设备之间的对等通信，如在突发情况下快速布置网络；而 WMN 看重的是为用户终端提供无线接入，如与 3G、WiMAX 的用户进行无线宽带接入。

WMN 设计中的一个关键问题是，开发能够在两个节点之间提供高质量、高效率通信的路由协议。其网络节点的移动性使得网络拓扑结构不断变化，传统的 Internet 路由协议无法适应这些特性，需要有专门的、应用于无线 Mesh 网络的路由协议。在设计路由协议时要考虑以下几方面。

（1）选择合理的路径算法。在选择路径时，不能只考虑最小跳数，还应该综合考虑网络的连接质量和往返时延等因素。

（2）确保对连接失败的可容错性。WMN 的目标之一就是在出现连接失败时确保网络的健壮性。如果一个连接失败了，路由协议必须很快选出另外一条路径，以避免出现服务中断。

（3）实现网络负载平衡。采用 WMN 的另一个目的是实现用户对资源的共享。当 WMN 中的某一部分出现数据拥塞时，新的数据应该选择流量较小的路径。

（4）能够同时满足不同类型节点的需求。在设计 WMN 路由协议时，要充分考虑路由器和终端用户两种节点的差异，分别满足它们的需求。

如果仅考虑提高某一层面协议的性能，那么效果不明显。目前，WMN 发展的趋势是跨层设计，即同时考虑多个层面的影响。WMN 的跨层设计要求打破传统的 OSVRM（Open System Interconnection Basic Reference Model）参考模型中严格分层的束缚，针对各层相关模块协议的不同状态和要求,利用层与层之间的相互依赖和影响,对网络性能进行整体优化。具体来说,跨层设计就是充分、合理利用现有的网络资源,达到系统总吞吐量的最大化、总传输功率的最小化、QoS(Quality of Service,服务质量)的最优化等最终目的。

WMN 技术可以应用于军事指挥通信网、无线城域网、无线传感器网络、无线局域网等网络的"最后一公里"的组网问题。同时,WMN 的构建涉及移动通信、计算机网络和微电子技术等多个领域,备受广大运营商、设备供应商及无线增值业务集成商的关注。但是,目前 WMN 技术还面临着一些挑战。

从无线技术上来看,移动用户节点间的协作通信、公用频谱资源等应用需求会带来不同无线技术间的融合和互操作性问题;从 WMN 技术的标准化道路方面来看,是否考虑将现有的其他无线网络技术标准融入 WMN 技术中,还有很多不确定因素;从应用的角度来看,该技术还没有被社会各界广泛认知。今后,WMN 技术的主要研究方向是解决挑战问题。未来,WMN 必将为无线宽带应用带来重大变革。

7.2 WMN 网络超低功耗策略

7.2.1 无线 Mesh 网络

无线 Mesh 网络(Wireless Mesh Networks,WMN)是通过在检测区域内部署大量具有无线通信与计算能力的网络节点,由节点通过自组织方式构成的能自主完成指定任务的分布式智能化网络系统。无线 Mesh 网络的节点间距离很短,一般采用多跳的无线通信方式。该网络可以在独立的环境下运行,也可以通过网关连接到 Internet,实现远程访问。无线 Mesh 网络最初起源于军事应用,如今无线 Mesh 网络正在逐渐地应用于环境与生态监测、健康监测、家庭自动化及交通控制等很多民用领域。通常无线 Mesh 网络中的节点数量较多、分布范围较广,依靠不能补充的电池作为能量源,在很多场合下由于条件限制,维护人员难以接近,电池更换非常困难,甚至不可能更换,但是要求网络的生存时间长达数月甚至数年,所以能量供应就成为影响网络有效生存时间和网络整体性能的主要因素。如何在现有能量供应条件下、在不影响系统功能的前提下,尽可能降低系统能耗、节约电池能量、最大限度地延长网络生存时间,就成为无线 Mesh 网络设计的核心问题。

7.2.2 WMN 系统组成分析

无线 Mesh 网络是由大量网络节点以自组织、多跳方式构成的无线网络。节点是构成无线 Mesh 网络的主要部分,也是其中能量消耗的主体,通常无线 Mesh 网络节点由数据采集模块、数据处理模块、数据传输模块和能量供应模块四部分组成。数据采集模块是由节点和信号变换器组成的,负责完成对感知对象信息的采集,并将其转换成相应的数字信息。该模块中能量消耗主要集中在信号采样、信号变换两方面。数据处理模块由处理器和控制软件组成，主要完成数据分析处理、节点功能及状态控制，影响该模块能量消耗的主要因素有处理器的功能，性能，以及控制软件的执行效率与效果，其中控制软件包括操作系统软件和协议软件。

数据传输模块主要由无线收发器件和相关辅助电路组成，主要完成节点数据的无线传输功能。影响该模块能量消耗的主要因素包括无线收发器件采用的调制模式、数据率、发射功率和操作周期等。

能量供应模块由电池和电压变换器组成，其主要功能是为节点的其他模块供应能量，同时由于自身存在电压变换过程也会消耗一部分能量。

7.2.3　能耗分析与节能策略

1. 能耗分析

通过对无线 Mesh 网络节点组成的分析可知，其中的能量消耗主要包括以传感器、微处理器、无线收发器等器件正常待机所引起的硬件消耗和协议软件工作所引起的软件消耗两方面。

对于硬件能量消耗而言，随着电子线路集成工艺的不断发展，电子器件的低功耗技术已日趋成熟，在节点设计中采用具有低功耗特点的微处理器、传感器和无线收发器可最大程度上降低硬件待机能量消耗。

软件消耗主要是由通信协议软件执行引起的能量消耗。由于各种不同的通信控制协议在实现网络自组织、数据传输与数据转发等方面的算法思想各不相同，使得节点各部件的工作状态、工作时间、工作效率各不相同，相应的工作能耗各有差异。

根据 Deborah Estrin 在 2002 年 Mobicom 会议上所作的报告可知，节点的绝大部分能量消耗在无线通信模块上，无线通信模块在空闲状态和接收状态的能量消耗接近，无线通信模块成为节点能量消耗的核心。对于无线通信模块而言，尽管可通过选择低功耗器件来降低硬件待机消耗，但由于工作时所采用的控制协议不同，在实现状态切换时的策略不同，进而所消耗的能量也不同。由此可知，影响无线 Mesh 网络能量消耗的主体因素是控制协议，而且硬件工作能量消耗和控制协议软件策略之间是密切联系在一起的，除此之外，网络的能量消耗还与网络构建中的诸多因素有关。

2. 节能策略

无线 Mesh 网络的能量供应主要以不可补充的电池为基础，在此基础上，为了有效延长网络生存时间，除了在节点设计时选用低功耗器件外，在网络构建与控制协议设计中必须采用节能策略，达到对有限能量资源的最大化利用，最大限度地延长网络生存时间。

（1）节点冗余技术

该方法的基本思想是在节点布设过程中，在某一区域通过设置冗余节点（数量可视环境而定），并在节点间建立互唤醒机制，在一段时间内，让其中一个节点处于工作状态，并且保证该节点能够维持一定的网络覆盖质量，其他节点休眠，待工作节点任务完成进入休眠状态前，通过互唤醒机制唤醒距离它最近的节点。通过这种节点轮流的工作方式可有效地延长单节点的生存周期，从而延长整个网络的生存时间。

（2）优化介质访问控制（MAC）技术

在无线 Mesh 网络中，通过介质访问控制协议将有限的无线信道资源提供给各节点竞争使用，由此可能引起以下几方面的能量消耗。

① 数据碰撞：各节点使用共享信道发送或接收数据，共享信道上的数据可能会发生碰撞而导致节点数据重传，造成了节点的能量消耗。

② 冗余数据处理：节点在工作过程中接收并处理大量冗余数据，导致能量浪费。

③ 过度的空闲侦听：节点除发送数据外基本处于空闲侦听状态，而节点在空闲状态也要消耗大量的能量。

④ 附加开销：节点在传输数据时，数据帧中会附加控制信息，从而加长了数据帧长度，数据量的增加造成了额外的能量开销。

在进行 MAC 协议优化时，采用载波多路监听/冲突避免（CSMA/CA）机制和随机退避机制实现信道共享，并可通过设置退避时间来减少数据碰撞的可能，避免数据重传带来的能量消耗；对节点采用"监听/休眠"状态交替转换机制，减少节点空闲监听时间，同时可以减少节点对冗余数据的处理，减少节点能量消耗；在保证数据信息正常传输的基础上尽可能地减少控制信息，减少附加能量消耗。

（3）节能路由协议与数据融合技术

路由协议负责将数据分组从源节点转发到目的节点，它主要包括两方面的功能：路由寻径和数据转发。对于无线 Mesh 网络而言，由于网络工作在有限能源环境下，对路由协议相应地提出了节能要求，为保证网络生存时间最大化，无线 Mesh 网络的路由协议设计必须遵从能量消耗最小、能量消耗均衡的原则。

设计路由协议时首先必须保证具有搜索源节点和目的节点之间所有可能路径的功能，然后根据各路径上节点的通信能量消耗及节点的剩余能量情况，给每条路径赋予一定的权重或选择概率，使得数据传输能均衡地消耗整个网络的能量。同时可与数据融合技术结合，在完成数据转发之前，通过节点处理器的比较分析，去除冗余数据，减少冗余数据传输，降低无线传输能耗，延长网络生存时间。

（4）功率控制技术

无线通信模块具有发送、接收、空闲或睡眠四种工作状态，根据对节点能耗的统计分析可知，无线通信模块的发送、接收、空闲三种状态能量消耗最大，睡眠状态下能量消耗最小。降低无线通信模块的能耗可采用的基本方法是，在保证节点正常通信的状况下尽量降低发射功率，即节点可根据目标节点的距离控制数据包的发送功率，通过这种动态的功率调节技术即可达到降耗的目的，同时又能有效避免节点间的信号干扰。

（5）DPM 与 DVS 技术

动态能耗管理（Dynamic Power Management，DPM）是指系统可根据工作负载的变化情况将系统中未被使用的组件转入低功耗模式或关闭。由于目前大部分微处理器和外设均考虑了低功耗需求，并且提供了多种功耗操作模式，这为动态功耗管理提供了条件。同时，随着 CMOS 技术的发展，高效 DC-DC 电压转换器的出现为动态电压调制（Dynamic Voltage Scaling，DVS）技术提供了良好的基础，DVS 使得处理器内核的工作电压和工作频率在运行期间可根据应用任务的实时性进行动态调节。通过在无线传感器网络中引入 DPM 和 DVS 技术可实现对现有能量的最优利用，能够有效延长网络生存时间。

3．WMN 高性能路由协议

目前实现的 WMN 中采用的有基于 TBRPF（Topology Dissemination Based on Reverse-Path Forwarding）的路由协议、基于 DSR（Dynamic Source Routing）的路由协议、基于 DSDV（Destination Sequenced Distance Vector）的路由协议和基于 AODV（Ad hoc On-demand Distance Vector Routing）的路由协议。但是 WMN 与 Ad hoc 网络有一些根本的区别，在 WMN 中直接应用 Ad hoc 网络的路由协议无法使 WMN 的性能达到最优。

WMN 是一种动态拓扑结构的多跳网络，与 Ad hoc 网络具有相似性，因此多数 WMN 采用的路由协议源于 Ad hoc 网络。Ad hoc 网络的路由协议可分为地理位置辅助路由和非地理位置辅助路由，前者需要 GPS 定位系统的支持，后者又可分为平面路由协议和分层路由协议。

平面路由协议分为按需路由（如按需距离矢量协议（AODV）、动态的源路由协议（DSR）、逐段路由协议（SSR））和主动路由（如目的站编号的距离矢量（DSDV）、无线路由协议（WRP）、基于反向路径转发的拓扑广播（TBRPF）等），而分层路由协议有簇首网关交换协议（CGSR）和区域路由协议（ZRP）等。

7.2.4　设计 WMN 路由协议

设计 WMN 路由协议时需要考虑以下几个因素。

（1）选择路由时需要综合考虑多个参数。

跳数：源节点到目的节点之间的路径所经过的无线链路数。

期望传输次数（ETX）：由于媒体访问冲突而导致的重传次数，为无线通信中比较常用的一个参数。

期望传输时间（ETT）：比 ETX 更常用，它同时考虑了信道自身的带宽特点。

往返传输时间（RTT）：分组在源节点和目的节点往返传输所需时间。

能量消耗：选择某条传输路由致使各节点能量损耗的总和。

路由稳定性：考察一个路由的稳定程度如何、可持续的时间。

（2）网络支持的规模。WMN 的网络规模一般很大，路由协议需要能够支持更多的节点，如果直接使用传统的 Ad hoc 网络路由协议，路由搜索过程需要的时间太长，代价也很大。

（3）容错性。在 Mesh 客户端移动、无线链路拥塞或 Mesh 路由器故障等情况下，路由可以重新选择。

（4）链路干扰。邻近节点发送的无线信号互相干扰，路由选择时应尽量选择干扰小的链路，以增加系统容量。

（5）跨层协议设计。结合物理层的方向性天线、多输入多输出（MIMO）和连路层的一些技术，各层协议相互协同、综合设计。

无线 Mesh 网可以支持无线接入和无线网络互连两种应用，由于应用场景不同，考虑的重点也有所不同。

无线接入应用的路由协议需要充分适应 Mesh 客户端和 Mesh 路由器，其中既包含移动性很强、功耗受限的用户节点，也包含移动性较弱，功耗不受限的接入节点和网关节点。目前，在设计绝大多数路由协议时，都将 Mesh 客户端和 Mesh 路由器两类节点平等对待，没有考虑二者的差异。区分两类节点来研究路由协议，有可能成为一个值得关注的课题。而在网络融合应用中，由用户节点组成的无线网络可看作一个自治域，可以直接采用因特网的路由思想，这就只需解决由 Mesh 路由器构成的无线核心网的路由问题。

很多资料都对当前常见的 4 种 Ad hoc 网络路由协议（分别是 DSR 和 AODV 两种按需路由，以及 OLSR 和 DSDV 两种主动路由）用于 Mesh 核心网的性能进行评测。比较了路由开销、分组传输成功率和端到端的时延等。结果表明，由于 WMN 路由开销比较小，大体上，按需路由协议比主动路由协议的性能更好，然而，由于 WMN 节点的移动性减弱，需要增加按需路由协议的路由过期时间和路由缓存时间，以避免交换过多的路由消息而增加开销。

7.2.5 WMN 路由结构

WMN 是一种从移动 Ad hoc 网络中发展起来的新型网络技术，因此也是一种动态自组织、自配置的多跳宽带无线网络。与 Ad hoc 网络不同，WMN 可以通过位置相对固定的无线路由器将多种网络技术进行互连，并提供高速的骨干网。该结构已经被纳入 802.16e、802.11s 等标准中。WMN 作为未来无线城域核心网最理想的方式之一，具有可能挑战 3G 技术的能力，是构建 3G/4G 的潜在技术之一。WMN 由客户节点、路由器节点和网关节点组成。客户节点也可以分为普通 WLAN 客户节点和具有路由与信息转发功能的客户节点两类。与传统的无线路由器相比，WMN 路由器在很多地方均做了增强，除了提升多跳环境下的路由功能外，对 MAC 协议、多无线接口等技术也有所改进。网关节点具有到 Internet 有线宽带的连接，WMN 通过其网关节点接入 Internet。

WMN 是一种高容量、高速率的分布式网络，不同于传统的无线网络，可以看成一种 WLAN 和 Ad hoc 网络的融合，且发挥了两者的优势，作为一种可以解决瓶颈问题的新型网络结构。

按照结构层次，WMN 的网络结构可以分为平面网络结构、多级网络结构和混合网络结构。其中，平面网络结构中所有节点均为对等结构，适用于节点数少又不连入核心网的场合；多级网络结构可以分为上下层两部分，上层为 Mesh 结构的路由器网关网络；下层为普通 WLAN 客户节点，它们只能通过接入上层网络才可以实现相互间的通信；混合网络结构即以上两种结构的混合，网络也分为上下两层，但其下层是具有路由与信息转发功能的客户节点。

7.2.6　路由技术的概念

路由技术是计算机和通信技术相结合的产物，它随着网络的迅速发展而发展。简而言之，路由技术是指采用一种或多种策略，为数据分组从源地址到目的地址的转发选择一条或几条理想的路径。它是通过在路由设备（如路由器等）上运行路由协议来实现的。路由器间可进行相互通信，从而在每个路由器都建立一张路由表，用于存放网络中的路由转发信息。通过查找路由表中相应表项（下一跳地址等）来转发数据分组。

7.2.7　Internet 路由协议

Internet 路由协议根据其设计理念可分为两大类：距离向量路由协议和链路状态路由协议。

距离向量路由协议（如 RIP）的主要优点是简单且有效率，但是，这种方法存在收敛慢、易出现路由环路等问题。

链路状态路由协议（如 OSPF）的特点是：所有路由器均保存全网络拓扑信息并周期更新，并且任何一个环节的改变都将引发即时更新。

相对于传统的距离向量路由协议，链路状态路由协议有全网拓扑信息，因此可以防止出现路由环路且收敛速度较快。然而，这种协议通过全网广播来传递最新信息，因此，尤其是在高移动性（或严重无线电干扰）造成链路状态改变时，此类协议会耗费大量的网络资源并产生过多的控制开销，而使其变得不可行。传统的 Internet 路由协议（如 OSPF、RIP）是专为有线网络设计的。它们不能很好地处理无线网状网环境中常见的拓扑结构和链接质量的快速变化，因此在无线网络中不能直接使用传统的 Internet 路由协议，而要使用为无线网络专门设计的路由协议。

7.2.8　Ad hoc 网络路由协议

Ad hoc 网络是一种没有有线基础设施支持的无线移动网络，网络中的节点均由移动主机构成，移动主机之间可以直接通信，移动主机既是主机又是路由器，通过移动主机自由地组网实现通信。根据发现路由的驱动模式不同，Ad hoc 网络的路由协议一般分为以下几种。

一种称为表驱动（Table Driven）路由，或者预先式（Proactive Routing）路由，如 DSDV 是一种典型的表驱动路由协议，基于 Bellman-Ford 算法。

另一种称为即需（On-demand）路由，或者反应式（Reactive）路由，如 DSR（Dynamic Source Routing），是一种典型的按需路由协议。

此外，还有一种混合式路由协议-ZRP（Zone Routing Protocol）。

表驱动路由协议通过连续地检测链路质量，时刻维护准确的网络拓扑和路由信息。其优点是发送报文时可立即得到正确的路由信息，然而表驱动路由需要大量的控制报文，开销太大，不具有良好的扩展性。而按需路由协议则有所不同，其节点仅在需要时才查找相应的路由，减小了路由维护开销，但在进行数据传输时需要寻找路由，造成不可预测的路由延迟，因而不适应对时延敏感的应用。

从上述分析可以看出，无论是表驱动路由还是按需路由，对规模较大的自组织网络的支持都不是很好，而混合式路由协议又过于复杂，不适合实际应用。

7.2.9　WMN 路由协议

虽然在 WMN 的路由设计时可以参考一些现有的用于 Ad hoc 网络的路由协议，但事实上 WMN 与移动 Ad hoc 网络（MANET）还是有较大区别的。

1．WMN 路由特点

（1）MANET 的网络拓扑注重的是移动，而 WMN 的移动性低，网络拓扑总体呈现静态或弱移动。

（2）MANET 的节点能量有限，功率节省是其路由设计的一个重要方面，而 WMN 关注的是高吞吐量的路由协议，侧重无线宽带大容量传输。

（3）MANET 的业务侧重于网内通信，而 WMN 的业务侧重于网间通信，主要用于因特网或宽带多媒体接入。此外，MANET 的节点类型单一，即兼具路由与主机功能、地位平等的客户端节点，而 WMN 的节点类型一般有三种。正是 WMN 和 Ad hoc 网络两者之间的差别决定了为 Ad hoc 网络设计的路由协议可能不适合 WMN，因此必须充分考虑 WMN 的特点，设计最适合 WMN 的路由协议，以提高 WMN 的性能。

2．路由设计考虑因素

在设计 WMN 路由时要考虑下面几个因素。

（1）多路由判据：许多以最小跳数作为路由判据的路由协议往往不是最优的。为了解决因为路径质量差而影响网络吞吐量等性能问题，要求 WMN 采用新的由多种路由判据结合且能正确反映链路质量对各指标的影响的路由。

（2）可扩展性：随着网络规模的增大，利用广播机制进行路由查找的方法会消耗很多网络资源。同时，由于大规模网络建立路径时将花费很长时间，使端到端的延时变大，一旦路径建立起来，由于路径发生变化又需要消耗很多网络资源进行路由重建。此外，由于分级路由比较复杂且不易管理，而基于地理位置信息的路由取决于 GPS 或类似的定位设备，这些都增加了 WMN 的成本与复杂性。这就要求使用新的可扩展的路由协议。

（3）负载均衡能力：在 WMN 中，所有节点通过路由协议共享网络资源。因此 WMN 路由协议必须满足负载均衡的这一要求。例如，当网络中某些节点发生拥塞，并成为整个网络的瓶颈节点时，新的业务流应能"绕过"该节点（路由容错能力：WMNN 中，路由发生错误时，需要尽快完成路由重建，以避免服务中断）。在 WMNN 中，由于节点移动性小，路由错误往往是由数据冲突造成的，并非实际链路断裂造成的，这就要求 WMN 的路由协议必须具有较强的容错能力。

3．路由协议类型

目前出现的一些 WMN 路由协议方案主要有以下几种类型。

（1）跨层路由。以往的研究都集中在网络层上，然而对于 WMN，因为网络的时变特性，路由性能并不理想，所以可以从 MAC 层中提取一些状态参数信息作为路由判据。此外，还可以综合考虑合并 MAC 层与路由层之间的一些功能。提出基于跨层设计的思想，提出从底层采集路由判据的方法来进行路由选择，考虑了 MAC 层冲突、包成功传输率与数据成功传输率等参数。在路由协议中，根据这些判据可以选择具有较少发生冲突、数据包传输可靠和高数据传输率的路径进行数据传送。跨层设计可以使路由协议收集到底层的实际数据传输情况，从而做出正确的路径选择，这对网络性能的提高具有很大的意义。

（2）多路径路由，在源节点与目的节点间有多条路径可供选择，使用多路径路由的主要目的是达到更好的负载均衡能力和更高的容错能力。当一条链路因为链路质量下降或移动而断开时，另一条可用路径将会被选用。而不像传统路由，等待重新建立一条新的路径，从而使端到端的时延、吞吐量、容错能力等都有所增强。多路径路由是目前的一个研究热点，如基于 DSR 的多径源路由协议。多路径路由的缺点是比较复杂，尤其对于仅依靠表驱动的路由协议。采用多径技术后，数据包到达顺序可能得不到保证。此时，上层协议是否需要修改还有待研究。

（3）分级路由。它要求有一定的自组织配置把网络节点进行分簇。每个分簇有一个或多个簇头。通过使用分级技术，在簇内和簇间使用不同的路由协议，分别发挥各种路由的优点，从而实现大规模的 WMN 业务不通过簇头转发，该路由协议的设计将变得更加复杂。

7.3　WMN 高性能路由协议

目前实现的 WMN 中采用的有基于 BRPF 的路由协议、基于 DSR 的路由协议、基于 DSDV 的路由协议和基于 AODV 的路由协议。但是，WMN 与 Ad hoc 网络有一些根本的区别，在 WMN 中直接应用 Ad hoc 网络的路由协议无法使 WMN 的性能达到最优。

无线接入应用的路由协议需要充分适应 Mesh 客户端和 Mesh 路由器，其中，既包含了移动性很强、功耗受限的用户节点，也包含了移动性较弱、功耗不受限的接入节点和网关节点。目前，在设计绝大多数 WMN 路由协议时，都将 Mesh 客户端和 Mesh 路由器两类节点平等对待，没有考虑二者的差异，区分两类节点来研究路由协议，有可能成为一个值得关注的课题。

在网络融合应用中，由用户节点组成的无线网络可被看作一个自治域，可以直接采用因特网的路由思想，只需解决由 Mesh 路由器构成的无线核心网的路由问题，很多资料都对当前常见的 4 种 Ad hoc 网络路由协议用于 Mesh 核心网的性能进行评测，比较了路由开销、分组传输成功率和端到端的时延等。结果表明，由于 WMN 路由开销比较小，大体上，按需路由协议比主动路由协议的性能更好，然而，由于 WMN 节点的移动性减弱，需要增加按需路由协议的路由过期时间和路由缓存时间，以避免交换过多的路由消息而增加开销。

Mesh 路由器在网络融合的应用中配备两个以上的无线收发设备，路由协议的设计需要考虑多无线收发器、多信道等特点；网络结构的特点及应用的特点在无线接入应用中一般则不考虑。鉴于上述问题，针对 WMN，基于无线自组织网络技术的基础，研究 WMN 路由技术，才可能改善 WMN 网络性能。

近几年来，无线 Mesh 受到很大的关注，该网络是一种新型的高容址、高速率的分布式宽带无线网络。WMN 被看成是无线局域网和 Ad hoc 网络的融合，兼具两者的优势，是 Internet 的无线版本。目前，WMN 的组网机制作为解决无线接入"最后一公里"瓶颈问题的一种方案，已经正式被纳入 IEEE 802.11s 标准。从路由协议来看，WMN 与移动 Ad hoc 网络类似，可以将 WMN 看成是移动 Ad hoc 的另一种版本，或者说 WMN 本质属于 Ad hoc 网络。因此，可以说，移动 Ad hoc 网络的许多路由协议都适用于 WMN；但是，由于 WMN 网络有着自身的特殊性，所以在设计 WMN 路由协议时，应当充分考虑其自身的特点，如移动性、能量约束和业务模式等。另外，必须考虑路由协议的相关路由判据、负载均衡、路由容错、网络容量、吞吐量及 QoS 保证等因素。从 WMN 提出到现在，不少学者和研究机构纷纷提出新的路由协议或基于移动 Ad hoc 网络路由协议的改进方案。其中，射频感知路由协议 RARP（RF Aware Routing Protocol）是在 DSR（Dynamic Source Routing Protocol）的基础上改进并实现的。

7.3.1 TBR 协议

TBR 协议是一种表驱动路由协议，适合弱移动性的无线网状网。在 TBR 协议中，首先要确定网络的根节点，可以是一个也可以是多个，这里只考虑仅有一个根节点的情况。确定好根节点后，就可以使用 TBR 协议确定网络的拓扑树。根节点周期性广播 RANN（Root Announcement）消息，用累加的序列号来区别每个 RANN。每个收到 RANN 的节点将发出这些 RANN 消息的源节点地址缓存，作为其潜在父节点，再把 RANN 用更新的累加参数广播出去。在经过一个预定周期收到所有可能的父节点发来的 RANN 消息后，该节点选择一个到根节点有最佳参数的潜在父节点作为父节点，并更新自己的路由表。这样，该节点就可以获得到根节点的确定路径，然后该节点发出 RREP 消息到根节点进行注册。每一个中间节点都收到这个 RREP 消息，然后向其选定的上一级节点转发，并且更新前一个发出 RREP 的节点为其下一跳子节点。采用这种方式，根节点就可以知道所有的参与节点并且建立一个拓扑树，可到达任何一个节点。如果一个节点在规定的时间内没有收到 RANN 消息，就不参与这个树的建立，直到收到有效的 RANN。由于网络的拓扑是动态变化的，根节点需要周期性地发送 RANN 来维护拓扑。TBR 协议可以通过经常性地广播路由信息来提高稳定性及降低延迟，但它的开销较高、可扩展性较差。如果子节点丢失，父节点会产生路由错误信息并转发至根节点。相反，如果父节点丢失，则子节点会查看它的路由缓存表并选择一个新的父节点（如果有），然后单播一个经过此父节点到根节点的 RREP 消息。

其中传输路径通过 WMN——很常用的路由协议。它是一种反应式路由协议，按需建立路由只维持活动的路由。这减少了路由负担按需路由的建立过程将带来的初始反应时延。AODV 使用了简单的请求-应答机制来进行路由发现。它可以用 hello 消息发送连接信息，用 error 消息表示活动路由中的链路失效。每个路由信息有一个相应的过期时间，同时还有一个序列号。可以使用序列号探测过期的数据包，因此只能使用最近的、可用的路由信息。这保证了没有路由回来，并且避免了经典的距离矢量协议中的关键问题，如跳数无穷大。

7.3.2　无线 Mesh 网络

无线局域网通过在城市公共环境中（如商场、车站、机场等）大规模部署无线局域网接入点（Access Point，AP），很方便地为用户提供高速 Internet 接入和移动办公服务，甚至是高质量的语音服务。但其无线接入点的覆盖范围较为有限，要在较大区域内实现无线覆盖，就必须在该区域内配置大量接入点，但是这些接入点必须通过有线电缆接入有线网络，从而增加了 WLAN 公共宽带接入网的成本。另外，WLAN 冗余度低、可靠性差、不支持移动设备在 AP 间的漫游。

图 7.1 给出了一个典型的基于 Mesh 的网络模型。为了覆盖较大的区域，需要很多 AP，每个节点至少被一个 AP 所覆盖。但是所有 AP 都进行有线连接并不可行，所以只允许部分 AP 直接连接到 Internet 上，这些 AP 充当了网关的功能。所有的 AP 组成了一个固定的网状网络。AP 使用两种无线射频设备：802.11b/g 和 802.11a。

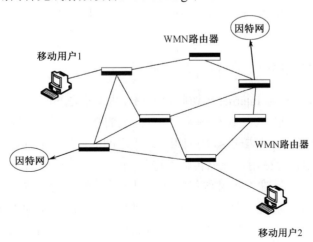

图 7.1　WMN 接入网

与现有无线网络的其他路由协议不同，RARP 需要探测链路在不同数据传输速率下的性能。但是，在 802.11a/g 只有 8 种数据传输速率可以使用，而如果对所有速率均进行探测，将造成相当大的系统开销，探测的目的是尽可能地减小系统开销，因此，从 8 种速率中选择 3 种速率（6Mbps、24Mbps 和 54Mbps）进行探测，这 3 种速率包括两极值和中间值。

每个节点以 1s 的时间间隔发送一个探帧，并附加 0.1s 的抖动时间。每秒内节点分别以上述 3 种速率发送探帧，具体实现时，该机制需要底层硬件的支持。因此，为了选择发送速率，需要修改速率控制模块。如果待发送包为探测包，则需要为该包设置数据发送率。有些系统不允许为下一个数据包设置发送速率，在这种情况下，探测包就需要延时一个数据包的传输时间。

路由层所有的数据包和探测包都要在接口队列中排队，直到 MAC 层可以传输它们为止。接口队列最大队列长度为 64，是一个先进先出（FIFO）队列。链路探测包在接口队列中比数据包有更高的优先级。

一种基于 RARP 协议路由判据的改进的路由判据——加权的 ETT 路由判据（W-ETT）对它的性能作了分析。RARP 协议考虑了不同速率下的丢包率，通过采用 W-ETT 路由判据，使数据传输率与该速率下的丢包率之间达到了某种平衡，极大地提高了网络的性能，所以该协议更具普遍性。

创新：通过对 RARP 原路由判据的分析，提出了 W-ETT 路由判据。该判据在原判据的基础上使用了加权平均的思想，在数据传输速率与该速率下的丢包率之间达到了某种平衡，从而使 RARP 协议在使用过程中更具普遍性。

7.3.3 无线 Mesh 网络的研究现状

从无线 Mesh 网络的概念被提出至今，对无线 Mesh 网络的研究已经遍及各个方面，包括应用层协议、传输层协议、网络层协议、媒体访问控制层协议、物理层传输技术、网络管理机制、安全解决方案、跨层设计方法的使用等。本节对无线 Mesh 网络在这些方面的研究现状逐一加以概述。

1. 应用层协议的研究

WMN 需要支持站点对 Internet 的访问和 WMN 内站点之间的通信。对 Internet 的访问主要包括网站浏览、在线交易、在线聊天、公众网上的视频点播等，数据传输跨越 Internet 和 WMN，属于 Wire-Cum-Wireless 的应用。站点之间的通信主要包括 WMN 内用户之间的文件共享、视频会议等应用，数据传输不进入 Internet 主干。由于 WMN 目前所能达到的传输性能并不稳定，还难于应付这些复杂应用对传输性能的需求，因此需要研究现有 Internet 上的应用在这一特殊环境下可能存在的问题，寻找适用于 WMN 的改进。对于站点间分布式信息共享的应用，需要根据 WMN 的特征设计合适的协议。

2．传输层协议的研究

传输层协议负责端到端的通信，作为 Internet 的重要扩展，WMN 所使用的传输协议需要与 Internet 中广泛使用的各种协议兼容。目前还没有提出专门针对 WMN 的传输协议，一些适用于有线无线结合网络（Wire-Cum-Wireless）环境下的传输协议对 WMN 有着重要的参考意义。

针对可靠数据传输所提出的应用于无线网络下的传输协议可以分为 TCP 变种和全新的传输协议两类。大量的实验结果显示，在无线多跳网络中经典 TCP 的传输性能极差，最重要的原因是经典 TCP 不区分拥塞丢包与非拥塞丢包，导致非拥塞丢包发生时 TCP 也启动拥塞窗口减小机制，导致吞吐率下降。采用反馈机制有助于 TCP 区分不同类型的丢包，但是能应用于 WMN 的真正有效的丢包区分方法还有待研究。

链路失效也是影响 TCP 性能的重要原因。在 WMN 中，由于存在固定的主干，链路失效问题不像 Ad hoc 网络中那样严重，但仍然是一个需要考虑的问题。类似于 ELFN（Explicit Link Failure Notification）的机制能够区分拥塞丢包和链路失效。TCP 是严格依赖于 ACK 的，链路的带宽、丢包率及延迟等不对称会对传输性能带来严重的影响。而链路不对称现象在 WMN 中是常见的。ACK 过滤、ACK 拥塞控制等方法可以部分解决此问题，但是此方法在 WMN 中的有效性还有待验证。由于无线多跳网络在链路质量等因素上的不稳定性，RTT 的变化十分剧烈，而经典 TCP 的操作又是依赖于 RTT 的平滑量度的，所以采用传统 TCP 的 RTT 机制将导致 WMN 中 TCP 传输性能的下降。ATP（Ad hoc Transport Protocol）是新型传输协议的代表，它能在无线 Ad hoc 网络中取得很好的性能，但是在 WMN 中出于兼容性的考虑，该方案很难得到推广。

在端到端的实时数据流传输中主要采用 UDP 协议，但是 UDP 无法确保实时传输的需求，因此提出了 RTP（Real Time Transport Protocol）和 RTCP（Real Time Transport Control Protocol）用以保证实时传输的质量，在 RTP/RTCP 之上还有 RCP（Rate Control Protocol）负责处理拥塞控制。有线网络中的 RCP 可分为基于 AIMD（Additive-Increase Multiplicative-Decrease）的和基于模型的，但是由于不能区分拥塞丢包和信道丢包，这些方案并不适用于无线网络。Akanetal 在 2004 年提出了应用于 Wire-Cum-Wireless 网络的实时端到端传输的码率控制机制，但是该机制仅考虑了一跳无线网络。使用端到端多 Metric 结合的检测方法可实现 TCP 友好的码率控制。该方法检测的准确性还有待提高，另外，该机制用同样的方法来处理所有类型的非拥塞丢包，这会造成码率控制机制性能的降低。

3．网络层协议的研究

WMN 中对网络层的研究主要集中在路由机制上。由于 WMN 与无线 Ad hoc 网络同属无线多跳网状结构，部分针对无线 Ad hoc 网络所提出的路由协议也能应用于 WMN 中，如微软的 Mesh 网络（Microsoft）就是基于动态源地址路由（Dynamic Source Routing，DSR）的，它是 Johnsonetal 在 2004 年构建的。还有一些公司，如 KiyonAutonomousNetworks，采用 AODV（Ad hoc On-demand Distance Vector）来构建 WMN。

但是，这些 Ad hoc 路由协议主要关注路由的可用性，没有考虑传输质量问题。WMN

需要提供高质量的宽带 Internet 接入，因此对传输链路的质量有更高的要求。由于链路质量对无线链路上的传输性能影响十分显著，因此应该设计链路质量相关的选路度量标准来选择最优路径。无线链路的不可靠性需要路由协议具有鲁棒性，在出现站点失效时能够迅速选择别的路径来恢复通信。WMN 的路由协议应具有负载平衡功能以避免局部拥塞。另外，WMN 路由协议还应具备可扩展性和适应性，以满足 WMN 中不同站点的需求。

近年来研究工作者已经发表了一些关于路由性能度量的工作。研究了性能度量对路由协议的影响，并基于 DSR 提出了 LQSR（Link Quality Source Routing），根据链路质量来选择路由，并且分别实现了 ETX、逐跳 RTT（Round Trip Time）、逐跳包对（Packet Pair）三种策略，并对其性能进行了比较。发现在有站点移动时 ETX 的性能不佳，原因是未能快速捕获链路质量的变化。Hidenorietal 在 2005 年中所说的 Radio Metric AODV 和 RA-OLSR（Radio Aware Optimized Link State Routing）考虑了 Radio 的影响。多收发模块的结构能够有效地增强站点的传输能力，Richardetal 在 2004 年提出了一种多信道多收发模块的路由协议及其相应的路由 Metric-WCETT（Weighted Cumulative Expected Transmission Time）。该路由策略综合了链路质量和最小跳数的思想，能够获得延迟和吞吐率的平衡。WMN 的无线网状拓扑提供了很多冗余链路，为利用多径路由来平衡负载提供了基础。层次化路由能够部分解决 WMN 的可扩展性问题，但是其复杂性对 WMN 的传输性能会带来副作用。

4．媒体访问控制层协议的研究

在 WMN 中，链路传输数据时会由于共享信道等原因对邻近的链路产生影响，因此 WMA 的 MAC 协议与 WLAN 之类的单跳无线网络相比存在着一些新问题。WMN 的 MAC 层协议研究已经受到广泛关注。

在 WMN 中不存在中央控制机制，因此 MAC 协议需要能支持分布式的协同通信，具备网络自组织功能，能够适应由站点移动或故障而带来的拓扑改变。由于无线信道的共享，适用于 WMN 的 MAC 协议应考虑最小化邻居站点间的干扰来提高传输性能。目前 MAC 相关研究可分为对单信道 MAC 协议的研究和对多信道 MAC 协议的研究两大类。

对单信道 MAC 协议的研究主要有三种技术路线：改进现有协议、与物理层技术交互的跨层设计及提出全新的 MAC 协议。在 WLAN 环境中，已经提出了一些 CSMA/CA 机制的改进方案，通过调整竞争窗口的大小与修改回退过程来转移竞争，从而提高吞吐率。但是这些方案并没有考虑多跳无线网络中由于竞争而造成的累积效应，因此不能直接应用于 WMN。定向天线技术使信号以定向波束的形式发送，能够增加信号强度、降低多径衰落、提高传输质量。定向天线将信号的覆盖范围集中到其接收端所在的一定角度以内，从而减少了暴露站点数量，但是引入了更多的隐藏站点，因此研究工作者提出了一些新的基于定向天线技术的 MAC 协议（通过降低能耗来减少暴露站点、提高空间重用度则是另一类思路），但是此类方法仍然不能解决隐藏站点问题，还可能因为减少传输能量级而无法检测到潜在的干扰站点。注意到 CSMA/CA 存在的问题，一些研究工作者开始寻找新的出路，但是传统的时分多路复用（Time Division Multiple Access，TDMA）和码分多址复用

（Code Division Multiple Access，CDMA）对中央控制有着天然的依赖，设计适用于 WMN 的分布式 TDMA、CDMA 机制并非易事，另外，与现有网络的兼容性也是一个问题。

多信道 MAC 协议可分为多信道单收发器 MAC、多信道多收发器 MAC 及多收发模块（Radio）MAC。SSCH（Slotted Seeded Channel Hopping）等多信道单收发器 MAC 中，站点在同一时间段内只能使用一个信道，站点需要切换信道来使邻居链路实现互不干扰的通信，信道切换将引入很大的开销。SSCH 是虚拟的 MAC 协议，它工作在 IEEE 802.11 MAC 之上，这样的设计不需要改变已经广泛使用的协议，能够满足兼容性的要求。

一个收发模块上有多个 RF 芯片的设备需要采用多信道多收发器 MAC，各 RF 可以采用互不干扰的信道同时进行通信，MAC 协议能够控制所有 RF 收发器采用多个信道通信。有多个收发模块的无线站点中，每个收发模块上可以有多个收发器，可以同时使用多个信道，每个模块拥有自己的 MAC 与物理层，需要虚拟的 MAC 协议来协调各收发模块工作，如 MUP（Multi-radio Unification Protocol）。MUP 应用于有多个无线网卡的站点，它的功能包括邻居发现、无线网卡的选择/使用、信道切换。MUP 仍然不能有效地解决隐藏站点问题，其网卡切换机制无法保障传输性能，另外，MUP 未考虑网卡切换之后会出现的数据报文乱序问题，将这一问题交给 TCP 来处理只会导致极低的端到端吞吐率。M-MAC（Multi-channel MAC）是典型的多信道协议，其功能包括在每个站点上维护一个记录所有信道状态的数据结构，协商数据传输信道及选择最合适的信道。MMAC 还存在很多问题有待解决，包括信道切换时间长、基于最小源目的对数的信道选择标准、时间同步的复杂性及引入更多的暴露站点等。

5. 物理层传输技术的研究

为了提高速率、高吞吐率的 Internet 接入，WMN 需要引入新的物理层传输技术。多输入/多输出技术可以利用多天线来抑制信道衰落，它采用空时编码技术和多天线阵列进行信号处理。正在制定之中的 IEEE 802.1 将利用该技术获得 100Mbps 以上的数据传输速率。该标准使用正交频分复用技术（Orthogonal Frequency Division Multiplexing，OFDM）把信道分成若干正交子信道，将高速数据信号转换成并行的低速子数据流，调制到每个子信道上进行传输。该技术具有较高的频谱利用率、很强的抗多径干扰和抗衰落能力。因此 MIMO 与 OFDM 的结合将极大地提高物理层数据传输速率，非常适合作为 WMN 的物理层传输技术。此外，定向天线、智能天线等技术都能提高物理层传输性能。新的无线超宽带 UWB 技术能在短距离内提供宽带通信，适用于数字家庭等小范围的 WMN。物理层传输速率的提高是网络承载能力提高的基础。

6. 网络容量的研究

过去十年中，很多研究工作专注于研究 Ad hoc 网络的通信容量，其中若干研究工作可以过渡到对无线 Mesh 网络容量的研究。在主干固定的多跳网络中，当节点的传输功率让节点在恰好有 6 个邻居时的网络的容量最大。利用这个理论可以解决数据源端和数据目的节点之间的跳数和信道的空间时间利用率之间的均衡问题。从分析来看，网络的吞吐率容量随着网络中节点密度的增加而降低。

7. 网络管理机制的研究

为了方便 WMN 的管理和维护，需要设计相应的网络管理方案。主要包括移动性管理、能量管理及网络监控。移动性管理的主要任务是定位与切换，应用于 Cellular 网络和移动 IP 网络中的切换技术对 WMN 中的移动管理机制有一定的参考意义，但是这些机制中的集中式管理并不适用于 WMN，WMN 需要的是分布式的管理机制。Ad hoc 网络中的移动性管理可以分为分布式和层次化移动管理两类。但是 WMN 主干固定这一特征与 Ad hoc 有着明显的区别，因此 WMN 需要开发新的移动管理机制。对于 Mesh 路由器，能量管理的目标是控制连接、干扰、频谱空间复用及拓扑，降低传输能量能够减少链路间干扰、增加频谱空间复用性，但是也会出现更多的隐藏站点，导致网络传输性能的降低。而对于 Mesh 终端，能量管理的目的则主要是降低能耗。网络监控则包括将路由器等站点的统计信息汇报给服务器并监控网络性能，其数据处理算法负责监控网络拓扑并根据统计信息判断是否出现异常，出现异常便触动报警。针对 Ad hoc 网络提出的网络管理协议还不完善，还需要根据 WMN 的特点进行有针对性的设计。

8. 安全解决方案的研究

WMN 的分布式特性使得常见的一些安全机制不能直接应用，如 AAA 等通常是通过如 RADIUS（Remote Authentication Dial-In User Service）之类的中央服务器实现的。WMN 与 Ad hoc 网络相似，由于共享信道介质、网络拓扑动态改变及缺乏中央控制设施等特点而难于寻找有效、可扩展的安全解决方案。WMN 中可能出现的攻击形式与 Ad hoc 网络类似，针对路由协议的攻击包括发布 DSR 或 ADOV 路由更新、伪装合法站点篡改数据包路由、制造虫孔切断合法站点间通信等；MAC 协议也存在一些攻击，如某些攻击站点会滥用 IEEE 802.11MAC 中的回退机制造成网络拥塞。WMN 中缺乏可信第三方，导致密钥管理不能再采用中央授权的方式，Hubauxetal.在 2001 年提出了一种分布式的密钥管理机制。WMN 的安全研究主要是设计安全路由和 MAC 协议、开发安全监控响应系统两类。攻击形式的多样性使得单纯地从某一层的角度来保证安全是完全不足够的，需要设计全方位、多层次的 WMN 安全机制。

9. 跨层设计方法的使用

跨层设计是近些年才逐渐出现的设计模式，它打破了传统网络中层之间严格透明的界限。在无线网络中，高层协议的性能不可避免地会受到不可靠物理信道的影响。因此，为了提高无线网络的传输性能，MAC 路由及传输层协议之间需要跨层协作。例如，由于 WMN 拓扑结构的动态性，MAC 协议需要涵盖拓扑控制及自组织的机制；同时，路由协议需要共享拓扑信息，以避免广播风暴。跨层设计方式可以分为两类：一类是利用协议栈中其他层所获取的信息来提高本层协议的性能，如 TCP 与 MAC 的协作以区分拥塞丢包和误码丢包，物理层将链路质量信息通知路由层来做路由策略等；另一类则是合并多层协议为一个整体，如 WMN 标准提案中将路由做到 MAC 层中的思想。跨层设计能够明显地改善网络性能，但是它会破坏协议层的抽象性，与现有协议不兼容且难于维护和管理，这些都是需要考虑的问题。

7.3.4　机会路由协议

之前一些关于无线 Mesh 网络的路由协议的研究通常将有线网络中的路由协议直接应用在无线网络中，这些协议通常致力于寻找在数据发送源端和目的端之间的一个转发节点序列，节点序列一旦确定则数据报文均按该序列标识的路径在网络中转发。由于多跳网络环境中节点是分布式存在的，根据信息论中的信息合作化理论，一种利用无线信号天生具有的广播特性通过多节点之间合作进行数据转发的方式由 Sanjit Biswas 提出，称作 EXOR 协议，即机会路由协议。

机会路由协议中，每个数据报文均以广播的形式被发送出去，与传统无线网络上建立发送节点到接收节点的完备路径不同，使用机会路由协议的节点首先确定具体接收到广播数据报文的节点集合，然后从集合中选择最适合转发数据的节点作为实际转发数据的下一跳节点，这短暂的决策延迟可以保证节点选择那些传播距离相对更长、丢包率较高，却能成功接收到数据报文的节点被选为转发节点，从而有效地减少从数据源端到目的端的转发次数，进而从总量上节省了发送一个端到端数据报文所需要的无线媒体资源。

机会路由协议的简单工作原理如下：一个源点有一个数据报文希望经过网络中其他节点转发至远端节点，在源端节点和目的端节点之间的转发节点也遵守相同的机会路由协议。源端节点首先广播数据报文，与它相邻的节点中的若干节点接收到该广播数据报文，称这些接收到数据报文的节点子集为下一跳备选节点集合。机会路由协议中的相应算法计算该备选子集中的节点距离目的端节点的距离，此处的距离并非指实际的物理位置距离，而指代表传输性能的权值。接下来选择备选集合中距离目的端节点最近的节点作为真正下一跳节点，由该选定的节点实际转发该数据报文。此过程依次进行下去，直到目的端节点接收到该数据报文。纵观上述的数据报文转发过程可以看到，机会路由协议在节点转发数据报文时，尽量利用那些报文传输失败率高但物理传播距离长的链路对应的邻居节点作为转发节点。

机会路由的思想是尽可能利用出现的机会来进行数据传输，除了 Biswas 所提出的 EXOR 路由协议外，还存在一些其他使用类似思想的协议。例如，Opportunistic Auto Rate 协议（OAR），OAR 协议利用节点位置改变过程中所产生的某些高质量信道出现的机会，收发节点对之间的信道质量随着时间变化，当有很多节点等待发送数据报文时必然存在某一个时刻对于某个信道来说信道质量相对较好。OAR 首先确定出该信道，然后在保证一段时间内所有节点之间的传输公平性的基础上，允许该节点发送数据。

Larssonetal 则提出了一种根据信道质量来选择下一跳转发节点的协议"Selection Diversity Forwarding"。发送节点中存有一个下一跳节点列表，并且将列表中所有节点的 MAC 地址包含在 RTS 报文中。收到该 RTS 报文的邻居节点计算链路的信噪比，然后将信噪比包含在 CTS 数据报文中返回给发送节点，发送节点的路由协议根据 CTS 中包含的信噪比来选择下一跳的转发节点。

Ganesan 提出了一种多路径路由协议，在一个发送源端节点和目的端节点之间存在多条路径，其中一条主要路径和若干备用路径，当主要路径失效时立刻切换至备用路径上传输数据。

Cetinkayaetal 提出了一种机会选择的方法来从所有备选路径中自适应地选取那些传输延迟低、传输带宽大的路径作为传输数据的路径。

机会路由利用发送节点周边丰富的邻居节点数量进行数据的机会转发，事实上并不是每个节点在机会路由过程中均发挥有效的作用。存在这样的节点，它们在数据的转发过程中所做的贡献非常微小，此时这些节点资源不仅被浪费，而且在一定程度上它们所发送的探测信令帧和由信道质量不佳丢包所导致的丢包重传增加了其所在区域的无线资源的竞争。当网络中节点密度较高时，此问题尤其突出。

1. 频谱共享问题

现在的无线网络资源按照有关组织制定的频谱分配和使用规定被划分成若干频段，频谱的划分方法由政府决定。某一频段一旦被授予使用权，即长期被占有，导致某些频段的使用率极大甚至到达拥挤的程度，而另外一些频段则被空闲甚至完全未被使用。因此，如何最有效地利用无线频段资源成为热门问题。

动态分配频谱资源用来解决无线网络在某些频段的低效使用问题。 DARPAS 针对这个问题提出了认知无线电的概念，使用动态频谱分配策略提高信道的利用率，关键是如何公平、高效地使各个无线设备共享无线资源。动态频谱访问策略允许通过访问最佳的信道来进行数据传输，它通常包括以下一系列操作。

（1）频谱侦测：探测频谱的哪个频段是可以使用的。

（2）频谱管理：选择可用信道中质量最好的信道作为工作信道。

（3）频谱共享：协调本节点和其他无线节点在所选定的频段中共存。

2. 信道分配问题

在无线 Mesh 网络中，关于频谱分配的问题通常被看成信道分配问题，即如何给无线 Mesh 网络中的各个链路合理地分配信道以降低相邻链路之间的干扰，从而提升网络的容量。满足全局最优的无冲突的信道分配解决方案，即使在知道全局拓扑信息时也通常会演变成 NP 问题，设计一个复杂度低且分配方案有效的频谱分配策略是无线 Mesh 网络中的一个重要问题。

通常，信道分配问题的解决方案分为集中式算法和分布式算法。集中式算法被广泛应用在单跳无线网络中，如蜂窝网络，这种方法依据洪泛链接并根据网络的需求，通过简单修改便可被应用在多跳网络环境下，但这种方法由于其操作的复杂度极高，因此可扩展性不强。而在非集中式算法中，所有用户均依据本地可以收集到的信息来进行信道分配，灵活度更大，可扩展性更强，而且工作时的开销更小。

对于如何分享一个信道的问题已经有一些实用的策略。基于竞争的随机访问协议，例如，在 ALOHA 和 CSMA 协议中，用户可以竞争使用一个信道资源，这些方法可以保证单信道时每个无线系统的公平性和利用率。但是在可以使用的信道数量变多时，为了合理地分配信道，每个无线系统必须知道共有多少个信道可供使用，并且需要确认最终该无线系统应该被分配到哪个信道上工作。

随着各种新兴无线协议的不断出现和发展，产生了一系列使用无线资源的新问题，如同一无线频段内有多个使用不同协议的无线设备共存。802.11、蓝牙、无绳电话、微波炉等设备可能同时工作在免费的 2.4GHz 频段上，这些无线系统使用不同的通信协议，但相互之间没有合作的机制，也不会为达成共同的目标而工作。当无线传输介质被看成是一种珍贵的资源时，需要设计一些频谱共享的规则或协议来让众多无线系统公平、高效地共享无线资源。Raul Etkin 中对 Unlicensed Band 下多个无线系统的共存和相互干扰问题进行了研究，经过分析指出，无线系统之间干扰的非对称和系统的自私性使 Unlicensed Band 下频谱分配变得不公平且效率低下，因而提出了一种基于激励机制的频谱共享原则，用以提升频谱利用的公平性和有效性。也针对 Unlicensed Band 下网络利用率低下的问题提出了相应的规则以提升节点使用无线资源时的公平性和效率。Chunyi 针对频谱分配总结出问题框架，对无线网络系统整体利用率等若干问题做出了定义，并且比较了集中式算法、分布式算法与频谱分配最优解之间的性能差异。

7.3.5　有向双向非对称链路质量路由协议

由于无线信号在传输过程中相对不稳定，且无线信号本身不是在一个封闭的介质中传播的，具有广播的特性，容易受到周围环境中的无线信号干扰，因此无线 Mesh 网络中的路由问题比有线网络中的路由问题更加复杂。虽然最近一些研究成果提出的路由策略可以准确地反映链路的状态，包括延迟、丢包、带宽等，但调查发现，现在还没有任何无线 Mesh 网络中的路由协议考虑到无线链路质量的非对称性给网络所带来的影响。

本节提出一种基于双向链路的策略，通过测量和监控无线链路在数据发送方向和数据回流方向上的传输质量，用跨层设计的思想来指导无线节点完成端到端的路由路径选择。将所设计的双向链路质量策略应用于链路质量 AODV 协议中，提出了有向双向链路质量 AODV 协议。该协议仅通过一次由发送端发起到目的端的路由发现过程，便可以分别发现从发送端到达接收端和从接收端到发送端两条不同的传输路径，非常适用于在通信对端之间有对称流量业务的应用。

1. 链路质量问题

（1）利用无线链路正反两个方向上的链路质量来描述一个链路的好坏程度（即路由策略）将使对无线链路的描述更加可靠、准确。

（2）根据第一点所提出的路由策略，采用跨层设计的思想设计一种有向双向链路质量路由方法。对于那些方向敏感的应用将带来性能上的大幅提升。

（3）将 ETX 应用于这种双向链路质量路由方法，详细描述整个协议的工作流程。并且该方法与具体路由策略相独立，任何描述双向链路质量的过程均可以按所设计的协议框架正常工作。

2. 链路质量 AODV 路径选择协议

链路质量 AODV 路由选择协议的概念来自 IEEE 802.11s，它是一种依据事先定义好的路由策略发现和维护无线 Mesh 网络中按需建立最优端到端路径的 Mesh 路由协议。它强制采用原始的 AODV 协议的基本操作，但针对无线 Mesh 网络中最优路由策略的发现和维护，规定具体的扩展方法。网络中的节点可以通过特定方法测量本节点到其邻居之间的链路质量，链路质量 AODV 则使用路由请求消息和路由应答消息（RREP）来建立发送节点和目的节点之间的路径。和普通 AODV 不同的是，描述链路质量的策略会作为一项信息域被加入 RREQ 和 RREP 消息中。应当注意的是，链路质量 AODV 所生成的路径是没有方向性的，即一旦建立了发送端到接收端的路径，就意味着建立了从发送端到接收端和从接收端到发送端之间的两条路径，但两条方向相反的路径是完全重合的。路由策略通常需要在建立路径之前就计算好，存放在节点中。现在几乎所有的链路质量路由协议均遵循一种原则：任意一个节点会比较连接发送端节点和接收端节点之间的所有路径的策略值的和，被认定最好的路径将作为最后传输数据报文的路径，该框架下路由发现过程建立的是从发送端节点到接收端节点之间的路径，而从接收端到发送端之间的路径只不过是上述过程的"副产品"。

路由策略是选择高性能路径的关键。节点可以通过探测数据报文测量和计算出节点和它的邻居之间的丢包率、延迟、跳数等基本信息。用这些基本信息可以重组出一些复杂的路由策略来描述链路质量。

7.3.6 无线 Mesh 网络中的跨层路由

链路质量路由协议可以为无线 Mesh 网络中的应用提供高效的端到端传输路径。但路径的好坏最终将由使用无线网络的用户来评判，即用户通过无线 Mesh 网络为其所使用的应用程序提供的服务质量来衡量路径的质量。因此无线 Mesh 网络的路由协议不但需要考虑链路质量本身，应用层程序的质量需求也应该被加入到选路测量中。

表 7.1 为无线 Mesh 网络跨层路由过程模型。应用层向路由协议模块发送服务质量的需求，如延迟、抖动、丢包率和带宽等，同时 MAC 层和物理层将探测得到的链路质量发送到路由层，因为链路质量是建立高性能传输路径的基础，因此所计算的链路策略对真实链路质量描述越准确，网络层所建立的传输路径性能也就越好。已经有一些研究工作探求精确测量链路的质量的方法，如 Kim 提出了一种利用主动、被动和相互协作的方法精确检测链路质量。它降低了测量过程所带来的开销，并且提高了测量的精度。

应用层的服务质量，则可以按照流量在上行和下行链路上的负载量区别分为对称和非对称两类。一些传统的 Internet 应用协议通常是非对称的，如 FTP、 Web 浏览等，它们的共同点就是上下行的流量不均衡。如果无线终端用户通过无线 Mesh 网络访问 Internet，那么从终端节点流向网关节点的流量和从网关节点流向无线终端节点的流量也是不对称的。以最为常用的 Web 浏览为例，一般用户的浏览行为通常是从 Internet 上阅读文字消息、观看视频等，这需要从 Internet 获取数据。而用户节点发送到 Internet 上的多为数据请求消息，数据量相对较小。

表 7.1　无线 Mesh 网络跨层路由模型

应用层	跨层 顶部-底部应用	
传输层		
网络层	无线电度量的路由算法	
媒体访问控制层	跨层自下而上电台指标	
物理层		

由于网关节点是 Mesh 网络连接 Internet 的窗口，所以通常从网关节点流向终端用户的流量要比从终端流向网关节点的流量大。此时，网络中端到端的数据业务会显示出非对称性。与此相反，很多新开发的应用协议（如 P2P 协议、支持 Voice 的协议）则会产生在双向近乎对称的流量。由此可见，应用层协议会导致端到端数据传输的对称多样性，这一点必须在设计路由协议时加以考虑。提供正确的双向负载情况，可以使路由协议建立性能最好的端到端传输路径。

无线 Mesh 网络中的路由协议旨在提高网络整体容量和每条端到端传输路径的通信性能。无线 Mesh 网络主干层的路由协议大多是从 Ad hoc 网络中的路由协议继承得到的，因此早先的路由协议通常使用最小跳数作为选择路径策略。虽然最小跳数在网络拓扑频繁移动的 Mesh 网络中性能很好，但对于主干节点一直处于静态的无线 Mesh 网络来说相对较差。为了在网络中寻找到高性能的传输路径，研究者们提出了各种各样的方法来表示路由策略，如 ETX、ETT、Per-hop RTT 和 Per-hop Packet Pair。采用显示代表链路质量的策略所生成的路径通常可以选择到性能更好的路径，并且维持整个网络的容量不被降低。

迄今，所有的路由策略都忽略了一个很重要的问题，即无线链路传输时在相反的两个方向上质量的非对称性。由于多径问题、信号干扰和邻居区域内的噪声存在，无线信号的传输依赖节点周围的网络环境。以普通的单跳无线传输为例，普遍存在的隐藏节点和暴露节点问题就使无线链路在两个方向上传输时的丢包率不同，也就产生了链路质量非对称问题。

和有线网络不同，在无线 Mesh 网络中无线链路在相反的两个方向上链路质量，由于邻居节点的干扰、背景噪声和复杂的无线环境而不同。如图 7.2 所示，前向度量标准代表从节点 A 到 B 的传输质量，反向度量标准代表从节点 B 到 A 的传输质量。由于 A 与 B 之间的传输可能与网络中的其他无线传输处于同一个干扰区域内，以及周围环境中的其他节点干扰和其本身所处区域的障碍物遮挡，AB 之间链路在两个方向的链路质量相异。因此通过探测帧所测量的标识网络质量的参数就不相同，使用这些参数计算的链路策略也就不同。以 IEEE 802.1lb/g 为例，通常载波侦听的距离为实际数据传输距离的两倍，节点依侦听到的信道状态来决定是否发送数据报文。由于一个通信对端的两个节点所在物理位置环境不一样，侦听范围内的情况可能不同（包括侦听范围内的活跃无线传输数据流、障碍物情况等），因此侦听到的信道状态不同，数据报文在两个方向上的传输性能会出现差异。

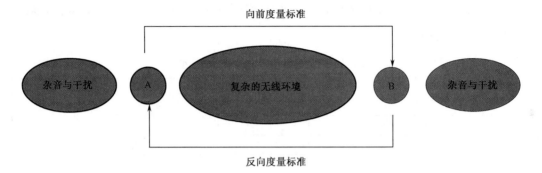

图 7.2　无线网络中两相邻节点之间的有向双向链路质量

我们通过试验来说明无线质量的非对称性。试验的拓扑图如图 7.3 所示，每个节点是一台配备了 802.11b 网卡的笔记本电脑，节点被放置在带有隔间的办公室环境中，使用隔板和墙壁来制造无线信号传输中的多径效应。除试验床中的五个节点，办公室中还有其他一些用户使用无线设备工作在和试验床所使用频段有冲突的频段上。试验床上同时运行三条流 A+C、C+B、E+D。我们监控 B 和 C 之间的链路在两个方向上的链路质量 S 来展示无线链路质量的非对称性。

节点 A、B、D、E 被紧凑地放置在一起，而 B 和 C 被放置得相对距离较远，尽量减小 C 受试验床内其他节点的干扰。试验床上不间断地运行着三条流：从 A 到 C 的一条 UDP 流线、从 C 到 B 的一条 UDP 流和一条从 E 到 D 的 TCP 流线。为了使试验结果清晰反映无线链路的质量状态，我们关闭了 RTS/CTS 功能。受到 ETX 定义的启发，我们定义一个形式更简单的策略来标识链路质量：其中 VB-C 代表从节点 B 到节点 C 数据传输的丢包率，PC-B 代表从节点 C 到节点 B 数据传输的丢包率。

我们按照试验结果分别计算了前面定义的 ETX_A、ETX_B、ETX。可以发现 ETX_B 的平均值比 ETX_A 高，这意味着从 C 到 B 的链路质量要比从 B 到 C 的链路质量差，也就证明了链路质量的非对称性的存在。仔细观察，从图中不难发现传统的 ETX 的值远高于 ETX_A 和 ETX_B，这意味 ETX 低估了链路在两个方向上的链路质量。因此，将传统的 ETX 分为两个方向上的链路质量，便可以准确地描述链路质量的非对称性。

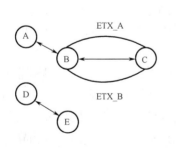

图 7.3　链路质量非对称性试验拓扑图

由于更高的丢包率会促使大量的重传发生，进而导致更高的延迟和更低的带宽，所以虽然期望传输次数的计算仅使用了丢包率，但它其实已经隐性地将延迟和带宽分别考虑在内，可以准确地描述网络链路的质量。

现有的各种为无线 Mesh 网络设计的链路质量路由协议均建立在忽略无线传输的非对称性的路由策略上。这种不完整的假设引发了我们重新思考无线 Mesh 网络中的链路质量路由问题。

7.3.7　WRP 协议

WRP（Wireless Routing Protocol）也是一种路由表协议，目的是在所有网络节点中维护路由信息。网络中的每个节点需要维护距离表、路由表、线路花费表及信息重传输表（MILL）。M1LL 中的每一个记录包含了更新信息的序列号、一个重传计数标志、是否响应的标志量及更新报文中的更新信息。移动节点通过更新信息的传送来通知其他节点链路的改变。更新信息仅在相邻节点间传递，并且包含一串更新信息：目标地址、距离及目标地址的前一个节点。当一个节点收到其他邻居节点发来的更新信息时，它将向它的其他邻居节点转发。

节点间互相通过确认数据或其他数据的传递来确认邻居节点的存在，当一个节点在一定的时间期限内没有数据要发送时，它必须发送"HELLO"数据包到其他节点，以表明链路仍然可达；否则，其他节点将视到该节点的连接中断，继而发出错误的更新信息。当其他节点接收到新的节点发出的"HELLO"数据时，它们将更新路由表，并向该节点转发自己的路由表信息。

WRP 对于避免形成环路有新颖之处。在 WRP 中，路由节点间通告路由距离和紧邻目标节点的上一跳的信息，因此可以避免计数到无限的问题。这可以最后不成环（虽然并不能立刻消除环路），并使得路由收敛得更快。

按需路由协议又称为反应式路由协议。与表驱动路由协议（先应式路由协议）不同，在按需路由协议中并不是每个节点都要维护最新的路由信息，相反，路由只在需要时创建。当源节点需要发送数据到目的节点时，源节点启动路由发现机制寻找到达目的节点的最佳路径。下面介绍三种典型的按需路由协议：AODV、DSR 和 TORA。

1. AODV

AODV 是一种对等的、基于目的的反应式路由协议。它采用了 DSDV 中的目的序列号技术，但与 DSDV 不同的是，AODV 根据需要来创建路由并维护广播数量的最大值。AODV 主要包括路由发现和路由维护两个过程。

图 7.4 为 AODV 中的路由发现过程，包括建立反向路由和建立正向路由两个过程。

（1）路由发现过程。

① 当源节点没有到达目的节点的已知路由时，广播一个路由请求报文。

② 接收到该请求的中间节点反向记录下指向源节点的目的向量，然后重新广播该请求报文（忽略重复请求）。

③ 当路由请求报文到达目的节点时，目的节点利用记录在报文中的反向目的向量为路由发送路由响应报文。

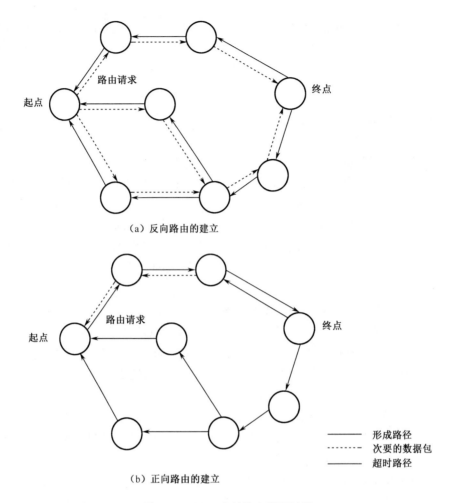

（a）反向路由的建立

形成路径
次要的数据包
超时路径

（b）正向路由的建立

图 7.4　AODV 中的路由发现过程

④ 如果中间节点知道最新的指向目的节点的路由，它就代替目的节点直接发送路由响应报文。

⑤ 当路由响应报文返回源节点时，每个中间节点相应地产生"正向"目的向量，源节点就可以沿着新建立的路由开始发送数据。

AODV 的目的向量算法仍然可能产生路由环。与 DSDV 类似，AODV 采用由目的节点产生的序列号来保证路由的时效性。每个路由请求报文都标记源节点可以从目的节点获得的最大序列号。当且仅当中间节点记录的指向目的节点的路由的序列号大于等于请求报文中的序列号且该路由仍然有效时，中间节点才可以代替目的节点向源节点发送路由响应报文。如果由目的节点发送路由响应报文，则该报文中的序列号反映了目的节点所知的最新拓扑变化。

（2）路由维护过程

① 节点发现某条链路失败时发出主动的路由响应报文到使用该链路的每个邻居节点，将报文中距离设为无穷大并将序列号加 1。

② 该路由响应报文将到达所有使用到这条失败链路的源节点，从而在源节点引发新的路由发现过程。

③ 目的节点检测到与其相连的链路发生错误时，将其序列号加 1，但不产生主动的路由响应报文。

2．DSR（Dynamic Source Routing）

DSR 是一种对等的、基于拓扑的反应式自组织路由协议。它的特点是采用积极的缓存策略及从源路由中提取拓扑信息。图 7.5 所示为 DSR 中的记录路由创建过程。

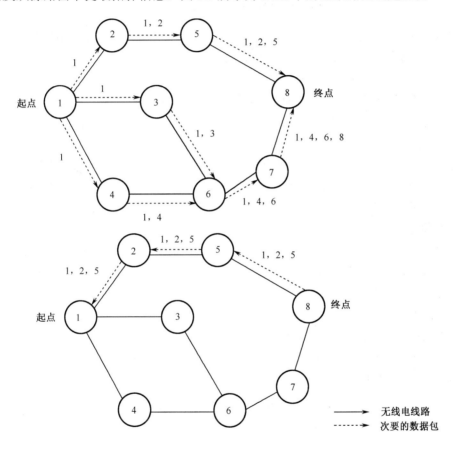

图 7.5　DSR 中的记录路由创建过程

DSR 中结合了许多基于积极缓存和拓扑信息分析的优化措施。例如，中间节点可以从数据报的头部获得到达所有下游节点的路由，通过合并多条路径的路由信息还可以推演出更多的拓扑信息。此外，如果设置节点的网络接口工作在混杂模式下，通过监听邻居节点使用的路由，节点还可能获得更多的拓扑信息。通过这些方式，节点可以将越来越多的"感兴趣"的网络拓扑信息存入缓存以提高路由查找命中率。高的缓存命中率意味着可以减少路由发现过程的频率、节约网络带宽。不过，积极缓存也会增加将过期的路由信息注入网络的可能性。

路由维护过程如下。

① 如果在数据报的逐跳传输过程中发现链路失败，则可以由中间节点使用缓存中的可用路由来代替原头部含有失败链路的路由，同时向源节点发送路由错误报文。

② 中间节点监听路由错误报文以删除失败路由（减小缓存错误路由信息的影响）。

③ 如果路由失败，则由源节点重新开始一次新的路由发现过程。

④ 如果节点发现数据报头部的源路由中包括自己的 ID（如由于拓扑变化而产生更短的路由），可以主动发送路由响应报文告知源节点存在更短路由。

3. TORA（Temporally Ordered Routing Algorithm）

TORA 是一种基于链路反转概念的高度自适应的、高效、可扩展的分布式路由选择算法。TORA 在早期的"链路反转"（Link Reversal）算法的基础上发展而来，它为每个目的节点构造一个基于目的的有向无环图。如果链路变化导致某个节点失去其所有的输出链路，则该节点"反转"部分或全部输入链路的方向。TORA 的主要特点是，控制信息被限制在拓扑变化点附近的一组非常少的节点之中。因此，节点需要维护邻近节点的路由信息。TORA 包括三个基本功能：路由创建、路由维护和路由删除。

每个节点包含五个相关参数：链路失败的逻辑时间、用于定义新的参考层的唯一的节点 ID、反应指示比特、传播排序参数、节点的唯一 ID，前三个参数共同表示参考层，后两个参数定义相对于参考层的增量。当节点因链路失败丢失了最近的下行链路时，算法将定义新的参考层。

TORA 使用 QRY 和 UPD 分组进行路由创建。路由创建算法初始时将目的节点高度（传播排序参数）设为 0，其他所有节点高度设为 NULL（即未定义）。源节点广播一个带有目的节点 ID 的 QRY 分组，具有非 NULL 高度值的节点使用带有自己高度值的 UPD 分组响应。收到 UPD 分组的节点将自己的高度值设置得比发送 UPD 分组的节点的高度值大。具有较大高度值的节点视为上游节点、较小高度值的节点视为下游节点。用这个方法，算法可以构造出一个从源节点到目的节点的有向无环图。

图7.6表示了TORA的路由创建过程。第一个图中，如果节点5已经先收到并传播了

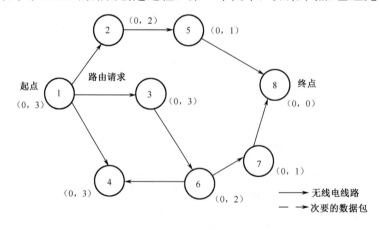

图 7.6 TORA 中的路由创建过程

从节点 2 发来的 QRY 分组，那么它就不传播从节点 3 收到的 QRY 分组。第二个图中，源节点（节点 1）可能也要收到从节点 2 或节点 3 发来的 UPD 分组。但是由于节点 4 给出的高度值更小，所以它保持原值不变。

当节点发生移动而导致路由改变时，路由维护机制将为同一个目的节点创建一条新的路由。如果节点的最后一个下游链路失败，节点就将自己的高度设定为失败链路的本地最大值（"链路反转"），并将自己的高度用更新消息广播，这时节点适应新的参考层，链路发生反转。在路由删除阶段，TORA 在网络泛一个广播清除分组（CLR）来删除无效路由。

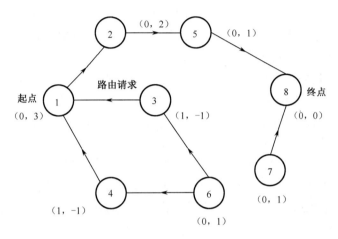

图 7.7　TORA 中的路由重建过程

7.3.8　算法分析和比较

1. 路由协议

下面简要介绍 Ad hoc 网络的三种表驱动路由协议和三种按需路由协议。在表驱动路由协议中，每个节点都要保存到网络内其他所有节点的最新路由信息。相反，在按需路由协议中，节点只有在希望向目的节点发送数据时才去寻找该节点的路由。

表 7.2　六种 Ad hoc 路由协议的特点

协　议		特　点
表驱动路由协议	DSDV	每个节点维护安全网络路由信息、周期更新避免路由环、提供唯一路由
	CGSR	采用多级分簇和逻辑区分的分层路由协议
	WRP	维护四个路由表、固定的 Hello 机制避免临时路由环
按需路由协议	AODV	对等的、基于目的节点的按需路由
	DSR	对等的、基于网络拓扑的按需路由
	TORA	基于链路反转算法的自适应按需路由

DSDV 路由协议是对 Bellman-ford 路由算法的改进，它保证避免路由环路，并提供了一个简单的更新机制。DSDV 根据最短跳数寻找最短路径，仅提供唯一的一条路由。DSDV 效率很低，因为它要求周期性地更新路由信息，而不管网络拓扑发生多少变化。这一性质也限制了使用 DSDV 的网络大小。

在 CGSR 中，DSDV 被用作下层路由协议。路由在串首节点与网关之间进行，并且节点需要维护更多的关于串首节点的信息表。随着网络的变化频繁地在改变串首，会造成路由协议效率低下，因为协议节点不是忙于数据包的转发而是忙于串首选举协议的实行，因而一种改进的 LCC（Least Cluster Change）协议产生了。在 LCC 中，仅在需要选出串首进行通信或一个节点进入非任何串首能通信的节点领域时才进行选举。它的一个优点在于可以使用许多自发式的方法来促进协议的实行，包括优先令牌调度机制、网关码调度机制（gateway code scheduling）及路由预留机制等。

WRP 协议与其他协议有很大不同，它需要节点维护四个信息表，这将造成对存储能力的要求，特别是当网络节点多的时候。更重要的是，它使用"hello"机制，无论有没有数据需要传送，造成了不必要的通信量。但是，它甚至能够避免临时路由环路，这是其他协议做不到的。AODV 协议与 DSR 采用了类似的路由发现机制，但是二者也有不同。

DSR 的 RREQ 包头比 AODV 大，因为它的包内必须包括所有路由信息，而 AODV 只需要目标节点的地址。同样，RREP 也是 DSR 的比较大，需要包含所有路由节点的地址。AODV 还有一个优点，它不要求网络是对称的，同时还支持多播。暂时没有任何其他的路由协议支持多播。

DSR 最主要的特点是使用源路由。发送者完全知道该经过哪些中间节点一跳跳地到达目的地，数据包在它的包头携带所需的源路由信息。DSR 非常依赖于源路由和路由缓存技术。

AODV 和 DSR 一样都是按需路由协议，即它在需要时才发起相似的路由发现过程。但是 AODV 在维护路由信息上采用完全不同的机制：它使用传统的路由表，通常每个目的节点只有一条路由记录，而 DSR 在缓存中对每个目的节点可以有多条路由。

TORA 从源节点开始为每个节点指定参考层和相对高度，利用这些参数为节点建立逻辑关系，并根据高度值建立路由。

通过研究可知，在互联网上，如果一个路由器发生故障，信息由其他路由器，通过备用路径传送。同样，Mesh 的自愈体现在网络中某一装置或其链接发生故障时，信息通过其他装置传送，给信息提供新的路由，无须人工介入；而且，一个或几个节点出现故障并不会影响网络运行。这一特点也是企业要求增强其连通性所必需的。Mesh 的路由算法是基于无线信道的网络路由算法，因此对可靠程度有更高的挑战性。

最初设计的国防军用 Ad hoc 网络中的各节点具有高速运动的特性，因而其主要的挑战之一在于如何控制其移动性。而对于商用无线 Mesh 网络，更多的重点放在了如何提高其网络吞吐量、增大网络容量上。

微软公司最近提出了一种多 RF 收发器、多跳无线网络的路由协议：MR-LQSR（Multi-Radio Link-Quality Source Routing）在 DSR 协议的基础上采用最大吞吐量准则。

研究表明，AODV 路由算法有其固有优势，如不会形成路由环；当一条链路不可用时，可以高效地在整个网络中删除所有要利用这条无效链路的路由。

因此，在 AODV 的基础上，考虑多 RF 收发器，以提高网络吞吐量为目标，通过对各种影响网络性能的参数进行分析，实现最优路径的选择，从而提出一种新的路由算法（Selective Quality On-demand Routing，SQOR）。多 RF 对网络性能的影响：对于单一射频的网络，每一个节点不能同时接收和发送信息；对于具有两个 RF 收发器的网络节点，如果将两个收发器调到互不干扰的不同频道，节点将可以同时接收和发送信息。现在 AODV 的路由距离矢量是路径的跳数，这对于现有的多 RF 网络而言不足以很好地代表网络的吞吐量特性。

在图 7.8 中：以最短的路径跳数为准则，将选用一跳的路径，其吞吐量为 2Mbps。如果以选择最快的路径，其吞吐量为 9Mbps。而选用吞吐量最好的路径时，其吞吐量可达到 11Mbps。

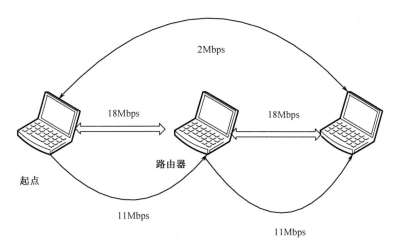

最短路径：2Mbps

最快路径与链接：9 Mbps

最佳路径：11Mbps

图 7.8　不同的度量准则

2．AODV 新的路由准则

MR-LQSR 是基于 DSR 的协议，在它上面定义新的路径矢量准则 WCETT 并不完全适用于 AODV。

在 AODV 的基础上，也考虑多 RF 收发器，以提高网络吞吐量为目标，考虑新的路由准则。

对于多跳多射频的无线 Mesh 网络，在节点间使用不同频率进行接收和发送信息，可以提高网络吞吐量。

在 MR-LQSR 中，使用 BG-ETT 表示不同频率的链路构成的路径的传输在信道上出现的次数。在路由发现的过程中：收到 g_REQ 的各中间节点和目的节点先计算出该 RRET

的 TRTT。对于以后再次收到同样的 RREQ，首先计算其 TRTT，如果比原来的 TRTT 大，则转发；否则立即丢弃。

这样既保持了 AODV 的路由特性，又能尽量考虑使用频率分集，提高网络吞吐量。

7.3.9 无线 Mesh 路由算法——SQOR

最初考虑由源节点记录发送某 RPEQ 的本地时间，以及收到该 RREQ 的响应 PREP 的本地时间，中间的时间段可以视作两倍的实际传输时间（PTT）。从而可以在源节点得到针对不同路由响应的实际传输时间。

但是 AODV 不同于 DSR 在缓存中对每个目的节点有多条路由，它使用传统的路由表，即中间节点对每一对源节点和目的节点只有一条路由记录。如果把 PTT 的计算放在源节点处，则在源节点计算各个 RREP 带来的不同路由信息的 SWRR，在实际网络中，只保留了最后送来的 RREP 所代表的路由，其他各条路由都不能在网络节点中保存下来。而最后的这条路由虽然具有最小的 TRNI，但不一定 SWTT 最小。即使源节点计算出 SWTT 后选择了之前的某一个 RREP 代表的路由，网络中也不能提供相应的路由记录了。所以，SWTT 的计算应该在目的节点处进行。

为了能够在目的节点出计算正确的 PTT，需要在 RREQ 中记录该 RREQ 从源节点发出的时间。即用目的节点收到 RREQ 的本地时间减去 RREQ 发出的时间作为 PTT 的值。虽然网络中各节点的时间可能不同步，得到的时间并非准确的传输时间，但是对于同一对源节点和目的节点而言，误差是相同的，所以可以用这个值作为 PTT。

目的节点通常把收到的第一个 RREQ 作为路由选择。对于后来到达的 RREQ，传统的 AODV 将比较条数的大小来决定是否选择该路由；使用 TRTT 的 AODV 将比较 TRTT 的大小来选择带吞吐量的路由。为了综合考虑吞吐量和传输速率，选择合适的路由，提出了新的路由协议——SQOR（Selective Quality On-demand Routing）。

7.4 认知无线网络功率控制技术

认知无线电（Cognitive Radio，CR）技术是无线通信领域发展的里程碑，其中功率控制算法是目前认知无线网络中的研究热点之一。随着科技、信息技术的迅猛发展，人们对无线电通信类的服务需求日益增加。随之而来的频谱资源短缺成为众人瞩目的一个严重的问题。而认知无线电技术，因其可以实现频谱的重复利用、提高频谱利用率的技术特性而被提出并得到广泛关注，在认知无线电系统中。功率控制技术由于可以降低干扰而成为认知无线电系统的关键技术之一。进行功率控制的主要目标是既要避免干扰主用户，保证主用户通信质量，又要保证认知用户的速率性能达到要求，实现频谱利用率的提高。

7.4.1　功率控制概述

在认知无线电系统中，由于缺乏集中化的基础设施，因此为建立大范围的通信系统，只能采用分布式网络拓扑结构。在分布式认知无线电网络中，降低干扰是关键问题，而各认知用户甚至授权用户的干扰来源是其他认知用户的发射功率。从这一角度来看。在认知无线电系统中，功率控制是其关键技术之一。在多用户认知无线网中，认知用户的发射功率受多方面因素的限制，因此，在其中进行的发射功率控制也要考虑包括干扰温度和可用灰白色频段的数目等诸多因素。多条件因素下的最优化功率控制问题的解决方式主要有博弈论和信息论两种。在多用户的认知无线电系统中的功率控制问题，就数学模型来说，是在干扰温度、发射功率限制等诸多条件下的多目标最优化问题，这种数学模型可以利用博弈论理论创建。若认知无线电系统内的各认知用户可以以一定的准则交互信息并相互合作，以达到彼此利益的最优化，则可建模成合作博弈模型。若不考虑非合作博弈，则这类基于完全合作博弈的功率控制可以建模为最优控制问题。但是，前面提到，在分布式认知无线电网络中，缺乏集中化的基础设施，因而没有达到约束系统内每个认知用户并使其相互之间互利合作的目标。系统内的认知用户并不考虑其他认知用户的利益，自私地最大化自己的功率。在这种情况下，系统内的认知用户可以看作非合作环境下的博弈，在此基础上建立的功率控制博弈模型为非合作博弈的情况。而这一博弈的目标是在不超过干扰温度阈值与自身发射功率阈值的情况下，最大化自己的效用函数问题。除去效用函数中涉及的其他认知用户的发射功率因素，当前认知用户本身并不主动考虑其他认知用户的收发行为。另外，基于信息论的功率控制算法也是可行的。最具代表性的基于信息论的功率控制算法是注水算法。注水算法的基本思想是将通信信道分为若干个独立的平行子信道，这几个平行子信道构成该信道的一个信道矩阵。将该信道矩阵进行奇异值分解，得到奇异值矩阵，则该奇异值矩阵中的奇异值代表着相应位置的平行子信道的信道增益。认知用户发射端根据各平行子信道的信道增益，将较大的发射功率分配给增益大的平行子信道、较小的发射功率分配给增益较小的平行子信道，以此最大化自身的信道容量。

1. 集中式认知无线网中的功率控制技术

集中式认知无线网架构中，拥有集中化的基础设施，即中心控制器。一般来说，网络中的基站起到了中心控制器的作用，负责统筹、协调网络中的认知用户，起到了约束认知用户行为的作用。由于中心控制器的作用，集中式认知无线网中的认知用户之间彼此合作。基于所有认知无线用户服从的协议的约束，认知用户不仅考虑自身收益，还综合考虑整个系统的总收益。总之，集中式认知无线网络架构拥有很多优点，但是目前的无线网络环境中，缺乏集中化的基础设施，使得集中式功率控制算法暂时的实际应用价值较弱。现有的集中化功率控制算法复杂度过高，实现困难性较大。

2. 分布式认知无线网中的功率控制技术

认知无线网中功率控制算法的设计面临着多目标的问题，由于不同的目标有不同的要求，导致功率控制算法存在多种折中方案。目前，世界研究机构和研究者对 CR 网络中的功率控制算法进行了多方面的研究。其中根据应用场景不同，将现有的 CR 网络中的功率控制算法分为集中式功率控制策略和分布式功率控制策略，如图 7.9 所示。集中式策略大多采用联合策略，利用基站集中处理接收和发送的功率信息，将功率控制与频谱分配或接入控制联合考虑，分布式功率控制策略主要基于博弈论的理论基础，也可以将集中式策略转化成分布式策略进行分析研究。相对于集中式，分布式的布网方式更适用于频谱动态变化的 CR 系统。

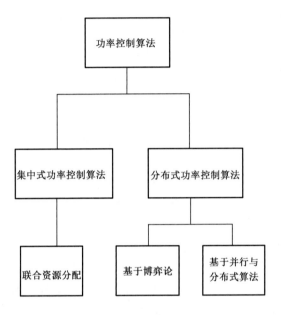

图 7.9　CR 网络中的功率控制算法分类

7.4.2　移动通信中的功率控制

功率控制分为前向功率控制和反向功率控制，反向功率控制又分为开环功率控制和闭环功率控制，闭环功率控制再细分为外环功率控制和内环功率控制。

无线城域网（IEEE 802.16）标准是一种高带宽、低投入且覆盖范围广的无线通信技术，在宽带无线接入市场具有重要的应用前景。功率控制是一种无线资源管理技术。在无线城域网系统中，采用功率控制技术可以降低无线系统的同频道干扰并节约终端能量，从而增加系统容量，在无线通信系统中起着非常重要的作用。如何将功率控制技术应用于无线城域网，同时在一定复杂度的情况下使功率控制技术发挥最大作用，是无线城域网中的重要研究课题。

在理解无线通信系统中功率控制技术各种算法与准则的基础上分析了每种算法的特点和对系统性能的影响，指出了影响功率控制性能的因素。

对 WiMAX 系统功率控制机制中的上行开环、上行闭环功率控制算法进行总结和深入研究，综合考虑两种算法的优缺点，针对提高精确度、降低时延这一优化目标，得出一种实用的上行开环/闭环相结合的功率控制算法。该算法先通过上行开环功率控制对发射功率进行粗略调整，然后通过更精确的闭环功率控制来补偿。分析表明，在一定的误码率和时延条件下，该算法明显降低了发射功率，有更优的性能。

针对 OFDM 系统中各个子信道具有不同程度衰落的特点，结合自适应调制编码和自适应功率分配技术，对传统的功率控制算法进行改进，根据每个子信道的信噪比自适应地改变调制编码方式和初始化功率分配，通过调整调制编码和初始化功率分配方案而不是调整发射功率的方法来降低信道间的干扰。

基于系统数据速率和自适应调制编码方式的平均差错率的条件下，将调制编码方式的信噪比门限值和系统性能所需的目标信噪比分别与接收信噪比相比较，判断调制编码方式和功率控制命令。结果表明，该算法降低了系统发送功率，从而减小能量损耗和对其他链路或小区的干扰。最后，在分析了基于自适应功率分配的功率控制算法实现了在最小化发射功率的条件下，降低系统的误码率并最大限度地提高频谱利用率。结果表明，把功率控制算法和自适应技术相结合可以大大提高系统的性能，降低系统的传输功率，并且适用于多径频率选择性衰落信道，满足宽带无线接入系统提高频谱利用率和系统性能的需要。

在蜂窝系统中，如果移动台以相同的功率发射信号，则距离接收机近的信道将严重干扰距离接收机远的信道的接收，使近端强信号掩盖远端弱信号，这就是所谓的远近效应。

在 CDMA 数字蜂窝系统中，多址是通过给每一个用户分配一个伪随机序列（PN）码而获得的，任何一个信道将受到其他不同地址码信道的干扰，即多址干扰问题。

此外，移动信道的另一个特点是多径衰落，这些衰落可能造成信号在最坏情况下减弱多达 30dB。功率控制必须能跟踪这些衰落的大多数。而 CDMA 系统的容量主要受限于系统的多址干扰及多径衰落、阴影效应和远近效应。CDMA 系统是一个干扰受限的系统，所以为了在维持高质量的同时又不对同频信道的其他码分信道产生干扰，最大化系统容量，所以非常有必要进行功率控制。功率控制技术是 CDMA 系统的核心技术。

正向功率控制也称下行链路功率控制，在正向功率控制中，基站根据测量结果调整每个移动台的发射功率，其目的是对路径衰落小的移动台分派较小的前向链路功率，而对那些远离基站和误码率高的移动台分派较大的前向链路功率。其要求是：调整基站对每个移动台的发射功率，使移动台无论处于小区的什么位置，收到基站信号的电平都刚刚达到所要求信干比所要求的门限值。这样可以避免基站向较近的移动台辐射过大的功率。此外，若移动台进入传播条件恶劣或背景噪声过强的地区而发生误码率增大或通信质量下降的情况，基站根据移动台提供的测量结果对路径衰落小的移动台分配较小的正向链路功率，而对那些远离基站和误码率高的移动台分配较大的正向链路功率。基站根据移动台对正向误帧率的报告决定是增加发射功率还是减小发射功率。

正向功率的控制方法是：基站周期性地降低给移动台发送的功率。这个过程直到前向链路的误帧率上升才停止。移动台给基站发送帧错误的数值，根据这个信息，基站决定是否增大功率，通常是 0.5dB。反向开环功率控制：移动台根据在小区中接收功率的变化，调节移动台发射功率以达到所有移动台发出的信号在基站都有相同的功率，而且刚刚达到信干比要求的门限。它主要是为了补偿阴影、拐弯等效应，所以它有一个很大的动态范围，根据 IS-95 标准，它至少应该达到 ±32dB 的动态范围。

进行反向开环功率控制的方法：移动台接收并测量基站发来的信号强度，并估计正向的传输损耗，然后调整移动台的反向发射功率。如果接收信号强，就降低其发射功率；如果接收信号弱，就增加其发射功率。

控制原则：当信道的传播条件突然改善时，功率控制做出快速反应，以防止信号突然增强而对其他用户产生附加干扰；相反，当信道的传播条件突然变坏时，功率调整相对慢一些。也就是说，宁愿单个用户的通信质量短时间内受阻，也要防止多数用户增大背景干扰。

特点：方法简单直接，不需要在移动台和基站间交换信息。这种方法对某些情况（如车载移动台快速进出地形起伏区或高大建筑物遮蔽区所引起的信号变化）是十分有效的。但对于因多径传播而引起的瑞利衰落效果不好。因为正向传播和方向传播使用不同的频率，通常这两个频率的间隔大大超过信道的相干带宽，因而不能认为移动台在正向信道上测得的衰落特性就等于在反向信道上的衰落特性，为了解决这个问题可采用反向闭环功率控制法。

外环控制：在内环功控每 1.25ms 的基础上，每隔 20ms 基站控制器测量反向信道的误帧率并将测量结果与目标 FER 比较，根据比较结果动态调整内环功控中信噪比的目标值 E_b/N_o，然后由内环功控来间接维持恒定的目标误帧率，即间接的控制通信质量。

前向功率控制指基站周期性地调低其发射到用户终端的功率值，用户终端测量误帧率，当误帧率超过预定义值时，用户终端要求基站对它的发射功率增加 1%。每隔一定的时间进行一次调整，用户终端的报告分为定期报告和门限报告。

反向功率控制在没有基站参与时为开环功率控制。用户终端根据它接收到的基站发射功率，用其内置的 DSP 数据信号处理器计算 E_b/N_o，进而估算出下行链路的损耗以调整自己的发射功率。开环功率控制的主要特点是不需要反馈信息，因此在无线信道突然变化时，它可以快速响应变化，此外，它可以对功率进行较大范围的调整。开环功率控制不够精确，这是因为开环功控的衰落估计准确度是建立在上行链路和下行链路具有一致的衰落情况下的，但是由于频率双工 FDD 模式中上下行链路的频段相差 190MHz，远远大于信号的相关带宽，所以上行和下行链路的信道衰落情况是完全不相关的，这导致开环功率控制的准确度不会很高，只能起到粗略控制的作用。

在外环闭环功率控制中，基站每隔 20ms 为接收器的每一个帧规定一个目标 E_b/I_o（从用户终端到基站），当出现帧误差时，该 E_b/I_o 值自动按 0.2～0.3 为单位逐步减少，或增加 3～5dB，在这里只有基站参与。外环功率控制的周期一般为 TTI（10ms，20ms，40ms，80ms）量级，即 10～100Hz。外环功率控制通过闭环控制，可以间接影响系统容量和通信质量，所以不可小视。

在内环闭环功率控制中，基站每隔 1.25ms 比较一次反向信道的 E_b/I_o 和目标 E_b/I_o，然后指示移动台降低或增加发射功率，这样就可达到目标 E_b/I_o。内环功率控制是快速闭环功率控制，在基站与移动台之间的物理层进行。

7.4.3　TD-LTE 系统的功率控制

TD-LTE 系统是一个干扰受限系统，其优越性的体现有赖于功率控制技术的使用。功率控制是 TD-LTE 系统中资源分配和干扰管理的关键技术之一，有效的功率控制算法能够降低用户间的相互干扰，可以在满足每个用户通信质量的前提下，最小化其发射功率，从而减少干扰、增加系统容量，并能延长手机的待机时间。

功率控制算法主要从两个层次分析和研究：全局层次和局部层次可以将功率控制分成不同的类型，如图 7.10 所示。

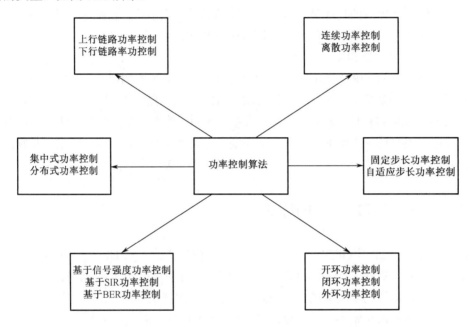

图 7.10　功率控制技术分类

根据功率控制在蜂窝系统中的链路方向不同分为上行功率控制（从移动台到基站）和下行功率控制（从基站到移动台）。根据功率控制处理方式分为集中式功率控制和分布式功率控制。根据确定功率控制命令的测量指标分为基于信号强度功率控制、基于 SIR（信干比）功率控制、基于 BER（误码率）功率控制。根据功率控制信息的获取方式分为开环功率控制、闭环功率控制、外环功率控制。其中闭环又称为快速内环。

（1）开环功率控制是指发射端根据自身测量得到的信息对发射功率进行控制，不需要接收端的反馈。开环功率控制在 TD-LTE 系统中主要用于随机接入过程，由于系统上下行链路在同一个载频上传送，通过对导频信号的路径损耗估计，接收端可以对发送信号的路径损耗进行准确估计，调整发送功率。

开环功率控制不需要反馈信道，算法相对于闭环功率控制反应更灵敏。它可对移动台发射功率的调整一步到位，即信道衰落多少就补偿多少。但是在深衰落的信道环境中，开环会使功率幅度调节过大而产生误调，恶化系统性能。所以开环功率控制在目前的标准中仅在无线链路建立时使用。

（2）闭环功率控制是指需要发射端根据接收端送来的反馈信息对发射功率进行控制的过程。它分为功率调节和功率判决两个部分，因此功率调整的延迟较大。环境因素（主要是用户的移动速度、信号传播的多径和迟延）对接收信号的质量有很大的影响。当信道环境发生改变时，接收信号 SIR 和 BLER 的对应关系也相应地发生变化。要根据信道环境的变化调整接收信号的 SIR 目标值。由于 UE 和基站间的通信，闭环功率控制可以校正测量误差，并且以更小的更新周期来补偿衰落，但是相对地需要一部分反馈信息来换取调整精度的提高。另外，还可以加入外环功控，结合快速 AMC（自适应调制和编码）来补偿因信干比（CSINR）测量和干扰变化而产生的误码率（CBLER）相对目标值的偏离。

（3）外环功率控制的功能是将目标 SIR 调整到最恰当的值，以保证信号质量。外环功率控制流程主要包含三部分：测量接收信号质量 BLER，查询指定 BLER 门限值、门限判决，按照相应策略调整 SIR 目标值。

外环功率控制的 SIR 目标值调整策略是外环功率控制流程的核心，理想的外环功率控制算法可以根据测量的 BLER 值（或物理层 BER 等测量信息），兼顾判决的不同情况，以不同步长调整 SIR 目标值。根据功率调整大小的度量，功率控制又分为连续功率控制和离散功率控制；根据功率更新的测量，功率控制分为功率调整步长固定（固定步长算法）的功率控制和功率调整步长根据信道状况自适应地调整的功率控制。

7.4.4 TD-LTE 功率控制的特点

由于 LTE 下行采用 OFDMA 技术，一个小区内发送给不同 UE 的下行信号之间是相互正交的，因此不存在 CDMA 系统因远近效应而进行功率控制的必要，即基站对本小区内所有频带都是以等功率发射的。在 TD-LTE 中主要侧重上行功率控制，用户根据功率控制参数对不同的信道设定不同的上行发射功率。TD-LTE 上行功率控制主要用于补偿信道的路径损耗和阴影衰落，并用于抑制小区间干扰。采用慢功率控制方式，功控频率不高于 200Hz。TD-LTE 系统可以利用上下行信道对称性进行更高频率的功率控制。

开环功率控制一般用于 TD-LTE 系统的上行链路中；闭环功率控制在上下行链路中都有，有时会结合外环功率控制来使功率保持在一定范围内。功率漂移与软切换相关，由于 TD-LTE 中采用硬切换，所以此处并不考虑功率漂移。此外，非实时服务的功率控制是选择性质的，因为有混合自动重传请求（HARQ），所以非实时服务不再需要功率控制，使接收功率在深衰下仍保持在给定值上。

TDD 系统开环功率控制算法和快速闭环功率控制算法在理论上完全可以采用类似 FDD 系统的算法机制，主要差别在于不同算法的具体参数设置，如 TDD 系统的快速闭环功率控制只在每帧内某个或某些时隙执行时非连续的，另外采用了多用户检测技术和智能天线技术，所以其调整步长和 FDD 系统有很大不同。在 TDD 系统中，外环功率控制算法需要充分考虑其每时隙服务用户数少、每个接入用户对系统负载影响剧烈的特性，采用外环功率控制调整步长策略，自适应地确定最佳目标 SIR 值，保证系统频谱效率尽量高。

7.4.5　功率控制技术的意义

功率控制与无线网络的许多协议层都有紧密的联系，功率的大小会影响物理层的链路通信质量、MAC 层信道的空间复用率、网络层的路由及传输层的拥塞状况。因此，功率控制技术对网络性能具有非常重要的意义，具体表现为对网络的连通性，介质冲突节点间的正常通信依赖于双方可正确地接收和解码对方所发送的数据帧。数据在传输过程中会产生衰减和失真等现象，在到达接收节点处时又会受到来自不同节点的信号干

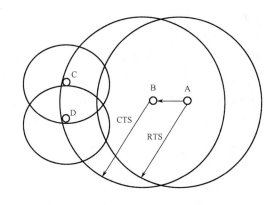

图 7.11　对称链路对 DCF 协议的影响

扰，数据发送功率的大小决定着数据帧能否抵抗这些干扰并使接收节点正确的接收和解码数据。如图 7.13 所示，左图中，所有的节点都以最小功率进行数据的发送，因此网络被分割成几个孤立的"岛"，且相互之间不能正常通信；右图是当功率增大至最大时，任意两个节点之间都可正常通信，处于全连接状态，整个网络处于连通状态。因此，功率的大小影响着网络的连通状态。当链路质量下降时，可以通过提高功率来维持正常的连接。在无线网络中，环境的变化会导致非对称链路的出现，而许多协议都是基于对称链路的，如 DCF 中 RTS、CTS 的交换，以及路由协议的设计，都依赖于节点双向可达的前提。如图 7.11 所示，节点 A 和 B 以某功率发送数据，其覆盖范围如图中圆圈所示。在 DCF 过程中，需要交换 RTS/CTS 报文以通知其他处于共享区域内的节点进入静默状态，以避免对当前传输产生干扰。C、D 节点所使用的功率为较小级别的功率，其覆盖范围较小。C、D 可以接收到 A、B 的 RTS/CTS 报文，A、B 却不能收到 C、D 的报文，这种不对称的状态会使得 C、D 之间的通信受到抑制而出现"饿死"现象。通过 TPC 增大 C、D 的功率可有效地消除非对称链路，使协议得到正常的运行。

1. 介质冲突

发射信号的强度决定着传输范围的大小，过高的传输功率会增加共享同一介质的节点数量，导致冲突概率的提高，高冲突率又会引起延迟的增大和数据传输率的下降。通过 TPC 调节发送功率能保证正常传输的最低值，可有效地减少共享信道的节点数量，减少冲突。如图 7.12 所示，当发送节点 A、C 以大圆对应的较大功率进行发送

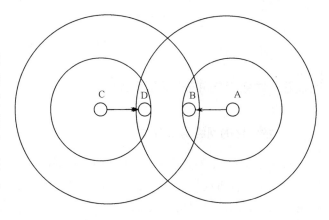

图 7.12　功率控制

时，两条链路不能同时并发。当双方调整功率至刚好满足传输要求的功率大小（也就是小圆对应的较小功率）时，双方可同时发起传输。

上面提到功率大小会影响共享介质的节点数量，功率的降低可有效地减少冲突节点的数量，从而允许更多的并发传输，吞吐率在一定程度上会得到提高。但是，多速率技术的出现使得功率控制对吞吐率的影响变得更加复杂。低功率虽然可以有效地增加网络中的并发传输数量，但是接收节点的信噪比大大下降了，链路的传输速率将会受到影响。如何平衡并发传输和多速率选择之间的关系，达到全网吞吐率最优，是目前研究的重点。

2. 延迟与能耗

功率控制技术可通过调节功率使端到端的路由跳数增多/减少以增大/降低/延迟时间。如图 7.13 所示，在小功率发送时，数据从 A 到 D 需要四跳，当以大功率发送时，只需经过 C，两跳就能完成数据的传输。

能耗是WSN中重点考虑的因素，显然，高的传输功率所消耗的能量会更大、节点的生存时间会更短。但是，高功率也能更好地保证通信的质量、提高传输的有效性。目前，能效指标（Energy Efficiency）是优化的主要目标，即单位能量所完成的有效工作量，如数据传输量等。

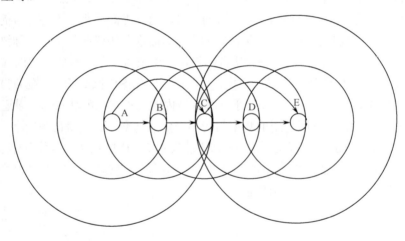

图 7.13　功率控制与跳数

7.4.6　功率控制的分类及介绍

1. 按优化的网络层次分类

从网络层次的角度来看，当前功率控制技术的研究工作主要集中在网络层与 MAC 层。通过路由是否满足通信需求以确定各个节点发送数据的功率大小；而 MAC 层集中于冲突避免机制的改进及功率大小选择策略的研究。网络层功率控制技术主要研究的是功率感知路由，大部分工作的主要目标在于借助MAC层选择一条高能效的路径进行数据传输。

基于位置信息可知的假设，针对三维空间提出了若干种功率感知路由协议，主要目标是提高数据传输成功率和延长网络生存时间。协议分为两个阶段，分别是路由发现阶段和数据传输阶段。在路由发现阶段，节点使用某一发射功率（比最大功率小的发射功率，具体有不同的选择方法）进行路由发现，如果成功，则进行数据发送；如果不成功，则使用最大发射功率重新进行路由发现。而在具体的路由发现过程中，加入了节点剩余电量作为判断依据来选择下一跳节点。在数据传输阶段，则选择自适应的最小功率进行传输。功率感知路由协议所研究的是如何选择能耗小的路由，这样便导致了路由跳数增加、传输延迟增大，全网吞吐率在一定程度上受到影响。

2．MAC 层功率

如上所述，网络层依赖于下层协议以获取相关信息进行优化，且最终的功率调节需要靠下层去执行，另外，MAC 层和物理层的优化协议可以细化到对每个帧（包括 RTS、CTS、数据帧和 ACK）进行功率调节，粒度更细、更高效。下面主要对 MAC 层的功率控制技术进行介绍。

MAC 层主要研究的是如何改进 MAC 协议以更好地实现能耗小、吞吐率高的目标。ATPC 自适应动态功率控制协议中，节点为其每个邻居节点建立一个描述传输功率大小与链路质量之间的关系模型，节点根据周期性的反馈信息动态调整传输功率以维持一定的链路质量，节能的粒度更细，在环境变化的过程中鲁棒性更强。对 MAC 层的改进首先考虑的还是能耗问题，在维持一定链路质量的前提下使功率最小化，而没有考虑最大限度地提高吞吐率，有时甚至以吞吐率和延迟作为换取功耗减小的代价。

目前 MAC 层功率控制技术的主要目标是降低能耗，在降低功耗的同时提高了信道的空间复用度，降低功耗是第一目标，下面介绍功率控制 MAC 层优化的工作主要方面之一：改进冲突避免接入机制，更好地解决功率控制技术带来的链路不对称等问题。

最初功率控制机制采用最大的发送功率发起 RTS、CTS 帧交互，以较低的功率完成数据帧的传输和应答，这样可以降低数据帧的发送功率，节省节点的能耗。此类功率控制机制称为基本功率控制机制，该机制的实现较为简单，不需要引入新的控制帧，并能与现有的 DCF 协议兼容。但分析指出，该类功率控制机制不仅会引起网络平均吞吐量的下降，而且在某些情况下还可能导致节点能耗的增加。

在基本功率控制机制的基础上提出了 PCM 协议。该协议在数据帧发送期间周期性地增大发送功率，从而避免冲突。该协议没能通过功率控制机制提高频率的空间复用度，因而无法提高网络的平均吞吐量。

PCMA 协议引入了一种基于双信道的功率控制机制。该机制规定，接收节点在数据信道上接收数据帧的同时，还在忙音信道上发送忙音信号。忙音信号的功率等于该节点正确接收数据帧所允许的最大噪声功率，其他发送节点通过监听忙音信号来调整发送功率，从而避免冲突。与 DCF 协议相比，该协议能获得更大的网络吞吐量，但监听忙音信号仅能避免节点在接收数据帧时发生冲突，却无法保证发送节点正确地接收 ACK 应答帧。

在 PCDC 协议中，冲突避免信息被插入到 CTS 报文中并在 RTS/CTS 子控制信道以最大功率发送，此时 CTS 的功能不是禁止覆盖范围内的节点进行发送，而是在保证不影响其数据报文正确接收的前提下，告知邻居节点可以以一定的功率上限进行功率发送，因此增大了共享信道通信的并行数目，增大了信道利用率和网络吞吐量。

3. 节点间复用问题

冲突避免机制的设计关系到信道的空间复用问题，好的冲突避免机制有利于传输的并发，对全网性能的提高有非常重要的意义。

通过一定的策略选取最佳的发送功率是一种解决问题的方法。在选取发送功率级别的过程中，通常有如下几种方法。

以节点与周围节点的连接特性为标准（如节点的度、连结集的定义）来确定发送的功率大小，提出基于锥区域的方案来维持网络的连接性，即每个结点逐渐增大传输的功率，直到在每个方向的某个角度范围内至少发现一个邻居节点。

根据信道质量决定节点的发送功率（如设定接收端的信噪比、QoS 保证、丢包率、ACK 回应的阈值），如使用闭环的循环计算方法迭代计算出理想的传输功率，其迭代的过程就是通过递减功率发送探测包，直至不能收到 ACK 为止，此时的功率为迭代阶段选定的功率。转入功率维护阶段，设定连续成功接收或连续失败接收 ACK 数量的阈值，超过阈值则提升或降低功率级别。

根据路由层的反馈决定功率大小（如依次放大功率级别，直到路由成功），在路由发现阶段可以设定两级功率，先用低能级进行路由发现，如果失败，则提高能级，继续进行路由发现。

根据博弈论、遗传算法等数学工具计算最优功率。采用不合作的博弈论方法提出一种新的定价机制。此定价与信干比 SIR 呈线性关系，通过选定不同的比例常数可以达到不同的网络优化目标，如流量均衡、吞吐率优化等。

发射功率的选取对于保持网络的连通性很重要，节点选取发送功率时，不但要考虑数据的可达性，还要考虑对邻居节点造成的干扰。

网络层功率控制技术所关心的是如何通过改变发射功率来动态调整网络的拓扑结构（即拓扑控制，Topology Control）和路由选择，使网络的性能达到最优。网络层确定了最大功率后，通过 MAC 层的功率控制在此最大发射功率前提下根据下一跳节点的距离和信道质量等条件动态调整发射功率。网络层的功率控制依赖于 MAC 层的功率控制技术。和网络层的功率控制相比，MAC 层的功率控制是一种经常性的调整，每发送一个数据帧可能就要进行功率控制，而网络层的功率控制则是在较长的时间内进行的一次调整，调整频率较低。

综上所述，MAC 层功率控制粒度更细，可更高效地调节功率以实现性能的优化。

7.4.7 控制的组级分类

依据基于分组级的分析方法，从网络自身角度对功率控制算法进行分类，可以分为网络级控制、邻居节点级控制和独立节点级控制。

1. 网络级功率控制

网络级功率控制是指网络中的所有节点使用相同的功率进行数据发送，根据一定的策略得到此功率的大小。COMPOW 协议是典型的网络级控制协议，在保证全网连通的状态下，使用尽可能小的功率进行数据发送。每个节点使用多个不同的功率级别对网络连通性进行试探，并为每个级别维护一个路由列表，对网络试探完毕后，比较每个路由列表的项数，取其中网络路由数与最大发射功率情况下所得到的路由表项数一致的对应的最小发射功率为全网的统一发射功率。

COMPOW 协议在理想的情况下可以达到降低功耗，提高信道空间复用度和全网吞吐率，并且由于使用了统一的功率，不存在功率不对称导致的隐藏终端问题。但是，路由探测和路由表的建立也会带来很多额外开销，在网络节点分布不均匀的情况下，某些节点可能并不需要这么高的功率，会引起不必要的相互干扰和网络性能的下降。

2. 邻居节点级功率控制

邻居节点级功率控制是指每个节点选择的功率可以覆盖所有的邻居节点，而节点之间的功率级别互不相同。其特点是以邻居节点的信息为功率控制的依据，比网络级功率控制有更细的粒度，效率也更高。

RDPC 算法针对的是传感器网络中越靠近 Sink 的节点能量消耗得越快的现象。该算法引入了"中继节点"的概念，通过增加中继节点来分担网络中的通信负荷。假设网络为一个圆形区域，Sink 节点位于圆心。所有节点呈泊松分布，以一定的密度分布在网络中。首先，通过传感器节点与目的点的距离的关系估算网络中任意一节点到圆心的距离与能量消耗的关系式，然后推导得到中继节点最优的分布密度：

$$\rho_r(d) = \begin{cases} \dfrac{\beta(d)(D^2 - d^2)}{\pi_t^2} & d > t_s \\ \dfrac{D^2}{t_t^2}\rho_s & d \leqslant t_s \end{cases} \tag{7.1}$$

但是，由式（7.1）可知，中继节点所需要的最佳数目有可能超过整个网络的节点数，因此，引入功率控制机制解决该问题。以圆心为中心将网络平均划分为 M 层，第 M 层中继节点的分布密度为 P_M。第 M 层所有的节点使用相同的功率 t_M 进行数据发送，并求出最优的 P_M 值和 t_M 值。模拟结果表明，RDPC 算法中，中继节点以较低的密度分担了传感器网络节点的通信负荷，能量消耗平均分配到了网络中所有的节点上，解决了网络能耗瓶颈的问题。此外，通过功率控制降低了节点的功耗，延长了网络生存时间。

7.4.8　多速率技术与功率控制技术之间的制约关系

在以往以节约能耗为目标的功率控制技术中，主要考虑的是能耗和吞吐率之间的制约关系。功率控制为了降低能耗，而多速率技术为了提高吞吐率，这两个目标有时是此消彼长的，难以同时大幅优化。高速率通信需要高信噪比、低误码率的支持，而这两个条件一般需要增大发射功率来提供。于是为了节约能量，而又不降低网络的整体传输效率，出现了联合两种技术的解决方案。另外，就功率控制与多速率技术在提高吞吐率方面而言也是有制约的，高功率可以保证高信噪比和低误码率，使得可以选取高速率进行数据发送，但是高功率意味着干扰范围的增大、可以并发链路的减少，从而会降低全网的吞吐率，如何选取最优值是问题的关键。

1. 联合多速率技术与功率控制技术

目前，多速率环境下功率控制技术的研究工作开展得还比较少。在 WLAN 中，主要应用于 AP 与客户之间的一跳通信的优化上。例如，参考文献[35]提出了一种根据链路状态调节功率和速率的链路自适应算法，此方法不修改 RTS/CTS 报文，也不需要额外的信道发送有关信道质量的报文，其通过计算连续发送失败或成功的次数来判断链路的质量，所以此算法与 IEEE 802.11 协议是兼容的。目前提出了两种算法，分别是面向吞吐率最大化和功耗最小化的目标，通过判断 ACK 连续成功接收/失败接收的数量是否超过/低于某个阈值决定功率和速率的升降。此方法有效地提高了速率并降低了功耗，但是当 AP 覆盖范围内的节点数量较大时，因为没有考虑隐藏终端的问题，导致冲突加剧，性能会明显下降。参考文献[36]针对节点移动性高、能量受到限制，且节点密度大的 802.11WLAN 网络，提出了一种贪心算法。节点在发送数据前经过初始化、REF 和 OPT 三个阶段确定节点发送的速率和功率，目标是尽可能地使发送速率最大，而在此基础上功率最小。但因为采用的是贪心算法，节点只是使自己当前的传输速率最大化而忽略了对其他并发传输的影响，所以不一定能使全网的吞吐率最优。

2. 联合调度技术的功率控制技术

近来，联合链路调度和功率控制作为跨层设计问题受到越来越多研究者的关注。调度技术可以有效地解决链路间严重的冲突问题，将调度技术与功率控制技术结合，能更有效地提高网络的性能。

最初，T. ElBatt 和 A. Ephremides 以降低能耗为目标提出了联合功率控制和链路调度问题的初步模型，整个求解过程是一种分阶段的启发式调度和功率控制算法。第一阶段通过启发式调度算法给出最大并发的链路子集（Valid Set）；第二阶段根据信号噪声干扰比（Signal and Interferer Noise Rate，SINR）约束，通过一定的策略确定参与调度的节点的功率集合，如果不存在符合条件的功率集合，则转入第一阶段重新进行调度。

以提高系统吞吐率为目标，提出了一种新的联合调度和功率控制的技术，定义了需求满足因子（Demand Satisfaction Factor，DSF）来描述吞吐率和公平性之间的关系，并提出了线性规划（Serial Linear Programming Rounding，SLPR）启发式优化方法进行求解。但是，其没有考虑多速率技术的因素，因此，在多速率的环境下，其性能的发挥将受到一定的限制。

7.5　WMN 网络休眠与激活

　　无线 Mesh 网络是由大量低成本、低功耗的具有数据采集、计算与通信能力的微小传感器节点构成的自组织网络系统，是能根据环境自主完成各种监测任务的智能系统，其在军事、汽车电子、工业控制、环境监测、医疗卫生、智能家居等领域有很好的应用前景，尤其在无人值守或恶劣环境下的事件监测方面。典型的多跳无线 Mesh 网络示意图如图 7.14 所示。

　　无线 Mesh 网络要求的应用场景是需要周期性地读取网络中所有网络节点的实时数据，如温湿度、一氧化碳指标。这类应用的特点有：实时性要求较高，需要在很短的时间内（数秒钟）完成全网所有节点数据的采集。全网数据采集具有周期性，而且时间间隔较短，其周期一般为几分钟至几十分钟。传感节点设备往往采用电池供电，对功耗要求苛刻：

- 网络节点具有移动性，网络拓扑结构会不断变化；
- 数据采集由集中器/网关模块发起，网络节点模块在收到读取数据命令后向外部传感器发出读取命令，再将传感器的数据上报给集中器/网关模块。

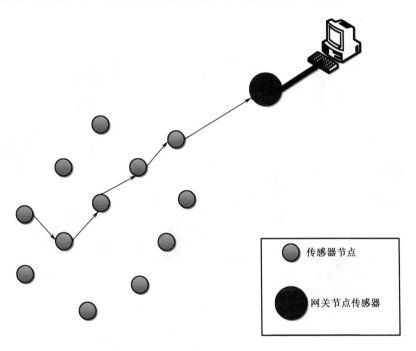

传感器节点

网关节点传感器

图 7.14　多跳无线 Mesh 网络示意图

　　对于此类应用，仅仅需要对采用 WaveMesh AMR 协议的无线模块进行简单配置，就可以实现按照预设的时间间隔自动进行全部、部分和指定传感节点的数据采集。不需要用户对网络和模块做任何控制和维护，甚至传感器/仪表的读数据指令、数据采集的时间间隔等参数都可以固化在集中器/网关模块的片内非易失存储器里由模块自动发送，而不需要用户应用层控制。数据采集的时间间隔等参数也可以通过 AT 命令随时调整，AT 命令仅需要向网关/集中器模块下达即可。在预设了读数据指令和读取时间间隔后，整个网络在模块上电后可以立即开始工作，集中器/网关模块会自动按照指定的时间间隔读取全网所有传感节点的数据并进行上报，所有传感节点模块由集中器/网关模块控制休眠。网络中的路由会自动建立和维护，不需要用户的应用层面做任何网络维护工作。

采用 WaveMesh 同步休眠模式或混合休眠模式就可以轻松实现低功耗的需要。网络中的所有传感节点、网关/集中器模块都可以休眠。同步休眠方式不需要休眠唤醒过程，最大限度地节省了电量的消耗；混合休眠模式可以提高网络的健壮性，有些节点在受到干扰情况下不能进行同步休眠时，会自动进入异步休眠模式，最大限度地减小无谓的功耗消耗。WaveMesh AMR 采用多径路由协议，数据报文可以由多条路径、多信道并行发送，网络吞吐量极高，可以在数秒钟内完成成百上千点的数据采集。另外，可以采用多个网关/集中器模块进行组网，有效地增加了网络的出口带宽，缩短了数据采集所用的时间，进一步降低了网络节点功耗。

WaveMesh 超低功耗无线 Mesh 网络如图 7.15 所示，网络中仅需要传感节点单一类型设备，不需要不休眠的路由设备参与组网，该方案可以大大降低系统的设备成本、部署成本和维护成本。

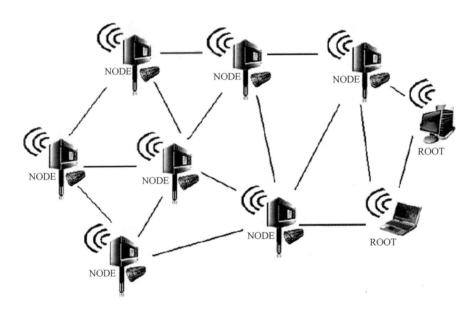

图 7.15　WaveMesh 超低功耗无线 Mesh 网络示意图

WaveMesh 超低功耗 Mesh 网络解决方案的功能和特点如下。

- 设备、维护和部署成本低，网络中的所有设备节点都可以休眠，仅需要无线传感节点单一设备就可以实现中继和路由，不需要额外增加不能休眠的节点作为网络骨干路由节点。
- 应用层的数据帧结构可以灵活设定，支持任何可能的协议格式，用户不需要修改现有协议就可以与 WaveMesh 无线模块无缝驳接。

- 仅需要对模块进行简单的配置，不需要任何二次开发工作，更不需要对无线自组网技术有任何的知识背景即可完成传感网络的部署，用户不需要对网络做任何控制和维护工作。
- 网络节点数据读取命令和数据采集时间间隔等参数可以通过配置工具或 AT 指令固化到网关/集中器模块存储器中，也可以通过 AT 指令动态设置，网关/集中器模块会自动按照指定的时间间隔采集全网传感节点的数据，并控制传感节点模块的休眠，不需要用户干预。
- 网络建立零开销，没有初始化过程，所有传感节点设备上电立即能入网工作，而其他解决方案中网络的初始化过程需要几十分钟甚至几个小时，造成大量功耗。
- 采用私有多径按需路由协议，支持 255 级路由、非常密集和节点数量众多的庞大无线网络，路由的计算根据电池的剩余电量、无线信号的质量综合考虑。
- 路由在每次数据采集时即时重新建立，非常健壮，适合拓扑结构快速变化的移动节点组网的应用，路由的建立和维护在数据传输中同步进行，路由协议不需要产生额外的开销。
- 数据报文可以多信道、多路径、多网关并发进行传输，网络的吞吐量可以大于无线模块的物理带宽。
- 采用全网数据集抄方式，不需要逐点轮抄，可以在极短的时间内完成成百上千个传感节点的数据采集。
- 包括广播、多播和单播在内的所有的报文都采用 5 次握手方式进行可靠传输，网络设计兼顾低功耗和可靠传输的完美平衡。
- 多种休眠机制，可以采用同步休眠模式和混合休眠模式，同步休眠模式不需要异步休眠唤醒过程，最大限度地节省了电量的消耗；混合休眠模式可以提高网络的健壮性，在些节点在受到干扰的情况下不能进行同步休眠，会自动进入异步休眠模式，最大限度地减小无谓的功耗。
- 隐蔽、安静的网络，所有网络节点在数据采集间隔时间内可以完全休眠，不需要收发任何网络维护报文，在降低功耗的同时也降低了网络对其他同频网络的干扰，降低了受其他同频网络干扰的概率。
- 安全、可靠的全网快速异步休眠唤醒，唤醒采用短报文的方式，其误唤醒的概率为 0，而唤醒成功率接近 100%，即使在有干扰的情况下也不会因为干扰信号造成功耗上升。

7.5.1　外部传感器/仪表电源管理

传感器/仪表和无线模块之间可以进行双向唤醒和电源管理控制，以达到实际应用中的最低功耗。

WaveMesh 超低功耗 Mesh 网络采用无线模块主动的电源管理模式，在该模式下，由无线模块控制外部传感器/仪表的休眠、唤醒，但并不需要为传感器/仪表配合无线模块做特殊的电源管理设计。无线模块在需要读取传感器/仪表的数据时，将传感器/仪表唤醒或供电，在完成读取传感器/仪表的数据后，无线模块通知传感器/仪表进行休眠或对其断电。休眠唤醒的控制可以采用 I/O 引脚和 UART 接口的方式。无线模块主动的电源管理模式可以确保传感器/仪表设备在最短的时间内进行工作，之外的时间可以一直处理休眠或断电状态。传感节点模块自身会自动进行休眠，而且休眠电流非常小，休眠可以来自集中器/网关模块的命令，也可以是自主异步休眠，可以确保达到最低功耗。

无线模块也可以采用被动电源管理方式，外部设备通过发送 AT 指令、控制无线模块的电源等方式强制无线模块进行休眠，在需要数据传输时可以通过给模块上电，或者通过 I/O 引脚及 UART 接口唤醒无线模块。被动电源管理模式给用户更大的主动性和灵活性，可以根据自己的实际需要进行设置。

1. 引脚唤醒

模块的 ACT 引脚可以作为外设休眠唤醒信号，电平极性可以设置，在使能该引脚的情况下，其时序示意图如图 7.16 所示。当无线模块需要读取外部传感器/仪表时，会先反转 ACT 引脚的电平对外部传感器/仪表进行唤醒或供电。在等待"发送延时"（TX delay）时间后，通过 UART 向传感器/仪表发送读取数据指令。一般情况下传感器/仪表在被唤醒/上电后需要工作一段时间后才能得到有效的数据，"发送延时"可以根据需要进行设置以确保传感器/仪表返回的数据有效。得到传感器/仪表的响应后，无线模块会再次翻转 ACT 的电平，通知传感器/仪表可以开始休眠或给传感器/仪表断电。如果无线模块设置"ACK 报文"参数，当无线模块正确接收解析外部传感器/仪表发送的数据帧后，会向其发送"ACK 报文"进行握手确认。如果传感器/仪表在设定的超时时间内没有响应，无线模块在等待超时后会翻转 ACT 的电平，通知传感器/仪表进行休眠或断电。

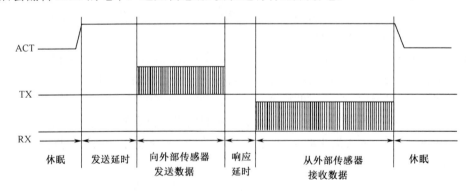

图 7.16　I/O 引脚唤醒时序示意图

2. UART 唤醒

无线模块通过 UART 接口与外部传感器/仪表进行通信（定制模块除外），在不占用额外 I/O 引脚的情况下仅通过模块 UART 接口的 TX 引脚实现对外部传感器/仪表的唤醒。

UART 唤醒时序示意图如图 7.17 所示。当无线模块需要读取外部传感器/仪表数据时，先通过 UART 接口发送一定长度的重复字节作为唤醒序列，重复字节的长度可以进行设置；在唤醒序列发送完毕后再通过 UART 向外部传感器/仪表发送读取数据命令；然后等待外部传感器/仪表的响应；在得到传感器/仪表的响应后，如果设置了"ACK 报文"参数，无线节点模块会向外部传感器/仪表发送"ACK 报文"进行确认，外部传感器/仪表此时可以开始休眠。

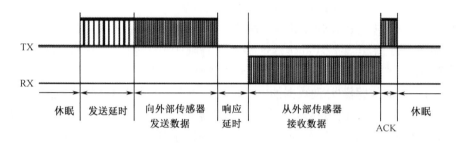

图 7.17　UART 唤醒时序示意图

I/O 唤醒比 UART 唤醒更加灵活，但需要多占用一个 I/O 引脚，在 I/O 引脚允许、外部设备的情况下建议采用 I/O 唤醒方式。

7.5.2　同步休眠

1．休眠问题

同步模式下节点的休眠时间片和工作时间片由休眠广播报文实现同步，相邻节点之间的时间片误差小于 1ms。同步休眠广播报文由集中器/网关在每个"工作时间片"的结束时刻向全网逐级广播，该报文指定本次同步休眠时间片的长度。工作时间片的长度没有限制，可以根据数据传输需要自动动态调整，网络在没有数据传输时可以立即休眠而不需要等待某个预定的工作时间片结束，在有数据传输时会自动等待数据传输结束再进行休眠。同步休眠模式下相邻节点间的时间片的误差很小，可以在工作时间片起始时刻立即进行数据传输，不需要进行无线唤醒或其他同步操作。同步休眠示意图如图 7.18 所示。

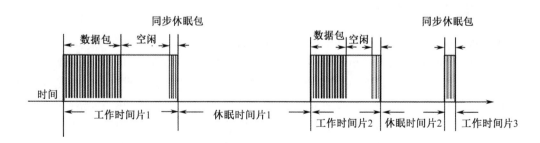

图 7.18　同步休眠示意图

工作时间片（work time slice）和休眠时间片（sleep time slice）根据需要由集中器/网关自动动态调整。图 7.18 中工作时间片 1、2、3 的时间长度是不同的，同样，休眠时间片 1 和 2 的时间长度也是不同的。其中在工作时间片 3 中没有进行数据传输，只传输同步休眠报文。在每个工作时间片开始时刻可以立即开始数据传输。对于传感网络来说，数据传输就是对传感节点的数据采集，整个工作时间片的工作过程大致描述如下。

（1）网关/集中器模块在工作时间片的开始时刻向网络中的传感节点发送读数据的指令，根据目的地址可以采用广播、多播和单播的方式。

（2）传感节点模块在收到读数据指令后，如果地址匹配会改变模块的 ACT 引脚电平或通过 UART 接口对连接模块的传感器/外设进行唤醒（该过程可配置），同时还会向远处的传感节点中继转发收到的读数据命令，转发次数可以设置。

（3）为了保证传感器/外设数据的有效性，传感节点模块在唤醒传感器/外设后会等待一段时间（可以配置）才向传感器/外设发送读数据的指令，然后等待传感器/外设的响应。

（4）在收到传感器/外设的响应数据报文或等待超时后，传感节点模块再次改变模块的 ACT 引脚电平通知传感器/外设进行休眠。

（5）如果网络节点模块得到传感器/外设的响应，会将该数据报文向网关/集中器发送。

（6）网络节点模块在上行数据报文缓冲区空闲时可以向网关/集中器方向中继转发远处传感节点的数据。

（7）对于网关/集中器模块来说，在向网络发送读数据指令后，就可以陆续接收到网络中传感节点的响应数据报文，可以对网络中所有、部分和指定传感节点进行数据采集。

（8）网关/集中器模块在一定时间内（可以设置）不再收到传感节点的数据，认为数据采集过程已经完成，会向网络广播同步休眠报文，该报文指定当前休眠时间片的长度。

（9）网络节点模块接收到广播同步休眠报文后，会向网络中继广播发送同步休眠报文，为了提高该报文的接收成功率，会多次重复发送，其发送次数可以设置。

（10）传感节点模块完成同步休眠报文的发送次数后会进入休眠状态，直到休眠时间片结束为止；一次完成的同步数据采集过程自此结束。

同步休眠模式仅需要对无线模块进行简单设置即可完成，可以使用模块配置工具或 AT 指令。与同步休眠模式相关的参数有"同步间隔"、"重复"、"休眠"和"预存广播报文"，其中"同步间隔"、"重复"和"休眠"参数仅需对集中器/网关模块进行设置即可。

2．同步间隔（单位：s）

如果该参数不为 0，则会自动开启同步休眠功能。该参数设定同步休眠模式下"休眠时间片"的上电时的初始值，单位为秒，"休眠时间片"的参数值也可以通过 AT 命令灵活修改。该参数仅对集中器/网关模块有效，如果该参数所设置的值不为零，则集中器/网关模块会在上电后开启同步休眠。在某工作时间片内有数据传输时，集中器/网关模块会在数据传输结束后等到信道静默超时后自动向网络发送同步休眠广播报文；在某工作时间片内没有数据传输，集中器/网关模块会在工作时间片的开始时刻立即向网络发送同步休眠广播报文。

3. 重复

对于传感网络等需要进行周期性数据采集的应用来说，需要按照一定时间间隔重复地向网络发送相同的命令。最典型的应用就是周期性地对全网传感节点进行数据集抄。在激活这个"重复"选项后，集中器/网关模块就会将"同步间隔"所设定的参数值作为"休眠时间片"自动周期性地向网络发送"预存广播命令"或最近一次收到的命令。从用户的角度来说，使能这个选项后网络中节点的数据就会按照类似"冒泡"的方式自动上报。该参数可以用 AT 指令进行动态设置，这里设置的是上电时的初始模式。该参数仅对集中器模块进行设置，对节点模块设置无效。

4. 休眠

对于同步休眠模式来说，传感节点模块即使不激活该选项也会被强制同步休眠；而集中器/网关模块必须激活该选项才真正同步休眠。对于异步休眠和混合模式来说，传感节点模块和集中器/网关必须激活这个"休眠"选项才真正使能异步休眠。

5. 预存广播命令

可以将传感器的数据读取指令设置为"预设广播命令"，当集中器/网关模块收到与预设的广播命令相同的命令报文时，就可以用简短的报文替代预设命令报文的内容，省去预设广播命令的广播过程，可以提高网络的响应速度、节省数据采集的时间和电源的消耗。由于预设广播命令被固化在模块的片内非易失存储器中，集中器/网关模块在上电后如果检测到已经设置了预设广播命令，会立即按照预定的时间间隔自动进行全网数据采集并控制传感节点的休眠，不需要用户应用层面的干预。除此之外，预设广播命令还有如下用途。

（1）实现报文的转换。如果网络中有不同种类的传感器混合组网，并且不同传感器的数据读取命令是不同的，可以根据需要对不同的传感节点模块、集中器/网关模块设置不同的预设广播命令报文，实现向集中器模块发送 A 报文，节点模块向传感器等外设下达 B、C、D…报文的效果。

（2）按照广播的方式发送"非广播地址"的命令。预设报文不对目的地址是否为广播地址做检查，因此可以广播目的地址为非广播地址的报文，也可以广播没有地址字段的命令。

无线模块提供 AT 指令可以方便地随时修改同步休眠相关参数，也可以通过 AT 指令直接修改无线模块固化在存储器中的控制块的内容。AT 指令的格式如图 7.19 所示，"AT"字符作为前缀，紧接着是两个以上 ASCII 字符的指令名称，对于有参数的指令，参数采用16 进制的 ASCII 字符，最后以回车符<CR>结束对应的 16 进制的值为 0x0D。指令名称、参数和最后的回车符之前可以用空格隔开。

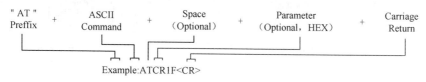

图 7.19　AT 指令格式

7.5.3 混合休眠

采用同步休眠模式的低功耗无线传感网络，在同步休眠报文受到干扰或集中器/网关节点掉电时，传感节点模块由于得不到正确的休眠命令，并不会主动进入休眠状态，会造成节点功耗的明显上升，从而缩短电池的使用寿命。为了克服上述情况，增强网络的靠干扰能力，可以采用以同步休眠为主、异步休眠为辅的混合休眠模式。混合休眠模式下，没有收到同步休眠命令的节点可以自动进入异步休眠模式，以保持比较低的功耗。混合休眠模式可以看作在异步休眠模式的基础上叠加了同步休眠模式。

异步休眠模式下传感节点模块会在网络空闲后主动按照预设的"睡醒比"进行间歇式休眠，睡醒比是"监听时间片"和"异步休眠时间片"长度的比值。"监听时间片"和 RF 的速率有关，一般只有毫秒级。如果传感节点在"监听时间片"内监听到网络中有数据需要收发就会自动进入正常工作模式。"睡醒比"可以灵活设置，该参数决定了传感节点待机电流的大小。假设传感节点模块的休眠电流为 $0.5\mu A$，接收电流为 22mA，异步休眠模式电流如图 7.20 所示。

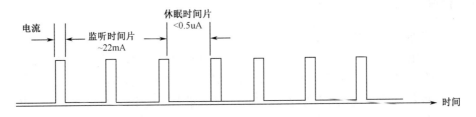

图 7.20　异步休眠功耗示意图

WaveMesh 采用短报文的方式对异步休眠节点进行唤醒，可以迅速实现全网唤醒、多点和单点唤醒，该唤醒方式具有安全、可靠、耗时少等优点。相邻节点间的数据传输平均唤醒延时为异步休眠周期的 1/2；默认全网唤醒总延时大概是休眠周期的 0.5～1，和网络节点数量、分布没有太大关系，网络节点密度越大，唤醒速度越快。相对于同步休眠模式，混合休眠模式在工作时间片的一开始并不能立即进行数据传输，需要先进行全网或路由节点唤醒，在唤醒过程结束后，基本可以保证所有相邻的节点都可以被可靠唤醒。在唤醒阶段被遗漏的节点也会被后续的数据传输节点继续唤醒，在没有外界干扰的情况下异步唤醒的成功率为 100%。典型的无线传感网络混合休眠模式如图 7.21 所示。

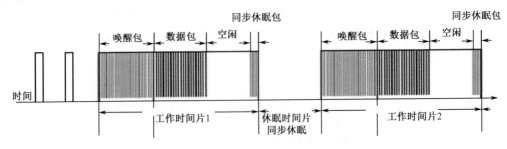

图 7.21　混合休眠示意图

　　混合休眠模式相对于同步休眠模式在工作时间片内增加了全网唤醒的处理过程，导致每个工作时间的时间变长，也就增加了传感节点模块的功耗。然而，对于传感器来说，需要对模拟量进行 A/D 采样，而模拟电压、电流一般在上电后需要一段时间才能稳定；也就是在传感节点模块唤醒外部传感器后，需要延时一段时间才能得到正确的数据。这段时间对于纯粹的同步休眠方式来说，无线模块的射频处于接收状态，并不进行任何数据的收发。而对于混合休眠模式，可以利用这段时间进行全网无线唤醒，整个工作时间片并不会真正增加；并且在整个唤醒过程中，传感节点无线模块的射频绝大部分时间还处于接收状态。因此，混合休眠模式相对纯粹同步休眠模式节点模块在单个工作时间片内消耗的电流只有很小的增加量，却极大地提高了网络的抗干扰能力。

　　混合休眠模式除了有前面介绍的同步休眠模式相同的相关的参数之外，还需要对异步休眠相关的参数进行设置。异步休眠的相关参数可以通过模块配置工具进行相同设置，以确保无线全网唤醒的成功率。与异步休眠模式相关的参数有"睡醒比"和"休眠"：

1．睡醒比

　　该参数设定异步休眠模式下"异步休眠时间片"和"监听时间片"的比值。该参数的取值范围为 0～2500。"睡醒比"越大，模块的待机功耗就越小，但同样意味着异步唤醒休眠需要的时间更长、模块的响应速度越慢、每个报文的平均发送时间越长。因此"睡醒比"参数的设置需要综合考虑实际网络的工作情况，使得实际使用平均功耗最低。

　　对于混合休眠来说，会以同步休眠为主、异步休眠为辅。异步唤醒时间大概为异步休眠周期的 0.5～1，与网络中的节点密度有关，密度越大，唤醒时间越短。对于无线传感网络来说，为了不增加数据采集时间，异步唤醒时间的经验值不应该大于外部传感器数据有效的延时。

　　对于部分不休眠节点和部分休眠节点混合组网的情况，对不休眠节点也要配置与休眠节点相同的"睡醒比"，以确保异步唤醒的成功率。

2．休眠

　　对于异步休眠、混合休眠模式来说，即使传感节点模块设置的"睡醒比"不为 0，也必须激活该"休眠"选项才能使能异步休眠。

　　异步休眠参数可以通过配置工具进行修改，相关参数值被固化在无线模块非易失存储器中。原则上，异步休眠参数在网络部署之前确定，在网络运行期间不建议进行参数值的修改。异步休眠参数值也可以通过 AT 指令修改无线模块的控制块来实现，控制块在配置模式和正常工作模式下都可以进行修改，具体请参见相关文档。

　　异步休眠周期需要根据所设定的"睡醒比"和其他相关参数的计算才能得到。在配置工具中设置好"默认 RF 速率"参数后，单击"应用"按钮后展开"高级配置"选项，如图 7.22 所示。在高级配置中有两个参数决定了异步休眠"监听时间片"的长度，分别为"时钟 tick"和"自动醒来时隙"。这两个参数是根据"默认 RF 速率"自动设置的，用户也可以对这两个参数进行修改。将这两个参数相乘，便可以得出"监听时间片"长度，单位为μs。以图 7.22 为例，时钟 tick 为 108μs，醒来时隙为 15tick，则"监听时间片"为 108×15=1620μs。

图 7.22 高级配置

将"监听时间片"乘以"睡醒比"就可以得到"异步休眠时间片"的长度，假设"睡醒比"为 100，"监听时间片"1620μs，则"异步休眠时间片"为 100×1620μs=162ms。异步休眠周期为"异步休眠时间片"加上"监听时间片"，即 162ms+1620μs=163.62ms。

7.5.4 功耗估算

1. 进行无线 Mesh 网络功耗需要知道的参数

- 网络中传感节点数量为 N；
- 集中器/网关的数量为 n；
- 每个传感节点每次上报的数据报文字节数为 L；
- 射频的波特率（不考虑自适应速率）为 B（kbps）；
- 外部传感器/仪表数据有效延时时间 T_d（ms）；
- 异步休眠的睡醒周期为 T_s（ms）；
- 集中器/网关空闲等待超时时间为 T_o（ms）；
- 无线模块接收电流为 I_r（mA），发射电流为 I_t（mA），休眠电流为 I_s（mA），PLL校准电流为 I_c（mA）。典型值为 I_s：0.5μA；I_c：5mA；I_r：20mA；I_t：33～100mA。

2. 对无线传感网络作以下假设

- 集中器/网关模块 UART 速率大于射频的波特率的一半，即 $B/2$，这种情况下不需使能流控，网络的数据传输时间仅取决于射频的速率。
- 每级路由都有两个以上的节点，一个传感节点向上级节点转发数据报文的同时，其他同级的传感节点可以接收下级节点的数据报文，这样集中器/网关模块会得到连续的数据流。
- 网络没有外来的无线干扰，节点之间无线信号稳定，并且没有孤立节点。
- 外部传感器/仪表的读取指令采用"预设报文"的方式，下行不需要真正地发送读数据的报文。

整个数据采集工作时间片过程分为几个主要过程，分别为唤醒过程、响应等待过程、数据传输过程、空闲超时过程和休眠报文下发过程，请参见"混合休眠示意图"。纯粹同步休眠模式没有唤醒过程，可以作为混合休眠模式的特例。可以分别计算每个过程消耗的时间和电流，最后计算出整个数据采集过程的平均电流。

7.5.5　异步唤醒过程功耗估算

WaveMesh 协议的异步唤醒过程采用短报文的方式，其唤醒需要的时间与节点的相邻节点数有关，相邻节点数越多，唤醒的时间越短，反之越长。另外，在唤醒过程中打开射频发送报文的概率与相邻节点数也有关，相邻节点数越多，发送报文的概率越小。在配置工具的默认设置下，唤醒过程需要的时间为异步休眠周期的 0.5～1。在这里根据功耗消耗最大情况进行估计，唤醒过程需要的时间 T_w 最大为 T_s；唤醒过程中射频最大可能有一半时间处于发射状态，剩下一半时间处于接收状态。

1. 等待外设响应过程功耗估算

对于传感器来说，需要对模拟量进行 ADC 采样，而模拟电压、电流一般在上电后需要一段时间才能稳定。也就是说，在传感节点模块唤醒外部传感器后，需要延时一段时间 T_d 才能得到正确的数据。如果第一阶段的唤醒过程所用的时间 T_w 小于 T_d，则在唤醒过程结束后的 T_d-T_w 时间内，无线模块射频会处于接收状态，其电流为 I_r。

1）空闲超时过程功耗估算

如果采用集中器/网关模块自主进行同步休眠控制，会采用空闲超时作为全网数据采集结束的依据。该过程中，网络中没有任何数据进行发送，所有的节点都处于接收状态，该过程消耗的平均电流为 I_r。

如果用户采用主动方式（发送 ATCS）进行同步休眠控制，可以将该过程的时间可以减小到最低，甚至到 0。

2）休眠报文下发过程功耗估算

同步休眠报文的下发时间是非常短的，该过程仅需要发送 1～5 次几个字节的握手短报文，发送次数与节点的相邻节点数有关，相邻节点数越多要，发送次数越少，反之越多。由于同步休眠报文的下发时间非常短，相对于整个数据采集过程，这个过程消耗的功耗可以忽略。

其中，唤醒过程、等待外设响应过程和空闲超时过程在某些应用下可以将其消耗时间减小到 0，为可选过程；而数据传输过程为必要过程。在应用中需要有效缩短可选过程的时间，可以大幅降低传感节点的功耗。

举例说明工作时间片内各个过程的时间和电流的计算，具体参数如下：
- 网络中传感节点数量为 N=100；
- 集中器/网关的数量为 n=1；
- 每个传感节点每次上报的数据报文字节数为 L=64；
- 射频的波特率（不考虑自适应速率）为 250（kbps）；
- 外部传感器/仪表数据有效延时（响应）为 200（ms）；
- 异步休眠的睡醒比为 100；

● 集中器/网关空闲等待超时时间为 T_o=2000（ms）；

● 无线模块接收电流 I_r=20（mA），发射电流 I_t=33（mA），休眠电流 I_s=0.5（μA）。

根据睡醒比和射频的波特率，配置工具给出默认参数：时钟 tick 为 128μs；自动醒来时隙为 18ticks。根据 "混合休眠"公式，异步唤醒周期为 T_s 为 128μs×18ticks×（睡醒比 100+1）=233ms。

由于异步唤醒过程时间 233ms 大于外设响应的延时时间 200ms，因此等待外设响应过程并不存在。

综上，唤醒过程、等待外设响应过程、数据传输过程和空闲超时过程的时间分别为 0.23s、0s、1.83s 和 2s；整个工作时间片的总时间为 4.06s。根据无线模块接收电流和发射电流，容易计算出工作时间片的平均电流为 23mA。图 7.23 给出了不同数据采集时间间隔（单位：min）的最坏情况下的平均工作电流（单位：μA）的曲线图。

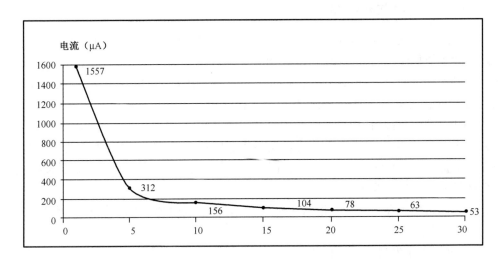

图 7.23　不同采集时间间隔的电流曲线图

关于图 7.23 说明如下。

（1）例子中给出的空闲超时时间为 2s，几乎占用的了工作时间片 1/2 的时间。用户可以通过其他更有效的方式判断数据采集的结束，使得空闲超时过程变短，可以在较大程度上缩短工作时间片的长度，显著降低传感节点的功耗。

（2）例子中集中器/网关的数量为 1，在实际应用中可以通过增加集中器/网关的数量达到提高网络出口带宽、减小数据传输时间的目的，在数据传输过程功耗估算公式中给出的数据传输时间和集中器/网关的数量成反比。

7.5.6　一种改进的无线通信系统唤醒方法

微功率（短距离）无线通信技术在 20 世纪末开始出现，经过十几年的发展，已经广泛应用于工业控制、家庭智能、无线遥控、安防警报、环境监测、智能抄表、有毒有害气体监测、物流、RFID 等领域。近年来，又将物联网作为金融危机后未来经济发展新的增长点。而短距离无线通信技术将在物联网（尤其是传感网）应用中得到更大的发展。

物联网概念几乎是伴随着低碳经济同时到来的。作为物联网的主要通信方式之一的短距离无线数字通信技术必然要顺应低碳、低能耗的发展潮流，向低功率、微功耗方向发展。另外，随着移动通信设备应用越来越广，电池供电的产品也越来越多，对功耗的要求更加苛刻。

那么，如何降低无线通信设备的总体功耗呢？显然，只降低发射机的发射功率，或者只降低接收机的电流消耗是不现实的。这种方法的效果不但不明显，而且会带来通信质量下降的恶劣后果。只有采用空闲时通信设备休眠的方式，才能大大地降低通信设备的平均功耗，达到降耗的目的。同时，用电池供电的设备，可以数倍甚至数千倍地延长电池的使用寿命。

对于由两个以上无线收发设备组成的任何结构、任何协议的半双工无线通信系统或网络，其中的某一个设备真正工作于发射或接收状态的时间是很少的。当通信设备不工作于发射状态，也不工作于接收状态时，使其进入休眠状态，可大大降低平均功耗。因为休眠状态的电流只有微安级，甚至几微安。而无线通信设备发射时的电流是数十毫安以上，接收电流也在十几到数十毫安之间。因此，引入休眠机制的通信系统，休眠时间越长，则平均能耗越低。

当某个或某组无线通信设备处于休眠状态时，其不接收也不发射数据，处于非工作状态，当其他通信设备需要与其进行通信时，通信是不会成功的。因此，就需要一套流程或方法，把处于休眠状态的无线通信设备唤醒。当前，将无线通信设备从休眠状态下唤醒的方法有多种，下面将具体描述。

1．定时唤醒通信法

定时唤醒通信中，参与通信的所有无线通信设备，按照一定的定时周期，或每次通信时约定下次通信的定时时间，定时时间一到参与通信的多个设备同时从休眠状态进入工作状态，完成通信后再进入休眠状态。其工作时序图如图 7.24 所示。

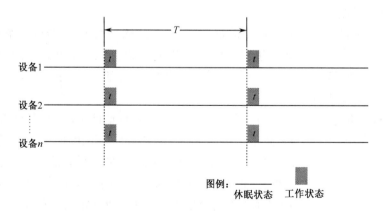

图 7.24　定时唤醒通信法的工作时序图

图 7.24 中 T 可以是常数，也可以是变量。当 T 是变量时，每次通信，所有参与通信

的设备必须约定下次通信的时间间隔 T。t 是工作时间，在这个工作时间内的某一时刻，只能有一个设备处于发射状态，其他设备处于接收状态。很显然，T/t 的比值越大，平均功耗就越小。

定时唤醒通信法的缺点有：

（1）参与通信的所有无线通信设备必须在时间上同步，则对时钟的要求较高；

（2）初始同步需要较长的时间和复杂的流程；

（3）不同无线通信设备的时钟，由于存在误差，会产生漂移，需要一套校准机制进行校准；

（4）休眠时间越长，时钟漂移越大，一旦漂移过大或其他原因导致设备脱离同步，重新同步需要花费很大的代价，因为脱离同步的设备脱离了系统；

（5）通信实时性和灵活性不强，如果某设备有突发的通信需要，而其他设备仍在休眠，则不能在短时间内完成通信，只能等待定时时间到。

2. 信号强度唤醒法

信号强度唤醒法是利用接收机在某一时刻收到的信号强度 RSSI，通过设定的门限，判断系统在某一时间段内是否产生通信需求，如果是，则设备从休眠状态进入工作状态的方法，这种方法又叫作模拟唤醒法。其时序图如图 7.27 所示。

使用信号强度唤醒法的系统中，设备有主从之分，发起通信的设备是主设备（只能有一个），其他设备是从设备（一个或多个）。在大部分应用中，主从设备是固定的。但在一些比较复杂的系统中，主从设备可以是动态的，某个设备在某一时刻，可能是主设备，也可能是从设备。

信号强度唤醒法的主设备工作流程如下：主设备在有通信需求时，首先发送持续时间为 T_s 的唤醒信号，该信号可以是载波，也可以是调制信号。$T_s \geqslant T+t$。主设备发送完唤醒信号后，其假设其他从设备都被唤醒，马上进入正常通信状态，和从设备进行数据交换，持续时间为 T_c。数据交换完毕，从设备进入休眠状态。对于通信失败的从设备，主设备需要启动差错处理机制进行处理。

信号强度唤醒法的从设备工作流程如下：按照固定的周期 $T+t$，交替工作于休眠—接收—休眠—接收状态。在时间 T 内，从设备是休眠的。在时间 t 内，从设备处于接收状态，但不接收数据，只测量 RSSI 的值。t 是信号强度唤醒法的窗口，不同的从设备由于没有同步，其窗口的相位是不同的。

如果 RSSI 测量值低于预置的门限，则表示没有任何通信请求，从设备进入休眠状态。如果 RSSI 测量值高于或等于预置的门限值，则表示有主设备发出通信请求，从设备暂时不进入休眠状态，继续处于接收状态，等待时间为 T_W。不同从设备的 T_W 值是不一样的。在 T_W 期间，从设备处于接收状态，但不能正常通信，这期间的能量是浪费掉的。

T_W 等待期过后，从设备收到主设备的命令或数据并完成既定的收发流程 T_A 后，又进入休眠状态。如果因为干扰等原因没有收到主设备发来的命令或数据，则表示本次通信失败，从设备在等待时间 T_{out} 后又进入休眠（见如图 7.25 中的从设备 3）。

信号强度唤醒法的优点是 t 可以取比较小的值，在目前的技术情况下，t 值取 2～4ms，实现比较简单，但其缺点很多，主要有：

（1）抗干扰能力差，尤其是同频和邻频干扰对其影响是致命的，持续的干扰会对从设备产生连续的误唤醒，从而导致能量的消耗；

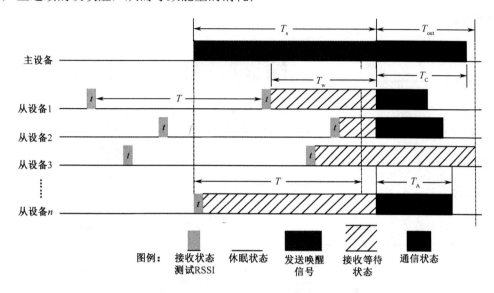

图 7.25　信号强度唤醒方法时序图

（2）不能区分信号发送者的身份，所以会轻易地被其他系统无意或恶意唤醒，导致能量消耗，系统的可靠性下降；

（3）缩短通信距离，当 RSSI 信号比较弱时，从设备的接收机测试 RSSI 信号时，干扰和噪声能量会占比较大的比重，导致 RSSI 测量值的可信度下降，所以必须设置较高的门限才能减少误唤醒，提高可靠性。设置高门限会导致通信距离缩短，如接收机的灵敏度为-120dBm，但门限必须设置为-112dBm，则通信距离相应缩短；突发干扰和噪声产生的误唤醒随环境不同而不同，随时间不同也不同（如太阳黑子的活动），从而找到一个合理的门限值比较困难，计算和评估误唤醒消耗的能量也非常困难。

3. 最短数据包唤醒法

系统中某无线收发设备有通信要求时，先重复发送若干个最短数据包，接收机在定时探测时，只有正确收到其中一包数据，才认为此时有通信请求，暂时不进入休眠状态，等待进入下一步的通信流程，这种方法就是最短数据包唤醒法。该方法中的通信设备也有主从之分，反复发送最短数据包的是主设备，被最短数据包唤醒的是从设备，工作时序如图 7.26 所示。

通常，无线数据通信中，数据包一般由位同步、帧同步、数据和结束符四部分组成，其结构示意图如图 7.27 所示，在 NRZ 编码系统中，位同步码取值为 1010101010…或 01010101…，其作用主要是让接收机的位同步提取电路能可靠锁定，然后靠惯性对后续的码元产生同步，即通常所说的训练码。

　　帧同步的作用是，让接收机通过扫描比较帧同步，找到数据部分的起始位置。接收机有一个若干位的移位寄存器，每收到 1 比特的数据就移位一次，并将新收到的数据放到最低位，然后与一个固定的帧同步常数比较，相等则表示已经同步上，否则继续接收下一个比特并比较。

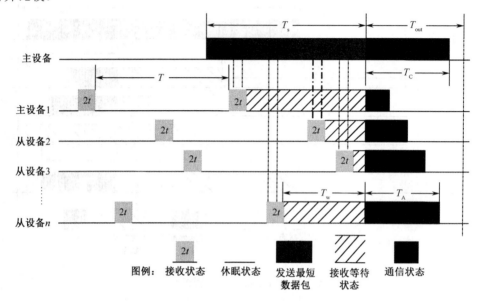

图 7.26　最短数据包唤醒法

图 7.27　数据包结构图

　　数据是通信传输的有效部分，由多字节数据组成，数据中还包含数据长度、CRC 校验等信息，如果采取 FEC 纠错算法，数据中还包含 FEC 的冗余部分。

　　结束符代表一包数据的结束。

　　最短数据包就是在保证可靠通信的情况下总长度最短的数据包。其中位同步的长度是由硬件决定的，不同的硬件电路或不同的集成电路要求发送的位同步个数也不同，一般在 4～16 字节之间，这里假设 8 字节。帧同步一般为 16、24 或 32 比特，越长则误同步的概率越低，一般取 32 比特。数据部分可以是 0 字节，也可以是 1～3 字节。如果没有数据（0字节），则无法分组唤醒或携带一些唤醒参数或命令，一般情况下，数据部分最好有 1 字节。结束符在最短数据包中可以不存在，也可以取 1 字节或 2 字节。最短数据包总长度为（按比特计算）：

$$8 \times 8 + 32 + 2 \times 8 = 112 \text{（b）} \tag{7.2}$$

　　如果按照 19 200bps，则传输的时间 t 为：

$$t=112/192\,005.8\,(\text{ms}) \tag{7.3}$$

采用最短数据包唤醒法的系统，工作流程和信号强度唤醒法基本一致，如图 7.28 所示，从设备也工作于休眠—接收—休眠—接收的交替状态，但其接收的持续时间必须两倍于最短数据包的发送时间，即大于等于 $2t$。$2t$ 是最短数据包唤醒法的窗口，如果波特率为 19 200bps，则窗口时长应为 12ms。这时，休眠时间 T 越长平均功耗越小。

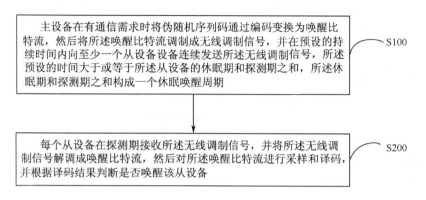

图 7.28　该唤醒方法的工作流程

最短数据包唤醒法已经克服了信号强度唤醒法的大部分缺点。如果最短数据包中再携带一定的信息，则也可以在 T_W 期间让从设备处于休眠状态，从而更进一步降低功耗。

最短数据包唤醒法的缺点是，窗口时长必须在 $2t$ 以上才能保证设备被可靠唤醒。

针对上述参与通信的所有无线通信设备必须在时间上同步、抗干扰能力差、接收窗口时间长从而使功耗大的缺陷，有一种新的唤醒方法，无须使所有通信设备在时间上同步，且抗干扰能力强、接收窗口时间短，从而使功耗进一步降低。

采用该唤醒方法的无线通信系统中，包括主设备和至少一个从设备，主设备包括编码单元、调制单元和发送单元，从设备包括接收单元、解调单元、译码单元和唤醒控制单元。

主设备在有通信需求时将伪随机序列码通过编码变换为唤醒比特流，然后将唤醒比特流调制成无线调制信号，并在预设的持续时间内向至少一个从设备连续发送上述无线调制信号，预设的时间大于或等于从设备的休眠期和探测期之和，休眠期和探测期之和构成一个休眠唤醒周期。

每个从设备在探测期接收无线调制信号，并将无线调制信号解调成唤醒比特流，然后对唤醒比特流进行采样和译码，并根据译码结果判断是否唤醒该从设备。

该唤醒方法中，伪随机序列码为预先存储或由伪随机发生器产生的 M 序列。编码采用不归零码、归零码或曼彻斯特编码。编码时加扰，调制技术采用幅移键控、频移键控或相移键控技术。相应地，从设备接收时，在采样和译码过程中需要解扰；对译码后连续输出 0 的个数进行计数，判断连续输出 0 的个数是否超过预设的限值，若是，则唤醒该设备，否则继续保持休眠状态。另外，在主设备进行编码或调制的环节中，可以对伪随机序列码或唤醒比特流取反；相应地，从设备译码后对连续输出 1 的个数进行计数，判断连续输出 1 的个数是否超过预设的限值，若是，唤醒该设备；否则，继续保持休眠状态。判断是否唤醒该从设备后，还可以根据译码后的伪随机序列码在一个伪随机序列周期中的位置计算等待时间，在等待时间未到达时，继续保持休眠状态，在等待时间到达时则唤醒该设备。

4. 伪随机序列码的选取及工作原理

伪随机序列码优选 M 序列（最长序列），伪随机序列码可以是预先存储的，也可由伪随机发生器产生，其工作原理如下。

M 序列发生器通常是用线性反馈移位寄存器（LFSR）来实现的，它可产生周期最长的一组伪随机序列，通常用特征多项式来表示 LFSR 的结构，如果特征多项式是本原多项式，则产生的序列就是 M 序列，特征多项式表示如下：

$$f(x)=C_0+C_1X+C_2X^2+\cdots+CnX^n \tag{7.4}$$

式（7.4）中：n 为 LFSR 的阶，n 阶二进制线性 M 序列的最大周期为 $N=2^n-1$。

图 7.29 为线性反馈移位寄存器（n 阶 m 序列发生器）的结构图，图中 $a_0,a_1,\cdots a_{n-1}$ 的初始值不能全部为 0。图 7.29 也可用方程表示为：

$$a_n = c_1a_{n-1} \oplus c_2a_{n-2} \oplus \cdots \oplus c_{n-1}a_1 \oplus c_na_0 \tag{7.5}$$

式（7.5）中 $\oplus$ 表示模 2 加或异或，将该式右边部分全部移到左边，得到一个新的方程：

$$a_n \oplus c_1a_{n-1} \oplus c_2a_{n-2} \oplus \cdots \oplus c_{n-1}a_1 \oplus c_na_0 = 0 \tag{7.6}$$

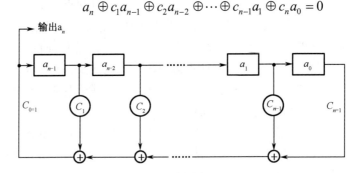

图 7.29　线性反馈移位寄存器的结构图

如图 7.30 所示，根据式（7.6），可以得到一个新的带输入的线性反馈移位寄存器。当式（7.6）和式（7.5）中的 c_1 的值相同时，该移位寄存器可以作为伪随机序列发生器的译码电路，其初始值可以为任何值。当输入 n 个值时，将寄存器中的所有初始值移除以后，其输出恒为 0。

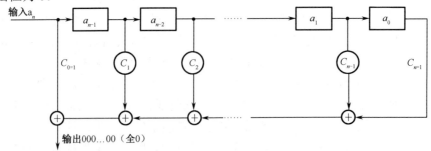

图 7.30　线性反馈移位寄存器（译码电路）

5．唤醒方法的工作流程

下面分别说明主设备和从设备的工作流程，工作时序图如图 7.31 所示。

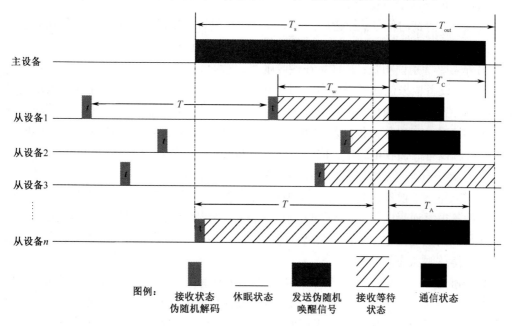

图 7.31　工作时序图

主设备的工作流程：主设备在有通信需求时，将伪随机序列码通过编码变换为唤醒比特流，然后将所述唤醒比特流调制成无线调制信号，并在预设的持续时间 T_s 内向至少一个从设备连续发送无线调制信号，该伪随机序列码由 LFSR 伪随机序列发生器产生。LFSR在启动前需要初始化，但不能全为 0。持续发送的时间 $T_s \geq T+t$，其中 T 为休眠期，t 为探测期，休眠期和探测期之和构成一个休眠唤醒周期。主设备发送完唤醒比特流后，假设其他从设备都被唤醒，马上进入正常通信，和从设备进行数据交换，持续时间为 T_C。数据交换完毕，从设备进入休眠。对于通信失败的从设备，如从设备 3，主设备需要启动差错处理机制进行处理。

从设备的工作流程如下。

步骤 1：从设备按照固定的周期 $T+t$，交替工作于休眠—接收—休眠—接收状态。在时间 T 内，从设备是休眠的，不接收任何数据，休眠电流极低，达到数微安以下。

步骤 2：在时间 t 内，从设备处于探测状态并启动解码器，每收到一个比特数据，则输出 1 比特数据。同时启动一个计数器，当输出的比特为 1 时，清零该计数器。当输出的比特为 0 时，则计数器加 1。在接收的时间 t 内，计数器的值若始终小于设定的门限值 M，表示没有收到唤醒信号，从设备进入休眠状态，重复步骤 1。

步骤 3：在接收的时间 t 内，计数器的值若大于等于门限，则表示收到唤醒信号，从设备进入等待有效通信状态，等待时间为 T_W。在 T_W 期间，从设备仍处于接收状态，但不能正常通信，这期间的能量是浪费掉的。如果增加一个逆运算，根据译码后的伪随机序列码在一个伪随机序列周期中的位置，可以计算出等待时间 T_W 的值，则可以使从设备在等待时间 T_W 期间也进入休眠状态，在主设备发送唤醒信号 T_s 结束时，从设备通过定时来唤醒，这样又可进一步节省能量。

步骤 4：等待时间 T_W 到达后，主从设备即可进行预定的正常通信，通信结束后，从设备进入步骤 1。如果发生通信出错等问题，则进入错误处理流程。

另外需要特别说明的是：从设备在接收唤醒比特流时，一般要求主设备首先发送一串位同步码，从设备根据位同步码校准时间基准和时钟频率。由于本设计中主设备发送的是伪随机序列，在一段码长内，0 的个数和 1 的个数基本相等，而且不会出现较长的连续 0 或连续 1 的情况，可以作为位同步使用，只是效果稍差于发送有规律的 010101010l0⋯010l 码。如果从设备的接收电路中，位同步分离电路要求发送较高质量的位同步训练码，则可采用曼彻斯特码解决这个问题，使接收机分离出较高质量的位同步。

替代方案，主设备在编码或调制的环节中，对伪随机序列码或唤醒比特流取反。相应地，从设备根据译码结果判断是否唤醒该从设备，步骤包括：对译码后连续输出 1 的个数进行计数；判断连续输出 1 的个数是否超过预设的限值，若是，则唤醒该从设备；若否，则继续保持休眠状态。

编码可为不归零码 NRZ、归零码 RZ、曼彻斯特编码等，尤其是曼彻斯特编码，更有利于多个从设备的同步分离电路或同步分离机制，快速和准确地分离出接收到的比特流的同步时钟。所提及的调制可以采用任何二进制或多进制调制方式，如幅移键控 ASK、频移键控 FSK 或相移键控 PSK 等，或其他调制方式，将唤醒比特流（基带信号）直接或间接地调制到任何载频上。

6．硬件实现

该系统实现的逻辑图如图 7.32 所示，该无线通信系统包括主设备 100 和从设备 200，从设备的数量不限定，可以有多个，其逻辑结构与从设备 200 的逻辑结构相同。在该无线通信系统中，主设备 100 包括依次相连的编码单元 110、调制单元 120 和发送单元 130，从设备 200 包括依次相连的接收单元 210、解调单元 220、译码单元 230 和唤醒控制单元 240。在主设备 100 中，编码单元 110 用于在有通信需求时将伪随机序列码编码成唤醒比特流；调制单元 120 用于将所述唤醒比特流调制成无线调制信号；发送单元 130 用于在预设的持续时间内向至少一个从设备连续发送所述无线调制信号，所述预设的时间大于或等于所述从设备的休眠期和探测期之和，所述休眠期和探测期之和构成一个完整的休眠唤醒周期。在从设备 200 中，接收单元 210 用于在探测期接收所述无线调制信号；解调单元 220 用于将所述无线调制信号解调成唤醒比特流；译码单元 230 用于对所述唤醒比特流进行采样和译

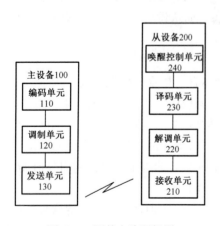

图 7.32　硬件电路逻辑图

码；唤醒控制单元 240 用于根据译码结果判断是否唤醒该从设备。

该无线通信系统中，主设备和从设备的角色可以互换，哪个设备发起通信哪个设备就是从设备，其身份并不是一成不变的。另外，主设备可以有接收单元，也可以没有，即主设备可以为单工（仅发射）、半双工或全双工设备。从设备可以有发射单元，也可以没有，但必须有接收单元，即从设备可以为单工（仅接收）、半双工或全双工设备。

本章所述无线通信系统的实现，可以采用的方法很多。例如，普通的硬件逻辑电路、PAL、GAL、CPLD 等可编程器件、FPGA 现场可编程门阵列，也可以采用软件编程等。在通信速率较低、单片机的处理能力足够的情况下，优先采用软件实现，以降低成本并得到更好的灵活性。当通信速率较高时，则需要采用硬件电路的方法实现。

7.6　小结

本章主要介绍了 WMN 网络超低功耗的概念、超低功耗策略、高性能超低功耗路由协议、WMN 网络功率控制技术和 WMN 网络休眠及激活机制。

第 8 章

扩频通信系统超低功耗技术（3G/4G）

● ● ● ● ● ● ● ●

8.1 功耗的影响

信息与通信技术（Information & Communication Technology，ICT）的能耗已经成为影响全球温室效应的重要因素之一。由于 ICT 工业 80%的能量都消耗在使用过程中，因此如何降低通信设备运维过程中的能耗引起了业界的广泛关注。作为 ICT 工业的重要组成部分，无线通信网运行维护过程中所消耗的能量也在逐年增长。高能效的无线通信网的设计和研究已成为当前的研究热点。在无线通信网中，由于无线接入网节点数量众多，其能耗占据了整个移动通信网总能耗的近 60%，因此提高无线接入节点的能效对于 ICT 工业的节能减排具有重要意义。

由于当前整个无线通信网的容量都是按照峰值业务量来设计的。在夜间，基站承载的业务量很少，大量的空闲资源和能量被浪费。因此，在网络处于低业务量时，通过网络管理控制休眠部分基站，是当前无线通信网主流节能方式之一。实现节能需要对各基站进行频繁的控制，而传统无线通信网中网络管理需要大量的人工配置和操作，并不适用于节能场景。3GPP 在自组织网络（Self-Organizing Network，SON）用例中，提出节能管理的概念来实现对无线通信网的接入节点的自主节能。节能管理研究：在运营中的网络处于低业务量时，如何通过信令控制关闭部分基站，并控制相邻的基站完成区域的覆盖和容量补偿。节能管理的关键问题包括节能触发和恢复策略、无线通信网的能耗组成及具体的节能方法等。当前在这些关键技术的研究上还存在一些不足。在节能管理和触发策略上，基站的业务量被作为判定节能和恢复的重要条件之一。预测业务量的方法虽然基于现网的变化规律，但是均存在一定的偏差，从而会对节能方法的精确性带来影响。同时，迟滞时间的影响往往被忽略。在无线通信网的能耗模型上，无线参数与基站能耗之间的关系缺乏系统的研究，同时基站功耗的动态部分与基站内业务分布、覆盖和容量的关系也缺乏精确的量化。在具体的节能方法上，一方面缺少现网不规则拓扑下兼顾动态业务量的覆盖补偿方法；另一方面，也缺乏对节能相关的无线参数的建模和分析，同时节能方法对性能带来的影响也有待验证。

基于以上问题，本章针对四种不同的网络场景分别提出了对应的综合节能管理机制。每种机制均从自主节能管理框架、节能触发和恢复条件、无线通信网的能耗模型、具体的节能方法等各个方面进行了深入研究。

（1）针对业务量均匀分布的、以宏基站为主的网络场景（兼容 3G 和 LTE/LTE-A 等技术体制），提出了一种新的基于基站覆盖定义信号功率调整的集中式自主节能机制。首先提出了自主节能管理的功能模块及流程，之后分析了节能触发和恢复的条件，并给出了基于覆盖定义信号功率的能耗模型。在覆盖补偿方法上，局部的补偿以三角元（Trigonal Pair，TP）为主。

（2）针对业务量非均匀分布、多域业务混合且不支持远程天线调整的网络场景（3G 网络为主，兼容 LTE/LTE-A），提出了一种新的基于基站多业务信道功率调整的集中式自主节能管理机制。该机制首先给出了自主节能管理的功能和流程，之后提出了符合该场景的节能触发和恢复条件，以及基于业务信道功率的能耗模型。在局部的覆盖补偿方法上，以双基站 OP（Opposite Pair）补偿为主。基于局部的 OP 补偿，我们提出了区域的基站状态确定方法。之后，针对补偿基站，以基站的业务信道功率组成的矩阵为调节参数，建立兼顾覆盖、业务量的数学模型，并通过符合多参数优化的免疫优化算法来求解补偿状态基站的业务信道功率值，给出仿真分析结果。

（3）针对业务量非均匀分布、多域业务混合，且支持远程天线调整的网络场景（包括 3G、LTE/LTE-A 等多种制式），提出了一种新的基于多参数联合调整的集中式自主节能管理机制。该机制同样给出了自主节能管理的功能和流程，分析了符合该场景的节能触发和恢复条件，以及对应的能耗模型。在局部的覆盖补偿方法上，以改进式 TP 补偿为主。之后提出了区域内基站状态确定方法。针对补偿基站，首次以天线倾角、发射功率组成的向量及矩阵为调节参数，建立兼顾覆盖和性能的数学模型。

（4）针对基站间存在接口的先进通信体制（如 LTE/LTE-A），以及多种小区/基站共存的异构场景，提出了一种基于几何拓扑的多阶段分布式节能管理机制。首先给出了分布式自主节能管理的功能和流程。之后针对触发和恢复条件、无线通信网能耗模型、异构网络的覆盖补偿方式、阶段式节能触发和恢复方法、节能机制的性能评估方法等关键问题分别进行了研究。首先，将触发条件扩展为多阶段。在局部补偿上，从几何拓扑的角度分析 OP 和 TP 的最佳补偿半径。在多阶段的节能触发和恢复方法上，将求解算法降维到线性复杂度。在性能评估上，从区域业务量的空间分布角度评估干扰分布、业务速率等性能指标。最后通过仿真验证非均匀拓扑下不同区域的节能效率、覆盖等各方面的性能。

随着全球范围内 CO_2 排放量的不断增加，温室效应的影响越来越明显，这使得节能减排成为工业界和学术界所普遍关心的一个问题。研究显示，ICT 工业消耗能量在全球所占的比例在下一个十年将会由 2%增长到 10%，并且有进一步增长的趋势。在 ICT 工业消耗的能量中，20%来自于制造工业，剩余的能耗则发生在使用过程中。使用过程中 37%的能耗来源于电信基础设施和设备，其余的则来源于数据中心和用户终端。作为 ICT 工业的重要组成部分，随着网络技术的不断发展，无线通信网运行维护过程中所消耗的能量也在逐年增长。因此，高能效的无线通信网的研究设计引起了通信行业的广泛关注。

在无线通信网的发展早期，网络设计的主要目标是增加频谱效率，即如何在一个给定的频谱范围内尽量提供高速的数据传输，而能耗则成为一个无足轻重的角色。随着无线通信网的不断发展，网络提供的业务越来越多样化，无线接入网部分基站（如 AP、BTS、NodeB、eNodeB 等）的部署也越来越密集。在当前的无线通信网中，这些基站耗费了整个通信网络 50%～60% 的能量，研究无线通信网基站的节能具有重要意义。

针对如何提高无线通信网的基站能效，目前有三个维度的解决方案：

（1）最小化基站的能量消耗。

最小化基站能量耗的方法又可以分为三类：①提升基站的能效。主要通过改进基站硬件层面的设计以获取更高能效输出；②采用系统的软件特征来控制节能。即通过软件控制，在低业务量时关闭部分基站来实现节能；③优化基站的结构。通过改造基站的制冷方式，拉近射频与发射天线的距离等方法，实现基站的节能。

（2）最少化基站的站点数目。

最少化基站的站点数目方法主要在规划阶段进行，目的是在保证区域容量的基础上使基站的数目降到最低。例如，采用高效的规划算法，采用多路分集技术或 COMP 技术，扩展小区智能天线等。

（3）使用可再生能源。

使用可再生能源则是针对电力资源相对匮乏的地区的一种长远的节能方案。

由于当前无线通信网的基站节能（Energy Saving，ES）主要关注运营中的网络，因此，上述方法中采用系统的软件特征来控制节能的方法成为学术界研究的重点。该方法在网络处于低业务量时，通过信令控制关闭部分基站，并控制相邻的基站完成这部分区域的覆盖和容量补偿。相对于正常运行状态的网络，为了实现节能，需要频繁修改无线网络和工程参数，这在现有的以人工为主的管理机制中是不现实的。因此需要引入高层的管理机制，而自主管理则可以很好地解决这些控制上的问题。3GPP 组织将这种通过软件特征控制的基站节能方法归纳到自组织网络（Self-Organizing Network，SON）的功能范畴之中，并给出了节能管理的定义、需求和功能描述。其对节能管理（Energy-Saving Management，ESM）的定义如下：在无人工干预的情况下，管理系统能够自动检测到区域的业务量变化趋势，并在其满足一定的触发条件下针对基站执行节能动作和恢复动作，实现区域化的节能。欧盟 FP7 的苏格拉底（Self-Optimisation and self-Configuration in wireless networks，SOCRATES）项目在其自组织网络的研究中，针对节能管理的用例需求、评价标准和框架进行了补充的分析描述。这些工作为节能管理的场景和研究对象给出了标准化的指导。

这些机构之所以重点关注基于基站的节能管理，是因为当前实现无线通信网的无线业务具备如下特征。

（1）无线通信网的基站资源容量存在冗余。在设计规划阶段，整个无线通信网的规模都是按照预测的峰值业务量来部署的。一般在夜间，基站承载的业务量只有峰值的 10%，大量的空闲资源和能量被浪费。因此，可以考虑在低业务量时间，通过集中业务量等方式提高区域的资源利用率和能效。

（2）无线通信网的业务量具有周期性。一般区域的业务量变化以一周为周期，其中周一到周五每天的变化规律类似，周六和周日的变化规律类似。因此，可以利用业务量的周期性特点，给出节能触发和恢复的时间点预测。

（3）无线通信网的基站覆盖具有伸缩性。一方面，为了支持用户切换，各基站的覆盖范围存在重叠；另一方面，通过调整天线发射功率、天线倾角等无线参数，可以实现基站覆盖范围的动态调整。因此，可以考虑休眠部分基站，并控制剩余的活跃基站完成对休眠基站所产生的覆盖空洞的补偿。

（4）无线通信网的基站和网络的性能指标存在一定的余量。为了保证业务的有效提供，无线通信网对性能指标（如阻塞率、资源利用率）等都做出了门限约束。但是在网络运行过程中这些指标一般达不到门限值。因此，可以利用这部分余量作为节能方法带来的性能影响的折中。基于以上分析，节能管理在无线通信网中具备很强的可行性。

节能管理已经成为实现绿色通信的一个重要方法。但是目前节能管理的研究中仍然存在着自主管理架构和流程相对缺乏、节能方法的适用场景不够清晰、无线通信网的能耗模型不够准确、无线参数调整策略过于简略，以及仿真场景过于理想化等问题。这些问题都对节能方法在现网中的推广应用带来了很大的挑战。

综上所述，研究无线通信网的节能机制，并解决上述问题，对于减少温室气体的排放量、降低运营商的运维成本和实现绿色通信具有重要的意义。

8.2　无线通信网节能管理综述

8.2.1　无线通信网节能管理框架

1. 节能管理的相关概念

节能管理的相关概念最早由 3GPP 组织在 SON 的架构中提出：在下一代的无线接入网（如 LTE）中，当移动运营商通过网络测量证实没有必要保持所有的网元集合处于活跃状态且可以通过减少发射功率（Tx Power）,或者关闭/开启小区来减少能耗时，节能管理功能就会被触发。3GPP 在节能管理上定义了如下概念，这些概念适用于不同的无线接入技术（Radio Access Technologies，RATs），如 UMTS、LTE 等。

针对涉及节能的网元（主要是基站，包括 NodeB、eNodeB、Femto-cell 等），其节能状态主要包括以下两种。

（1）非节能状态：该状态下网元不执行节能功能，网元正常运作，也可以称为正常状态。

（2）节能状态：该状态下网元关闭，或者通过其他方法受限于仅物理资源可用。

需要注意的是，为了保证网络的可靠性，网元关闭或休眠时，只是无线部分关闭，而控制部分仍需开启。同时，在必要时，无线部分也能迅速恢复正常。

基于以上的节能状态，一个完整的节能方法包括两个基本过程。

节能激活：该过程关闭 enb/小区或限制相关物理资源的利用，从而达到节能的目的。结果是特定的网元需要进入节能状态。该过程也可以称为节能触发。

节能去激活：该过程开启 e-NB/小区或重置相关物理资源的利用，以满足不断增长的业务/QoS 需求。结果是特定的网元需要从节能状态迁移到非节能状态。该过程也可以称为节能恢复。

在一些节能管理的用例中，一个网元可能需要迁移到节能补偿状态，定义如下。

节能补偿状态：该状态下网元仍然保持开启状态，并负责补偿节能状态下网元生成的地理上的覆盖空白区域，也可简称为补偿状态。相应地，该节能方法包括如下两个过程。

（1）节能补偿激活：该过程改变一个网元的配置，使其在开启状态下补偿其他已执行节能激活过程的网元，如增加其覆盖区域等。结果是该网元将进入补偿节能状态。

（2）节能补偿去激活：该过程将网元从补偿节能状态迁移到非节能状态，如缩小之前增加的覆盖区域，恢复到初始状态。尽管以上这些节能管理的概念并不局限于特定的 RATS 和网元，但是针对不同的技术需要采用适用于该网络的特定方法来解决。

2．节能管理方法的部署方式

节能激活、节能去激活、节能补偿激活、节能补偿去激活等过程涉及单个网元上的配置更改，但是完整的节能方法的执行往往涉及多个网元，并同时依赖于所选取的方法和操作管理维护（Operation Administration and Maintenance，OAM）系统的控制方式。作为 SON 的一个用例，节能管理也应包括自监测、自分析、自规划、自执行等自主过程。当前，有三种部署方式可以作为节能管理的参考。其中，针对单个节能管理的部署，依据自分析和自规划功能的分布，主要包括集中式和分布式两种。

（1）集中式的节能管理

对于集中式部署的节能管理，管理功能部署在管理节点 OAM，即 OAM 控制网络中节能管理的生效和恢复。当节能管理生效时，OAM 应用节能算法，并基于负载、网络利用率信息、地理位置信息和其他基站的覆盖区域，来确定哪些基站进入非节能状态、节能状态及补偿节能状态。当节能管理恢复时，OAM 在网元上开始节能去激活，如将网元迁移到非节能状态。

总体来说，对集中式的节能管理，OAM 使节能管理生效或失效。当节能管理生效时，OAM 执行节能方法并配置网元，使其进入节能状态、非节能状态或补偿节能状态。

（2）分布式的节能管理

对于分布式的节能管理，OAM 控制网络的节能管理生效或恢复，但是节能管理功能则部署在各分布式网元上。当节能管理生效时，网元基于邻基站的当前负载信息，通过一个分布式的方法执行节能过程来确定哪些网元进入节能状态、非节能状态或补偿节能状态。当 OAM 控制节能管理恢复时，网元执行节能去激活，并进入非节能状态。

分布式的方法需要相邻基站根据约定的间隔来交换负载信息。因此，相比集中式的方法而言，节能过程在一个相对本地化的范围内协作执行。

总体来说，对于分布式的节能管理，OAM 控制节能管理生效或失效，但是节能过程由网元通过分布式的方法实现，并决定网元所进入的状态。

（3）混合式的节能管理

对于混合式部署的节能管理来说，OAM 控制网络的节能管理的生效和恢复。从管理架构上来看，节能管理功能由 OAM 和网元共同执行。

当 OAM 控制节能管理生效时，网元和 OAM 基于当前相邻基站的负载等信息，协作执行节能方法来确定网元的状态。另外，OAM 需要基于区域的负载约束，明确地采取一个额外的节能方法来使一些基站进入节能状态、节能补偿状态或非节能状态，或者提供指令作为控制网元执行节能方法的输入。例如，OAM 可以在大量的网元集合上执行负载测量，从而得到一个区域内更准确的负载状态，进而提供一些增强节能效果的策略。为了避免或解决 OAM 和网元之间的冲突，策略优先级或冲突解决方案是很有必要的。

当 OAM 控制节能管理恢复时，网元执行节能去激活，另外，OAM 也需要控制某些网元进入非节能状态。

混合式部署的节能管理要求相邻的网元交换负载信息，并按照约定的间隔向 OAM 推送和从 OAM 获取负载信息。因此，节能方法的执行基于本地和全局的协作，并进行相应的调节。

总体来说，对混合式部署的节能管理，OAM 使节能管理生效或失效。但是节能算法则通过独立网元分布式或 OAM 与网元协作的方式执行。

综上所述，这三种部署方式中，集中式部署是最简单的方式，易于实现，但是对管理节点的要求较高，且存在一定的响应延迟。分布式部署是最复杂的管理方式，对接入节点的要求较高，但是具备智能化和自主化的特点，具有较快的响应速度。混合式部署则是从集中式控制转向分布式控制的过渡。混合式部署需要 OAM 和网元均具有一定的自主管理功能，相对于集中式的方式来说，控制较为复杂，但是比分布式简单，因此其性能处于折中的位置。在进行具体的研究时，需要依据实际的场景和 RATS 的特点来选取合适的部署方式。由于其对 OAM 和网元侧来说都有一定的开销，且属于理论上的过渡部署方法，因此目前使用得相对较少。

本章提出的四种节能机制中，由于前三种针对同构的宏网络场景，并不需要基站间的信息交互，因此通过集中式的部署方式即可满足要求。最后一种节能机制针对多种类型基站共存的异构场景，且需要基站间交互负载等信息，因此建议采用分布式的部署方式。

3. 节能管理的用例需求

节能管理的用例需求描述在 3GPP 和 SOCRATES 中均有涉及。3GPP 侧重于分析高层次的节能管理的应用场景，而 SOCRATES 侧重于细化的节能管理具体方法的应用需求，如所应采取的输入数据、网络可调参数、节能动作等内容。下面对这两部分内容进行简单介绍。

（1）节能管理的应用场景

3GPP 将节能管理的应用场景主要分为容量有限的同构网络场景（如城区的 UMTS 网络）和多种基站/小区重叠覆盖的异构网络场景。

① 容量有限的同构网络场景。

容量有限、同构的网络通常都依据峰值业务量需求来设计，因此在非高峰时间段其网络资源利用率很低。在夜间的一些时段，网络的整体负载及小区间的负载分布都远远低于峰值时刻。因此，节能管理的一种方法是在低业务量需求期间，将负载集中到一些指定的、依然活跃的小区上，并同时增加它们的覆盖范围，将其他低负载的小区关闭。

这里假设一个小区的覆盖范围可以被动态配置，并且忙时的覆盖范围小于最大的配置。在这种情况下，非忙时一些基站可以通过调整发射功率和其他配置参数来增大其所属小区的覆盖范围，从而为相邻小区提供覆盖。这些相邻小区将相应的 UE 切换到活跃的小区后即可关闭。关闭小区和调整无线参数来增加覆盖范围会导致小区和频率布局的变化，这就需要通过干扰控制来解决，可考虑通过 OAM 驱动的配置或者 SON 功能来实现。关闭小区甚至可能实现关闭一个基站所有与无线相关的功能，这也将进一步实现更多的节能，如可以降低整个站点的制冷能耗，从而达到更好的节能效果。

② 多种基站/小区重叠覆盖的异构网络场景。

在这种场景下，网络中的网元既包括 LTE、LTE-A 的 eNodeB，也包括遗留系统 2G/3G 的 BTS、NodeB 等基站。依据基站类型的定义，从不同覆盖范围角度考虑，区域的网元则包括宏小区（Macro Cell，即广域区域基站）、微小区（Micro Cell，即中距离覆盖基站）、微微小区（Pico Cell，即局部基站）和毫微微基站（Femto Cell，以家庭基站为代表）。这些基站的分类都能用来增强多频率间的 e-NB 重叠覆盖场景。该场景下的具体场景又分为两类：遗留系统（如 2G/3G）和 E-UTRAN 一起提供无线覆盖，即 RAT 间小区重叠覆盖场景；由 E-UTRAN 中不同频率的技术覆盖，即 E-UTRAN 内不同频段小区重叠覆盖场景。为了保证服务的连续性，并且不对服务带来影响，只有被其他 e-NB/BTS 完全覆盖的 e-NB 能够进入节能状态。下面针对这两种场景做简单的介绍。

RAT 间小区重叠覆盖场景。该场景下，具体又分为两种可能性：

a. E-UTRAN 小区 B 被其他 RAT 小区 A（如属于遗留系统 UMTS 或 GSM）完全覆盖；

b. E-UTRAN 小区 X 被多个 UTRAN/GERAN 小区共同覆盖。下面对这两种场景做简要分析。

在 a 场景中，小区 A 部署用来提供区域内基本的语音或中/低速率的数据业务，而小区 B 则用来增强提供高速率数据或多媒体业务的能力。当小区 B 的覆盖范围内没有监测到高速数据或多媒体业务量时，可考虑激活节能过程将小区 B 关闭。当小区 B 重新收到高速数据业务或多媒体业务请求时，则需要将节能过程去激活，小区 B 恢复到正常状态。

在 b 场景中，小区 X 处于多个 UTRAN/GERAN 小区（如小区 A 和小区 B）的共同区域之内，且不被任何一个小区完全覆盖。由于 E-UTRAN 小区 X 服务的 UE 可能位于小区 A、小区 B 或小区 A/B 共同的覆盖区域内，当小区 X 进入节能状态后，小区 A 和小区 B 需要负责小区 X 区域的覆盖。小区 X 的节能去激活则基于小区 A 和小区 B 的业务量负载或运行状态。该用例的场景是小区 X 用来增加区域容量，但并不负责 UTRAN/GERAN 小区的覆盖空洞。

E-UTRAN 内不同频段小区重叠覆盖场景。该场景下，不同频带的两个 E-UTRAN 小区覆盖同一片地理区域。小区 B（Pico Cell、Micro Cell 或 Femto Cell）的覆盖范围要比小区 A（Macro Cell）小，并且被小区 A 完全覆盖。通常小区 A 用来提供区域的连续覆盖，而小区 B 用来增加局部区域的容量，如热点区域、家庭、办公室、商业区等。当监测到小区 B 的覆盖范围内业务量很低时，可以考虑执行节能激活过程，将小区 B 关闭。尤其是对于部署 Femto Cell 的家庭 eNodeB 来说，在节能时间段内可以完全关闭。当小区 A 监测到节能区域的业务量恢复到一定水平时，应该执行节能去激活，小区 B 恢复到正常状态。

（2）节能方法的应用需求

SOCRATES 将节能管理列为自优化的用例之一，在其自组织网络的用例文档中，针对无线通信网的节能管理的节能方法的应用需求，从目标、输入源、可调参数、节能动作和预期结果等方面进行了分析。

① 节能管理用例的主要目标如下：

● 减少运营商在能耗方面运营成本 OPEX 的花费；

● 减少无线通信网相关的 CO_2 的排放量；

● 生成影响积极的环境友好型的技术和网络；

● 在业务量负载很低的时间段最大化冗余资源的利用率。

② 节能方法的输入数据包括以下内容：

● 小区和区域的业务量负载指示；

● 用户的 QoS 参数；

● 历史统计的业务量数据；

● 从规划工具或特定的测量获取的覆盖数据。

③ 节能管理方法可能调整的参数列表如下：

● eNodeB、BTS 等基站及其下属的小区等网元的状态；

● 基站的发射功率；

● 功率控制设置；

● 基站/小区天线的数目；

● 切换参数。

④ 节能管理的算法可能执行的动作如下：

● 监测网络的负载，确定网络资源的状态（过剩或短缺）；

● 在节能时间段内，采集来源于覆盖测量的数据来避免可能的覆盖空洞；

● 关闭冗余的资源，如发射天线、整个基站等；

● 保证关闭小区下用户的有效切换；

● 调整受影响的相邻小区的无线参数来实现网络的重配置；

● 监测参数重置后的影响。

⑤ 预期结果：

● 最小化能耗和 CO_2 的排放量；

● 对用户完全透明；

● 保证有效的覆盖；

● 保证 QOS 需求。

以上应用需求为节能管理方法提供了有效的指导，也是本章所讨论的各种节能方法的依据之一，在具体的方法描述中会有相关的对应内容。

8.2.2 节能触发和恢复策略研究现状及存在的问题

由于节能算法要求网络中的基站执行关闭和开启动作，势必会给网络配置带来影响。为了保证节能方法的有效性，必须确定合理的节能触发和恢复条件，以最大化节能时长、尽量减少基站的开启/关闭次数，将节能方法对网络的影响降到最低。这就是节能方法所要关心的第一个问题，即合理的节能触发和恢复策略。

SOCRATES 的用例描述中对节能触发和恢复策略的要求做了简单的说明。由于节能触发和恢复主要基于保证 QoS 和覆盖时的业务量监测，网络的当前状态和潜在状态都要考虑。因此，建议一般的触发和恢复策略都基于网络的资源利用和业务量情况，并进行单独分析。

（1）节能方法的触发策略

当资源利用率低于指定的门限的时长达到一个合适的迟滞时间，网络可以考虑执行节能方法。门限和迟滞时间的选取应基于网络的统计数据及测量获得网络资源率和业务量的状态。

（2）节能方法的恢复策略

当资源利用率高于一个指定的门限，并且持续时间达到充足的迟滞时间时，所有的网络资源将被开启。

需要注意的是，当网络的掉话率升高或 QoS 参数下降时，也要考虑将所有的网络资源开启。

通过以上分析可知，SOCRATES 仅对节能触发和恢复策略给出了简单的指导，但是没有给出具体的实现方法。业务量在网络侧的变化规律与资源利用率的规律一致，因此，直观的业务量监测成为节能触发和恢复算法的重要依据之一。另外，确定节能触发和恢复策略需要解决两个基本的问题：①如何通过历史数据有效地预测业务量的变化模型。只有精确地预测出了业务量的周期性变化规律，才能为确定节能方法触发和恢复时间点提供有力的支撑；②如何确定合理的节能触发和恢复条件，即确定合适的业务量门限和迟滞时间。合理的节能和触发条件能够规避网络业务量的抖动，最大化节能时长和最小化基站的关闭/开启次数，从而减小节能方法对网络性能的影响。因此，下面针对这两个问题在学术界的研究现状进行一一分析。

1．确定业务量模型

现网中无线通信网的业务量在时间和空间上的分布具有一定的特点。分析来源于商业的 WCDMA 网络中的一个 RNC 测量得到的一天内的语音业务量和数据业务量（数据量）的变化规律，发现无论是数据业务还是语音业务，一天内从凌晨开始到 5:00～6:00 内的业务量均远远低于峰值时刻。这段时间可以考虑节能。

2．节能触发和恢复条件

在确定了基站和区域的业务量模型后，需要进一步给出节能管理方法触发和恢复的条件，以使区域在保证覆盖的基础上实现节能时长的最大化。当前关注节能触发和恢复算法的研究内容相对较少。

3．存在问题及解决方法

以上业务量模型中，先验式的建模有助于直接量化验证节能方法的节能效果。而预测方式虽然更贴近于现网的变化规律，但是存在不同的偏差，会对节能方法的有效性带来影响。因此，这里采用的业务量模型以先验式的为主。

在以上节能触发和恢复条件的相关研究中，都将基站的业务量作为判定节能和恢复的重要条件之一。同时，迟滞时间带来的影响往往被忽略。鉴于现网中各基站的业务量变化动态性较强，本章主要将更具规律性的区域的业务量作为判决节能触发和恢复的依据。同时，按照网络提供业务的特点，本章也对迟滞时间的设定给出了合理的分析。

8.2.3　无线通信网能耗组成研究现状及存在的问题

在确定了节能触发和恢复策略之后，为了有效验证节能效果、分析节能策略的影响，需要明确无线通信网的能耗组成。由于众多基站耗费了无线通信网 50%～60% 的能量，因此，研究无线通信网的基站能耗组成具有很重要的意义。

1．存在问题及解决方法

综合以上无线通信网能耗组成的研究，对通用的无线通信网能耗模型而言，可以得出如下结论。

（1）无线通信网的能耗组成主要关注基站的功率和能耗。同时，通过对现网数据的统计分析和拟合，基站的功率目前已经得到了线性量化。

（2）在对基站的功率组成进行线性量化时，一致的观点是，基站的功率主要包括动态与静态两部分。其中静态部分包含基带处理、收发器、制冷等，动态部分主要是功放电路的发射功率。

（3）宏基站的功率要远远大于微/微微/毫微微基站等小型基站。宏基站的功率中，静态部分占据了大多数，而小型基站中的动态功率和静态功率都相对很小。因此，以小型基站为主导的部署方式成为未来绿色无线通信网的发展趋势之一。

（4）基站发射功率的动态部分的变化规律与基站的业务量负载成正比，并且在时间上呈现出规律性变化。因此，夜间模式下通过集中功率资源，关闭空载的基站获得的动态部分和静态部分的节能是节能管理的主要动机。

同时，当前的无线通信网能耗组成研究方面还存在着缺乏综合的能耗模型的问题，主要表现在两个方面。①无线参数与基站能耗之间的关系缺乏较为系统的研究。即天线、发射功率、切换参数等可调参数的变化对基站能耗的影响，缺乏必要的关联性分析。尤其是业务信道功率、导频功率等参数变化导致的基站总功率变化，相关成果比较匮乏。②基站功耗的动态部分与基站内用户业务分布、覆盖和容量的关系也缺乏精确的量化。动态部分的变化与业务量之间的线性关联只是动态性表征的一部分，调节基站覆盖和容量对能耗带来的影响也需要做较为深入的研究。

8.3　基于覆盖定义信号功率调整的自主节能管理机制

8.3.1　概论

无线通信网中，下行覆盖质量通常通过覆盖定义（Coverage Definition，CD）信号功率来表征。如 UMTS 的主公共导频信道（Primary Common Pilot Channel，PCPICH）上的接收信号码功率（Received Signal Code Power，RSCP）和 Ec/Io，LTE/LTE-A 的物理下行共享信道（Physical Downlink Shared Channel，PDSCH）上的参考信号接收功率（Reference Signal Receiving Power，RSRP）和参考信号接收质量（Reference Signal Receiving Quality，RSRQ）等。

在 UMTS 网络中，导频功率控制是实现有效无线资源管理的重要方式之一。CPICH 上的 RSCP 和 Ec/Io 通常被看作小区重选和切换的重要参考。通过改变导频信号的级别可以控制导频信号强度。由于 UMTS 网络的干扰受限特性，导频信号强度同样受到总干扰的影响。导频信号的强度决定了小区边界，同时也确定了能够连接到每个小区的用户数。因此，导频功率水平可以用来控制小区的覆盖，进而实现网络的负载均衡。

在 LTE 和 LTE-A 中，小区重选或切换时，PDSCH 上的 RSRP 与 RSRQ 是两个重要的指标。因此，其功能与 CPICH 上的 RSCP 和 Ec/Io 近似一致。同时，RSRP 可以用来调整 LTE/LTE-A 的覆盖范围，以实现小区中断自治愈。

综上所述，通过调整 CD 信号功率来改变基站或小区的覆盖范围，可以作为覆盖自优化、负载均衡自优化和中断自治愈等多个 SON 的调整参数之一。同时，在节能管理中，关闭小区的覆盖范围也需要得到补偿，而 CD 信号功率可以作为重要的调整参数之一。

由于目前节能管理方法中并没有通过调整 CD 信号实现区域有效覆盖补偿的方法。因此，本章针对业务量均匀分布的、以宏基站为主的网络场景（兼容 UMTS 和 LTE/LTE-A 等技术体制），将 CD 信号功率作为主要的调整参数，研究在满足节能触发条件时如何有效地补偿区域的覆盖。我们提出一种新的、集中式的、基于基站 CD 信号功率调整的自主节能机制（Self-organized Energy-saving Mechanism based on CD signal power adjustment，SEM-CD）。SEM-CD 首先给出了节能机制的功能模块及流程，之后分析了节能触发和恢复的条件，提出了基于 CD 信号功率的能耗模型。在节能方法上，首先将其分为确定区域的基站状态及具体的参数调整分析两个阶段，以降低计算的复杂度。由于 CD 信号功率直接决定了有效的覆盖范围，因此其调整对区域会带来很大的影响。为了尽量减少邻区间干扰和覆盖异常，在覆盖补偿方法上，局部的补偿以三角元（Trigonal Pair，TP）为主。基于局部 TP 补偿方法，进一步提出了区域化的基站状态确定方法。在确定了区域的基站状态下，建立兼顾区域覆盖的数学模型，并通过改进的模拟退火算法求解补偿状态基站的 CD 信号功率值，并给出分析结果。结果显示，该方法能够在保证区域覆盖和阻塞率的基础上，节约区域约 17% 的能量。

8.3.2　基于 CD 信号功率调整的自主集中式节能管理机制

鉴于当前的无线通信网节能管理框架中并没有对各个自主阶段的功能和需求进行分析和设计。因此，该自主集中式节能机制中，首先要明确自主管理的各个环节的功能。之后，针对节能管理机制关注的关键技术一一进行分析研究。

1. SEM-CD 功能架构及流程

基于自主管理的概念和 SON 的功能架构中，首先将节能管理划分成五个自组织功能模块：自监测、自分析、自规划、自执行和自评估。自监测功能负责自主监测区域的必要参数和指标变化；自分析功能依据当前网络的状态自主判决是否执行节能或恢复动作；自规划阶段在节能触发/恢复条件满足时，自主地确定各基站的状态，并确定具体的 CD 信号调整值/恢复值；自执行阶段由集中式的管理中心自主执行基站的开闭动作和用户切换；自评估阶段则在网络处于节能状态时，自动评估网络中的业务质量、覆盖质量和节能效率等。这 5 个功能模块首尾相接，构成了闭环的节能管理功能架构。

SEM-CD 的执行流程如下。

（1）自监测功能模块监测区域的业务量和基站的功率变化。基于先验式的业务量模型，在不同业务的到达率和平均服务时间确定时，即可得到区域的业务量变化，之后进入自分析功能模块。

（2）自分析功能模块依据当前网络的状态决定下一步动作。如果网络处于正常状态，则当节能触发条件满足时（即区域的业务量低于节能触发门限，且持续时间大于缓冲间隔）则触发节能激活过程，进入步骤（4）的自规划功能；当节能触发条件不满足时，则继续返回自监测过程的步骤（1）。如果网络处于节能状态，则进入自分析功能的步骤（3）做进一步的分析。

（3）如果网络处于节能状态，当节能恢复条件满足时（即区域的业务量高于节能恢复门限，且持续时间大于缓冲间隔），则触发节能恢复过程，进入自执行功能的步骤（9）；

当节能恢复条件不满足时，转移到自评估功能的步骤（13）。

（4）自规划功能首先基于基站的部署，通过局部的 TP 补偿方法和基于 TP 的区域化基站状态确定方法确定区域内不同基站的状态（正常状态、节能/休眠状态和补偿状态），之后进入自规划过程的步骤（5）。

（5）自规划功能针对处于补偿状态的基站建立节能的优化数学模型，并选取合适的优化算法求解 CD 信号功率的调整值，目的是在实现节能最大化的基础上保证区域的覆盖和业务质量，之后进入自执行功能的步骤（6）。

（6）自执行功能依据步骤（5）中得到的各基站 CD 功率信号值，对补偿基站执行相应的调整动作，之后进入自执行功能的步骤（7）。

（7）自执行功能将步骤（4）中判定为节能状态的基站关闭，注意要保证最基本的管理功能，之后进入自执行功能的步骤（8）。

（8）自执行功能将之前由关闭基站服务的用户切换到合适补偿状态基站，网络进入节能状态，并返回自监测功能的步骤（1）。

（9）自执行功能将所有基站开启，进入自执行功能的步骤（10）。

（10）自执行功能将所有基站的 CD 功率信号恢复到正常状态，进入自执行功能的步骤（11）。

（11）依据网络的状况，自执行功能依据用户的环境执行必要的切换，网络恢复到正常状态，进入自评估功能的步骤（12）。

（12）自评估功能在节能恢复后评估区域在节能状态下的覆盖和节能效率，之后返回自监测功能的步骤（1）。

（13）自评估功能在网络节能状态下评估区域的业务量质量，如果业务质量满足要求，则返回自监测功能的步骤（1）；否则认为网络无法继续执行节能管理，进入自执行功能的步骤（9）。

以上步骤中，节能触发和恢复条件由自分析功能确定，区域化的基站选取方法和对应的 CD 信号功率调整值求解由自规划功能确定，无线通信网的能耗组成由自评估功能确定，这几项是本章所关注的重点内容。

在分析阶段，设置缓冲间隔的目的是避免业务量的波动所导致的频繁切换和控制。由于集中式的节能管理需要获取所有的基站业务量信息，并且需要执行必要的用户切换，同时也需要兼顾网络的整体状况，因此，集中式的节能管理中心应部署在网络管理的中心控制节点。建议由 OAM 系统集成上述五个自主功能模块。OAM 系统需要控制所有自主流程的执行。同时，为了在节能恢复条件满足时快速执行恢复动作，OAM 系统也需要备份处于节能状态下的基站的参数信息。

在确定了 SEM-CD 的功能架构和流程之后，首先针对自分析功能所要解决的关键问题之一——节能触发和恢复条件进行研究。

2. 节能触发和恢复条件

作为宏观的业务量节能方法之一，判定节能触发和恢复的重要依据是业务量变化。因此，需要设定节能触发的判决业务量门限和缓冲间隔，以及节能恢复的业务量门限和缓冲时间。在区域的业务量均匀分布的场景下，节能触发的业务量判决门限和节能恢复的业务量判决门限可以一致。设该判决的业务量门限为 δ 且节能触发对应的缓冲间隔为 t_a，节能恢复对应的缓冲时间为 t_b。由于区域的业务量近似呈周期性变化，因此建议经过每一个周期 T_P 后，动态更新 δ 值，以及 t_a 和 t_b 值。

在初次执行节能管理时，需要给出 δ、t_a 和 t_b 的初始值。设区域的峰值业务量为 Tr_{max}。鉴于 TP 补偿方式中采用三补一的策略，因此，可以将 δ 初始值设为 $Tr_{max}/3$（TP 补偿方法在后文中会有进一步的详细描述）。由于业务量在一个小时内可以认为基本平稳，因此，建议将 t_a 设置为 1 小时。当且仅当区域的业务量降到 δ 以下，并且在 t_a 内呈单调递减趋势时，方在 t_a 时刻到达后执行节能管理。为了尽量避免基站过载，对于 t_b 设置得应该小于 t_a。无线通信网中不同的业务的服务时间各不相同，语音业务相对较短，数据业务相对较长。因此，将数据业务的平均服务时间作为 t_b 的参考值，以保证恢复时尽量减少对服务中用户的影响。

第一个周期内，设通过区域化的基站选取方法获取的处于节能状态、补偿状态和正常状态的基站比例分别为 SR、CR 和 NR。每经过一个周期，取 $\delta \leftarrow Tr_{max} \cdot \min\{\delta/Tr_{max}, NR+CR\}$ 作为新的业务量门限。这样就实现了触发和恢复机制的动态变化。另外，t_a 可以假设不变，t_b 的值则随着每个周期内的数据业务平均服务时间动态变化。

在确认了节能触发和恢复条件后，需要进一步确认适用于 SEM-CD 的无线通信网能耗模型。

3. 局部 TP 补偿方法

在理想状态下，每个基站的覆盖范围呈圆形，而每个小区的覆盖范围呈六边形。在典型的城区场景中，一个基站通常下属多个小区。参考通过调整相邻基站的半径来补偿节能状态基站覆盖范围的策略，和基于规则的基站位置部署提出了理想的双基站和三基站补偿方法。但是目前很少有局部补偿方法关注不规则的基站部署下单基站的覆盖补偿方式。由于 CD 信号功率的调整会对网络的覆盖、干扰等带来一定的影响，因此应尽量使 CD 信号功率值通过较小的调整即可满足要求。因此，本章将功率调整需求较小的三基站补偿方法作为参考方法。同时为了完善已有的工作，首先针对单基站提出了局部的 TP 补偿方法。该方法兼顾了基站的业务量，同时也能够适应不规则的基站部署场景。

从局部角度来说，单个基站的覆盖范围能够被相邻基站补偿。在理想状态下，包含三个小区的基站的 TP 补偿实例如图 8.1 所示，称基站对（BS_1, BS_2, BS_3）为 BS_0 的一个三角元，即一个 TP。所有基站的 TP 构成一个集合 TP。初始场景下，所有基站的半径均为 r，相邻基站的站间距为 d。当关闭基站 BS_0 时，通过将 TP 中的每个基站的半径增加到 r，即可实现对基站 BS_0 的覆盖补偿。

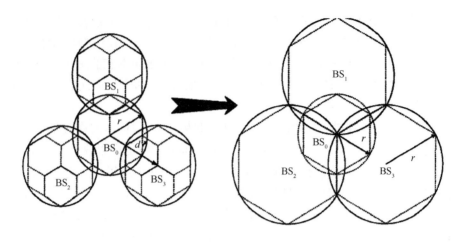

图 8.1　规则部署时局部 TP 补偿示例

8.4　节能

8.4.1　节能优化的数学模型

在时刻 t^* 可以通过区域化的基站状态确定方法获取不同基站的状态。在节能恢复条件满足以前，所有基站的状态均保持不变，以降低网络在节能状态下所受到的性能影响。同样，优化数学模型得到的 CD 信号功率在 t^* 确定后，在 T_S 内也不发生变化。为了实现区域节能最大化，首先要保证区域的基站功率和 $G(P)$ 最小，如下所示：

$$\min G(P) = \sum_{j \in B_C} P_{j\text{BS-CS}}(t^*) + \sum_{j \in B_N} P_{\text{BS-CS}}^j(t^*) + |B_S| \cdot |T_S| \cdot |P_S|$$
$$= \sum_{j \in B_C \cup R_N} f[P_j(t^*)] + |B_S| \cdot |T_S| \cdot P_S \tag{8.2}$$

对于关闭状态的基站，可考虑设其 CD 信号功率为 0。通过式（8.2）容易发现 $G(P)$ 是向量 P 的增函数。下面的分析都基于处于非节能状态的基站进行。

设基站可解调的最小信号为 P_{au}，则对用户 i，在时刻 t^* 允许的最大上行链路损耗为 $L_i^u(t^*)$，如下所示（单位为 dB）：

$$L_i^u(t^*) = P_{TX}^i(t^*) - P_{\text{au}} \tag{8.3}$$

同样，设边缘用户可接受的最小 CD 信号强度为 P_{ad}，则相对于基站 j 在时刻 t^* 允许的最大下行链路损耗 $L_i^d(t^*)$ 如下所示（单位为 dB）：

$$L_i^d(t^*) = P_j(t^*) - P_{\text{ad}} \tag{8.4}$$

依据不同场景下的传播模型，路损 L 和覆盖半径 r 的一一映射关系可以通过通用的映射函数 $b(\cdot)$ 来表示。该函数结合式（8.3）和式（8.4），可以获取用户 i 的 $P_{TX}^i(t)$ 与其上行覆盖半径 $r_i^u(t)$，以及基站 j 的 $P_{j(t)}$ 与其下行覆盖半径 $r_j^d(t)$ 的一一映射关系，且两者的映射关系一致，用 $g(\cdot)$ 表示。从区域覆盖的角度考虑，为了保证有效的覆盖，需要最小化区域的覆盖间隙 $H(P)$，如下所示：

$$\min H(P) = 1 - \frac{[\sum_{j \in B_C \cup B_N} \pi g^2(P_j(t^*)) - \sum_{i=1}^{N} \sum_{q=1}^{N} O_{lq}]}{A} \times 100\% \tag{8.5}$$

式（8.5）中，A 代表整个区域的面积，O_{lq} 代表基站 l 和基站 q 之间的二重覆盖交叠。很容易证明 $H(P)$ 是向量 P 的减函数，因此 $H(P)$ 和 $G(P)$ 是相互矛盾的。但是在网络节能的状态下覆盖是第一要素，因此将 $H(P)$ 作为 $G(P)$ 的一个严格限制条件。同时，在节能状态下，网络中的用户连接约束、功率约束及资源约束都应满足。因此，上述数学模型可以总结如下：

$$\text{s.t.} \begin{cases} \min G(P) \\ H(P) \leqslant \varepsilon \\ \forall i,\ k,\ \sum_{k=1}^{K} \sum_{j=1}^{N} C_{ijk}(t^*) = 1 \\ \forall_j \in B_C \bigcup B_N,\ P_{TX}^{\min} \leqslant P_{TX}^{j}(t^*) \leqslant P_{TX}^{\max} \\ \forall_j \in B_C \bigcup B_N, \sum_{k=1}^{K} \sum_{i=1}^{M(t^*)} U_k \cdot C_{ijk}(t^*) \leqslant (1-\omega_j) \cdot V_j \end{cases} \tag{8.6}$$

式（8.6）中，ε 为覆盖空白率的上限。第二项约束保证每一时刻一个用户只能接收一个基站的一种服务。第三项是对基站发射功率的约束，其中 $P_{TX}^{\min}$ 和 $P_{TX}^{\max}$ 分别表示基站发射功率的最小值和最大值。第四项是资源约束。其中 ω_j 是基站 j 用作干扰控制的资源余量比例。

假设 P_T 是向量 P 的取值集合，则 P_T 是一个 N 维的非负实数空间。对每一个 P_j，若其可取值数集合为 Q，则可行解的大小为 $|P_T| = |Q|^N$，其包含的可行解数目无限。同时，该模型与动态背包算法的数学模型近似，但是连续的解空间会使问题规模更加庞大和复杂。采用贪婪算法等基本的启发式算法，所需时间复杂度仍为 $O\left(\left|R^+\right|^N\right)$，即无法在多项式时间内解决。由此可分析出该问题属于 NP 难问题。作为一种随机的启发式搜索方法，模拟退火（Simulated Annealing，SA）算法具有避免局部最优、与初始值无关及容易获取全局最优等优点，因此是能够解决 NP 难问题的有效方法之一。虽然相对收敛速度慢，但是模拟退火算法在无线通信网的覆盖优化、无线感知网络的优化问题中都得到了有效的应用。作为网络优化的一个用例，模拟退火算法在节能管理上也有推广的空间。因此，本节结合节能管理的特点，改进了模拟退火算法性能，降低了计算复杂度，提高其收敛速度。

8.4.2　基于改进模拟退火的求解方法

基于以上分析，向量 P 可以通过实数编码来实现。由于 SA 算法的适用对象是无约束数学模型，因此需要将优化模型（8.6）转化为无约束模型，如下所示：

$$\min z = G(P) + \left(\frac{\sigma}{T_k}\right) \cdot \sum_{j \in B_c \cup B_N} \left[\sum_{P_{TX}^j(t*) \in P_U} (P_{TX}^j(t*) - P_{TX}^{\max})^2 + \sum_{P_{TX}^j(t*) \in P_L} (P_{TX}^{\min} - P_{TX}^j(t*))^2 \right]$$
$$+ \left(\frac{\chi}{T_k}\right) \cdot \sum_{j \in B_c \cup B_N} sg^2 (\sum_{k=1}^{K} \sum_{i=1}^{M(t*)} v_k \cdot c_{ijk}(t*) + \omega_j \cdot V_j - V_j) + \left(\frac{\varsigma}{T_k}\right) |H(P) - \varepsilon|^2 \tag{8.7}$$

式（8.7）中，T_k 表示算法第 k 次迭代时的温度。σ、χ、ς 分别表示基站发射功率、基站容量和覆盖的惩罚因子。算法开始的时候 T_k 很大，对应的惩罚很小，以保证区域搜索的广度。随着 T_k 的降低，惩罚会越来越大，以保证结果逐渐向最优化解趋近。$P_U = \left\{ y \mid y > P_{TX}^{\min} \right\}$ 表示超过最大发射功率的数集，$P_L = \left\{ y \mid y < P_{TX}^{\min} \right\}$ 表示低于最小发射功率的数集，是一个分段非负函数，具体表示如下：

$$sg(x) = \begin{cases} 0, & x \leqslant 0 \\ x, & x > 0 \end{cases} \tag{8.8}$$

本节采用的模拟退火算法流程图如图 8.2 所示，各阶段的分析如下。

步骤 1：随机选取一个初始解 $P \in P_t$，设定初始的温度 T_0 和终止温度 T_f（$T_0 < T_f$）。设定初始迭代数 $k=0$，当前温度 $T_k = T_0$。定义内部循环次数 $n(T_k)$ 并设内部循环计数器 $n=0$。

步骤 2：从 P 的领域 $N(P)$ 中随机生成一个解 $P' \in N(P) \in P_T$。令 $n=n+1$，继续下一次内循环，并计算 z 的增量 $\Delta z = z(p') - z(p)$。

步骤 3：如果 $\Delta z < 0$，意味着解 P' 优于 P，则令 $P=P'$ 作为新的参考解，执行步骤 4；如果 $\Delta z > 0$，意味着之前的 P 更优，则生成 0-1 均匀分布的随机数 $\zeta = U(0,1)$，并判断：如果 $\exp(\frac{-\Delta z}{T_K}) > \xi$ 则接受新生成的解，令 $P=P'$，进入步骤 4，否则直接进入步骤 4。

步骤 4：如果达到热平衡，即内循环次数 $n > n(T_k)$，则进入步骤 5；否则返回步骤 2 继续下一次内循环过程。

步骤 5：降低当前温度 T_k，并增加迭代次数，令 $k=k+1$。如果 $T_k < T_f$，则意味着达到终止条件，算法终止；否则，重置 $n(T_k)$ 的值，令 $n=0$，进入步骤 2 继续执行。

在任意解 P 中，只有 $j \in B_c$ 的 P_j 需要调整。对于 $j \in B_N$ 的 P_j 设为正常状态初始值，$j \in B_s$ 的 P_j 设为 0。通过随机选取 P 中的一个 $j \in B_c$，并将其步长随机改变后得到新解，这些新解的集合即为 P 的领域 $N(P)$。以上算法中，需要重点确认的参数包括初始和终止温度 T_0、T_f 及内循环次数 $n(T_k)$、各惩罚因子及降温函数。有效的参数设定能够大大提高搜索效率。在应用模拟算法时，各参数的设置通常是通过多次试验反复执行后从最优的结果中获取的。本节则基于变量特征和网络场景，对参数的设置方式进行更改，为每种参数赋予具体的物理含义，并简单改进模拟退火算法的过程。

（1）首先根据经验给定 T_0 和 T_f 及降温函数。这三项可以随机生成，对最终结果并无太大影响。

（2）令 $n(T_k) = |B_c|$，并修正步骤 2，保证在一次内循环过程（n 从 0 到 $n(T_k)$ 的一次变化过程）中，每个补偿状态基站都会被调整一次。

（3）设定各惩罚因子，保证各惩罚部分与初始目标归一化，如下所示：

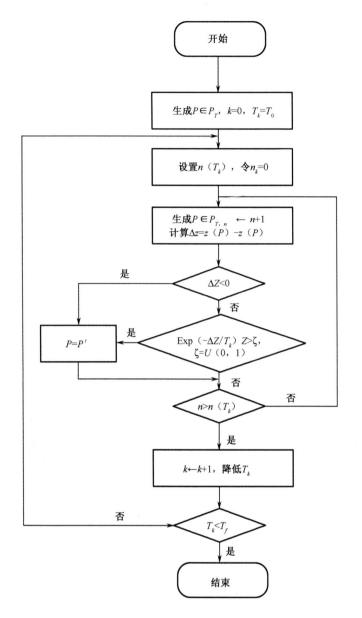

图 8.2　模拟退火算法流程图

$$\sigma = \frac{T_0 \cdot N \cdot P_{BS}^{\max}}{(P_{TX}^{\max} - P_{TX}^N)^2 + (P_{TX}^N - P_{TX}^{\min})^2] \cdot \left| B_C \right|} \tag{8.9}$$

式中，$P_{BS}^{\max}$ 表示基站的最大总功率，为定值。P_{TX}^N 表示基站的额定发射功率。因此，功率的惩罚因子 σ 是常数。进一步，资源惩罚因子定义如下：

$$X = \frac{T_0 N P_{B_S}^{\max}}{\sum_{j \in B_N \cup B_C} v_j} \tag{8.10}$$

同样，资源的惩罚因子 X 也是常数。最后，覆盖的惩罚因子的定义如下：

$$\zeta = \frac{T_0 N P_{B_S}^{\max}}{\varepsilon^z} \tag{8.11}$$

通过以上定义即确定了各参数的取值方式。SA 算法能够求解出时刻 t^* 补偿基站 b_j 的 CD 信号功率 P_j。在节能时间段内，CD 信号值一直维持在调整值上。需要注意的是，SA 算法可能会接收一些非优化解，因此迭代结束时的结果可能并非最优解。因此要求在算法运行过程中随时记录下当前的最优解。

8.4.3 节能机制的有效性评估

无线通信网的能耗模型能够有效地评估节能方法的能效。但是由于节能方法会对网络的性能带来影响，因此，在节能时间段内，需要利用自评估功能对网络的性能进行评估，以保证节能方法的有效性。一旦不满足评估标准，则考虑将网络恢复到正常状态。对于节能状态下无线通信网，需要评估两个方面的性能：

（1）反映业务质量的基站阻塞率；

（2）反映区域覆盖的用户接收到的 CD 信号的强度和信噪比。

下面针对这两个方面进行一一分析。

1. 业务质量评估

由于这里的业务量模型属于先验式，可以考虑通过多窗口的 M/M/N/0 马尔可夫过程来近似模拟。对基站 j，设时刻 t 业务 k 的到达率为 $\lambda_{jk}(t)$（包含切入的业务），同时业务 k 的平均服务率为 $1/\mu_k$，用户在一个基站内逗留的平均时间为 $1/\mu_h$，则基站 j 的状态可以通过业务 k 的活跃用户数 $n_{jk}(t)$ 来表示，且有向量 $q_j(t)=(n_{j1}(t),n_{j2}(t),\cdots,n_{jk}(t))$，$K$ 为业务总数。进一步，每个基站 j 的状态空间 $Q_j(t)$ 可以表示如下：

$$Q_j(t) = \{q_j(t) = (n_{j1}(t), n_{j2}(t), \cdots, n_{jK}(t)) \mid \sum_{k=1}^{K} v_k \cdot n_{jk}(t) \leqslant v_j\} \tag{8.12}$$

进一步，该模型的平稳分布如下：

$$\pi(q_j(t)) = \pi(n_{j1}(t), n_{j2}(t), \cdots, n_{jk}(t)) = \frac{\prod_{k=1}^{k} \dfrac{\rho_{jk}^{n_{jk}(t)}(t)}{n_{jk}(t)!}}{\sum_{q_j(t) \in Q_j(t)} \prod_{k=1}^{k} \dfrac{\rho_{jk}^{n_{jk}(t)}(t)}{n_{jk}(t)!}} \tag{8.13}$$

式（8.13）中，$\rho_{jk}(t)=\lambda_{jk}(t)/(\mu_k+\mu_h)$ 表示基站 j 业务 k 的业务量，从而可以获得基站业务量的表述如下：

$$tr_j(t) = \sum_k \rho_{jk}(t) \tag{8.14}$$

其中，状态空间 L 的定义如下：

$$U_{jk}(t) = \{q_j(t) \mid V_j - v_k < \sum_k v_k n_{jk}(t) \leqslant V_j\} \tag{8.15}$$

此外，还能获取时刻 t 基站 j 下业务 k 的平均用户数 $W_{jk}(t)$ 如下：

$$W_{jk}(t) = \sum_{q_j(t)\in Q_j(t)} n_{jk}(t)\cdot\pi(q_j(t)) \tag{8.16}$$

$W_{jk}(t)$则直接决定了用户与基站关联 $c_{ijk}(t)$。通过上述分析，就建立起连接关系、业务量及业务质量的评估模型。

2. 覆盖评估

SA 算法仅给出了区域覆盖的理论补偿分析。为了验证节能方法在覆盖上的有效性，需要针对整个节能时间段内的覆盖状况进行评估。其中，最重要的两个指标就是用户接收到的 CD 信号强度和信噪比的累积概率分布函数（Cumulative Distribution Function，CDF）。设时刻 t 用户 i 接收到的来自 j 基站的 CD 信号强度为 $t_{ij}(t)$，对应的信噪比为 $K_{ij}(t)$，影响两者的无线参数集合为 Ω，则 $I_{ij}(t)$ 和 $K_{ij}(t)$ 可以通过如下关系式来表示：

$$t_{ij}(t) = \Psi_i(P_j(t);\Omega) \tag{8.17}$$

$$K_{ij}(t) = \Phi_i(\Sigma_{j\in B_N\cup B_C} P_j(t);\Omega) \tag{8.18}$$

上述两式中，Ψ_i 是线性函数，Φ_i 则是比例函数。集合 Ω 由具体的链路预算决定。进一步，为了保证区域的覆盖，节能时间段内各个采集点获取的 $t_{ij}(t)$ 和 $k_{ij}(t)$ 的 CDF 需要满足如下约束：

$$\text{s.t.}\{ \begin{matrix} F_{t_{ij}(t)}(t_{ij}*(t)\geq t_{min})\geq v \\ F_{\kappa_{ij}(t)}(\kappa_{ij}*(t)\geq\kappa_{min})\geq\upsilon \end{matrix}, j^* = \arg\max\{t_{ij}(t)\} \tag{8.19}$$

式（8.19）中，t_{min} 和 κ_{min} 分别表示 $t_{ij}(t)$ 可 $k_{ij}(t)$ 接受的最低门限。υ 和 v 分别表示 CDF 的约束要求。函数 $F_x(C)$ 则表示当条件 C 满足时变量 x 的 CDF。通过业务质量和覆盖的评估，即可实现对节能方法的有效评价。

8.5　基于业务信道功率调整的自主节能管理机制

前面讨论了业务量在空间上均匀分布时，以决定区域覆盖的 CD 信号功率为优化对象的节能管理机制 SEM-CD。但是当区域的业务量在空间上呈非规则分布、基站天线无法远程调整且多域业务（CS 域和 PS 域）共存（如 WCDMA、CDMA2000 网络制式）的网络场景下，不同的业务对各自的信道功率有不同的需求，对应的覆盖范围也存在差异。在节能管理中，对于处于关闭状态的基站，不仅需要补偿 CD 信号决定的覆盖，也需要补偿各异的不同业务的覆盖，因为单一考虑决定接入和切换的 CD 信号功率已不能满足各种业务的质量需求。

当节能触发条件满足时，节能既要保证区域的覆盖质量，也要保证各业务的业务信道（Traffic Channel，TCH，物理专用信道）的功率约束。业务信道功率的分配决定了基站的业务容量和系统干扰，因此具有重要的参考意义。业务信道功率在无线网络规划、覆盖优化、容量优化等方面都有相关的研究成果。

但是在节能管理上,将所有的业务所需要的功率抽象成平均的每用户连接功率,忽略了不同业务之间的差异,从而不能保证节能状态下各业务的功率要求。

基于以上分析,本章针对业务量非均匀分布、多域业务混合且不支持远程天线调整的网络场景,提出了一种集中式的基于基站多业务信道功率调整的自主节能管理机制(Self-organized Energy-saving Mechanism based on Traffic Channel signal power adjustment,SEM-TC)。与 SEM-CD 相似,SEM-TC 首先给出了自主节能管理的功能和流程,之后提出了符合该场景的节能触发和恢复条件,基于业务信道功率的能耗模型同样也得到了研究。在局部的覆盖补偿方法上,为了尽量减少节能方法对用户体验的影响,业务信道功率应当留有相当的余量,因此选取半径调整相对较大的 OP 补偿。基于局部的 OP 补偿,提出了区域的基站状态确定方法。之后,针对补偿基站,以基站的业务信道功率组成的矩阵为调节参数,建立兼顾覆盖、业务量的数学模型,并通过符合多参数优化的免疫计算方法来求解补偿状态基站的业务信道功率值。同时,经过分析发现,SEM-TC 对 LTE/LTE-A网络场景也有一定的适应性,比其他算法具有更高的节能效率,从而验证了 SEM-CD 的有效性。

8.5.1 SEM-TC 功能架构及流程

与 SEM-CD 类似,SEM-TC 也分为自监测、自分析、自规划、自执行和自评估 5 个自主阶段,每个自主阶段由对应的自主管理功能来执行。作为集中式的管理机制,仍然将管理中心部署在 OAM 系统上。图 8.3 给出了 SEM-TC 的功能架构。

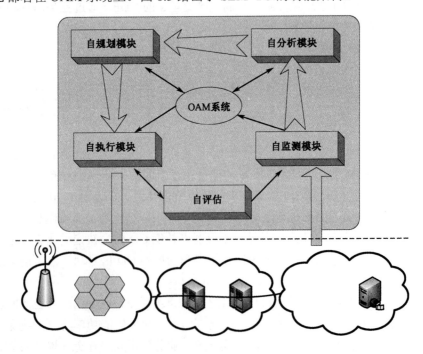

图 8.3 SEM-TC 的功能架构和闭环流程图

1. SEM-TC 的流程分析

（1）自监测功能模块基于先验式的业务量模型和无线通信网的能耗模型，监测区域的业务量和基站的功率变化，之后进入自分析功能模块。

（2）自分析功能模块依据当前网络的状态来决定下一步的动作。如果网络处于正常状态，则当节能触发条件满足时（即区域的平均业务量低于节能触发门限，且持续时间大于缓冲间隔）则触发节能激活过程，进入步骤（4）的自规划功能；当节能触发条件不满足时，则继续返回自监测过程的步骤（1）。如果网络处于节能状态，则进入自分析功能的步骤（3）做进一步的分析。

（3）如果网络处于节能状态，则当节能恢复条件满足时（即区域的平均业务量高于节能恢复门限，且持续时间大于缓冲间隔），则触发节能恢复过程，进入自执行功能的步骤（8）；当节能恢复条件不满足时，转移到步骤（4）和（6）。

（4）自规划功能首先基于基站的部署，通过局部的 OP 补偿方法和基于 OP 的区域化基站选取方法确定区域内不同基站的状态（正常状态、节能/休眠状态和补偿状态），之后进入自规划过程的步骤（5）。

（5）自规划功能针对处于补偿状态的基站建立节能的优化数学模型，并选取合适的优化算法求解业务信道功率的调整值，目的是在实现节能最大化的基础上保证区域的覆盖和业务质量，之后进入自执行功能的步骤（6）。

（6）自执行功能依据步骤（5）中得到的各基站的各业务信道功率值，对补偿基站执行对应的调整动作，之后进入自执行功能的步骤（7）。

（7）自执行功能将步骤（4）中判定为节能状态的基站关闭，注意要保证最基本的管理功能，并将由关闭基站服务的用户切换到合适的补偿状态基站，网络进入节能状态，并返回自监测功能的步骤（1）。

（8）自执行功能将所有的基站状态、业务功率参数恢复到正常水平，进入自执行功能的步骤（9）。

（9）依据网络的状况，自执行功能依据用户的环境执行必要的切换，网络恢复到正常状态，进入自评估功能的步骤（10）。

（10）自评估功能在节能恢复后评估区域在节能状态下的覆盖和节能效率，之后返回自监测功能的步骤（1）。

（11）自评估功能在网络节能状态下评估区域的业务量质量，如果业务质量满足要求，则返回自监测功能的步骤（1），否则认为网络无法继续执行节能管理，进入自执行功能的步骤（8）。

以上步骤中，节能触发和恢复条件由自分析功能确定，区域化的基站选取方法和对应的业务信道功率调整值求解由自规划功能确定，无线通信网的能耗组成由自评估功能确定。

2. 节能触发和恢复条件

同样，作为宏观的业务量节能方法之一，判定节能触发和恢复的重要依据是业务量的变化。依据对节能触发和恢复条件研究现状的分析，需要设定节能触发的判决业务量门限和缓冲间隔，以及节能恢复的业务量门限和缓冲时间。在区域业务量非均匀分布的场景下，业务量的动态性更需要得到关注。考虑到节能触发和恢复的动态性，节能触发的业务量判决门限和节能恢复的业务量判决门限仍然设为一致。类似地，设判决的业务量门限为 δ，且节能触发对应的缓冲间隔为 t_a，节能恢复对应的缓冲时间为 t_b。由于区域的业务量近似呈周期性变化，因此在首次触发节能时需要给定 δ 及 t_a 和 t_b 的值，并经过每一个周期 T_P 后进行动态调整。

在区域的峰值业务量为 $Tr_{\max}$ 时，鉴于 OP 补偿方式中采用二补一的策略，因此，可以将 δ 初始值设为 $Tr_{\max}/2$（OP 补偿方法在后面会有进一步的详细描述）。同样建议将 t_a 设置为 1 小时。当且仅当区域的业务量降到 δ 以下，并且在 t_a 内呈单调递减趋势时，才在 t_a 时刻到达后执行节能管理。为了尽量避免基站的过载，将数据业务的平均服务时间作为 t_b 的参考值。第一个周期内，设通过区域化的基站选取方法获取的处于节能状态、补偿状态和正常状态的基站比例分别为 SR、CR 和 NR。每经过一个周期，类似地取 $\delta \leftarrow Tr_{\max} \cdot \min\{\dfrac{\delta}{\max}, \ NR+CR\}$ 作为新的业务量门限。也假设 t_a 不变，t_b 的值则依据每个周期内的数据业务平均服务时间来动态变化。在确认了节能触发和恢复条件后，需要进一步确认适用于 SEM-TC 的无线通信网能耗模型。

8.5.2 基于业务信道功率的无线通信网能耗模型

假设网络中的基站数目为 N，支持的业务种类数为 K，t 时刻网络中的用户数为 $M(t)$，基站 j 的总功率为 $P_{BS}^j(t)$，发射功率为 $P_{TX}^j(t)$，$C_{ijk}(t)$ 表示时刻 t 用户 i 与基站 j 的对应的业务 k 的连接状态，$P_{jk}^B(t)$ 表示 t 时刻到达基站 j 的业务 k 的阻塞率，P_{jk} 表示基站 j 在业务 k 上的最小信道功率，P_j^c 表示基站 j 的 CD 信号功率，v_k 表示业务 k 所需的资源数目，V_j 表示基站 j 的可用资源。

首先，获取正常状态或补偿状态基站 j 发射功率 $P_{TX}^j(t)$ 与基站功率 $P_{BS}^j(t)$ 的普适关系。进一步，$P_{TX}^j(t)$ 与 P_k^j 和 P_j^c 的关系如下：

$$P_{TX}^j(t) = (1+\partial) \cdot P_j^c + \mathrm{TL}.\sum_{k=1}^{K}\sum_{i=1}^{M(t)} P_{jk} \cdot C_{ijk}(t) \tag{8.20}$$

式中，∂ 表示发射功率中其他控制信道功率与 CD 信号功率的比值，TL 为目标负载。进一步，业务连接状态的定义如下：

$$c_{ijk}\begin{cases} 1, \ \forall i, \ j, \ k \ \ d_{ij}\cdot(t) \leqslant r_{j*k}^d(t) \leqslant r_i^u(t) \\ 0, \ 其他 \end{cases} \tag{8.21}$$

式中，$d_{ij}\cdot(t)$ 和 $r_{j*k}^d(t)$ 分别表示时刻 t 用户 i 和基站 j 之间的距离、基站 j 下第 k 种业务的下行覆盖半径，以及用户 i 的上行覆盖半径。正常状态下，P_{jk} 和 P_j^c 均保持不变，且存在固定的偏置关系。经过节能调整，各业务功率 P_{jk} 均满足覆盖要求。由于业务功率覆盖范围要小于 CD 信号覆盖，因此依据 P_j^c 对 P_{jk} 的变化做最小调整即可满足要求，即对任意补

偿状态基站 j 其 CD 信号增量 ΔP_j^c 如下：

$$\Delta P_j^c = \min\{\Delta P_{jk}\} \tag{8.22}$$

式中，ΔP_{jk} 表示 P_{jk} 的增量。对于正常状态基站来说，各增量值均为 0。基于以上分析，能够获取处于正常状态、补偿状态的基站总功率值，分别表示为 P_{BS-N}^j 和 P_{BS-C}^j。对处于节能状态的基站 j，为了维持有效的管理状态，设其功率为一个很小的定值 P_S。在整个时间域 T_A 上，需要进一步计算出区域的能耗节约量。由于 T_A 通常包含多个 T_P，而一个 T_P 内又分为节能时间段和正常时间段，因此在整个 T_A 上多个非节能时间段和节能时间段相互间隔，且通常都以正常时间段作为开始和结束。设正常的时间段表示为 $[t_{2i}, t_{2i+1}]$，$i=0, 1, \cdots, W$。则节能时间段可以表示为 $[t_{2j+1}, t_{2j+2}]$，$j=0，1，\cdots，W-1$。W 表示节能时间段的数目。可以设 $t_0=0$，$t_{2w+1}=T_A$。对整个无线通信网来说，采用节能机制后，T_A 内节能时间段上消耗的能量 P_{ES} 如式（8.23）所示：

$$P_{ES} = \sum_{j \in B_N^i} \sum_{i=0}^{W-1} \int_{2i+1}^{2i+2} P_{BS-N}^j(t)\mathrm{d}t + \sum_{j \in B_C^i} \sum_{i=0}^{W-1} \int_{2i+1}^{2i+2} P_{BS-C}^j(t)\mathrm{d}t$$
$$+ \sum_{i=0}^{W-1} P_S \cdot \left| B_S^i \right| \tag{8.23}$$

式中，B_N^i、B_C^i 和 B_S^i 分别表示第 i 个节能时间段内处于正常状态、补偿状态和关闭状态的基站集合。可以分析得到，SEM-TC 在节能时间域上的节能效率 E_S 如下：

$$E_S = \frac{\left[\sum_{j \in B} \sum_{i=0}^{W-1} \int_{2i+1}^{2i+2} P_{BS-N}^j(t)\mathrm{d}t - P_{ES} \right]}{\sum_{j \in B} \sum_{i=0}^{W-1} \int_{2i+1}^{2i+2} P_{BS-N}^j(t)\mathrm{d}t} \tag{8.24}$$

集合 $B = B_N^i \bigcup B_C^i \bigcup B_S^i$ 表示所有基站的集合。最后，时间域 T_A 上的节能效率如式（8.25）所示：

$$E_S = \frac{\left[\sum_{j \in B} \sum_{i=0}^{W-1} \int_{2i+1}^{2i+2} P_{BS-N}^j(t)\mathrm{d}t - P_{ES} \right]}{\sum_{j \in B} \int_0^{T_A} P_{BS-N}^j(t)\mathrm{d}t} \tag{8.25}$$

通过 E_S 和 E_E 即可得到区域精确的节能效率。确定了能耗模型之后，需要从局部和区域的角度确定基站的状态。通过局部的 OP 补偿方法和基于 OP 的区域化基站状态确定方法来获取。

8.5.3　局部 OP 补偿方法

由于业务信道的功率调整直接影响各业务的性能，因此其值调整时应尽量满足约束要求，相对来说，OP 的补偿方法的补偿半径调整值要大于 TP，从而将功率调整较大的双基站补偿方法作为参考方法。

OP 补偿方法如图 8.4 所示，设基站 BS_0 的半径为 r，作为补偿 BS_0 的候选基站集合为 NB。初始时 NB=ϕ、OP=ϕ。

具体来说，BS_0 对应的 OP 通过如下流程确定。

（1）基于 BS_0 的邻区列表，选取对应的 6 个信号最强的基站，将这些基站放入集合 NB。

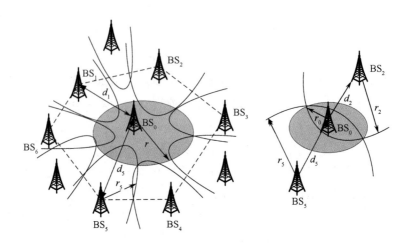

图 8.4　普适的基站部署时局部 OP 补偿示例

（2）从 NB 中选择两个不相邻的基站 BS_j 和 BS_k，如基站 BS_j、BS_0 和 BS_k 构成的角度 θ_i 为钝角，且满足 $150° \leqslant \theta_i \leqslant 180°$，则将 BS_j 和 BS_k 构成一个 OP，并将该 OP 放入集合 OP。例如，图 8.4 中的（BS_2，BS_5）即构成了一个 OP。将 BS_j 和 BS_k 从集合 NB 中删除。

（3）针对 NB 中的其他基站，重复（2）过程以尝试获取其他 OP。当不再变化或 NB 为空时，算法结束。

通过以上流程可以发现，一个基站可最多对应 3 个有效的 OP，因此在选取单基站的具体补偿基站时具有很低的复杂度。需要说明的是，OP 选择的方法不仅适用于本场景中的包含多小区的定向天线基站，对仅包含一个小区的郊区型全向天线基站也同样适用。单基站的 OP 补偿的多项选择，使得在进行区域的覆盖优化时要考虑补偿状态基站对其他基站的影响。因此，需要进一步执行有效的区域化基站状态确定方法，以在保证区域覆盖的同时实现关闭基站数目的最大化。鉴于局部的 OP 补偿并未考虑业务量的约束，基于 OP 的区域化基站状态确定方法解决了兼顾容量、距离、补偿效果等多因素的基站状态确定问题。

8.5.4　节能的优化数学模型

在确定了各基站的状态之后，区域的覆盖范围由正常状态和补偿状态的基站的下倾角和业务信道功率决定。这里基站不支持远程天线调整，因此天线倾角不变，则业务信道功率 p_{jk} 决定了覆盖范围，这里将矩阵 $\boldsymbol{P}=\{p_{jk}\}$ 作为优化对象。假设上行链路预算获取的用户覆盖范围均一致，表示为 r^u，基站 j 的高度为 h_j，则通过链路预算获取的基站 j 的业务覆盖范围可以表示如下：

$$R_{jk} = g^{-1}(p_{jk}, L_{jk} | h_j, f_j, h_{MS}) \tag{8.26}$$

式中，L_{jk} 是基站 j 针对业务 k 的最大下行路损，f_j 是基站 j 的下行工作频率，h_{MS} 是用户平均高度。仅从覆盖范围角度进行分析，基站 j 的半径 r_j 应该满足如下约束：

$$r_j = \min\{\max\{R_{jk}\}, r^u\} \tag{8.27}$$

在现网中，一般都有 $R'' \geqslant R_{jk}$。以上两式建立了 R_{jk} 与 r_j 的关系。

进一步，从覆盖的角度来说，要保证整个区域的覆盖，需要最小化覆盖间隙率 $H(P)$，具体表示如下：

$$H(P) = \frac{s \cdot \sum_{j=1}^{n} \pi r_j^2 + \sum_{i=0}^{n} \sum_{q=0}^{n} O_{lq}}{S} \times 100\% \tag{8.28}$$

式中，S 表示区域的面积，O_{lq} 表示基站 l 与基站 q 的重叠面积。该场景下，基站的总功率取决于信道功率值，因此节能的优化目标是使区域化的业务信道功率和尽量小，即满足：

$$\min G(P) = \sum_{k=0}^{n} \sum_{j=0}^{n} P_{jk} \tag{8.29}$$

由于区域覆盖、功率约束、资源约束等可计算指标直接决定了节能机制的有效性，因此在节能触发时刻 t^*，这些因素将被列作 $G(P)$ 的约束条件，如下所示：

$$\min G(P)$$

$$\text{s.t} \begin{cases} H(P) \leqslant \mu \\ \forall i, \sum_{k=1}^{K} \sum_{j=1}^{K} c_{ijk}(t^*) \leqslant 1 \\ \forall j, P_{TX}^{j}(t^*) \leqslant P_{TX}^{\max} \\ \forall j, \sum_{k=1}^{K} \sum_{j=1}^{M(t^*)} v_k \cdot c_{ijk}(t^*) \leqslant (1 - \tau_j) \cdot V_j \end{cases} \tag{8.30}$$

上述约束中 μ 表示覆盖间隙率的上限。第一项表示了覆盖范围的约束。第二项是用户角度的约束，即节能时刻，单个用户 i 最多只能被一个基站 j 所服务，并且最多接收 1 项服务。第三项是功率角度的约束，即每个基站 j 的发射功率都不大于功放电路所能提供的发射功率上限值 $P_{TX}^{\max}$。第四项是资源角度约束，即任何时刻所有的基站 j 都不存在过载情况，t_j 是用作切换和克服干扰的余量。设 P_T 表示 P 的取值集合，且在网络中业务功率值支持步长为 1dBm 的调整，因此 P_T 是一个离散的状态空间。该优化问题在求解过程中负载度为指数级别，是一个复杂的组合优化问题，需要通过智能优化算法来求解。

由于 P 是矩阵，因此应采用适用于多参数模型求解的优化算法。免疫优化算法以种群进化策略为空间大规模搜索的依据，对目标函数和约束要求很松弛，并能在有限时间内找到优化结果。由于其存在较多的优势，因此在 3G 的网络规划等方面得到了广泛应用。

8.6　基于多参数联合调整的自主节能管理机制

在有关节能管理的参数调整分析中，可以调整的除了 CD 信号功率、业务信道功率外，还包括天线倾角等参数。对于能够远程调整角度的智能天线来说，通过优化天线倾角能够有效地优化覆盖，实现更好的无线资源管理，降低呼叫阻塞率。通过优化天线的倾角，可以有效地解决无线通信网（尤其是 UMTS 场景）区域的过覆盖和弱覆盖问题。同时，调整天线角度也是有效解决室内覆盖的方式之一。当前，LTE/LTE-A 场景下通过优化天线倾角来提升网络性能的方式已经有相关的研究成果。通过在 LTE 中优化天线倾角，能够提高网络的频谱效率，提升网络的容量和覆盖性能，并优化 SINR 分布。本节将采用倾角与功率联合的多参数调整方式来实现节能管理。针对业务量非均匀分布、多域业务混合且支持远程天线调整的网络场景，提出了一种集中式的基于多参数调整的自主节能管理机制（Self-organized Energy-saving Mechanism based on Multiple Parameters adjustment，SEM-MP）。在天线支持远程调整的基础上，该方法适用于 3G（以 TD-SCDMA 为主）、LTE/LTE-A 等多种制式。

8.6.1　SEM-MP 功能架构、流程、关键技术分析

SEM-MP 也分为自监测、自分析、自规划、自执行和自评估 5 个自主阶段，每一个自主阶段由对应的自主管理功能来执行。作为集中式的管理机制，仍然将管理中心部署在 OAM 系统上。其功能架构和 SEM-TC 中的一致，但是由于调整的参数不同，在具体的自主管理流程有各自的特点。

SEM-MP 的流程与 SEM-CD 和 SEM-TC 有很多相似之处。首先三种节能机制的自监测功能一致。在自分析阶段，由于采用类 TP 补偿方法，因此自分析功能与 SEM-CD 一致。

在自规划阶段，首先采用改进的基于 TP 的区域化基站状态确定方法来获取区域的正常状态、关闭状态和补偿状态的基站集合。之后，针对补偿基站提出节能优化模型。由于功率调整会对网络带来较大的影响，因此优化模型以调整天线倾角（主要是电倾角）为主、基站功率（主要是业务信道功率）为辅。如果只需调整天线倾角，则在自执行阶段调整相应的基站的倾角即可。如果需要倾角和功率联合调整，则同样对基站执行对应的调整动作。其他的功能、流程和评估指标建议与 SEM-CD 一致，这里不再重复介绍。

针对 SEM-MP 中需要解决的关键问题，SEM-CD 和 SEM-TC 中的相关研究也具有一定的参考价值。

在节能触发和恢复条件上，由于同样基于 TP 补偿，因此可以设置其与 SEM-CD 一致。在无线通信网的能耗模型上，由于 SEM-TC 中提出的能耗模型具有普适性，适用于不同的网络、不同的业务量变化，因此也作为 SEM-MP 的参考。在节能机制评估上，同 SEM-CD 和 SEM-TC 一致，将业务阻塞率和 CD 信号强度和信干比的 CDF 作为有效性的评估指标。

8.6.2　区域化的基站状态确定方法

区域化的基站状态确定方法以 SEM-CD 中的基于 TP 的方法为基础进行修改，获取适合本章场景的有效方式。这里将从局部的补偿方法和区域基站状态选取方法两个方面来分析。

局部的 TP 补偿方法 SEM-CD 中提出的 TP 补偿方法只适用于业务量均匀分布的场景，为了使其更具适应性，首先在 TP 选择时略去业务量的影响，仅考虑实际的地理布局。设作为补偿 BS_0 的候选基站集合为 NB，TP 构成的集合为 TP。初始时 NB=Φ、TP=Φ。同时，

对 TP 选取依据现实场景进行如下修正。

（1）基于 BS_0 的邻区列表，将对应的基站均放入集合 NB。

（2）从 NB 中随机选取 3 个不同的基站，如果三个基站能够构成一个三角形。如果 BS_0 处于三角形内部，且三角形的每个内角 θ_i 都满足 $45° \leqslant \theta_i \leqslant 75°$，则该三个基站构成一个 TP，并将该 TP 放入集合 TP。标记该 3 基站组合已被选取。

（3）从 NB 中随机选取 3 个基站，如果是未标记的基站组合，则重复（2）过程以尝试获取其他 TP。重复过程（2）和（3）直至所有的组成均被遍历，则算法结束。

由于以上过程只与地理因子和初始配置有关，因此，每个 BS 的 TP 能够提前获得。针对需要依据网络状况实时分析候选补偿基站的方法来说，效率相对较高。以上方法对定向天线基站和全向天线基站均适用。

通过以上方法确定的 TP 中可能存在多个 TP，理论上限为 $C(6,3)=20$ 组。因此，区域基站状态选取方法中，需要在节能触发条件满足时，依据业务量分布、基站位置等信息，选取节能状态下需要关闭和补偿的基站集合，以保证节能基站数目的最大化。

8.6.3　节能的优化数学模型

调整补偿状态基站的下倾角和业务信道功率，以在保证区域覆盖的基础上实现节能的最大化，是一个复杂的组合优化问题。在节能触发时刻，设区域内共有 N 个基站、M 个用户和 k 种业务。业务 k 的业务信道功率初始值为 p_{jk}（针对 LTE 网络，k 设为 1，p_{jk} 设为发射功率）。基站 j 的天线高度为 h_j，垂直波束半功率角为 A_j，水平波束半功率角为 F_j。Ψ 表示区域内基站的平均水平倾角，基站 j 的机械下倾角和电子下倾角分别为 φ_j 和 ω_j。同时，设所有用户的上行最大覆盖半径为 r^u（通过上行链路预算获取）。由于调整机械倾角会对波束带来较大的影响，而电子倾角的调整则不会造成太大的波束变形，同时能够有效降低干扰，提升网络的覆盖性能。而调整业务信道功率则是为了保证有效的业务质量和信号强度分布。因此，联合调整参数主要包括向量 $\boldsymbol{W} = [\omega_1, \omega_2, \cdots, \omega_N]$ 和矩阵 $\boldsymbol{P} = \{p_{jk}\}$。设 ω_j 的初始值为 ω_j，则 p_{jk} 与业务 k 的覆盖范围 γ_{jk} 的关系如下：

$$\gamma_{jk} = g^{-1}(p_{jk}, L_{jk} \mid h_j, f_j, h_{MS}) \tag{8.31}$$

式中，L_{jk} 是业务 k 对应于基站 j 的最大下行链路损耗，f_j 是基站 j 的下行工作频率，h_{MS} 为用户的平均高度。函数 $g(\cdot)$ 由路损模型确定，"|"之前的变量是连续性变量，"|"以后的参数为已知的离散数值。

进一步，基站 j 的增益 G_j 与 L_{jk} 之间的关系如下：

$$L_{jk} = u^k(G_j) = u^k(\min\{G_j^v(A_j) + G_j^h(F_j), G_c\}) \tag{8.32}$$

函数 u^k 由业务 k 的线性链路预算确定。G_c 为定值。G_j^v 和 G_j^h 分别表示基站 j 的垂直增益和水平增益，具体的描述如下：

$$G_j^h = \min\{12(\Psi / F_j)^2, G_c\} \tag{8.33}$$

$$G_j^v = \min\{12(\varphi_j + \omega_j - w_j / A_j)^2, SLA_v\} \qquad (8.34)$$

式中，SLA_v 为一个定值。从以上四式可以获取 ω_j 与 p_{jk} 之间的关系。进一步，由下倾角决定的基站覆盖半径 χ_j 可以通过下式表示：

$$\chi_j = h_j / \tan(\varphi_j + \omega_j - A_j / 2) \qquad (8.35)$$

将以上各影响覆盖的因子考虑在内，则基站的覆盖半径 r_j 确定如下：

$$r_j = \min\{\max\{\gamma_{jk}, \chi_j\}, r^u\} \qquad (8.36)$$

初始时，在现网中有 $r^u \geqslant \gamma_{jk} \geqslant \chi_j$。由于调整电子倾角带来的影响要小于业务信道功率。因此，将 W 作为第一优化目标，首先获取其优化解。上述的覆盖半径求解方式适用于正常状态和补偿状态基站，对于关闭状态基站 j，设 $r_j = 0$。假设区域的覆盖重叠区域为 $O(W)$，其表示如下：

$$O(W) = \pi \sum_{l=1}^{N} \sum_{q=l+1}^{N} r_l^2(w_l) \bigcap r_q^2(w_q) \qquad (8.37)$$

进一步分析得到区域的覆盖间隙如下：

$$H(W) = 1 - \frac{\pi \sum_{j=1}^{N} r_j^2(w_j) + O(W)}{A} \qquad (8.38)$$

式中，A 是整个区域的面积。由于处于补偿状态的基站应该均匀地补偿覆盖，因此平均调整值应该尽可能地小，满足如下最小化目标：

$$\min E(W) = \sqrt{\sum_{j=1}^{N} (\omega_j - w_j)^2 / N} \qquad (8.39)$$

在确定了 W 之后，如果 $\min\{\gamma_{jk}\} < \chi_j$，则调整 p_{jk} 值使得 $\min\{\gamma_{jk}\} < \chi_j$，以保证区域的信号强度需求。这样就实现了多参数的联合调整。

由于覆盖需求是一个很重要的约束，因此 $H(W)$ 可以看作 $E(W)$ 的一个约束。同样，为了减少过覆盖，覆盖重叠区域 $O(W)$ 也应满足一定的要求。因此，将 $O(W)$ 看作 $E(W)$ 的另外一个约束。可以发现，以 $E(W)$ 为目标、$H(W)$ 和 $O(W)$ 为约束的问题规模复杂，属于 NP 难问题，因此，需要寻求合适的算法来求解。由于节能的覆盖补偿方法与小区中断自治愈后的补偿具有相似之处，而粒子群算法在求解小区中断补偿用例中已经有相关的研究，因此本章将采用粒子群算法求解上述问题。由于基站补偿算法中涉及的基站数目较少，而节能模型中需要大量优化区域中的基站，因此传统的粒子群算法并不适用。

8.6.4　基于高效粒子群的求解方法

粒子群优化算法是通过对鸟群捕食行为的研究而发展起来的一种基于群体协作的随机搜索算法。在粒子群算法中，向量 W 可以看作搜索空间中的一个粒子。由于粒子群对无约束问题具有更好的适应性，因此，首先将上述优化问题转化成如下无约束问题：

$$\min z = E(W) + T_k \cdot \varsigma |H(W) - \mu|^2 + T_k \cdot \vartheta |O(W) - \phi|^2 \qquad (8.40)$$

则 $z(W)$ 为粒子群算法中的适应度函数， ς 和 ϑ 分别表示 $H(W)$ 和 $O(W)$ 的惩罚因子， T_k 为当前迭代次数， μ 和 ϕ 分别为 $H(W)$ 和 $O(W)$ 的约束。为了使初始时尽可能广义搜索，惩罚开始时较小。随着迭代次数的增加，惩罚也越来越大，使结果向最优解靠近。初始时一般有 $T_k=1$，对惩罚因子 ς 的定义如下：

$$\varsigma = \frac{\sum_{j=1}^{N}(\varphi_j+w_j)^2}{(1-\mu)^2} \tag{8.41}$$

式中， φ_j 为基站 j 的机械倾角值，在本章中认为不变。因此 ς 为定值。进一步，惩罚因子 ϑ 的定义如下：

$$\vartheta = \frac{\sum_{j=1}^{N}(\varphi_j+w_j)^2}{\phi^2} \tag{8.42}$$

本章的粒子群算法首先初始化一群随机粒子，构成例子种群 W_T，设其规模为 Q。算法的终止条件为最大迭代次数 $T_{\max}$。由于 ω_j 为一维实数， $|W|=N$（区域的基站数目）。因此，设目标搜索空间维度为 $D=N$。对于第 i 个粒子 W_i，设其在第 d 维的位置为 χ_{ld}，在第 d 维的速度为 v_{id}，该粒子搜索到的当前最佳位置为 p_{id}，整个粒子群当前的最佳位置为 p_{gd}。在每一次迭代中，粒子通过个体极值 p_{id} 和全局极值 p_{gd} 更新自己的速度与位置。

经典的粒子群算法为了跳出局部最优，包含动量惯性参数 δ 的速度更新方程如下：

$$v_{id}^{T_{k+1}} = \delta \cdot v_{id}^{T_k} + c_1 \cdot h_1 \cdot (p_{id}-x_{id}^{T_k}) + c_2 \cdot h_2 \cdot (p_{gd}-x_{id}^{T_k}) \tag{8.43}$$

式中， $i=1,2,\cdots,Q$； $d=1,2,\cdots,D$。 h_1 和 h_2 是（0，1）内均匀分布的随机数。 c_1 和 c_2 是学习因子，为非负常量。对应地， W_i 的位置更新方程如下：

$$x_{id}^{T_{k+1}} = x_{id}^{T_k} + v_{id}^{T_{k+1}} \tag{8.44}$$

为了使算法尽可能收敛，一般需要设定速度的运动区间。相关研究证明，经典的粒子群算法进化过程与粒子速度无关。联立上述两式，可以得到如下等价方程：

$$x_{id}^{T_{k+2}} + (c_1 \cdot h_1 + c_2 \cdot h_2 - \delta - 1) \cdot x_{id}^{T_{k+1}} + \delta \cdot x_{id}^{T_k} = c_1 \cdot h_1 \cdot p_{id} + c_2 \cdot h_2 \cdot p_{gd} \tag{8.45}$$

可以发现式（8.45）为经典二阶微分方程。一种简化的粒子群算法可以省去速度项，其位置更新过程如下：

$$x_{id}^{T_{k+1}} = \delta \cdot x_{id}^{T_k} + c_1 \cdot h_1 \cdot (p_{id}-x_{id}^{T_k}) + c_2 \cdot h_2 \cdot (p_{gd}-x_{id}^{T_k}) \tag{8.46}$$

对式（8.46）进行变换，得到如下方程：

$$x_{id}^{T_{k+1}} + (c_1 \cdot h_1 + c_2 \cdot h_2 - \delta) \cdot x_{id}^{T_k} = c_1 \cdot h_1 \cdot p_{id} + c_2 \cdot h_2 \cdot p_{gd} \tag{8.47}$$

相对于经典粒子群算法，本算法简化了进化过程，更为高效。

确定了进化过程后，需要对高效的粒子群的算法流程进行分析，如图 8.5 所示。

具体算法流程分析如下。

步骤 1：设定最大迭代次数 $T_{\max}$ 为终止条件，设置参数 δ、 c_1 和 c_2 值，以及种群的规模 Q。令 $k=1$， $T_k=1$，进入步骤 2。

步骤 2：将现网中，下倾角向量 W 的初始值向量赋值为 x_{id} 的初始值，进入步骤 3。

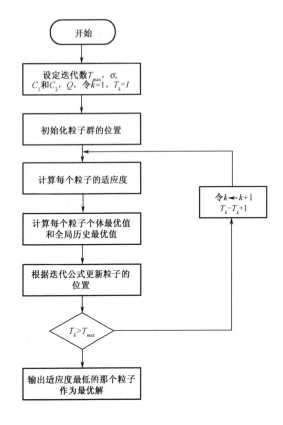

图 8.5 高效粒子群算法流程图

步骤 3：计算每个粒子 W_i 的适应度 $z(W_i)$，进入步骤 4。

步骤 4：计算每个粒子 W_i 的个体最优解 p_{id} 和全局历史最优解 p_{gd}，进入步骤 5。

步骤 5：根据迭代公式更新粒子的位置，进入步骤 6。

步骤 6：判断 T_k 是否大于 T_{max}，如果满足，则算法结束，选择适应度最低的位置作为最终解；否则令 $k = k+1$，$T_k = T_k + 1$，返回步骤 3，进入下一次迭代。

通过以上流程即确定了向量 W 的具体取值。之后，分析 W 决定的半径与业务信道功率 p_{jk} 决定的半径的关系，当 W 决定的半径小于业务信道决定的重叠半径时，则对业务信道功率进行调整，使业务信道功率决定的最小覆盖范围与 W 决定的半径相等，否则就不需要对 p_{jk} 进行调整。在节能时间段内，W 向量和 p_{jk} 值一直维持在调整值上，直到节能恢复。

8.7 基于几何拓扑的多阶段分布式自主节能机制

前面介绍的机制以集中式的部署方式为核心，对不同的业务量分布模式、不同的同构宏网络场景和制式、不同的局部和区域的补偿方法及不同的无线参数的调整方法等进行了全面、深入的研究，建立了有效的同构网络的高效节能机制。随着无线通信网的不断发展，以 LTE/LTE-A 为代表的新一代网络技术中节点部署越来越密集，基站覆盖半径越来越小，能够提供的速率越来越高。同时，遗留系统 GSM、3G 网络与新型网络共存，提供的热点覆盖基站数目也越来越多。这就使得异构场景成为未来无线通信网的主要特征之一。同时，LTE 和 LTE-A 的基站间存在可通信的接口 X2，通过该接口可以传输负载指示、基站状态等信息，这使得分布式的节能管理成为可能。此外，LTE-A 的技术特征（如 COMP 技术）可以考虑用作节能状态下补偿用户的有效方法之一。基于这些特点，需要对适合同构网络的集中式节能管理机制进行扩展，提出适合异构网络、分布式的自主节能机制。

8.8　基于几何拓扑的分布式自主节能管理机制

首先针对该场景，基于分布式的控制，明确 SEM-GT 的 5 个自主节能管理环节的功能。之后，对 SEM-GT 节能管理机制关注的关键技术一一进行分析研究。

1. SEM-GT 自主节能功能架构及流程

SEM-GT 也分为自监测、自分析、自规划、自执行和自评估 5 个自主阶段，每一个自主阶段由对应的自主管理功能来执行。虽然是分布式的节能管理，但是 OAM 系统依然需要决定网络是否执行节能。节能动作则主要在基站侧分布式执行。图 8.6 给出了 SEM-GT 的自主节能流程序图。相对于 SEM-CD、SEM-TC 和 SEM-MP，SEM-GT 的相似之处是依然将区域的业务量作为判决触发的依据之一。但是在分析阶段的触发和恢复判决、节能方法等方面均存在一定的差异。同时，具体的自主管理元放在区域内负载最小的节点上。具体来说，SEM-GT 的流程如下。

（1）自监测功能模块监测区域的业务量变化和无线通信网的能耗变化，之后进入自分析功能模块。

（2）自分析功能模块依据邻居交换得到的历史业务量数据，首先统计出业务量的变化周期，并预先将每个周期划分成 4 个阶段：峰值时间段、夜间时间段、触发时间段、恢复时间段。并依据当前网络所处的时间段来决定下一步的动作。如果网络处于峰值/夜间时间段，则维持当前网络状态不变，返回自分析功能步骤；如果网络处于触发时间段，则进入自规划功能的步骤（3）：如果网络处于恢复时间段，则进入自规划功能的步骤（4）；如果当前网络时间段无法确定，则直接返回自分析功能阶段。

（3）自规划功能模块执行多阶段的节能触发算法，生成关闭基站和补偿基站集合及补偿基站需要调整的参数值，进入自执行功能步骤（5）。

（4）自规划功能模块执行多阶段的节能触发算法，生成恢复基站和补偿基站集合及恢复基站需要调整的参数值，进入自执行功能步骤（6）。

（5）自执行功能依据多阶段的节能触发算法的结果，将对应的基站关闭，并调整补偿基站的参数值，同时，网络控制用户执行必要的切换，进入自评估功能模块（7）。

（6）自执行功能依据多阶段的节能恢复算法的结果开启部分基站，并调整补偿基站的参数值，同时，网络控制用户执行必要的切换，进入自评估功能模块（7）。

（7）各基站分布式地评估各自的服务质量，如果不满足要求，则通知自主管理元。为了降低故障风险，自主管理元将通知区域内所有的基站恢复到正常状态，网络返回到自监测功能模块；否则，继续评估区域内的服务质量，维持在自评估功能模块。

下面，针对 SEM-GT 所需要重点关注的触发和恢复条件、无线通信网能耗模型、异构网络的覆盖补偿方式、阶段式节能触发和恢复方法、节能机制的性能评估方法等关键技术进行研究。

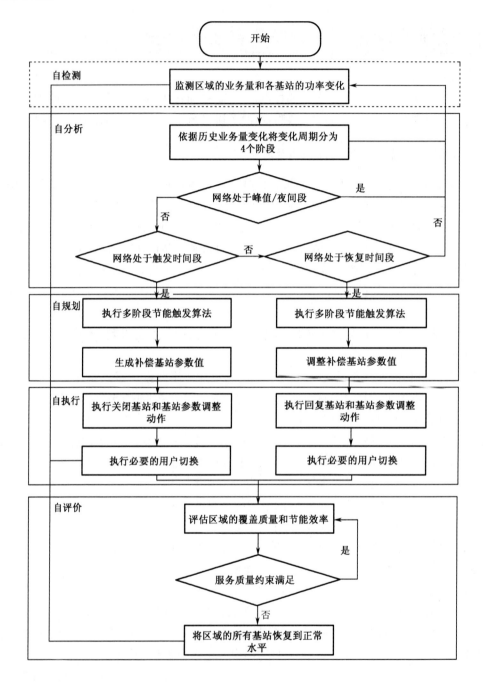

图 8.6 SEM-GT 的自主节能流程图

2. 阶段式节能触发和恢复条件

前面提出的集中式节能机制为了减少对网络性能的影响，在节能触发之后，基站状态和无线参数等均保持不变。但是在节能时间段内，业务量仍有继续下降的趋势，因此，节能方法还有进一步的节能空间。由于在 LTE/LTE-A 等体制中可以利用 ICIC 和网络协作等技术来降低网络干扰，因此可以考虑采用更为高级的节能管理机制，使其更能适应动态的业务量变化。因此，本章考虑利用分布式方法采集到的业务量变化，将每个节能周期分成 4 个不同的阶段，并分别采用不同的节能策略。

从区域的角度来看，业务量的变化呈周期性特点，可以近似认为区域业务量在 1 小时内保持不变。这里给出一个区域内一周期内每个小时的业务量变化情况，可以发现如下规律：①工作日和周末各自呈现出不同的规律，并且各自的业务量变化周期为 24 小时；②午夜区域的业务量非常低，不及峰值的 10%；③整个区域上业务量呈现出多区间分布情况，而不是只有两个单调区间。

对于以上业务量周期性变化的特点，针对工作日和周末分别进行处理。对于每个业务量变化周期，划分出不同的时间段并执行不同的策略。针对工作日，设区域的业务量变化为 $Tr(t)$，则划分时间段的步骤如下。

步骤 1：确定忙时业务量门限 T 和夜间门限。

步骤 2：训练出时间点和 t，使得在任意一个时间周期内 $t_\alpha < t_\beta$，且任意 $t \in [t_\alpha, t_\beta]$ 均有 $Tr(t) > Th_{\min}$。

步骤 3：训练出时间点 t_δ 和 t_α，在任意一个周期内其需要满足要求：$t_\delta \leqslant t_\alpha$ 且 $t_\beta \leqslant t_\gamma$，$Tr(t)$ 在区间 $[t_\delta, t_\alpha]$ 上单调递减，在区间 $[t_\beta, t_\gamma]$ 上单调递增，$Tr(t_\delta) \leqslant Th_{\max}$，$Tr(t_\gamma) \leqslant Th_{\max}$，对任意 $Tr(t)$ 的其他单调递减区 $[t_1, t_\alpha]$ 和单调递增区 $[t_\beta, t_2]$ 均如此。

通过以上步骤，可以将一个周期（24 小时）分为 4 个时间区间 $[t_\delta, t_\alpha]$、$[t_\alpha, t_\beta]$、$[t_\beta \leqslant t_\gamma]$ 和 $[t_\gamma, t_\delta + 24]$，分别表示峰值时间段、夜间时间段、触发时间段、恢复时段。针对不同的时间区间执行不同的节能策略。在 $[t_\delta, t_\alpha]$ 上，业务量逐渐降低，针对每个小时的业务量，执行节能触发算法，保证关闭基站的数目依次增加；在 $[t_\alpha, t_\beta]$ 上，业务量处于极低的状态，将各基站状态维持在 t_α 时刻的水平上；在 $[t_\beta \leqslant t_\gamma)$ 上，业务量逐渐增加，针对每个小时的业务量，执行节能恢复算法，保证关闭基站的数目依次减少；在时刻 t_γ，将所有的基站恢复到正常状态，并在区间 $[t_\gamma, t_\delta + 24]$ 上使网络中的所有基站维持在正常状态。

通过以上分析可知，该时间域划分方法的周期为 24 小时，对应的时间域为 $[t_\delta, t_s + 24]$。通过以上可以发现 $[t_\delta, t_\alpha]$ 通常横跨两天，因此周期与现网中的一天并不能完全重合，但是这并不影响最后的结果。同样，对周末的业务量也采用类似的处理机制。

确定了节能触发和恢复条件后，则针对异构网络下的无线通信网能耗模型进行分析。

区域节能效率最直观的反映是节约的能耗值，其具体体现是基站功率的变化。从宏观角度分析，针对提供区域覆盖的基站，正常状态下区域的功率 $P(t)$ 可以通过式（8.48）来描述：

$$P(t) = P_\alpha(t) + P_\beta + P_\gamma \tag{8.48}$$

区域功率包括动态功率和静态功率两部分。动态功率则主要来源于功放电路的消耗 $P_\alpha(t)$。静态功率又由两部分组成：一是支持无线接入的模块（如无线收发器、数字信号处理单元、整流器、微波链路等）的能耗 P_β，一是空调、供电系统等辅助部分的消耗 P_γ。

同时，动态部分与区域业务量存在如下线性关系：

$$P_\alpha(t) = \Psi \cdot T_r(t) \qquad (8.49)$$

式中，Ψ 是区域动态功率与业务量拟合后的系数值。

在理想情况下，节能状态下网络提供区域服务所需的基站数目 $N_b(t)$ 与区域业务量 $Tr(t)$ 的关系如下：

$$N_b(t) = [Tr(t)/Tr_{\max}] \qquad (8.50)$$

式中，$Tr_{\max}$ 表示单基站可以容纳的最大业务量。同时，由于区域的业务量 $Tr(t)$ 变化与节能方法无关，因此 $P_\alpha(t)$ 部分并不发生变化，节能状态下区域的功率 $P^S(t)$ 为

$$P^S(t) = P_\alpha(t) + (P_\beta + P_\gamma) \cdot N_b(t)/N \qquad (8.51)$$

式中，N 为区域的基站数目。进一步可得知，时刻 t 区域的功率节约值 $\Delta P(t)$ 如下：

$$\Delta P(t) = (1 - N_b(t)/N) \cdot (P_\beta + P_\gamma) \qquad (8.52)$$

时间域 $[0，T]$ 上区域所能节约的能量 E_S 为：

$$E_S = \int_0^t \Delta P(t)\mathrm{d}t \qquad (8.53)$$

通过上述可以获知 $\Delta P(t)$ 和 E_S 只与 $Tr(t)$ 的动态变化有关，且主要节能增益来源于基站静态部分 P_β 和 P_γ。E_S 即为区域的节能上限。因此，理想状态下区域的节能效率只与两个因素有关：一是区域的业务量变化，它直接决定了节能策略的执行时间；二是基站的静态能耗部分。

8.9　异构网络局部覆盖补偿方法分析

在异构无线通信网中，通常覆盖半径较小的微基站、微微基站和毫微微基站都用来增强热点区域覆盖，而这些基站的覆盖范围一般都处于宏网基站的完全覆盖范围之内。因此，对于这些小型基站，当其业务量很低且这些业务量能够被宏网吸纳时，即可将其关闭，其覆盖范围由其他宏网基站补偿即可。因此，微型基站的覆盖补偿相对简单。

对于宏网基站，各基站覆盖范围与其相邻基站的覆盖范围在地理上存在重叠，但是均不存在互相包含的关系。这些宏基站可以通过无线参数的调整（如发射功率和天线倾角）及 COMP 等技术增强基站的覆盖范围。因此，在宏网场景下通过相邻基站实现覆盖和容量补偿成为可能。在 SEM-CD、SEM-TC 和 SEM-MP 中提出了局部的 OP 和 TP 补偿方法。在异构网络中，由于网络节点众多，为了降低节能算法的复杂度，对 OP 和 TP 方法进行了扩展，并从几何拓扑的角度分析其补偿特征。下面主要对 OP 方法和 TP 方法的几何特性进行分析。

1. 扩展的对称元补偿分析

对称元补偿方法主要有如下三个步骤：

（1）确定对称元集合；

（2）选取合适的对称元；

（3）确定合适的补偿半径。

下面针对这三个步骤一一进行分析。

在确定对称元集合之前，首先要确定候选补偿基站的集合。对区域的任意基站 i 和 j，设其覆盖半径分别为 r_i 和 r_j，站间距为 d_{ij}。在对单基站的候选补偿基站进行选取时，为了保证补偿基站选取的有效性，需要考虑两方面的因素：

（1）地理上存在重叠区域；

（2）无线参数配置中的邻基站列表。

因此对于基站 i，设基站集合 $S_D^i = \{j \mid r_j + r_i < d_{ij}\}$，则 S_D^i 表示了在地理上与基站 i 重叠的基站集合。设基站 i 已配置的邻基站列表中的基站集合为 S_N^i，则候选补偿基站的集合 $S_C^i = S_D^i \bigcap S_N^i$。

针对单基站的补偿，为了尽量减小对补偿基站本身功率、容量的影响，以及对其他基站干扰的影响，应当在保证覆盖的条件下使补偿半径最小化。在理论值 $\theta = 0$ 时基站 j 和基站 k 重合，$r_j^c = r_k^c = d_{ij} + r_i$ 达到最大值。单基站即可实现对基站 i 的全覆盖。同样，在 $\theta = \pi$ 时补偿半径达到最小值。因此，对 θ 范围进行有效限定是有意义的。由于本章重点关注双基站补偿，依据 SEM-TC 中对 OP 的定义，可以将双基站补偿对应的取值范围限定为 $(5\pi/6, \pi)$。

设区域的基站数目为 N，则以上算法的复杂度取决于基站数目和单基站 i 的 $S^i \text{cop}$ 的大小。在现网中，单基站的相邻基站数目一般不超过 6，因此 $S^i \text{cop}$ 最大数为 30，从而使得上述算法的复杂度控制在 $O(N)$ 以内。

同时，由于 $S^i \text{cop}$ 的选取只与基站半径和站间距等静态数据有关，因此可以在执行节能机制之前利用已有的网络拓扑数据计算得到，从而进一步降低节能机制的复杂度。

在确定了 OP 集合之后，需要进一步选取 $S^i \text{cop}$ 中合适的对称元，以及各个元组补偿所需的合适半径。

为了实现对单基站 i 的全覆盖，要选择合适的 OP 进行补偿。首先进行如下定义。

定义 1： 如果 $\{j, k\}$ 是基站 i 的 OP，在执行补偿时，如果 j 和 k 重叠，其存在两个交点 A 和 B，则称离基站 i 近的那个节点为该 OP 的覆盖参考点。如果 A 和 B 与基站 i 的距离相等，则随机选取一个作为覆盖参考点。

定义 2： 对于基站 i，如果存在 OP=$\{j, k\}$ 能够实现对基站 i 的全覆盖，且有 $r_j^c < d_{ij} + r_i$ 和 $r_k^c < d_{ik} + r_i$，即基站 j、k 均不能单独实现对基站 i 的全覆盖，则称该 OP 为基站 i 的有效 OP（Effective Opposite Pair，EOP）。

定理 1： 对于基站 i，如果存在有效 OP=$\{j, k\}$，其覆盖参考点 A 在基站 i 的覆盖范围之外，则在基站 i 的覆盖边缘至少存在一点 B，当参考点 A 移至 B 点时，OP 仍然是有效 OP。

相对于 A 点，覆盖参考点取 B 点时，r_j^c 不变而 r_k^c 减小。而当覆盖参考点位于基站 i 的覆盖范围之内时，则总是存在区域 E，其中的任意一点 P 均有 $d_{pj} < r_j^c$，即 P 均不在基站 j 和基站 k 的覆盖范围之内，因此可以得出如下推论。

推论 1：针对基站 i 的有效 OP=$\{j, k\}$，当覆盖参考点位于基站 i 的覆盖边缘时，能够获取最佳的全覆盖效果。

因此，这里重点关注覆盖参考点在基站 i 的覆盖边缘滑动的情况。

定理 2：设基站 j 与基站 i 连线延长线与基站 i 覆盖边缘交点为 C，基站 k 与基站 l 连线延长线与基站 i 覆盖边缘交点为 D。针对基站 i 的 OP=$\{j,k\}$，当 OP 的参考点 A 在基站 i 的覆盖边缘滑动时，当且仅当 A 位于劣弧（或半圆）CD 上时（不包含两个端点），OP 能够成为基站 i 的有效 OP。

证明：设基站 i 与基站 j 的连线与基站 l 的边缘相交于点 E，基站 l 与基站 k 的连线与基站 i 的边缘相交于点 F。由于基站 j、基站 k 均与基站 i 相交，因此当覆盖参考点在基站 i 边缘滑动时，其不可能位于劣弧 EF 上。由圆的特性可知，线段 $jC= d_{ij}+r_i$ 是基站 j 到基站 i 的最远距离，线段 $kD= d_{ik}+r_i$ 是基站 k 到基站 i 的最远距离。

当 A 位于端点 C 或 D 时，有 $r_j^c=d_{ij}+r_i$ 或 $r_k^c<d_{ik}+r_i$，因此基站 j 或基站 k 即可单独实现对基站 i 的全覆盖。首先针对 CD 为劣弧的情况进行证明。

当 A 位于劣弧 DE 上时，对 D 点，有 $d_{Dj}>r_j^c$ 且 $d_{Dk}>r_k^c$，即 D 点不能被覆盖。同样，当 A 位于劣弧 CF 上时，E 点不能被覆盖。

当 A 位于劣弧 CD 上的任意一点 P 时，首先有 $r_j^c<d_{ij}+r_i$ 且 $r_k^c<d_{ik}+r_i$。采用定理 1 中证明点 B 性质的方式，可以证明该 OP 为有效 OP。

同理，当 CD 为半圆时，可以证明覆盖参考点在除端点 C 和 D 以外的弧上，均为有效 OP。证毕。

以基站 i 的位置为圆心，建立如图 8.7 所示的坐标系。初始时 d_{ij}、d_{ik}、d_{jk} 和 r_j 已知，目标是获取满足要求的 r_j^c 和 r_k^c。

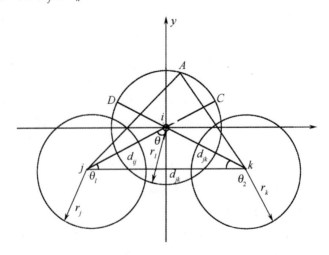

图 8.7 补偿半径分析

综合 d_{ij}、d_{ik} 和 d_{jk}，利用余弦定理可以计算出 θ、θ_1 和 θ_2。可设基站 j 的站点坐标为 $(-d_{if}\cos\theta_1$，$-d_{ij}\sin\theta_1)$，基站 k 的站点坐标为 $(d_{ik}\cos\theta_1$，$-d_{ik}\cos\theta_2)$。进一步有：

$$r_j^c = \sqrt{(r_i\cos\alpha + d_{ij}\cos\theta_1)^2 + (r_i\sin\alpha + d_{ij}\sin\theta_1)^2} \tag{8.54}$$

$$r_k^c = \sqrt{(r_i\cos\alpha - d_{ik}\cos\theta_2)^2 + (r_i\sin\alpha + d_{ik}\sin\theta_2)^2} \tag{8.55}$$

为了使补偿基站的效果均匀化，可以设补偿半径与站间距成比例，即有：

$$r_j^c / r_k^c = d_{ij} / d_{ik} \tag{8.56}$$

理论上通过式（8.54）和式（8.55）可以求解出 r_j^c 和 r_k^c 的取值。定理 3 对以上方程的解的存在性进行了证明。

定理 3：对于基站 i 的有效 OP=$\{j, k\}$，当覆盖参考点在基站 i 的覆盖边缘上滑动时，则覆盖边缘上仅且存在一点，使得 $r_j^c / r_k^c = d_{ij} / d_{ik}$。

证明：当 α 在 $(\theta_1, \pi - \theta_2)$ 上变化时，通过导函数很容易分析出 r_j^c 逐渐减小，对应的 r_k^c 逐渐增大。设函数 $f(\alpha) = r_j^c / r_k^c$，则在 $f(\alpha)$ 区间 $(\theta_1, \pi - \theta_2)$ 上单调递减。因此 $f(\alpha)$ 的最大值在 $\alpha = \theta_1$ 处取得，此时有：

$$f(\theta_1) = (d_{ij} + r_i) / \sqrt{d_{ik}^2 + r_i^2 - 2d_{ik}r_i\cos(\theta_1 + \theta_2)} \tag{8.57}$$

$f(\alpha)$ 的最小值在 $\alpha = \pi - \theta_2$ 处取得，此时有：

$$f(\pi - \theta_2) = \sqrt{d_{ij}^2 + r_i^2 - 2d_{ij}r_i\cos(\theta_1 + \theta_2)} / (d_{ik} + r_i) \tag{8.58}$$

在现网中一般有 $d_{ij} > r_i$ 且 $d_{ik} > r_j$，结合定义 1，此时有 $0 \leq \theta_1 + \theta_2 = \pi - \theta_2 < \pi/3$。通过简单差值法可以得到 $f(\pi - \theta_2) < d_{ij} / d_{ik} < f(\pi - \theta_1)$。由于 $f(\alpha)$ 单调递减，因此在区间 $(\theta_1, \pi - \theta_2)$ 上仅且存在一点 θ^*，使得 $f(\theta^*) = d_{ij} / d_{ik}$。证毕。

根据定理 3 和式（8.54）、式（8.55）和式（8.56），通过数学方法很容易求解出对应的 r_j^c 和 r_k^c。

定义 4：对于基站 i 的有效 OP $= \{j, k\}$，当覆盖参考点在基站 i 的覆盖边缘上且 $r_j^c / r_k^c = d_{ij} / d_{ik}$ 时，则该称 OP 为基站 i 的均衡 OP（Balanced Opposite Pair，BOP），r_j^c 和 r_k^c 为对应的均衡半径 OBR（Opposite Balanced Radius，OBR）。

以上从几何角度针对单基站的补偿进行了分析，证明了对基站 i 的 OP $= \{j, k\}$，当基站 j 和 k 的半径变化时，必定存在一个 BOP 满足覆盖要求。

2. 扩展的三角元补偿分析

与对称元补偿方法相比，扩展的三角元补偿方法较为简单，主要包两个步骤：

（1）确定对称元集合；

（2）选取合适的对称元和合适的补偿半径。

下面将针对这两个步骤一一进行分析。

首先确定候选的基站集合。对基站 i，设基站集合 $S_D^i = \{j | r_j + r_i < d_{ij}\}$，则 S_D^i 表示了在地理上与基站 i 重叠的基站集合。设基站 i 已配置的邻基站列表中的基站集合为 S_N^i，则候选补偿基站的集合 $S_C^i = S_D^i \bigcap S_N^i$。

考虑基站 i 可以被基站 j、k 和 l 补偿的情况。如图 8.8 所示，在站间距一致的场景下，

有 $d_{ij}=d_{ik}=d_{il}$，且 $\theta=\beta=\gamma=2\pi/3$，$\theta=\beta=\gamma=2\pi/3$，则可以执行对基站 i 的三基站补偿。从几何分析可知，在 $r_j^c=r_k^c=r_l^c$ 时即可实现对基站 i 的最小全覆盖。下面针对基站部署非均匀的场景，参照 SEM-MP 对 TP 的分析，可对图 8.8 中的角度进行约束，可取其取值空间为 $[2\pi/3,5\pi/6]$，则对三角元进行如下定义。

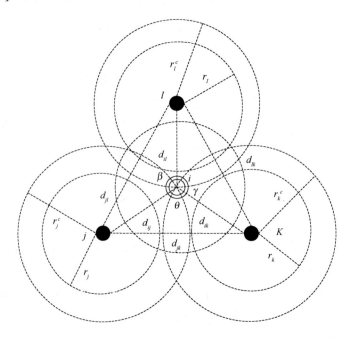

图 8.8　三基站的可行补偿示意图

定义 5：如果基站元组 $\{j,k,l\}$ 满足 $j\in S_C^i$，$k\in S_C^i$，且 $2\pi/3<\theta$，$\beta,\gamma\leqslant 5\pi/6$，则称元组 $TP=\{j,k,l\}$ 为基站 i 的三角元（Trigonal Pair）。针对单基站 i，设其 TP 构成的集合为 S_{tcp}^i。由于 S_{tcp}^i 的选取只与基站半径和站间距等静态数据有关，因此可以在执行节能机制之前，利用已有的网络拓扑数据计算得到，从而进一步降低节能机制的复杂度。

3. SEM-GT 的性能评估方法

性能评估主要用于评价节能机制 SEM-GT 在覆盖、资源、负载状况、业务质量等方面对基站和网络所带来的影响。

在评估节能效果和性能影响之前，需要分析区域业务量分布和业务的速率等特征。设整个区域为 L，$x\in L$ 表示位置。基站 b_i 的覆盖区域为 L_i，且 L_i 是 L 的子集。假设位置 x 的非均匀泊松分布业务流的到达率为 $\lambda(x;t)$，业务流服从平均长度为 $l/\mu(x;t)$ 的独立分布，则位置 x 的业务量密度 $T(x;t)=\lambda(x;t)/\mu(x;t)$。进一步，基站 b_i 的业务量 $Tr_i(t)$ 可以表示如下：

$$Tr_i(t)=\int\{T(x;t)\,|\,x\in L_i\}\mathrm{d}x \tag{8.59}$$

基于香农定理假设，位置 x 处接收到来自于服务基站 b_i 的最大单位业务流速率 $c_i(x,t)$ 如下：

$$c_i(x,t) = \log_2(1 + \varphi_i(x,t)) \tag{8.60}$$

式中，$g_i(x; t)$表示位置 x 收到的来自于基站 b_i 的信道增益，由链路预算决定；σ^2 表示平均噪声功率。

在 LTE 和 LTE-A 中由于不存在 CS 域，所有的业务都是基于 IP 的数据业务。因此，决定覆盖的最重要参数是信噪比 SINR，决定区域业务质量的是业务速率。因此，本章将分析节能前后区域内 SINR 和业务速率的 CDF 作为评估 SEM-GT 的两个重要指标。

8.10　未来的研究工作

本章讨论的 4 种节能机制基本涵盖了当前节能管理涉及的网络场景。由于本章提出的机制具有一定的通用性，因此在节能管理架构、节能触发和恢复条件、无线通信网的能耗模型、节能的优化数学模型及具体的求解方法上与网络制式相对独立，因此，在未来的无线通信网络上仍然具有一定的适应性。但是针对新型网络的特点和技术对节能管理的影响，还有进一步研究的空间。主要包括以下五个方面。

（1）在节能方法的效果评估上，需要进一步研究小区吞吐量、边缘用户吞吐量、资源利用率、业务速率等网络性能与节能效率之间的关系，以更加有效地评估节能机制对性能的影响。

（2）在节能触发和恢复策略上，需要进一步研究高效、准确的业务量预测模型，以保证节能时间段的最大化，并尽量减少节能方法的波动性。

（3）在无线通信网的能耗模型上，需要进一步依据现网的基站能耗数据和业务量变化，对模型的量化值进行实证并分析，以获取更为精准的能耗评估方法。

（4）针对节能管理的具体执行策略，对于处于关闭基站下的服务用户，如何实现快速切换，且尽量减少对用户体验到的业务质量的影响，也是需要进一步研究的问题。

（5）在节能方法上，针对关闭状态的小区/基站，需要进一步研究和利用抗干扰性更强、对网络影响更小的参数调整方式，比如如何利用频谱感知、COMP 技术来实现有效的局部和区域的覆盖补偿。

8.11　小结

本章主要讨论了在扩频通信系统中降低功耗的方法和机制，重点介绍了功耗对扩频通信系统的影响、扩频通信系统中常用的自主节能管理的机制及下一步超低功耗技术的研究方向。

第9章

其他短距离无线通信超低功耗技术

● ● ● ● ● ● ● ●

本章主要介绍六种常用短距离无线通信超低功耗技术，分别是 ZigBee 原理及应用、Z-Wave 原理及应用、Wi-Fi 原理及应用、RFID 原理及应用、UWB 原理及应用和 Wibree 原理及应用。

随着数字通信和计算机技术的发展，许多短距离无线通信的要求被提出，短距离无线通信同长距离无线通信相比有很多区别，主要区别有如下几点。

（1）短距离无线通信的主要特点为通信距离短，覆盖距离一般比较短，覆盖的范围相应也比较小。

（2）无线发射器的发射功率较低，发射功率一般小于 100mW。

（3）自由地连接各种个人便携式电子设备、计算机外部设备和各种家用电器设备，实现信息共享和多业务的无线传输。

（4）不用申请无线频道，区别于无线广播等长距离无线传输。

（5）高频操作，工作频段一般以吉赫兹（GHz）为单位。

一个典型的短距离无线通信系统基本包括一个无线发射器和一个无线接收器。目前使用较广泛的短距无线通信技术是蓝牙（Bluetooth）、无线局域网 802.11（Wi-Fi）和红外数据传输（IrDA）。同时还有一些具有发展潜力的近距无线技术标准，它们分别是 ZigBee、超宽频（Ultra Wide Band）、短距通信（NFC）、WiMedia、GPS、DECT 和专用无线系统等。它们都有其立足的优点，或基于传输速度、距离、耗电量的特殊要求，或着眼于功能的扩充性，或符合某些单一应用的特别要求，或建立竞争技术的差异化等。但是没有一种技术可以完美到足以满足所有的需求。本章主要介绍 ZigBee、Z-Wave、Wi-Fi、RFID、UWB、Wibree 这几种短距离超低功耗无线通信技术的原理及应用。

9.1　ZigBee 原理及应用

9.1.1　ZigBee 简介

ZigBee（紫蜂协议）是基于 IEEE 802.15.4 标准的低功耗局域网协议。根据国际标准规定，ZigBee 技术是一种短距离、低功耗的无线通信技术。这一名称（紫蜂协议）来源于蜜蜂的八字舞，故以此作为新一代无线通信技术的命名。由于蜜蜂是靠飞翔和"嗡嗡"地抖动翅膀的"舞蹈"来与同伴传递花粉所在方位信息的，也就是说，蜜蜂依靠这样的方式构成了群体中的通信网络。在工业控制、家居自动化控制及遥测遥控等领域与其他无线通信技术相比，ZigBee 在成本控制、功耗和复杂度之间达到了一种更好的平衡。简而言之，ZigBee 是一种短距离、低功耗、低复杂度、低速率、低成本的无线网络技术。

9.1.2　ZigBee 网络拓扑结构

ZigBee 定义了两种相互配合使用的物理设备，分别是全功能设备和削减功能设备：全功能设备（Full Function Device，FFD）可以支持任何一种拓扑结构，可以作为路由器、网络协调器或终端节点，同时具备控制器的功能，可以和任何一种设备通信。削减功能设备（Reduced Function Device，RFD）只支持星形拓扑结构，不能成为网络协调器或路由器，可以与其进行通信。

ZigBee 联盟制定的协议规范中将设备类型进一步分为三种：ZigBee 网络协调器（ZigBee Coordinator）、ZigBee 路由器（ZigBee Router）和 ZigBee 终端设备（ZigBee End Device）。前两种均为全功能设备（Full Function Device，FFD）。ZigBee 终端设备则对应削减功能设备（Reduced Function Device，RFD）。ZigBee 网络协调器：每一个网络都有且仅有一个 ZigBee 网络协调器，网络协调器是建立网络的起点，负责启动网络、配置网络成员地址、维护网络、维护节点之间的绑定关系等，需要最多的存储空间和运算能力。ZigBee 网络协调器必须是全功能设备（FFD），同时具有路由和数据转发功能，并周期性地发出信标帧。ZigBee 路由器：路由器与网络协调器一样，必须是全功能设备（FFD）。其主要作用是扩展网络及负责数据的路由。它还可作为网络中的待用父节点，允许更多的设备连接进网络。终端设备：终端设备可以是全功能设备（FFD），也可以为 RFD。终端设备只能与父节点通信，不具备成为父节点或路由器的能力，具体的数据路由则全部交给父节点及网络中具有路由功能的协调器或路由器，一般情况下用作网络的边缘设备，与实际的监控对象相连。

由上述三种节点，ZigBee 可以组成三种网络拓扑结构，即星形网（Star）、树形网（Tree）和网状网（Mesh）。星形网（见图 9.1（a））是最简单的拓扑结构，由一个网络协调器和多个终端设备组成，但不包含路由器节点。只存在网络协调器和终端设备之间的通信，终端设备之间要进行通信，只能通过网络协调器进行转发。星形网通常用于节点数量比较少的场合。树形网（见图 9.1（b））常使用基于信标的通信模式，由一个网络协调器和一个或多个星形网连接而成，路由器采取分级路由策略传输数据与控制信息，终端设备只能与自己的父节点或子节点进行点到点通信，其他必须通过树形路由完成数据传输。网状网（见图 9.1（c））一般由若干个全功能设备（Full Function Device，FFD）连接在一起形成，它们之间的通信是完全对等的，每一个节点都可以与其他节点通信。网状网是一种可靠性很高的网络，并且具有"自恢复"能力，它为数据的传输提供了多条线路，一旦其中一条线路出现了故障，则可以选择其他线路进行数据通信。网状网的缺点是需要更多的空间开销。这三种拓扑之间的关系为：星形网是树形网的子集，树形网是网状网的子集。

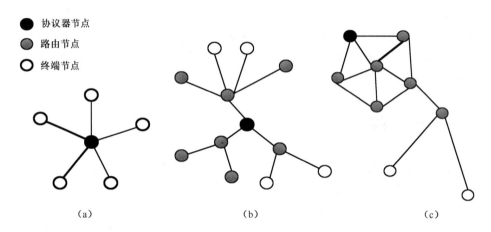

图 9.1　ZigBee 网络拓扑结构

9.1.3　ZigBee 技术的特点

目前对 ZigBee 无线通信协议的研究有了很大的进步，但是 ZigBee 无线的应用还处在起步阶段。ZigBee 技术的特点在很多方面已经显示出了很大的优势，这会使它在无线通信领域具有更大的优势并得到更广泛的应用。任何协议、任何产品都要有应用才有存在的价值，那么 ZigBee 技术有哪些特点呢？

速率低：ZigBee 技术有三种工作频段，提供了三种不同的数据传输速率。其中 2.4GHz 频段下，数据传输速率最快可达到 250Kbps，其他两种工作频率的速率分别为 20Kbps 和 40Kbps，这三种不同频段下的数据传输速率适合一些领域应用对低速率的要求。

功耗低：节点在使用电池供电的情况下，可以实现长达 6 个月到 2 年的使用时间，低功耗是 ZigBee 技术的突出优势。非常适用于设备体积小、不便放置较大的充电电池或充电模块、没有充足的电源支持、只能使用一次性电池供电的情况。在 IEEE 802.15.4/ZigBee 物理层和媒体访问控制层的协议设计中，不但要充分考虑高可靠性保证，而且降低功耗也是至关重要的目标。为了降低功耗，首先必须在信号发送上采取很低的系统频宽比，才能在很低峰值电流的同时达到很低的平均功率，为此在物理层运用高数据速率和低符号速率，这是因为峰值电流倾向于跟踪符号速率而非数据速率，这也意味着运用了多级的信号发送。但简单的信号发送会导致灵敏度的损失，从而损害低功率的目标，因此采用正交信号发送，以稍稍损失一点带宽来恢复灵敏度及编码增益。由于 IEEE802.15.4/ZigBee 无线网络接点的有效周期可以设置得很短，如果发射器的预热时间较长，肯定会有明显的功率损失。而预热时间主要受限于信号通道建立的过渡过程时间，特别是集成的信道有源滤波器的建立时间。IEEE 802.15.4/ZigBee 采用直接序列扩频（Direct Sequence Spread Spectrum，DSSS）的宽带技术，其优点在于它们所用的宽频信道滤波器本身就具有很短的建立时间。正是其较大的信道间隔，使 DSSS 频率综合器也可利用较高的频率基准，从而其死锁时间有相当大的下降，取得了降低预热功率损失的效果。IEEE 802.15.4/ZigBee 的物理层还采取了以下降低功耗的措施：①由于运用半正弦波形的 O-QPSK（Offset-QPSK）调制，所产生的恒定包络线简化了发射器的功放设计，减小了有效电流；②降低了接收器的分组（Blocking）要求规格，允许接收器的前端采用较低的有效功耗；③不采用发射和接收可同时进行的双工制，减小了峰值电流；④考虑到设计 IEEE 802.15.4/ZigBee 的最关心的成本和功耗，选择适当的载波频率 2.4GHz，避免采用同为 ISM（Industrial Scientific Medical）的频道 60GHz；⑤规定输出功率 P_{out} 必须具备 3dBm 的能力，但在实际芯片设计和制造中只要保证基本的指标，也允许更低的功率输出。成本低：通过简化协议，降低了对微控制器的要求，而且 ZigBee 免协议专利费。网络容量大：ZigBee 协议规定了三种不同的网络拓扑结构，每种结构都包括一个作为处理中心的协调器和不同数量的其他路由器或终端设备。协调器最多可与 254 个路由器或终端设备直接进行通信，而路由器又可与其他设备直接进行通信，这种通信模式使网络拓扑结构在理论上可组成具有 65 000 个设备的网络。时延短：快速的处理数据决定了反应时间较短，而且对时间有不同要求的应用都进行了处理。由于在数据传输时的优化处理缩短了通信时间，以及系统的唤醒机制，更能体现 ZigBee 技术的低功耗特点。安全性好：ZigBee 根据不同的安全级别为所属的安全属性灵活地提供不同的安全模式，包括无安全设定、为防止非法获取数据使用访问控制清单（Access Control List，ACL）及基于 128 位高级加密标准（Advance Encryption Standard，AES）的对称密钥安全机制。对节点间可能存在的数据同时通信而产生的通信冲突，使用了冲突监测机制，通过检测信道是否空闲来决定数据的通信路径；网络内的节点间能自动选择数据通信路由，当路由上有一个节点信息通信出现问题时，其他节点会重新选择路由，确保数据通信的流畅性和可靠性。工作频段灵活：ZigBee 技术使用了不同的频段，2.4GHz 频段是全球统一使用的不用申请的频段。另外，还有标准易用、功能强大、支持 ZigBee 无线短距离数据传输功能，具备中继路由和终端设备功能，支持点对点、点对多点、对等和 Mesh 网络，具有网络容量大、节点类型多、通信距离远等优点。

9.1.4　ZigBee 协议栈体系结构

ZigBee 协议栈是在 IEEE 802.15.4 的基础上建立的，IEEE 802.15.4 是低速率个域网（LR-WPAN）的标准，规定了 ZigBee 的物理（PYH）层和媒体接入控制（MAC）层，而 ZigBee 联盟规定了 ZigBee 协议的网络层（Network Layer，NL）、应用层和安全服务提供层。特别要说明的是，安全服务提供层不是单独的一层，确切地说不是实际存在的协议层，协议的每个层都有自己的安全功能，各个层的安全功能归集到一起称为安全服务提供层。应用层由应用支持子层（Application Support sub-Layer，APS）和 ZigBee 设备管理对象（ZigBee Device Object，ZDO）组成。制造商根据自己的应用定义应用对象，可以使用应用层架构和 ZDO 共享 APS 和安全服务。

ZigBee 协议栈建立在 IEEE 802.15.4 的 PHY 层和 MAC 子层规范之上，它实现了网络层和应用层。在应用层内提供了应用支持子层和 ZigBee 设备对象。应用层是整个协议栈的最高层，包含应用支持子层和 ZigBee 设备对象（ZigBee Device Object，ZDO）及厂商自定义的应用对象。应用支持子层 APS 提供了两个接口，分别是应用支持子层数据实体服务访问点和应用支持子层管理实体服务访问点。

应用支持子层（APS）主要负责维护设备绑定表。设备绑定表能够根据设备的服务和需求将两个设备进行匹配。APS 根据设备绑定表在被绑定的设备之间进行消息传递。APS 的另一个功能是找出在一个设备的个人操作空间内其他哪些设备正在进行操作。ZigBee 设备对象（ZigBee Device Object，ZDO）的功能包括负责定义网络中设备的角色，如协调器或终端设备。还包括对绑定请求的初始化或响应，在网络设备之间建立安全联系等。ZDO 是特殊的应用对象，它在端点（End Point）上实现。厂商自定义的应用对象实际上就是运行在 ZigBee 协议栈上的应用程序。这些应用程序使用 ZigBee 联盟给出并批准的规范进行开发和运行。网络层是协议栈实现的核心层，它具有网络的建立、设备的加入、路由搜索、消息传递等相关功能。在无线通信网络中，设备与设备之间通信数据的安全保密性是十分重要的。IEEE 802.15.4/ZigBee 协议使用 MAC 层的安全机制来保证 MAC 层命令帧、信标帧和确认帧的安全性。单跳数据消息一般是通过 MAC 层的安全机制实现的，而多跳消息报文则是通过更上层（如网络层）的安全机制来保证的。ZigBee 协议利用安全服务供应商（Security Service Provider，SSP）向网络层和应用层提供数据加密服务。

物理层：IEEE 802.15.4—2003 一共定义了三种物理层基带方式，分别运行在 868MHz、915MHz 和 2.4GHz 频段，较低频段的 PHY 层覆盖了欧美地区，使用国家有美国和澳大利亚，较高频段的 PHY 层全球通用。为了有序、正常使用，各国政府把特定的频段分配给特定的用途，也有可能对某些频段做出一定的限制和要求。

IEEE 802.15.4 定义了 27 个信道，编号从 0 到 26，其中 2.4GHz 频段定义了 16 个信道，915MHz 频段定义了 10 个信道，868MHz 频段定义了 1 个信道。物理层提供两种类型的服务：通过物理层管理实体接口对 PHY 层数据和 PHY 层管理提供服务，PHY 层数据服务可以通过无线物理信道发送和接收物理层协议数据单元来实现。物理层的特征就是启动和关闭无线收发器，进行能量检测，控制链路质量，进行信道选择，清除信道评估，以及通过物理媒体对数据包进行发送和接收。

网络层的核心功能简单来讲就是路由和寻址，以及建立和维护网络，主要包括设备连接和断开网络时所采用的机制，以及在帧信息传输过程中所采用的安全性机制，还包括设备之间的路由发现、路由维护和转交。

ZigBee 的节点：ZigBee 定义了三种节点，即协调器（Coordinator）节点、路由器（Router）

节点和终端设备（End Device）节点。每一种节点都有自己的功能要求。在一个 ZigBee 网络中只能有一个协调器，主要负责建立网络、设定网络参数、管理节点并存储信息，有时也可以充当路由器使用。简单讲协调器就是启动和配置网络的一种设备，是一种完整功能设备（Full Function Device，FDD）。路由器是一种支持关联的设备，能够将消息转发给其他设备。主要通过路由发现及维护、数据的转发、允许子节点的加入来扩展通信覆盖范围等，所以一个 ZigBee 网络中有多个路由器。路由器也是一个完整功能的设备 FFD（Full Function Device）。终端设备使精简功能设备 RFD（Reduced Function Device）只能选择加入其他网络，采集数据并向上传输，不具备路由器的功能，即可以收发信息但不能转发信息，一个 ZigBee 网络可以有多个终端设备加入。

应用层包括三个组成部分：应用支持子层（Application Support Sub-Layer，APS）、应用框（Application Framework，AF）、设备管理对象（ZigBee Device Object，ZDO）。应用支持子层提供了网络层和应用层之间的接口，该接口提供了设备管理对象和制造商定义的应用对象使用的服务集，通过这个接口为应用对象提供数据传输、绑定、应用层组播、分片、端到端可靠传输等功能。

9.1.5　ZigBee 网络的应用

1．军事应用

军事应用是 ZigBee 网络技术的重要应用领域，具有无须架设网络设施、可快速展开、抗毁性强等特点，ZigBee 网络技术非常适用于复杂战场环境中的通信。

2．传感器网络

传感器网络是一种特殊的自组织网络。大量的微型传感器构成自治的传感器网络，主要应用于工业控制、军事侦察、空间探索、智能建筑等复杂环境下的检测、诊断、目标定位和跟踪。传感器网络在很多应用场合下只能使用无线通信技术，而考虑到体积和节能等因素，传感器的发射功率不可能很大，所以使用 ZigBee 网络实现多跳通信是非常实用的解决方法。

3．紧急和临时场合

在发生了地震、水灾、强热带风暴或遭受其他灾难打击后，固定的通信网络设施（如有线通信网络、蜂窝移动通信网络的基站、卫星通信地球站及微波接力站等）可能被全部摧毁或无法正常工作。ZigBee 网络技术不依赖任何固定网络设施，具有独立组网能力和自组织特点，是这些场合中通信的最佳选择。

4．个人通信

无线个人局域网是 ZigBee 网络技术的另一应用领域。ZigBee 网络不仅可用于实现PDA、手机、手提电脑等个人电子通信设备之间的通信，还可用于无线个人局域网之间的多跳通信。

另外，ZigBee 网络还可以与蜂窝移动通信系统相结合，利用移动台的多跳转发能力扩大蜂窝移动通信系统的覆盖范围、均衡相邻小区的业务、提高小区边缘的数据传输速率等。在 ZigBee 技术迅速拓展其应用领域的同时，如何解决 ZigBee 技术本身存在的一些问题和进一步优化 ZigBee 网络性能成为研究热点。就 ZigBee 技术的研究现状来看，ZigBee 规范及其应用仍在不断发展和完善之中，众多厂商、高校和研究机构都对 ZigBee 技术展现了极大的研究兴趣，进行了大量的研究工作。当前研究的重点主要集中在 ZigBee 技术应用研究和产品设计、ZigBee 协议规范的研究及其完善两方面。

从 ZigBee 技术的应用研究和产品设计方面来看，研究工作主要集中在以下几个方面：ZigBee 芯片和产品设计。目前，国际上 ZigBee 芯片的主要供应商有三家，分别是德州仪器（TI）下属的 Chipcon 公司、Ember 公司和飞思卡尔（Freescale）公司。目前，已经有大量的研究者和厂商提出了 ZigBee。可能的应用包括诸如 ZigBee 技术在楼宇自动化、工业控制、环境监测、智能家居、传感器网络等领域的应用。ZigBee 技术与其他技术的结合是目前研究的另一个热点，如 ZigBee 技术与 Web 技术结合。另外，研究者对 ZigBee 网络与其他无线网络共存的问题也进行了大量的研究工作，如对 ZigBee 网络与蓝牙网络共存的研究表明，需要采取一些措施来解决网络共存情况下蓝牙网络设备对 ZigBee 网络设备的干扰。

9.1.6　ZigBee 的实际应用

ZigBee 作为一种个人网络的短程无线通信协议已经日益为人们所熟知，它最大的特点就是低功耗、可组网，特别是带有路由的可组网功能，理论上可以使 ZigBee 覆盖的通信面积无限扩展。相对于蓝牙、红外的点对点通信及 WLAN 的星状通信，ZigBee 协议复杂得多。那么究竟是该选择 ZigBee 芯片去自己开发协议呢，还是直接选择已经带有 ZigBee 协议的模块应用呢？工业级应用设计中，采用高性能工业级 ZigBee 芯片；低功耗设计中，支持多级休眠和唤醒模式，最大限度地降低功耗；WDT（Watch Dog Timer）看门狗设计中，保证系统稳定。

总之，ZigBee 技术以其低功耗、低成本、短时延、网络容量大和安全可靠等特点，正在工控、安保、监测、救灾、家居等行业的应用中扮演着日益重要的角色。

9.2　Z-Wave 原理及应用

9.2.1　Z-Wave 简介

Z-Wave 是由丹麦公司 Zensys 一手主导的无线组网规则，Z-Wave 联盟（Z-Wave Alliance）虽然没有 ZigBee 联盟强大，但是 Z-Wave 联盟的成员均是已经在智能家居领域有现行产品的厂商,该联盟已有 160 多家国际知名公司,基本覆盖了全球各个国家和地区。为何 Z-Wave 在智能家居方面占据了强势地位呢?这主要基于 Z-Wave 的属性。

　　Z-Wave 是一种新兴的基于射频的、低成本、低功耗、高可靠、适于网络的短距离无线通信技术。工作频带为 908.42MHz(美国)和 868.42MHz(欧洲),采用 FSK(BFSK/GFSK)调制方式,数据传输速率为 9.6Kbps,信号的有效覆盖范围在室内是 30m,在室外可超过 100m,适合窄带应用场合。随着通信距离的增大,设备的复杂度、功耗及系统成本都在增加,相对于现有的各种无线通信技术,Z-Wave 技术将是最低功耗和最低成本的技术,有力地推动着低速率无线个人区域网。

　　Z-Wave 技术设计用于住宅、照明商业控制及状态读取应用,如抄表、照明及家电控制、HVAC、接入控制、防盗及火灾检测等。Z-Wave 可将任何独立的设备转换为智能网络设备,从而可以实现控制和无线监测。Z-Wave 技术在最初设计时就定位于智能家居无线控制领域。采用小数据格式传输,40Kbps 的传输速率足以应对,早期甚至使用 9.6Kbps 的速率传输。与同类的其他无线技术相比,拥有相对较低的传输频率、相对较远的传输距离和一定的价格优势。Z-Wave 技术专门针对窄带应用并采用创新的软件解决方案取代成本高的硬件,因此只需花费其他类似技术的一小部分成本就可以组建高质量的无线网络。

9.2.2　Z-Wave 的技术特点

1. 低成本

　　Z-Wave 主要用于实施控制盒身份识别。为了确保尽可能低的成本,Z-Wave 使用的宽带仅是 9.6kbps,所以它不适合集约式的带宽应用(如音频/视频之类的数字信号传输)。但这对于传送控制命令已经绰绰有余。同时,使用创新的协议处理技术代替了需要价值不菲的硬件实现方法,所以 Z-Wave 在保证自身高质量运作的同时,成本只是同类技术中的很小一部分。此外,把 Z-Wave 置于一个集成的模块里也确保了低成本的实现。

2. 低功耗

　　和许多其他控制系统不同,Z-Wave 利用轻量协议和压缩帧格式实现了低能源消耗。除此之外,Zensys 采用 Z-Wave 单个模块的方案,便于那些电池驱动的设备(如调温器、传感器等)采用先进的节电模式。这些都有利于家居控制系统降低功率消耗。

3. 高度健全性和可靠性

　　许多射频技术都通过公共频带进行通信,结果导致公共频带充斥着干扰,使得许多射频技术的可靠性变差。Z-Wave 采用双向应答式的传送机制、压缩帧格式、随机式的逆序算法来减小这些干扰和失真,从而确保网络中所有设备之间的高可靠通信。

4. 全网覆盖

　　由于当前许多无线技术受限于其覆盖范围和可靠性,所以许多控制系统都需要由电缆进行连接，从而确保整个家居的信号覆盖。但是 Z-Wave 把动态学线路原理结合到无线技术中，形成了一个实质上没有限制的信号有效区域，从而使得 Z-Wave 设备可以反复把信号从一台设备传送给另一台设备。使用这种动态学线路原理可以确保信号越过信号屏蔽区和信号反射区，从而保证高度健全的网络通信。

5. 网络管理便捷化

利用 Z-Wave 技术可以使得智能化网络在安装时便于实现地址分配，每一个 Z-Wave 网络都有其自身独特的网络标识符，这样可以防止邻近网络引起的控制问题或干扰。

6. 用途广泛

Z-Wave 是一种可升级的协议。它在通用性方面还会进一步发展，包括附加特征、辅助应用及和其他协议间的互操作性。为确保适应性、向上兼容性和扩展应用，Z-Wave 利用基本的指令系列和可变的帧结构，从而获得多样性特征，以便更广泛地应用。同时，Z-Wave 也为设备制造商的某些特殊应用提供了令人满意的应用编程接口。

9.2.3　Z-Wave 协议体系结构分析

1. Z-Wave 协议的基本概念

Z-Wave 协议是一种基于动态源路由协议的改进协议。在 Z-Wave 协议中有两种基本类型的设备，分别为控制类型设备（Controller）和受控设备（Slaver）。而 Slaver 中的一部分可以转发数据，叫作 Routing Slaver，可以向其他节点发送控制命令。Routing Slaver 和 Slaver 都可以进行响应，对相应的控制命令做出回应。Routing Slaver 还可以转发 Controller 的命令，所以 Z-Wave 构建的网络是树形结构的。根节点就是 Controller，而中间节点就是 Routing Slaver，叶子节点就是 Slaver。如图 9.2 所示就是一个典型的 Z-Wave 网络，其中 Controller 简称为 C，Routing Slaver 简称为 R，Slaver 简称为 S。

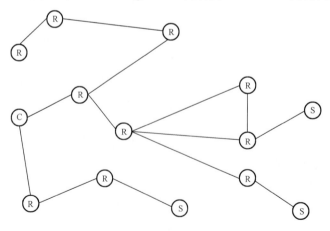

图 9.2　Z-Wave 网络拓扑结构图

2．控制节点（Controller）

控制节点分为主控制器节点（Primary Controller）和次控制器节点（Secondary Controller）。如果控制器创建了新的 Z-Wave 网络，那么这个控制器就是整个网络的主控制器。主控制器是整个 Z-Wave 网络中最重要的节点，它具有添加和删除其他设备的功能。主控制器上拥有整个 Z-Wave 网络的路由表，并且时刻维护整个网络最新的拓扑结构。通过主控制器加入到网络的控制器节点称为次控制器。次控制器节点只能进行命令的发送，不能向网络中添加或移除设备。控制器分为静态控制器（Static Controller）和便携控制器（Portable Controller），以便向用户汇报最新的状态信息。所以静态控制器一般都为主控制器，它们一般具有高性能的处理器及较大的存储容量，网络中的控制也主要在这里实现。便携控制器是方便用户使用的手动控制器，它们可以随意地改变位置。移动便携控制器采用了一系列的机制来确定其确切的位置，并据此来计算路由。便携控制器通常采用电池供电，它们一般用于一些移动应用，如用手动遥控器控制家里的智能设备。

3．受控节点（Slaver）

受控节点只能通过主控制节点加入到网络中，对整个网络拓扑结构毫不知情。它们不能向网络中添加或删除设备，只能接收由控制节点或其他节点发出的命令。受控节点分为 3 种：普通节点、路由节点和高级节点。普通节点能从 Z-Wave 网络中接收命令，根据相应的命令做出操作。该节点不能向其他节点和控制器发送路由信息。有一种例外情况，那就是控制器需要获取路由信息时发送命令请求。在 Z-Wave 网络中，一些普通节点具有路由器的作用，而另一些不能进行命令的转发。对于具有路由器功能的节点，它们一般需要持续供电，以便可以时刻监听网络状态，从而接收或转发网络中其他节点发送给它的命令。路由节点具有普通节点的全部功能，所不同的是它还可以向网络中的其他节点发送路由信息。在路由节点上，它保留了大量的静态路由信息，以便在必要时向一些节点发送消息。高级节点则具备了路由节点的全部功能，它和路由节点的区别仅是高级节点上有 EEPROM 来存储应用信息。

4．Z-Wave 网络的标识（Home ID，Node ID）

在 Z-Wave 网络中通过 Home ID 来区分不同的网络。Home ID 是一个 32 比特长的唯一的标识符，初始化时会将 Home ID 设置为 0。主控制器的 Home ID 是在每次恢复出厂设置时随机生成的，它的 Home ID 就是它所建立的 Z-Wave 网络的 Home ID。当受控节点被添加到 Z-Wave 网络中时，为了和网络中的其他节点通信，必须接收控制节点分配的 Home ID。控制器节点之间可以交换 Home ID，一个网络可以有多个控制器来控制其他节点。Node ID 是由控制器节点分配的，它是一个 8 比特的值，用于标识网络中的节点。在一个 Z-Wave 网络中，它是唯一不重复的。

9.2.4　Z-Wave 协议的体系结构和网络控制节点

1. Z-Wave 协议的体系结构

Z-Wave 协议的体系结构如图 9.3 所示，它采用了四个层次来保证通信安全及通信质量。媒体访问控制层静态控制器必须存放在固定位置，保持长供电状态，需要时刻监听网络中的不同于 ZigBee 技术的近距离无线组网通信技术，Z-Wave 联盟是由芯片与软件开发商 Zensys 和另外多家企业组建的，以推动 Z-Wave 协议在家庭自动化领域的发展。Z-Wave 是由丹麦公司 Zensys 一手主导的无线组网规格，Z-Wave 联盟（Z-Wave Alliance）虽然没有 ZigBee 联盟强大，但是 Z-Wave 联盟的成员均是已经在家庭自动化领域有现行产品的厂商。尤其是国际大厂思科（Cisco）与英特尔（Intel）的加入，也强化了 Z-Wave 在家庭自动化领域的地位。Z-Wave 锁定的技术平台就是家庭自动化，Z-Wave 的角色即为替代现行的 X-10 规格，目前已经有 X-10 与 Z-Wave 共生的桥接器产品出现。而衍生出的产品琳琅满目，在国外许多家庭自动化用户都开始注意并使用 Z-Wave。在技术层面上，Z-Wave 从原本的 9.6kbps 提升到 40kbps，并宣称提升后原本的 9.6kbps 能与 40kbps

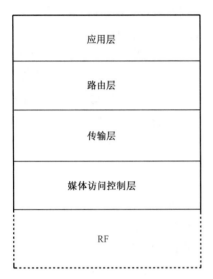

图 9.3　Z-Wave 协议的体系结构

共存。在节点数方面，一个 Z-Wave 网络可以容纳 232 个节点，通过各节点的扩展使得网络中的节点数可以更多。Z-Wave 使用的路由协议是源路由（Source Routing），在源头发出封包就可以直接在封包内指定详细路由的路径，这种做法可以节省每个节点花在路由上的资源。下面详细介绍 Z-Wave 的协议栈，以进一步加深对这种无线通信技术的了解。

Z-Wave 协议栈也是分层结构的，不同于 ZigBee 技术，它分为物理射频层（PHY）、媒体接入控制层（MAC）、数据传输层（TL）、网络路由层（RL）及应用层（APL）。Z-Wave 协议栈的具体组成见图 9.4。

应用层：Z-Wave 应用层的主要作用在于解析并执行 Z-Wave 网络中的相关的命。

网络路由层：Z-Wave 路由层控制数据帧从一个节点路由到另一个节点。控制设备与受控设备一直监听网络，并且都有一个固定位置，都可以参与到路由当中来。路由层的一个主要作用是扫描整个网络的拓扑结构，并在控制设备中维护一张路由表。

数据传输层：Z-Wave 传输层控制数据在两个节点之间的传输，包括重传机制、完整性检查和应答机制。

媒体接入控制层：即 MAC 层控制着射频模块，数据流采用曼彻斯编码。Z-Wave 网络拥有两种基本的设备类型：控制设备和受控设备。控制设备是网络中那些初始化控制命令并将这些控制命令发给其他节点的一些特殊类型的节点，而受控设备是那些用来对信息进行中继或直接执行相关命令的设备。受控设备可以将命令转发给其他节点，这样就可以使控制设备很方便地与那些不在它直接通信范围内的节点进行通信。

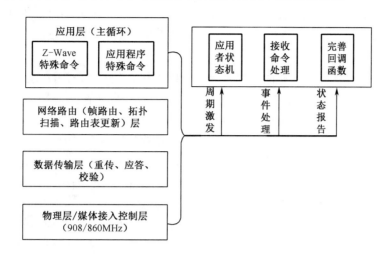

图 9.4　Z-Wave 协议栈

2．网络控制节点

控制节点是这样一种 Z-Wave 设备，它存有完整的路由表，因此可以和网络中的所有其他节点进行通信。但一个控制节点可以发挥的作用依赖于它何时进入 Z-Wave 网络，如果该控制器是用来组建一个新的 Z-Wave 网络，它便自动成为主控节点，同 ZigBee 网络一样，同一个 Z-Wave 网络中只能有一个主控节点，也只有主控节点可以使其他节点成功地加入网络或离开网络，因此它总是具有最新的网络拓扑结构。控制节点类型较多，可以细化为如下几种。

（1）便携式可移动控制器

便携式控制器在设计上是可以在网络中改变自身位置的。它通过一系列算法来计算当前在网络中所处的位置，因此可以计算出到网络中任意节点的最佳路由。关于便携式可移动控制器的一个很好的例子是遥控器。

（2）固定控制器

固定控制器在网络中是不可以改变位置的，而且需要不间断地供电。这样带来的好处是那些路由及节点能够随时将状态信息报告给它，同时它也一直很清楚自身在网络中的位置。通常意义上，一个固定控制器会是 Z-Wave 网络中的二级控制设备。关于固定控制器，一个很好的例子是用来实时监控 Z-Wave 网络的 Internet 网关。

（3）安装控制器

安装控制器是一个拥有额外功能的便携式控制器，相对其他控制器而言，它可以做较为复杂的网络管理工作及网络质量测试等。关于安装控制器的一个很好的例子是用来为客户提供 Z-Wave 网络安装配置的安装工具。令每一个 Z-Wave 网络都拥有自己独立的网络地址（Home ID），网络内每个节点的地址（Node ID）由控制节点（Controller）分配。每个网络最多容纳 232 个节点（Slave），包括控制节点在内。控制节点可以有多个，但只有一个主控制节点，即所有网络内节点的分配都由主控制节点负责，其他控制节点只是转发主控制节点的命令。对于已入网的普通节点，所有控制节点都可以控制；对于超出通信距离的节点，可以通过控制器与受控节点之间的其他节点以路由（Routing）的方式完成控制。

（4）桥接控制器

一个 Z-Wave 网络可以选择性地拥有一个桥接控制器。一个桥接控制器是一个扩展的固定控制器，只不过包含了其他一些功能。例如，可以用来部署控制器，作为 Z-Wave 网络与其他网络的桥接设备。桥接控制设备存储整个 Z-Wave 网络中所有节点的信息，另外，它还可以控制多达 128 个虚拟受控节点。一个虚拟受控节点与网络中的一个受控节点相对应，用来作为该节点在其他网络中的标识。关于桥接控制器的一个很好的例子便是用来将 UPnP（Universal Plug and Play，即插即用）网络与 Z-Wave 网络做桥接，这样便可以在一个家庭娱乐应用系统中将宽带设备和窄带设备连接起来。

受控节点指的是 Z-Wave 网络中那些接收命令并依命令做出一系列动作的节点。另外，需要说明的是，受控节点并不能直接发送信息给其他节点，除非它们接收到命令需要这样做。受控节点还有两种特殊类型，分别是具有路由功能的受控节点和强化的受控节点。

路由节点与其他受控节点大体上具有相同的功能，最主要的区别在于路由节点可以自动发送信息给网络中的其他设备。它们保存一些固定的路由信息，可以方便、自动地发送信息给指定的节点。关于路由节点很好的例子便是恒温调节器或红外移动传感器。

强化的受控节点与路由节点最大的区别在于它们内部还有一个实时时钟和用来存储应用数据的 EEPROM。一个例子是该节点可以用来设计气象站，用来传输实时的天气信息。

Z-Wave 并不像 ZigBee 技术那样有多个工作信道可供切换，只提供了两个工作信道，分别是：868.42MHz±12kHz（欧洲）、908.42MHz±12kHz（美国）。工作于 908/868 频段的 Z-Wave FSK 无线信号优越于工作于 2.4GHz 频段的 ZigBee DSSS 无线信号，这主要有两个方面的原因：第一，Z-Wave 无线信号的灵敏度比 ZigBee 无线信号大约高 6dB；第二，工作于各自频带上的 Z-Wave 无线信号和 ZigBee 无线信号相比，前者的物理传播有效距离大约是后者的 2.5 倍。

Z-Wave 采用了动态路由技术，每个 Slave 内部都存有一个路由表，该路由表由 Controller 写入。存储信息为该 Slave 入网时周边存在的其他 Slave 的 Node ID。这样每个 Slave 都知道周围有哪些 Slaves，而 Controller 存储了所有 Slaves 的路由信息。当 Controller 与受控 Slave 的距离超出最大控制距离时，Controller 会调用最后一次正确控制该 Slave 的路径发送命令，如果该路径失败，则从第一个 Slave 开始重新检索新的路径。

9.2.5 应用实例

三室一厅房间的 Z-Wave 系统解决方案：由 3 个嵌入式照明控制器、3 个墙壁开关、一个全功能红外遥控器、一个触摸控制屏构成主系统；嵌入式情景控制器、手持式情景控制器为功能扩展模块。其中全功能红外遥控器与触摸控制屏为 Controller，嵌入式照明控制器、嵌入式情景控制器及手持式情景控制器均为 Slave。

鉴于该系统中所有设备均使用了路由技术,安装时只需保证每两个嵌入式设备之间的距离小于最远通信距离即可。安装完成后,通过全功能红外遥控器先将所有设备入网,待触摸控制屏入网后,可同步更新所有入网设备至触摸控制屏中。

设备入网后,用户通过全功能遥控器及触摸控制屏直观地看到家中所有 Z-Wave 入网电器的开关状态,并且可以方便地对其进行控制。例如,将触摸控制屏接入 Internet 网络,则可以利用 PDA、PC 等通过 Internet 网络远程控制家中的电器。

在配有 HRPZ 全功能遥控器的系统中,用户可以更加方便地实现家中的移动控制。嵌入式情景控制器及手持式情景控制器可通过触摸控制屏或配套的 PC 配置软件设置会议、影视等,通过一键操作来完成一系列组合功能的控制。

9.2.6　发展前景

Z-Wave 是一种结构简单、成本低廉、性能可靠的无线通信技术,通过 Z-Wave 技术构建的无线网络,不仅可以通过本网络设备实现对家电的遥控,甚至可以通过 Internet 网络对 Z-Wave 网络中的设备进行控制。

虽然 Z-Wave 并不完善,但其锁定了正确的市场,并将自己的产品与 Windows 系列产品结合,Zensys 提供 Windows 开发用的动态连接资料库(Dynamically Linked Library,DLL),设计者可直接调用该 DLL 内的 API 函数(Application Program Interface,API)来做 PC 软体设计。

PC 与遥控器的使用者界面才是使用者直觉产生使用者经验的媒介,加上产品造型的工业设计与质感,更是提升了价值,而这些都是所有 Z-Wave 联盟厂家愿意投资的领域。而其余的技术都由平台提供商负责,使得 Z-Wave 的客户可以专心致力于提升并加强使用者经验。随着 Z-Wave 联盟的不断扩大,该技术的应用也将不局限于智能家居,在酒店控制系统、工业自动化、农业自动化等多个领域都将发现 Z-Wave 无线网络的身影。

9.3　Wi-Fi 原理及应用

9.3.1　Wi-Fi 概况

Wi-Fi 全称 Wireless Fidelity,是由 AP(Access Point)和无线网卡组成的无线网络,无线网络的目标就是通过终端设备不受任何约束地随时随地无缝与互联网实现互联互通。

AP 一般称为网络桥接器或接入点,它作为传统的有线 LAN 网与无线局域网络之间的纽带,因此任何一台安装有无线网卡的终端均可透过 AP 上互联网,实现网络互联互通。Wi-Fi 作为一种无线网络实现技术,是一种可以将个人电脑、手持设备(如 PDA、手机)等终端以无线方式互相连接的技术。Wi-Fi 是一个无线网络通信技术品牌,由 Wi-Fi 联盟

（Wi-Fi Alliance）所持有，目的是改善基于 IEEE 802.11 标准的无线网络产品之间的互通性。Wi-Fi 使用开放的 2.4GHz 直接序列扩频，最大数据传输速率为 11Mbps，也可根据信号强弱把传输速率调整为 5.5Mbps、2Mbps 和 1Mbps。一般 Wi-Fi 技术采用 AP 的发射功率为 100mW 和 500mW，而二者一般可以实现 50～300 米有效信号覆盖。

无线网络在大城市比较常用，虽然由无线保真技术传输的无线通信质量不是很好，数据安全性能比蓝牙低一些，传输质量也有待改进，但传输速度非常快，可以达到 54Mbps，符合个人和社会信息化的需求。无线保真最主要的优势在于不需要布线，可以不受布线条件的限制，因此非常适合移动办公用户的需要，并且由于发射信号功率低于 100mW，低于手机发射功率，所以无线保真上网相对也是最安全、健康的。但是无线保真信号也是由有线网提供的，如家里的 ADSL（Asymmetric Digital Subscriber Line）、小区宽带等，只要接一个无线路由器，就可以把有线信号转换成无线保真信号。国外很多发达国家的城市里覆盖着由政府或大公司提供的无线保真信号供居民使用，我国也有许多地方实施"无线城市工程"，使这项技术得到推广。在 4G 牌照没有发放的试点城市，许多地方使用 4G 转无线保真让市民试用。

现今，运营商 Wi-Fi 网络不断完善，用户数及数据流量不断提升，Wi-Fi 网络信号覆盖区域越来越广，建网环境越来越复杂，这就给组建 Wi-Fi 网络提出了更大挑战。由于资源分布不均，组建 Wi-Fi 网络方式也灵活多样，总之，降低网络建设成本、提高网络质量、保障用户体验永远是指导一切工程设计及实施的首要要求。

在 Wi-Fi 无线宽带使用过程中，影响用户感知的因素很多，最常见的现象就是上网速度慢、网络延迟大，更加严重的是直接掉线，这就需要从理论上来分析这些现象，寻找合适的解决方法。原因一般有设备负荷过重、末端接入 AP 容量不够、信号覆盖差、射频干扰等。此外，由于对市场需求估算不足，造成现有部分热点容量不能满足当前需要，为了避免出现这种情况，还需要对 Wi-Fi 网络的容量进行合理估算和规划。

9.3.2　Wi-Fi 网络基本架构

1．Wi-Fi 网络的基本结构

Wi-Fi 搭建的区域网（LAN）可让客户端设备无须使用电线，进而降低网络的布局空间和扩充成本。同时 Wi-Fi 采用 WPA2 的加密方式来确保网络的安全性。网络基本架构由以下几部分组成。

（1）站点（Station）。Wi-Fi 网络中的每一个节点被称为站点，是网络的基本组成部分。

（2）基本服务单元（Basic Service Set，BSS）。网络基本服务单元是由网络中的两个或两个以上的站点构成的。其他各个站点可以动态地链接到基本服务单元。

（3）分配系统（Distribution System，DS）。分配系统的作用是连接不同的基本服务单元。在逻辑上分配系统的传输媒介和基本服务单元的传输媒介是相互独立的，尽管在物理层上它们可能使用同一传输媒介，如同一个无线通信信道。

（4）接入点（Access Point，AP）。接入点兼有普通站点和接入分配系统接口两种身份。

作为站点，可以与其他节点进行数据的交换；作为接入分配系统接口，负责无线客户端的接入和网络的扩展。

（5）扩展服务单元（Extended Service Set，ESS）。扩展服务单元在逻辑层面上由分配系统和基本服务单元组合而成。

（6）网关（Portal）。负责将无线局域网与其他网络连接在一起，实现网络的可扩展性。

（7）对于每个站点，IEEE 802.11 定义了 4 种服务，分别为：鉴权（Authentication）、结束鉴权（Deauthentication）、隐私（Privacy）、MAC 数据传输（MAC Data Transmission）。除此之外，对于分配系统 IEEE 802.11 定义了 5 种服务，分别为连接（Association）、结束连接（Dissociation）、分配（Distribution）、集成（Integration）、再连接（Resuscitation）。

Wi-Fi 主要包括 802.11 系列（802.11、802.11a、802.11b、802.11g、HiperLAN2，HomeRF 等）技术。802.11 协议仅规定了 OSI 的物理层和 MAC 层，其中的差异性诞生出 802.11b、802.11a、802.11g 和 802.11n 四种技术。MAC 子层的主要技术在于利用载波监听多重访问/冲突避免（CSMA/CA）协议，物理子层采用红外线、跳频扩谱方式（Frequency Hopping Spread Spectrum，FHSS）及直扩方式（Direct Sequence Spread Spectrum，DSSS）进行通信。

由于 802.11 系列协议仅提供了 MAC 和物理层，因此在业务提供方面是完全基于 IP 协议的，为了提供更好的可运营、可管理特性，IEEE 802.11 组正在加快制定相关协议，提供动态密钥、漫游、切换、远端供电和 QoS（Quality of Service）等特性。总体来讲，无线局域网升级有两个方向：一个是提供更强的 QoS 功能；另一个是提供更快的速度。

2．Wi-Fi 网络组网介绍

Wi-Fi 作为一种无线网络实现技术，可以将个人电脑、手持设备（如 PDA、手机）等终端以无线方式互相连接，基于 IEEE 802.11 协议系列标准制定与发展一种以无线信道为传输媒介的计算机局域网。根据 Wi-Fi 无线宽带网络组网方式可分为集中式和分布式；根据组网资源配置可分为利用原有资源组网、自我管理式组网和集中控制式组网；技术分类则包括无线技术和传输技术。无线组网技术包括用户终端与 AP 之间连接的技术，涉及射频干扰、网络效果覆盖、网络容量估算及规划等内容；而传输技术则涵盖用户数据从 AP 到网络实现互联互通的技术，AP 的上联方式采用 LAN 接入、POE 接入等方式。此外 AP 作为 Wi-Fi 网络的接入端，其结构主要有以下几种：点对点型、点对多点型、多点对点型和混合型，各种结构都有不同的适用场合，用户应根据实际情况加以选择。

3．Wi-Fi 网络组网形式

构建良好的 Wi-Fi 网络，需要理解 Wi-Fi 网络结构。首先是 Wi-Fi 网络组网方式；其次是商用 Wi-Fi 网络的实现方法。Wi-Fi 网络组网方式一般有集中式、分布式等。

集中式组网：集中式组网是指将无线局域网接入的流量通过中继网络汇聚到相对集中的一个或多个无线接入业务网关。用户规模不是很大时宜采用集中式组网，所有数据流量均接入无线接入业务网关，集中式组网方式宜采用 PPPoE 认证方式或 DHCP+Web 认证方式。

分布式组网：分布式组网是指采用二层以太网交换机汇聚多个 AP 的流量，连接到设置在每个服务区（用户驻地）的无线接入业务网关。具有较大规模用户的公共场合宜采用分布式组网，多个服务区需要多个无线接入业务网关。分布式组网方式宜采用 PPPoE 认证方式或 DHCP+Web 认证方式。

4．商用 Wi-Fi 网络实现

商用 Wi-Fi 网络中一般由客户终端通过无线网卡接入瘦 AP，由瘦 AP 接入访问控制器 AC（Access Controller），再由 AC 分别接入 AAA 服务器和 Internet。无线侧采用普通 AP 来实现桥接功能，传输侧通过 AC 实现的功能为管理 AP、对客户终端实现接入控制、采集计费信息，这样 Wi-Fi 网络能支持 AAA 协议，实现对用户的认证、授权和计费。如图 9.5 所示为商用 Wi-Fi 网络结构框图。

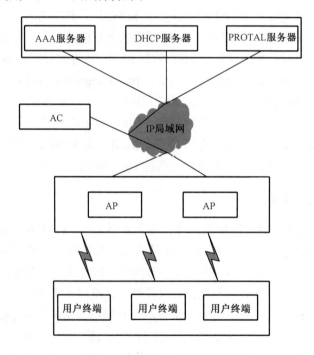

图 9.5　商用 Wi-Fi 网络结构框图

9.3.3　Wi-Fi 网络中通过规避干扰来提升网络容量的方法

针对干扰规避使容量提升有如下几种建议。第一，由于 Wi-Fi 采用 2.4GHz 和 5.8GHz 高频段，空间信号传播损耗大，穿透能力低，可以充分利用天然隔断（如建筑物、墙体等）阻隔信号穿透，规避 ISM 频段外来设备干扰。第二，降低 AP 发射功率，减少 AP 相互间的干扰。通过降低 AP 发射功率可以减少 AP 的覆盖范围，从而增大频率复用度。第三，使用定向天线或智能天线。此技术用于蜂窝网络，使容量得以提升，Wi-Fi 使用扇区天线或智能天线，可以减少 AP 之间及终端与 AP 之间的干扰，在一定程度上能够提升容量。但是终端均使用全向天线，功率不可调，终端之间的干扰依然无法避免；另外，Wi-Fi 覆盖半径一般不会大于 200m，在室内或地形、地貌复杂的情况下，折射、反射、绕射等因素使得在如此小范围内精确控制天线方向比较困难，使用定向天线或智能天线带来的容量提升就会大打折扣，所以目前定向天线更多地应用于信号回传和增大覆盖范围。降低 AP 发射功率、使用扇区天线或智能天线可规避同频干扰及邻频干扰。

站点使用的无线的媒介、分配系统使用的媒介和无线局域网集成一起的其他局域网使用的媒介在物理上可能互相重叠。IEEE 802.11 只负责在站点使用的无线媒介上的寻址（Addressing）。分配系统和其他局域网的寻址不属无线局域网的范围。IEEE 802.11 没有具体定义分配系统，只是定义了分配系统应该提供的服务（Service）。整个无线局域网定义了 9 种服务，5 种服务属于分配系统的任务，分别为连接、结束连接、分配、集成、再连接；4 种服务属于站点，分别为鉴权、结束鉴权、隐私、MAC 数据传输。

9.3.4　Wi-Fi 发展前景

1. 融合 3G

从未来的中国 3G 市场来看，语音业务对于移动运营商提高收入帮助不大，而且由于移动运营商数目的增加，语音业务带来的 ARPU 必然会呈现下降的趋势。因此，提供更多的数据多媒体业务，对于移动运营商维持用户忠诚度、提高网络利用率、增加业务附加值、获取最大利润等将会带来较大的帮助，这也是在部署 3G 前运营商必须要考虑的问题。相比之下，在芯片厂商、PC 制造商、Wi-Fi 联盟成员、运营商的共同推动下，WLAN 在部署上取得了实质性的进展。中国电信、网通、移动、联通都在实施自己的热点覆盖计划。从覆盖范围、传输速率、基本业务类别、可移动速率、前向扩展、演进走向等多方面综合分析，3G 与 WLAN 不是一种可以互相取代的竞争关系，而是一种可以扬长避短的互补关系。当前，WLAN 的推广和认证工作主要由产业标准组织 Wi-Fi 联盟完成，所以 WLAN 技术常常被称为 Wi-Fi。

按 NGN（Next Generation Network）概念演进的下一代移动网，以终端、应用、服务为主导，将成为市场发展的重要驱动力，也是运营商赢利的关键。其互操作性和后向兼容性将成为不同标准化组织考虑的一个重点。如果进行无生命力的重复，其产品和技术终将被市场淘汰，其唯一出路是在 NGN 及 3G 演进的基本概念上彼此融合，共同做出贡献。

2. 基于全 IP 的网络架构

不管是商用的还是正在试验的（CDMA2000/WCDMAR99/R4/TD-SCDMA）3G 标准都不是基于全 IP 的网络，如 CDMA2000 基于 ANSI-41；WCDMA99/TD-SCDMA 基于传统的 GSM-MAP、R4 软交换的承载和控制分离方式，而直到 R5 引入了 IMS 才实现全 IP 的核心网。显然全 IP 的核心网络也是 3G 发展的方向，采用基于全 IP 的核心网不但可以与无线接入方式独立地发展，还可以支持包括 Wi-Fi/WiMAX、WCDMA、Bluetooth 等多种无线接入方式。在 3G 的 R6 中已经把 WLAN 和 3G 一同考虑了。

公用开放的业务平台和运营支撑系统：Wi-Fi/WiMAX 和 3G 不同的承载特性（吞吐量、

延时、QoS、对称性等）为用户享受语音、数据、多媒体业务提供了更多的接入方式选择；它们可通过共用开放的业务平台融合不同的业务引擎实现网络间互通；根据网络服务区内的性能，用户可以手工或自动选择接入哪个网络；同时支持 WLAN 和 3G 网络的运营支撑系统，可以对双网实现统一的运营管理、计费，甚至用户身份认证，最大限度地降低了网络建设、维护成本。

两种网络技术在移动通信技术发展中将实现局部融合，各自发挥优势、扬长避短。互补趋势集中体现在：语音和 VoWLAN（Voice over Wireless Local Area Networks）。相对于满足大话务量、多用户数的 3G 技术，基于 IP 技术的 WLAN 网络更适合开展广播式的语音业务、多方会议、长途通话、广告发布等。

相对于 3G 技术覆盖范围大、快速移动时仍能保持 144Kbps 的数据传输速率的特点，WLAN 技术在特定区域内满足用户高速数据传输的需求具有绝对优势。

无线信道资源的利用：3G 分配的频率资源是有限的，而数据业务对信道的占用率极高，影响其同时接入的语音用户数量。如果规划在特定区域（如商业中心人群密集区）内把数据业务转移到 Wi-Fi/WiMAX 的公共数据通道无疑将大大提高 3G 无线网络资源利用率。

手持终端和 Laptop（便携式电脑）/PDA 结合：传输数据速率高、低使用费的 Laptop/PDA 可以满足商业用户大信息量的需求；携带更为方便、小巧的 3G 手持终端可以满足个人用户对快速消息的需求。

当前不少智能手机与多数平板电脑都支持无线保真上网，无线保真信号是当前大部分人所希望能随时搜索到的。它不仅是无线宽带接入服务的补充，还是运营商创新运营的重要一环。从全球无线保真业务发展上看，只依靠提供单一的无线宽带接入实现赢利的方式基本上都无法支撑 Wi-Fi 业务的发展。面对这种情况，迫切需要一种新的赢利模式来为无线保真的发展提供强有力的支撑，保证投入的同时能有所回报。Wi-Fi 广告模式显然是当前比较成熟和可经营的模式，并且，Wi-Fi 广告模式的探索正呈现出以下几个新方向。

（1）区域电子地图

以 Wi-Fi 登录关口（Portal）页面的区域电子地图为基础进行的广告模式，即基于热点的不同位置，Wi-Fi 用户会看到当前所在热点及其周围区域的电子地图，运营商可利用区域地图对热点周围商家继续进行广告宣传和标注。Wi-Fi 门户的地图上注有鼠标停留短语，用户在区域地图上移动鼠标会显示不同商家的最新信息和链接，单击任一广告，便进入这一商户的网页界面，商家可在后台更新自己的商家信息，运营商负责页面的维护和统一管理。这一模式对于用户来说，不仅可以找到离自己最近的商家、餐馆、自动取款机、加油站、电影院、医院等周边生活信息，以及使用地图导航、查询移动黄页等业务，还能找到诸如"最近的电影院即将上演的影片"或"该餐馆的消费水平、饭菜口味如何"等更深层的信息。

对广告主的好处：Wi-Fi 电子地图广告可将广告推广和先进安全的无线网络技术合二为一，使商家广告宣传结合信息完备的地图，贴近距离最近的潜在客户，使热点上网的顾客能够方便地找到商家的地理位置。

对运营商的好处：利用顾客喜欢就近购买、省时方便的消费行为，使 Wi-Fi 单个热点变成一个个商圈，热点越多，其广告的商业价值就越大。

（2）地理位置定位

利用 Wi-Fi 热点地理位置可定位的特点来开展广告服务，广告主通过选择特定的地域和热点来推送广告，使广告主的广告能吸引最有可能购买其产品的潜在客户。同时，广告主还可以针对不同地理区域制定相应的特价促销或优惠活动方案，使广告的投放更加精准、更有针对性，能将定制化的信息推送到 Wi-Fi 用户，进行有效的广告宣传。例如，旅游服务类的广告主可针对机场 Wi-Fi 热点目标客户群推送广告，咖啡行业的广告主可以在咖啡吧等特定的 Wi-Fi 热点通过推送选项式广告了解和发现目标客户群的习惯。

对广告主的好处：此模式能够根据商家的意愿和爱好，通过不同热点或地理位置，有意识地选择需要投放广告的客户群，从而能够精准、有效地进行广告营销。

对运营商的好处：Wi-Fi 运营商能通过 IP 和 VLAN 对不同热点进行区隔，可有效细分客户群，使不同热点、不同场景的客户群呈现不同的消费特征，从而满足广告主对目标客户群精确投放的要求。

（3）广告换取 Wi-Fi 免费

Wi-Fi 的上网接入一般都是通过输入账号付费来实现的，而"通过观看广告可以免费上网"的运营模式将改变这样单一的状况，转变成"后向付费"的运营模式，即前向用户使用 Wi-Fi 接入上网时是"零付费"的。所谓"后向付费"，是指由后向的广告主付费，而使用无线网络的用户则不用支付网络服务费。这一模式的典型使用场景是：上网者在登录 Wi-Fi 网络之前，需要观看登录页面上的广告，或者单击市场调查选项按钮等，用户只要选择并提交就可免费上网。时间可由运营商设定，如 30 分钟，用户上网 30 分钟后，页面又会自动回到新的一组广告页面，只有用户再去看广告，才可以再免费上网 30 分钟。

（4）共建"吸引力"内容

Wi-Fi 运营商与合作伙伴在 Wi-Fi 门户上共建"Wi-Fi Zone"内容区，"Wi-Fi Zone"里有能够吸引用户的"吸引力"内容，"吸引力"内容包括：精彩电影播放、音乐下载、优惠促销信息、活动信息、体验信息、网上冲印等，商家的广告穿插在相应的内容中，依靠"吸引力"内容被用户浏览。

9.4　RFID 原理及应用

9.4.1　RFID 技术概况

无线射频识别（Radio Frequency Identification，RFID）是一种利用射频通信实现非接触式自动识别的技术，即通过无线电信号识别特定目标并读/写相关数据，而无须识别系统与特定目标之间建立机械或光学接触。这一技术早在第二次世界大战期间就已经在军事上得到过应用。近年来，随着现代电子技术的发展，低功耗小型化的芯片出现，使得 RFID 的应用得到了迅猛的发展。RFID 应用领域日益扩大，现已涉及人们日常生活的各个方面，并将成为未来信息社会建设的一项基础技术。RFID 常用的有低频（125k～134.2kHz）、高频（13.56MHz）、超高频、微波等技术。RFID 读写器也分移动式的和固定式的。

通过调成无线电频率的电磁场，把无线电的信号从附着在物品上的标签上传送出去，以自动辨识与追踪该物品。某些标签在识别时从识别器发出的电磁场中就可以得到能量，并不需要电池；也有标签本身拥有电源，并可以主动发出无线电波（调成无线电频率的电磁场）。标签包含了电子存储的信息，数米之内都可以识别。从概念上来讲，RFID 类似于条码扫描，对于条码技术而言，它将已编码的条形码附着于目标物并使用专用的扫描读写器利用光信号将信息传送到扫描读写器；而 RFID 则使用专用的 RFID 读写器及专门的可附着于目标物的 RFID 标签，利用频率信号将信息由 RFID 标签传送至 RFID 读写器。与条形码不同的是，射频标签不需要处在识别器视线之内，也可以嵌入被追踪物体之内。

RFID 技术同其他自动识别技术如条形码技术、接触式 IC（Integrated Circuit）光学识别和生物识别技术（包括虹膜、面部、声音和指纹）相比，具有防水、防磁、精度高、适应环境能力强、快速读写、抗干扰能力强、支持加密、能同时识别多个高速运动物体的优点。因此，研究 RFID 技术具有非常实用的现实价值和重要的国际战略意义。

当前典型 RFID 应用包括：物流领域的仓库管理、生产线自动化、日用品销售；交通运输领域的集装箱与包裹管理、高速公路收费与停车收费；农牧渔业的羊群、鱼类、水果等的管理及宠物、野生动物跟踪；医疗行业的药品生产、病人看护、医疗垃圾跟踪；制造业的零部件与库存的可视化管理；RFID 还可应用于图书与文档管理、门禁管理、定位与物体跟踪、环境感知和支票防伪等多个应用领域。由于 RFID 可以广泛应用于包括生产、零售、物流、交通、医疗、国防等各个领域，提高物流及各部门管理效率，因此 RFID 技术是提高企业及社会信息化程度的重要步骤。

最初在技术领域，应答器是指能够传输信息并回复信息的电子模块，近些年，由于射频技术发展迅猛，应答器有了新的说法和含义，又被称为智能标签或标签。RFID 电子标签的阅读器通过天线与 RFID 电子标签进行无线通信，可以实现对标签识别码和内存数据的读出或写入操作。RFID 技术可识别高速运动物体并可同时识别多个标签，操作快捷方便。

未来，中国物联网校企联盟认为，RFID 技术的飞速发展对于物联网领域的进步具有重要的意义。

9.4.2 RFID 应用现状

现在 RFID 已经应用于制造、物流和零售等领域，RFID 的产品种类十分丰富。展望未来，我们相信 RFID 技术将在 21 世纪掀起一场新的技术革命，随着技术的不断进步，当 RFID 电子标签的价格降到 5 美分时，射频识别将取代条码，成为人们日常生活的一部分。目前 RFID 的应用领域如下：制造领域，主要用于实时监控生产过程中的数据、产品质量的实时追踪和自动化精益生产等；零售领域，主要用于对商品的销售数据进行实时的更新与统计、商品的捕获和防盗等；物流领域，主要用于在物流过程中对货物进行追踪、货物相关信息的自动采集、分类仓储、港口协调应用和邮政快递等；医疗领域，主要用于医疗器械管理、病人的身份识别和婴儿防盗等；身份识别领域，主要用于电子护照、身份证和学生证等各种电子证件；军事领域，主要用于弹药管理、枪支管理、物资管理、人员管理和车辆识别与追踪等；防伪安全领域，主要用于贵重物品（烟、酒、药品）防伪、票证防伪、汽车防盗和汽车定位等；资产管理领域，主要用于贵重、危险性大、数量大且相似性高的各类资产管理；交通领域，主要用于不停车缴费、出租车管理、公交车枢纽管理、铁路机车识别、航空交通管制、旅客机票识别和行李包裹追踪等；视频领域，主要用于水果、蔬菜生长和生鲜食品保鲜等；图书领域，主要用于书店、图书馆和出版社的书籍资料管理等；动物领域，主要用于畜牧牲口、驯养动物和宠物识别管理等。

　　RFID 技术最早的应用可以追溯到第二次世界大战中用于区分联军和纳粹飞机的"敌我辨识"系统。从全球范围来看，RFID 技术在美国、英国、德国、瑞典、日本、南非等国家发展较早，技术较先进、成熟。就目前 RFID 发展来说，美国已确立 RFID 标准，其 RFID 相关软/硬件技术的开发和应用领域处于世界前列。欧洲的 RFID 标准紧跟美国主导的 EPC（Electronic Product Code）标准之后，但在封闭系统的应用方面，欧洲与美国基本处于同一阶段。日本所提出的 UID（User Identification）标准主要得到了日本本国厂商的支持，若要成为国际标准，要走的路还很长、很曲折。

9.4.3　RFID 系统的基本组成

　　应答器：由天线、耦合元件及芯片组成，一般来说都用标签作为应答器，每个标签具有唯一的电子编码，附着在物体上标识目标对象。读写器：由天线、耦合元件、芯片组成，是读取（有时还可以写入）标签信息的设备，可设计为手持式 RFID 读写器（如 C5000W）或固定式读写器。应用软件系统：是应用层软件，主要把收集到的数据进一步处理，并为人们所使用。

　　典型的 RFID 系统应答器（Tag）、读写器（Read and Write Device）及应用系统组成如图 9.6 所示。

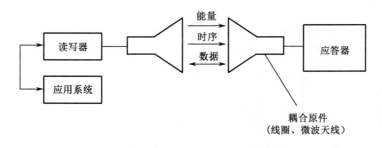

图 9.6　RFID 系统的组成框图

1. 应答器

　　RFID 应答器（也称电子标签或射频标签），通常附着在被识别的物体表面，存储着被识别物体的相关信息，这些信息通常可被 RFID 读写器通过非接触方式识别。它由一块微型芯片和外接天线构成，微型芯片集成了射频前端、逻辑控制、存储器等电路，如图 9.7 所示。每个应答器在其微型芯片中都存储着唯一的识别信息，方便操作人员对不同的应答器进行分类管理。

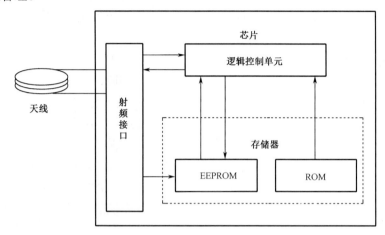

图 9.7　RFID 应答器结构示意图

　　根据应答器是否加装电池，可将应答器分为无源应答器、半无源应答器和有源应答器三种类型。

　　无源应答器：不附带电池，在读写器的读写范围内以电感耦合方式从读写器发出的射频能量中提取工作所需的电能。其特点是感应距离相对较近，使用寿命较长，成本较低，体积小，对工作环境要求较低。

　　半无源应答器：内装有电池，仅当读写器所提供的射频能量不足以激励进入其识别范围内的应答器工作时，电池才向应答器供电，其他状态下它与无源应答器工作方式一样。

　　有源应答器：其工作电源全部由加装的电池供给，而且所加的电池也会将自身的部分电能量转换为应答器与读写器通信所需的射频能量，其特点是成本大、寿命短，因而不常使用。

2．读写器

　　RFID 系统的读写器（也称读卡器、阅读器、基站）主要完成读取和写入标签信息，由高频通信模块和控制单元组成，如图 9.8 所示，高频通信模块用于产生电波并接收和解

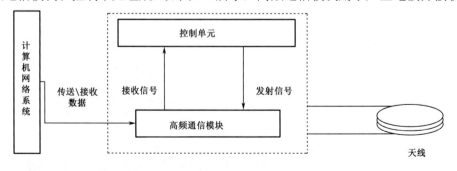

图 9.8　RFID 读写器结构示意图

调从应答器返回的信号,控制单元则用于处理高频通信模块解调后的信号,并传送给计算机网络系统。

通常读写器具有如下功能:以电磁感应方式向应答器传输能量;向应答器读写数据;完成对读取数据的信息处理并实现应用操作;若有需要,能和应用系统交互信息。

9.4.4　RFID 系统的工作原理

RFID 系统的读写器通过无线电波传送数据以检测和识别带有标签的物体,读写器和标签上都有天线,标签一般附在被识别的物体上,读写器与电脑主机或其他智能设备相连,以处理标签数据并给出对标签操作的指令。不同工作频段的 RFID 系统,其工作原理有着本质区别,根据能量耦合方式不同,可将 RFID 系统的工作原理分为电感耦合方式(磁耦合)和反向散射耦合方式(电磁场耦合)两大类。

1. 电感耦合方式

电感耦合方式与变压器原理相同,读写器天线与应答器天线使用共同的磁场空间,能量从读写器天线传输到应答器天线,依据是电磁感应定律。电感耦合方式一般应用于低频段和高频段的 RFID 系统中,其射频载波频率(也称为工作频率)典型值有 125kHz、13.56MHz。目前,采用感应耦合方式的被动式电子标签的最远作用距离在 1m 左右,典型工作距离为 10~20cm。具体来说,读写器与应答器相互通信过程如下:读写器将要发送的信息经编码后经载波信号传送给读写器天线,读写器天线将该信号发射给进入可识别区域的电子标签,与此同时,进入该区域的电子标签产生感应电流,获得能量并被激活,电子标签将自身数据通过标签天线发射给读写器;读写器天线接收到从标签发送来的数据后,将该数据传送到读写器信号处理模块,经解调和解码后将有效数据送到应用系统进行相关处理;应用系统根据相关运算识别出该标签的身份,并做出相应的处理和控制,最终控制读写器完成对标签的读写操作。

2. 反向散射耦合

电磁反向散射耦合与雷达工作原理相同。读写器天线向空间发射的电磁波在遇到空间目标后被吸收一部分,还有一部分将反射回读写器天线,而反射回读写器天线的能量同时携带了目标信息,读写器将对此目标信息做出相关处理,剩余部分的电磁波能量则向空间的不同方向散射。这种工作方式依据的是电磁波空间传播规律,一般用在高频段和微波频段的远距离 RFID 系统中,目标反射电磁波的效率由反射横截面来衡量,而反射横截面的大小与目标大小、形状和材料、电磁波的波长、极化方向等一系列参数有关,读写器识别应答器的距离通常大于 1m,典型作用距离为 3~10m。

一般来说,RFID 读写器发送射频信号的频率决定了 RFID 系统的工作频率,通常可将 RFID 系统的工作频率做如下划分:①低频(LF),频率范围为 30~300kHz,典型工作频率有 125kHz 和 133kHz,典型的应用有门禁控制、"一卡通"消费系统等;②高频(HF),

频率范围为 30～30MHz，典型工作频率为 13.56MHz，典型应用有电子车票、电子身份证、小区物业管理等；③超高频与微波频段（UHF，SHF），频率范围为 300MHz～300GHz，典型工作频率有 433.92MHz、862 928MHz、2.45GHz、5.8GHz，典型应用有高速路不停车收费系统、铁路车辆自动识别、集装箱识别等。

目前，对于相同波段，不同的国家所使用的频率也不尽相同。欧洲使用的频率是 868MHz，美国则是 915MHz，而日本目前不允许将超高频用到射频技术中，但 13.56MHz 频段在全球都得到了认可，并且没有特殊的限制，技术成熟，易于推广，一般系统的工作频率采用 13.56MHz。我国 HF 频段（13.56MHz）方面的设计技术接近国际先进水平，已经自主开发出符合 ISO14443 Type A、Type B 和 ISO15693 标准的 RFID 芯片，并成功地应用于交通一卡通和第二代身份证等项目中。

9.4.5 RFID 访问安全

对于 RFID 系统的应用来说，系统的安全性是一个至关重要的问题。随着 RFID 技术在各重要行业（如银行业）的使用，解决 RFID 系统的安全问题变得更为紧迫。RFID 系统中的安全性问题主要有两方面的内容：一方面是隐私的保护；另一方面是系统的安全。

RFID 的隐私问题随着 RFID 的应用不断推进，越来越受到人们的关注。在 RFID 应用领域可能存在两类隐私侵犯：位置隐私和信息隐私。由于 RFID 在标签和读写器间使用射频技术通信，使得未被授权的读标签信息成为可能。一旦在所有的物品上贴上标签，除了商家可以收集到许多个人隐私信息（如购买物品的偏好、每次购买行走的路线等信息）外，不法分子还可以通过 RFID 来跟踪或定位目标人员。通过读标签，可以知道物品所有人所在的位置等。

RFID 系统的安全也是非常重要的问题。除了可以危害系统本身的运行安全外，不法分子还可以通过伪造信息给社会造成重大的损失。例如，在军事系统中窃取 RFID 信息可能会使敌军了解部队的装备、数量甚至运动部署情况。在商业系统中，盗窃分子可能通过伪造标签盗取物品而不被系统发现，或者通过干扰系统对标签的读取来逃避结算。由于 RFID 系统的应用使用了众多技术，从标签的读取、数据的处理到信息的交换，涉及从无线射频通信到互联网络传输的各个层面。因此 RFID 系统的安全是一个多层次的安全问题，任何一个环节的安全问题都可能增大整个系统的安全风险。

RFID 应用系统包括以下三个环节：标签的读取、系统内部的数据处理与交换、系统之间的数据交换。也可以将这三个环节称为三个安全域。RFID 开放应用系统框架下各供应商、物流企业、零售商之间需要进行数据交换。这种交换是基于 Internet 的数据交换，除了存在系统内部的数据处理与交换安全域中所存在的所有问题以外，还存在以下安全问题。

（1）对数据交换的系统之间身份认证问题。在企业间或不同系统间进行数据交换必须进行相互的身份认证。通过对身份的伪造获得数据的访问权限是一个重要的安全问题。

（2）对标签的访问权限转移问题。当标签随着物品在各个企业之间流动时，对标签的访问权限也需要进行转移。如何保证只有当前的物品所有者才有访问标签的权限也是一个重要的安全问题。

对于一个 RFID 应用系统，要求能够满足以下几点安全需求：①数据保密，要求 RFID 系统的各个环节在未经授权的情况下不能向访问者提供数据信息；②在标签与读写器安全域，要求标签不应向未授权的读写器泄露任何敏感信息；③通信协议应当保证在遭受攻击的情况下保证信息的安全；④在系统内部进行数据处理和通信安全域，要求禁止所有未经授权的网络访问，防止对网络上信息的窃听及伪造。

在通信过程中，数据完整性能够保证接收者收到的信息在传输过程中没有被攻击者篡改或替换。在基于 PKI（Public Key Infrastructure）的密码体制中，数据完整性一般是通过数字签名来实现的。在 RFID 系统中，通常使用消息认证码来进行数据完整性检验。

标签的身份认证在 RF1D 系统的许多应用中是非常重要的。攻击者可以从窃听到的标签与读写器间的通信数据中获取敏感信息，进而重构 RFID 标签，达到伪造标签的目的。攻击者可以利用伪造的标签代替实际物品，或通过重写合法的 RFID 标签内容，使用低价物品标签的内容来替换高价物品标签的内容从而获取非法利益。同时，攻击者也可以通过某种方式隐藏标签，使读写器无法发现该标签。从而成功地实施物品转移。读写器只有通过身份认证才能确信消息是从正确的标签发送过来的，标签也需要认证才能确定读写器的合法性。

9.4.6　应用实例

1. 射频门禁

门禁系统应用射频识别技术，可以实现持有效电子标签的车辆不停车，方便通行又节约时间，提高路口的通行效率，更重要的是可以对小区或停车场的车辆出入进行实时监控，准确验证出入车辆和车主身份，维护区域治安，使小区或停车场的安防管理更加人性化、信息化、智能化、高效化。

2. 电子溯源

溯源技术大致有三种：一种是 RFID 无线射频技术，在产品包装上加贴一个带芯片的标识，产品进出仓库和运输就可以自动采集和读取相关的信息，产品的流向可以记录在芯片上；另一种是二维码，消费者只需要通过带摄像头的手机拍摄二维码，就能查询到产品的相关信息，查询的记录都会保留在系统内，一旦产品需要召回就可以直接发送短信给消费者，实现精准召回；还有一种是条码加上产品批次信息（如生产日期、生产时间、批号等），采用这种方式，生产企业基本不增加生产成本。电子溯源系统可以实现所有批次产品从原料到成品、从成品到原料 100%的双向追溯功能。这个系统最大的特色就是数据的安全性，每个人工输入环节均被软件实时备份。

3. 食品溯源

采用 RFID 技术进行食品药品的溯源在一些城市已经开始试点，包括宁波、广州、上海等地，食品药品的溯源主要解决食品来路的跟踪问题，如果发现了有问题的产品，可以追溯，直到找到问题的根源。

4. 产品防伪

RFID 技术经历几十年的发展应用，技术本身已经非常成熟，在人们日常生活中随处可见，应用于防伪实际就是在普通的商品上加一个 RFID 电子标签，标签本身相当于商品的身份证，伴随商品生产、流通、使用各个环节，在各个环节记录商品的各项信息。标签本身具有以下特点。

① 唯一性。每个标签具有唯一的标识信息，在生产过程中将标签与商品信息绑定，在后续流通、使用过程中标签都唯一代表了所对应的那件商品。

② 高安全性。电子标签具有可靠的安全加密机制，现今我国第二代居民身份证和后续的银行卡都采用这种技术。

③ 易验证性。不管是在售前、售中还是售后，只要用户想验证，可以采用非常简单的方式对其进行验证。随着 NFC 手机的普及，用户自身的手机将是最简单、可靠的验真设备。

④ 保存周期长。为了考虑信息的安全性，RFID 在防伪上的应用一般采用 13.56MHz 频段标签，RFID 标签配合一个统一的分布式平台，就构成了一套全过程的商品防伪体系。

RFID 防伪虽然优点很多，但是也存在明显的劣势，其中最重要的是成本问题，成本问题主要体现在标签成本和整套防伪体系的构建成本上，标签成本一般在 1 元左右，对于普通廉价商品来说想要使用 RFID 防伪还不太现实；另外，整套防伪体系的构建成本也比较高，并不是一般企业可以去实现并推广的，对于规模不大的企业来说比较适合直接使用第三方的 RFID 防伪平台。

5. 市场发展

物联网已被确定为中国战略性新兴产业之一，《物联网"十二五"发展规划》的出台无疑给正在发展的中国物联网又吹来一股强劲的东风，而 RFID 技术作为物联网发展的最关键技术，其应用市场必将随着物联网的发展而扩大。

RFID 巨大的市场空间即将打开，而一个企业成功的关键就在于是否能够在需求尚未形成之时就牢牢地锁定并捕捉到它。伴随着行业的发展，业内的竞争不断加剧，国内优秀的 RFID 企业在无源超高频电子标签技术上还存在着系统集成稳定性差、超高频标签性能本身有一些物理缺陷等许多技术方面不完善的问题。在系统集成方面，现阶段中国十分缺乏专业、高水平的超高频系统集成公司，整体而言无源超高频电子标签应用解决方案还不够成熟。这种现状便造成应用系统的稳定性不高，常会出现"大毛病没有，小毛病不断"的现象，进而影响了终端用户采用超高频应用方案的信心。从超高频标签产品本身而言，存在着标签读写性能稳定性不好、在复杂环境下漏读或读取准确率低等诸多问题。尽管近两年来，无源超高频电子标签价格下降很快，但是从 RFID 芯片及读写器、电子标签、中间件、系统维护等整体成本考虑，超高频 RFID 系统价格依然偏高，而项目成本是应用超高频 RFID 系统最终用户权衡项目投资收益的重要指标。所以，超高频系统的成本瓶颈也是制约中国超高频市场发展的重要因素。

总之，中国无源超高频市场还处于发展初期，核心技术急需突破，商业模式有待创新和完善，产业链需要进一步发展和壮大，只有核心问题得到有效解决，才能真正迎来 RFID 无源超高频市场的发展。

9.5　UWB 原理及应用

9.5.1　UWB 概况

1．UWB 概述

UWB（Ultra Wide Band）是一种无载波通信技术，利用纳秒至微秒级的非正弦波窄脉冲传输数据。有人称它为无线电领域的一次革命性进展，认为它将成为未来短距离无线通信的主流技术。

超宽带通信的历史，可以追溯到一百年前马可尼发明越洋无线电报的时代。现代意义上的超宽带无线电通信技术自 1960 年随着美国军方对新的军用雷达技术的研发应运而生，这项技术一直仅限于军事、灾害救援搜索雷达定位及测距等方面，其研究和应用一直在美国军方的支持下秘密进行。直至 20 世纪末，UWB 技术逐渐转向民用。1993 年 R. A. Scholtz 提出了时跳多址的脉冲无线电（Impulse Radio）的概念，揭开了这项技术神秘的面纱，从此 UWB 技术引起了学术界的广泛关注，同时随着无线通信的飞速发展，人们对高速无线通信提出了更高的要求，对超宽带通信各个方面的研究逐渐深入地开展起来。

自美国联邦通信委员会（FCC）在 2002 年 2 月批准超宽带技术进入民用领域以来，对超宽带技术的研究，特别是超宽带在短距离室内通信系统中的应用，成了研究热点。IEEE 专门成立了小组 802.15.3a 来制定基于超宽带技术的无线个人区域网（Wireless Personal Area Networks，WPAN）的物理层替代标准。为了促进并规范 UWB 技术发展，FCC 发布了 UWB 无线设备的初步规定并重新对 UWB 做了定义。根据此定义，UWB 是指信号带宽大于 500MHz 或信号带宽与中心频率之比（相对带宽）大于 20%，或者绝对带宽大于 500MHz。

图 9.9 所示为 UVVB 信号的定义。f_H 和 f_L 分别为功率较峰值功率下降 10dB 时对应的高端频率和低端频率，而不是通常所定义的 3dB 带宽，fc 为载波频率或中心频率。

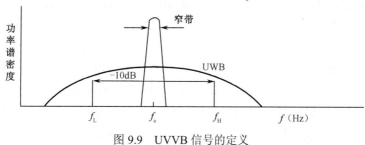

图 9.9　UVVB 信号的定义

UWB 是一种无载波通信技术，利用纳秒至微秒级的非正弦波窄脉冲来传输数据。在 UWB 通信系统中，一种常见的实现方案是采用脉冲无线电技术（Impulse Radio，IR）。与传统的通信方式使用连续载波不同，IR-UWB 采用极短的脉冲信号来传送信息，通常每个脉冲持续的时间只有几百皮秒到几纳秒。这些脉冲所占用的频谱范围很宽，高达几 GHz，而频谱的功率密度极小，具有通常扩频通信的特点。

2．UWB 的特点

UWB 脉冲通信和传统无线通信的调制传输技术有根本的区别，由此带来它独特的优点。

（1）系统容量大，传输速率高。根据香农公式 $C=B\log_2(1+S/N)$（式中，B 是信道带宽（Hz），S 是信号功率（W），N 是噪声功率（W））可以看出，带宽增加使信道容量的提高远远大于信号功率上升所带来的效应，这一点正是提出超宽带技术的理论机理。超宽带脉冲信号和系统的频带极宽一般在几百 MHz 到几 GHz，目前超宽带通信已可在很低的信噪比门限下实现大于 100Mbps 的可靠高速无线传输，进一步的目标是超过 500Mbps 和 1Gbps。一个相同作用范围的超宽带通信系统，其速率可达到无线局域网 802.11b 系统的 10 倍以上、蓝牙系统的 100 倍以上。UWB 以超宽的频率带宽来换取高速的数据传输，并且不单独占用现在已经拥挤不堪的频率资源，而是共享其他无线技术使用的频带。民用商品中，UWB 是实现个人通信和无线局域网的一种理想调制技术。在军事应用中，可以利用巨大的扩频增益来实现远距离、低截获率和高速的数据传输。

（2）定位/定时精度高，抗多径能力强。超宽带系统一般工作在亚纳秒（0.1～1ns）级脉冲宽度，具有亚纳秒级的时间分辨率，相应的多径分辨率小于 30cm（1ns×300 000 000m/s）。利用接收端的脉冲模板信号，将形成 1ns 的时间接收窗口，仅对接收窗口内的信号进行接收处理，而接收窗口外的噪声和干扰信号（其中包括多径干扰）将被"拒之门外"，不被接收。这样，超宽带系统具有良好的抗多径效应性能，可在室内环境中应用。在接收窗口以内，如果多径时延大于脉冲宽度的一半，会增加接收信号的功率电平（多径脉冲的相位由于表面反射而反转）；反之，如果小于脉冲宽度的一半，就会引起破坏性的干扰。因此，脉冲越窄，发生破坏性干扰的可能性越小。

（3）功率低，功耗小。由于超宽带信号具有极小的辐射功率，且其频带极宽，导致其功率谱密度极低，甚至低于环境噪声电平，使得超宽带通信系统具有低截获/低检测特性，也不会对现有的常规通信系统产生不良的干扰和影响，可与之共享频带，实现共存，从而使频带资源得到充分利用。

（4）UWB 具有非常简单的收发信机结构和硬件电路。IR-UWB 实质上是以占空比很低的冲击脉冲作为信息载体的无载波扩频技术。典型的 IR-UWB 直接发射脉冲串，不再具有传统的中频电路和射频电路，这样 UWB 信号可以看成基带信号，因此采用 UWB 技术的无线通信系统对于减小系统的体积、降低能源消耗具有特别的意义。低功率又意味着低功耗，非常适合移动通信设备的应用。UWB 系统使用间歇的脉冲来发送数据，脉冲持续时间很短，一般在 0.1～1ns 之间，有很低的占空比，系统耗电可以做得很低，在高速通信时系统的耗电量仅为几百 pW 到几十 mW。民用的 UWB 设备功率一般是传统移动电话所需功率的 1/100 左右,是蓝牙设备所需功率的 1/20 左右。军用的 UWB 电台耗电也很低。因此,UWB 设备在电池寿命和电磁辐射上,相对于传统无线设备有着很大的优越性;同时非常低的辐射功率大大降低了对人体的有害辐射。

(5) 结构简单,成本低。当前的无线通信技术所使用的通信载波是连续的电波,载波的频率和功率在一定范围内变化,从而利用载波的状态变化来传输信息。在超宽带脉冲无线通信系统中,没有常规的基于对正弦载波调制的无线通信系统中所需的上、下变频电路、中频电路和各种滤波器,实现比较简单,易于全数字化,因而成本低。

(6) 安全性高,抗干扰性强,保密性好。UWB 通信系统的物理层技术具有天然的安全性能,具体表现在两方面:一方面是系统的发射功率谱密度极低;另一方面是采用跳时扩频系统。由于 UWB 信号一般把信号能量弥散在极宽的频带范围内,对一般通信系统,UWB 信号相当于白噪声信号,并且大多数情况下 UWB 信号的功率谱密度低于自然的电子噪声,从电子噪声中将脉冲信号检测出来是一件非常困难的事。采用编码对脉冲参数进行伪随机化后,脉冲的检测将更加困难。UWB 采用跳时扩频信号,系统具有较大的处理增益,在发射时将微弱的无线电脉冲信号分散在宽阔的频带中,接收时将信号能量还原出来,在解扩过程中产生扩频增益。因此,与 IEEE 802.11a、IEEE 802.11b 和蓝牙相比,在同等码速条件下,UWB 具有更强的抗干扰性。

由以上分析可见,UWB 技术可以实现低功耗、高速率的数据传输,一个 UWB 设备可以同时实现通信和定位功能,其应用领域十分广阔,极具研究价值。

9.5.2　UWB 频谱规范

由于 IR-UWB 无线通信系统发射皮秒级或纳秒级的窄脉冲,UWB 系统占据了极宽的带宽,这就有可能造成与其他通信系统的频带重叠和干扰。为了尽可能地避免与其他已存系统的干扰,UWB 系统必须操作在规定频带内特定的发射功率级别下;同时,为了最大化频谱效率,信号频谱必须尽可能占据频谱密度空间。为此,2002 年 2 月,FCC 通过了超宽带在三个民用领域应用的频谱规范和等效全向辐射功率限制:地质勘探及可穿透障碍物的传感器等;汽车防冲撞传感器等;家电设备及便携终端之间的无线数据通信等。表 9.1 显示了 FCC 颁布的 UWB 在民用领域应用的频谱规范。

表 9.1　FCC 颁布的 UWB 在民用领域应用的频谱规范

应 用 领 域	频 谱 范 围 (GHz)	使用者首先与否
成像系统	3.1～10.6	是
穿墙成像和监视	1.99～10.06	是
室内外通信系统	3.1～10.6	否
车载雷达系统	24～29	否

UWB 技术的相关标准为了规范研究及商业化应用,美国电子与电气工程师协会(IEEE) 专门成立了 802.15.3a 和 802.15.4a 工作组,分别研究高速和低速的短距离无线局

域网（Wireless Personal Area Networks，WPAN）的物理层技术标准。而国际标准化组织（ISO）则于 2007 年通过了对 WiMedia 联盟提交的 MB-OFDM-UWB 标准的认证。目前，UWB 技术的标准化成果主要包括：高速 WPAN 标准 IEEE 802.15.3a、低速 WPAN 标准 IEEE 802.15.4a、无线 USB（Wireless USB，WUSB）标准和无线 1394（W1394）标准等。从这些标准的制定上可以看出，科研机构和标准化组织对 UWB 技术的研究着眼于各个不同的应用领域，因而产生了不同的标准。

1. UWB 通用平台

2004 年年初，在 IEEE 802.15.3a 标准出现僵局时，MBOA 联盟成立了特别兴趣小组 SIG，着手制定和推广自己的物理层和 MAC 层规范，力争成为全球事实的标准。WiMedia 联盟是一家致力于促进个人操作空间内多媒体设备间的无线连接和互操作的非营利性组织，由包括 Intel 公司在内的 30 多家国际大公司组成，它与无线 USB 促进组织和 1394 商业协会有着广泛的合作关系。WiMedia 着手制定支持多个应用的通用抽象层，使它们可以在一个通用射频层上实现连接和互操作。

2. UWB 技术的研究现状

随着投入到 UWB 技术的研究和开发越来越多，对其应用的研究也在不断深入，现在有许多大公司推出了自己的 UWB 芯片和相关产品，已经有一些产品开始走向市场。无线家用网络将会成为 UWB 技术的主流市场。对短距离高速 WPAN 来说，UWB 技术有希望成为有竞争力的无线通信方案，有能力支持以用户为中心的个人无线通信。UWB 技术的新特点可能成为短距离无线设备和应用的基础，在未来的泛在网中，对用户而言，从一个网络过渡到另一个网络是透明的。尽管存在技术、经济和管制方面的挑战，但是各种研究和开发的努力与全球管制框架的结合会进一步加大 UWB 技术成为新的智能短距离网络连接应用的首选技术的机会。

在国内，近年来 UWB 技术也引起了科技部、国家自然科学基金委员会及信息产业部等政府部门的高度重视，以 UWB 为主题的项目逐年增加。在 20 世纪 80 年代，我国在电磁波和雷达领域的研究中已经进行了脉冲电磁波的传播和 UWB 脉冲雷达的研究工作。

可以说，UWB 技术的应用前景十分广阔，其发展势头也正在加快，对 UWB 技术进行有方向性和针对性的研究，能够促使我国在该领域达到并超过世界的先进水平，促进在 UWB 技术方面的研究和开发，同时对我国在该研究领域能够拥有自主知识产权和相关产品具有推动和促进作用。

9.5.3 UWB 调制方式

超宽带调制包括信息调制和信道调制两类，其中信息调制方式有开关键控（On-Off Keying，OOK）、脉冲幅度调制（Pulse Amplitude Modulation，PAM）、脉冲位置调制（Pulse Position Modulation，PPM）、二相键控（Binary Phase Shift Keying，BPSK）等。

对于单个脉冲，脉冲的幅度、位置和极性变化都可以用于传递信息。在超宽带系统中，最常用的信息调制方式为脉冲幅度调制（PAM）和脉冲位置调制（PPM）。PAM 是通过改变脉冲幅度来传递信息的一种脉冲调制技术。PAM 既可以改变脉冲幅度的极性，也可以仅改变脉冲幅度的绝对值。通常所讲的 PAM 只改变脉冲幅度的绝对值。在 PAM 调制中，发射脉冲的时间间隔是固定不变的。实际上，可以通过改变发射脉冲的时间间隔或发射脉冲相对于基准时间的位置来传递信息，这就是 PPM 的基本原理。在 PPM 中，脉冲的极性和幅度都不改变。

PAM 和 PPM 共同的优点是可以通过非相干检测恢复信息。PAM 和 PPM 还可以通过多个幅度调制或多个位置调制提高信息传输速率。另外，采用 PPM 调制方式可以产生复杂度相对较低的 UWB 信号，但这也是使 UWB 无线电系统数据传输速率相对不高的原因。PPM 和 PAM 调制有一个共同的缺点，即经过这些方式调制的脉冲信号将出现线谱。线谱不仅使超宽带脉冲系统的信号难以满足一定的频谱要求（如 FCC 关于超宽带信号频谱的规定），而且会降低功率的利用率。我们可以在超宽带脉冲无线系统中综合使用上述信息调制技术。

1．信道调制方式

实际上，为了降低单个脉冲的幅度或提高抗干扰性能，在超宽带脉冲无线系统中往往采用多个脉冲传递相同的信息，这就是信道调制的基本思想。采用信道调制时，把传输相同信息的多个脉冲称为一组脉冲。跳时方式（TH-UWB，Time-Hopping UWB）的信道调制：每组脉冲内部的每一个脉冲具有相同的幅度和极性，但具有不同的时间位置。直接序列扩频（DS-UWB，Direct-Sequence UWB）方式的信道调制：每组脉冲内部的每一个脉冲具有固定的时间间隔和相同的幅度，但具有不同的极性。在信息调制中，再根据需要传输的信息，通过信息调制，来实现整个调制过程。

2．混合调制方式

不同的信息调制与信道调制方式结合便产生了各种不同的 UWB 信号联合调制方案，最典型的两种调制方案是跳时超宽带（Time-Hopping UWB，TH-UWB）和直接序列扩频（Direct-Sequence UWB，DS-UWB）。

下面介绍不同调制方式下的 UWB 信号的优缺点。TH-UWB 方式中，优点在于多径分辨能力很强，信号复杂度相对较低，信号频谱更加平滑，系统结构简单；缺点在于传输速率相对较低，抗多用户干扰能力弱。DS-UWB 方式中，信号优点在于抗多用户能力强，数据传输速率相对较高；缺点在于抗多径衰减及窄带干扰能力差，信号及系统复杂度相对较高。

通过比较可以看出，两类调制方式各有长处，也各有不足。由于 TH-UWB 方式能够获得高多径分辨能力，从开始提出把 UWB 无线电技术应用到现代无线通信领域起一直到现在，有关 UWB 无线电的研究及 UWB 产品中大都使用这种方式，可见 TH-UWB 是最基本的 UWB 信号调制方式。

3. UWB 信道模型

信道是整个无线通信系统中不可缺少的客观存在的一部分，其时频特性直接影响相应的无线通信系统的构成与性能，而从客观事物中抽象出来的信道模型与实际信道的符合程度也将影响相应系统的性能与设计。

在移动通信信道中，信号在空间中自由传播，受外界信道条件的影响很大。天气的变化、建筑物和移动物体的遮挡、反射和散射作用及移动台的运动造成的多普勒频移的影响等导致信道的变化，可以认为这种信道为变参信道。作为移动通信信道中的一种的超宽带信道，它符合移动信道一些共同的特征参数，如仍存在各类路径损耗、多径效应、多普勒效应等，已经有许多论著专门讨论无线传播信道模型问题。但超宽带信道又是一个相对较新的信道，它具有自身的一些特殊性，如持续时间在纳秒量级、带宽很宽等，因此它的信道特性会有一些窄带连续波通信系统不同的特点，用恰当的信道模型正确、合理地描述出其特性，对于超宽带系统设计而言有着十分重要的意义。如果没有准确的信道模型，会影响到后面的 RAKE 接收，进而给系统造成相应的性能损失。

IEEE UWB 信道模型：2003 年 7 月，IEEE 802.15.SG3a 研究小组信道模型分委会发布了 UWB 室内多径信道模型报告，报告结合各研究机构实际测量的结果，对 S-V 模型进行了改进，形成了用来评估提交给 IEEE 802.15.3 任务组各种物理层性能的 UWB 无线室内信道模型。

目前，UWB 无线通信技术的实现方式主要有脉冲无线电和调制载波两种方式。在脉冲无线电中，信息是调制在窄脉冲上传递的，具有极宽的频谱宽度。常用的单周期脉冲有升余弦脉冲、多周期脉冲、高斯脉冲等，可以用单个脉冲传递不同的信息，也可以使用多个脉冲传递相同的信息。在 UWB 系统中，为了降低单个脉冲的幅度或提高其抗干扰性能，往往采用多个脉冲传递相同的信息。从脉冲的极性上来分，UWB 有单极性、双极性和多极性调制。在单极性调制中，可以利用脉冲的幅度、到达时间或脉冲间隔时间、脉冲的有无等来表示信息符号，分别称为脉冲幅度调制、脉冲位置调制和开关键控。双极性调制利用脉冲的正负极性来表示二进制"0"和"1"，与单极性调制相比，双极性脉冲可以连续发射，允许更长的码字，具有更高的效率、更佳的抗干扰和抗多径能力，但是技术也更复杂。为了实现多用户通信，多址接入对 UWB 系统也是必不可少的，典型的多址接入技术有跳时接入和直接序列扩频接入两种。调制载波实现的 UWB 技术，就是将 UWB 信号搬移到合适的频段进行传输，这种方式具有频谱资源利用灵活、效率高、技术成熟等优点。为了评估各种 UWB 无线通信实现方案的性能及标准化工作，需要根据其工作环境建立一个比较精确的信道模型。信道模型可分为路径损耗模型和多径模型，其中路径损耗包含穿透障碍的损耗、视距和非视距传播损耗；而多径模型一般有统计模型和确定性模型。根据这些模型可以生成具体的信道实现，可以对信道链路估算、传播范围的规划和评估物理层的方案进行仿真。目前 UWB 系统的两种典型信道模型分别是 IEEE 802.15.3a 信道模型和 IEEE 802.15.4a 信道模型。

4．UWB 高斯脉冲信号

在 UWB 系统中，满足 FCC（Federal Communications Commission）的规定，简单通用的脉冲波形有升余弦脉冲、多周期脉冲波形、高斯脉冲或其微分形式等，这些单周期脉冲信号波形通常只有一个周期，拥有极宽的频谱宽度。其中高斯脉冲可以直接通过调整脉冲形成因子来改变波形，还可通过对原始脉冲微分来获得多种形式。根据麦克斯韦理论，收发天线对信号有微分作用，而高斯脉冲信号的各次微分具有很简单的表示形式，成为目前常用的脉冲形式。

9.5.4　UWB 与其他短距离无线技术的比较

从 UWB 的技术参数来看，UWB 的传输距离只有 10m 左右，因此将常见的短距离无线技术与 UWB 进行对比，从中更能显示出 UWB 的优点。常见的短距离无线技术有 IEEE 802.11a、蓝牙、HomeRF。

IEEE 802.11a 与 UWB：IEEE 802.11a 是由 IEEE 制定的无线局域网标准之一，物理层速率在 54Mbps，传输层速率在 25Mbps，它的通信距离可能达到 100m，而 UWB 的通信距离在 10m 左右。在短距离的范围（如 10m 以内），IEEE 802.11a 的通信速率与 UWB 相比相差太大，UWB 的通信速率是 IEEE 802.11a 的几十倍；超过这个距离范围（即大于 10m），由于 UWB 发射功率受限，UWB 的性能就差很多（从演示的产品来看，UWB 的有效距离已扩展到 20m 左右）。因此，从总体来看，在 10m 以内，802.11a 无法与 UWB 相比；但是在 10m 以外，UWB 无法与 802.11a 相比。另外，与 UWB 相比，802.11a 的功耗相当大。

蓝牙（Bluetooth）与 UWB：蓝牙技术是爱立信、IBM 等 5 家公司在 1998 年联合推出的一项无线网络技术。随后成立的蓝牙技术特殊兴趣组织（SIG）负责该技术的开发和技术协议的制定，如今全世界已有 1800 多家公司加盟该组织。蓝牙的传输距离为 10cm～10m。它采用 2.4GHz ISM 频段和调频、跳频技术，速率为 1Mbps。从技术参数上来看，UWB 的优越性是比较明显的，有效距离差不多，功耗也差不多，但 UWB 的速度快得多，是蓝牙速度的几百倍。蓝牙唯一比 UWB 优越的地方就是蓝牙的技术已经比较成熟，但是随着 UWB 的发展，这种优势将不存在，因此有人在 UWB 刚出现时就把 UWB 看成是蓝牙的杀手，这不是没有道理的。

9.5.5　UWB 的应用

由于 UWB 具有强大的数据传输速率优势，同时受发射功率的限制，在短距离范围内提供高速无线数据传输将是 UWB 的重要应用领域，如当前 WLAN 和 WPAN 的各种应用。总的说来，UWB 主要分为军用和民用两个方面。

在军用方面，主要应用于 UWB 雷达、战术手持、警戒雷达、探测地雷、检测地下埋藏的军事目标或以叶簇伪装的物体。民用方主要包括以下 3 个方面：地质勘探及可穿透障碍物的传感器；汽车防冲撞传感器等；家电设备及便携设备之间的无线数据通信等。

1. 军用方面

UWB 技术多年来一直是美国军方使用的作战技术之一，但由于 UWB 具有巨大的数据传输速率优势，同时受发射功率的限制，在短距离范围内提供高速无线数据传输将是 UWB 的重要应用领域，如当前 WLAN 和 WPAN 的各种应用。此外，可以通过降低数据传输速率扩大应用范围，具有对信道衰落不敏感、发射信号功率谱密度低、安全性高、系统复杂度低、能提供数厘米的定位精度等优点。

UWB 技术介于雷达和通信之间的重要应用是精确地理定位，如使用 UWB 技术能够提供三维地理定位信息。系统由无线 UWB 塔标和无线 UWB 移动漫游器组成。其基本原理是通过无线 UWB 移动漫游器和无线 UWB 塔标间的包突发传送而完成航程时间测量，再经往返（或循环）时间测量值的对比和分析，得到目标的精确定位。此系统使用的是 2.5ns 宽的 UWB 脉冲信号，其峰值功率为 4W，工作频带范围为 1.3～1.7GHz，相对带宽为 27%，符合 FCC 对 UWB 信号的定义。如果使用小型全向垂直极化天线或小型圆极化天线，其视距通信范围可超过 2km。在建筑物内部，由于墙壁和障碍物对信号的衰减作用，系统通信距离被限制在 100m 以内。UWB 地理定位系统最初的开发和应用是在军事领域，其目的是战士在城市环境条件下能够以 0.3m 的分辨率来测定自身所在的位置，其商业用途之一为路旁信息服务系统。它能够提供突发且高达 100Mbps 的信息服务，其信息内容包括路况信息、建筑物信息、天气预报和行驶建议，还可以用于紧急援助事件的通信。

2. 民用方面

UWB 也适用于短距离数字化的音视频无线连接、短距离宽带高速无线接入等相关民用领域。

UWB 的重要应用领域是家庭数字娱乐中心。在过去几年里，家庭电子消费产品层出不穷。PC、DVD、DVR、数码相机、数码摄像机、HDTV、PDA、数字机顶盒、MD、MP3、智能家电等出现在普通家庭里。家庭数字娱乐中心的概念是：将来住宅中的 PC、娱乐设备、智能家电和 Internet 都连接在一起，人们可以在任何地方使用它们。

9.5.6 UWB 的发展前景

如前所述，已经证实 UWB 系统在很低的功率谱密度的情况下能够在户内提供超过 480Mbps 的可靠数据传输速率。与当前流行的短距离无线通信技术相比，UWB 具有巨大的数据传输速率优势，最大可以提供高达 1000Mbps 以上的数据传输速率。UWB 技术在无线通信方面的创新性、利益性已引起了全球业界的关注。与蓝牙、802.11b、802.15 等无线通信相比，UWB 可以提供更快、更远、更宽的数据传输速率，越来越多的研究者投入到 UWB 领域，有的单纯开发 UWB 技术，有的开发 UWB 应用，有的兼而有之。相信 UWB 技术不仅为低端用户所喜爱，且在一些高端技术领域，在军事需求和商业市场的推动下，将会进一步发展和成熟起来。目前国内的常州唐恩软件科技有限公司提供了基于 UWB 技术的高精度定位系统，可在室内环境实现三维 15cm 的高精度定位，为目前无线电实时定位领域最先进的定位系统之一。

9.6　Wibree 原理及应用

9.6.1　Wibree 概况

1. 简介

Wibree（超低功耗蓝牙无线技术）又被称作"小蓝牙"或低功耗蓝牙无线通信技术，是一种能够方便、快捷地接入手机和一些诸如翻页控件、个人掌上电脑（PDA）、无线计算机外围设备、娱乐设备和医疗设备等便携式设备的一种低能耗无线局域网（WLAN）互动接入技术。

Wibree 技术最初由诺基亚公司率先提出，并与 Broadcom（博通公司）、CSR（Cambridge Silicon Radio）等一些其他半导体厂商联合推动该项技术的发展。该项技术类似于蓝牙技术，但是只消耗相当于蓝牙技术一小部分的电池电量。Wibree 技术的信号能够在 2.4GHz 的无线电频率内以最高达到 1Mbps 的数据传输速率覆盖 5～10m（大约 16.5～33 英尺）的范围。Wibree 技术可以很方便地和蓝牙技术一起部署到一块独立宿主芯片上或一块双模芯片上。

2. 应用背景

2010 年 7 月，蓝牙技术联盟正式将低功耗蓝牙无线通信协议纳入其蓝牙协议标准规范中，即 Bluetooth v4.0。在继承了传统蓝牙的低功耗、组网简单、通信稳定等特点的基础之上，其协议栈得到了进一步简化。支持该标准协议的蓝牙设备厂商所推出的蓝牙芯片功耗得到了很大程度上的降低，一粒纽扣电池即可供低功耗蓝牙智能设备正常工作数月甚至数年。该技术被广泛应用于医疗保健、健身体育、安全管控、智能家居及无线传感等诸多领域。

低功耗蓝牙技术的特点有：超低峰值；低功耗，一粒纽扣电池即可维持设备正常工作数年之久；低成本；传输速率高（最高可达 2Mbps）；支持不同厂商设备间的互操作；传输范围进一步增强等。

低功耗蓝牙技术的核心在于芯片研发技术，这常常被国外知名的半导体厂商所垄断，这些公司推出的蓝牙处理芯片被各大电子产品开发商应用到各自的产品研发中。目前包括苹果手机、三星手机、卡西欧电子表等智能电子产品均支持低功耗蓝牙通信技术。在国内，由于受到研发技术水平所限及相关电子技术的不成熟，进行蓝牙芯片设计的厂商凤毛麟角。大多数电子科技公司和研发单位主要以蓝牙技术应用为主，采用外国现有的蓝牙处理芯片进行电子产品的应用开发。

9.6.2 低功耗蓝牙技术

低功耗蓝牙（Bluetooth Low Energy）无线通信技术的前身是 Wibree，该技术是由 Nokia 于 2006 年 10 月率先提出的，该协议在与经典蓝牙协议（BDR/BR）相互兼容的基础之上，将能耗技术指标引入其中，目的是降低移动终端短距离通信的能量损耗，从而延长了独立电源的使用年限。2010 年 10 月，蓝牙技术联盟正式将低功耗蓝牙协议并入 Bluetooth v4.0 协议规范。在医疗领域，低功耗蓝牙无线传感器被广泛应用于监控患者的血压、血糖、动脉含氧量。据《蓝牙半导体技术展望 2008—2012》显示，在不久的将来，低功耗蓝牙无线传感器数据可以通过手机或计算机进行采集，有望颠覆现有的无线通信技术。除此之外，低功耗蓝牙无线也被广泛应用于工业、体育器械、数码产品等诸多领域。与经典蓝牙协议相比，低功耗蓝牙技术协议在继承经典蓝牙射频技术的基础之上，对经典蓝牙协议栈进行进一步简化，将蓝牙数据传输速率和功耗作为主要技术指标。在芯片设计方面，采用两种实现方式，即单模（Single-mode）形式和双模形式（Dual-mode）。双模形式的蓝牙芯片将低功耗蓝牙协议标准集成到经典蓝牙控制器中，实现了两种协议公用；而单模蓝牙芯片采用独立的蓝牙协议栈（Bluetooth Low Energy Protocol），它是对经典蓝牙协议栈的简化，进而降低了功耗，提高了数据传输速率。

9.6.3 低功耗蓝牙协议栈研究

自从 1998 年蓝牙无线通信技术提出以来，该通信技术在医疗、工业控制、智能家居、汽车电子、实时定位系统及手机通信等诸多领域得到了广泛应用和发展，具有易于组网、通信稳定、抗干扰能力强、成本低廉，易于操作等优点。为了满足用户对数据传输速率、传输距离及功耗低的要求，蓝牙协议联盟先后对蓝牙通信协议进行了 12 次修订，目前最新的蓝牙协议规范为 Bluetooth v4.0。该协议在升级原有经典蓝牙协议的基础上，增加了蓝牙高速率传输协议和低功耗协议，大大改善了传输速率不足的缺陷，特别是针对移动终端的数据传输对电源功耗的苛刻需求，其低功耗特点得到了各大移动厂商的密切关注。

1. BLE 蓝牙协议栈

蓝牙协议联盟推出蓝牙协议栈规范的目的是使不同蓝牙设备厂商之间的蓝牙设备能够在硬件和软件两个方面相互兼容，能够实现互操作。为了能够实现远端设备之间的互操作，待互连的设备（服务器与客户端）之间需运行同一协议栈。

对于不同的应用，会使用蓝牙协议栈中的一层或多层，而非全部协议层，但是所有的实际应用都要建立在数据链路层和物理层之上。

2. BLE 协议栈体系结构

低功耗（Bluetooth Low Energy）蓝牙协议栈分层结构如图 9.10 所示。

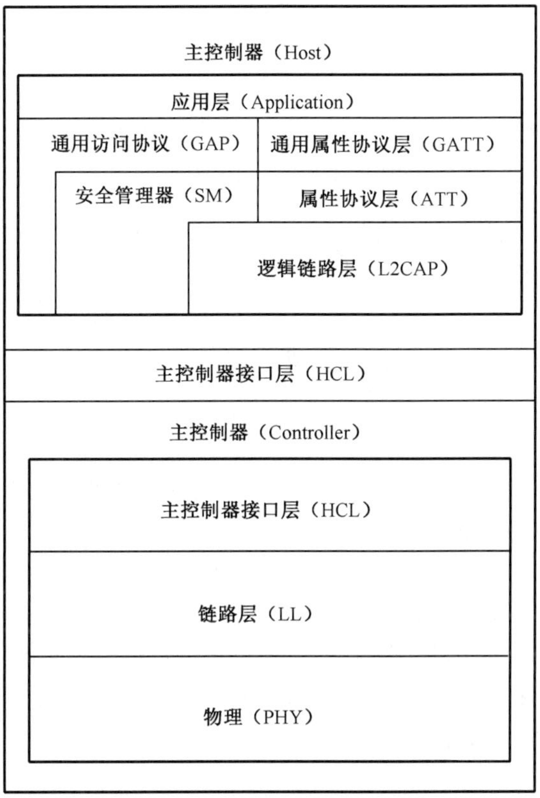

图 9.10 BLE 协议栈分层结构框架图

Bluetooth Core Specification Version 4.0 将低功耗蓝牙协议分成两部分，即蓝牙内核（Core）和配置文件（Profiles）。其中 Core 是蓝牙的核心，主要由射频收发器、基带、协议栈构成；Profiles 定义在蓝牙内核（（Core）基础之上，用于指定连接设备间的一般行为（如设备的链接、数据的传输）等。

按照各个层在协议栈中所处的位置，可以将 BLE 协议栈分为底层协议、中间层协议、高层协议三大类。

3. BLE 底层协议

低功耗蓝牙底层协议由链路协议层、物理协议层组成，它是蓝牙协议栈的基础，实现了蓝牙信息数据流的传输链路。

（1）物理层（Physical Layer）。

低功耗蓝牙设备工作在 2.4GHz（Industry Science Medical，ISM）频段，采用高斯频移键控（GFSK）调制方式。该频段无须申请运营许可，这也正是蓝牙技术被广泛应用的原因之一。射频收发机采用跳频技术，在很大程度上降低了噪声的干扰和射频信号的衰减。射频发射机的功率范围为-20dBm～0dBm。BLE 射频频带范围为 2400～2483.5MHz，该射频频段共分为 3 个广播通道和 37 个数据传输通道，信道间隔为 2MHz，其中每个信道中

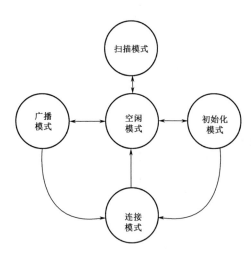

图 9.11　链路层状态机转换图

心频率为 2 402+k×2MHz，（k=0，…，39）

（2）链路层（Data Link Layer）。

链路层实质上控制在射频状态下蓝牙设备的 5 种工作状态，即空闲模式状态、广播模式状态、扫描模式状态、初始化模式状态、连接模式状态。图 9.11 所示为链路层下 5 种工作模式转换图。

① 空闲模式状态：当链路层处于空闲状态时，蓝牙设备不发送或接收任何数据包，而是等待下一状态。

② 广播模式状态：当链路层处于广播模式状态时，蓝牙设备会发送广播信道的数据包，同时监听这些数据包所产生的响应。

③ 扫描模式状态：当设备处于扫描模式状态时，蓝牙设备会监听其他蓝牙设备（处于广播模式）发送的广播通道数据包。

④ 初始化模式状态：用于对特定的蓝牙设备进行监听及响应。

⑤ 连接模式状态：是指蓝牙设备与其监听到的蓝牙设备进行连接，在该模式下，两个连接的设备分别称为主设备和从设备。

4．BLE 中间层协议

BLE 中间层协议主要完成数据分解和重组、服务质量控制等服务，该协议层包括主控制器接口层（Host Controller Interface，HCI）、逻辑链路控制与适配协议层（L2CAP）。

（1）主控器接口层（HCI）。

主控制接口层是介于 Host 与 Controller 之间的一层协议。它是主机与主控制器之间的通信桥梁。HCI 协议层的数据收发是以 HCI 指令和 HCI 返回事件的形式呈现的，蓝牙设备厂商可依据蓝牙技术联盟（SIG）的标准 HCI 协议，也可开发自己的 HCI 协议指令集，便于厂商发挥各自的技术优势。该协议层可以通过软件 API 或硬件接口（如 UART 接口、SPI 接口、USB 接口等）来实现。主机通过 HCI 接口向 Controller 的链路管理器发送 HCI 指令，进而执行相应的操作（如设备的初始化、查询、建立连接等）；而 Controller 将链路管理器返回的 HCI 事件通过 HCI 接口传递给主机，主机进一步对返回事件进行解析和处理。

（2）逻辑链路控制与适配协议层（Logical Link Control and Adaptation Protocol，L2CAP）

逻辑链路控制与适配协议层通过采用协议多路复用技术、协议分割技术、协议重组技术向上层协议层提供定向链接数据服务及无连接模式数据服务。同时，该层允许高层协议和应用程序收发高层数据包，并允许每个逻辑通道进行数据流的控制和数据重发操作。

5．BLE 高层协议

在蓝牙通信系统中，应用层之间的互操作是通过蓝牙配置文件实现的。蓝牙高层协议配置文件定义了蓝牙协议栈中从物理层到逻辑链路控制与适配层的功能及特点。同时定义了蓝牙协议栈中层与层之间的互操作及互连设备之间处于指定协议层之间的互操作。低功耗蓝牙高层协议包括：通用访问协议、通用属性协议、属性协议。高层协议主要为应用层提供访问底层协议的接口。蓝牙配置文件结构框架图如图 9.12 所示。

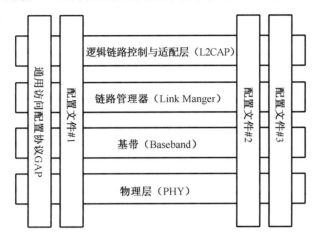

图 9.12 蓝牙配置文件结构框架图

6. 通用访问配置协议（Generic Access Profile）

通用访问配置协议定义了蓝牙设备系统的基本功能。对于传统蓝牙设备，GAP 配置协议包括射频、基带、链路管理器、逻辑链路控制与适配器、查询服务协议等功能。对于低功耗蓝牙（BLE），GAP 配置协议包括物理层、链路层、逻辑链路控制与适配器、安全管理器、属性协议及通用属性协议配置。GAP 协议层在蓝牙协议栈中负责设备的访问模式并提供相应的服务程序，这些服务程序包括：设备查询、设备连接、终止连接、设备安全管理初始化及设备参数配置等。

在 GAP 协议层中，每个蓝牙设备可以有以下四种工作模式，分别为广播模式、监听模式、从机模式、主机模式。广播模式：设备通过物理层的三个广播通道发送广播数据包，供其他外围蓝牙设备查询。监听模式：设备处于此模式状态时用于扫描外围处于广播模式的蓝牙设备。从机模式：设备处于连接状态下，用于接收主机的指令，完成相应的动作。主机模式：该模式下，蓝牙设备用于扫描处于广播模式下的蓝牙设备，并发送连接指令。目前，低功耗蓝牙主机协议栈可以同时支持三个蓝牙设备的连接。

（1）通用属性配置协议层（Generic Attribute Profile）

通用属性配置协议层建立在属性协议层之上，用于传输和存储属性协议层所定义的数据格式的数据。在 GATT 层，互连的设备分别被定义为服务器和客户端。服务器通过接收来自客户端的数据发送请求，将数据以属性协议数据格式打包，发送给客户端。服务器（Server）与客户端（Client）之间的数据交换是通过属性表来维护的，Server 与 Client 分别在其后台维护一个属性表，该属性表包含两部分：Services 和 Characteristics，Services 和 Characteristics 的具体数据格式请参见 Bluetooth Core Specification Version 4.0 协议规范。

（2）属性协议层（Attribute Protocol）

属性协议层定义了互连设备之间的数据传输格式，如数据传输请求、服务查询等。在属性协议层中，Server 与 Client 之间的属性表信息是透明的，Client 可以通过 Server 属性表中数据的句柄来访问 Server 中的数据。

随着集成电路技术的快速发展，主机与主控制器之间不再是彼此独立的，大多数蓝牙硬件厂商采用主机与主控制器集成的方式，将主机与主控制器集成到一块芯片内部，即所谓的片上系统（System-on-Chip），从而大大降低了硬件开发人员的设计难度，节约了设计成本及硬件设计所需的空间。

9.7 小结

无线通信低功耗技术是为了降低功率消耗问题而研究的一种新的无线通信技术，替代旧的技术以达到降低功率消耗的目的。随着我国经济的快速发展，建筑的高耗能问题日益突出，特别是国家机关办公建筑和大型公共建筑，建筑节能成为智能建筑未来发展的重点。建筑中的能耗主要来源于电能的使用，其中空调、照明、暖通等系统占据了电能消耗的绝大部分。如何对建筑用电情况进行监测，找出用电能耗，并想办法降低，已成为解决高能耗问题的关键。近几年，随着面向家庭控制及自动化短距离无线技术的发展，家庭智能化所带来的机遇正成为现实。在已出现的各种短距离无线通信技术中，Wi-Fi、UWB、RFID、ZigBee、Z-Wave 和 Bluetooth（蓝牙）是当前连接智能家居产品的主要技术手段。

第 10 章

性能/功耗评估策略

● ● ● ● ● ● ●

本章主要针对无线通信网络系统的性能/功耗评估策略，分别讨论低功耗设计方法、功耗优化和分析工具、超低功耗评估策略和实用低功耗设计手段。

全球对"绿色"科技和能源使用效率的需求推动着新一代超低功耗无线网络的发展。这种新一代网络正在不断发展以用于工业和控制应用中基于传感器的远程系统；此外，它也促使更多应用更好地使用无需任何网络电缆或电源线的真正无线解决方案。用于监视和控制的基于传感器网络并非新概念，现有技术可实现有线和专有无线系统。由于有线方案廉价又简便，因而得以广泛使用；无线方案与之相对，仅限于一些特定的应用。如今，采用仅需极少功耗的设计可使开发这些类型的无线系统成为可能。新一代无线网络可依靠其电池工作更长时间，并且在应用的生命周期中仅需很少或根本无须维护。未来，能量收集甚至可以提供所需能源，而不再需要电池。

"能量"与所做功的总量相关，而"功率"测量的是做功的速率（单位时间使用的能量）。在电子学中，能量=功率×时间，功率=电压×电流。因而，我们所要关注的关键系统参数为电压、电流和时间。具体来说，就是应用在多大电压下运行、要消耗多少电流，以及要运行多久。

本章将从低功耗设计方法、功耗优化和分析工具、超低功耗评估策略、实用低功耗设计手段等方面阐述无线网络低功耗技术。

10.1　低功耗设计方法

低功耗设计方法由无线传感器网络和节点处理器组成。本节分无线传感器网络和节点处理器两部分介绍低功耗设计方法。节点处理器低功耗处理技术又分为硬件低功耗和软件低功耗两种。

10.1.1　无线传感器网络低功耗设计方法

无线传感器网络（Wireless Sensor Network，WSN）是由部署在监测区域内的大量廉价微型传感器节点组成，通过无线通信方式形成的一个多跳的自组织的网络系统。其目的是协作地感知、采集和处理网络覆盖区域中感知对象的信息，并发送给观察者。无线传感器网络将逻辑上的信息世界与客观上的物理世界融合在一起，改变了人类与自然界的交互方式。它不同于传统网络，其能量受限制，而且该网络中的节点一般被布置在高危区域或无人值守区域，供电电池在电能耗尽后无法更换，导致节点退出网络。因此，能量的高效性成为无线传感器网络首要的性能指标。

1．随机的网络拓扑结构

在军事应用方面、环境监测领域等，由于需要覆盖的区域较广，需要布置大量的侦测终端。又由于通常这些地区充满危险，如在战场上，因此无线传感器网络节点被大量地装在子弹、炮弹壳或各类军事设备中，或由大炮、枪械发射，或由飞机向目标地域抛洒，从而形成大面积的监视网络，用于侦察。正由于这种布置方式，形成的网络拓扑结构也必定是随机的。

2．网络能源受限制

在现有的无线传感器网络节点设计方案中，节点都使用电池供电，因此其能源是受限制的。并且由于无线传感器网络的应用领域中，网络大多工作在人迹罕至的区域或高风险的恶劣环境中，更换电源几乎是不可能的事，这就要求网络在工作时功耗要小，以延长网络和节点的寿命，尽最大可能节省电能的消耗。也正是因为这个特点，使得原先设计的一些无线通信网络协议并不适用于无线传感器网络，这些协议在设计时都无须考虑能耗问题。所以，为了处理好能耗问题，无线传感器网络必须拥有符合自身特性的协议。

3．网络自组织性

无线传感器网络协议除了要降低节点能耗、延长整个网络的寿命外，还要实现节点的自动组网，并对新入网的节点进行身份验证、防止非法入侵。由于网络的拓扑结构是随机的，节点并非布置在预先指定地点，因此如何配置好整个网络是一大难题。不过无线传感器网络可以借鉴 Ad Hoc（点对点）模式来配置，当然 Ad Hoc 中的协议也不适用，要使整个无线传感器网络工作正常，前提是要有合适的无线通信协议来保证整个无线传感器网络在无人干预情况下自动运行。在无线传感器网络中，数据处理由节点中的处理器模块完成，同时，处理器模块还有数据融合的功能，从而减少无线传输链路中传送的数据量，只有与其他节点相关的信息（路由信息、能量信息等）才在无线链路中传输。自适应性是无线传感器网络的又一特点，由于节点位置是随机的，在整个监测区域中节点密度有大有小，在节点密度较小的区域会由于几个邻居节点能量消耗殆尽而退出网络，导致其他一些节点因为失去这些邻居节点而无法连入网络，使得部分地区的数据缺失。为了应对可能出现的这一情况，配置冗余节点是必要的，这样可以保证在有些节点退出网络后，仍能获得被监视对象比较全面的数据。

4．与移动 Ad Hoc 网络的区别

无线传感器网络和传统的移动 Ad Hoc 网络有共通之处，但也存在不少差异。首先，传统的移动 Ad Hoc 网络是面向数据传输的，如何提高有 QoS 保障的数据传输率是其主要性能指标。而无线传感器网络由于网络中节点能量有限，提高整个网络的生存期是其主要的性能指标。移动 Ad Hoc 网络中的设备是可移动的，而无线传感器网络中节点一般是静止的，前者通过移动的网络设备来获取各方数据，后者则通过高密度覆盖被测区域来获取数据。

5．网络安全协议问题

WSN 通常部署在无人维护、不可控制的环境中，除了具有一般无线网络所面临的信息泄露、信息篡改、拒绝服务等多种威胁外，WSN 还面临传感器节点容易被攻击者物理操纵，并获取存储在传感器节点中的所有信息，从而控制部分网络的威胁。因此在进行 WSN 协议和软件设计时，必须充分考虑 WSN 可能面临的安全问题，并把安全机制集成到系统设计中去。只有这样，才能促进传感器网络的广泛应用，否则，传感器网络只能部署在有限、受控的环境中，这和传感器网络的最终目标——实现普遍性计算并成为人们生活中的一种重要方式是相违背的。

大规模传感器网络可扩展性。无线传感器网络的节点数量通常被设计为 10 000～100 000，并且绝大多数节点是静止的（除了部署在海洋表面或军用遥控移动等环境中的节点），因此大或超大的网络节点密度对可扩展性是一个挑战。

网络的自动配置、自动康复和维持系统能量有效性。无线传感器网络被布置在无人值守的环境中时，更换能源几乎不可能，为了节约能源，发射功率要尽可能小，传输距离要短，节点间通信需要中间节点作为中继。在地震救灾或无人飞行器中，网络的自动配置和自动康复功能显得异常重要，而大规模的多跳无线传感器网络系统的可测量性也是一个关键问题。实现可测量性的一种方法是"分而治之"，或者说分层控制，即用某种簇标准将网络节点分成簇组，在每个簇中选出一个作为簇头，它在比较高的层次上代表本簇；同样的机制也应用到簇头中，使之形成一个层次，这个层次中，每个级别应用当地控制去实现某个全局目标。

6．节点的微型化

由于无线传感器网络中节点数量众多，要降低成本，节点必须缩小体积。另外，由于无线传感器网络应用于军事领域等，因此节点的微型化成为一个重要的技术指标。

7．系统功耗问题

目前真正阻碍无线传感器网络发展的是功耗问题，而这也正是目前的研究热点。无线通信主要有四种工作模式：发送模式、接收模式、空闲模式和睡眠模式。电能主要消耗在

前三个模式中，另外还有启动功耗。由于能量受限，制约着 WSN 的发展，所以国内外研究的热点也集中在如何降低 WSN 的能耗上。目前分为以下几类主要技术。

（1）物理实现。物理实现指的是设计低功耗的无线传感器节点。节点一般分为四个模块：处理器模块、无线通信模块、传感器模块和能量供应模块。要实现节点的低功耗，在处理器模块的选择上，处理器芯片必须功耗低，而且支持睡眠模式。处理器功耗主要由工作电压、系统时钟及制作工艺决定。工作电压越高、运行时钟越快，其功耗也越大。而如果处理器支持睡眠模式，一般在睡眠模式下，处理器会关闭内部运行时钟及其他耗电部分，从而达到省电的目的。根据现在的电池技术的发展水平，要使节点长时间保持工作状态是不可能的。目前使用两节 5 号电池的基于 AVR 单片机的无线传感器节点，满负荷工作只能持续十几小时。而一般要求节点保持半年的工作时间，因此节点必须长时间处于睡眠模式才能达到。无线通信模块消耗的能量在整个节点中占主要部分，所以构建节点前，必须首先考虑所选无线通信模块的工作模式和收发能耗；其次，节点的无线通信模块必须是能量可控的；最后，对于支持低功耗待机监听模式的技术要优先考虑。

（2）MAC 层协议。在无线传感器网络中，介质访问控制（Medium Access Control，MAC）协议决定了网络中无线信道的使用方式，提供有限的无线通信资源给网络中的节点竞争，构建了无线传感器网络系统的底层基础结构。MAC 协议处于网络协议七层模型的底层部分，对无线传感器网络的性能有较大的影响，是保证网络高效运行的关键网络协议之一。在设计无线传感器网络 MAC 层协议时，首先考虑的是网络的节能效率，由于无线传感器网络中的节点是由电池供电的，能量有限，因此节约能量是设计时首要考虑的因素。研究人员通过大量的实验和理论分析论证，归纳出可能造成网络中节点能量浪费的几方面原因。

① 竞争信道消耗。节点发送或接收数据使用共享的无线信道，可能引起多个节点之间发送的数据发生碰撞，而一旦发生碰撞现象，为了保证数据的完整性，节点必须重传数据，这也就造成了节点的能量浪费。

② 串音现象。即节点接收处理冗余数据，即大量相同或近似数据导致能量的浪费。

③ 过度的空闲侦听。节点除了发送数据外，其他时间都处于空闲状态，以便侦听信道，随时准备接收可能传输给自己的数据。

④ 控制信息开销。节点在传输数据时会加入一些额外的控制信息，从而加长了数据帧长度，数据量的增加造成了额外的能量开销。

基于上述原因，无线传感器网络协议为了减少节点的能量消耗，通常采用"侦听/睡眠"工作状态切换的机制。当节点要发送数据时，就开启无线通信模块进行数据传输。若没有数据要发送，并通过和邻居节点同步，协调睡眠和侦听的周期后，就关闭各模块进入睡眠模式，从而节省节点能耗。如果采用基于竞争方式的 MAC 协议，在设计时还要考虑减小数据碰撞的概率。MAC 协议力求算法简单高效，避免能量开销过大。

（3）路由层协议。路由层协议负责将源节点采集到的数据分组通过建立的传输路径传送到目的节点。路由层协议工作机制主要包括通过寻找源节点和目的节点之间的路径建立路由表，并从路由表中选择最优的路径进行数据传输。最优路径对于传统的无线网络和无线传感器网络有很大的不同，传统的无线网络路由层协议将目的节点和源节点之间的最短路径作为最优路径；而无线传感器网络中由于节点能量有无线传感器网络节点低功耗设计，所以将在传输中消耗能量最少的路径作为最优路径。这种差异导致传统的无线网络路由协议不适应于无线传感器网络。无线传感器网络需要符合自身特点的路由协议，设计中首要考虑的因素就是能量的高效性。无线传感器网络路由协议不仅要选择能量消耗小的数据传输路径，而且要从整个网络的角度考虑，选择使整个网络能量消耗均衡的路由。又由于传感器节点的资源有限，传感器网络的路由协议要能简单而且高效地实现信息传输。路由协议主要可以从以下三个途径达到节省能量的目的：

① 利用最优能量消耗路径或最长路径生存期路径进行数据传输；

② 在查询信息时，利用数据融合减少查询信息，达到减少传输数据量从而节省能量的目的；

③ 把节点的位置信息作为路由选择的依据，不仅能够完成节点路由功能，还可以降低系统专门维护路由协议的能耗；

（4）数据融合。在无线传感器网络中，数据融合的作用非常显著，主要体现在三个方面：节省整个网络的能量、增强所收集数据的准确性及提高收集数据的效率三个方面。数据融合之所以能够节省整个网络的能量，关键在于该技术能够消除冗余数据。冗余数据来源于监测区域的相互重叠。无线传感器网络通过布置大量节点覆盖监测区域。由于单个节点的无限通信装置的通信范围及能量的限制，导致监测范围和可靠性有限，为了弥补这一缺陷，在部署网络时，通过增加监测区域的节点密度来加强整个网络的鲁棒性及采样数据的准确性，正因为这样，必然会出现多个节点的监测区域互相重叠的现象，从而导致冗余数据的产生。例如，对于采样温度数据的无线传感器网络来说，区域中任意一点位置的温度可能会有多个节点进行采样，这些节点采集到的数据将会非常接近或完全相同。在这种信息冗余程度很高的情况下，把这些节点采集到的数据全部发送给汇聚节点和只有其中一个节点发送一个数据给汇聚节点相比，除了使无线传感器网络消耗更多的能量外，汇聚节点并没有从该监测区域获得更多的信息。数据融合针对上述情况对冗余数据进行网内处理，即在网络传输路径中，无线传感器网络低功耗技术研究的中间节点在向汇聚节点转发源节点的数据之前，对接收到的数据进行比较，去掉冗余信息，在满足获取到足够信息量的前提下将需要在链路中传输的数据量最小化。数据的比较、祛除冗余数据是依靠节点上的处理器完成的，而处理器的功耗在整个节点的功耗中只占很小一部分。

（5）功率控制。功率控制技术的诞生来源于传感器网络中拓扑控制所遇到的一个问题，即无线传感器网络是由大面积覆盖监测区域的为数众多的节点组成的，如果网络中的节点以大功率进行通信或数据传输，会加剧节点之间的干扰，降低通信效率，并造成节点能量的浪费。另外，如果网络中节点通信时无线通信装置的功率太小，会影响整个网络的连通性。所以，功率控制也称功率分配，就是为了在保证网络的连通性的基础上使网络中的节点能量消耗最小，延长整个网络的生存期。

10.1.2　单片机低功耗设计方法

从单片机的角度来研究这一问题，首先需要探讨无线网络单片机的各种功耗模式。根据处理需求，单片机功耗模式应具有一组显著不同的预设工作模式。嵌入式单片机可利用其众多外设中的一个来采样周围环境的信号。在外设收集到一定数量的采样之前，单片机可能无其他事要做。那么，单片机可能会在每次数据采样之间"休眠"或进入超低功耗待机模式。一旦应用程序读到了足够多的数据采样，单片机即可轻松切换至"全速运行"模式，此时单片机被唤醒并以最大工作速度运行。单片机通常会接收到某种类型的唤醒事件，才会从各种低功耗模式中退出。唤醒事件可由诸如 I/O 引脚电平翻转等外部激励信号或诸如定时器外设产生的中断事件等内部处理器活动触发。单片机所支持的具体功耗模式有所不同，但通常各种功耗模式总有一些共同点。典型的功耗模式如下：

（1）"始终运行"模式；

（2）"休眠"或"待机"模式，此时保持对存储器供电；

（3）"深睡"或"深度休眠"模式，此时存储器断电，以最大限度地降低功耗。

1. "始终运行"模式

"始终运行"模式嵌入式系统由持续供电且处于运行状态的器件构成。这些系统的平均功耗需求极有可能在亚毫安范围内，从而直接限制了单片机所能达到的处理性能。幸运的是，新一代嵌入式单片机具有动态控制其时钟切换频率的功能，因为在无需较高计算能力的情况下，有助于减少工作电流消耗。

2. 待机模式

在"待机"模式下，系统工作或处于低功耗非活动模式。在这些系统中，工作和待机电流消耗都非常重要。在大多数待机模式系统中，由于保持对单片机存储器通电，虽然电流消耗显著减小，但仍可保持所有的内部状态及存储器内容。此外，可在数秒内唤醒单片机。通常，此类系统在大多数时间处于低功耗模式，但仍需具备快速启动能力来捕捉外部或对时间要求极高的事件。保持对存储器的供电有助于保持软件参数完整性及应用程序软件的当前状态。从功耗模式退出的典型启动时间通常在 $5 \sim 10 \mu s$ 范围内。

3. "深度休眠"模式

在深度休眠或"深睡"模式系统中，系统全速运行或处于可大幅节省功耗的"深度休眠"模式。由于该模式通过完全关断嵌入式单片机内核（包括片上存储器）来最大限度地减少能耗，因而尤为引人注目。由于在该模式下存储器断电，因此必须在进入"深度休眠"模式前将关键信息写入非易失性存储器。该模式使单片机的功耗降至绝对最小值，有时低至 20nA。此外，唤醒单片机后需重新初始化所有存储器参数，这样会延长唤醒反应总时间。从该模式退出的典型启动时间通常在 $200 \sim 300 \mu s$ 范围内。在这些超低功耗模式系统中，电池的寿命通常由电路中其他元件消耗的电流决定。因此，应注意不仅要关注单片机消耗的电流，而且要关注 PCB（印制电路板）上其他元件消耗的电流。例如，如果可能，设计人员可使用陶瓷电容来替代钽电容，因为后者的漏电流通常较高。设计人员还可以决定在应用处于低功耗状态下给哪些其他电路供电。利用功耗模式的优势，考虑一种具有代表性的情形，在这种情况下，选择不同单片机功耗模式对系统所用总功率有巨大影响。

在无线网络设计时，特别注意单片机的低功耗模式。优选最低功耗设计方法。特别注意单片机 3 个状态的设计，大部分时间要使单片机运行在"深睡"或"休眠"模式。

10.1.3　低功耗硬件电路的主要设计方法

1．硬件的低功耗设计

硬件是软件运行的物质基础，必须首先有低功耗硬件的支持，才可以在其上构建低功耗软件系统，所有软件低功耗方法的实现也必须依赖硬件提供的支持。处理器和外围电路都是硬件系统不可或缺的，各自在系统功耗上占有相当比例，所以两者都是低功耗设计必须考虑的。现在硬件的低功耗设计已经有了许多成熟的技术。

低功耗设计是一个系统的问题，必须在设计的各个层次上发展适当的技术，综合应用不同的设计策略，达到在降低功耗的同时维持系统性能的目的。既要提高产品的性能又要尽量降低其功耗通常是一对矛盾。因为系统的技术指标往往与系统的功耗关系极大，有些指标，如速度、精度、负载能力等一般就是用牺牲功耗的方法获得的。因此，拟定系统方案时应根据实际需要合理地确定产品的技术指标，以达到在性能合理的情况下降低功耗的目的。

2．集成电路的功耗分析

（1）动态功耗理论。动态功耗包括短路电流引起的功耗（称为直流开关功耗或短路功耗，发生在跃变过程中双管同时导通引起的瞬态电流而形成的功耗）和负载电容的功耗（称为交流开关功耗，由对负载电容充放电电流引起的功耗）。

（2）静态功耗理论。静态功耗主要是由漏电流引起的功耗。从理论上讲，CMOS 电路在稳定状态下没有从电源到地的直接路径，所以没有静态功耗。然而，在实际情况下，扩散区和衬底之间的 PN 结上总存在反向漏电流，该漏电流与扩散结浓度和面积有关，从而造成一定的静态功耗。

CMOS 逻辑电路有许多优点，成为现在最通用的大规模集成电路技术。CMOS 电路具有以下优点：集成度高，功耗低，输入电流小，连接方便和具有比例性。目前，在嵌入式硬件设计中，无论是微处理器还是外围电路中，都在使用 CMOS 逻辑电路。

一个嵌入式系统的设计往往是从 CPU 的选择开始的，在选择 CPU 时，一般更注意其性能及所提供功能的多少，往往忽视其功耗特性。在 8 位单片机刚投入使用时，由于功能比较简单，功耗问题没有凸显出来。但是随着嵌入式应用的发展越来越快，功能越来越强，功耗问题日益严重。而 CPU 是嵌入式系统功率消耗的主要来源，所以选择合适的 CPU 对于最后的系统功耗大小有举足轻重的影响。

接口电路的低功耗设计，在这个环节里，除了考虑选用静态电流较低的外围芯片外，还应该考虑以下几个因素：上拉电阻/下拉电阻的选取、对悬空脚的处理、Buffer 的必要性。

CMOS 电路的功耗由动态功耗、短路功耗和静态功耗构成。静态功耗和短路功耗占的比例小，动态功耗是主要的，因此减小动态功耗的 DVS（Dynamic Voltage Sealing）技术便诞生了。应用 DVS 的嵌入式处理器，支持动态功耗管理，有多种可以切换的运行模式。例如，处理器的运行模式包括如下几个。①工作模式，在该模式下，CPU 处于上电状态，系统满负荷运行，功耗也最大，系统的大部分操作在该模式下完成。②空闲模式：在该模式下，处理器内核停止运行，但内部各外设控制器仍然正常工作。③休眠模式：功耗最低的模式，CPU 和所有的外设都处于断电模式，但继续供电给重要的内部电路，如实时时钟。另外，DVS 系统中，除了处理器支持 DVS 技术外，系统的电压、CPU 频率和总线频率也都需要是可以动态改变的。虽然有多种电压可以选择，但是核心电压限制了最大工作频率，CPU 频率和总线频率间也有一定的倍数关系，所以工作参数之间有依赖性。在由这些工作参数构成的选取空间中，只有一部分组合是可实现的。一个可实现的工作参数组合称为工作点。总线频率越低，功耗越低，但是会延长总线的响应时间。

CMOS 电路中的功率消耗与电路的开关频率呈线性关系，与供电电压呈二次平方关系。对于一个 CPU 来讲，电压越高，时钟频率越快，则功率消耗越大。所以，在能够满足功能正常的前提下，尽可能选择低电压工作的 CPU 能够在总体功耗方面得到较好的效果。对于已经选定的 CPU 来讲，降低供电电压和工作频率也是一条减少功率消耗的可行之路。

我们还经常陷入一个误区，即 CPU 外部总线宽度越宽越好。如果仅仅从数据传输速度上来讲，也许这个观点是对的，但对功耗相当敏感的设计中，这个观点就不一定正确了。对于每一条线（地址等数据线）而言，都会面临同样的功率消耗，显而易见，当总线宽度越宽时，功耗自然越大。

如果需要大量频繁地存取数据，用 8b 总线不见得会经济，因为增加了读写周期。另外，如果 CPU 采用内置 Flash 的方式，也可大大地降低系统功率。

在早期的设计中，工程师往往习惯于采用最简单的方式来完成电源的设计，但在对功耗要求严格的情况下，必须对采用何种电压变换结构仔细考虑一番再做决定。

压差越大，可提供的最大输出电流越小。假设采用 LM7805，输入电压为 12V，输出电压为 5V，压差为 7V，输出的电流为 1A 的情况下，可以计算出消费在线性稳压器上的功率为 P=7W，效率仅为 5/（5×1+7×1）=41.7%，由这个结果可以看出，有一大半功率消耗在 IC 本身上。在适当的情况下使用 DC～DC 的电压转换线路，可以有效地节约能量、减少整机功耗。

通常我们习惯随意地确定一个上拉电阻值，而没有经过仔细计算。现在来简单计算一下，如果在一个 3.3V 的系统里用 4.7kΩ 的上拉电阻，当输出低时，每只引脚上的电流消耗就为 0.7mA，如果有 10 个这样的信号引脚，就会有 7mA 电流消耗在这上面。所以应该考虑在能够正常驱动后级的情况下（即考虑 IC 的 V_{IH} 或 V_{IL}），可能选取更大的阻值。现在很多应用设计中的上拉电阻值甚至高达几百 kΩ。另外，当一个信号在多数情况下时为低时，也可以考虑用下拉电阻以减少功率消耗。CMOS 器件的悬空引脚也应该引起重视。因为 CMOS 悬空的输入端的输入阻抗极高，很可能感应一些电荷导致器件被高压击穿，还会导致输入端信号电平随机变化，导致 CPU 在休眠时不断地被唤醒，从而无法进入休眠状态或其他故障，所以正确的方法是将未使用到的输入端接到 V_{CC} 或地。Buffer 有很多功能，如电平转换、增加驱动能力、数据传输的方向控制等，但如果仅基于驱动能力的考虑才增加 Buffer 的话，就应该慎重考虑了，因为过驱动会导致更多的能量被浪费。所以应该仔细检查芯片的最大输出电流 I_{OH} 和 I_{OL} 是否足以驱动下级 IC，如果可以通过选取合适的前后级芯片来避免 Buffer 的使用，对于能量来讲是一个很大的节约。

降低电压可以有效地减少电路消耗的能量，因为电路的动态功耗和电压的平方成正比，当电压从 5.0V 降到 3.3V，即下降 44%时，可以导致功耗降低 56%，所以很多处理器和通用芯片都有工作在较低电压的低功耗版本。降低电压同时会带来电路工作速度的下降，因为在 CMOS 中电荷的传输速度也是和电压有关的，因此在降低电压的同时要考虑电路性能的降低。为了保持电路系统原有的吞吐量，往往需要一些额外的电路，目前常采用的方法就是采用并行结构和添加冗余电路，虽然这些措施会导致电路面积、整体电容和等效翻转率的增加，但因为电压的降低最终会使整个电路的功耗有明显的降低。电压和频率的改变会同时影响电路的延时和功耗指标，降低电路的工作频率 f 虽然可以降低单位时间内消耗的能量，但完成一项工作的时间会增加，电路的功耗 P 参数不会减小，因此简单地降低电路的工作频率并不是一种有效低功耗的设计方法。当设计者希望采用降低电压的方法来降低整个电路的功耗时，最常采用的算法就是先提高电路模块的性能，如采用前面说的添加并行器件的方法，当性能提高后再逐步降低电压以恢复到原来期望的性能。提高性能的具体参数就是优化电路的速度、缩短关键路径等，这些措施通常会导致芯片面积的增大，设计者需要在功耗和面积之间有一个权衡。

完成同样的功能，电路的实现形式有多种。例如，可以利用分立元件、小规模集成电路、大规模集成电路甚至单片实现。通常，使用的元器件的数量越少，系统的功耗越低。因此，应尽量使用集成度高的器件，减少电路中使用的元件的个数，减少整机的功耗。一些模拟电路（如运算放大器等）中，供电方式有正负电源和单电源两种。双电源供电可以提供对地输出的信号。高电源电压的优点是可以提供大的动态范围，缺点是功耗大。例如，低功耗集成运算放大器 LM324，单电源电压工作范围为 5V～30V，当电源电压为 15V 时，功耗约为 220mW；当电源电压为 10V 时，功耗约为 90mW；当电源电压为 5V 时，功耗约为 15mW。可见，低电压供电对于降低器件功耗的作用十分明显。因此，处理小信号的电路可以降低供电电压。

一个嵌入式系统的所有组成部分并非时刻在工作，基于此，可采用分时/分区供电技术。原理是利用"开关"控制电源供电单元，在某一部分电路处于休眠状态时，关闭其供电电源，仅保留工作部分的电源。嵌入式处理器的输出引脚在输出高电平时，可以提供约 20mA 的电流，该引脚可以直接作为某些电路的供电电源使用，处理器的引脚输出高电平时，外部器件工作；输出低电平时，外部器件停止工作。需要注意，该电路需满足下列要求：外部器件的功耗较低，低于处理器 1/0 引脚的高电平输出电流；外部器件的供电电压范围较宽。

处理器全速工作时功耗最大；待机状态时功耗比较小。常见的待机方式有两种：空闲方式（Idle）和睡眠方式（Shutdown）。其中 Idle 方式可以通过中断的发生退出，中断可以由外部事件供给。睡眠方式指的是处理器停止，连中断也不响应，因此需要进入复位才能退出睡眠方式。为了降低系统的功耗，一旦 CPU "空转"，可以使之进入 Idle 状态，降低功耗。期间如果发生了外部事件，可以通过事件产生中断信号，使 CPU 进入运行状态。对于 Shutdown 状态，只能用复位信号唤醒 CPU。

既要保证系统具有良好的性能，又能兼顾功耗问题，一个最好的办法是采用智能电源。在系统中增加适当的智能预测、检测机制，根据需要对系统采取不同的供电方式，以求系统的功耗最低。系统可以根据不同的使用环境对 CPU 的运行速度进行合理调整。如果系统使用外接电源，CPU 将按照正常的主频率及电压运行；当检测到系统为电池供电时，软件将自动切换 CPU 的主频率及电压至功耗较低状态运行。

10.1.4 嵌入式软件的低功耗技术

实现低功耗设计的另一个重要方面是软件低功耗设计。谈到低功耗技术，大多数人都会认为这是微电子和体系结构等硬件工作的事情。事实上，在微处理器及计算机系统中，有相当大的一部分低功耗技术研究空间是硬件无法涉足的，只有通过软件技术才能得到解决。软件的低功耗设计通常是在编译器、操作系统和应用程序三个层次上实现的。

嵌入式操作系统负责嵌入式系统的全部软/硬件资源的分配、调度工作，控制并协调并发活动。嵌入式操作系统中的低功耗设计目前集中在可变电压技术和动态功耗管理的实现上。另外，面向低功耗的任务调度器也是研究的热点，它通过对任务的执行顺序和时间进行优化，实现对处理器或外设的集中使用，减小系统的无效功耗时间。

对程序进行编译优化是降低功耗的另一个有效途径。编译器的作用是将由高级语言编写的程序（如 C/C++等），翻译成能够在目标机上执行的程序。换句话说，编译器为高级语言程序员提供了一个抽象层，使得程序员能够通过编写与实际问题相近的高级语言代码（而不用汇编或机器语言）方便地解决实际问题；同时也使得程序的可读性和可维护性得到保证，提高了软件开发效率。另外，将程序移植到新的目标机时，只要用相应的编译器对程序进行重新编译即可，而不必重新编写程序。但在某些情况下，这样的做法是以牺牲程序的执行性能为代价的。编译器的有效性及它所生成的代码效率，可以与专家级的汇编/机器语言程序员所编写的代码相比较得出，因此可以通过对编译器的优化生成效率更高的代码。通过优化编译器可以有效地降低嵌入式设备的功耗。在一个程序中，每一条指令都将激活微处理器中的某些硬件部件，因此正确地选择指令可降低处理器的功耗。通过建立特定处理器架构下指令集的功耗信息，利用"减少跳转的指令重排序"等方法，可以进行有效的软件低功率优化。在编译时对功率和能量的优化技术是对硬件和操作系统低功耗优化的有效补充，编译器具有能够分析整个应用程序行为的能力，它可以对应用程序的整体结构按照给定的优化目标进行重新构造。利用编译器对应用程序进行优化和变换，对降低系统能量消耗有重要作用。仅通过对应用程序的指令功能均衡优化和降低执行频率就有可能比优化前减少 50%的能量消耗。当然，降低功耗是比改善性能的优化更为复杂的问题。

在系统中，处理器是最重要的系统资源，在功耗上，也占了很大的比例。所以在整个操作系统中，对处理器的管理占有重要的地位，这集中表现在处理器的调度算法上。如何设计一个调度算法，既能够使处理器在规定时间内完成系统任务，又能够使得其功耗最低，就成为低功耗处理器调度算法的核心任务之一。在处理器的调度算法设计上，需要充分利用处理器本身的特性。对于目前的嵌入式处理器，在功耗管理上，大多提供不同的工作模式，这些模式有不同的时钟频率。频率越低，处理器的功耗越小，同时处理器的处理能力也越弱。所以在电源管理标准中，如果处理器空闲，让处理器处于低功耗模式；如果系统长时间不工作，则让处理器进入休眠模式，这种调度方法能够降低功耗。根据大量的试验研究，处理器的功耗与处理器的电压呈二次曲线关系，处理器的电压和处理器的速度呈线性关系。也有报道说处理器的功耗与处理器的电压是三次曲线关系，但是在调度算法论文的计算中，大多假设是二次曲线关系。所以如果处理器以某一个恒定不变的速度去完成任务集，将比处理器以一个高速度完成任务集，然后空闲的方法更节约能源。如果可以预测未来处理器的任务负荷情况，在任务集开始执行前，可以计算出处理器在规定时间内完成任务的最小恒定速度，如果按照此速度来执行任务集，则处理器的功耗最低。但是在很多情况下，系统不能预知未来系统的任务负荷，这时这种方法不能再采用。一般说来，处理器在某一段时间内的负荷是相对稳定的，可以统计前一段时间内系统的负荷，用它来作为未来一段时间处理器荷载的预测，这不会和实际情况完全相符，但是也可以达到很好的效果，在算法研究和实际中也被大量采用。

此外，软件的低功耗设计也离不开应用程序的配合，如果应用程序本身能够提供它运行所需要的一些参数，如对运行时间和空间的需求，则可以帮助操作系统更合理地设置系统的工作状态。在某些嵌入式系统中，任务到达时间和任务执行时间是实现系统低功耗设计的重要参数。任务执行是否具有周期性也是软件低功耗设计中的重要参考量。

系统时钟对功耗大小有非常明显的影响。所以除了着重于满足性能的需求外，还必须考虑如何动态地设置时钟来达到功率的最大限度节约。CPU 内部的各种频率都是通过外部晶振频率经由内部锁相环（PLL）倍频式后产生的。于是，是否可以通过内部寄存器设置各种工作频率的高低成为控制功耗的一个关键因素。现在很多 CPU 都有多种工作模式，可以通过控制 CPU 进入不同的模式来达到省电的目的。以 SAMSUNG S3C2410（32bit ARM 920T 内核）为例，它提供了四种工作模式：正常模式、空闲模式、休眠模式、关机模式。CPU 在全速运行时比在空闲或休眠时消耗的功率大得多。省电的原则就是让正常运行模式比空闲、休眠模式少占用时间。在类似 PDA 的设备中，系统全速运行的时间远比空闲的时间少，所以可以通过设置使 CPU 尽可能工作在空闲状态，然后通过相应的中断唤醒 CPU，恢复到正常工作模式，处理响应的事件，然后进入空闲模式。

一般来讲，CPU 提供各种各样的接口控制器，如 I^2C、I^2S、LCD、Flash、Timer、UART、SPI、USB 等，但这些控制器在一个设计里一般不会全都用到，所以对于这些不用的控制器往往任其处于各种状态而不用花心思去管。但是，在想尽可能节省功耗的情况下，必须关注它们的状态，因为如果不将其关闭，即使它们没有处于工作状态，也仍然会耗电。通过设置寄存器可以有选择地关闭不需要的功能模块，以达到节省电的目的。例如，在实际应用中，ADC、I²C、I²S 和 SPI 都没有用到，通过 CLKCON 寄存器的设置，可以节省 2mA 的电流。当然，也可以动态关闭一些仍然需要的外设控制器来进一步节省能量。例如在空闲模式下 CPU 内核停止运行，还可以进一步关闭一些其他外设控制器，如 USB、SDI、Flash 等，只要保证唤醒 CPU 的 I/O 控制器正常工作即可。等到 CPU 被唤醒后，再将 USB、SDI、Flash 等控制器打开。

应用软件低功耗也是重要的方面。之所以使用"应用软件"的说法，是为了区分"系统软件"或"实时操作系统"。软件对于一个低功耗系统的重要性常常被人们忽略。一个重要的原因是，软件上的缺陷并不像硬件那样容易发现，同时也没有一个严格的标准来判断软件的低功耗特性。尽管如此，设计者仍需尽量将应用的低功耗特性反映在软件中，以避免那些"看不见"的功耗损失。用"中断"代替"查询"，一个程序使用中断方式还是查询方式对于一些简单的应用并不那么重要，但在其低功耗特性上相去甚远。使用中断方式，CPU 可以什么都不做，甚至可以进入等待模式或停止模式；而查询方式下，CPU 必须不停地访问 I/O 寄存器，这会带来很多额外的功耗。

用"宏"代替"子程序"。程序员必须清楚，读 RAM 会比读 Flash 带来更大的功耗。正因为如此，低功耗性能突出的 ARM 在 CPU 设计上仅允许一次子程序调用。因为 CPU 进入子程序时，会首先将当前 CPU 寄存器推入堆栈（RAM），在离开时又将 CPU 寄存器弹出堆栈，这样至少带来两次对 RAM 的操作。因此，程序员可以考虑用宏定义来代替子程序调用。对于程序员，调用一个子程序还是一个宏在程序写法上并没有什么不同，但宏会在编译时展开，CPU 只是顺序执行指令，避免了调用子程序。唯一的问题是代码量的增加。目前，单片机的片内 Flash 越来越大，对于一些不在乎程序代码量大一些的应用，这种做法无疑会降低系统的功耗。

尽量减少 CPU 的运算量。减少 CPU 运算量可以从很多方面入手：将一些运算结果预先算好，放在 Flash 中，用查表的方法替代实时计算，减少 CPU 的运算工作量，可以有效地降低 CPU 的功耗（很多单片机都有快速有效的查表指令和寻址方式，用以优化查表算法）。对于不可避免的实时计算，算到精度够了就结束，避免"过度"计算；尽量使用短的数据类型。例如，尽量使用字符型的 8 位数据替代 16 位的整型数据，尽量使用分数运算而避免浮点数运算等。

让 I/O 模块间歇运行。不用的 I/O 模块或间歇使用的 I/O 模块要及时关掉，以节省电能。RS 232 的驱动需要相当的功率，可以用单片机的一个 I/O 引脚来控制，在不需要通信时，将驱动关掉。不用的 I/O 引脚要设置成输出或设置成输入，用上拉电阻拉高。因为如果引脚没有初始化，可能会增大单片机的漏电流。特别要注意有些简单封装的单片机没有把个别 I/O 引脚引出来，这些看不见的 I/O 引脚也不应忘记初始化。

10.2　功耗优化和分析工具

本节分析数字电路中功耗的构成及各自的计算方法,并且在此基础之上总结出功耗估计方法。为满足低功耗要求,通常使用导通电压低、结电容低及驱动电流大的肖特基点触点型二极管。因为生产肖特基触点的工艺不属于标准硅 CMOS 半导体工艺,所以现在正在对用标准(低成本)数字体 CMOS 工艺制造肖特基触点进行研究。对更昂贵工艺的研究也在进行,如可制造高速双极结型晶体管(Bipolar Junction Transistor,BJT)器件的硅,以及低功耗性能非常优异的绝缘硅技术。研究表明,电子标签接收到的瞬时能量与其工作距离的平方成反比,标签的功耗越低,可工作的距离越远。因此,功耗成为决定标签工作性能的关键因素。标签芯片主要包括射频前端、基带处理器和存储器(EEPROM)。尽管对射频前端和存储器电路已进行了大量的研究工作,但仍然很难较大幅度地降低标签功耗。基带处理器作为协议执行的核心部件,其功耗大约占整个标签功耗的 40%。因此,基带处理器的低功耗设计成为降低标签功耗的一个突破口。

在阐述硬件电路功耗优化的同时,也给出了软件的优化方法。现代无线网络系统中功耗成为越来越重要的问题,主要体现在以下两个方面:对于嵌入式设备来说,往往依靠电池供电,受到有限的电池供电时间的制约,功耗成为除了性能和面积之外的另一个重要系统参数。与半导体技术的发展速度相比,电池技术发展缓慢,未来的移动设备必须在有限的能量供应下发挥更大的效能。对于高性能的无线网络系统来说,为了提高处理器的性能,晶体管的集成度越来越高,导致功耗急剧增长。而功耗的急剧增长进一步提高了芯片的封装和制冷成本,且高温环境下的执行增加了芯片的失效率,导致计算机系统的可靠性下降。过高的功耗更造成了巨大的能量消耗。从底层的电路技术到逻辑技术、体系结构技术和高层的软件技术,出现了各种用于降低无线网络系统功耗的方法。

以往软件优化的目的大都是通过程序员或编译器对程序的性能进行优化。但随着处理器的发展和晶体管集成度的提高,程序运行时所消耗的功耗也在急剧增加。而过高的功耗给计算机性能、可靠性等诸多方面提出了挑战。这一新问题的出现也给软件优化提出了更高的要求,需要改变传统的只针对性能进行优化的方法,研究低功耗的软件优化方法。

随着底层硬件低功耗研究的深入,无法再通过硬件低功耗技术十分有效地改善系统功耗,在这种情况下,人们开始考虑在更高一级改善系统功耗的技术,即软件低功耗优化技术。从应用的角度出发,功耗优化具有很强的应用针对性,体现的功耗问题具有完全不同的特点,软件级功耗优化恰恰可弥补硬件优化在此方面的不足。

10.2.1　CMOS 数字电路功耗优化和分析工具

集成电路产业的发展一直伴随着性能、面积和功耗三个设计参数的相互制约。高集成度和高速器件的应用,特别是当今无源设备、移动设备和电池供电设备的大规模的应用与推广,使得功耗问题变得越来越突出。学术界近年来的研究主要集中于两个方面,即低功耗设计与功耗估计。降低集成电路的功耗是低功耗设计的目标，而功耗估计为低功耗设计提供了有效的评估手段与标准，使得设计者们在设计阶段就可以充分考虑到功耗因素。功耗主要由电路器件的物理结构、数字电路工作原理等主要原因决定。

　　复杂芯片的设计在近20年里已经经历诸多深刻的变革。在20世纪80年代引入了基于语言的设计及逻辑综合的概念。20世纪在90年代，设计可重用及IP成为设计的主流。在近几年，低功耗设计开始主导各种复杂芯片的设计。每一次变革都是对半导体技术发展的积极响应。芯片规模成指数规律增长，驱动着整个产业引入基于语言的设计方法及逻辑综合的概念，设计生产力大增。在其后的发展中，工程师们发现对于百万门级别的数字芯片设计，编写全新的代码已经不能满足需求，从而有了IP及设计重用的概念。深亚微米技术，特别是180nm以下工艺，提出了新的设计问题。现代技术可以在极小的芯片上实现千万门的设计，过高的功耗密度给封装、冷却及其他技术带来了很大的负担。这些改变对于芯片如何设计都有极其深刻的影响。对于目前占市场份额很大的电池供电设备、无源设备，深亚微米芯片的功耗问题已经成为主要限制。为了克服这些问题，工程师们对功耗展开了积极的研究。在经典的恒定场缩小方法中，芯片的功耗密度保持不变，整个芯片的功耗随着管芯面积的增大而缓慢增加。实际上，功耗密度是在不断上升的，因为时钟频率相比经典的缩放理论所预测的速度增长得更快，真正的供电电压比恒定场缩小理论要求的电压稍高一些。

　　对于无源系统及基于电池的系统，区别功耗与能量是极其重要的。功耗是系统中瞬时的能量耗散值。而能量是曲线下的面积，即功耗对时间的积分。举例来说，一部手机的功耗与手机正在进行的操作有关系，如正在待机，或者已经打开并且显示器已经上电，或者正在进行下载操作。真正决定电池使用时间的便是曲线下的面积。因此可以引入功耗延时积或能量延时积方法作为设计的功耗综合评定标准。

　　CMOS（Complement Metal-Oxide-Semiconductor）电路的最基本单元是一个PMOS和一个NMOS组成的反相器，故称互补型。实际上一个不管多大的基于CMOS工艺的数字电路大部分都由类似这样的单元组合而成。因此对该电路结构的模型分析就成了EDA评估优化电路的算法基础。当CMOS反相器的输入不断发生变化时引起下一级的变化，这时就会出现充放电现象，这种引起的功耗是动态功耗。一般来说，动态功耗决定了总的功耗。CMOS电路一个很大的优点就是静态电流为几乎为0，而且在稳定状态下的静态功耗近似为0，但是少量总是存在的，特别是当前工艺尺寸不断缩小的情况下，静态功耗已经占据相当比重，不得不引起设计者的重视。

　　状态翻转也会引起功耗。每当电容 C_L（OUT节点的负载）通过PMOS管充电时，它的电压从0升至 V_{DD}，此时从电源吸取了一定数量的能量。该能量的一部分消耗在PMOS器件中，而其余的则存放在负载电容 C_L 上。而在由高至低的翻转期间，这一电容被放电，于是存放的能量被消耗在NMOS管中。由低至高翻转器件的等效电路可以推导出这一能耗的精确结果。首先考虑由低至高的翻转。先假设输入波形具有零上升和下降时间，也就是说，PMOS和NMOS不会同时导通。可以把计算的能量分为两部分：一部分为从电源处出来的能量，计为 E_{VDD}；另一部分最终存储在负载电容上的能量，计为 E_C。

　　随着工艺的发展，由于速度的加快，翻转率也会增大；同时，芯片总的电容 C_L 也随着门数的增加而增大。例如，一个 1.2μm CMOS 工艺芯片，时钟 100MHz，平均负载电容 30pF/gate，5V 电压。一个门的功耗就为 75μW。对于一个 200 000 门的设计，功耗就是 15W。不过，正常工作时不可能每个门的翻转都是 100MHz，实际情况下小得多。以上的分析都没有考虑封装引脚的输出负载，通常它会有很大一部分功耗。假设上面的例子有 100 个输出引脚，每个负载 20pF（典型值），以 20MHz 在 0～5V 之间翻转，会有 1W 的功耗。要降低此动态功耗，可以降低电源电压，也可以降低时钟的工作频率。在实际的电路设计与研究中，发现如果输入波形上升时间太长，会造成反相器的短路电流的长时间偏高，从而总体功耗很大的现象。在理想情况下，没有电流流经关闭的晶体管，因此当电路的输入静止时，其功耗等于零。静态功耗等于零是 CMOS 逻辑电路在晶体管技术中独有的一种主要优势。但是包含亚阈值导通、隧穿效应和漏流现象在内的二阶效应会导致少量的静态电流流过关闭的晶体管。假设漏电流是常数，从而瞬时功耗和平均功耗相等，静态功耗就等于总的漏电流和电源电压的乘积。应该引起重视的几种电流为：通过关闭晶体管的亚阈值电流、栅氧隧穿漏流和反偏二极管漏流。关闭的晶体管仍将产生少量的亚阈值电流。由于亚阈值电流与阈值电压呈指数关系，所以当阈值电压按比例缩小时，亚阈值电流将按指数趋势大幅增加。研究表明，DIBL（Drain-Induced Barrier Lowering，漏极感应势垒降低）效应会加重亚阈值传导现象。这种效应在短沟道晶体管中尤其明显。因此在 180nm 以下的工艺中，这一现象要引起特别注意。由于扩区和衬底或阱之间的 p-n 结形成了二极管，阱到衬底之间的结是另外一种二极管。衬底和阱与 GND 或 VDD 连接能够确保这些二极管保持在反偏状态，但是反偏二极管仍然会产生少量的电流 I_D。

　　在以前的工艺中，结电流限制了动态节点的存储时间，但是在现代低阈值电压的晶体管中，亚阈值传导电流远远超过结漏流的大小。因此可以忽略不计。其次，根据量子力学理论，载流子能够以一定的概率隧穿栅氧层，这样就导致了流入栅极的栅极漏流。隧穿的概率随着栅氧厚度的增加呈指数规律下降，在目前的工艺下就不可忽视了。对于厚度小于 15～20 埃的栅氧已经不可小视，在更先进的工艺下甚至可与亚阈值漏流的大小相当。在较早的工艺中，静态功耗的这三个组成部分都非常小，因此人们常常认为 CMOS 逻辑的 DC 功耗等于"零"。只有那些功耗极低的系统工程师才关心泄露功耗。在 130nm 及更先进的工艺下，静态功耗迅速成为一个主要的设计问题。最终，即使在高功耗的系统中，静态功耗也可能变得与动态功耗相当了。

　　减小动态功耗最有效的办法就是降低电源电压。近 15 年间，随着半导体尺寸的减小，V_{DD} 供电电压也从 5V 降到 3.3V，再到 2.5V，再到 1.2V。ITRS 机构所公布的路线图表明，在 2008 年及 2009 年，高性能器件的工作电压将会降到 1.0V，更低功耗的器件可能会使用 0.8V 的电压。即为了降低动态功耗减小 V_{DD} 电压值，为了保持原来的性能，降低 V_T 值，但是会导致漏电流的增大。在目前的工艺应用水平上，可以找到一个合适的平衡点，因为漏电流导致的静态功耗远没有动态功耗所占比重大，但是在 90nm 以下的工艺中，漏电功耗会是一个大的挑战。因此，对于这个矛盾，工程师们要密切注意。

　　上面已经提到，CMOS 电路的功耗主要分为动态功耗和静态功耗两大部分。无论是动态功耗还是静态功耗，功耗估计的方法有两个主流：基于模拟的方法（Simulation-Based）和非模拟的方法（Non-Simulation）。前者通过对大量的输入向量进行功耗模拟，以获得平均功耗、峰值功耗和最低功耗值，但收敛速度较慢，耗费时间较长。而非模拟的方法通过产生一些关于电路的确定或随机的信息来计算功耗，如统计方法、ATPG（Automatic Test Pattern Generation）方法、信息论法等，虽然在速度上有明显的改善，但精确度远比不上基于模拟的方法。

在基于模拟的功耗估计方法中，由于采用的是 ASIC（Application Specific Integrated Circuit）设计方法，因此功耗估计的方法也是基于 Foundry 所提供的标准单元库的。一般在设计的每一个层次上都有对应的功耗估计手段，但是在每一个设计阶段，功耗估计的精确度不尽相同。一般来讲，在设计的高级层次阶段，如系统级、算法级、RTL 级，功耗估计精确度较差，仅能估计出一个趋势。

一般用于功耗估计的 EDA 软件在计算功耗时一般都依赖于标准单元库的库信息、设计网表、设计约束和翻转率信息。一般目前的 EDA 软件在计算漏电功耗时都将设计中所有例化的标准单元的漏电功耗相加，得出累加值。从前面的知识可以知道，漏电功耗与电路的翻转率及工作状态关系不大。因此简单地做如此的处理是可以的。在标准单元库中，一般会对每个单元提供单元格泄漏功率（Cell Leakage Power）的属性。如果要计算依赖于状态的漏电功耗，那么在库里面也提供了相应的信息，而这依赖于 SDPD（状态依赖和路径依赖 State-Dependent and Path-Dependent）和该逻辑门的布尔表达式来定义各种条件下的漏电功耗值。要想设计一个低功耗的芯片，可以有三个考虑的角度：电压、负载电容和翻转率。针对功耗的优化主要就是对这三个方面中的一个或多个开展工作。电压为减少能量的耗散提供了一个行之有效的办法。不需要其他的优化手段，一半的供电电压便可以获得仅有原来四分之一功耗的设计。正因为如此，设计者更愿意去降低电源的电压，而牺牲负载电容和翻转率这两个因素。实际上，降低电源电压获得的低功耗值并不是没有付出代价的。最重要的就是性能要求及芯片的稳定性要求了。通常，如果降低电压后，为了满足这两者的要求，也不能对其他的两个因素去做优化来获得进一步的功耗降低空间。因此，在设计初期，工程师就应该确定系统的供电电压，再使用进一步的手段来减小电容负载及翻转率。在 CMOS 电路中，负载电容的来源主要有两个：一是器件的寄生电容；二是连线电容。对于器件的寄生电容，栅极和结电容是主要来源。而在以往的工艺中，器件的寄生电容一直比连线电容所占的比重大，设计者考虑的也就仅仅这一项。在当今的及未来更先进的工艺中，CMOS 尺寸不断缩小，仅考虑器件的寄生电容已经不能满足设计的要求了，还需要进一步考虑连线电容的问题。它主要由金属与衬底，以及金属与金属之间的耦合电容等构成。从已有的知识来看，只要使用较小的器件和较短的连线，负载电容也会降低。但由于电压的降低，设计中不能一味独立地减小电容。因为在设计中减小器件的尺寸，不光可以降低负载电容，更应该注意的是器件的驱动能力也被降低，使得电路工作更为缓慢。这一损失使得设计者不能单调地降低电源供电电压。最重要的就是设计人员能够将这两个因素综合考虑。除了以上的两种因素外，电路的翻转率也影响着动态功耗。

10.2.2　数字电路系统级功耗优化和分析工具

首先要说明的是，在系统级做优化的效果要远比在低层次（如门级或晶体管级电路）做优化效果好。功耗管理任由系统所使用，但是没有产生有意义输出的功耗都是被浪费的。在以前，功耗还没有成为主要考虑因素时，在芯片设计中，这部分被浪费的功耗通常都被忽略不去考虑。然而在现代低功耗系统的设计中，对于减少系统浪费的功耗必须给予重视。避免浪费功耗的措施，称作功耗管理技术，或者叫功耗管理策略。在一些设计中，设计者提供了类似于选择性关闭电源、休眠模式、自适应时钟、电压技术的功耗管理技术。

1．选择性关闭电源

选择性关闭电源，就是在系统没有任何有用操作时便关闭活动模块以减少能量的浪费。监视器将信息反馈给策略管理单元，策略管理单元将做出一系列的反应交与控制器，对硬件资源做一系列的控制。这样，空闲模块便可以被关闭电源或时钟，以节省能量。必须重视的是，要对保持信息的模块的控制策略精心设计。在设计时，要额外注意中间时间的准确度问题，以及众多复杂资源及事件的监视。监视又可以分为离线和在线两种方式。离线方式需要将所跟踪的事件保存下来用于以后的分析，在系统资源的管理上极具弹性；而在线监视要在系统运行时实时跟踪实时分析并实时更新，并且要做到快速响应，可想而知，这样的方式需要额外的时序和资源开销。关闭策略的制定是依赖于具体设计的，但是在方式上可以总结为以下几点。

（1）基于分析进行预测性关闭；

（2）基于判断准则进行预测性关闭；

（3）自纠错预测性关闭；

（4）操作系统主导的关闭方式；

（5）自适应关闭。

从整体来考虑，选择性关闭电源可以减小很大一部分功耗，但是也有不可避免的弊端，即增加了系统的反应时间，造成性能的下降。因此，设计者应该在系统速度和功耗之间做出权衡。

2．休眠模式

实际上，休眠模式是选择性关闭电源策略的一个扩展。在此技术中，对整个系统作监视，而不是监视系统中的某个模块。若系统在预先定义的一段时间内没有任何动作，那么整个系统便会被关闭，进入称作休眠模式的一种状态。在休眠期间，监视模块会检测系统的输入，一旦需要工作，那么监视模块会将系统唤醒并恢复工作。由于在进入和离开休眠模式的时间内会有时间和功耗开销，因此在设置无操作进入休眠状态的时间时要作权衡。

3．并行处理技术

也许在系统级降低功耗的最有效的策略就是将芯片设计为并行化的。这是对面积、性能和功耗的一个直接权衡。工程师常常使用两种有效的技术来提高设计性能，然后通过降低电压来达到降低功耗的目的。不过，只要找到一个合适的权衡点，这项技术仍然是行之有效的降低功耗措施。

4. 流水线操作

流水线操作是另外一种形式的并行操作方式，可以减少能量损耗。流水线不同于硬件复制，并行性由流水线的寄存器插入，将一个处理器划分为 N 个流水线级。在这样的实现中，如果要保持相同的数据吞吐量，就要保持相同的时钟速率 f。忽略流水线造成的寄存器的开销，负载电容 C 还是会保持在原来的水平上。这种配置方式的优点在于大大减少了寄存器之间计算电路的要求。与在同一周期计算整个逻辑块不同的是，将该逻辑划分为 N 块，这样仅仅需要 $1/N$ 的逻辑需要计算，就允许电源电压降低到原来的 $1/N$。根据这种方式，功耗值仍然为原来的 $1/N^2$。所以流水线操作与并行化处理获得了相同的功耗目标。与并行化处理相同的是，虽然不多，但还是带来了一些设计开销。这些寄存器开销付出了功耗和面积的代价。这些寄存器都需要时钟来驱动，增加了时钟网络的电容负载，随着流水线深度的增加，原先可以忽略的开销也不得不重视，因为这一点，流水线式的并行处理技术吸引力也相对减弱。但是，相对于硬件复制并行技术来说，还是有相当大的优点，使其成为功耗优化的有效方法之一。在实际设计中，并不是所有的电路都适合采用流水线结构的电路。而对于流水线电路来说，主要有两个需要注意的地方，即分支转移冒险和数据冒险。在设计时，设计者应该对这些因素有一个全面的考虑。

5. 动态电压调节

动态电压调节（Dynamic Voltage Scaling，DVS）技术虽然给系统设计和实现带来了较大的复杂度，但是该项技术对于手持式可移动设备的开发极具吸引力。在一个系统中，并不是所有时间、所有逻辑都需要运行在较高性能上的。因此，在一个系统中，可能有几种电源供电策略。对于非关键路径，或者在某一时间段内不需要高速运行的路径，便可以将其电压适当降低以满足低功耗的需求。在实际应用中，单纯地降低电压会造成路径的延迟增大，无法满足时序的要求。因此，要加入 PLL 模块动态地调节频率，以满足降低电压的需要。那么 DVS 技术实际又被称为 DVFS（Dynamic Voltage and Frequency Scaling）。要执行电压的动态调节，系统首先要决定能够满足工作负荷要求的时钟频率，然后判断支持该时钟频率的最低工作电压。这当中有如下两种情况。

（1）目标频率比当前频率高，那么调整序列执行顺序为：首先控制逻辑将电压调整至合适值，整个处理器部分将继续工作在原频率直到电压已经调节到稳定值，最后控制逻辑将系统工作频率调节到目标值。

（2）若目标频率比当前频率低，那么调整序列执行顺序为：首先控制逻辑将工作频率调整至合适值，整个处理器部分将继续工作在原电压，直到频率已经调节到稳定值，最后控制逻辑将系统工作电压调节到目标值。

对于 DVS 系统，固然有很多有吸引力的地方，如它能给系统中的模块同时供给不同的电压值来降低功耗。关键路径使用高电压，而非关键路径使用较低电压值。并且可以随着系统的工作状态进行调节。但是，对于开发者来说，必须控制并管理不同的性能模型。而且设计上要有新的考虑，如电平移位器的添加、验证及系统特性化的困难，对于不同电压下系统所具有的时序特性的估计都要有系统且全面的考虑。

另外一个可以影响功耗的结构优化便是数据编码的选择了。对于数据编码，设计者应该在定点和浮点、符号位-绝对值和 2 的补码、非编码和编码等的编码格式里面做出选择。这些选择关系到精度、设计复杂度、性能和功耗的一个权衡。而对于总线编码，数据总线可以选择 Bit 编码、Word 编码和总线反相编码。这些措施都可以有效降低系统的功耗。现代数字芯片的设计中，状态机是一个核心的组成部分。在设计时，要注意减少常规操作，降低常用操作的功耗。与指令编码有些类似的是，它们都必须将功耗优化的焦点放在减少取指令和解码电路的功耗上。实际上，减少功耗的关键就在于降低电路的翻转率，而这一点便取决于设计者选择一个格式的二进制编码。这一技术并不像其他技术那么通用，并不一定适用于所有的设计。因此工程师在为低功耗设计选择一个数据编码时通常要做出权衡。必须对设计所要求的性能和精度做详细的分析。应该注意的一点是，在系统的不同模块中使用不同的数据编码格式可以在很大程度上降低功耗，但是要付出数据格式转换的开销代价。

10.2.3　数字电路算法功耗优化和分析工具

算法可以对系统的功耗产生直接和非直接的影响。例如算法的复杂度和操作会直接对功耗产生影响。其他因素（如计算的并行性）对系统功耗有非直接的影响，而这些其实是由计算效率所影响的（可以将原算法的计算方案变形为低功耗结构。在不考虑系统结构选择的基础上，有 3 个基本因素会影响执行算法的功耗，它们是复杂度、算法精度、规则性。对于复杂度而言，一个度量的简单办法便是完成一次计算所需要的操作的数量。很简单，低功耗的算法操作必然较少。因此此处要在性能与功耗之间做出权衡。算法的规则性对系统功耗影响也比较大，一个不规则的算法，实现时必然会造成硬件资源的浪费。而算法精度主要就是数据表示长度的问题，设计者一般在架构时就应该确定系统的字长，同样需要权衡。

算法变换的主要目的在于减少控制步骤，这样便可以允许在特定的吞吐量的情况下使用较慢的时钟，便可以降低电源电压。一般来讲，减少控制步骤的要求需要使用并行操作的运算。对于一个特定的算法，需要做算法的变换、变形，才能达到增加系统并行性的目的。一般可以使用的技术有以下几种：重定时序、流水线操作、因式分解和循环重建。

电容负载与算法实现时所用的电路规模有很大关系，因此要减少电容负载，必须使用各种类型的变换来减小电路规模。通常有用的转换有操作减少、操作替换、资源使用的优化及字长缩减等。这些针对减少操作的变换在一定程度上会影响系统的性能。

设计一个低功耗的算法涉及方方面面，如复杂度会影响到功耗，但是又与其他因素相悖，操作并行应该怎么实现才能将系统的性能保持最大化。总之，算法和系统架构之间的关系及相互作用严重影响到设计的有效性，在优化时两者不能独立考虑。总体来说，将几个高层次（结构、算法、系统）因素综合考虑，会对功耗的优化起到相当大的作用。

10.2.4 数字电路 RTL 级功耗优化和分析工具

在集成电路设计中，RTL 级（Register-Transfer Level）是用于描述同步数字电路操作的抽象级。在 RTL 级，IC 是由一组寄存器及寄存器之间的逻辑操作构成的。之所以如此，是因为绝大多数电路由寄存器来存储二进制数据、由寄存器之间的逻辑操作来完成数据的处理，数据处理的流程由时序状态机来控制，这些处理和控制可以用硬件描述语言来描述。

RTL 级和门级简单的区别在于：RTL 用硬件描述语言（Verilog 或 VHDL）描述功能；门级则用具体的逻辑单元（依赖厂家的库）来实现功能，门级最终可以在半导体厂加工成实际的硬件。一句话，RTL 和门级是设计实现上的不同阶段，RTL 经过逻辑综合后，就得到门级。RTL 描述可以表示为一个有限状态机，或一个可以在一个预定的时钟周期边界上进行寄存器传输的更一般的时序状态机，通常用 VHDL/Verilog 两种语言进行描述。

RTL 电路是最早研制成功的一种有实用价值的集成电路。有 N 个门的输入端并联在 DCTL 电路输出端，因为 DCTL 电路输出端门的晶体管基极导通电压，电流曲线并不能完全一致，并联在一起，输入电流易出现分配不均匀的现象。输入电流小的负载门可能得不到足够的基极驱动电流，达不到饱和，从而输出端可能从应有的"0"态改变到"1"态，使系统出现差错。负载输入端并联越多，产生电流分配不均的可能性越大，这种现象叫"抢电流"。

RTL 电路结构简单，元件少。RTL 电路的严重缺点是基极回路有电阻存在，从而限制了电路的开关速度，抗干扰性能也差，使用时负载又不能过多。RTL 电路是一种饱和型电路，只适用于低速线路，实际上已被淘汰。为了改善 RTL 逻辑电路的开关速度，在基极电阻上再并联一个电容，就构成了电阻-电容-晶体管逻辑电路（RCTL）。有了电容，不仅可以加快开关速度，还可以加大基极电阻，从而减小电路功耗。但是，大数值电阻和电容在集成电路制造工艺上要占去较大的芯片面积，而且取得同样容差值的设计也比较困难。因此，RCTL 电路实际上也没有得到发展。

从 20 世纪 80 年代开始，基于语言及综合的数字设计方法已经成为时代的潮流。一个设计由规范来约束，由框架来架构，由 HDL 语言来描述，这是基本的设计流程。可想而知，RTL 代码的质量会直接影响设计的性能。从降低功耗的角度来讲，RTL 级别的优化也起到至关重要的作用。在系统级，在算法级制定好实现策略后，RTL 的具体实现也有许多值得注意及考虑的地方。一般来讲，可以通过减少 Glitch（又称毛刺）、资源共享、操作数分离和门控时钟等方式来做功耗优化。

1. Glitch 的减少

在静态 CMOS 电路中，特别是组合逻辑电路，由于从一个门到下级电路的延迟不一，造成许多意料之外的 Glitch，又称毛刺。换句话说，一个节点不必要的翻转则称为 Glitch。从前面所述的功耗理论可知，动态功耗的主要构成就是翻转功耗，那么节点只要有翻转就会形成功耗。有时电路中会有不必要的翻转，减少电路中的 Glitch。最主要途径就是平衡所有的信号路径，以及降低电路深度了。也有其他的办法来减少 Glitch，例如：①当电路中存在很多数模的多选器时，应该重建多选器网络，将具有高相关系数的输入数据放在同一分组；②控制信号的时钟控制，只有在时钟的上升沿才会采样控制信号，而在其他时间内，控制信号的翻转不会造成电路的 Glitch；③选择性地添加上升或下降延迟。如果以上技术使用得当，那么在 RTL 级可以节省大概 15%~25% 的功耗，并且几乎不会带来面积和时序开销。

2. 资源共享

高性能处理器及高速应用的设计一般都要求在给定的时间内完成指定数量的计算操作。就架构来说，在大多数情况下，对于高吞吐量的芯片来说，并行结构一般是首选（面积开销虽然很大），而对中等吞吐量的芯片，时间复用的方案比较常见。此处所指的时间复用就是在资源有限的情况下，通过多选器的控制来实现硬件资源的重复利用，这就是所谓的资源共享。在某些情况下，特别是流行的 SoC 设计中，在总线上挂载许多 IP，甚至在同一个 IP 里面会有多个子模块同时请求总线开放的情况，这会造成总线的电容负载过大。因此，每次数据总线和地址总线信号的翻转会造成额外的功耗，通过资源复用技术，可以有效减小负载电容的大小。考虑另外一种情况，在电路中，一般数据宽度较长时的加法器会有非常庞大的规模，会造成很大的功耗浪费。

3. 操作数分离

在数据通路敏感的设计中，复杂组合逻辑电路对设计功耗的贡献可能占大部分。若一个数据通路的输出在某一时段不被采样，那么采用操作数分离的方法可以减少数据通路的动态功耗。这种方法的原理便是操作数分离器件将数据通路的输入保持不变，因此数据通路内部不会有任何翻转产生，即没有多余的操作。

4. 门控时钟

门控时钟作为一个低功耗最基本的优化方法，其应用已经非常广泛。在非常复杂但又功耗受限的系统中，将没有任何操作的系统部分的时钟关闭是最常见的使用形式。何时关闭时钟是由设计者自己决定的。一般来说，从时钟门控技术获益最多的大多是低吞吐量的数据通路。

10.2.5　数字电路门级功耗优化和分析工具

在任何设计中都会有关键路径及非关键路径。在非关键路径上使用低速单元并不怎么影响设计性能。由于低速单元允许使用高阈值电压，可以在很大程度上减小漏电功耗。对不同时序路径的高速和低速单元做优化可以得到一个高性能、低漏电功耗的、平衡的设计。

1．电路分解和映射

电路分解和映射技术一般是指将门级的布尔表达式转化为 CMOS 电路。对于一个给定的门级网络，可能有诸多可能的 CMOS 电路实现方式。例如，一个三输入 NAND 门可以由一个复杂的 CMOS 门或由两个简单的二输入门来叠加实现。每个映射所带来的信号翻转率不同，当然电路的电容复杂也不一样。例如，一个复杂门电路可能具有较小的总电容负载，因为更多的信号被限制在电路的内部节点，而没有给输出节点造成过重的电容负载。低功耗电路映射的概念是：首先分解布尔表达式的网络，这样翻转活动性会因此降低，再将高翻转率的节点隐藏于复杂 CMOS 门的内部。由于快速翻转的信号被映射到低电容负载的内部节点，便可以降低功耗。如果将一个门电路设计得过于复杂，电路速度会降低。如此可见，这一技术也是对速度、功耗的一个权衡。目前业界已经开发出比较典型的几种算法来降低功耗，能够降低的幅度在 10%左右。

2．并行与冗余设计

可以在门级低功耗设计中引入并行与冗余设计的概念。最基本的理论在前面已经介绍，即先提高设计的性能，以获得减小供电电压的空间，从而降低功耗。在一定程度上，路径平衡对减少电路的 Glitch 翻转有很大的改进作用，这也可以看作一种门级并行处理的设计。相对于链形结构，树形结构可以得到最短的关键路径。关键路径的缩短有可以允许减小工作电压。另外一种形式的并行优化方法可以行波进位和进位选择加法器的比较为例。超前进位加法器同时使用了并行和冗余两种技术来达到性能提升的目的，如果希望，也可以对功耗做出优化。不用等待低位进位信号传播到高位，根据初始输入，高位预计算出期望的进位。如此，在超前进位加法器中便产生了冗余。但是这种冗余允许该结构得到与字长呈 log 函数关系的性能提升。这种技术可用于实现额定电压的高速加法器或低电压的低功耗加法器。但必须清楚的一点是，这些技术带来的是面积的增大，同时增加了电容负载和翻转率。

3．时序电路

时序电路的门级功耗优化涉及许多的方面，特别是当今的数字设计中有很多状态机的实现，在高速电路中的状态赋值对功耗的影响也是较大的。如果能给出一个状态迁移路径的权重，那么状态迁移、状态赋值便可以确定下来。实践证明，如果此方法应用得当，那么可以给电路带来大约 8%的功耗节省度。

实际上优化的主要目的就在于减少不必要的翻转，或者通过低电压的并行处理以性能换取功耗。可以从组合电路和时序电路两个方面做出优化。

10.2.6 数字电路晶体管级功耗优化和分析工具

晶体管的速度在持续提高，为了达到高性能，业界最常见的办法便是在减小晶体管尺寸的同时降低工作电压。为了保持原有的晶体管速度及噪声容限，通常也要降低晶体管的阈值电压。但是由于阈值电压对晶体管漏电功耗指数形式的影响，低阈值电压会引起高漏电流。减少漏电功耗是当前需要解决的主要问题之一。

1．信号输入位置排布（Signal-To-Pin Assignment）

ASIC（Application Specific Integrated Circuit）设计一般都是基于标准单元的。在组合逻辑电路中，各条路径的延迟不一，那么对于一个逻辑门的输入而言，接入的顺序对电路性能的影响之大已经为大家所熟知。实际上，重新安排逻辑门的输入可以降低该逻辑门的功耗。若内部节点的电容可以忽略，那么高翻转率的节点必须接低输入电容的引脚。考虑内部节点的功耗时，接入的顺序必须予以考虑以减少电荷的损失。

2．降低电压摆幅

在降低电压之后，功耗优化可以通过降低电压摆幅这一技术得到进一步优化。在一般情况下，可以使用两种方法来减小电压摆幅：一是使用输出上拉的 NMOS 晶体管；二是使用预充电的晶体管。在实际应用中，发现第二种方法的功耗优化效果更好。为降低摆幅的上拉管实现，在获得功耗降低的同时带来两个负面影响：一是输出高电压的噪声容限也降低了一个阈值电压；二是输出节点的电压不会达到 V_{DD}（电源电压）的强度。对于预充电晶体管方案，可以用来恢复信号的噪声容限，也可以减少瞬时短路电流。在降低电压摆幅的同时，也可以获得信号方法，但是会引起额外的电容负载。因此这一技术一般只适用于高电容负载的节点，这一额外的电容负载带来的影响才可以忽略。

3．动态逻辑

在 CMOS 静态逻辑中，节点电压由从电源到该节点的一个导通路径保持。而在动态逻辑电路中恰好相反，在该类型的电路中没有一个电源到节点的导通路径，节点的电压由节点电容动态充电来保持。

在动态逻辑的实现中，时钟周期划分为两个部分来预充电及求值。与静态逻辑相比，动态逻辑可以在很大程度上减少器件的计算操作。由于整个逻辑的计算都是通过 NMOS 网络来完成的，PMOS 网络可以由单个预充电器件来代替。这些减少的器件数可以减少电容负载，便可以减少功耗。同时，动态逻辑不受短路电流的影响，不管静态电路如何计算，都会有一个瞬时电流。但是动态逻辑能保证在一个时钟周期只有一次翻转。而静态电路一般会受 Glitch 的影响。但是动态电路也有缺点，每个预充电晶体管都必须由时钟信号驱动，这预示着会造成时钟网络的负载度大大增加，因此电容负载必然增大，时钟树的功耗会相应增加。

4．传输门逻辑

与动态逻辑门一样，传输门逻辑提供了另一种减少晶体管数目的措施。这暗示着可以减少电容负载，这使得传输门逻辑成为低功耗设计极有吸引力的一种电路风格。与动态逻辑一样，传输门有几个弊端。首先，传输门逻辑具有不对称的电压驱动能力。由于 NMOS

（N-Mental-Oxide-Semiconductor）不能有效传输高电压，造成阈值电压损失。若用来驱动PMOS（P-Channel Metal Oxide Semiconductor）晶体管，那么会造成静态功耗。其次，传输门的有效布局布线是比较有难度的，一般不能共享漏极或源极，可能会增大电容负载。

5. 晶体管尺寸优化

如果不考虑电路风格的因素，晶体管的尺寸优化可以用来实现低功耗的电路。首先需要做权衡的便是性能与代价（代价由面积和功耗来权衡）。宽度较大的晶体管一般具有比较小晶体管更强的电流驱动能力，但是会给电路带来较大的器件负载，因此造成较大的功耗。除此以外，较大的器件会引起更大的短路电流，这一点是应该尽量避免的。若电路中的晶体管都增大，那么负载电流会以同样的比例增加，尽管电路的性能会有所提升。在关键路径上，大尺寸的器件可以提升性能。但是要在非必要路径中使用大尺寸器件，有可能产生一种称为自负载的现象，这一点要注意。

6. 物理实现

除了以上的办法，在底层的物理实现上还有其他方法来减小功耗。对电路的划分，对于设计的本地优化和实现来说是极其重要的，这一点在设计时一般不会引起工程师的注意。为了降低功耗，可以将高翻转率的节点置于电路内部，而将低翻转率的节点布局于电路外部。这样可以降低由负载电容引起的功耗。

在物理设计时，第一步一般是做 Floor plan（平面布置），这会决定设计模块及 I/O 引脚的位置，因此会影响互连线的长度和相关的功耗。当然，在物理设计时，首先考虑的是时序的收敛。所以要开发出新的算法来权衡时序与功耗这两个相互制约的因素。

10.2.7 无线网络路由协议功耗优化和分析工具

与传统网络相比，无线网络节点的能量往往有限，同时在许多应用场合得不到及时补充。无线网络的能量受限问题已成为制约其发展与应用的瓶颈，如何在日益复杂的网络环境中设计能量优化的路由协议已成为当前学术界和产业界的一个研究热点。

（1）跨层功率优化路由研究：一种跨层的功率优化路由协议，在不需要获得精确节点位置信息情况下，按需建立多个不同功率级的路由，选择到目的节点具有最小功率级的路由来传递分组，并对数据分组、路由控制报文和 MAC 层控制帧采用不同的功率控制策略来降低网络能量消耗。

（2）时延主导的功率优化路由研究：一种时延主导的功率优化路由协议，基于时延建立若干离散功率级路由，在满足网络传输时延要求的情况下，通过选择最小功率级路由，结合跨层功率控制来优化网络能量消耗。

（3）能量优化的单路径地理路由研究：一种能量优化的单路径地理路由，针对传感网中的地理路由在遭遇路由空洞而造成传输路径变长、消耗能量过多的问题，通过建立节点表来引导数据分组的传输，同时将能量消耗特性与位置信息结合来选择中继节点，达到既降低网络能量消耗又优化网络性能的目的。

（4）能量优化的多路径地理路由研究：一种能量优化的多路径地理路由。现有的地理路由往往沿着单路径传送数据，通过建立节点区域来引导数据的传输，通过动态改变节点表来均衡网络负载，同时利用能量消耗特性和位置信息选择能量优化的中继节点，使得源节点和目的节点间的数据分组尽可能沿着不同路径传输。本方案有利于减小能量消耗和延长网络寿命，同时有利于降低传输时延，减小丢包率。

（5）干扰优化的能量感知地理路由研究：一种干扰优化的能量感知地理路由协议。在能量优化的中继区域选择所受干扰小的节点以优化的传输功率转发数据，达到了既降低网络干扰又减小网络能量消耗的目的，解决了现有路由协议优化能量消耗容易受干扰影响的问题，有利于整体提升网络性能和降低网络能量消耗。

10.3　超低功耗评估策略

无线网络节点系统设计者在以往设计过程中通常只考虑系统的稳定性、实时性等，但现在面临着一个新的挑战——降低系统的功耗。无线网络节点系统的功耗可以在静态和动态两个技术范畴内来降低，其中静态设计技术是降低功耗的主要手段，然而随着系统功能的增强和集成度的提高，静态技术已经不能完全满足系统对功耗的要求，最近的研究都集中于动态的低功耗设计技术，即动态电源管理（Dynamic Power Management，DPM）和动态电压调节（Dynamic Voltage Scaling，DVS）两种主流。DPM 技术降低系统功耗的主要办法是根据工作负载的变化来动态切换目标设备的工作模式。对于嵌入式实时系统，DPM 因无法满足实时性的要求而难以适用，DVS 技术则能够很好地解决此类系统中性能与功耗的要求。

10.3.1　无线网络低功耗设计策略研究

无线网络节点一般由嵌入式系统构成。研究无线网络节点的低功耗策略要重点研究嵌入式系统低功耗策略。

嵌入式系统是多个设备或对象的组合，其在一定的限制条件下相互作用可产生特定的功能。现在已经出现了许多测试标准来对嵌入式系统的整体设计质量进行评估，如系统性能、稳定性、能耗、设计和生产费用等，其中系统的能耗问题在最近几年已经逐渐成为一个重要的设计考虑因素。能量的高效使用除了能够降低系统操作代价（如电能消耗）和减小环境影响（如辐射干扰、噪声）外，对延长手持设备中的电池寿命来说也是非常有必要的。为了在系统性能得到维护的同时降低系统能耗，需要同时对硬件和软件进行设计的优化；而嵌入式系统的组成特点和应用特性也为能耗降低带来了可能性。

1．研究嵌入式系统的必要性

系统能耗已经逐渐成为嵌入式系统设计过程中的一个重要研究点，其重要性随着手持设备的普及而越来越突出。嵌入式系统设计者在以往的设计过程中，系统的稳定性、实时性、安全性等是设计和考虑的重点，但是现在对于系统设计者来说，又产生了一个新的挑战——降低系统的能量消耗，其必要性体现在以下几个方面。

（1）现在越来越多的手持设备系统利用电池供电，而电池容量相对有限，因此有必要通过降低功耗来延长系统的持续使用时间。

（2）半导体工业的迅速发展使得系统集成度和时钟频率得到了显著提高，但IC器件运算能力爆发性增加的同时也导致了系统功耗的急剧上升，这将带来热量释放问题，而且给设备的封装费用带来影响。可以通过系统功耗的降低来减小整个系统的设计和生产成本。

（3）电池技术的发展速度严重滞后于系统能耗需求的增长速度。在最近30年中电池容量只增长了4～8倍，但在相同的时间范围内数字IC运算能量的增长超过了4个数量级。采用系统功耗降低技术可以弥补电池技术发展的不足。

（4）绿色电器理念越来越深入人心，低能耗高性能的嵌入式设备更容易得到用户的认可。

（5）人们对环境问题的关心程度越来越高。显然，系统功耗越大，外围环境所受到的辐射或电磁干扰越严重。

（6）能量价格上浮等因素也从另外一个方面体现了降低系统功耗的必要性。

综合以上因素可以看出，嵌入式设备或系统能耗的大小将会从多个方面影响系统的整体性能。因此，电子设计者在进行系统设计，尤其是针对手持设备之类的嵌入式系统设计过程中，系统能耗将是一个越来越重要的设计因素。

2．嵌入式系统低功耗设计策略研究的可能性

现在的嵌入式系统设计是软/硬件协同设计的过程，其系统组成和应用特性为动态级的低功耗策略设计与应用提供了可能，这些可能性包括设备功耗模型、工作负载、系统嵌入三个方面。

（1）设备功耗模型：在嵌入式系统中，越来越多的设备除了正常功耗模式外，还支持一种或多种低功耗工作模式，这为动态级的功耗管理提供了可能，即系统可以根据工作负载的变化情况合理设置目标设备的工作模式。另外，随着商用CMOS芯片电源供给技术的发展，使得处理器内核的工作电压在运行期间根据应用任务的时间限制发生实时变化成为可能，而高效DC-DC电压转换器的出现也为处理器工作电压的动态调节提供了硬件设计条件。

（2）工作负载：嵌入式系统是多种本质上具有不同特征的器件的集合。例如，某个便携式系统具有一个处理器单元、一个模拟单元（无线卡）、一个温度湿度外部环境检测部件，以及一个驱动处理部分。显然，这四个单元在系统运行过程中所能实现的功能各不相同。系统通常在做最坏打算的工作负载情况下为达到峰值性能而进行设计，但是系统通常处于欠负载工作状态下，而且工作负载具有不均匀性。工作负载的变化性（或不均匀性）为能量的自适应降低提供了可能，如果没有任务对某个目标设备产生服务请求，该设备则

处于空闲状态，从而可以将其关闭，使之进入低功耗、低性能的睡眠模式。当某个运行的任务需要使用该设备时，则将其唤醒使之进入高功耗、高性能的工作状态。

（3）系统嵌入：设计出一个节能效果显著的动态低功耗策略后，还必须将其嵌入整个系统程序中才能得到实际应用。动态低功耗设计技术的重要性越来越突出，现在主流的操作系统（如 WinCE、Linux 2.6 内核）都支持高级电源管理，可以很容易地将低功耗设计策略嵌入系统内核中，从而减少了低功耗策略系统嵌入的工作量。

在系统级，有四种主要的能量消耗源：处理单元、存储单元、显示单元、内部连接和通信单元。能量高效的系统层设计在保证各个单元交互效应达到平衡的同时，还必须使得这四种类型单元的能耗最小。

从总体上讲，功耗降低技术在嵌入式系统范畴内可以分为两大类静态技术和动态技术。静态技术主要在系统初始设计过程中使用，其假设系统的功能定义和工作模式已知，而且在将来也不会改变。在嵌入式系统软/硬件设计初期，已经使用了一些静态低功耗降低技术。例如，通过软件优化编译技术来优化所使用的指令代码，从而影响运行程序的能耗；代码存储和内存中的数据存取方式将影响处理器和存储单元之间的能量平衡；数据表达方式也将影响通信资源的功耗。与静态技术相对应，动态技术即系统在运行阶段充分利用工作负载的变化性来动态改变设备工作模式，从而达到降低系统功耗的目的。动态技术本质上是一个系统级的设计方法，其最关键之处在于功耗管理（Power Management，PM）单元：PM 监控整个系统的工作状态，当发现系统处于欠负载或无负载状态时，就发送命令来控制目标设备的工作模式。而嵌入式系统的组成和应用特性也为动态级的低功耗策略设计与应用提供了可能。很明显，静态功耗降低技术只需在设计阶段使用一次，在运行过程中不能根据工作负载的变化而灵活处理，而动态低功耗技术在运行过程中能够很好地自适应于工作负载变化情况，更易于执行和应用。另外，随着系统功能的增强和集成度的提高，静态技术已经不能完全满足系统对功耗的要求。尽管静态技术在一定程度上能够带来能量的节省，但是最近的研究都着重于动态领域的低功耗设计技术，其通常利用底层的硬件特性来获取有效的能量节省，现已成为嵌入式系统领域中降低功耗的重要手段。

嵌入式系统的一个重要特点就是工作负载具有不均匀性及动态变化性。既然嵌入式系统的工作负载在通常情况下会随时间发生变化，那么可以通过关闭设备（DPM 技术）或动态调节处理器的工作电压（DVS 技术）来取得系统性能和功耗之间的平衡。经过多年的研究与发展，现在已经在系统的多个层次提出了 DPM 和 DVS 技术，而且这两种技术已经成为动态低功耗技术设计过程中的主流技术。

DPM 应用的基本前提条件是系统或系统单元在正常的运行时间段内将处于非均匀的工作负载中。而工作负载的非均匀性在嵌入式系统和大多数交互式系统中是非常普遍的现象。DPM 技术的本质就是根据系统工作负载的变化情况来有选择地将系统资源设置为低功耗模式，从而达到降低系统能耗的目的。系统资源可利用工作状态抽象图来构建对应的模型，该模型中每个状态都是性能和功耗之间的折中。例如，一个系统资源可能包含 Normal、Sleep 两个工作模式，其中 Sleep（睡眠）状态具有较低的功耗，但是也要花费一些时间和能耗代价才能返回 Normal 状态。状态之间的切换行为由功耗管理（Power

Management，PM）单元所发送的命令来控制，其通过对工作负载的观察来决定何时及如何进行工作模式的转移。性能限制条件下的功耗最小化（或功耗限制条件下的性能最大化）策略模型是一个受限的最优化问题。

图 10.1 显示了 DPM 的基本思想。可以将工作负载看成多个任务请求的集合体。例如，对 Flash 来说，任务请求就是读和写的命令；对网卡来说，任务请求则包含数据包的收、发两部分。当有任务请求（Requests）时，设备处于工作（Busy）状态，否则就处于空闲状态（Idle）。从该概念出发，在图 10.1 中的 $T_1 \sim T_4$ 时间段内，设备处于 Idle 状态，而在 Idle 状态下则有可能进入到 Sleeping（睡眠）低功耗工作模式。该设备在 T_2 点被关闭，并在孔点接收到任务请求而被唤醒；在这一状态转变过程中需要消耗一定的时间。对于 Flash 而言，唤醒这些设备需要花费几秒钟的时间，而且唤醒一个处于 Sleeping（睡眠）工作模式下的设备还需要花费额外的能量。也就是说，设备工作模式的转变会带来不可避免的额外开销。如果没有这些额外的开销（包括时间和能量），DPM 本身就没有任何必要：任何设备只要一进入 Idle 状态就立即将其关闭。因此，一个设备只有在所省的能量能够抵消这些额外开销时才应该进入 Sleeping（睡眠）工作模式。决定一个设备是否值得关闭的规则叫作策略（Policy）。在功耗管理过程中，一般只考虑设备在 Idle 状态下的功耗，而不去考虑 Busy（忙）时的功耗。

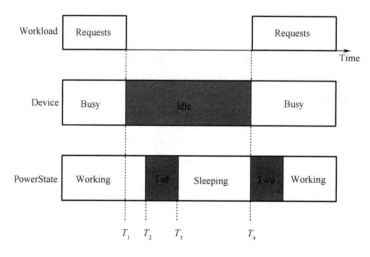

图 10.1　工作负载、设备、功耗状态图

3. DPM 策略模型

在 DPM 策略范畴内，系统模型由两部分组成：一组相互作用的功耗可管理器件（Power Manageable Component，PMC）及功耗管理器（Power Management，PM），其中 PMC 的工作模式由 PM 来控制。对 PMC 而言，并不需要关心 PMC 的内部实现细节，而是将它们看作黑箱，这样就可以更专注于研究 PMC 和周围环境的相互关系，即为了实现高效的动态低功耗管理策略，PMC 与 PM 之间需要传递什么类型的信息及信息量的大小。

（1）PMC 模型。在 DPM 中，PMC 定义为完整系统中的一个原子模块。该定义具有一般性及抽象性,设备可以简单到芯片内部的一个功能模块,或者复杂到一个开发板。PMC 的基本特征是其具有多个工作模式,而且这些工作模式都对应于不同的功耗和性能水平。一般情况下,功耗不可管理设备的性能和功耗在系统设计以及应用过程中都是不变的;相对应地,基于 PMC 就可以在高性能、高功耗的工作模式与低功耗、低性能的工作模式之间进行动态切换。PMC 的另外一个重要特点是工作模式之间的切换需要付出代价。在大多数情况下,代价意指延迟或性能损失。如果工作模式切换是非瞬态的,而且设备在切换过程中不能提供任何功能,那么无论何时开始一个模式切换都将带来性能的损失。工作模式之间的切换过程还可能带来功耗代价,其经常出现在切换过程非瞬态的情况下。这里需要强调的是,在设计 PMC 的过程中不能忽略切换代价。在大多数应用实例中,可以利用功耗状态机(Power State Machine,PSM)来对 PMC 建模,其中"状态"是指各种不同的工作模式。由 PMC 的特点可知,工作模式之间的切换过程将会产生功耗和延迟代价。一般来说,工作模式的功耗越低,性能将会越低,而且切换延迟也将越长。这个简单的抽象模型适用于多个单芯片设备,如处理器、存储器及硬盘驱动、无线网络接口、显示器等设备。

(2)PM(Power Manageable)模型。在 DPM 范畴内,系统是指一组相互作用的设备,其中一些设备(至少有一个)是外部可控的 PMC。该定义具有一般性,并没有给系统带来任何大小和复杂性方面的限制条件。在该系统中,设备行为由系统控制器来协调。对于比较复杂的系统来说,通常基于软件来实现控制部分。例如在计算机系统中,操作系统来实现全局的协调工作。PM 根据系统设备的当前工作状态来进行实时控制,因此 PM 的功能在本质上是一个系统控制器。一个功耗可管理的系统必须向 PM 提供完全抽象的设备信息。而为了缩短设计时间,PM 和系统之间的接口标准化也是一个重要特征。DPM 策略的选择和实现需要同时对设备的功耗/性能特征及目标设备上的工作负载进行建模,其中前者可以通过功耗状态机很好地实现,而工作负载模型的复杂程度则可能相差很大。对所有高级的 PM 方法而言,都必须获得工作负载的信息。因此,在 PM 模型中需要系统监控模型,其能够实时收集工作负载的数据信息并为 PM 驱动提供相关信息。

10.3.2 无线网络动态电压调节(DVS)低功耗策略

1. DVS 基本原理

商用 CMOS 芯片电源供给技术的发展使得处理器内核的工作电压在运行期间进行实时调节成为可能;而高效 DC-DC 电压转换器的出现也为处理器内核工作电压的动态调节提供了条件。另外,在软实时系统中,任务只需在规定的截止时间之前执行完毕就能达到系统的性能要求,而没有要求立即得到系统的响应。DVS 技术根据任务的紧迫程度来动态调节处理器运行电压,以达到任务响应时间和系统低能耗之间的平衡。DPM 技术对非实时系统而言能够带来显著的能量节省,但是由于 DPM 内在的概率特性及非确定性,不能适用于实时系统。DVS 技术能很好地解决嵌入式实时系统中的性能与功耗要求,其根据当前运行任务的性能需求来实时调节处理器工作电压。DVS 技术主要基于这样一个事实,即处理器的能量消耗与工作电压呈平方正比的关系。如果只对处理器的频率进行调节,则所能节省的能量将很有限，这是因为功耗与周期时间成反比，而能耗又与执行时间和功耗成正比。

2. DVS 与 DPM 的比较

通过对 DVS、DPM 的基本原理及策略模型的阐述可以看出，DVS 与 DPM 原理之间有着明显的区别，但两者也存在着一致性。DVS 与 DPM 的区别在于：

（1）DVS 在运行过程中根据工作负载的应用需求（即任务完成时间）来动态调节设备（以处理器为主）的工作电压，而 DPM 的原理则是根据工作负载的有无来设置设备工作模式；

（2）在 DVS 中设备的工作电压是可变的，因此需要稳定的 DC-DC 电压转换电路，而在 DPM 中设备的工作电压处于恒定状态；

（3）DVS 一般应用于对任务执行时间要求比较严格的实时应用系统中，其能够很好地解决嵌入式实时系统中性能与功耗的要求。而 DPM 由于内在的概率特性及非确定性，不适用于实时系统而一般将其应用于非实时系统。

DVS 与 DPM 之间的一致性体现在：如果将设备工作电压的连续变化（或离散变化）也看成工作模式的变换，那么就可以将 DVS 包含在 DPM 的范畴之内。从该意义上来说，DVS 延伸了有效工作状态的定义，即包括多个连续或分散电压值，这样在运行期间就出现了若干个能够在性能和功耗之间取得平衡的工作状态。通过这种方法，PM 在系统有负载时就可以使用 DVS，而系统处于空闲时则将器件转移到低功耗状态（DPM 应用），这样就能同时控制性能和功耗水平，从而得到更大的功耗节省。

通过上述比较分析可以看出，DPM 与 DVS 之间既存在着差异性，也保持着一致性，应该根据系统特点来合理选择 DPM 与 DVS 的应用。但是，当 DPM 和 DVS 对某个系统都适用时，应优先考虑 DVS，因为其能够带来更多的能耗节省。

10.3.3 动态电源策略设计

1. 超时策略的设计

在 DPM 策略范畴内，超时策略是一种原理最简单，但同时也是应用最广泛的技术。尽管在很多文献中已经针对超时策略进行了研究，但是还没有提出将超时策略和电池效应相结合的设计策略。自适应超时策略（Critical Voltage Area Adaptive Skill，CVAAS）利用电池使用过程中所具有的非理想特性，通过引入电池因素，在进一步降低系统功耗的同时扩展了 DPM 自适应对象的范畴。

2. 电源管理预测策略的设计

预测策略应用的前提条件是 PM 能够在一定程度上准确预测系统将来的工作负载。现有的预测技术一般都将以前的状态综合起来预测将来的工作状态。PCF（Predictive-Control-Feedback）策略是一种集预测、控制、反馈于一体的预测策略，PCF 具有一定的稳定性，与其他预测策略相比可进一步降低系统功耗。基于任务级的设备动态调度算法。传统 DPM 策略都仅仅建立在对目标设备的工作负载进行观测的基础上。由于这些设备级的 DPM 策略只能隐式认为所有工作负载来自同一个任务请求源，因而带有一些不可避免的缺陷。EODSA（Energy Optimal Device Scheduling Algorithm）是一种在线设备调度策略。EODSA 及改进策略通过对任务请求源进行划分及系统级的准确建模，能够为功耗管理单元提供更多有关将来的设备请求信息，从而减小更多的功耗。

3. 动态电压调节技术的研究与设计

DPM 对非实时系统而言能够带来显著的能量节省，但由于 DPM 内在的概率特性及非确定性，难以适用于实时系统。DVS 则能够很好地解决嵌入式实时系统中性能与功耗的要求。ECVSP（Energy Conscious Voltage Scaling Policy，发展意识电压缩放政策）是将 DPM 与 DVS 进行有效结合的一种模型，针对由瞬态任务和周期性任务所组成的系统设计了一种电压调度策略。ECVSP 策略在满足任务截止期限的同时，具有比一般 DPM 更好的省电性能。

10.3.4　基于网络编码的数据分发策略

在传感器网络中，传感器节点一旦被放置，将需要运行很长一段时间。然而，传感器节点的功能或任务可能在运行的过程中需要改变，因此需要基站对其进行数据更新。通常，数据更新有两个需求：首先，数据更新要求网络中的所有节点均能成功地接收到更新的数据包；其次，在数据更新的过程中，数据分发必须损耗尽可能少的能量。在传统的方法中，数据更新是以人工的形式进行的，即更新的代码通过计算机直接写入每个传感器节点中。然而，随着网络规模的增加，这种一对一的数据更新是不可行的。而且，有些传感器节点可能被放置在偏远区域，直接到达传感器节点是不实际的。因此，设计自动的多跳传感器网络的数据更新机制是非常必要的。近年来，有大量的工作研究无线传感器网络的数据分发机制。然而，数据更新机制的另一个需求节能却没有被充分重视。在无线传感器网络中，能量是一个重要的资源，而睡眠调度机制被广泛使用以节省传感器节点因空闲而消耗的能量。虽然睡眠机制确实能节省能量，然而，处于睡眠状态的传感器节点不能收到/发送数据包。同时，由于无线传输的不可靠性，处于醒着的状态的传感器节点仍可能收不到正在发送的数据包。因此，对丢失的数据包进行重传成为数据分发的一个重要部分。换言之，数据分发过程主要包括两部分：新的原始的数据包的发送及对丢失的数据包进行重传。一种基于网络编码的数据分发策略，综合考虑睡眠调度机制及无线传输的不可靠性，以使得数据分发能在最短的时间内完成且在该过程中消耗的能量最少。

在无线传感器网络中，为了减轻将所有数据发送到一个中心节点的负担，以及减少由于去往一个中心节点查询数据而引起的瓶颈通信，在分布式存储系统中，由于存储节点额外的存储能力，传感器节点可以将收集到的数据发送到这些存储节点处。另外，在基于多基站的无线传感器网络中，传感器节点可以将收集的数据发送给这些基站中的任意一个或几个。

在无线传感器网络中，分布式存储系统可以减轻将所有数据发送到一个中心节点的负担，以及减少由于去往一个中心节点查询数据而引起的瓶颈通信。基于网络编码的存储系统允许用户只需要访问 N 个存储节点中的任意 K 个就可以获取所有想要的数据。和传统的单播通信及多播通信相比，这种新的数据获取模式更可靠、更安全且更有效。然而，无线传感器网络现存的路由机制（如单播、多播及广播），并不能很好地支持该种新的传输模式。例如，若使用单播来寻找 K 个目标节点，该单播路由可能需要被运行 K 次，并可能引起无法忍受的延迟。因此，在传感器网络中设计一个 K 任意组播的路由协议来支持上述的通信模式是非常必要的。

10.4 实用低功耗设计手段

10.4.1 软件技术低功耗设计手段

1. 软件能量模型

软件能量模型用于对程序的能量消耗进行估计，它是评价软件低功耗技术的基础。软件能量模型可以帮助编译器进行正确的能量优化，对嵌入式系统设计进行正确的优化系统配置。一般来说，软件的能量代价计算是把所有系统活动的能量代价和其活动次数相乘，并累加得到。研究工作的差异主要集中在如何抽象不同的系统活动、如何统计这些活动及如何获取每种活动的能量代价上。对系统活动的划分可以有多种方式，如可以将一条指令的执行看成一个系统活动，也可以把一个 CPU 周期的时间阶段看成一个系统活动，还可以把一次对硬件的访问看成一个系统活动。而对系统活动的统计同样也有多种方式，如模拟、采样等。如何计算每种活动的能量代价也是一个十分重要的内容，一般的方式是从微程序的特征分析中得出，或者通过分析模型得到。软件能量模型从实现层次上分大体可以分为三类：指令级能量模型、基于模拟的能量模型和基于采样的能量模型。

2. 基本能量代价

每条给定指令的基本能量代价的差异主要来自于不同的指令操作码。最终整个程序的基本能量代价为所有执行指令的能量代价总和。在程序执行过程中，指令之间的相互作用对能量的影响也是不能忽视的。第一种指令之间的相互影响来自于电路状态的改变。在反复执行相同类型的指令时，通常会认为此时的电路状态将保持不变。而实际上两条相邻的指令可能并不完全属于相同的类型，因此可能出现电路状态的改变，并由此产生额外的能量开销。第二种指令之间的影响是和资源约束相关的，这种资源约束会导致流水停顿和 Cache 失效。

指令级能量模型的建立十分有意义，它可以屏蔽许多关于处理器体系结构的复杂内容，但也需要花费较长的时间去分析整个指令集体系结构和指令之间的能量特征。后来出现的方法可以部分缩短这些时间。例如，通过将指令进行分组的方式来减小时间开销，通过建立更高的功能级能量模型来缩短特征分析时间的长度，等等。

　　基于模拟的能量模型主要依靠对目标系统的模拟来准确统计系统活动，具体关注每个周期有哪些硬件被激活。根据硬件部件执行的周期数及执行一次所需的能量代价来估计程序在执行过程中所消耗的能量。体系结构级的能量模型（或称功耗模型）和能量估计已经成为一种常用的手段，是软件低功耗优化的基础。在体系结构层能量建模的基本单位是基本功能块，如加法器、乘法器、控制器、寄存器文件和 SRAM。体系结构层的能量模型一般在体系结构性能模拟器的基础上扩展得到。

10.4.2　通用模拟电路仿真器低功耗设计手段

　　通用模拟电路仿真器（Simulation Program with Integrated Circuit Emphasis，SPICE）是最为普遍的电路级模拟程序,各软件厂家提供了 Vspice、Hspice、Pspice 等不同版本 Spice 软件，其仿真核心大同小异，都采用了由美国加州 Berkeley 大学开发的 Spice 模拟算法，可对电路进行非线性直流分析、非线性瞬态分析和线性交流分析，包含模型和仿真器两部分。

　　电路系统的设计人员有时需要对系统中的部分电路作电压与电流关系的详细分析,此时需要做晶体管级仿真（电路级），这种仿真算法中所使用的电路模型都是最基本的元件和单管。仿真时按时间关系对每一个节点的 I/V 关系进行计算。这种仿真方法在所有仿真手段中是最精确的，但也是最耗费时间的。

　　Spice 是一种功能强大的通用模拟电路仿真器，已经有几十年的历史了，该程序主要用于集成电路的电路分析程序中，Spice 的网表格式变成了通常模拟电路和晶体管级电路描述的标准，其第一版本于 1972 年完成，是用 Fortran 语言写成的，1975 年推出正式实用化版本，1988 年被定为美国国家工业标准，主要用于 IC、模拟电路、数模混合电路、电源电路等电子系统的设计和仿真。由于 Spice 仿真程序采用完全开放的政策，用户可以按自己的需要进行修改，加之实用性好，迅速得到推广，已经被移植到多个操作系统平台上。自从 Spice 问世以来，其版本的更新持续不断，有 Spice2、Spice3 等多个版本，新版本主要在电路输入、图形化、数据结构和执行效率上有所增强，人们普遍认为 Spice2G5 是最为成功和有效的，以后的版本仅是局部的变动。同时，各种以伯克利的 Spice 仿真程序的算法为核心的商用 Spice 电路仿真工具也随之产生，运行在 PC 和 UNIX 平台上，许多都是基于原始的 Spice 2G6 版的源代码，这是一个公开发表的版本，它们都在 Spice 的基础上做了很多实用化的工作，比较常见的 Spice 仿真软件有 Hspice、Pspice、Spectre、Tspice、SmartSpcie、IsSpice 等，虽然它们的核心算法雷同，但仿真速度、精度和收敛性不一样，其中以 Synopsys 公司的 Hspice 和 Cadence 公司的 Pspice 最为著名。Hspice 是事实上的 Spice 工业标准仿真软件，在业内应用最为广泛，它具有精度高、仿真功能强大等特点，但它没有前端输入环境，需要事前准备好网表文件，不适合初级用户，主要应用于集成电路设计；Pspice 是个人用户的最佳选择，具有图形化的前端输入环境，用户界面友好、性价比高，主要应用于 PCB 板和系统级的设计。

Spice 仿真软件模型与仿真器是紧密地集成在一起的，所以用户要添加新的模型类型是很困难的，但是很容易添加新的模型，只需要对现有的模型类型设置新的参数即可。Spice 模型由两部分组成：模型方程式（Model Equations）和模型参数（Model Parameters）。由于提供了模型方程式，因而可以把 Spice 模型与仿真器的算法非常紧密地连接起来，可以获得更好的分析效率和分析结果。

现在 Spice 模型已经广泛应用于电子设计中，可对电路进行非线性直流分析、非线性瞬态分析和线性交流分析。被分析的电路中的元件可包括电阻、电容、电感、互感、独立电压源、独立电流源、各种线性受控源、传输线及有源半导体器件。在 Spice 内建半导体器件模型中，用户只需选定模型级别并给出合适的参数即可。

采用 Spice 模型在 PCB 板级进行 SI 分析时，需要集成电路设计者和制造商提供详细、准确描述集成电路 I/O 单元子电路的 Spice 模型和半导体特性的制造参数。由于这些资料通常都属于设计者和制造商的知识产权和机密，所以只有较少的半导体制造商会在提供芯片产品的同时提供相应的 Spice 模型。

Spice 模型的分析精度主要取决于模型参数的来源（即数据的精确性）及模型方程式的适用范围。而模型方程式与各种不同的数字仿真器相结合也可能会影响分析的精度。除此之外，PCB 板级的 Spice 模型仿真计算量较大，分析比较费时。

为了进行电路模拟，必须先建立元器件的模型，也就是对于电路模拟程序所支持的各种元器件，在模拟程序中必须有相应的数学模型来描述它们，即能用计算机进行运算的计算公式来表达它们。一个理想的元器件模型应该既能正确反映元器件的电学特性又适合在计算机上进行数值求解。一般来讲，器件模型的精度越高，模型本身也就越复杂，所要求的模型参数越多。这样计算时所占内存量增大，计算时间增加。而集成电路往往包含数量巨大的元器件，器件模型复杂度的少许增加就会使计算时间成倍延长。反之，如果模型过于粗糙，会导致分析结果不可靠。因此所用元器件模型的复杂程度要根据实际需要而定。如果需要进行元器件的物理模型研究或进行单管设计，一般采用精度和复杂程度较高的模型，甚至采用以求解半导体器件基本方程为手段的器件模拟方法。二维准静态数值模拟是这种方法的代表，通过求解泊松方程、电流连续性方程等基本方程，结合精确的边界条件和几何、工艺参数，相当准确地给出器件的电学特性。而对于一般的电路分析，应尽可能采用能满足一定精度要求的简单模型（Compact Model）。

电路模拟的精度除了取决于器件模型外，还直接依赖于所给定的模型参数数值的精度。因此希望器件模型中的各种参数有明确的物理意义，与器件的工艺设计参数有直接的联系，或能以某种测试手段测量出来。

目前构成器件模型的方法有两种。

一种是从元器件的电学工作特性出发，把元器件看成"黑盒子"，测量其端口的电气特性，提取器件模型，而不涉及器件的工作原理，称为行为级模型。这种模型的代表是 IBIS 模型和 S-参数。其优点是建模和使用简单方便、节约资源、适用范围广泛，特别是在高频、非线性、大功率的情况下，行为级模型几乎是唯一的选择；缺点是精度较差，一致性不能保证，受测试技术和精度的影响。

另一种以元器件的工作原理为基础，从元器件的数学方程式出发，得到的器件模型及模型参数与器件的物理工作原理有密切的关系。Spice 模型是这种模型中应用最广泛的一种。其优点是精度较高，特别是随着建模手段的发展和半导体工艺的进步和规范，人们已经可以在多种级别上提供这种模型，满足不同的精度需要；缺点是模型复杂，计算时间长。

模型使用的工艺参数一般可以事先得到，也可以使用底层参数估计，如采用 Spice 模拟估计。体系结构规范和每个体系结构块的线路设计风格需要事先确定。然后根据线路和子系统的设计风格为每个体系结构功能块分别建立功耗模型。每个功能块可以采用不同的设计，且不同的设计需要不同的线路和功耗模型。最后根据性能模拟器的执行统计来获得每个体系结构功能块的功耗。当前学术界存在大量的体系结构级的功耗模型，这些模型对处理器的部件或整个处理器建模，可能包含动态功耗或静态功耗。另外，建模过程可能基于基本的工艺参数使用分析的模型计算模块的功耗，也可能通过底层提取或测试获取经验数据。

10.4.3　SimpleScalar 模拟仿真器低功耗设计手段

SimpleScalar 是 Todd Austin 开发的一个用于构建处理器模拟程序的开源系统软件框架，它提供用于模拟 CPU、缓存、存储器分层体系等计算机体系结构的工具集。它可以模拟一个程序在某种体系结构机器上的具体执行过程，给出该体系结构的功能和性能参数。SimpleScalar 被广泛应用与教学和研究，在 2000 年，全球顶级计算机架构会议中超过 1/3 的论文都使用 SimpleScalar 作为实验评估工具。作为运算速度最快的仿真器，它不进行指令的错误检查，所以当运行过程中出现错误时，用户无法确定是仿真器本身出错还是指令出现了错误。

sim-safe：是 SimpleScalar 所有仿真器中最简单的一个功能仿真器；它进行指令错误检查。

sim-profile：可以使用符号和地址来产生程序代码的简要分析。

sim-cache：在这个仿真中加入了 Cache，用户可以对 Cache 及 TLB 进行设置，支持两级的 Cache 和一级的 TLB，第一级 Cache 和 TLB 均分为数据和指令两部分。

sim-cheetah：sim-cheetah 是为了 Cheetah 而实现的一个仿真器驱动。Cheetah 是一个 Cache 的仿真包，它可以对一个程序的某一次运行中的多级 cache 的仿真进行有效的仿真。此外，它还可以对某一级的组相连 cache 和全相连 cache 进行仿真。

sim-bpred：它是一个分支预测机制的分析器。

sim-eio：它是一个最简单的仿真器，进行指令检查，主要追求程序执行再现的清晰性，而不是执行的速度。

sim-outorder：实现了对一个非常详细的支持乱序发射、拥有一个二级的 memory 和推断执行的超标量处理器的仿真。本身拥有很高的性能，而且对整个程序执行期间流水线的状态都进行了记录，基本包括以上各种仿真器的全部功能。大多数功耗模拟器都是在

simPlescalar 性能模拟工具中得到的。该工具集是使用最广泛的性能模拟工具，它建模了一类 CPU 的微体系结构，从简单的非流水处理器到复杂的超标量动态调度的处理器结构。必须看到，基于模拟的能量模型也存在不足，如花费大量的计算时间，有时还不一定能获得准确的能量估计结果，此时必须借助真实的实验方法来获得最终结果。

各种传统的编译优化技术从过去的性能优化开始转向能量、性能的综合考虑，提出了许多面向能量优化的编译优化技术。以软件流水调度方法为例，早期有大量相关研究。赵荣彩基于全局调度的循环依赖关系，使用整数线性规划的形式化框架，提出了对给定循环进行合理、有效的低功耗最优化的软件流水调度方法，使其在运行时保持性能不变且消耗的功耗/能量最小。HongboYang 针对软件流水调度方法，使用整数线性规划方法形式化地描述了功耗最小的软件流水调度方法，该方法建模了每一周期的功能部件功耗情况，对 NASA 核心代码的测试显示大量的功耗会被降低。人们通过研究发现，不同种类的源程序所产生的能量代价是不同的。机器代码的能量代价可能受到编译后端的影响，尤其受到操作类型、数量、顺序及存储数据的方式等因素的影响。已有的后端低功耗编译技术包括指令调度、代码生成等。针对高层优化的低功耗技术有循环转换等。Kandemi 等人评价了循环转换对能量的影响，他们使用 SimplePower（能耗评估软件）模拟器对处理器、Cache、总线和内存进行了能量评测。从他们的模拟实验观察到，在内存系统中消耗的能量要大于处理器内核消耗的能量。但循环转换增加了处理器内核的能量消耗，同时降低了内存系统的能量消耗。

高性能编译和低功耗编译之间的相互关系至今仍不十分清晰。一般来说，认为面向高性能的编译优化和面向低功耗的编译优化是存在差异的。例如，在循环分块时，在最小化能量目标下选择的最佳块大小和在最小化性能目标下选择的块大小是不同的。必须注意到，在低功耗编译优化的研究中也存在很多互相矛盾的结论，其原因是多方面的。一个原因可能是实际测试的误差；另一个可能的原因就是能量模型本身并不十分准确和完整；再一个原因可能就是看问题的角度不同，有的从处理器的角度看，有的则从系统的角度看。循环分块和数据转换可能会增加处理器的能量消耗，但同时可能降低存储器的能量消耗。可见，如果从整个系统的角度出发（包括处理器和存储器），很难判定一种优化是降低了能量消耗还是增加了能量消耗。

10.4.4 动态电压调节算法低功耗设计手段

处理器功耗降低的几个因素：减小切换活动因子和切换电容、降低供电电压和时钟频率、减少漏流电流。切换活动因子的减小可以有效降低能量消耗。以总线的低功耗技术为例，地址总线的活动通常有一定的顺序，可使用特殊编码技术减小总线的切换活动，降低能量消耗。减小切换电容可以降低功耗。以处理器的时钟功耗为例，它在整个处理器功耗中所占比例不可忽视，可以使用时钟门控技术减小时钟系统的切换电容，降低功耗。此外，通过优化时钟网络模块，减少每个周期需要切换的模块数，只切换必要的模块，同时关闭不需要的模块，达到降低功耗的目的。实际应用中存在很多重复的计算，可以通过增加缓存的方法将其保存下来以便重用其计算结果，减少访问高电容片外存储器的次数，降低功耗。此外，还可以采用分体、动态控制、重配置等方法减少存储系统的切换电容量，以降低存储系统的能量消耗。

处理器的动态功耗和供电电压的平方成正比，和时钟频率成正比，因此降低供电电压和时钟频率可以极大地降低处理器的动态功耗。随着工艺水平的提高，供电电压逐渐下降，器件设备也具有更低的功耗水平。不同应用对微处理器的性能要求是不同的，微处理器在设计时往往考虑应用的最高性能需求，但实际上应用在执行时并不需要达到最高性能要求，结果始终运行在最高电压和频率条件下的处理器产生了不必要的能量浪费。支持动态电压调节技术的微处理器可以根据应用的需求在执行期间动态调整供电电压和时钟频率，使得在满足应用性能要求的同时降低处理器的能量消耗。

基于硬件的电压调节技术在低功耗电路设计中已十分成熟，通过寻找最优的频率和电压使电路的能量或能量与延迟的乘积达到最小。早在 20 世纪 90 年代早期，就有人提出方案，力求降低供电电压以达到满意的时钟频率。随后就实现了 ARM 处理器在软件控制下的动态电压调节。当前支持动态电压调节的处理器可以在几个离散的电压值下执行，每个电压值对应相应的执行频率。

动态电压调节在获得能量节约的同时不可避免地产生了一定的时间和能量开销。当前的工艺技术使得进行一次电压调节需要花费几十微秒的时间，对于高性能微处理器来说，这就是几千甚至上万个周期。可见，过多的电压转换次数会减弱能量节约效果，并且过于频繁地转换电压会增加电流流出量的可变性，导致更高的瞬时电流密度，加剧噪声问题。因此，从各方面来看，都必须对动态电压的转换次数及转换开销仔细考虑。为了降低动态电压调节造成的过多开销，采用了多时钟域处理器技术。该技术将整个处理器划分成多个功能块，每个功能块采用同步时钟执行，功能块之间采用异步通信的方式进行数据交换，即全局异步、局部同步的方式。由于采用全局异步的方式，功能块设计开销降低，有利用于提高处理器的性能。局部同步的方式使得每个功能块都可以单独完成动态电压调节，提高了能量管理的有效性。

动态电压调节是有效降低处理器功耗的手段之一。因为功耗与电压的平方成正比，通过调节处理器的电压可以有效降低处理器的功耗。对于不同的应用环境，动态电压调节的目的有所不同，但都是在处理器的能量和性能之间进行权衡。无论什么问题，都涉及确定什么时候调节电压（调节点）及调至什么水平的电压值（调节大小）两个问题。其中，对系统负载的预测是个关键问题。不同计算机系统中的电压调节算法存在差异。大体可分为以下两类：一类是面向实时嵌入式系统的动态电压调节算法；另一类是面向通用计算机系统的动态电压调节算法。实时系统经常严重地受到能量资源的限制，并且在满足一定功耗和能量约束条件下需要满足任务的实时性要求，因此实时系统中的能量优化问题十分迫切。而通用计算机系统上的应用没有显式的截止时间或其他时间约束，因此对处理器的需求预先未知。通常采用启发式算法，估计 CPU 在任意一点截止时间下的需求情况。

嵌入式系统中的动态电压调节方法在操作系统级和编译级都早有研究。对于嵌入式实时系统来说，动态地改变时钟频率和电压会影响任务的实时完成，因此必须考虑任务的截止完成时间和实时任务的周期性。编译指导的实时动态电压调度技术使用编译器在源代码中做临时标注，并在程序中插入功耗管理点。根据插入的功耗管理点，操作系统自适应地调节处理器操作电压及时钟频率。电压的降低使程序执行速度线性下降，但同时获得了平方级的能量节约。可变电压的调度机制已经得到了广泛研究，其中使用最差时间估计方法来保证系统的实时性是通常使用的方法之一，该方法的缺点之一就是不能动态地利用未使用的计算时间。而实际上，带有实时性约束的应用程序在执行时间上具有很大的可变性。因此，采用动态回收空闲时间的方法可以进一步有效节约能量消耗。

基于任务的离线动态电压调节算法通过求解整数线性规划问题（或非线性规划问题）为不同的任务分配不同的电压和频率值。一般通用处理器上的动态电压调节算法又可分为在线的动态电压调节算法和离线的动态电压调节算法。基于时间间隔的动态电压调节算法以固定长度的时间间隔设定调节点，并计算每个间隔的电压调节大小。离线动态电压调节算法在程序执行之前就确定了电压调节点和对应的调节大小。前面介绍的面向实时或嵌入式系统的基于任务的电压调度算法是一种特殊类型的离线动态电压调节算法。在静态电压调节中，由编译器来给整个程序确定唯一的一个电压值，使得在不增加程序执行时间的前提下减小能量消耗。在动态电压调节中，编译器根据整数线性规划方法为程序的不同部分选择合适的电压级别。

随着工艺水平的提高，供电电压逐渐下降，为了保证低电压的设备也能提供同样水平的性能，在降低电压的同时必须减小阈值电压。阈值电压的下降导致漏流电流迅速增加，并可能赶上并超过动态功耗值。

由于 CMOS 功耗急剧增加，微处理器冷却的难度越来越大，成本也越来越高，这最终导致在过去几年里，功耗成为微处理器设计和制造的首要问题。在这种情况下，处理器设计开始转向片上多处理器结构 CMP（Chip Multiprocessor），也就是多核结构。使用动态电压调节和不对称处理器核相结合的方式是最佳选择。

10.4.5　基于处理器和存储器协调的能量优化方法

嵌入式设备或移动设备大都是依靠电池供电的，能量消耗对嵌入式应用尤其重要。降低应用程序消耗的能量一方面可以延长电池供电时间，另一方面可以降低系统热量、提高系统稳定性。因此，需要研究在满足一定性能要求的条件下最优化系统的能量消耗。考虑到在嵌入式环境下，能量的供给是十分有限的，它受限于能量供给设备的容量和节点能力的大小。为了保证在有限的能量供给条件下获得最优的性能，需要研究能量受限条件下的性能最优问题。通过软件控制的手段，同时调节处理器和片外存储器的电压/频率，达到下面两个目标之一：一是性能约束条件下最优化系统的能量；二是在能量受限的条件下最优化系统的性能。

由于处理器的功耗和供电电压的平方成正比，因此动态电压调节能够有效地降低处理器的功耗。前面已经介绍了很多动态电压调节算法，典型的方法之一是通过整数线性规划方法确定不同程序段的电压值，然后通过编译器在程序中的合适位置插入电压调节指令，指导程序在运行时进行处理器的电压调节。总而言之，算法的目的都是确定合适的电压调节点及合适的电压调节大小。这些算法大都是普适的，没有结合具体程序本身的特点，特别是没有结合具体的编译优化方法。而传统的性能优化在比较其优化前和优化后的功耗时，呈现出不同的特点：有些优化会降低程序运行时的功耗，有些则会明显增大功耗。将这些会造成功耗明显增大的优化方法很好地和电压调节方法结合起来，提出更有针对性的动态电压调节算法是十分必要的。一是结合静态的电压调节；二是结合动态的电压调节。两种方法的目的都是保证在功耗不增加的前提下获得有效的性能提高。

（1）基于静态电压调节的低功耗软件预取优化方法，一方面通过电压调节降低功耗，另一方面通过重新调整预取距离获得更好的功耗、性能权衡效果。

（2）基于动态电压调节的低功耗软件预取优化算法（PDP-DVS），通过周期性地对采样段进行平均功耗统计，计算出下一段程序运行时处理器的电压/频率值，实时地调节处理器的电压/频率。

面向多核体系结构的并行程序能量优化方法。通过提高主频来提高处理器的性能已经接近饱和，为了避免过高的功耗而又保持性能的持续增长，大多数处理器芯片开始向"多核"方向发展，即在单个处理器芯片上集成多个功能相同的处理器内核。基于多核结构的并行处理技术能够在较低电压和频率下保证处理器性能稳定提高，因此减少了提高处理器主频的压力，避免了因主频增加过快带来的功耗危机。同时也应该看到，多核处理器存在发热大、散热难等问题。随着大量采用多核处理器的嵌入式设备的普及，研究并行程序的功耗问题变得十分重要。一种是减少使用的处理器核数目，另一种是对每个处理器核进行动态电压调节。本章基于这两种策略，研究了将其融合起来的新方法。通过建立面向多核结构的并行程序能量模型，一方面减少执行串行部分时的处理器核数目，另一方面在执行并行段时利用动态电压调节技术调节每个处理器核上的电压和频率，从而有效地降低了整个并行程序的能量消耗。

10.4.6　时钟门控和功耗门控技术低功耗设计手段

这里关注三种功耗状态：正常状态下的功耗（Power without Gating）、使用理想的时钟门控技术下的功耗（Power with Ideal Clock Gating）和使用理想的功耗门控技术下的功耗（Power with Ideal Power Gating）。正常状态下的功耗作为基准值，用来对比理想的时钟门控技术和理想的功耗控技术产生的功耗降低。时钟门控技术能够有效地降低功能部件的动态功耗，大部分研究都假定可以在瞬间完成动态的时钟关闭，不产生性能损失，称之为"理想的时钟门控"。

时钟门控（Clock Gating）是同步时序逻辑电路中的一种时间脉冲信号技术，可以降低芯片功耗。时钟门控通过在电路中增加额外的逻辑单元、优化时钟树结构来节省电能。可以通过以下几种方式在设计中添加时钟门控逻辑：通过寄存器传输级编程中的条件选择来实现使能信号，从而在逻辑综合过程自动被翻译为时钟门控；通过实例化特殊的时钟门控单元来把时钟门控插入到设计中去；使用专门的时钟门控工具添加。

理想的时钟门控技术：假定对于任何小于最小空闲时间的空闲时间段，都可以及时地调度时钟门控事件来降低动态功耗。但是在打开和关闭功能部件的短暂瞬间会产生一股很大的瞬时电流。

理想的功耗门控技术：对于任何大于最小空闲时间的空闲时间段，使用理想的功耗门控技术可以获得最大的能量节约，同时被调度的功能部件可及时地被唤醒以避免性能损失。由于理想的调度假定功能部件可以在需要的时候被及时打开，Cache 行为并没有改变。

10.4.7　Cache 配置低功耗设计手段

针对 Cache 子系统的功耗优化已有大量的研究工作。

1. Cache 大小变化对功耗的影响

当 Cache 的大小增大时，无论是整个处理器芯片的功耗还是存储部分的功耗都是明显增加的。这是因为 Cache 面积的增大增加了访问开销，从而增大了功耗。从这点可以看出，尽管增大 Cache 可以提高性能，却以功耗增大为代价。在嵌入式设备中，考虑到功耗是一个关键因素，有时要避免将 Cache 设计得太大以减小功耗的增加。综合功耗和性能两方面的因素来进行 Cache 大小的设计是正确的选择。另外，可考虑进行 Cache 大小的动态配置，通过改变 Cache 大小满足不同应用的功耗和性能需求。已有研究表明，动态改变 Cache 大小可以获得不错的能量节约效果，可达到 50%。另外，还可以将完整的 Cache 块划分成多个 Cache 块，用分块访问的方式改进 Cache 性能，提高能量有效性。

2. 关联度变化对功耗的影响

一方面，Cache 关联度的增大增加了它的复杂度，从而增加了访问 Cache 的功耗代价；另一方面，关联度的增大也提高了 Cache 的命中率，提高了性能，减少了数据访问次数，从而降低了功耗。根据能量=功耗×时间，可以得出存储系统的能量估计。但同时也必须注意到，功耗和能量在概念上是完全不同的。功耗是指单位时间的能量消耗，而能量是指一段时间内累计的功耗总和。所选优化级别越高，存储系统的功耗越小。这其中的原因是，代码结构的优化缩短了代码长度，使功能部件在执行时更加高效，单位时间内部件的使用率下降，功耗降低。有研究表明，许多优化通过降低工作负载在明显提高程序性能的同时也降低了处理器的能量消耗。例如，子表达式消除、复制传播、函数内联及循环展开等。其中，函数内联优化对于功耗和能量来说都是有益的。但并不是所有的能量降低都会带来功耗的减小，这取决于能量和性能的比值，如果性能下降相对于能量降低程度更大，功耗就表现出增大的趋势。反之，如果性能下降的程度不如能量降低得大，就表现出功耗的降低。

3. 优化深度的加大也增加了存储系统的功耗

优化级别的加深使得目标代码的性能有了极大的改善，使得功耗相对增大。例如，循环展开优化由于指令级并行程度的加剧使得功耗明显增加。从这一点来看，尽管有些优化对性能和能量都有好处，但有可能明显增大功耗，如后面研究的软件预取优化，就在获得性能明显提高的同时极大地增大了功耗。因此，在进行编译优化时，应该不只考虑目标代码的性能，还要兼顾性能、功耗和能量等多方面的因素，这样才能满足软件的低功耗需求。

10.4.8　嵌入式处理器 TLB 部件的低功耗设计手段

内存管理单元（MMU）是处理器访存的一个关键部件，其中负责实现虚实地址快速转换的 TLB（Translation Look-aside Buffer）又构成了 MMU 的主要部分。最常用的 TLB 电路是通过全相连高速缓存实现的，由基于内容寻址的存储器（Content Addressable Memory，CAM）和基于索引地址寻址的存储器（RAM）构成。

TLB 部分功耗的主要来源就是一个全相连的内容比较器 CAM 和随机存储器 RAM，取指操作和访存操作频繁地对 CAM 和 RAM 进行访问，致使 TLB 的功耗成为处理器功耗的重要部分。TLB 占用了处理器大量的功耗，一方面，TLB 部件被访问的频率很高，而且这些程序不是访存密集型的，不然比例会更高。频繁的访问带来了很高的电路跳变频率，直接导致 TLB 功耗的增加。另一方面，TLB 部件本身电路面积就比较大，再加上其使用的内容比较器和随机存储器的特殊结构，使得其占用大量的功耗。

TLB 的功耗和面积在处理器中是不可忽视的重要组成部分，特别是在对功耗和面积要求较高的嵌入式处理器设计中，更应该选择好的 TLB 设计方案以有效地降低处理器的功耗和面积。同时，处理器设计者也必须考虑设计的时延和性能，往往这些因素是充满矛盾的，需要全面考虑上面分析的每一个因素，对 TLB 部件进行深入剖析，最终设计出一个适合于嵌入式处理器应用的 TLB 设计方案。

TLB 在整个处理器里，无论是面积还是功耗，都占很重的分量。第一步改进的目标是降低 TLB 的功耗，采用两种方法：第一种方法是保存访问 TLB 的虚拟地址，当下一个访问到来时，让新的访存地址与保存下来的历史地址相比，如果 IAG 对应的高位地址相同，说明此次访问的地址同上次访问的地址在同一个页表项中，可以利用上次的 RAM 访问结果，而不需要再次访问 TLB 的 RAM 部分，这样就大大减少了动态功耗，因为 RAM 部分的面积很大，由使能信号统一控制访问，减少对它的访问次数就可以使 RAM 更长时间地处于一种低功耗的状态。第二种方法是充分利用访存地址本身包含的信息，根据地址的最高三位判断该地址所访问的地址空间，如果是 unmapped 访问空间，也就是直接映射的地址空间，就不再访问 TLB 的 RAM，只有必须要经过 TLB 表项映射的地址才允许访问 RAM，这样当处理器处理大量核心程序寻址操作时，大大减少了对 RAM 的访问量。同时，也可以采取减小面积、时延的方法来降低功耗。

10.4.9　组合电路漏电低功耗设计手段

在处理器设计过程中越来越关注漏电功耗问题，因为漏电功耗开始制约处理器的设计，并对处理器设计提出了新的挑战。随着制造工艺的提高，供电电压和阈值电压都相应地降低，在深亚微米工艺水平下，最重要的漏电来源是阈值电流，也就是在源级和漏级间流动的电流，这种漏电在晶体管关闭时会出现，它会随阈值电压的降低呈指数级增加，在 0.09μm 的工艺下，漏电功耗大约占到了总功耗的 25%，而且还将持续增长。怎样有效控制漏电功耗成为处理器设计者必须面对的问题。

输入向量控制技术利用的是电路的级联效应，因为级联电路中器件的状态是由器件的输入决定的，而这些输入又取决于处理器部件的输入信号，通过改变电路的输入激励就会对整个电路的漏电状态产生影响。

这项技术的目标就是找到一组输入激励，可以最大限度地关闭整个级联电路中的晶体管。对这个器件而言，输入为 01 时的漏电功耗是输入为 00 时漏电功耗的 6 倍多，这就说明，应该尽可能让此器件处于 00 状态，以便降低它的漏电功耗，这个例子就可以直观地说明 IVC 技术的原理和作用。VIC 技术很适合同门控时钟技术同时使用，因为 IVC 技术也要求电路进入休眠模式后将上一级触发器的值置为能使漏电功耗最低的向量，从而当这些寄存器的值传递给组合电路时，相连的组合逻辑漏电功耗也就降低了。由于门控时钟技术使得相应部件进入休眠模式，但触发器维持在电路最后的工作状态，电路漏电问题得不到解决，但如果配合使用 IVC 技术就可以大大降低休眠模式下的漏电功耗了。

整个电路所处的状态是由电路的输入决定的，而如果将电路按照级数划分，后一级电路的状态则是由前一级电路的输出决定的，因为每一级电路都有特定的功能，在信号传递过程中，后面级的信号受到电路输入信号控制的影响，在逐渐变弱。也就是说，处于电路中越深位置的电路单元受到输入向量的影响越小。如果想通过最前面的输入向量控制处于电路深层的单元，使其处于低功耗状态，很可能就要放弃对浅层电路的控制能力。一个是如何针对大规模电路，以更快的速度找到一组降低其漏电功耗的向量：另一个是对于大规模电路，如何解决输入向量控制技术效果不明显的问题。针对第一个问题，可以用分级法加速 IVC 和概率法加速 IVC 等有效方法；针对第二个问题，可以用迭代 IVC 方法。在分级加速 IVC 方法上的确定级数问题和概率方法中确定闲值的问题，都可以探索更有效的方法。对于一个组合电路，可以在前面容易控制的部分使用高漏电器件，这样器件的速度会更快，而在后面离端口较远、不容易控制的电路部分，使用低漏电器件。由于前面的漏电在休眠时易被控制，可以降低功耗，而后面的漏电又比较低，不但整个电路的功耗会降低，而且可以通过器件的选择控制时序问题。

10.4.10　时序电路漏电低功耗设计手段

在如今处理器设计中，时序电路是不可分割的设计组成部分，所以只针对组合电路降低漏电功耗的 IVC 技术显然是不完整的，在已有的降低漏电功耗的方法中，很少是针对时序电路设计的，下面对相关技术进行简要分析。通过提高阈值电压来降低漏电功耗的方法主要有两种形式。

一种是在运行时改变阈值电压的技术，这种技术是指在休眠模式下提高阈值电压，这可以针对 P 管把衬底电压提高到高于电源电压，或针对 N 管把衬底电压降低到低于地电压，这也就是 BBC（Body Bias Control）机制。由于开关时间很长，会造成很大的性能损失，所以这种机制要通过软件来控制。但当衬底电压被改变的时候，噪声抗扰性问题就暴露出来了，但由于这个技术是在系统空闲的时候才用的，也就不存在对正常电路操作上的负面影响。

另一种是双阈值 CMOS 器件，也就是在非关键路径上使用高阈值器件，而在关键路径上使用低阈值器件，现在许多 EDA 软件都支持这种对不同阈值器件的优化选择，时序器件也有这样的选择，也能起到优化时序电路漏电功耗的作用。门控供电电源（Power Supply Gating）是通过使用休眠晶体管来控制电路是否进入供电状态的技术。通常这种技术不像可变阈值电压技术那样，它不要求工艺上的支持。这个技术又分为全局电源门控技术和局部电源门控技术。使用这个技术要注意所设计的电路和电源开关器件本身功耗消耗的平衡，电源开关器件必须足够大以满足电路对供电电流的需求，这也导致了性能的降低，并带来了噪声问题。由于电源开关器件会有很大的电容，要等许多周期才能使其达到正常操作状态。当然，在切断电路的电源后，无论组合逻辑还是时序逻辑的漏电功耗都节省下来了，但这个技术必须在处理器处于深度休眠、长时间不用的时候才适合，而且实现难度较大。

1．时序电路结构分析

可以换一个角度来思考问题，前面讲到 IVC 技术非常适合与门控时钟技术同时使用，那么在时钟停止跳动时，也就是没有时序的时候，时序电路就变成一个组合电路了，从时序逻辑器件的内部结构来看，时序器件依然是由 CMOS 管搭建而成的，那就同样应该有级联效应，也就是在时序器件的输入不同时，其表现出来的漏电功耗会不一样。但同组合逻辑不同的地方在于，由于时序器件的输出会引回到时序器件内部，以便实现保存数值的功能，所以在分析时序器件漏电时，输出也要同输入一样作为决定时序器件所处漏电功耗状态的条件。

2．输入向量控制技术的整体实现

组合电路的输入向量控制技术可同时序电路的输入向量控制技术配合。在整体实现时，首先可以根据任务负载使处理器处于不同的休眠程度。如果整个处理器可以进入休眠状态，可以通过实现特殊指令或设置特殊控制寄存器的方式使处理器进入休眠模式，在执行了特殊的指令后，或者特殊寄存器的某位被置起后，休眠信号同时被置为 1，处理器就进入了休眠状态。如果只有处理器的部分部件进入空闲状态，最简单的方法是硬件本身识别这样的情况，因为这种细粒度的空闲通常比较频繁，如果由系统软件来识别，开销会比较大。当处理器确认一个部件处于空闲状态时，就可以通过局部休眠信号使此部件进入休眠模式。对于休眠部件，最常用的方法是使用门控时钟技术，门控时钟既可以是对全局的控制，也可以是对局部电路的控制。目前，在 EDA 工具中插入门控电路已经是很成熟的技术了。当时钟被门控以后，就可以应用输入向量控制技术，降低处理器组合电路和时序电路的漏电功耗。

10.4.11　无线网络终端节点传感器低功耗设计手段

传感器节点的能量消耗大部分用于无线传输。无线传感器节点发送、接收和 IDEL 操作消耗了节点绝大部分能量，而传感器和处理器消耗较少的能量，将1b信息传输 100m 所需要的能量约为执行 3000 条指令所消耗的能量。所以，合理地利用无线收发器可以在很大程度上节省无线节点的能量消耗。本节设计了父节点和子节点特殊的低功耗通信机制，这种机制包含：基于传感器数据差的感知调整、局部同步休眠机制、父节点数据帧融合机制、基于 RSSI（Received Signal Strength Indicator，接收信号强度指示）的低功耗通信链路。一方面，根据节点之间的信道质量和信号强度调整节点发射功率，以较小的能量消耗提供可靠的通信链路；另一方面，减少无线传输次数，并充分利用 MAC 帧数据负载效率，以降低两者之间的通信能量消耗。

1.　终端节点传感器数据差的感知调整

无线传感器网络中，为收集范围内的环境信息，传感器节点应及时获取环境的变化，并将其传输到控制台以做出相应的反应。传感器节点按照固有的周期采集和发送感知数据，传感器节点能量管理和环境感知的实时性都有不合理之处。以监控系统为例，主要有以下两个方面。

（1）在环境保持稳定、只是在极小的范围内变化时，如 0.1℃的温差，传感器采集的数据不足以反映环境信息的变化，而节点仍然按照固定的周期采集环境信息并传输。这种不合理的工作机制会导致节点能量被浪费。

（2）另一种情况则是，当环境发生骤变时，如温度突然升高了 10℃，此时系统希望感知节点能够密切地关注环境信息的变化，若节点按照固定的周期去采集传感器数据，则不能达到及时反映环境信息的目的。所以，感知节点能根据其采集的环境信息调整自己下一次采集周期，选择性地将数据向管理端更新，可以节约节点的能量，且满足网络对环境信息感知的实时性要求。

温度在一定时间内持续上升，感知节点将随着温度的上升加强对温度的测量，温度越高，节点的测量越频繁。感知节点能够及时反映实时温度信息，同时能够及时把握温度的变化趋势。若温度持续上升，直到超过了感知节点的正常工作环境，节点则会失效。若温度在短时间内上升了一定的幅度，节点将立刻加强对温度的测量，若温度长时间停留在这一个幅度，节点则将逐渐减少测量次数。

在温度瞬间变化时，节点能够自我调节，密切关注这一变化，而在变化趋于稳定后，节点能够逐渐调整，恢复原有的工作习惯。这就满足了前面所说的监控系统的两点要求。而没有采用这种调整方法的感知节点，若其休眠时间较长，则在段时间内温度发生了剧烈变化，则节点在休眠结束之前可能已经被损坏了，或者温度已经恢复正常了，而管理端没有获取实时信息，也掌握不了温度的变化状态。若感知过于频繁，则又降低了节点有限能量的使用效率。节点根据环境变化调整感知周期，能够在紧急情况下保证节点向管理端反馈实时的环境数据，而在紧急情况之后节点能够返回常规的工作习惯，从而将节点感知功能和能量效率最大化。这种方法适用于父节点不需要低功耗管理，而对其感知子节点进行低功耗管理。

2. 无线网络路由器局部同步休眠机制设计

传统无线网络路由器主要完成多跳路由并协助其他节点通信，所以路由器必须总是处于活动状态。但是对于无线传感器网络，有时不能保证为路由器节点提供电源供电，而不得不采用干电池供电，路由器的低功耗管理则是非常必要的措施。这些节点的子节点都是终端感知节点，网络拓扑结构为树形，所以这类路由节点的主要功能为协助子节点上传感知数据。路由器根据子节点的属性来决定自己是否为这种特殊节点，若其子节点全都是终端节点，则为特殊路由节点。而对于必须以电池供电的路由器，节点默认自己为特殊路由节点，在建立网络时，只接受终端节点为自己的子节点。特殊路由节点可以通过与子节点保持同步休眠来节省节点能量消耗，路由器需协调其所有子节点完成如下工作以进入同步休眠：

（1）通知所有子节点，屏蔽传感器数据差的感知调整机制，节点的感知周期由父节点统一分配，初始值为系统的默认感知周期；

（2）父节点与所有子节点建立局部范围内的同步，以保证父节点能在子节点上传数据时处于活动状态；

（3）父节点接收完本周期所有子节点发送的感知数据后，根据感知数据计算休眠周期，并通知子节点新的感知周期；

（4）上传传感器数据至协调器，并进入休眠状态。

无线网络路由器休眠节点示意图如图 10.2 所示。定时 T_1 为子节点活动时间，为一个固定的常数，应大于传感器转换的时间与子节点发送数据所需要的时间，以保证足够的时间冗余。T_2 为子节点休眠时间，长度为节点感知周期与 T_1 的差值。子节点在休眠结束后即开始计时，待计时至 T_1 时刻便进入休眠状态。路由器休眠结束后即开始计时。时间区

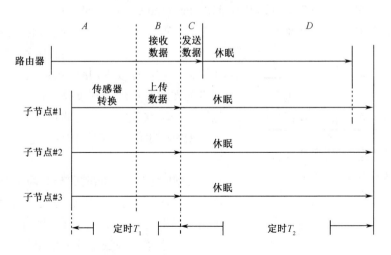

图 10.2　无线网络路由器休眠节点示意图

间 A 内，路由器节点处于等待状态，此时子节点转换传感器数据。时间区间 B 为路由器接收子节点传感器数据，时间区间 C 为路由器转发传感器数据，路由器完成数据发送后即进入休眠状态，并停止计时。路由器的休眠时间 D 为感知周期与路由器计时值之差，比子节点提前 t 时间被唤醒。实现节点时间同步与维护。网络中存在一个根节点，向子节点发送时间同步信息，子节点则依照同步包里包含的发送延时、访问延时、传播延时和接收延时信息，将自己同步到时间。算法通过节点双向通信来计算平均延时，以减小延时计算误差。这里所提到的同步仅限于父节点与子节点间的同步，层次仅为 1 层，网络拓扑结构为星形，应用本算法可达到较好的同步效果，从而避免了算法因网络层次增加而导致同步精度下降的缺陷。

3．无线网络路由器数据帧融合机制设计

无线传感器节点消耗在节点通信上的能量远远大于节点传感器转换和控制器消耗的能量。所以，针对具有传感器设备的终端节点，减少节点无线传输的次数是降低节点功耗有效的方法。特殊的路由器节点与子节点在取得局部范围同步后，则可一致休眠，路由器则可采用电池供电。这类路由器节点也需提高能量的利用效率，路由器节点的主要能量消耗有：

（1）接收数据消耗的能量，子节点数据帧已减少了不必要的数据发送，从而路由器节点接收数据的能量消耗已得到降低；

（2）路由器空闲期消耗的能量，主要为节点执行帧监听、维护协议栈等所消耗的能量，路由器在空闲时进入休眠状态，从而降低空闲时间节点的能量消耗；

（3）转发子节点数据消耗的能量，作为父节点，路由器的主要功能即为转发字节的数据，协助子节点进行通信。所以节点的大部分能量消耗即为无线发送带来的。所以，减少路由节点的无线发送次数、数据量是降低功耗的一个有效方法。

4．无线网络基于 RSSI 的发射功率调整设计

接收信号强度指示（Received Signal Strength Indicator，RSSI）：无线发送层的可选部分，用来判定链接质量，以及是否增大广播发送强度；是通过接收到的信号强弱测定信号点与接收点的距离，进而根据相应的数据进行定位计算的一种定位技术。接收机测量电路所得到的接收机输入的平均信号强度指示，这一测量值一般不包括天线增益或传输系统的损耗。

RSSI 的实现是在反向通道基带接收滤波器之后进行的。

RSSI 受节点之间的距离和障碍物等信道质量情况的影响，不同的子节点与父节点建立可靠链路所需要的发射功率则不一样。图 10.3 所示为子节点与父节点建立最低功耗通信链路的流程。首先，子节点以最大发射功率加入网络，并向父节点发送

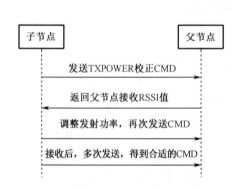

图 10.3　RSSI 功率校正流程

发射功率校正的命令；在接收到父节点返回的 RSSI 值后，子节点则根据 RSSI 的大小调整自己的发射功率。调整方法为：

（1）若 RSSI 值大于默认值，且节点发射功率最小，则降低发射功率；

（2）若 RSSI 值小于默认值，且节点发送功率非最大，则增大发射功率；

（3）若上述两者都不满足，则结束调整，保持当前发射功率。

通过设置合适的发射功率，在保证节点间通信可靠的前提下，可以降低节点发送数据消耗的能量。根据节点间的实际信道质量，调整不同节点间的发射功率，避免节点用固定的发射功率时因距离太近而造成能量浪费。

10.5　小结

本章从低功耗设计方法、功耗优化和分析工具、超低功耗评估策略、实用低功耗设计手段几个方面阐述了无线网络低功耗性能功耗评估策略的方法。具体包括电路级、逻辑级、并行处理、总线和 Cache（高速缓冲存储器）的优化、指令级优化、动态功耗管理等方面。为了降低无线传感器网络节点的功耗，从硬件和软件方面论述了节点的低功耗设计策略，包括传感器、单片机、无线通信模块等器件选择原则，采取降低单片机工作电压、工作频率的方法和增加无线模块睡眠时间、减少软件运行时间等措施降低无线网络功耗。

附录 A

英文缩写名词对照表

3G	3rd-Generation	第 3 代移动通信
AIMD	Additive-Increase Multiplicative-Decrease	时分多路复用
AMPS	Advanced Mobile Phone System	先进移动电话系统
AODV	Adhoc on-demand distance vector routing	距离向量路由
AP	Access Poin	接入点网关
ASIC	Application Specific Integrated Circuit	专用集成电路
ATP	AdHoc Transport Protocol	特别的传输协议
ATPG	Automatic Test Pattern Generation	自动测试向量生成
AVR	Automatic Voltage Regulation	自动电压调整
BBC	Body Bias Control	体偏压控制
BJT	Bipolar Junction Transistor	高速双极结型晶体管
BOP	Balanced Opposite Pair	平衡相反的一对
CAM	Content Addressable Memory	基于内容寻址的存储器
CD	Coverage Definition	覆盖定义
CDMA	Code Division Multiple Access	码分多址复用
CDPD	Cellular Digital Packet Data	蜂窝数字分组数据
CISC	Complex Instruction Set Computer	复杂指令计算机
CMOS	Complementary Metal Oxide Semiconductor	互补金属氧化物半导体
CMP	Chip Multi-proeessor	多处理器结构
COMP	Coordinated Multiple Points	协同多点传输
CRP	Coverage Reference Point	覆盖的参考点
DCR	Devices Control Register	设备控制总线
DMA	Direct Memory Access	直接内存存取
DPM	Dynamic Power Management	动态电源管理
DSDV	Destination Sequenced Distance Vector	目标序列距协议
DSP	Digital Signal Processing	数字信号处理

DSR	Dynamic Source Routing	动态源路由
DVFS	Dynamic Voltage and Frequency Scaling	动态电压和频率调节
DVS	Dynamic Voltage Scale	动态电压缩放技术
EDA	Electronic Design Automation	电子设计自动化
ELFN	Explicit Link Failure Notification	显式链路故障通知
EODSA	Energy Optimal Device scheduling Algorithm	一种在线设备调度策略
EOP	Effective Opposite Pair	有效的相反的一对
ES	Energy Saving	基站节能
ESM	Energy-Saving Management	节能管理
ETP	Effective Trigonal Pair	有效的三角形
FCC	Federal Communications Commission	联邦通信委员会
FLAMA	Flow-Ware Medium Access	流器中的访问
GAF	Geographical Adaptive Fidelity	分簇算法
GRF	Geographic Random Forwarding	地理随机转发
GSM	Global System For Mobile Communications	全球移动通信系统
HDL	Hardware Description Language	硬件描述语言
HTTP	Hypertext Transfer Protocol	超文本传输协议
IC	Integrated Circuit	集成电路
ICIC	Inter-Cell Interference Coordination	小区间干扰协调
IEEE	Institute of Electrical and Electronics Engineers	电气和电子工程师协会
IETF	Internet Engineering Task Force	因特网工程任务组
IMT-2000	International Mobile Telecommunication-2000	国际移动电信系统
ISM	Industrial，Scientific，and Medical	工业、科学与医学
ITU	International Telecommunications Union	国际电信联盟
IVC	Input Vector Control	输入向量控制技术
LAN	Local Area Network	局域网
LCC	Least Cluster Change	机会主义式的自动速率协议
LDO	Low Drop out Regulator	低压差线性稳压器
LMAC	Light-weight Medium Access	重量轻介质访问
LQSR	Link Quality Source Routing	根据链路质量来选择路由
LSI	Large Scale Integration	大规模集成电路
LTE	Long Term Evolution	长期演进
LTE-A	LTE-Advanced	先进的长期演进技术
MAN	Metro-politan Area Network	城域网
MOS	Metal Oxide Semiconductor	金属氧化物半导体
MTCMOS	Multi-Threshold Complementary Metal-Oxide-Semiconductor logic circuit	多阈值互补金属氧化物半导体逻辑电路
NMOS	N-Mental-Oxide-Semiconductor	N 型金属-氧化物-半导体

OAM	Operation Administration and Maintenance	操作管理维护
OAR	Opportunistic Auto Rate	机会主义式的自动速率协议
OBDD	Ordered Binary Decision Diagrams	有序二元决策图
OBR	Opposite　Balanced Radius	相反的平衡半径
OP	Opposite Pair	双基站
OPB	On-Chip Peripheral Bus	片上外围总线
OS	Operating System	操作系统
PCB	Printed Circuit Board	印制电路板
PCC	Programmable Computer Controller	可编程计算机控制器
PCF	Predictive-Control-Feedback	预测、控制、反馈一体的预测策略
PCS	Personal Communication Service	个人通信服务
PDA	Personal Digital Assistant	个人数字助理
PLB	Process Local　Bus	处理器内部总线
PLL	Phase-Locked Loop	锁相环
PM	Power Management	功耗管理器
PMBus	Power Management Bus	电源管理总线
PMC	Power Manageable Component	功耗可管理器件
PMOS	Positive channel Metal Oxide Semiconductor	P 沟道金属氧化物半导体
PSG	Power Supply　Gating	关闭供应电压
PSM	Power state Machine	功耗状态机
PSP	PlayStation Portable	便携式游戏站
PTT	Practical Transmission Time	实际传输时间
QoS	Quality of Service	服务质量
RADIUS	Remote Authentication Dial-InUser Service	使用远程准入服务
RCP	Rate Control Protocol	速率控制协议
RFO	Reconvergent Fanout Regions	重汇聚扇出区域
RISC	Reduced Instruction Set Computer	精简指令计算机
RSSI	Received Signal Strength Indicator	接收信号强度指示
RTCL	Resistance-Capacitance Transistor Logic	阻容晶体管逻辑电路
RTL	Register Transfer Level	寄存器传输级
RTP	Real-time Transport Protocol	实时传输协议
RTT	Round Trip Time	逐跳
SDI	Serial Digital Interface	接口即数字串行接口
SDPD	State-Dependent and Path-Dependent	状态依赖和路径依赖
SINR	Signal to Interference plus Noise Ratio	信号干扰加噪声比
SIP	System In a Package	封装系统技术
SLPR	Serial Linear Programming Rounding	线性规划

SMBus	System Management Bus	系统管理总线
SoC	System on Chip	芯片级系统
SON	Self-Organizing Network	自组织网络
SPICE	Simulation Program with Integrated Circuit Emphasis	通用模拟电路仿真器
SRAM	Static RAM	静态随机存储器
SSCH	Slotted Seeded Channel Hopping	开槽的频道跳
STEM	Sparse Topology Management	稀疏的拓扑管理
TBRPF	Topology Dissemination Based on Reverse-Path Forwarding	基于反向路径转发
TCP	Transport Control Protocol	传输控制协议
TLB	Translation Lookaside Buffer	传输后备缓冲器
TP	Trigonal Pair	三角元
TRTT	Throughput Related Transmission Time	带宽传输时间
TTL	Transistor-Transistor Logic	逻辑门电路
UART	Universal Asynchronous Receiver/Transmitter	通用异步收发传输器
ULSI	Ultra Large-Scale Integration	特大规模集成电路
UNII	Unlicensed National Information Infrastructure	国家信息基础设施
USB	Universal Serial Bus	通用串行总线
VHDL	Very-High-Speed Integrated Circuit Hardware Description Language	超高速集成电路硬件描述语言
VLSI	Very Large Scale Integration	超大规模集成电路
WAN	Wide Area Network	广域网
WAP	Wireless Application Protocol	无线应用协议
Wi-Fi	Wireless Fidelity	无线保真
WMN	Wireless Mesh Network	无线网状网络
WRP	Wireless Routing Protocol	无线路由原型
WSN	Wireless Sensor Networks	无线传感器网络
WWW	World Wide Web	万维网
ZRP	Zone Routing Protocol	区域路由协议

参 考 文 献

[1] M. Etoh,T.Ohya,Y. Nakayama. Energy Consumption Issues on Mobile Network Systems. In 2008 International Symposium on Applications and the Internet(SAINT 2008). Turku, Finland,2008:365-368.

[2] D. R. Recupero. Towarda Green Intemet. Science. 339 (6127),2013: 1533-1534.

[3] M. A. Marsan,L.Chiaraviglio,D. Ciullo, et a/. Optimal Energy Savings in Cellular Access Networks. In 2009 IEEE International Conference 彻 Communications Workshops CCC 2009). Dresden,Germany,2009:1-5.

[4] J.T. Loubi. Energy efficiency of modem cellular base stations. In 29th International Telecommunications Energy Conference(INTELEC 2007). Rome,Italy,2007: 475-476.

[5] J.Gong,S.Zhou,Z.Niu,et a/. Traffic-aware base station sleeping in dense cellular networks. In 2010 IEEE 18th International Workshop Quality of Service(IWQoS 2010). Beijing, China,2010:1-2.

[6] S.Zhou,J.Gong,Z.Yang. Green Mobile Access Network with Dynamic Base StationEnergy Saving. In The 15th Annual International Conference on Mobile Computing and Networking(Mobicom 09) poster. Beijing,China,2009:1-3.

[7] J.D. Vreeswijk,E.C. Van Berkum,B. Van Arem,et a/. Toward effective strategies forenergy efficient network management. In 13th International IEEE Conference on Intelligent Transportation SystemsCTSC 2010). Funchal,Portugal,2010:937-942.

[8] S.Vakil,B. Liang. Cooperative diversity iIl interference limited wireless networks. IEEE Transactiions on Wireless Communications. 7(8),2008:3185-3195.

[9] A.J.Fehske,F.Richter,G.P.Fettweis. Energy efficiency improvements through micro sites in cellular mobile radio networks. In 2009 IEEE Giobecom Workshops. Honolulu, HI,United states,2009: 1-5.

[10] D. Ezri,S.Shilo. Green cellular - Optimizing the cellular network for minimal emission from 105.

[11] 1. Chiaraviglio,D. Ciullo,M. Meo,et a/. Energy-aware UMTS Access Networks. In The llth International Symposium on Wireless Personal Multimedia Communications (WPMC 08). Lapland,Finland,2008: 1-5.

[12] 3GPP TR 32.826 V 10.0.0. Study on Energy Savings Management (ESM). 2010.

[13] INFSO-ICT-216284 SOCRATES D 2.4. Framework for self-organizing networks. 2008.

[14] U. Paul,A. P. Subramanian,M M. Buddhikot,et 缸 Understanding traffic dynamics in cellular data networks. In IEEE INFOCOM 2011. Shanghai,China,2011: 882-890.

[15] X. Wang,A. V. Vasilakos,M. Chen,et a/. A survey of green mobile networks: Opportunities and challenges. Mobile Networks and Applications. 17(1),2012: 4-20.

[16] T. Chen,Y. Yang,H. Zhang,et a/. Network energy saving technologies for green wireless access networks. IEEE Wireless Communications. 1 8(5),201 1 : 30-38.

[17] 0. Eunsung,B. Krishnamachari. Energy Savings through Dynamic Base Station Switching in Cellular Wireless Access Networks. In 2010 IEEE Global Telecommunications Conference (GLOBECOM 2010). Miami,FL,USA,2010: 1-5.

[18] C. Peng,S. Lee,S. Lu,et a/. Traffic-driven power saving in operational 3G cellular networks. In 17th Annual International Conference   on Mobile   Computing and Networking(MobiCom'1D. Las Vegas,NV,United states,2011: 121-132.

[19] k Son,H. Kim,Y. Yi,et al. Base station operation and user association mechanisms for energy-delay tradeoffsin green cellular networks. IEEE Journal on Setected Areas in Communications. 29(8),201 1:1525-1536.

[20] H. Kim,G. De Veciana,X. Yang,et a/. Distributed-optimal user association and cell load balancing in wireless networks.IEEE/ACM Transactions on Networking. 20(1),2012: 177-190.

[21] 李威煌. Mesh 网络功率控制关键技术研究[D]. 国防科学技术大学硕士学位论文，2010.

[22] 陈俊. TD- LTE 系统功率控制技术的研究[D]. 北京邮电大学.

[23] 王战备. 无线传感器网络能耗分析与节能策略研究[D]. 陕西理工学院.

[24] 马婉秋. 无线 Mesh 网络的路由算法研究[D]. 电子科技大学，2005.

[25] 王大鹏. 无线 Mesh 网络中高效公平通信协议的研究[D]. 中国科学技术大学博士学位论文.

[26] 张雪雪. 认知无线电网络中的功率控制技术研究[D]. 北京交通大学硕士学位论文，2012.

[27] Min R,Bhardwaj M,Choi S-H,et al. Energy-centric Enabling Technologies for Wireless Sensor Networks[J]. IEEE Wireless Communications,August 2002:28-39.

[28] Raghunathan V,Schurgers C,Park S,et al. Energy-Aware Wireless Microsensor Networks [J]. IEEE Signal Processing Magazine,2002,19(2): 40-50.

[29] Shie E,Cho S H,Ickes N,et al. Physical layer driven protocol and algorithm design for energy-efficient wireless sensor networks[A]. Proc. of ACM Conf. on Mobile Computing and Networking[C]. Rome,Italy. ACM Press,2001:272-286.

[30] Stemm M. and Katz R H. Measuring and reducing energy consumption of network interfaces 9in hand-held devices[J]. IEICE Transactions on Communications,1997, E80-B(8):1125–1131.

[31] Chen B,Jamieson K, Balakrishnan H,et al. Span: An energy-efficient coordination algorithm for topology maintenance in ad hoc wireless networks[J]. ACM Wireless

Networks, 2002,8(5):85-97.

[32] Crossbow Technology Inc. MPR/ MIB User's Manual (Revision A)[Z], June 2007:19-19.

[33] 汪立林. 无线传感网络节点超低功耗的系统级实现方法研究, 中南大学硕士论文, 2009.05.

[34] Juan Alvarez. 管理多种低功耗操作模式[J]. 电子产品世界. 2006.(13):133-135.

[35] Kirousis L M,Kranakis E,Krizanc D, et al. Power consumption in packet radio networks[J]. Theoretical Computer Science,2000,243(1-2):289-305.

[36] Narayanaswamy S, Kawadia V, Sreenivas R S, et al. Power control in ad-hoc networks: Theory,architecture,algorithm and implementation of the COMPOW protocol[A]. Proc. of the European Wireless Conf.[C],Florence,Italy,2002. 156-162.

[37] Kawadia V,Kumar P R. Power control and clustering in ad-hoc networks[A]. Proc. of the IEEE Conf. on Computer Communications[C]. New York: IEEE Press,2003,459-469.

[38] Kubisch M,Karl H,Wolisz A,et al. Distributed algorithms for transmission power control in wireless sensor networks[A]. Proc. of the IEEE Wireless Communications and Networking Conf.[C]. New York: IEEE Press,2003:16-20.

[39] Li L,Halpern J Y,Bahl P,et al. A cone-based distributed topology control algorithm for wireless multi-hop networks[J]. IEEE/ACM Trans. on Networking,2005,13(1):147-159.

[40] Bahramgiri M, Hajiaghayi M T, Mirrokni V S. Fault-Tolerant and 3-dimensional distributed topology control algorithms in wireless multihop networks[A]. Proc. of the IEEE Int'l Conf. on Computer Communications and Networks [C]. New York: IEEE Press, 2002. 392-397.

[41] Li N,Hou J C. Topology control in heterogeneous wireless networks: Problems and solutions[A]. Proc. of the IEEE Conf. on Computer Communications[C]. New York: IEEE Press,2004. 232-243.

[42] Bennett F,Clarke D,Evans J B,et al. Piconet: embedded mobile networking[J],IEEE Personal Communications Magazine,1997,4(5):8-15.

[43] Schurgers C,Tsiatsis V,Ganeriwal S,et al. Optimizing sensor networks in the energy-latency-density space[J]. IEEE Trans on Mobile Computing,2002,1(1):70-80.

[44] Singh S,Woo M,Raghavendra C. Power-aware routing in mobile ad hoc networks[A]. Proc. of the ACM/IEEE Int'l Conf. on Mobile Computing and Networking[C]. October, 1998. 181-190.

[45] Rajendran V, Obraczka K, Garcia-Luna-Aceves J J. Energy-Efficient, collision-free mediumaccess control or wireless sensor networks[A].Proc. of the 1st ACM Conf. on Embedded Networked Sensor Systems[C],Los Angeles,USA. November,2003.

[46] Li J,Lazarou G. A bit-map-assisted energy-efficient MAC scheme for wireless sensor networks[A]. Proc. of the 3rd Int'l Symp. on Information Processing in Sensor Networks[C],Berkeley,USA,April 2004. 55-60.

[47] Van H L,Havinga P A. A lightweight medium access protocol (LMAC) for wireless sensor networks[A]. Proc. of the 1st Int'l Workshop on Networked Sensing Systems[C],Tokyo,Japan,June 2004.

[48] Sohrabi K,Pottie G J. Performance of a novel self-organization protocol for wireless and hocsensor networks[A]. Proc. of the IEEE 50th Vehicular Technology Conf.[C], Amsterdam,Netherlands,1999. 1222-1226.

[49] LAN MAN Standards Committee of the IEEE Computer Society. Wireless LAN medium access control (MAC) and physical layer (PHY) specification,IEEE Std 802.11-1999[S]. New York: IEEE Press,1999.

[50] Tseng Y C,Hsu C S,Hsieh T Y. Power-saving protocols for IEEE 802.11-based multi-hop ad hoc networks[A]. Proc. of the IEEE Infocom[C],New York: IEEE Press,June 2002. 200-209.

[51] Ye W, Heidemann J,Estrin D. An energy-efficient Mac protocol for wireless sensor networks[A]. Proc. of the IEEE Infocom[C],New York: IEEE Press,June 2002. 1567-1576.

[52] XuY,Heidemann J,Estrin D. Geography-informed energy conservation for ad hoc routing[A]. Proc. of the ACM/ IEEE Int'l Conf. on Mobile Computing and Networking[C],Rome,Italy. New York: ACM,2001. 70-84.

[53] Chen B, Jamieson K, Balakrishnan H, et al. Span: an energy-efficient coordination algorithm for topology maintenance in ad hoc wireless networks[A]. Proc. of the ACM/IEEE Int'l Conf. on Mobile Computing and Networking[C],Rome,Italy. New York: ACM,2001. 85-96.

[54] Cerpa A,Estrin D. Ascent: adaptive self-configuring sensor networks topologies[A]. Proc. of the IEEE Infocom[C]. New York: IEEE Press. 2002.

[55] TinyDB. Homepage[EB/OL]. http://telegraph.cs.berkeley.edu/tinydb/index.htm.

[56] Yao Y,Gehrke J. The COUGAR approach to in-network query processing in sensor networks. ACM Sigmod Record[J],2002,31(3).

[57] Intanagonwiwat C,Govindan R,Estrinc D. Directed diffusion: A scalable and robust communication paradigm for sensor networks[A]. Proc. of the 6th Annual Int'1 Conf on Mobile Computing and Networks[C]. Boston,USA,August 2000.

[58] Ye W,Heidemann J,Estrin D. Medium access control with coordinated,adaptive sleeping for wireless sensor networks[R]. ISI-TR-567,California: USC Information Sciences Institute,2003.

[59] 石军锋，钟先信. 无线传感网络低占空比 MAC 协议性能研究[J]. 计算机工程与应用，2007,43(20):152-154.

[60] Li Y,Ye W,Heidemann J. Energy and latency control in low duty cycle MAC protocols[R]. ISI-TR-595,California: USC Information Sciences Institute,2004.

[61]   Lu G,Krishnamachari B,Raghavendra C. An adaptive energy-efficient and low-latency MACfor data gathering in wireless sensor networks[A]. Proc. of the 18th Int'l Parallel and Distributed Processing Symposium[C],San Francisco: IEEE Computer Society, 2004. 224-230.

[62]   何立民. 嵌入式应用中的零功耗系统设计[J]. 单片机与嵌入式系统应用. 2002,(1)：6-9.

[63]   R. E. Barnett,J. Liu,and S. Lazar. A RF to DC voltage conversion model for multi stagerectifiers in UHF RFID transponders. IEEE J. Solid-State Circuits,2009,vol. 44,(2):354-370.

[64]   Hwang M E. Supply-voltage scaling close to the fundamental limit under process variations in nanometer technologies.IEEE Trans Electron Dev,2011,58: 2808-2813.

[65]   Dejan M,Wang C C,Alarcon L P,et al. Ultralow-power design in near-threshold region. Proc IEEE,2010,98: 237-252.

[66]   Calhoun B H,Brooks D. Can subthreshold and near-threshold circuits Go mainstream? IEEE Micro,2010: 80-84.

[67]   Alioto M. Understanding DC behavior of subthreshold CMOS logic through closed-form analysis. IEEE Trans Circ Syst I: Reg Papers,2010,57: 1597–1607.

[68]   Chang I J,Park S P,Roy K. Exploring asynchronous design techniques for process-tolerant and energy-ancient subthreshold operation. IEEE J Solid-State Circ,2010,45: 401-411.

[69]   Vitale S A,Kedzierski J,Healey P,et al. Work-function-tuned TiN metal gate FDSOI transistors for subthreshold operation. IEEE Trans Electron Dev,2011,58: 419-426.

[70]   Rajapandian S,Xu Z,Shepard K L. Energy-effcient low-voltage operation of digital CMOS circuits through charge-recycling. In: Symp VLSI Circuits Digest of Technical Papers,New York,2004. 330-333.

[71]   Keung K,Manne V,Tyagi A. A novel charge recycling design scheme based on adiabatic charge pump. IEEE Trans Very Large Scale Integr (VLSI) Syst,2007,15: 733-745.

[72]   Ulaganathan C,Britton C L,Holleman J J,et al. A novel charge recycling approach to low-power circuit design. In: Proceedings of the 19th International Conference Int Mixed Design of Integrated Circuits and Systems (MIXDES),Knoxville,2012. 208-213.

[73]   Lorch J. R. A Complete Picture of the Energy Consumption of a Portable Computer: Master's Thesis. Computer Science, University of California at Berkeley,December 1995.

[74]   Tiwari V.,Singh D.,Rajgopal S.,et al. Reducing Power in High-performance Micropr-ocessors. In Proc. of the 35th annual conference on Design automation,1998. San Francisco, CA USA: ACM Press, New York, NY, USA, 1998. 732-737 .

[75]   Gowan M. K.,Biro L. L.,Jackson D. B. Power Considerations in the Design of the Alpha

21264 Microprocessor. In Proc. of the 35th annual conference on Design automation, 1998. San Francisco, California, United States: ACM Press New York,NY,USA,1998. 726-731 .

[76] Unsal O. S.,Ashok R.,Koren I.,et al. Cool-Cache: A compiler-enabled energy efficient data caching framework for embedded/multimedia processors. ACM Transactions on Embedded Computing Systems (TECS), Special issue on power-aware embedded computing,2003,2(3): 373-392.

[77] Fleischmann M. LongRun Power Management: Dynamic Power Management for Crusoe Processors:Tech Report. Transmeta Corporation,January 17,2001.

[78] Paper I. W. Enhanced Intel SpeedStep Technology for the Intel Pentium M Processor: Tech Report. Order Number: 301170-001. March 2004.

[79] Kumar R,FarkaSKI,Jouppi N P,etal.2003.Single-ISA Heterogeneous Multi Core Architectures: The Potential for Processor Power Reduction[C].//Proceedings of the 36th Annual IEEE/ACM International Symposium on Microarchitecture(MICRO-36):81-92.

[80] 凡起飞. 高性能嵌入式处理器低功耗技术研究. 中国科学技术大学博士论文. 2009.04.

[81] Kriszti á nFlautner, Kim N. S., Martin S., et al. Drowsy Caches: Simple Techniques for Reducing Leakage Power. In Proc. of 29th International Symposium on Computer Architecture(ISCA 2002), 25-29 May 2002.Anchorage,AK,USA: IEEE CS,2002. 148-157.

[82] Soner Onder,Rajiv Gupta.Load and Store Reuse Using Register File Contents[J], ACM 15th International Conference on Supercomputing,New York:ACM Press,2001,3(2): 289-302.

[83] Jun Yang,Rajiv Gupta.Load Redundancy Removal through Instruction Reuse[J]. David J.Lilja,ed.International Conference on Parallel Processing, Los Alamitos:IEEE Computer Society,2000,5(2):61-68.

[84] J.Yang and R.Gupta, FV Encoding for Low-Power Data I/O[J]. ACM/IEEE International Symposium on Low Power Electronics and Design (ISLPED), Huntington,CA, 2001,1(2): 84-87.

[85] FDouglis,PKrislinan,BBershad.AdaPtive DiskS Pin-Down Policies for Mobile ComPuters. In Proc.of the Znd UsenixS.on Mobile and Location-Independent Computing (MOBLIC), 1995.

[86] M Srivastava, A Chandrakasan, R Brodersen. Predietive System Shutdown and Architectural Techniques for Energy Efficient Programmable ComPutation. IEEE Transection on VLSI Systerm,1996,4(1):42-55.

[87] C Hwang,C Allen,H Wu.A predictive system shutdown method for energy saving of event-driven computation[C]In:Proc Int Conf on Computer-Aided Design,1997.

[88]　E Chung,L Benini and G D Micheli.Dynamic Power Management　Using Adaptive Learning Trees.In Proc.of international Conference on Computer-Aided Design,1999.

[89]　CGniady Y Hu and Y H Lu. Program Counter Based Techniques for Dynamic Power Management. In Proc. Of 10th International Symposium on High Performance Computer Architecture,2004.24-35.

[90]　吴琦，熊光泽. 非平稳自相似业务下自适应动态功耗管理. 软件学报[J]. 2005, 16(8):1499-1505.

[91]　卜爱国. 嵌入式系统动态低功耗设计策略的研究. 东南大学博士论文，2006.06.

[92]　凡起飞. 高性能嵌入式处理器低功耗技术研究. 中国科学技术大学博士论文，2009.04.

[93]　Austin T M,Larson E,Ernst D,Simple scalar:An Infrastructure for Computer System Modeling[J].2002,IEEE Computer 35(2):59-67.

[94]　Martin M M K,Sorin D J,Beckmann B M,et al.2005.Multifacet's General Execution-driven Multiprocessor Simulator (GEMS) Toolset[EB/OL].Computer Architecture News (CAN), September2005, http:// www.cs.wisc.edu/gems.

[95]　Brooks D,Tiwari V,Martonosi M,et al.2000.A Framework for Architectural- level Power Analysis and Optimizations[C].//Proceedings of the 27th Annual International Symposium on Computer Architecture:83-94.

[96]　YeW,Vijaykrishnan N,Kandemir M,et al.2000.The Design and Use of Simplepower:A cycle-Accurate Energy Estimation Tool[C 」.//Proceedings of the 38th　Design Automation Conference:340-345.

[97]　Tiwari V,Malik S,Wolfe A.1994.Power Analysis of Embedded software:A First step Towards Software Power Minimization[C].//Proceedings of the 1994 IEEE/ACM International Conference on Computer-Aided Design:384-390.

[98]　钱贾敏，王力生. 基于复杂度的嵌入式软件功耗模型[J]. 单片机与嵌入式系统应用，2004，9：18-20.

[99]　黄琨. 片上多核处理器的功耗有效性技术研究[D]. 中国科学院计算技术研究所，2008.

[100]　刘春燕，原巍，沈绪榜. 逻辑级功耗估计方法的研究[A]. 西安徽电子研究所，2005.

[101]　张宇弘. 行为逻辑层上的 SOC 低功耗设计[D]. 浙江大学博士学位论文，2004，03.

[102]　陈一可，顾夏申，陆浩远. 体系结构中的低功耗优化策略[D]，同济软件学院.

[103]　白斌. 系统级低功耗技术研究[D]. 解放军信息工程大学，2009，06.

[104]　新编嵌入式系统原理设计与应用.

[105]　陈娟. 低功耗软件优化技术研究[D].国防科学技术大学工学博士学位论文，2007，04.

[106]　Itziar Marín, Eduardo Arceredillo, Aitzol Zuloaga, Jagoba Arias. Wireless Sensor Networks: A Survey on Ultra-Low Power-Aware Design. World Academy of Science,

Engineering and Technology.2007.8.

[107] 李威煌. 无线 Mesh 网络功率控制关键技术研究. 国防科学技术大学研究生院硕士学位论文.2010.11.

[108] Jangeun Jun, Mihail L. Sichitiu. MRP: Wireless mesh networks routing protocol. Comput. Commun. 2008.

[109] José Núñez-Martínez,Josep Mangues-Bafalluy. A Survey on Routing Protocols that really Exploit Wireless Mesh Network Features. JOURNAL OF COMMUNICATIONS, VOL. 5,NO. 3,MARCH 2010.

[110] 刘蕴. 无线 Mesh 网络的资源管理关键技术研究. 华南理工大学博士学位论文，2011.12.

[111] Miguel Elias M. Campista,Luis Henrique M.K. Costa,Otto Carlos M.B. Duarte. A routing protocol suitable for backhaul access in wireless mesh networks[J]. Computer networks. 2012.56(2).

[112] Soledad Escolar,Stefano Chessa,Jesús Carretero,Maria-Cristina Marinescu. Cross Layer Adaptation of Check Intervals in Low Power Listening MAC Protocols for Lifetime Improvement in Wireless Sensor Networks[J]. Sensors.2012.Vol.12.No.8.

[113] Natarajan Meghanathan. Performance comparison study of multicast routing protocols for mobile ad hoc networks under default flooding and density and mobility aware energy-efficient broadcast strategies[J]. Informatica.2011.

[114] 许参，胡晨. 考虑电池放电特性的动态电压调节策略研究[J]. 中国工程科学，2008.10（2）.

[115] 张永梅. 一种低功耗的无线传感器网络节点设计方法. 计算机工程，2012.2.

[116] Y. Li Z. Jia F. Liu S. Xie. Hardware reconfigurable wireless sensor network node with power and area efficiency. The Institution of Engineering and Technology 2012.

[117] Ing-Ray Chen. Adaptive Fault-Tolerant QoS Control Algorithms for Maximizing System Lifetime of Query-Based Wireless Sensor Networks. IEEE transactions on dependbale and secure computing.2011.

[118] Shafiullah Khan,Jonathan Loo. Cross Layer Secure and Resource-Aware On-Demand Routing Protocol for Hybrid Wireless Mesh Networks[J]. Wireless personal communi-cations. 2012,62(1).

[119] Hamrioui, Sofiane, Lalam, Mustapha, Lorenz, Pascal. A new approach for energy efficiency in MANET based on the OLSR protocol[J]. International Journal of Wireless and Mobile Computing. 2012. Vol.5. No.3. P.292-299.

[120] N. Botezatu, and R. Dhaou. Adaptive Power Control in 802. 11 Wireless Mesh Networks[J]. Proceedings of the World Congress on Engineering 2011 Vol. II. WCE 2011,July 6 - 8,2011,London,U.K.

[121] Jipeng Zhou,Jianzhu Lu,Jin Li. Ant-Based Routing Protocol for Energy Efficient Use in

Mobile Ad Hoc Networks[J]. Ubiquitous Information Technologies and Applications Lecture Notes in Electrical Engineering Volume 214,2013,pp. 629-637.

[122] Mala Chelliah,Siddhartha Sankaran, Shishir Prasad, Nagamaputhur Gopalan, Balasubramanian Sivaselvan. Routing for Wireless Mesh Networks with Multiple Constraints Using Fuzzy Logic[J]. The International Arab Journal of Information Technology,Vol. 9, No. 1,January 2012.

[123] 刘洪全,谷源涛. MANET 中 TCP 拥塞控制方法综述[J]. 中南大学学报(自然科学版). 2013.1. Vol.44. No.1.

[124] Anuj K. Gupta,Harsh Sadawarti,and Anil K. Verma. MANET Routing Protocols Based on Ant Colony.

[125] 王蔚沄. 无线传感器网络节点低功耗设计与研究[D]. 东华大学，2008.

[126] 周文. 嵌入式系统低功耗设计方法研究[D]. 湖南师范大学，2008.

[127] 梁宇，韩奇，魏同立，郑茳. 低功耗数字系统设计方法[J]. 东南大学学报（自然科学版），2000，05.

[128] 吴业进，刘锋. 嵌入式系统面向低功耗的协同设计[J]. 单片机与嵌入式系统应用，2003，07.

[129] 张拥军，杨军，茹邦琴，胡晨. 动态时钟配置下的 SoC 低功耗管理[J]. 单片机与嵌入式系统应用，2004，04.

[130] 陈娟. 低功耗软件优化技术研究[D]. 国防科学技术大学. 2007.

[131] 赵荣彩. 多线程低功耗编译优化技术研究[D]. 中国科学院计算技术研究所，2002.

[132] Hongbo Yang. Power-aware Compilation Techniques for High Performance Processors. Doetor dissertation. University of Delaware. Winter 2004.

[133] M.Kandemir,N.Vijaykrishnan,M.J.Irwin and W.Ye.Influence of compiler optimizations on system power. In Proceeding of Design Automation Conference (DAC). June 2000.

[134] 叶文峰. 超高频无源 RFID 芯片数字基带的低功耗设计研究[D]. 西安电子科技大学，2009.

[135] 石繁荣. 基于 RFID 与 ZigBee 无线传感网络研究与设计[D]. 西南科技大学，2009.

[136] 黄浩军. 无线 Ad hoc 网络中能量优化的路由协议研究[D]. 电子科技大学，2008.

[137] 卜爱国. 嵌入式系统动态低功耗设计策略的研究[D]. 东南大学，2006.

[138] 汪秀敏. 无线传感器网络中低功耗的数据传输策略的研究[D]. 中国科学技术大学，2011.

[139] 范东睿. 低功耗嵌入式处理器设计研究[D]. 中国科学院研究生院，2005.